高等学校理工类课程学习辅导丛书

U0630798

无机化学
例题与习题（第五版）

吉林大学
徐家宁　王　莉　张丽荣　于杰辉　宋天佑　编

中国教育出版传媒集团
高等教育出版社·北京

内容提要

本书为吉林大学、武汉大学、南开大学三校合编的“十二五”普通高等教育本科国家级规划教材《无机化学》(第5版)的配套学习辅导书,共22章,第1~11章为无机化学原理部分,第12~22章为无机元素化学部分。每章包括两部分内容:第一部分为典型的例题;第二部分为习题,题型有选择题、填空题、简答题和计算题,无机元素化学部分各章增加了“完成并配平化学反应方程式”和“分离、鉴定与制备”等题型。本书最后给出了各章习题参考答案,对简答题和计算题都给出了较详尽的解答。本书内容丰富,涉及知识面广,难度较大的题占有一定比例。

本书可作为高等学校化学化工类专业及其他相关专业学生学习无机化学和普通化学课程的辅导书,也可作为准备研究生入学考试的复习参考书。

图书在版编目(CIP)数据

无机化学例题与习题 / 徐家宁等编. -- 5版. 北京 : 高等教育出版社, 2024. 12（2025.11重印）. -- ISBN 978-7-04-062984-2

Ⅰ. O61-44

中国国家版本馆 CIP 数据核字第 2024S7K714 号

WUJI HUAXUE LITI YU XITI

策划编辑 李 颖　　责任编辑 李 颖　　封面设计 李卫青　　版式设计 马 云
责任绘图 于 博　　责任校对 刁丽丽　　责任印制 刘思涵

出版发行 高等教育出版社
社 址 北京市西城区德外大街4号
邮政编码 100120
印 刷 高教社（天津）印务有限公司
开 本 787 mm × 1092 mm 1/16
印 张 21.75
字 数 530千字
购书热线 010-58581118
咨询电话 400-810-0598

网 址 http://www.hep.edu.cn
http://www.hep.com.cn
网上订购 http://www.hepmall.com.cn
http://www.hepmall.com
http://www.hepmall.cn
版 次 2000年7月第1版
2024年12月第5版
印 次 2025年11月第2次印刷
定 价 45.80元

物 料 号 62984-00

第五版前言

本书作为《无机化学》(吉林大学、武汉大学、南开大学三校合编)的配套学习辅导书，自出版以来受到广大读者的欢迎。2024年，主教材《无机化学》(第五版)出版，书中的部分内容和习题根据课程教学改革的需要及当前教学发展的要求做了调整。为了与主教材更好地配套使用，满足广大读者学习无机化学的需求，我们决定对本书进行修订。

本次修订的原则如下：一是保持本书的一贯特色，即题型全，解答详细；二是与主教材的内容相呼应，书中所选例题以主教材各章的习题为主要素材；三是继续按本书第四版的设计，将无机元素化学部分各章习题分为选择题，填空题，完成并配平化学反应方程式，分离、鉴定与制备，简答题和计算题等题型；四是修改、更新、补充了部分习题。

参加本次修订的有王莉、张丽荣、于杰辉、宋天佑，由徐家宁统一调整、修改、补充、定稿。本书在编写过程中得到了吉林大学无机化学教学团队的宋晓伟、范勇等的大力支持，在此表示感谢。

由于编者水平所限，错误之处在所难免，诚请广大读者批评指正，使本书在下次修订时进一步完善。

徐家宁
2024年3月于吉林大学

目录

第 1 章　化学基础知识 …… 1

第 2 章　化学热力学基础 …… 9

第 3 章　化学反应速率 …… 19

第 4 章　化学平衡 …… 29

第 5 章　原子结构和元素周期律 …… 40

第 6 章　分子结构和共价键理论 …… 48

第 7 章　晶体结构 …… 56

第 8 章　酸碱解离平衡 …… 64

第 9 章　沉淀溶解平衡 …… 73

第 10 章　氧化还原反应 …… 82

第 11 章　配位化学基础 …… 95

第 12 章　碱金属和碱土金属 …… 110

第 13 章　硼族元素 …… 117

第 14 章　碳族元素 …… 123

第 15 章　氮族元素 …… 132

第 16 章　氧族元素 …… 142

第 17 章　卤素 …… 151

第 18 章　氢和稀有气体 …… 159

第 19 章　铜副族元素和锌副族元素 …… 164

第 20 章　钛副族元素和钒副族元素 …… 173

第 21 章　铬副族元素和锰副族元素 …… 179

第 22 章　铁系元素和铂系元素 …… 188

习题参考答案 …… 197

主要参考书目 …… 340

第 1 章
化学基础知识

第一部分　例题

例 1.1　一定体积的氢气和氦气的混合气体，在 27 ℃时压强为 202 kPa，现使该气体的体积膨胀至原体积的 4 倍，压强变为 101 kPa。试求膨胀后混合气体的温度。

解：根据题设可知 $T_1=(27+273)\text{ K}=300\text{ K}$，$p_1=202\text{ kPa}$，$p_2=101\text{ kPa}$，$V_2=4V_1$，$n_2=n_1$。

由理想气体状态方程 $pV=nRT$ 得

$$n=\frac{pV}{RT}$$

由 $n_2=n_1$ 可知

$$\frac{p_2V_2}{RT_2}=\frac{p_1V_1}{RT_1}$$

所以

$$T_2=\frac{p_2V_2T_1}{p_1V_1}=\frac{p_2\times 4V_1T_1}{p_1V_1}=\frac{4p_2T_1}{p_1}$$

$$=\frac{4\times 101\text{ kPa}\times 300\text{ K}}{202\text{ kPa}}=600\text{ K}$$

例 1.2　某 CH_4 储气柜，容积为 1000 m^3，耐压 103 kPa。若夏季最高温度为41 ℃，冬季最低温度为 −25 ℃，问在这两种温度下所能储存 CH_4 的最高限量相差多少千克？

解：先求出夏季最高温度 $T=(41+273)\text{ K}=314\text{ K}$ 时，储气柜可储存的 CH_4 的物质的量 n_1。

由理想气体状态方程 $pV=nRT$ 得

$$n_1=\frac{p_1V_1}{RT_1}$$

$$=\frac{103\times 10^3\text{ Pa}\times 1000\text{ m}^3}{8.314\text{ J}\cdot\text{mol}^{-1}\cdot\text{K}^{-1}\times 314\text{ K}}=3.945\times 10^4\text{ mol}$$

同理，冬季最低温度 $T=(-25+273)\text{ K}=248\text{ K}$ 时，储存的 CH_4 的物质的量为

$$n_2=\frac{p_1V_1}{RT_2}$$

$$=\frac{103\times 10^3\text{ Pa}\times 1000\text{ m}^3}{8.314\text{ J}\cdot\text{mol}^{-1}\cdot\text{K}^{-1}\times 248\text{ K}}=4.995\times 10^4\text{ mol}$$

$$\Delta n = n_2 - n_1$$
$$= 4.995 \times 10^4\ \text{mol} - 3.945 \times 10^4\ \text{mol} = 1.050 \times 10^4\ \text{mol}$$

故这两种温度下的最高限量相差为

$$m = M(CH_4)\Delta n$$
$$= 16 \times 10^{-3}\ \text{kg·mol}^{-1} \times 1.050 \times 10^4\ \text{mol} = 168.0\ \text{kg}$$

例 1.3 将 0.10 mol C_2H_2 气体放在充有 1.00 mol O_2 的 10.0 dm^3 密闭容器中，令其完全燃烧生成 CO_2 和 H_2O，反应完毕时的温度是 150 ℃，计算此时容器内的压强。

解： 反应方程式为

$$C_2H_2(g) + \frac{5}{2}O_2(g) \xlongequal{150\ ℃} 2CO_2(g) + H_2O(g)$$

0.10 mol C_2H_2 完全反应掉，消耗 0.25 mol O_2，故反应后剩余 O_2 为(1.00 − 0.25) mol = 0.75 mol，生成 0.20 mol CO_2 和 0.10 mol H_2O，所以反应后物质的量为 n = (0.75 + 0.20 + 0.10) mol = 1.05 mol。

依题意可知
$$V = 10.0\ \text{dm}^3 = 10.0 \times 10^{-3}\ \text{m}^3$$
$$T = 150\ ℃ = (150 + 273)\text{K} = 423\ \text{K}$$

由理想气体状态方程 $pV = nRT$ 得

$$p = \frac{nRT}{V}$$
$$= \frac{1.05\ \text{mol} \times 8.314\ \text{Pa·m}^3\text{·mol}^{-1}\text{·K}^{-1} \times 423\ \text{K}}{10.0 \times 10^{-3}\ \text{m}^3} = 3.69 \times 10^2\ \text{kPa}$$

例 1.4 20 ℃和 101 kPa 时，10 dm^3 干燥空气缓慢地通过如下图所示的溴苯(C_6H_5Br，M = 157 g·mol^{-1})计泡器，溴苯质量减少 0.475 g。试求：

(1) 通过计泡器后被溴苯所饱和的空气的体积；

(2) 20 ℃时溴苯的饱和蒸气压。

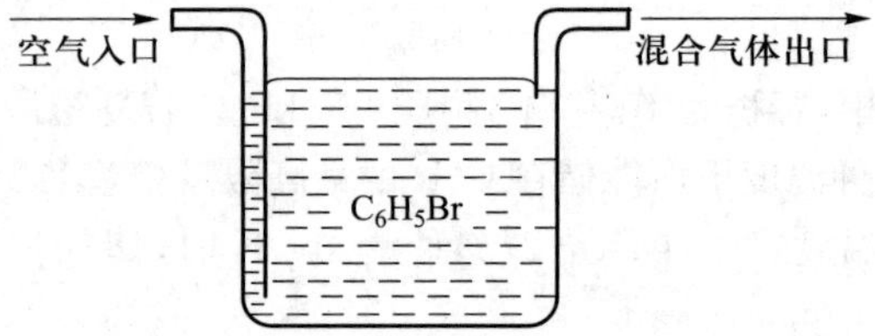

解： (1) 由题意可知，当干燥的空气通过溴苯并被饱和后，混合气体的总压不变，仍为起始压强 $p_{总} = 101$ kPa。由于溴苯的加入，混合气体的体积 $V_{总}$ 将增大；混合气体总的物质的量 $n_{总}$ 增大。

设 n(溴苯)为蒸发的溴苯的物质的量，n(空气)为空气的物质的量，则

$$n(溴苯) = \frac{m}{M(溴苯)} = \frac{0.475\ \text{g}}{157\ \text{g·mol}^{-1}} = 3.025 \times 10^{-3}\ \text{mol}$$

$$n(空气) = \frac{pV}{RT} = \frac{101 \times 10^3\ \text{Pa} \times 10 \times 10^{-3}\ \text{m}^3}{8.314\ \text{Pa·m}^3\text{·mol}^{-1}\text{·K}^{-1} \times 293\ \text{K}} = 0.414\ 6\ \text{mol}$$

$$n_{总} = n(溴苯) + n(空气) = 0.417\ 6\ \text{mol}$$

故 $$V_{总}=\frac{n_{总}RT}{p_{总}}$$
$$=\frac{0.4176\ \text{mol}\times 8.314\ \text{Pa·m}^3\text{·mol}^{-1}\text{·K}^{-1}\times 293\ \text{K}}{101\times 10^3\ \text{Pa}}$$
$$=10.07\times 10^{-3}\ \text{m}^3=10.07\ \text{dm}^3$$

(2) 设 p(溴苯)为混合气体中溴苯的分压，依题意 $T=(20+273)\text{K}=293\ \text{K}$，根据分压定律有

$$p(溴苯)=\frac{n(溴苯)RT}{V_{总}}$$
$$=\frac{3.025\times 10^{-3}\ \text{mol}\times 8.314\ \text{Pa·m}^3\text{·mol}^{-1}\text{·K}^{-1}\times 293\ \text{K}}{10.07\times 10^{-3}\ \text{m}^3}=731.8\ \text{Pa}$$

即 20 ℃时溴苯的饱和蒸气压为 731.8 Pa。

例 1.5 将氨气和氯化氢同时从一根 120 cm 长的玻璃管的两端分别向管内自由扩散，试计算两气体在管中距氨气一端多远处相遇而生成 NH_4Cl 白烟。

解： 设经过 t s 后，两气体在距氨气一端 x cm 处相遇，则相遇处距氯化氢一端为$(120-x)$cm，如下图所示：

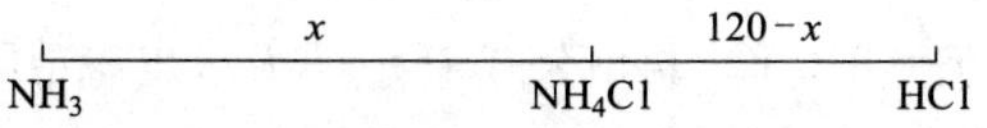

根据气体扩散定律 $\frac{u(\text{HCl})}{u(\text{NH}_3)}=\sqrt{\frac{M_r(\text{NH}_3)}{M_r(\text{HCl})}}$，即

$$\frac{\frac{120-x}{t}}{\frac{x}{t}}=\sqrt{\frac{17}{36.5}}$$
$$x=71.3$$

故两种气体在距氨气一端 71.3 cm 处相遇而生成 NH_4Cl 白烟。

例 1.6 将 26.3 g $CdSO_4$ 固体溶解在 1000 g 水中，其凝固点比纯水的凝固点降低了 0.285 K。已知水的 $k_f=1.86\ \text{K·kg·mol}^{-1}$，试计算 $CdSO_4$ 在溶液中的解离度。

解： 由题设条件可求出 $CdSO_4$ 溶液的质量摩尔浓度 b_1。

$$b_1=\frac{n(\text{CdSO}_4)}{m(溶剂)}=\frac{\frac{m(\text{CdSO}_4)}{M(\text{CdSO}_4)}}{m(溶剂)}$$
$$=\frac{\frac{26.3\ \text{g}}{208.4\ \text{g·mol}^{-1}}}{1.0\ \text{kg}}=0.126\ \text{mol·kg}^{-1}$$

同样，依题设条件可求出 $CdSO_4$ 溶液中粒子的质量摩尔浓度，根据凝固点降低公式，有

$$b_2=\frac{\Delta T_f}{k_f}=\frac{0.285\ \text{K}}{1.86\ \text{K·kg·mol}^{-1}}=0.153\ \text{mol·kg}^{-1}$$

设在溶液中有 x mol·kg^{-1} 的 $CdSO_4$ 解离：

$$CdSO_4 \rightleftharpoons Cd^{2+} + SO_4^{2-}$$

平衡质量摩尔浓度/($mol \cdot kg^{-1}$)　　$0.126-x$　　x　　x

溶液中粒子的总质量摩尔浓度为

$$(0.126-x)+x+x=0.153$$
$$x=0.027$$

溶液中 $CdSO_4$ 的解离度为

$$\frac{0.027}{0.126}\times 100\% = 21.4\%$$

例 1.7　测得人体血液的凝固点降低值为 0.56 K，求人体温度为 37 ℃时血液的渗透压。已知水的 $k_f = 1.86\ K \cdot kg \cdot mol^{-1}$。

解：先求出血液的质量摩尔浓度 b。由公式 $\Delta T_f = k_f b$ 得

$$b=\frac{\Delta T_f}{k_f}=\frac{0.56\ K}{1.86\ K\cdot kg\cdot mol^{-1}}=0.3011\ mol\cdot kg^{-1}$$

对于稀溶液，质量摩尔浓度 b 在数值上等于物质的量浓度 c，故知血液的物质的量浓度 $c = 0.3011\ mol\cdot dm^{-3}$，相当于 $3.011\times 10^2\ mol\cdot m^{-3}$。

题设温度为 37 ℃，即 $T=310$ K。再由公式 $\Pi = cRT$ 求出渗透压 Π：

$$\Pi = 3.011\times 10^2\ mol\cdot m^{-3}\times 8.314\ Pa\cdot m^3\cdot mol^{-1}\cdot K^{-1}\times 310\ K$$
$$=776\ kPa$$

例 1.8　试写出下列几何图形的所有对称元素及其个数。

(1) 正三角形；　(2) 正五边形；　(3) 平行四边形；　(4) 矩形；
(5) 菱形；　(6) 正方形；　(7) 正四棱柱；　(8) 正八面体。

解：答案见下表。

题号	图形	对称元素，数目	题号	图形	对称元素，数目
(1)	正三角形	3 重轴，1 条 2 重轴，3 条 镜面，3 个	(5)	菱形	2 重轴，3 条 镜面，2 个 对称中心，1 个
(2)	正五边形	5 重轴，1 条 2 重轴，5 条 镜面，5 个	(6)	正方形	4 重轴，1 条 2 重轴，4 条 镜面，4 个 对称中心，1 个
(3)	平行四边形	2 重轴，1 条 对称中心，1 个	(7)	正四棱柱	4 重轴，1 条 2 重轴，4 条 镜面，5 个 对称中心，1 个
(4)	矩形	2 重轴，3 条 镜面，2 个 对称中心，1 个	(8)	正八面体	4 重轴，3 条 3 重轴，4 条 2 重轴，6 条 镜面，9 个 对称中心，1 个

第二部分 习题

一、选择题

1.1 在一次渗流实验中，一定物质的量的未知气体通过小孔渗向真空，需要的时间为 5 s；在相同条件下相同物质的量的氧气渗流需要 20 s，则未知气体的相对分子质量应是

(A) 2； (B) 4； (C) 8； (D) 16。

1.2 实验测得 H_2 的扩散速率是一未知气体扩散速率的 2.9 倍，则该未知气体的相对分子质量约为

(A) 51； (B) 34； (C) 17； (D) 28。

1.3 一敞口烧瓶在 7℃ 时盛满某种气体，欲使 1/3 的气体逸出烧瓶，需要将烧瓶加热达到的温度为

(A) 840 ℃； (B) 693 ℃； (C) 420 ℃； (D) 147 ℃。

1.4 在 25 ℃，101.3 kPa 时，下面几种气体的混合气体中分压最大的是

(A) 0.1 g H_2； (B) 1.0 g He； (C) 5.0 g N_2； (D) 10 g CO_2。

1.5 合成氨的原料气中氢气和氮气的体积比为 3∶1，若原料气中含有其他杂质气体的体积分数为 4%，原料气总压为 15198.75 kPa，则氮气的分压是

(A) 3799.7 kPa； (B) 10943.1 kPa；

(C) 3647.7 kPa； (D) 11399.1 kPa。

1.6 将一定量 $KClO_3$ 加热后，其质量减少了 0.48 g。生成的氧气用排水集气法收集。若温度为 21 ℃，压强为 99591.8 Pa，水的饱和蒸气压为 2479.8 Pa，氧气的相对分子质量为 32.0，则收集到的气体体积为

(A) 188.5 cm^3； (B) 754 cm^3； (C) 565.5 cm^3； (D) 377.6 cm^3。

1.7 25 ℃ 时，100 cm^3 真空烧瓶中有 1 mol H_2O，其平衡压力为 3.2 kPa。若其他条件相同，将烧瓶换成 200 cm^3 真空烧瓶，则此时的平衡压力为

(A) 3.2 kPa (B) 32 kPa (C) 6.4 kPa (D) 101 kPa

1.8 若溶液的浓度均为 0.1 $mol \cdot dm^{-3}$，则下列水溶液按沸点由高到低排列，顺序正确的是

(A) Na_2SO_4，NaCl，HAc； (B) $Al_2(SO_4)_3$，NaCl，Na_2SO_4；

(C) NaAc，K_2CrO_4，NaCl； (D) NaCl，$K_2Cr_2O_7$，$CaCl_2$。

1.9 如果某水合盐的蒸气压低于相同温度下水的蒸气压，则这种盐可能会发生的现象是

(A) 起泡； (B) 风化； (C) 潮解； (D) 不受大气组成影响。

1.10 在 100 g 水中含 4.5 g 某非电解质的溶液于 −0.465 ℃时结冰，则该非电解质的相对分子质量约为(已知水的 $k_f = 1.86\ K \cdot kg \cdot mol^{-1}$)

(A) 90； (B) 135； (C) 172； (D) 180。

1.11 在相同温度下，和 1% 尿素[$CO(NH_2)_2$，$M = 60\ g \cdot mol^{-1}$]水溶液具有相同渗透压的葡萄糖($C_6H_{12}O_6$，$M = 180\ g \cdot mol^{-1}$)溶液的含量约为

(A) 2%； (B) 3%； (C) 4%； (D) 5%。

1.12 处于室温一密闭容器内有水及与水相平衡的水蒸气。现充入不溶于水也不与水反应的气

体，则水蒸气的压力

(A) 增大； (B) 减小； (C) 不变； (D) 不能确定。

1.13 为防止水在仪器内结冰，可在水中加入甘油($C_3H_8O_3$，$M=92\ g\cdot mol^{-1}$)。欲使其凝固点降低至-2.0 ℃，则应在100 g水中加入甘油(已知水的$k_f=1.86\ K\cdot kg\cdot mol^{-1}$)

(A) 9.89 g； (B) 3.30 g； (C) 1.10 g； (D) 19.78 g。

1.14 土壤中NaCl含量高时植物难以生存，下列稀溶液的性质与此有关的是

(A) 蒸气压下降； (B) 沸点升高； (C) 凝固点降低； (D) 渗透压。

二、填空题

1.15 当气体为1 mol时，实际气体的状态方程为____________________。

1.16 一定体积的干燥气体从易挥发的三氯甲烷液体中通过后，气体体积变________，气体分压变________。

1.17 某气体在293 K和9.97×10^4 Pa时占有体积0.19 dm^3，质量为0.132 g，则该气体的摩尔质量约等于________ $g\cdot mol^{-1}$，该气体可能是________。

1.18 由NH_4NO_2分解得到氮气和水。在23 ℃，95549.5 Pa条件下，用排水法收集到57.5 cm^3氮气，经干燥后氮气的体积为________ cm^3(已知水的饱和蒸气压为2813.1 Pa)。

1.19 将N_2和H_2按1∶3的体积比装入一密闭容器中，在400 ℃，1.0×10^7 Pa条件下反应达到平衡时，NH_3的体积分数为0.39，则此时密闭容器中各组分气体的分压为：NH_3 ________ Pa；N_2 ________ Pa；H_2 ________ Pa。

1.20 在相同的温度和压强下，两个容积相同的烧瓶中分别充满O_3气体和H_2S气体。已知H_2S的质量为0.34 g，则O_3的质量为________ g。

1.21 410 K时某容器内装有0.30 mol N_2，0.10 mol O_2和0.10 mol He，混合气体的总压为100 kPa时，He的分压为________ kPa，N_2的分体积为________ dm^3。

1.22 在300 K，1.013×10^5 Pa时加热一敞口细颈瓶到500 K，然后封闭细颈瓶的瓶口，并冷却到原来的温度，则该瓶内的压强为________ Pa。

1.23 有一容积为30 dm^3的高压气瓶，可以耐压2.5×10^4 kPa，则在298 K时可装________ kg O_2而不致发生危险。

1.24 在500 cm^3水中加入100 cm^3质量分数为32%、密度为1.20 $g\cdot cm^{-3}$的HNO_3溶液，所得的新的HNO_3溶液的密度为1.03 $g\cdot cm^{-3}$，则新溶液的质量分数为________，物质的量浓度为________ $mol\cdot dm^{-3}$。

1.25 在26.6 g氯仿($CHCl_3$)中溶解0.402 g萘($C_{10}H_8$)，其沸点比氯仿的沸点高0.455 K，则氯仿的沸点升高常数为________ $K\cdot kg\cdot mol^{-1}$。

1.26 常压下将2.0 g尿素[$CO(NH_2)_2$]溶入75 g水中，则该溶液的凝固点为________ K(已知水的$k_f=1.86\ K\cdot kg\cdot mol^{-1}$)。

三、简答题和计算题

1.27 在25 ℃，101 kPa时，NO_2和N_2O_4的混合气体的密度为3.18 $g\cdot dm^{-3}$，试计算该混合气体中NO_2和N_2O_4的物质的量之比。

1.28 在体积为0.50 dm^3的烧瓶中充满NO和O_2气体，温度为298 K，压强为1.23×10^5 Pa。反

应一段时间后，瓶内总压变为 8.3×10^4 Pa。求生成 NO_2 的质量。

1.29 将氮气和水蒸气的混合物通入盛有足量固体干燥剂的瓶中。刚通入时，瓶中压强为 101.3 kPa。放置数小时后，压强降到 99.3 kPa 的恒定值。

(1) 求原气体混合物各组分的摩尔分数；

(2) 若温度为 293 K，实验后干燥剂质量增加 0.150 g，求瓶的容积。假设干燥剂的体积可忽略且不吸附氮气。

1.30 302 K 时，在 3.0 dm^3 真空容器中装入氮气和一定量的水，测得初始压强为 1.01×10^5 Pa。用电解法将容器中的水完全转变为氢气和氧气后，测得最终压强为 1.88×10^5 Pa。求容器中水的质量。已知 302 K 时水的饱和蒸气压为 4.04×10^3 Pa。

1.31 由 C_2H_4 和过量 H_2 组成的混合气体的总压为 6930 Pa。使混合气体通过铂催化剂进行下列反应：

$$C_2H_4(g)+H_2(g) \xlongequal{\quad} C_2H_6(g)$$

待完全反应后，在相同温度和体积下，压强降为 4530 Pa。求原混合气体中 C_2H_4 的摩尔分数。

1.32 某项实验要求缓慢地加入乙醇(C_2H_5OH)，现采用将空气通过液体乙醇带入乙醇气体的方法进行。在 293 K，1.013×10^5 Pa 时，为引入 2.3 g 乙醇，求需空气的体积。已知 293 K 时乙醇的饱和蒸气压为 5866.2 Pa。

1.33 在 273 K，1.013×10^5 Pa 条件下，将 1.0 dm^3 干燥的空气缓慢通过二甲醚(CH_3OCH_3)液体。在此过程中，液体损失了 0.0335 g。求二甲醚在 273 K 时的饱和蒸气压。

1.34 313 K 时，将 1000 cm^3 饱和苯蒸气和空气的混合气体从压强 9.97×10^4 Pa 压缩到 5.05×10^5 Pa，问在此过程中有多少克苯凝结成了液体？已知 313 K 时苯的饱和蒸气压为 2.41×10^4 Pa。

1.35 313 K 时，$CHCl_3$ 的饱和蒸气压为 49.3 kPa，于此温度和 98.6 kPa 压强下，将 4.00 dm^3 空气缓慢通过 $CHCl_3$，致使每个气泡都被 $CHCl_3$ 所饱和。试求：

(1) 通过 $CHCl_3$ 后，空气和 $CHCl_3$ 混合气体的体积；

(2) 被空气带走的 $CHCl_3$ 的质量。

1.36 25 ℃时，一个容器中充入等物质的量的 H_2 和 O_2，总压为 100 kPa。混合气体点燃充分反应后，容器中 O_2 的分压是多少？若已知 25 ℃时水的饱和蒸气压为 3.17 kPa，则容器中气体的总压是多少？

1.37 288 K 时，将 NH_3 通入一盛水的玻璃球内至 NH_3 不再溶解为止，已知玻璃球内饱和溶液的质量为 3.018 g。再将玻璃球放在 50.0 cm^3，0.50 $mol\cdot dm^{-3}$ H_2SO_4 溶液中，将球击破。剩余的酸需用 10.4 cm^3，1.0 $mol\cdot dm^{-3}$ NaOH 溶液中和。试计算 288 K 时 NH_3 在水中的溶解度。

1.38 0.102 g 某金属与酸完全作用后，生成等物质的量的氢气。在 18 ℃，100.0 kPa 条件下，用排水集气法在水面上收集到 38.5 cm^3 氢气。若 18 ℃时水的饱和蒸气压为 2.1 kPa，试求此金属的相对原子质量。

1.39 实验室需要 4.0 $mol\cdot dm^{-3}$ H_2SO_4 溶液 1.0 dm^3，若已有 300 cm^3 密度为 1.07 $g\cdot cm^{-3}$，质量分数为 10% 的 H_2SO_4 溶液，应加入密度为 1.82 $g\cdot cm^{-3}$，质量分数为 90%的 H_2SO_4 溶液多少体积，然后再稀释至 1.0 dm^3？

1.40 303 K 时，丙酮(C_3H_6O)的蒸气压是 37330 Pa，当 6 g 某非挥发性有机物溶于 120 g 丙酮时，其蒸气压下降至 35570 Pa。试求此有机物的相对分子质量。

1.41 3.24 g 硫溶解于 40 g 苯中，该苯溶液的沸点升高了 0.81 K，问此溶液中硫分子是由几个硫原子组成的？已知苯的 $k_b = 2.53\ K \cdot kg \cdot mol^{-1}$。

1.42 0.570 g $Pb(NO_3)_2$ 溶于 120 g 水中，其凝固点比纯水凝固点降低了 0.08 K；相同质量的 $PbCl_2$ 溶于 100 g 水中，其凝固点比纯水凝固点降低了 0.0381 K。试判断这两种盐在水中的解离情况。已知水的 $k_f = 1.86\ K \cdot kg \cdot mol^{-1}$，$Pb(NO_3)_2$ 的 $M = 331.2\ g \cdot mol^{-1}$，$PbCl_2$ 的 $M = 278.2\ g \cdot mol^{-1}$。

1.43 某化合物的苯溶液，溶质和溶剂的质量比是 15∶100。在 293 K，1.013×10^5 Pa 条件下，将 4.0 dm^3 空气缓慢地通过该溶液时，测知损失 1.185 g 苯。假设失去苯后溶液的浓度不变。已知苯的 $k_b = 2.53\ K \cdot kg \cdot mol^{-1}$，$k_f = 5.1\ K \cdot kg \cdot mol^{-1}$。试求：

(1) 溶质的相对分子质量；

(2) 该溶液的凝固点和沸点(293 K 时，苯的蒸气压为 1×10^4 Pa；1.013×10^5 Pa 时，苯的沸点为 353.1 K，凝固点为 278.4 K)。

1.44 与人体血液具有相等渗透压的葡萄糖溶液，其凝固点降低值为 0.543 K。求此葡萄糖溶液的质量分数和血液的渗透压。已知葡萄糖的相对分子质量为 180，水的 $k_f = 1.86\ K \cdot kg \cdot mol^{-1}$。

1.45 假设下图中各顶点均在 8 个正六面体并置时共享。

(1) 试说明能否认为图(a)所示的正六面体是 NaCl 的晶胞。

(2) 试说明能否认为图(b)所示的正六面体是 CsCl 的晶胞。

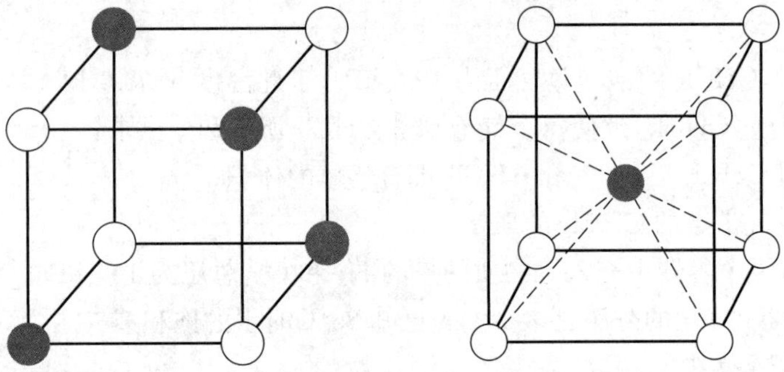

(a) (b)

第 2 章
化学热力学基础

第一部分　例题

例 2.1　油酸甘油酯在人体中代谢时发生下列反应：

$$C_{57}H_{104}O_6(s) + 80O_2(g) = 57CO_2(g) + 52H_2O(l)$$

$\Delta_r H_m^\ominus = -3.35 \times 10^4\ kJ\cdot mol^{-1}$，消耗这种脂肪 1 kg 时，反应进度是多少？将有多少热量放出？

解：油酸甘油酯的摩尔质量为

$$M = (12 \times 57 + 1 \times 104 + 16 \times 6)\ g\cdot mol^{-1} = 884\ g\cdot mol^{-1}$$

消耗这种脂肪 1 kg 时，反应进度为

$$\xi = \frac{1000\ g}{884\ g\cdot mol^{-1}} = 1.13\ mol$$

根据摩尔反应热的定义式 $\Delta_r H_m^\ominus = \dfrac{\Delta_r H^\ominus}{\xi}$，故

$$\begin{aligned}\Delta_r H^\ominus &= \Delta_r H_m^\ominus \cdot \xi \\ &= -3.35 \times 10^4\ kJ\cdot mol^{-1} \times 1.13\ mol = -3.79 \times 10^4\ kJ\end{aligned}$$

即消耗这种脂肪 1 kg 时将有 3.79×10^4 kJ 热量放出。

例 2.2　已知：

(1) $C_3H_8(g) + 5O_2(g) = 3CO_2(g) + 4H_2O\ (l)$　　$\Delta_r H_m^\ominus(1) = -2220\ kJ\cdot mol^{-1}$

(2) $2H_2O(l) = 2H_2(g) + O_2(g)$　　$\Delta_r H_m^\ominus(2) = 572.0\ kJ\cdot mol^{-1}$

(3) $3C(s) + 4H_2(g) = C_3H_8(g)$　　$\Delta_r H_m^\ominus(3) = -104.5\ kJ\cdot mol^{-1}$

试求 $CO_2(g)$ 的 $\Delta_f H_m^\ominus$。

解：根据物质的标准摩尔生成热的定义，$CO_2(g)$的 $\Delta_f H_m^\ominus$ 是指 $CO_2(g)$的生成反应

$$C(石墨) + O_2(g) = CO_2(g)$$

的摩尔反应热。

而这一生成反应可由题设给出的反应得到，即

$$C_3H_8(g) + 5O_2(g) = 3CO_2(g) + 4H_2O(l) \qquad \times\frac{1}{3}$$

$$2H_2O(l) = 2H_2(g) + O_2(g) \qquad \times\frac{2}{3}$$

$$\begin{array}{ll} +)3C(石墨)+4H_2(g) \xlongequal{} C_3H_8(g) & \times\frac{1}{3} \\ \hline C(石墨)+O_2(g) \xlongequal{} CO_2(g) & \end{array}$$

根据赫斯定律，CO_2 的标准摩尔生成热为

$$\begin{aligned}\Delta_f H_m^\ominus &= \frac{1}{3}\Delta_r H_m^\ominus(1)+\frac{2}{3}\Delta_r H_m^\ominus(2)+\frac{1}{3}\Delta_r H_m^\ominus(3)\\ &=\left[\frac{1}{3}\times(-2220)+\frac{2}{3}\times572.0+\frac{1}{3}\times(-104.5)\right]\ \mathrm{kJ\cdot mol^{-1}}\\ &=-393.5\ \mathrm{kJ\cdot mol^{-1}}\end{aligned}$$

例 2.3 在一弹式热量计中完全燃烧 0.30 mol $H_2(g)$生成 $H_2O(l)$，热量计中的水温升高 5.212 K；将 2.345 g 正癸烷［$C_{10}H_{22}(l)$］完全燃烧，使热量计中的水温升高 6.862 K。已知$H_2O(l)$的标准摩尔生成热为 $-285.8\ \mathrm{kJ\cdot mol^{-1}}$，求正癸烷的燃烧热。

解：由题设 $H_2O(l)$的标准摩尔生成热为 $-285.8\ \mathrm{kJ\cdot mol^{-1}}$，这相当于已知

$$H_2(g)+\frac{1}{2}O_2(g) \xlongequal{} H_2O(l) \qquad \Delta_r H_m^\ominus=-285.8\ \mathrm{kJ\cdot mol^{-1}}$$

$H_2(g)$在弹式热量计中燃烧反应是恒容反应，其热效应为 $\Delta_r U_m^\ominus$，由 $\Delta_r H_m^\ominus=\Delta_r U_m^\ominus+\Delta\nu RT$ 得

$$\begin{aligned}\Delta_r U_m^\ominus &= \Delta_r H_m^\ominus-\Delta\nu RT\\ &=-285.8\ \mathrm{kJ\cdot mol^{-1}}-\left(-\frac{3}{2}\right)\times8.314\times10^{-3}\ \mathrm{kJ\cdot mol^{-1}\cdot K^{-1}}\times298\ \mathrm{K}\\ &=-282.08\ \mathrm{kJ\cdot mol^{-1}}\end{aligned}$$

由 0.30 mol $H_2(g)$完全燃烧，知反应进度 $\xi=0.30$ mol，则

$$\begin{aligned}\Delta_r U^\ominus &= \Delta_r U_m^\ominus\cdot\xi\\ &=-282.08\ \mathrm{kJ\cdot mol^{-1}}\times0.30\ \mathrm{mol}=-84.624\ \mathrm{kJ}\end{aligned}$$

即 84.624 kJ 热量使热量计的水温升高 5.212 K，由题设 2.345 g 正癸烷($C_{10}H_{22}$)燃烧使热量计的水温升高 6.862 K，可知其燃烧放热为

$$-84.624\ \mathrm{kJ}\times\frac{6.862\ \mathrm{K}}{5.212\ \mathrm{K}}=-111.41\ \mathrm{kJ}$$

即热反应式

$$C_{10}H_{22}(l)+\frac{31}{2}O_2(g) \xlongequal{\Delta V=0} 10CO_2(g)+11H_2O(l)$$

完全燃烧 2.345 g 正癸烷时，$\Delta_r U^\ominus=-111.41$ kJ。

正癸烷($C_{10}H_{22}$)的摩尔质量为 142 $\mathrm{g\cdot mol^{-1}}$，故

$$n=\frac{2.345\ \mathrm{g}}{142\ \mathrm{g\cdot mol^{-1}}}=0.01651\ \mathrm{mol}$$

即完全燃烧 2.345 g 正癸烷，$\xi=0.01651$ mol，则

$$\begin{aligned}\Delta_r U_m^\ominus &= \frac{\Delta_r U^\ominus}{\xi}\\ &=\frac{-111.41\ \mathrm{kJ}}{0.01651\ \mathrm{mol}}=-6748.0\ \mathrm{kJ\cdot mol^{-1}}\end{aligned}$$

燃烧热为恒压反应热效应，故

$$\Delta_r H_m^\ominus = \Delta_r U_m^\ominus + \Delta\nu RT$$
$$= -6748.0 \times 1000\ \text{J}\cdot\text{mol}^{-1} + \left(-\frac{11}{2}\right) \times 8.314\ \text{J}\cdot\text{mol}^{-1}\cdot\text{K}^{-1} \times 298\ \text{K}$$
$$= -6762\ \text{kJ}\cdot\text{mol}^{-1}$$

这就是正癸烷($C_{10}H_{22}$)的燃烧热。

例 2.4 通过查热力学数据表，估算常压下单质溴 $Br_2(l)$的沸点。

解： 单质 $Br_2(l)$的沸腾过程可表示为

$$Br_2(l) \xlongequal{\quad} Br_2(g)$$

查热力学数据表得

	$\Delta_f H_m^\ominus/(\text{kJ}\cdot\text{mol}^{-1})$	$S_m^\ominus/(\text{J}\cdot\text{mol}^{-1}\cdot\text{K}^{-1})$
$Br_2(l)$	0	152.2
$Br_2(g)$	30.9	245.5

过程的焓变和熵变分别由下列计算求出：

$$\Delta_r H_m^\ominus = \Delta_f H_m^\ominus(Br_2, g) - \Delta_f H_m^\ominus(Br_2, l)$$
$$= (30.9 - 0)\text{kJ}\cdot\text{mol}^{-1}$$
$$= 30.9\ \text{kJ}\cdot\text{mol}^{-1}$$
$$\Delta_r S_m^\ominus = S_m^\ominus(Br_2, g) - S_m^\ominus(Br_2, l)$$
$$= (245.5 - 152.2)\text{J}\cdot\text{mol}^{-1}\cdot\text{K}^{-1}$$
$$= 93.3\ \text{J}\cdot\text{mol}^{-1}\cdot\text{K}^{-1}$$

相变点下的相变可以认为是可逆过程，其 $\Delta_r G = 0$。

根据公式 $\Delta_r G = \Delta_r H - T\Delta_r S$，当 $\Delta_r G = 0$ 时，有

$$T = \frac{\Delta_r H}{\Delta_r S}$$

将数据代入上式，得

$$T = \frac{30.9 \times 1000\ \text{J}\cdot\text{mol}^{-1}}{93.3\ \text{J}\cdot\text{mol}^{-1}\cdot\text{K}^{-1}} = 331.2\ \text{K}$$

即单质溴的沸点为 331.2 K。

例 2.5 1 g $C_2H_2(g)$在 298 K 的恒容条件下完全燃烧放出的热量为 50.1 kJ，求该温度下 C_2H_2 的标准摩尔燃烧热 $\Delta_c H_m^\ominus$。已知 $H_2(g)$和 C(石墨)的标准摩尔燃烧热分别为 $-285.83\ \text{kJ}\cdot\text{mol}^{-1}$ 和 $-393.51\ \text{kJ}\cdot\text{mol}^{-1}$。求 $C_2H_2(g)$的标准摩尔生成热。

解： 由题设 1 g $C_2H_2(g)$恒容燃烧放热 50.1 kJ，而 $M(C_2H_2) = 26\ \text{g}\cdot\text{mol}^{-1}$，故 1 mol $C_2H_2(g)$ 恒容燃烧时放热为

$$50.1\ \text{kJ} \times 26 = 1302.6\ \text{kJ}$$

即反应

$$C_2H_2(g) + \frac{5}{2}O_2(g) \xlongequal{\Delta V = 0} 2CO_2(g) + H_2O(l)$$

的恒容反应热 $\Delta_r U_m^\ominus = -1302.6\ \text{kJ}\cdot\text{mol}^{-1}$

而

$$C_2H_2(g)+\frac{5}{2}O_2(g) \xlongequal{\quad} 2CO_2(g)+H_2O(l)$$

的恒压反应热 $\Delta_r H_m^\ominus$ 才是 $C_2H_2(g)$的燃烧热 $\Delta_c H_m^\ominus(C_2H_2,g)$，即

$$\begin{aligned}\Delta_c H_m^\ominus(C_2H_2,g)&=\Delta_r H_m^\ominus=\Delta_r U_m^\ominus+\Delta\nu RT\\&=-1302.6\ kJ\cdot mol^{-1}+\left(-\frac{3}{2}\right)\times 8.314\times 10^{-3}\ kJ\cdot mol^{-1}\cdot K^{-1}\times 298\ K\\&=-1306.3\ kJ\cdot mol^{-1}\end{aligned}$$

由题设条件可知

$$\Delta_c H_m^\ominus(H_2,g)=-285.83\ kJ\cdot mol^{-1}$$

$$\Delta_c H_m^\ominus(C,\text{石墨})=-393.51\ kJ\cdot mol^{-1}$$

$C_2H_2(g)$的生成反应为

$$2C(\text{石墨})+H_2(g) \xlongequal{\quad} C_2H_2(g)$$

根据由燃烧热求反应热的公式得

$$\begin{aligned}\Delta_r H_m^\ominus&=\sum\nu_i\Delta_c H_m^\ominus(\text{反应物})-\sum\nu_i\Delta_c H_m^\ominus(\text{生成物})\\&=2\Delta_c H_m^\ominus(C,\text{石墨})+\Delta_c H_m^\ominus(H_2,g)-\Delta_c H_m^\ominus(C_2H_2,g)\\&=[(-393.51)\times 2+(-285.83)\times 1-(-1306.3)\times 1]\ kJ\cdot mol^{-1}\\&=233.5\ kJ\cdot mol^{-1}\end{aligned}$$

例 2.6 已知 $\Delta_f H_m^\ominus(NH_3,g)=-46\ kJ\cdot mol^{-1}$，$\Delta_f H_m^\ominus(H_2N—NH_2,g)=95\ kJ\cdot mol^{-1}$，$E(H—H)=436\ kJ\cdot mol^{-1}$，$E(N—H)=391\ kJ\cdot mol^{-1}$，求 $E(N—N)$。

解： 由题设条件可知

(1) $\frac{1}{2}N_2(g)+\frac{3}{2}H_2(g) \xlongequal{\quad} NH_3(g)$ $\qquad \Delta_r H_m^\ominus(1)=-46\ kJ\cdot mol^{-1}$

(2) $N_2(g)+2H_2(g) \xlongequal{\quad} H_2N—NH_2(g)$ $\qquad \Delta_r H_m^\ominus(2)=95\ kJ\cdot mol^{-1}$

(1)×2－(2)×1 得

(3) $H_2(g)+H_2N—NH_2 \xlongequal{\quad} 2NH_3(g)$

$$\begin{aligned}\Delta_r H_m^\ominus(3)&=\Delta_r H_m^\ominus(1)\times 2-\Delta_r H_m^\ominus(2)\\&=(-46\times 2-95)\ kJ\cdot mol^{-1}\\&=-187\ kJ\cdot mol^{-1}\end{aligned}$$

根据键能与反应热的关系，有

$$\Delta_r H_m^\ominus(3)=E(H—H)+E(N—N)+4E(N—H)-6E(N—H)$$

所以

$$\begin{aligned}E(N—N)&=\Delta_r H_m^\ominus(3)-E(H—H)+2E(N—H)\\&=(-187-436+391\times 2)\ kJ\cdot mol^{-1}=159\ kJ\cdot mol^{-1}\end{aligned}$$

例 2.7 用 $CaO(s)$吸收高炉废气中的 SO_3 气体，其反应方程式为

$$CaO(s)+SO_3(g) \xlongequal{\quad} CaSO_4(s)$$

根据下列数据计算该反应在 373 K 时的 $\Delta_r G_m^\ominus$，说明反应进行的可能性；并计算反应逆转的温度，进一步说明应用此反应防止 SO_3 污染环境的合理性。

	$CaSO_4(s)$	$CaO(s)$	$SO_3(g)$
$\Delta_f H_m^\ominus/(kJ\cdot mol^{-1})$	-1434.5	-634.9	-395.7
$S_m^\ominus/(J\cdot mol^{-1}\cdot K^{-1})$	106.5	38.1	256.8

解：根据题设数据，可求出反应

$$CaO(s)+SO_3(g) = CaSO_4(s)$$

的 $\Delta_r H_m^\ominus$ 和 $\Delta_r S_m^\ominus$。

$$\begin{aligned}\Delta_r H_m^\ominus &= \Delta_f H_m^\ominus(CaSO_4,s)-\Delta_f H_m^\ominus(CaO,s)-\Delta_f H_m^\ominus(SO_3,g)\\ &=[-1434.5-(-634.9)-(-395.7)]\ kJ\cdot mol^{-1}\\ &=-403.9\ kJ\cdot mol^{-1}\end{aligned}$$

$$\begin{aligned}\Delta_r S_m^\ominus &= S_m^\ominus(CaSO_4,s)-S_m^\ominus(CaO,s)-S_m^\ominus(SO_3,g)\\ &=(106.5-38.1-256.8)\ J\cdot mol^{-1}\cdot K^{-1}\\ &=-188.4\ J\cdot mol^{-1}\cdot K^{-1}\end{aligned}$$

373 K 时

$$\begin{aligned}\Delta_r G_m^\ominus &= \Delta_r H_m^\ominus - T\Delta_r S_m^\ominus\\ &=-403.9\times1000\ J\cdot mol^{-1}-373\ K\times(-188.4\ J\cdot mol^{-1}\cdot K^{-1})\\ &=-333.6\ kJ\cdot mol^{-1}\end{aligned}$$

由于 $\Delta_r G_m^\ominus<0$，故反应可以自发进行。

这是一个放热反应，升高温度时有利于向 $CaSO_4$ 分解方向进行。当 $\Delta_r G_m^\ominus=0$ 时，反应将以可逆方式进行，这时

$$\Delta_r H_m^\ominus = T\Delta_r S_m^\ominus$$

$$\begin{aligned}T &= \frac{\Delta_r H_m^\ominus}{\Delta_r S_m^\ominus}\\ &=\frac{-403.9\times1000\ J\cdot mol^{-1}}{-188.4\ J\cdot mol^{-1}\cdot K^{-1}}=2144\ K\end{aligned}$$

只有当温度高于 2144 K 时，$CaSO_4$ 才能分解，而高炉废气的温度远小于反应

$$CaO(s)+SO_3(g) = CaSO_4(s)$$

的逆转温度，所以用此反应吸收高炉废气中的 SO_3，以防止其污染环境是合理的。

例 2.8　已知　$A(g)+B(s) = C(g)+D(s)$　　$\Delta_r H=-52.99\ kJ$

298 K，100 kPa 下发生反应，体系做了最大功并放热 1.49 kJ。求反应过程的 Q，W，$\Delta_r U$，$\Delta_r S$ 和 $\Delta_r G$。

解：由题设可直接得出 $Q=-1.49$ kJ。

根据题设可以看出，反应

$$A(g)+B(s) = C(g)+D(s)$$

体系做了最大功，所以反应是可逆的，故热效应为 Q_r。于是

$$\Delta_r S=\frac{Q_r}{T}=\frac{-1.49\times1000\ J}{298\ K}=-5.0\ J\cdot K^{-1}$$

$$\Delta_r H=\Delta_r U+\Delta(pV)=\Delta_r U+p\Delta V$$

由反应式可以看出，反应前后无体积变化，故 $\Delta V=0$，所以

$$\Delta_r U = \Delta_r H = -52.99\ \text{kJ}$$

由热力学第一定律

$$\Delta_r U = Q + W$$

所以

$$W = \Delta_r U - Q = -52.99\ \text{kJ} - (-1.49\ \text{kJ}) = -51.5\ \text{kJ}$$

因为 $\Delta V = 0$,无体积功,故过程只有非体积功。在可逆过程中,ΔG 与 $W_{非}$ 之间有如下关系:

$$-\Delta_r G = -W_{非}$$

故

$$\Delta_r G = W_{非} = -51.5\ \text{kJ}$$

$\Delta_r G$ 也可以根据 $\Delta_r H$ 和 $T\Delta_r S$ 求出:

$$\begin{aligned}\Delta_r G &= \Delta_r H - T\Delta_r S \\ &= -52.99 \times 1000\ \text{J} - 298\ \text{K} \times (-5.0\ \text{J·K}^{-1}) \\ &= -51.5\ \text{kJ}\end{aligned}$$

第二部分　习题

一、选择题

2.1　对于恒温恒压有非体积功的反应,下列等式正确的是

(A) $Q = \Delta H$;　(B) $Q = \Delta H + W_{非}$;　(C) $\Delta H = Q + W_{非}$;　(D) $Q = \Delta U$。

2.2　已知 $\Delta_c H_m^\ominus$(C,石墨) $= -393.5\ \text{kJ·mol}^{-1}$,$\Delta_c H_m^\ominus$(C,金刚石) $= -395.6\ \text{kJ·mol}^{-1}$,则 $\Delta_f H_m^\ominus$(C,金刚石)为

(A) $-789.3\ \text{kJ·mol}^{-1}$;　(B) $2.1\ \text{kJ·mol}^{-1}$;

(C) $-2.1\ \text{kJ·mol}^{-1}$;　(D) $789.3\ \text{kJ·mol}^{-1}$。

2.3　已知反应 $2PbS(s) + 3O_2(g) = 2PbO(s) + 2SO_2(g)$ 的 $\Delta_r H_m^\ominus = -843.4\ \text{kJ·mol}^{-1}$,则 298 K 时,1 mol 该反应的恒容反应热 Q_V 的值为

(A) 840.9 kJ;　(B) 845.9 kJ;　(C) −845.9 kJ;　(D) −840.9 kJ。

2.4　已知如下键能数据:

	C═C	C—C	C—H	H—H
$E/(\text{kJ·mol}^{-1})$	610	346	413	435

则反应 $C_2H_4(g) + H_2(g) = C_2H_6(g)$ 的 $\Delta_r H_m^\ominus$ 为

(A) $127\ \text{kJ·mol}^{-1}$;　(B) $-127\ \text{kJ·mol}^{-1}$;

(C) $54\ \text{kJ·mol}^{-1}$;　(D) $172\ \text{kJ·mol}^{-1}$。

2.5　常压下 −10 ℃ 的过冷水变成冰,在此过程中的 ΔG 和 ΔH 的变化,正确的是

(A) $\Delta G < 0$,$\Delta H > 0$;　(B) $\Delta G > 0$,$\Delta H > 0$;

(C) $\Delta G = 0$,$\Delta H = 0$;　(D) $\Delta G < 0$,$\Delta H < 0$。

2.6　已知 $MnO_2(s) = MnO(s) + \frac{1}{2}O_2(g)$　$\Delta_r H_m^\ominus = 134.8\ \text{kJ·mol}^{-1}$

$MnO_2(s) + Mn(s) = 2MnO(s)$　$\Delta_r H_m^\ominus = -250.1\ \text{kJ·mol}^{-1}$

则 MnO_2 的标准摩尔生成热 $\Delta_f H_m^\ominus$ 为

(A) 519.7 $kJ \cdot mol^{-1}$；　(B) -317.5 $kJ \cdot mol^{-1}$；

(C) -519.7 $kJ \cdot mol^{-1}$；　(D) 317.5 $kJ \cdot mol^{-1}$。

2.7　在 $p^{\ominus}$ 下，氯甲烷的沸点为 249.4 K，蒸发热为 24.5 $J \cdot g^{-1}$，则 1 mol 氯甲烷蒸发过程的熵变为（氯甲烷摩尔质量为 50.5 $g \cdot mol^{-1}$）

(A) 4.96 $J \cdot mol^{-1} \cdot K^{-1}$；　(B) 0；

(C) 123.3 $J \cdot mol^{-1} \cdot K^{-1}$；　(D) 36.5 $J \cdot mol^{-1} \cdot K^{-1}$。

2.8　下列反应中，$\Delta_r H_m^{\ominus}$ 与产物的 $\Delta_f H_m^{\ominus}$ 相同的是

(A) $2H_2(g) + O_2(g) = 2H_2O(l)$；　(B) $NO(g) + \frac{1}{2}O_2(g) = NO_2(g)$；

(C) C(金刚石) $=$ C(石墨)；　(D) $H_2(g) + \frac{1}{2}O_2(g) = H_2O(g)$。

2.9　下列物质中，标准摩尔熵最大的是

(A) MgF_2；　(B) MgO；　(C) $MgSO_4$；　(D) $MgCO_3$。

2.10　下列反应中，$\Delta_r S_m^{\ominus}$ 最大的是

(A) $C(s) + O_2(g) = CO_2(g)$；

(B) $2SO_2(g) + O_2(g) = 2SO_3(g)$；

(C) $3H_2(g) + N_2(g) = 2NH_3(g)$；

(D) $CuSO_4(s) + 5H_2O(l) = CuSO_4 \cdot 5H_2O(s)$。

2.11　下列反应在常温下均为非自发反应，在高温下仍为非自发反应的是

(A) $2Ag_2O(s) = 4Ag(s) + O_2(g)$；

(B) $2Fe_2O_3(s) + 3C(s) = 4Fe(s) + 3CO_2(g)$；

(C) $N_2O_4(g) = 2NO_2(g)$；

(D) $6C(s) + 6H_2O(g) = C_6H_{12}O_6(s)$。

2.12　液体沸腾过程中，下列几种物理量中数值增大的是

(A) 蒸气压；　(B) 标准摩尔吉布斯自由能；

(C) 标准摩尔熵；　(D) 液体质量。

2.13　下列过程中，$\Delta G = 0$ 的是

(A) 氨在水中解离达平衡；　(B) 理想气体向真空膨胀；

(C) 乙醇溶于水；　(D) 炸药爆炸。

2.14　已知反应 $A_2(g) + 2B_2(g) = 3C_2(g)$ 在恒压和温度 1000 K 时的 $\Delta_r H_m$ 为 40 $kJ \cdot mol^{-1}$，$\Delta_r S_m$ 为 40 $J \cdot mol^{-1} \cdot K^{-1}$，则下列关系中正确的是

(A) $\Delta_r U_m = \Delta_r H_m$；　(B) $\Delta_r G_m = 0$；

(C) $\Delta_r U_m = T\Delta_r S_m$；　(D) 所有关系都正确。

二、填空题

2.15　2 mol Hg(l)在沸点温度（630 K）蒸发过程中所吸收的热量为 109.12 kJ，则汞的标准摩尔蒸发热 $\Delta_{vap} H_m^{\ominus} =$ ________ $kJ \cdot mol^{-1}$；该过程对环境做功 $W =$ ________ kJ，$\Delta U =$ ________ kJ，$\Delta S =$ ________ $J \cdot K^{-1}$，$\Delta G =$ ________ kJ。

2.16　有 A，B，C，D 四个反应，在 298 K 时反应的热力学函数分别为

	A	B	C	D
$\Delta_r H_m^\ominus/(kJ\cdot mol^{-1})$	10.5	1.80	−126	−11.7
$\Delta_r S_m^\ominus/(J\cdot mol^{-1}\cdot K^{-1})$	30.0	−113	84.0	−105

则在标准态下，任何温度都能自发进行的反应是________，任何温度都不能自发进行的反应是________；另两个反应中，在温度高于________℃时可自发进行的反应是________，在温度低于________℃时可自发进行的反应是________。

2.17 已知 $\Delta_f H_m^\ominus(ClF,g) = -50.6\ kJ\cdot mol^{-1}$，$D(Cl—Cl) = 239\ kJ\cdot mol^{-1}$，$D(F—F) = 166\ kJ\cdot mol^{-1}$，则 ClF 的解离能 $D =$________ $kJ\cdot mol^{-1}$。

2.18 已知 25 ℃ 时，晶体碘 $I_2(s)$和碘蒸气 $I_2(g)$的 $S_m^\ominus$ 分别为 116.1 $J\cdot mol^{-1}\cdot K^{-1}$和 260.7 $J\cdot mol^{-1}\cdot K^{-1}$，碘蒸气 $I_2(g)$的 $\Delta_f H_m^\ominus = 62.4\ kJ\cdot mol^{-1}$。则碘蒸气 $I_2(g)$的 $\Delta_f G_m^\ominus =$________ $kJ\cdot mol^{-1}$，晶体碘(s)的正常升华温度为________℃。

2.19 已知反应 $2HgO(s) = 2Hg(l) + O_2(g)$的 $\Delta_r H_m^\ominus = 181.4\ kJ\cdot mol^{-1}$，则 $\Delta_f H_m^\ominus(HgO,s) =$________ $kJ\cdot mol^{-1}$。已知 $M_r(Hg) = 201$，生成 1 g Hg(l)的焓变是________kJ。

2.20 已知某弹式热量计与其内容物总的热容为 4.633 $kJ\cdot K^{-1}$，在其中完全燃烧 0.103 g 甲苯 $C_7H_8(l)$使热量计升温 0.944 K，则甲苯燃烧反应的恒容反应热效应 $\Delta_r U_m =$________ $kJ\cdot mol^{-1}$；298 K 时，0.1 mol 甲苯完全燃烧，其 Q_p 与 Q_V 的差值为________kJ。

2.21 将下列物质按摩尔熵值由小到大排列，其顺序为________________。
LiCl(s)， Li(s)， $Cl_2(g)$， $I_2(g)$， Ne(g)。

2.22 将固体 NH_4NO_3 溶于水中，溶液变冷，则 NH_4NO_3 溶于水的过程的 ΔH________0，ΔS________0，ΔG________0。

2.23 若 3 mol 理想气体向真空膨胀，该过程的 $Q, W, \Delta U, \Delta H, \Delta S, \Delta G$ 中不为零的是________。

三、简答题和计算题

2.24 制水煤气是将水蒸气从红热的煤中通过，有下列反应发生：

$$C(s) + H_2O(g) = CO(g) + H_2(g)$$

$$CO(g) + H_2O(g) = CO_2(g) + H_2(g)$$

将此混合气体冷却至室温即得水煤气，其中含有 CO，H_2 及少量 CO_2(水蒸气可忽略不计)。若 C 有 95%转化为 CO，5%转化为 CO_2，则 1 dm^3 此种水煤气燃烧产生的热量是多少(燃烧产物都是气体)？已知

	CO(g)	$CO_2(g)$	$H_2O(g)$
$\Delta_f H_m^\ominus/(kJ\cdot mol^{-1})$	−110.5	−393.5	−241.8

2.25 已知

$$2MnO_4^- + 10Cl^- + 16H^+ = 2Mn^{2+} + 5Cl_2 + 8H_2O \qquad \Delta_r G_m^\ominus(1) = -142.0\ kJ\cdot mol^{-1}$$

$$Cl_2 + 2Fe^{2+} = 2Cl^- + 2Fe^{3+} \qquad \Delta_r G_m^\ominus(2) = -113.6\ kJ\cdot mol^{-1}$$

求反应 $MnO_4^- + 5Fe^{2+} + 8H^+ = Mn^{2+} + 5Fe^{3+} + 4H_2O$ 的 $\Delta_r G_m^\ominus$。

2.26 在一只弹式热量计中燃烧 0.20 mol $H_2(g)$生成 $H_2O(l)$，使热量计温度升高 0.88 K，当

0.010 mol 甲苯在此热量计中燃烧时，热量计温度升高 0.615 K，甲苯的燃烧反应为

$$C_7H_8(l) + 9O_2(g) \xlongequal{} 7CO_2(g) + 4H_2O(l)$$

求该反应的 $\Delta_r H_m^\ominus$。已知 $\Delta_f H_m^\ominus(H_2O,l) = -285.8\ kJ\cdot mol^{-1}$。

2.27 已知丙烯 C_3H_6(g)的标准摩尔燃烧热 $\Delta_c H_m^\ominus = -2058.0\ kJ\cdot mol^{-1}$，求如下恒容反应的热效应。

$$C_3H_6(g) + \frac{9}{2}O_2(g) \xlongequal{} 3CO_2(g) + 3H_2O(l)$$

2.28 阿波罗计划中的运载火箭用联氨(N_2H_4,l)作燃料，用 N_2O_4(g)作氧化剂，燃烧产物为 N_2(g) 和H_2O(l)。计算燃烧 1.0 kg 联氨所放出的热量。反应在 300 K，101.3 kPa 条件下进行，需要多少升 N_2O_4(g)？已知

	N_2H_4(l)	N_2O_4(g)	H_2O(l)
$\Delta_f H_m^\ominus/(kJ\cdot mol^{-1})$	50.6	9.16	−285.8

2.29 已知斜方硫和单斜硫的 $S_m^\ominus$ 分别为 31.9 $J\cdot mol^{-1}\cdot K^{-1}$ 和 32.6 $J\cdot mol^{-1}\cdot K^{-1}$，它们的标准摩尔燃烧热分别为 $-296.81\ kJ\cdot mol^{-1}$ 和 $-297.14\ kJ\cdot mol^{-1}$。试计算 298 K 时反应 S(斜方) ⟶ S(单斜)的 $\Delta_r G_m^\ominus$。

2.30 已知下列反应的热效应：

(1) $Fe_2O_3(s) + 3CO(g) \xlongequal{} 2Fe(s) + 3CO_2(g)$　　$\Delta_r H_m^\ominus(1) = -27.61\ kJ\cdot mol^{-1}$

(2) $3Fe_2O_3(s) + CO(g) \xlongequal{} 2Fe_3O_4(s) + CO_2(g)$　　$\Delta_r H_m^\ominus(2) = -58.58\ kJ\cdot mol^{-1}$

(3) $Fe_3O_4(s) + CO(g) \xlongequal{} 3FeO(s) + CO_2(g)$　　$\Delta_r H_m^\ominus(3) = 38.07\ kJ\cdot mol^{-1}$

求下面反应的热效应 $\Delta_r H_m^\ominus(4)$。

(4) $FeO(s) + CO(g) \xlongequal{} Fe(s) + CO_2(g)$

2.31 试举例说明在什么情况下，$\Delta_r H_m^\ominus$，$\Delta_f H_m^\ominus$ 和 $\Delta_c H_m^\ominus$ 的数值相等。

2.32 已知 CS_2(l)在 101.3 kPa 和沸点温度(319.3 K)汽化时吸热 352 $J\cdot g^{-1}$，求 1 mol CS_2(l)在沸点温度汽化过程的 ΔH，ΔU 和 ΔS。

2.33 已知液态甲醇氧化生成气态甲醛的反应焓变是 $-155.4\ kJ\cdot mol^{-1}$，气态甲醛恒容燃烧热为 568.2 $kJ\cdot mol^{-1}$，$\Delta_f H_m^\ominus(CO_2,g) = -393.5\ kJ\cdot mol^{-1}$，$\Delta_f H_m^\ominus(H_2O,l) = -285.8\ kJ\cdot mol^{-1}$。试求：

(1) 甲醇的燃烧热；

(2) 甲醇的生成热。

2.34 产生水煤气的反应为 $C(s) + H_2O(g) \xlongequal{} CO(g) + H_2(g)$，各气体分压均处在 1.013×10^5 Pa下，体系达到平衡，求体系的温度。已知 $\Delta_f H_m^\ominus(H_2O,g) = -241.82\ kJ\cdot mol^{-1}$，$\Delta_f H_m^\ominus(CO,g) = -110.52\ kJ\cdot mol^{-1}$，$\Delta_f G_m^\ominus(H_2O,g) = -228.59\ kJ\cdot mol^{-1}$，$\Delta_f G_m^\ominus(CO,g) = -137.15\ kJ\cdot mol^{-1}$。

2.35 298 K 时，CS_2 的摩尔蒸发热 $\Delta_{vap} H_m^\ominus$ 为 27.7 $kJ\cdot mol^{-1}$，CS_2(l)的标准熵 $S_m^\ominus$ 为 151.3 $J\cdot mol^{-1}\cdot K^{-1}$，试求该温度条件下平衡时气态 CS_2 的标准熵 $S_m^\ominus(CS_2,g)$。

2.36 两种由 ZnO 还原制备金属锌的方法为

① $ZnO(s) + C(s) \xlongequal{} Zn(s) + CO(g)$

② $ZnO(s) + H_2(g) \xlongequal{} Zn(s) + H_2O(g)$

根据以下热力学数据，判断上述两种方法的可行性。

	$Zn(s)$	$H_2(g)$	$C(s)$	$CO(g)$	$H_2O(g)$	$ZnO(s)$
$\Delta_f H_m^\ominus/(kJ\cdot mol^{-1})$	0	0	0	−110.5	−241.8	−350.5
$S_m^\ominus/(J\cdot mol^{-1}\cdot K^{-1})$	41.6	130.7	5.7	197.7	188.8	43.7

2.37 已知 $C_2H_4(g)$，$C(s)$，$H_2(g)$ 的燃烧热分别为 $-1411.2\ kJ\cdot mol^{-1}$，$-393.5\ kJ\cdot mol^{-1}$ 和 $-285.8\ kJ\cdot mol^{-1}$，试求：

(1) $C_2H_4(g)$，$H_2(g)$，$C(s)$ 的燃烧反应的热化学反应方程式；

(2) $C_2H_4(g)$ 标准摩尔生成热。

2.38 已知下列数据：

$\Delta_f H_m^\ominus$(Sn，白)$=0$，　$\Delta_f H_m^\ominus$(Sn，灰)$=-2.1\ kJ\cdot mol^{-1}$

$S_m^\ominus$(Sn，白)$=51.5\ J\cdot mol^{-1}\cdot K^{-1}$，　$S_m^\ominus$(Sn，灰)$=44.3\ J\cdot mol^{-1}\cdot K^{-1}$

求 Sn(白) $\rightleftharpoons$ Sn(灰)的相变温度。

2.39 已知下列键能数据：

	N≡N	N—Cl	N—H	Cl—Cl	Cl—H	H—H
$E/(kJ\cdot mol^{-1})$	945	201	389	243	431	436

(1) 求反应 $2NH_3(g)+3Cl_2(g) = N_2(g)+6HCl(g)$ 的 $\Delta_r H_m^\ominus$；

(2) 由标准摩尔生成热判断 $NCl_3(g)$ 和 $NH_3(g)$ 相对稳定性。

2.40 已知 $S_m^\ominus$(石墨)$=5.740\ J\cdot mol^{-1}\cdot K^{-1}$，$\Delta_f H_m^\ominus$(金刚石)$=1.897\ kJ\cdot mol^{-1}$，$\Delta_f G_m^\ominus$(金刚石)$=2.900\ kJ\cdot mol^{-1}$。根据计算结果说明石墨和金刚石中碳原子排列的相对有序程度。

第 3 章
化学反应速率

第一部分　例题

例 3.1　某温度下 N_2O_5 按下式分解：

$$2N_2O_5(g) = 4NO_2(g) + O_2(g)$$

由实验测得在 67 ℃时 N_2O_5 的浓度随时间的变化如下：

t/min	0	1	2	3	4	5
$c(N_2O_5)/(mol\cdot dm^{-3})$	1.00	0.71	0.50	0.35	0.25	0.17

试求：

(1) 0～2 min 内的平均反应速率；

(2) 在 $t=2$ min 时的瞬时速率。

解：(1) $\bar{v} = -\dfrac{\Delta c(N_2O_5)}{\Delta t}$

$$= -\frac{0.50\ mol\cdot dm^{-3} - 1.00\ mol\cdot dm^{-3}}{2\ min - 0\ min}$$

$$= 0.25\ mol\cdot dm^{-3}\cdot min^{-1}$$

(2) 从实验数据看出，$c(N_2O_5)$每 2 min 减半，故 $t_{1/2}=2$ min，且 $t_{1/2}$与反应物浓度无关，所以该反应属于一级反应。

$$t_{1/2} = \frac{0.693}{k}$$

所以

$$k = \frac{0.693}{t_{1/2}} = \frac{0.693}{2\ min} = 0.347\ min^{-1}$$

反应的速率方程为

$$v = kc(N_2O_5)$$

将 $t=2$ min 时的浓度代入得

$$v = 0.347\ min^{-1} \times 0.50\ mol\cdot dm^{-3}$$

$$= 0.17\ mol\cdot dm^{-3}\cdot min^{-1}$$

也可以作 $c(N_2O_5)-t$ 图，如下图所示，再求 $t=2$ min 时的 v_t。

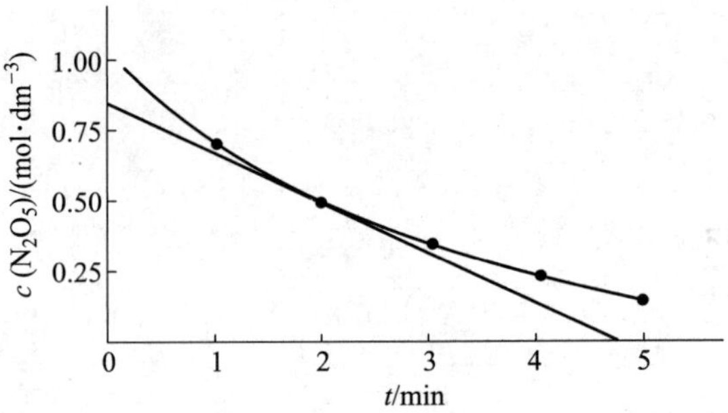

曲线在 $t=2$ min 处的斜率 k 为瞬时速率：

$$v=\frac{0.85\ \text{mol}\cdot\text{dm}^{-3}}{4.8\ \text{min}}\approx 0.17\ \text{mol}\cdot\text{dm}^{-3}\cdot\text{min}^{-1}$$

例 3.2 说明可逆反应的速率常数 k_+，k_- 与其平衡常数 K 之间的关系。若已知某温度下氢氟酸解离反应

$$HF(aq) \xlongequal{\quad} H^+(aq) + F^-(aq)$$

的平衡常数为 $7.08\times10^{-4}\ \text{mol}\cdot\text{dm}^{-3}$，又已知基元反应

$$H^+(aq) + F^-(aq) \xlongequal{\quad} HF(aq)$$

的速率常数为 $1.00\times10^{11}\ \text{dm}^3\cdot\text{mol}^{-1}\cdot\text{s}^{-1}$，求氢氟酸解离反应的速率常数。

解： 对于可逆基元反应

$$a\text{A} \rightleftharpoons b\text{B}$$

$$v_+=k_+[c(\text{A})]^a$$

$$v_-=k_-[c(\text{B})]^b$$

当反应达到平衡时，$v_+=v_-$，故

$$k_+[c(\text{A})_{平}]^a=k_-[c(\text{B})_{平}]^b$$

所以

$$\frac{[c(\text{B})_{平}]^b}{[c(\text{A})_{平}]^a}=\frac{k_+}{k_-}$$

即

$$K=\frac{k_+}{k_-}$$

题中涉及的两个反应，根据微观可逆性原理，皆为基元反应。设反应

$$HF(aq) \xlongequal{\quad} H^+(aq) + F^-(aq)$$

为正反应，速率常数为 k_+，平衡常数为 K，则其逆反应

$$H^+(aq) + F^-(aq) \xlongequal{\quad} HF(aq)$$

的速率常数为 k_-。

由 $K=\frac{k_+}{k_-}$ 得

$$\begin{aligned}k_+&=K\cdot k_-\\&=7.08\times10^{-4}\ \text{mol}\cdot\text{dm}^{-3}\times1.00\times10^{11}\ \text{dm}^3\cdot\text{mol}^{-1}\cdot\text{s}^{-1}\\&=7.08\times10^{7}\ \text{s}^{-1}\end{aligned}$$

这就是氢氟酸解离反应的速率常数。

例 3.3 有人对反应 $C_2H_6 + H_2 \Longrightarrow 2CH_4$ 提出如下机理：

① $C_2H_6 \Longrightarrow 2CH_3$ K

② $CH_3 + H_2 \Longrightarrow CH_4 + H$ k_2

③ $H + C_2H_6 \Longrightarrow CH_4 + CH_3$ k_3

试用稳态近似法和平衡假设法推导生成 CH_4 的速率方程微分表达式，并用已知数据表示速率常数 k。

解：反应②和反应③均生成 CH_4，故

$$\frac{dc(CH_4)}{dt} = k_2 c(CH_3) c(H_2) + k_3 c(H) c(C_2H_6) \tag{1}$$

同时反应②为中间产物 H 的形成反应，而反应③为中间产物 H 的消耗反应，根据稳态近似法，反应②和反应③的速率相等，即

$$\frac{dc(H)}{dt} = k_2 c(CH_3) c(H_2)$$

$$-\frac{dc(H)}{dt} = k_3 c(H) c(C_2H_6)$$

$$k_2 c(CH_3) c(H_2) = k_3 c(H) c(C_2H_6)$$

式（1）变成

$$\frac{dc(CH_4)}{dt} = 2k_2 c(CH_3) c(H_2) \tag{2}$$

由题设的平衡条件，有

$$K = \frac{[c(CH_3)]^2}{c(C_2H_6)}$$

$$c(CH_3) = K^{\frac{1}{2}} [c(C_2H_6)]^{\frac{1}{2}}$$

将其代入式（2），得

$$\frac{dc(CH_4)}{dt} = 2k_2 K^{\frac{1}{2}} c(H_2) [c(C_2H_6)]^{\frac{1}{2}}$$

令 $k = 2k_2 K^{\frac{1}{2}}$，则生成 CH_4 的速率方程为

$$\frac{dc(CH_4)}{dt} = kc(H_2) [c(C_2H_6)]^{\frac{1}{2}}$$

其中速率常数 $k = 2k_2 K^{\frac{1}{2}}$。

例 3.4 环丁烯异构化反应是一级反应：

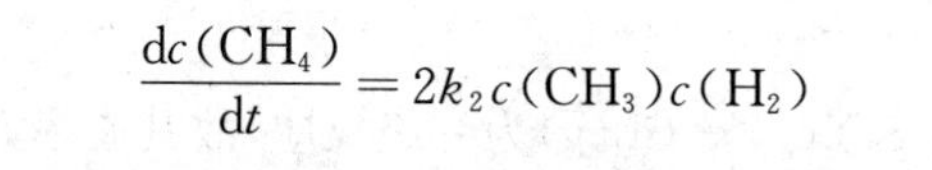

$$\begin{matrix} HC = CH \\ | \quad\quad | \\ H_2C - CH_2 \end{matrix} \longrightarrow CH_2 = CH - CH = CH_2$$

在 $150\,°C$ 时 $k = 2.0 \times 10^{-4}\ s^{-1}$，气态环丁烯的初始浓度为 $1.89 \times 10^{-3}\ mol \cdot dm^{-3}$。试求：

（1）20 min 时环丁烯的浓度；

（2）环丁烯的浓度变成 $1.00 \times 10^{-3}\ mol \cdot dm^{-3}$ 所需时间。

解：由题设条件可知环丁烯异构化反应是一级反应。根据一级反应反应物的浓度与时间的关系式

$$\lg \frac{c}{c_0} = -\frac{k}{2.303} t$$

进行计算。

(1) 20 min 即 1200 s。

$$\lg\frac{c}{c_0}=-\frac{2.0\times10^{-4}\ \mathrm{s^{-1}}}{2.303}\times1200\ \mathrm{s}=-0.104$$

$$\frac{c}{c_0}=0.787$$

故 20 min 时环丁烯的浓度为

$$\begin{aligned}c&=0.787\ c_0\\&=0.787\times1.89\times10^{-3}\ \mathrm{mol\cdot dm^{-3}}=1.49\times10^{-3}\ \mathrm{mol\cdot dm^{-3}}\end{aligned}$$

(2)

$$\begin{aligned}t&=-\frac{2.303\ \lg\dfrac{c}{c_0}}{k}\\&=-\frac{2.303\ \lg\dfrac{1.00\times10^{-3}\ \mathrm{mol\cdot dm^{-3}}}{1.89\times10^{-3}\ \mathrm{mol\cdot dm^{-3}}}}{2.0\times10^{-4}\ \mathrm{s^{-1}}}=3.18\times10^{3}\ \mathrm{s}\end{aligned}$$

例 3.5 $SO_2Cl_2(g) = SO_2(g)+Cl_2(g)$ 为一级反应，某温度下速率常数 $k=3.8\times10^{-5}\ \mathrm{s^{-1}}$，在该温度下反应 1.5 h 后，$SO_2Cl_2$ 的解离度是多少？

解： 1.5 h 即 5400 s。

依题意 $SO_2Cl_2(g) = SO_2(g)+Cl_2(g)$ 为一级反应，故其速率方程的积分表达式为

$$\lg\frac{c}{c_0}=-\frac{kt}{2.303}$$

将题设条件代入，得

$$\lg\frac{c}{c_0}=-\frac{3.8\times10^{-5}\ \mathrm{s^{-1}}\times5400\ \mathrm{s}}{2.303}=-0.089$$

所以

$$\frac{c}{c_0}=0.81$$

故

$$\frac{c_0-c}{c_0}=1-\frac{c}{c_0}=1-0.81=0.19$$

即 SO_2Cl_2 的解离度为 19%。

例 3.6 合成氨反应一般在 773 K 下进行，没有催化剂时反应的活化能约为 326 $\mathrm{kJ\cdot mol^{-1}}$，使用还原铁粉作催化剂时，活化能降低至 175 $\mathrm{kJ\cdot mol^{-1}}$。试计算加入催化剂后，反应速率增加到原来的多少倍。

解： 反应速率常数、温度和活化能的关系满足阿伦尼乌斯方程，即

$$\lg k=-\frac{E_a}{2.303\ RT}+\lg A$$

当温度一定、活化能 E_a 不同时，速率常数 k 不同，于是有

$$\lg k_1=-\frac{E_a(1)}{2.303RT}+\lg A \qquad (1)$$

$$\lg k_2=-\frac{E_a(2)}{2.303RT}+\lg A \qquad (2)$$

式(2)－式(1)得

$$\lg \frac{k_2}{k_1} = \frac{E_a(1) - E_a(2)}{2.303RT} \tag{3}$$

因为速率常数 k 与反应速率 v 成正比，故

$$\frac{k_2}{k_1} = \frac{v_2}{v_1}$$

则式(3)变成

$$\lg \frac{v_2}{v_1} = \frac{E_a(1) - E_a(2)}{2.303RT}$$

$$= \frac{326 \times 1000\ \mathrm{J \cdot mol^{-1}} - 175 \times 1000\ \mathrm{J \cdot mol^{-1}}}{2.303 \times 8.314\ \mathrm{J \cdot mol^{-1} \cdot K^{-1}} \times 773\ \mathrm{K}} = 10.2$$

故

$$\frac{v_2}{v_1} = 1.6 \times 10^{10}$$

即加入催化剂后，反应速率增加到了原来的 1.6×10^{10} 倍。

例 3.7 蔗糖水解反应

$$C_{12}H_{22}O_{11} + H_2O \xlongequal{\quad} 2C_6H_{12}O_6$$

活化能 $E_a = 110\ \mathrm{kJ \cdot mol^{-1}}$；298 K 时其半衰期 $t_{1/2} = 1.22 \times 10^4\ \mathrm{s}$，且 $t_{1/2}$ 与反应物浓度无关。

(1) 求此反应的反应级数；

(2) 写出其速率方程；

(3) 求 308 K 时的速率常数 k。

解：(1) 由题设可知，反应的半衰期 $t_{1/2}$ 与反应物的浓度无关，故该反应的反应级数为 1。

(2) 根据质量作用定律，其速率方程为

$$v = kc(C_{12}H_{22}O_{11})$$

(3) 由公式 $t_{1/2} = \frac{0.693}{k}$，得 298 K 时的速率常数为

$$k = \frac{0.693}{t_{1/2}} = \frac{0.693}{1.22 \times 10^4\ \mathrm{s}} = 5.68 \times 10^{-5}\ \mathrm{s^{-1}}$$

反应活化能 E_a，反应温度 T 和速率常数 k 之间的关系式为

$$\lg \frac{k_2}{k_1} = \frac{E_a}{2.303R}\left(\frac{1}{T_1} - \frac{1}{T_2}\right)$$

将 E_a，T_1 和 T_2 的数据代入其中，得

$$\lg \frac{k_2}{k_1} = \frac{110 \times 1000\ \mathrm{J \cdot mol^{-1}}}{2.303 \times 8.314\ \mathrm{J \cdot mol^{-1} \cdot K^{-1}}}\left(\frac{1}{298\ \mathrm{K}} - \frac{1}{308\ \mathrm{K}}\right)$$

$$= 6.259 \times 10^{-1}$$

所以

$$\frac{k_2}{k_1} = 4.226$$

$$k_2 = 4.226\ k_1 = 4.226 \times 5.68 \times 10^{-5}\ \mathrm{s^{-1}} = 2.40 \times 10^{-4}\ \mathrm{s^{-1}}$$

例 3.8 实验测得反应

$$CO(g) + NO_2(g) \xlongequal{\quad} CO_2(g) + NO(g)$$

650 K时的数据如下：

实验编号	$c(CO)/(mol\cdot dm^{-3})$	$c(NO_2)/(mol\cdot dm^{-3})$	$v(NO)/(mol\cdot dm^{-3}\cdot s^{-1})$
①	0.025	0.040	2.2×10^{-4}
②	0.050	0.040	4.4×10^{-4}
③	0.025	0.120	6.6×10^{-4}

(1) 通过推理写出反应的速率方程；

(2) 求650 K时的速率常数；

(3) 当$c(CO)=0.10\ mol\cdot dm^{-3}$，$c(NO_2)=0.16\ mol\cdot dm^{-3}$时，求650 K时的反应速率；

(4) 若800 K时的速率常数为$23.0\ dm^3\cdot mol^{-1}\cdot s^{-1}$，求反应的活化能。

解：(1) 对比实验①和实验②，$c(NO_2)$不变，$c(CO)$扩大2倍时，v扩大2倍，说明v与$c(CO)$成正比，即v对CO是一级反应；对比实验①和实验③，$c(CO)$不变，$c(NO_2)$扩大3倍时，v扩大3倍，说明v与$c(NO_2)$成正比，即v对NO_2是一级反应。故有

$$v=kc(CO)c(NO_2)$$

(2) 将实验①的数据代入上述速率方程，得

$$\begin{aligned}k&=\frac{v}{c(CO)c(NO_2)}\\&=\frac{2.2\times10^{-4}\ mol\cdot dm^{-3}\cdot s^{-1}}{0.025\ mol\cdot dm^{-3}\times0.040\ mol\cdot dm^{-3}}\\&=0.22\ dm^3\cdot mol^{-1}\cdot s^{-1}\end{aligned}$$

(3) 将题设数据代入速率方程，得

$$\begin{aligned}v&=kc(CO)c(NO_2)\\&=0.22\ dm^3\cdot mol^{-1}\cdot s^{-1}\times0.10\ mol\cdot dm^{-3}\times0.16\ mol\cdot dm^{-3}\\&=3.5\times10^{-3}\ mol\cdot dm^{-3}\cdot s^{-1}\end{aligned}$$

(4) 由公式

$$\lg\frac{k_2}{k_1}=\frac{E_a}{2.303R}\left(\frac{T_2-T_1}{T_1T_2}\right)$$

得

$$\begin{aligned}E_a&=\frac{2.303RT_2T_1}{T_2-T_1}\lg\frac{k_2}{k_1}\\&=\frac{2.303\times8.314\ J\cdot mol^{-1}\cdot K^{-1}\times800\ K\times650\ K}{800\ K-650\ K}\lg\frac{23.0\ dm^3\cdot mol^{-1}\cdot K^{-1}}{0.22\ dm^3\cdot mol^{-1}\cdot K^{-1}}\\&=1.3\times10^2\ kJ\cdot mol^{-1}\end{aligned}$$

第二部分　习题

一、选择题

3.1　当反应$A_2+B_2 = 2AB$的速率方程为$v=kc(A_2)c(B_2)$时，此反应

(A) 一定是基元反应；　　(B) 一定是非基元反应；

(C) 不能肯定是不是基元反应； (D) 反应为一级反应。

3.2 二级反应速率常数的单位是

(A) s^{-1}； (B) $mol \cdot dm^{-3}$； (C) $mol \cdot dm^{-3} \cdot s^{-1}$； (D) $mol^{-1} \cdot dm^{3} \cdot s^{-1}$。

3.3 反应的半衰期和反应物初始浓度的关系符合一级反应的是

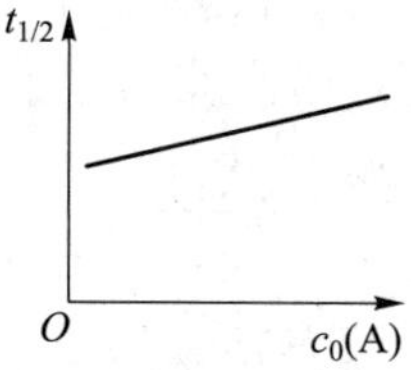

(A)

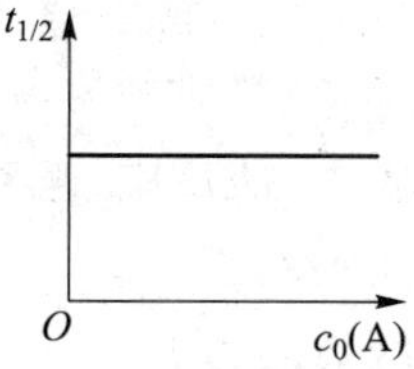

(B)

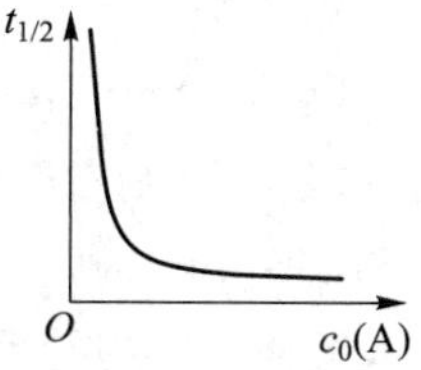

(C)

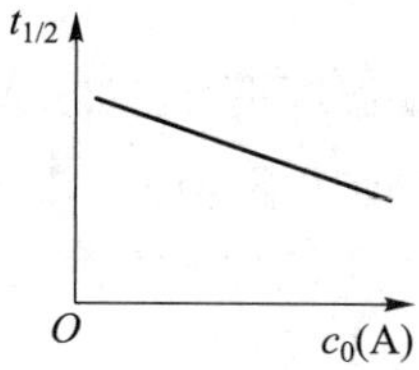

(D)

3.4 已知反应 $2NO(g) + Br_2(g) \xlongequal{} 2NOBr(g)$的反应历程是

$NO(g) + Br_2(g) \xlongequal{} NOBr_2(g)$ （快）

$NOBr_2(g) + NO(g) \xlongequal{} 2NOBr(g)$ （慢）

则该反应对 NO 的反应级数为

(A) 0； (B) 1； (C) 2； (D) 3。

3.5 下列势能－反应历程图中，属放热反应的是

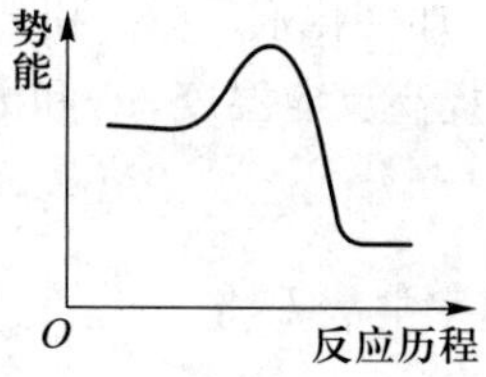

(1)

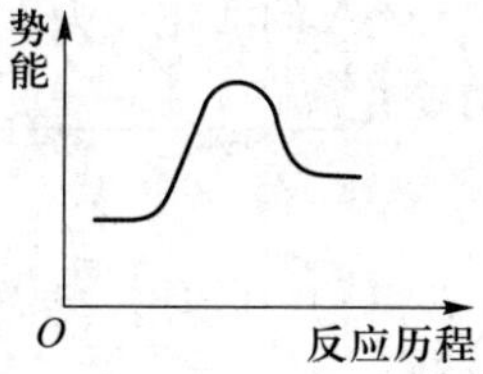

(2)

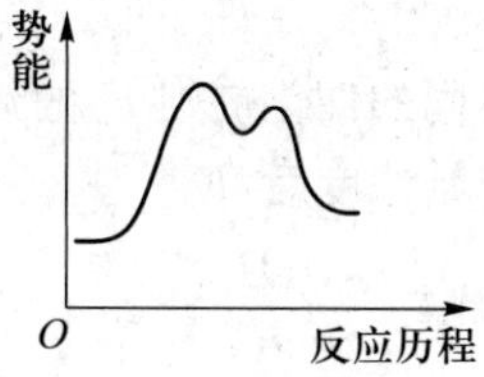

(3)

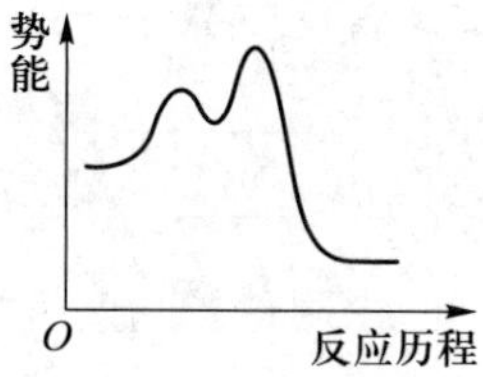

(4)

(A) (1)和(3)； (B) (2)和(3)；

(C) (1)和(4)； (D) (2)和(4)。

3.6 某化学反应，反应物消耗掉 75% 所需时间是消耗 50% 所需时间的 2 倍，则该反应的级数为

(A) 零级； (B) 一级； (C) 二级； (D) 三级。

3.7 已知反应 $2NO(g) + O_2(g) \xlongequal{} 2NO_2(g)$为三级反应。下列操作会使反应速率常数改变的是

(A) 减小体系的压强； (B) 在反应体系中加入大量的 NO；

(C) 降低反应温度； (D) 在反应体系中加入 NO_2。

3.8 有三个反应，其反应活化能分别为：a 反应 320 $kJ \cdot mol^{-1}$，b 反应 40 $kJ \cdot mol^{-1}$，c 反应 80 $kJ \cdot mol^{-1}$。当温度升高时，上述三个反应速率增加倍数的大小顺序是

(A) a＞c＞b； (B) a＞b＞c； (C) b＞c＞a； (D) c＞b＞a。

3.9 质量数为 210 的钋同位素进行β衰变，经过 14 天后，同位素的活性降低了 6.85%，则该同位素分解 90%所需要的天数为

(A) 354； (B) 263； (C) 300； (D) 454。

3.10 关于催化剂的说法，正确的是

(A) 不能改变反应的 $\Delta G, \Delta H, \Delta S, \Delta U$；

(B) 不能改变反应的 ΔG，但能改变 ΔH，ΔS，ΔU；

(C) 不能改变反应的 ΔG，ΔH，但能改变 ΔS，ΔU；

(D) 不能改变反应的 ΔG，ΔH，ΔU，但能改变 ΔS。

二、填空题

3.11 某温度下反应 $2NO(g)+O_2(g)═══2NO_2(g)$ 的速率常数 $k=8.8\times10^{-2}\ dm^6\cdot mol^{-2}\cdot s^{-1}$，已知反应对 O_2 来说是一级反应，则对 NO 为____级反应，速率方程为________________；当反应物浓度都是 $0.05\ mol\cdot dm^{-3}$ 时，反应的速率是____________________。

3.12 对于反应 A＋B ═══ C，每种反应物的反应级数均为 1。在一定的起始浓度下，25 ℃时的反应速率是 15 ℃时的 3 倍，则 35 ℃时的反应速率是 15 ℃时的约________倍。

3.13 物质 A 与 B 混合，反应按下列反应机理进行：

A＋B ═══ C　　　　（快）

B＋C ═══ D＋E＋A　（慢）

则该反应的反应方程式为____________________；物质 A 为______；物质 C 为________。

3.14 同位素 $^{90}_{38}Sr$ 放射性衰变的速率常数 $k=3.48\times10^{-2}\ a^{-1}$，则反应的半衰期为__________ a；若有 1.00 g 的 $^{90}_{38}Sr$，30 年后的残留量为________ g。

3.15 若反应 A ═══ 2B 的活化能为 E_a，而反应 2B ═══ A 的活化能为 E'_a。加催化剂后，E_a 和 E'_a ____________；加不同的催化剂则 E_a 的数值变化______________；提高反应温度，E_a 和 E'_a __________；改变起始浓度后，E_a________。

3.16 由阿伦尼乌斯方程 $\ln k=-\dfrac{E_a}{RT}+\ln A$ 可以看出，升高温度，反应速率常数 k 将________；使用催化剂时，反应速率常数 k 将________；而改变反应物或生成物浓度时，反应速率常数 k 将________。

3.17 某温度下，N_2O_3 的分解反应为 $N_2O_3(g)═══NO_2(g)+NO(g)$，反应速率常数 k 为 $3.20\times10^{-4}\ s^{-1}$。若反应初始时浓度 $c(N_2O_3)=1.00\ mol\cdot dm^{-3}$，当 N_2O_3 浓度减至 $0.125\ mol\cdot dm^{-3}$ 时反应的瞬时速率为______，该过程需要的时间为______ h。

3.18 在 650 K，丙酮的分解反应为一级反应，测得 200 min 时，丙酮浓度是 $0.030\,0\ mol\cdot dm^{-3}$，400 min 时是 $0.0200\ mol\cdot dm^{-3}$，则丙酮分解反应的速率常数为______________；丙酮的初始浓度为________ $mol\cdot dm^{-3}$。

3.19 已知各基元反应的活化能数据如下：

	A	B	C	D	E
正反应的活化能/($kJ\cdot mol^{-1}$)	70	16	40	20	20
逆反应的活化能/($kJ\cdot mol^{-1}$)	20	35	45	80	30

在相同的温度和指前因子时：

(1) 正反应是吸热反应的是________；

(2) 放热最多的反应是________；

(3) 正反应速率常数最大的反应是________；

(4) 反应可逆程度最大的反应是________；

(5) 正反应的速率常数 k 随温度变化最大的是________。

3.20 已知某反应在温度为372 ℃时,反应的速率常数 k_1 为 $3.0\times10^{-3}\ mol^{-1}\cdot dm^3\cdot min^{-1}$;温度为478 ℃时,$k_2$ 为 $6.0\times10^{-2}\ mol^{-1}\cdot dm^3\cdot min^{-1}$;则该反应的反应级数为____;反应的活化能为______ $kJ\cdot mol^{-1}$。

三、简答题和计算题

3.21 某温度下乙醛的分解反应为

$$CH_3CHO(g) = CH_4(g) + CO(g)$$

根据下列实验数据:

t/s	42	105	242	384	665	1070
c(乙醛)/($10^{-3}\ mol\cdot dm^{-3}$)	6.68	5.85	4.64	3.83	2.81	2.01

(1) 分别求算42～242 s和242～665 s时间间隔的平均反应速率,并说明二者大小不等的原因;

(2) 利用作图法求出 $t=100$ s时的瞬时速率。

3.22 已知过氧化氢分解成水和氧气的反应 $2H_2O_2(l) = 2H_2(l) + O_2(g)$,其速率常数为 $0.0410\ min^{-1}$。试求:

(1) 若 H_2O_2 的初始浓度为 $0.500\ mol\cdot dm^{-3}$,$t=10.0$ min时,H_2O_2 的浓度为多少?

(2) H_2O_2 分解反应的半衰期。

3.23 臭氧分解反应的机理为

① $O_3 \underset{}{\overset{K_1}{\rightleftharpoons}} O_2 + O$ (快)

② $O + O_3 \xrightarrow{k_2} 2O_2$ (慢)

根据上述反应机理,试用 O_3 和 O_2 的浓度表示它的速率方程。

3.24 反应 $2NO + 2H_2 = N_2 + 2H_2O$ 的反应机理为

① $NO + NO \rightleftharpoons N_2O_2$ (快)

② $N_2O_2 + H_2 = N_2O + H_2O$ (慢)

③ $N_2O + H_2 \rightleftharpoons N_2 + H_2O$ (快)

试确定总反应速率方程。

3.25 一氧化碳与氯气在高温下作用得到光气:

$$CO(g) + Cl_2(g) = COCl_2(g)$$

实验测得反应的速率方程为

$$\frac{dc(COCl_2)}{dt} = kc(CO)[c(Cl_2)]^{\frac{3}{2}}$$

有人提出其反应机理为

① $Cl_2 \underset{k_{-1}}{\overset{k_1}{\rightleftharpoons}} 2Cl\cdot$ (快平衡)

② $Cl\cdot + CO \underset{k_{-2}}{\overset{k_2}{\rightleftharpoons}} COCl\cdot$ (快平衡)

③ $COCl\cdot + Cl_2 \xlongequal{k_3} COCl_2 + Cl\cdot$ （慢反应）

(1) 试说明这一机理与速率方程相符合；

(2) 指出反应速率方程中的 k 与反应机理中的速率常数(k_1，k_{-1}，k_2，k_{-2})间的关系。

3.26 373 K 时，反应 $H_2PO_2^- + OH^- \longrightarrow HPO_3^{2-} + H_2$ 的实验数据如下：

初始浓度		$-\dfrac{dc(H_2PO_2^-)}{dt}\Big/(mol\cdot dm^{-3}\cdot min^{-1})$
$c(H_2PO_2^-)/(mol\cdot dm^{-3})$	$c(OH^-)/(mol\cdot dm^{-3})$	
0.10	1.0	3.2×10^{-5}
0.50	1.0	1.6×10^{-4}
0.50	4.0	2.56×10^{-3}

(1) 确定反应级数，写出速率方程；

(2) 计算此温度下的速率常数。

3.27 反应 $C_2H_6 \longrightarrow C_2H_4 + H_2$ 开始阶段反应级数近似为 3/2，910 K 时速率常数为 1.13 $dm^{\frac{3}{2}}\cdot mol^{-\frac{1}{2}}\cdot s^{-1}$。试计算 C_2H_6(g)的压强为 1.33×10^4 Pa 时的起始分解速率 v_0。

3.28 考古学者从古墓中取出的纺织品，经取样分析其 ^{14}C 含量为动植物活体的 85%。若放射性核衰变符合一级反应速率方程，且已知 ^{14}C 的半衰期为 5720 年，试估算该纺织品的年龄。

3.29 在 28 ℃时，鲜牛奶大约 4 h 变酸，但在 5 ℃的冰箱中可保持 48 h。假定反应速率与变酸时间成反比，求牛奶变酸反应的活化能。

3.30 已知反应 $CH_3CHO(g) \longrightarrow CH_4(g) + CO(g)$ 的活化能 $E_a = 188.3\ kJ\cdot mol^{-1}$；如果以碘蒸气为催化剂，反应的活化能 $E'_a = 138.1\ kJ\cdot mol^{-1}$。计算 800 K 时，加碘催化剂，反应速率增大为原来的多少倍。

3.31 某化合物在 100 min 内被消耗掉 25%，若分别是零级、一级和二级反应，则 200 min 时，对于各级反应，该物质分别被消耗了多少？

3.32 某有机物的热分解是一级反应，活化能为 200 $kJ\cdot mol^{-1}$，600 K 时半衰期为 360 min。问 700 K 时，多长时间可将该有机物分解 70%？

3.33 实验测定反应 $2NO_2(g) \longrightarrow 2NO(g) + O_2(g)$ 在 600 K 时 $k_1 = 0.75\ dm^3\cdot mol^{-1}\cdot s^{-1}$，700 K 时 $k_2 = 19.7\ dm^3\cdot mol^{-1}\cdot s^{-1}$，试计算此反应的活化能 E_a 和 A 值。

3.34 某一级反应 400 K 时的半衰期是 500 K 时的 100 倍，试估算该反应的活化能。

3.35 600 K 时，某化合物分解反应的速率常数 $k = 3.3\times10^{-2}\ s^{-1}$，反应的活化能 $E_a = 18.88\times10^4\ J\cdot mol^{-1}$，若控制反应在 10 min 内转化率达 90%，则反应的温度应控制为多少？

3.36 ^{203}Hg 可用于肾扫描。某医院购入 0.200 mg $^{203}Hg(NO_3)_2$ 试样，六个月(182 d)后，未发生衰变的试样还有多少？已知 ^{203}Hg 的半衰期为 46.1 d。

3.37 N_2O_5 分解为 NO_2 和 O_2 的反应为一级反应，45 ℃时，其速率常数 $k = 4.8\times10^{-4}\ s^{-1}$。

(1) 假设 N_2O_5 的起始浓度为 $1.65\times10^{-2}\ mol\cdot dm^{-3}$，825 s 后其浓度为多少？

(2) 多长时间后 N_2O_5 将由起始浓度减少到 $1.00\times10^{-2}\ mol\cdot dm^{-3}$？

3.38 已知 $CH_2(CH_2COOH)_2$ 在水溶液中可分解成丙酮和二氧化碳。283 K 时分解反应的速率常数为 $1.08\times10^{-4}\ dm^3\cdot mol^{-1}\cdot s^{-1}$，333 K 时为 $5.48\times10^{-2}\ dm^3\cdot mol^{-1}\cdot s^{-1}$，试计算该分解反应的活化能及 303 K 时反应的速率常数。

第 4 章
化学平衡

第一部分　例题

例 4.1　1000 K 时，将 0.631 g 光气（$COCl_2$）置于 0.472 dm^3 真空容器中，达平衡后测得其总压为 220 kPa，试求反应

$$COCl_2(g) \rightleftharpoons CO(g) + Cl_2(g)$$

在该温度下的平衡常数 K_c。

解： $n(COCl_2) = \dfrac{m}{M} = \dfrac{0.631\ g}{99\ g \cdot mol^{-1}} = 6.37 \times 10^{-3}\ mol$

$$\begin{array}{lccc} & COCl_2(g) & \rightleftharpoons & CO(g) + Cl_2(g) \\ n_{平}/mol & 6.37 \times 10^{-3} - x & & x \qquad x \end{array}$$

平衡时
$$n_{总} = (6.37 \times 10^{-3} + x)\ mol$$

依题意
$$n_{总} = \frac{pV}{RT} = \frac{220 \times 10^3\ Pa \times 0.472 \times 10^{-3}\ m^3}{8.314\ Pa \cdot m^3 \cdot mol^{-1} \cdot K^{-1} \times 1000\ K}$$
$$= 1.25 \times 10^{-2}\ mol$$
$$(6.37 \times 10^{-3} + x)\ mol = 1.25 \times 10^{-2}\ mol$$

解得
$$x = 6.13 \times 10^{-3}$$

故平衡时
$$n(CO) = n(Cl_2) = 6.13 \times 10^{-3}\ mol$$
$$n(COCl_2) = (6.37 \times 10^{-3} - x)\ mol = 2.40 \times 10^{-4}\ mol$$

由题设，容器体积
$$V = 0.472\ dm^3$$

所以平衡时
$$c(CO) = c(Cl_2) = \frac{6.13 \times 10^{-3}\ mol}{0.472\ dm^3} = 0.013\ 0\ mol \cdot dm^{-3}$$
$$c(COCl_2) = \frac{2.40 \times 10^{-4}\ mol}{0.472\ dm^3} = 5.08 \times 10^{-4}\ mol \cdot dm^{-3}$$

故
$$K_c = \frac{c(CO) \cdot c(Cl_2)}{c(COCl_2)}$$
$$= \frac{0.013\ 0\ mol \cdot dm^{-3} \times 0.013\ 0\ mol \cdot dm^{-3}}{5.08 \times 10^{-4}\ mol \cdot dm^{-3}} = 0.333\ mol \cdot dm^{-3}$$

例 4.2　某温度下，100 kPa 时反应 $2NO_2 \rightleftharpoons N_2O_4$ 的标准平衡常数 $K^{\ominus} = 3.06$，求 NO_2 的平衡转化率。

解: 设反应前 $n(NO_2)=1$ mol,平衡时 $n(NO_2)_{平}=x$ mol,则有

	$2NO_2 \rightleftharpoons$	N_2O_4	
t_0	1	0	
$t_{平}$	x	$\frac{1}{2}(1-x)$	故 $n_{总}=\frac{1}{2}(1+x)$ mol
x_i	$\dfrac{x}{\frac{1}{2}(1+x)}$	$\dfrac{\frac{1}{2}(1-x)}{\frac{1}{2}(1+x)}$	
p_i	$\dfrac{100\ \text{kPa}\cdot x}{\frac{1}{2}(1+x)}$	$\dfrac{100\ \text{kPa}\cdot\frac{1}{2}(1-x)}{\frac{1}{2}(1+x)}$	

$$K^{\ominus}=\frac{\dfrac{p(N_2O_4)}{p^{\ominus}}}{\left[\dfrac{p(NO_2)}{p^{\ominus}}\right]^2}$$

$$=\frac{\dfrac{\frac{1}{2}(1-x)}{\frac{1}{2}(1+x)}}{\left[\dfrac{x}{\frac{1}{2}(1+x)}\right]^2}=\frac{\frac{1}{4}(1-x)(1+x)}{x^2}$$

$$=3.06$$

解得 $x=0.275$。

NO_2 的平衡转化率为

$$\frac{(1-0.275)\ \text{mol}}{1\ \text{mol}}\times 100\%=72.5\%$$

例 4.3 某温度下,将一定量固体 NH_4HS 置于一真空容器中,它将按下式分解:

$$NH_4HS(s) \rightleftharpoons H_2S(g)+NH_3(g)$$

平衡时总压为 68.0 kPa。

(1) 计算该分解反应的 $K^{\ominus}$;

(2) 保持温度不变,缓缓加入 NH_3 直至 NH_3 的平衡分压为 93.0 kPa,则此时 H_2S 分压是多少?体系的总压是多少?

解: (1)

	$NH_4HS(s) \rightleftharpoons H_2S(g)$	+ $NH_3(g)$
平衡分压 p_i	$\frac{68.0\ \text{kPa}}{2}=34.0$ kPa	$\frac{68.0\ \text{kPa}}{2}=34.0$ kPa

$$K^{\ominus}=\frac{p(H_2S)}{p^{\ominus}}\cdot\frac{p(NH_3)}{p^{\ominus}}$$

$$=\frac{34.0\ \text{kPa}}{100\ \text{kPa}}\times\frac{34.0\ \text{kPa}}{100\ \text{kPa}}=0.116$$

(2) $$\frac{p(H_2S)}{p^\ominus}=\frac{K^\ominus}{\frac{p(NH_3)}{p^\ominus}}=\frac{0.116}{\frac{93.0\ \text{kPa}}{100\ \text{kPa}}}=0.125$$

$$p(H_2S)=0.125p^\ominus=0.125\times 100\ \text{kPa}=12.5\ \text{kPa}$$

$$p_{总}=p(H_2S)+p(NH_3)=12.5\ \text{kPa}+93.0\ \text{kPa}=105.5\ \text{kPa}$$

例 4.4　如下图所示，无摩擦、无质量、无体积的活塞 1，2，3 将反应器隔成甲、乙、丙 3 部分，分别进行反应：

$$A(g)+B(g)\rightleftharpoons C(g)$$

起始时物质的量已标在图中。某温度和 100 kPa 下实现平衡时，各部分的体积分别为 $V_甲$，$V_乙$，$V_丙$。

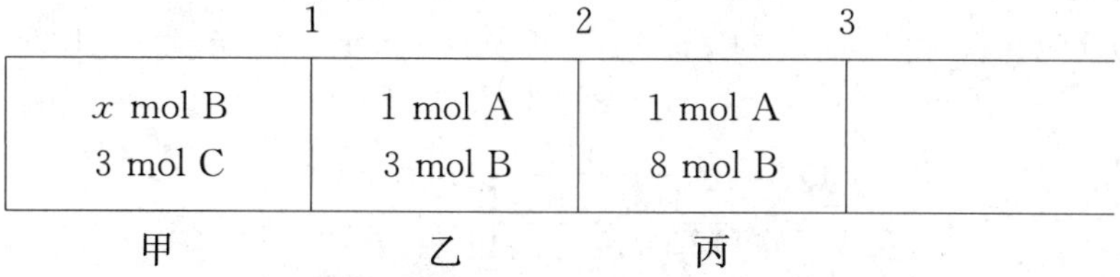

(1) 这时若去掉活塞 1，不会引起其他活塞移动，求算 x 值；

(2) 去掉活塞 2 后再次达到平衡时，活塞 3 向哪个方向发生了移动？试通过计算加以解释，可以假定反应的 $K^\ominus$ 等于 1。

解：(1) 若去掉活塞 1，不会引起活塞 2 的移动，说明甲和乙两部分中物质组成的比例一致。这种情形只有在两部分中物质的起始配比或折算后的起始配比一致时才能实现。

甲部分中	A(g)	+ B(g)	⇌ C(g)
起始 n/mol	0	x	3
折算成反应物的起始 n/mol	0＋3	$x+3$	0

与乙部分中比例一致，则

$$\frac{0+3}{x+3}=\frac{1}{3}$$

解得 $x=6$。

(2) 去掉活塞 2 后再次达到平衡时，活塞 3 向左方发生了移动。

去掉活塞 2 之前：

乙部分中	A(g)	+ B(g)	⇌ C(g)
起始时 n/mol	1	3	0
平衡时 n/mol	$1-z$	$3-z$	z
平衡时 $n_总$/mol		$4-z$	
摩尔分数 x_i	$\frac{1-z}{4-z}$	$\frac{3-z}{4-z}$	$\frac{z}{4-z}$
分压 p_i	$\frac{1-z}{4-z}p_总$	$\frac{3-z}{4-z}p_总$	$\frac{z}{4-z}p_总$
相对分压	$\frac{1-z}{4-z}$	$\frac{3-z}{4-z}$	$\frac{z}{4-z}$

$$K^{\ominus}=\frac{\dfrac{z}{4-z}}{\dfrac{1-z}{4-z}\cdot\dfrac{3-z}{4-z}}=1$$

解得 $z=0.419$。

故平衡时乙部分中有

A 0.581 mol　　B 2.581 mol　　C 0.419 mol　　$n_{总}=3.581\text{mol}$

同理，可以求得平衡时丙部分中有

A 0.531 mol　　B 7.531 mol　　C 0.469 mol　　$n_{总}=8.531\text{mol}$

于是去掉活塞 2 之后的不平衡瞬间，在活塞 1 和活塞 3 之间有

A 1.112 mol　　B 10.112 mol　　C 0.888 mol　　$n_{总}=12.112\text{mol}$

$$Q^{\ominus}=\frac{\dfrac{0.888}{12.112}}{\dfrac{1.112}{12.112}\times\dfrac{10.112}{12.112}}=0.957$$

因为 $Q^{\ominus}<K^{\ominus}$ 时，反应向正方向进行，活塞 1 和活塞 3 之间体积减小，故活塞 3 向左方发生移动。

例 4.5 已知在 2600 K 及 3000 K 时，W(s)的饱和蒸气压分别为 7.213×10^{-5} Pa 和 9.173×10^{-3} Pa。试计算：

(1) W(s)的摩尔升华热 $\Delta H_{\mathrm{m}}^{\ominus}$；

(2) 3200 K 时 W(s)的饱和蒸气压。

解：(1) W 升华过程可以表示为

$$\mathrm{W(s)} \rightleftharpoons \mathrm{W(g)} \qquad K^{\ominus}=\frac{p(\mathrm{W})}{p^{\ominus}},\quad K_p=p(\mathrm{W})$$

由公式
$$\ln K^{\ominus}=-\frac{\Delta H_{\mathrm{m}}^{\ominus}}{RT}+\frac{\Delta S_{\mathrm{m}}^{\ominus}}{R}$$

可以推导出关系式

$$\ln\frac{K_2^{\ominus}}{K_1^{\ominus}}=\frac{\Delta H_{\mathrm{m}}^{\ominus}}{R}\cdot\frac{T_2-T_1}{T_1T_2}$$

所以

$$\Delta H_{\mathrm{m}}^{\ominus}=\frac{T_1T_2R\ln\dfrac{K_2^{\ominus}}{K_1^{\ominus}}}{T_2-T_1}$$

$$=\frac{2600\ \mathrm{K}\times3000\ \mathrm{K}\times8.314\ \mathrm{J\cdot mol^{-1}\cdot K^{-1}}\times\ln\dfrac{\dfrac{9.173\times10^{-3}\ \mathrm{Pa}}{p^{\ominus}}}{\dfrac{7.213\times10^{-5}\ \mathrm{Pa}}{p^{\ominus}}}}{3000\ \mathrm{K}-2600\ \mathrm{K}}$$

$$=785.6\ \mathrm{kJ\cdot mol^{-1}}$$

(2) $\ln\dfrac{K_2^\ominus}{K_1^\ominus}=\dfrac{\Delta H_m^\ominus}{R}\cdot\dfrac{T_2-T_1}{T_1T_2}$

$$=\frac{785.6\times1000\ \text{J·mol}^{-1}\times(3200\ \text{K}-2600\ \text{K})}{8.314\ \text{J·mol}^{-1}\text{·K}^{-1}\times2600\ \text{K}\times3200\ \text{K}}=6.814$$

故 $\dfrac{K_2^\ominus}{K_1^\ominus}=911$，即 $\qquad \dfrac{p_2(\text{W})}{p_1(\text{W})}=\dfrac{K_2^\ominus}{K_1^\ominus}=911$

所以

$$p_2(\text{W})=p_1(\text{W})\times911=7.213\times10^{-5}\ \text{Pa}\times911=6.57\times10^{-2}\ \text{Pa}$$

即 3200 K 时的饱和蒸气压为 6.57×10^{-2} Pa。

例 4.6 在 318 K 条件下向 1.00 dm^3 真空容器中充入 6.00×10^{-3} mol N_2O_4 气体，反应

$$N_2O_4(g) \rightleftharpoons 2NO_2(g)$$

达到平衡后体系的总压为 25.9 kPa。

(1) 试计算该温度下 N_2O_4 的解离度 α 和此反应的平衡常数 $K^\ominus$；

(2) 已知该反应的 $\Delta_rH_m^\ominus=72.8\ \text{kJ·mol}^{-1}$，试计算 100 ℃时反应的 $K^\ominus$ 和 $\Delta_rG_m^\ominus$。

解 (1) 根据题设条件，在 $T=318$ K，$V=1.00\times10^{-3}\ \text{m}^3$ 条件下，N_2O_4 气体的起始压强为

$$p(N_2O_4)=\frac{nRT}{V}=\frac{6.00\times10^{-3}\text{mol}\times8.314\ \text{J·mol}^{-1}\text{·K}^{1}\times318\ \text{K}}{1.00\times10^{-3}\ \text{m}^3}=15.9\ \text{kPa}$$

平衡时压强 $p=25.9$ kPa。

$$N_2O_4(g) \rightleftharpoons 2NO_2(g)$$

平衡时压强 $\qquad (1-\alpha)p(N_2O_4) \qquad 2\alpha p(N_2O_4)$

则

$$p=p(N_2O_4)+p(NO_2)=(1-\alpha)p(N_2O_4)+2\alpha p(N_2O_4)$$

$$(1-\alpha)\times15.9\ \text{kPa}+2\alpha\times15.9\ \text{kPa}=25.9\ \text{kPa}$$

解得

$$\alpha=62.9\%$$

将平衡时气体的相对分压代入标准平衡常数表达式，有

$$K^\ominus=\frac{\left[\dfrac{p(NO_2)}{p^\ominus}\right]^2}{\dfrac{p(N_2O_4)}{p^\ominus}}=\frac{\left(\dfrac{2\times0.629\times15.9\ \text{kPa}}{100\ \text{kPa}}\right)^2}{\dfrac{(1-0.629)\times15.9\ \text{kPa}}{100\ \text{kPa}}}=0.678$$

(2) 对于反应 $\qquad N_2O_4(g) \rightleftharpoons 2NO_2(g)$

有

$$\ln K_1^\ominus=-\frac{\Delta_rH_m^\ominus}{RT_1}+\frac{\Delta_rS_m^\ominus}{R} \qquad (1)$$

$$\ln K_2^\ominus=-\frac{\Delta_rH_m^\ominus}{RT_2}+\frac{\Delta_rS_m^\ominus}{R} \qquad (2)$$

式(2)－式(1)得

$$\ln\frac{K_2^\ominus}{K_1^\ominus}=\frac{\Delta_rH_m^\ominus}{R}\left(\frac{1}{T_1}-\frac{1}{T_2}\right)$$

将 $\Delta_rH_m^\ominus=72.8\ \text{kJ·mol}^{-1}$，$T=373$ K，$K_1^\ominus=0.678$ 代入，得

$$\ln\frac{K_2^{\ominus}}{0.678}=\frac{72.8\times10^3\ \text{J}}{8.314\ \text{J·mol}^{-1}\text{·K}^{-1}}\left(\frac{1}{318\ \text{K}}-\frac{1}{373\ \text{K}}\right)$$

解得

$$K_2^{\ominus}=39.31$$

$$\begin{aligned}\Delta_r G_m^{\ominus}&=-RT\ln K_2^{\ominus}\\&=-8.314\times10^{-3}\ \text{kJ·mol}^{-1}\text{·K}^{-1}\times373\ \text{K}\times\ln39.31\\&=-11.39\ \text{kJ·mol}^{-1}\end{aligned}$$

例 4.7 1.01325×10^5 Pa 时水的沸点为 373 K，若水的汽化热为 $44.0\ \text{kJ·mol}^{-1}$，试给出水的饱和蒸气压 p 与热力学温度 T 的函数关系式。

解： 由 $\Delta_r G_m^{\ominus}=\Delta_r H_m^{\ominus}-T\Delta_r S_m^{\ominus}$ 和 $\Delta_r G_m^{\ominus}=-RT\ln K^{\ominus}$ 得

$$\ln K^{\ominus}=-\frac{\Delta_r H_m^{\ominus}}{RT}+\frac{\Delta_r S_m^{\ominus}}{R}$$

即

$$\lg K^{\ominus}=-\frac{\Delta_r H_m^{\ominus}}{2.303RT}+\frac{\Delta_r S_m^{\ominus}}{2.303R}$$

对于反应

$$H_2O(l) \rightleftharpoons H_2O(g)$$

$K^{\ominus}=\dfrac{p(H_2O)}{p^{\ominus}}$，即 $K^{\ominus}$ 为以 10^5 Pa 为单位的 $p(H_2O)$ 的数值。所以其函数关系式为

$$\lg[p(H_2O)/(10^5\ \text{Pa})]=-\frac{\Delta_r H_m^{\ominus}}{2.303RT}+\frac{\Delta_r S_m^{\ominus}}{2.303R} \tag{1}$$

将题设条件 373 K 时，$p(H_2O)$ 为 1.01325×10^5 Pa 和 $\Delta_r H_m^{\ominus}=44.0\ \text{kJ·mol}^{-1}$ 代入式(1)，求出

$$\Delta_r S_m^{\ominus}=118\ \text{J·mol}^{-1}\text{·K}^{-1}$$

所以式(1)又可表示为

$$\lg[p(H_2O)/(10^5\ \text{Pa})]=-\frac{2298}{T/\text{K}}+6.16$$

式(1)说明，$\lg[p(H_2O)/(10^5\ \text{Pa})]$ 对 $\dfrac{1}{T}$ 作图，可得一直线，其斜率为 $-\dfrac{\Delta_r H_m^{\ominus}}{2.303R}$，在纵轴上截距为 $\dfrac{\Delta_r S_m^{\ominus}}{2.303R}$。

由

$$\ln[p(H_2O)/(10^5\ \text{Pa})]=-\frac{\Delta_r H_m^{\ominus}}{RT}+\frac{\Delta_r S_m^{\ominus}}{R}$$

得

$$p(H_2O)/(10^5\ \text{Pa})=e^{\frac{\Delta_r S_m^{\ominus}}{R}}\cdot e^{-\frac{\Delta_r H_m^{\ominus}}{RT}} \tag{2}$$

将题设条件代入可得

$$p(H_2O)/(10^5\ \text{Pa})=1.46\times10^6\ e^{-\frac{5292}{T/\text{K}}}$$

式(2)说明 $p(H_2O)/(10^5\ \text{Pa})$ 对 T 作图得到的是指数函数曲线。

例 4.8 标准状态下的某化学反应，$\Delta_r H_m^{\ominus}>0$，$\Delta_r S_m^{\ominus}<0$。根据勒夏特列原理，升高温度时平衡右移；但根据公式

$$\Delta_r G_m^{\ominus}=\Delta_r H_m^{\ominus}-T\Delta_r S_m^{\ominus}$$

反应的 $\Delta_r G_m^{\ominus}$ 将增大，不利于反应向右进行。哪一种判断是正确的？

解： 用勒夏特列原理进行判断，平衡右移是正确的。

将　　$$\Delta_r G_m^\ominus = -RT\ln K^\ominus \tag{1}$$

和　　$$\Delta_r G_m^\ominus = \Delta_r H_m^\ominus - T\Delta_r S_m^\ominus$$

两式联立，得　　$$-RT\ln K^\ominus = \Delta_r H_m^\ominus - T\Delta_r S_m^\ominus$$

上式可变为

$$\ln K^\ominus = -\frac{\Delta_r H_m^\ominus}{RT} + \frac{\Delta_r S_m^\ominus}{R} \tag{2}$$

由式(2)可以看出，标准平衡常数 $K^\ominus$ 值只受温度 T 的影响：当 $\Delta_r H_m^\ominus > 0$ 时，温度 T 升高，标准平衡常数 $K^\ominus$ 值就变大，平衡就右移。

由式(1)得

$$\ln K^\ominus = -\frac{\Delta_r G_m^\ominus}{RT} \tag{3}$$

式(3)说明，如果在 T 一定的情况下，用 $\Delta_r G_m^\ominus$ 与 $K^\ominus$ 讨论平衡移动，可以得到一致的结论。但是在 T 不同的情况下，用 $\Delta_r G_m^\ominus$ 讨论平衡移动问题与使用 $K^\ominus$ 进行讨论，结论就可能不一致，因为式中多了一个变量 T。

本题中温度 T 升高、标准平衡常数 $K^\ominus$ 值变大、平衡右移的同时，$\Delta_r G_m^\ominus$ 值也会增大，但是这种增大不会改变平衡右移的趋势。

由于 $\Delta_r G_m^\ominus$ 一直保持正值，所以尽管平衡右移，标准平衡常数 $K^\ominus$ 也只能具有很小的值，故反应进行的程度也是极小的。

第二部分　习题

一、选择题

4.1　298 K 时，$H_2O(l) \rightleftharpoons H_2O(g)$ 达平衡时，体系中水的蒸气压为 3.13 kPa，则标准平衡常数 $K^\ominus$ 为

(A) 100；　(B) 3.13×10^{-2}；　(C) 3.13；　(D) 1。

4.2　下列反应中，$K^\ominus$ 值小于 K_p 值的是

(A) $H_2(g) + Cl_2(g) \longrightarrow 2HCl(g)$；　(B) $H_2(g) + S(g) \longrightarrow H_2S(g)$；

(C) $CaCO_3(s) \longrightarrow CaO(s) + CO_2(g)$；　(D) $C(s) + O_2(g) \longrightarrow CO_2(g)$。

4.3　反应 $PCl_5(g) \rightleftharpoons PCl_3(g) + Cl_2(g)$ 在密闭容器中进行，其焓变小于零。当分解反应达平衡时，下列判断中正确的是

(A) 加入催化剂，平衡将向右移动；

(B) 保持压强不变，通入氯气使体积增加一倍，平衡将向左移动；

(C) 保持体积不变，加入氮气使压强增加一倍，平衡将向右移动；

(D) 向容器中通入惰性气体或降低温度，平衡将向左移动。

4.4　在容器中加入相同物质的量的 NO 和 Cl_2，在一定温度下发生反应 $NO(g) + \frac{1}{2}Cl_2(g) \longrightarrow$

NOCl(g)，达平衡时对有关各物质的分压判断正确的是

(A) $p(NO)=p(Cl_2)$； (B) $p(NO)=p(NOCl)$；

(C) $p(NO)<p(Cl_2)$； (D) $p(NO)>p(Cl_2)$。

4.5 对于基元反应 $A+2B \rightleftharpoons 2C$，已知某温度下正反应速率常数 $k_{正}=1$，逆反应速率常数 $k_{逆}=0.5$，则处于平衡状态的体系是

(A) $c(A)=1\ mol\cdot dm^{-3}$， $c(B)=c(C)=2\ mol\cdot dm^{-3}$；

(B) $c(A)=2\ mol\cdot dm^{-3}$， $c(B)=c(C)=1\ mol\cdot dm^{-3}$；

(C) $c(A)=c(C)=2\ mol\cdot dm^{-3}$， $c(B)=1\ mol\cdot dm^{-3}$；

(D) $c(A)=c(C)=1\ mol\cdot dm^{-3}$， $c(B)=2\ mol\cdot dm^{-3}$。

4.6 反应 $2SO_2(g)+O_2(g) \rightleftharpoons 2SO_3(g)$ 达平衡时，保持体积不变，加入惰性气体 He，使总压增加一倍，则

(A) 平衡向右移动； (B) 平衡向左移动；

(C) 平衡不发生移动； (D) 无法判断。

4.7 已知反应 $MgCO_3(s) = MgO(s)+CO_2(g)$ 的 $\Delta_r H_m^\ominus=117.66\ kJ\cdot mol^{-1}$，$\Delta_r S_m^\ominus=174.91\ J\cdot mol^{-1}\cdot K^{-1}$，为使 $MgCO_3$ 的分解反应在 500 K 时能够自发进行，则 CO_2 的分压应

(A) 低于 70.9 Pa； (B) 高于 70.9 Pa；

(C) 低于 6.08×10^{-2} Pa； (D) 等于 6.08×10^{-2} Pa。

4.8 已知反应 $CO(g)+H_2O(g) = CO_2(g)+H_2(g)$，$\Delta_r G_m^\ominus$ 和 $\Delta_r G_m$ 与体系总压 p 的关系为

(A) $\Delta_r G_m$ 和 $\Delta_r G_m^\ominus$ 均与 p 无关； (B) $\Delta_r G_m$ 和 $\Delta_r G_m^\ominus$ 均与 p 有关；

(C) $\Delta_r G_m$ 与 p 有关，$\Delta_r G_m^\ominus$ 与 p 无关； (D) $\Delta_r G_m$ 与 p 无关，$\Delta_r G_m^\ominus$ 与 p 有关。

4.9 某化合物 A 的水合晶体 $A\cdot 3H_2O$ 的脱水反应过程为

$A\cdot 3H_2O(s) = A\cdot 2H_2O(s)+H_2O(g)$ $K_1^\ominus$

$A\cdot 2H_2O(s) = A\cdot H_2O(s)+H_2O(g)$ $K_2^\ominus$

$A\cdot H_2O(s) = A(s)+H_2O(g)$ $K_3^\ominus$

为使 $A\cdot 2H_2O$ 晶体保持稳定（不发生潮解或风化），则容器中水的蒸气压 $p(H_2O)$ 与平衡常数的关系应满足

(A) $K_2^\ominus>p(H_2O)/p^\ominus>K_3^\ominus$； (B) $p(H_2O)/p^\ominus>K_2^\ominus$；

(C) $p(H_2O)/p^\ominus>K_1^\ominus$； (D) $K_1^\ominus>p(H_2O)/p^\ominus>K_2^\ominus$。

4.10 反应 $I_2(s)+Cl_2(g) = 2ICl(g)$ 的 $\Delta_r G_m^\ominus=-10.9\ kJ\cdot mol^{-1}$。25℃时，将分压为 $p(Cl_2)=0.217$ kPa，$p(ICl)=81.04$ kPa 的 Cl_2 和 ICl 与固体 I_2 放入一容器中，则混合时反应的 $\Delta_r G_m$ 为

(A) $14.7\ kJ\cdot mol^{-1}$； (B) $1.18\ kJ\cdot mol^{-1}$；

(C) $3.25\ kJ\cdot mol^{-1}$； (D) $-4.7\ kJ\cdot mol^{-1}$。

二、填空题

4.11 在 25 ℃时，若两个反应的平衡常数之比为 10，则两个反应的 $\Delta_r G_m^\ominus$ 相差______$kJ\cdot mol^{-1}$。

4.12 反应 $2NaHCO_3(s) \rightleftharpoons Na_2CO_3(s)+CO_2(g)+H_2O(g)$ 的 $\Delta_r H_m^\ominus=1.29\times10^2\ kJ\cdot mol^{-1}$，若 303 K 时 $K^\ominus=1.66\times10^{-5}$，则 393 K 时 $K^\ominus=$______________。

4.13 在 100 ℃时，反应 $AB(g) \rightleftharpoons A(g)+B(g)$ 的平衡常数 $K_c=0.21\ mol\cdot dm^{-3}$，则标准平衡常数 $K^{\ominus}=$______________。

4.14 已知环戊烷汽化过程的 $\Delta_r H_m^{\ominus}=28.7\ kJ\cdot mol^{-1}$，$\Delta_r S_m^{\ominus}=88\ J\cdot mol^{-1}\cdot K^{-1}$。环戊烷的正常沸点为________℃，在 25 ℃时的饱和蒸气压为________kPa。

4.15 对于反应 $SO_3(g) = SO_2(g)+\frac{1}{2}O_2(g)$ $\quad \Delta_r H_m^{\ominus}=98.7\ kJ\cdot mol^{-1}$

将反应速率常数、反应速率、标准平衡常数 $K^{\ominus}$ 及平衡移动方向等随条件的变化填入下表：

	$k_{正}$	$k_{逆}$	$r_{正}$	$r_{逆}$	$K^{\ominus}$	平衡移动方向
增加总压						
升高温度						
加催化剂						

4.16 已知反应 $NiSO_4\cdot 6H_2O(s) \rightleftharpoons NiSO_4(s)+6H_2O(g)$ 的 $\Delta_r G_m^{\ominus}=77.7\ kJ\cdot mol^{-1}$，则平衡时 $NiSO_4\cdot 6H_2O$ 固体表面上水的蒸气压 $p(H_2O)$ 为__________Pa。

4.17 反应 $I_2(g) \rightleftharpoons 2I(g)$ 达平衡时：

(1) 升高温度，平衡常数________；原因是____。

(2) 压缩气体时，$I_2(g)$的解离度______；原因是____________________________________。

(3) 恒容时充入 N_2 气体，$I_2(g)$的解离度______；原因是______________________________。

(4) 恒压时充入 N_2 气体，$I_2(g)$的解离度______；原因是______________________________。

4.18 合成氨反应 $N_2(g)+3H_2(g) = 2NH_3(g)$在 673 K 时 $K^{\ominus}=5.7\times10^{-4}$；在 473 K 时$K^{\ominus}=0.61$，则在 873 K 时 $K^{\ominus}=$________。

三、简答题和计算题

4.19 27 ℃时，反应 $2NO_2(g) \rightleftharpoons N_2O_4(g)$实现平衡时，反应物和产物的分压分别为 p_1 和 p_2。写出 K_c，K_p 和 $K^{\ominus}$ 的表示式，并求出 $\frac{K_c}{K^{\ominus}}$ 的值。

4.20 某温度下，反应

$$H_2(g)+Br_2(g) \rightleftharpoons 2HBr(g)$$

的 $K_c=8.10\times10^3$，试求 $H_2(g)$和 $Br_2(g)$的起始浓度均匀 $1.00\ mol\cdot dm^{-3}$时和 $H_2(g)$和 $Br_2(g)$ 的起始浓度分别为 $10.00\ mol\cdot dm^{-3}$和 $1.00\ mol\cdot dm^{-3}$时，Br_2 的平衡转化率。

4.21 反应 $3H_2(g)+N_2(g) \rightleftharpoons 2NH_3(g)$在 200 ℃时平衡常数 $K_1^{\ominus}=0.64$，在 400 ℃时平衡常数 $K_2^{\ominus}=6.0\times10^{-4}$，据此求该反应的标准摩尔反应热 $\Delta_r H_m^{\ominus}$ 和 $NH_3(g)$的标准摩尔生成热 $\Delta_f H_m^{\ominus}$。

4.22 光气分解反应 $COCl_2(g) = CO(g)+Cl_2(g)$ 在 373 K 时 $K^{\ominus}=8.0\times10^{-9}$，$\Delta_r H_m^{\ominus}=104.6\ kJ\cdot mol^{-1}$。试求：

(1) 373 K 达平衡后总压为 200 kPa 时 $COCl_2$ 的解离度；

(2) 反应的 $\Delta_r S_m^{\ominus}$。

4.23 HI的分解反应为 $2HI(g) \rightleftharpoons H_2(g) + I_2(g)$，若开始时有 1 mol HI，平衡时有 24.4%的HI发生了分解。今欲将 HI 的分解分数降低到 10%，应向此平衡体系中加入多少摩尔 I_2？

4.24 在 308 K，总压 100 kPa 时，N_2O_4 有 27.2%分解。

(1) 计算反应 $N_2O_4(g) \rightleftharpoons 2NO_2(g)$的 $K^\ominus$；

(2) 计算 308 K，总压 200 kPa 时 N_2O_4 的分解分数；

(3) 从计算结果说明压强对平衡移动的影响。

4.25 $PCl_5(g)$在 523 K 达分解平衡：

$$PCl_5(g) \rightleftharpoons PCl_3(g) + Cl_2(g)$$

平衡浓度：$c(PCl_5) = 1.0\ mol \cdot dm^{-3}$，$c(PCl_3) = c(Cl_2) = 0.204\ mol \cdot dm^{-3}$。若温度不变而压强减小一半，在新的平衡体系中各物质的浓度为多少？

4.26 反应 $SO_2Cl_2(g) \rightleftharpoons SO_2(g) + Cl_2(g)$在 375 K 时平衡常数 $K^\ominus = 2.4$。以 7.6 g SO_2Cl_2 和 100 kPa 的 Cl_2 作用于 1.0 dm^3 烧瓶中。试计算平衡时 SO_2Cl_2，SO_2 和 Cl_2 的分压。

4.27 1000 K 时，反应 $2SO_2(g) + O_2(g) \rightleftharpoons 2SO_3(g)$的 $K_p = 3.4 \times 10^{-5}\ Pa^{-1}$。求反应 $SO_2(g) + \frac{1}{2}O_2(g) \rightleftharpoons SO_3(g)$在该温度下的 K_p，K_c。

4.28 根据下列热力学数据，计算 298 K 时 Hg 的饱和蒸气压和常压下 Hg 的沸点。

	$\Delta_f H_m^\ominus/(kJ \cdot mol^{-1})$	$S_m^\ominus/(J \cdot mol^{-1} \cdot K^{-1})$	$\Delta_f G_m^\ominus/(kJ \cdot mol^{-1})$
Hg(l)	0	75.9	0
Hg(g)	61.4	175	31.8

4.29 某温度时将 2.00 mol PCl_5 与 1.00 mol PCl_3 混合，发生如下反应：

$$PCl_5(g) \rightleftharpoons PCl_3(g) + Cl_2(g)$$

平衡时总压为 202 kPa，$PCl_5(g)$的转化率为 91%。求该温度下反应的平衡常数 K_p 和 $K^\ominus$。

4.30 反应 $CaCO_3(s) = CaO(s) + CO_2(g)$ 在 1037 K 时平衡常数 $K^\ominus = 1.16$，若将 0.20 mol $CaCO_3$ 置于 10.0 dm^3 容器中并加热至 1037 K。问达平衡时 $CaCO_3$ 的分解分数是多少？

4.31 反应 $PCl_5(g) = PCl_3(g) + Cl_2(g)$，在 523 K 时将 0.70 mol PCl_5 注入 2.0 dm^3 密闭容器中，平衡时有 0.50 mol PCl_5 分解。试计算：

(1) 该温度下的平衡常数 K_c，$K^\ominus$ 及 PCl_5 的分解分数；

(2) 若在上述平衡体系中再加入 0.10 mol Cl_2，计算 PCl_5 的分解分数，并与未加 Cl_2 时相比较；

(3) 若开始就注入 0.70 mol PCl_5 和 0.10 mol Cl_2，则平衡时 PCl_5 的分解分数是多少？与前面的结果比较，可以得出什么结论？

4.32 反应 $C_6H_5C_2H_5(g) = C_6H_5C_2H_3(g) + H_2(g)$ 在 873 K 和 100 kPa 下达到平衡。求下列两种情况下乙苯转化为苯乙烯的转化率。（873 K 时，平衡常数 $K^\ominus = 8.9 \times 10^{-2}$。）

(1) 以纯乙苯为原料；

(2) 原料气中加入不起反应的水蒸气，使物质的量之比 n(乙苯)∶n(水蒸气)＝1∶10。

4.33 325 K，100 kPa 时，$N_2O_4(g)$的分解分数为 50.2%，则该温度下，10×100 kPa 时 $N_2O_4(g)$的分

解分数是多少？

4.34　250 ℃，100 kPa 时，PCl_5 发生如下分解反应：

$$PCl_5(g) \xlongequal{} PCl_3(g) + Cl_2(g)$$

达平衡时，测得混合气体的密度为 2.695 g·dm^{-3}。求反应的 $\Delta_r G_m^{\ominus}$ 和 PCl_5(g)的解离度。

4.35　在一定温度和压强下，某一定量的 PCl_5 气体的体积为 1 dm^3，此时 PCl_5 气体已有 50％解离为 PCl_3 和 Cl_2 气体。试判断在下列条件下，PCl_5 的解离度是增大还是减小。

(1) 减压使 PCl_5 的体积变为 2 dm^3；

(2) 保持压强不变，加入氮气使体积增至 2 dm^3；

(3) 保持体积不变，加入氮气使压强增大 1 倍；

(4) 保持压强不变，加入氯气使体积增至 2 dm^3；

(5) 保持体积不变，加入氯气使压强增大 1 倍。

4.36　已知在 427 ℃时各物质的热力学函数：

	N_2(g)	H_2(g)	NH_3(g)
$\Delta_f H_m^{\ominus}$/(kJ·mol^{-1})	0	0	−45.22
$S_m^{\ominus}$/(J·mol^{-1}·K^{-1})	217.0	155.9	243.5

在该温度下反应 $N_2(g) + 3H_2(g) \xlongequal{} 2NH_3(g)$ 达平衡时，$c(N_2) = 1.0$ mol·dm^{-3}，$c(H_2) = 3.0$ mol·dm^{-3}。求 NH_3 的平衡浓度。

4.37　光气合成反应 $CO(g) + Cl_2(g) \rightleftharpoons COCl_2(g)$ 在 373 K 时 $K^{\ominus} = 1.50 \times 10^8$。若反应起始时，在 1.00 dm^3 容器中，CO(g) 的物质的量为 0.035 0 mol，Cl_2(g)的物质的量为 0.0270 mol，$COCl_2$(g)的物质的量为 0.010 0 mol 。试判断反应进行的方向，并计算达平衡时各物质的分压。

4.38　KOH 的溶解度很大，常温下约为 110 g·(100 g H_2O)$^{-1}$。所以将几粒 KOH 固体放入 100 g 水中，可以溶解，且过程明显放热。又有实验事实表明，KOH 的溶解度随温度升高而增大。从勒夏特列原理考虑，以上两种实验现象似乎矛盾。试给出合理解释。

第 5 章
原子结构和元素周期律

第一部分　例题

例 5.1　试指出下列用 4 个量子数表示的电子运动状态哪些是错误的，并说明出现错误的原因。

(1) $n=3$，　$l=2$，　$m=-2$，　$m_s=\frac{1}{2}$；

(2) $n=4$，　$l=0$，　$m=0$，　$m_s=0$；

(3) $n=3$，　$l=1$，　$m=-1$，　$m_s=-\frac{1}{2}$；

(4) $n=4$，　$l=1$，　$m=-2$，　$m_s=\frac{1}{2}$；

(5) $n=2$，　$l=-1$，　$m=0$，　$m_s=-\frac{1}{2}$；

(6) $n=-2$，　$l=1$，　$m=-1$，　$m_s=\frac{1}{2}$；

(7) $n=3$，　$l=3$，　$m=1$，　$m_s=-\frac{1}{2}$。

解：错误的有(2)(4)(5)(6)(7)。

(2) 错在自旋量子数 m_s 的取值没有 0 这个值。

(4) 错在角量子数 $l=1$ 时，磁量子数 m 不能取 -2 这个值。

(5) 错在角量子数不能为 -1。

(6) 错在主量子数不能为 -2。

(7) 错在主量子数 $n=3$ 时，角量子数不能取 3 这个值。

例 5.2　将氢原子核外电子从基态分别激发到 2s 和 2p 轨道，所需能量是否相同？为什么？若是 He 原子情况又是怎样？若是 He^+ 或 Li^{2+} 情况又是怎样？

解：将氢原子核外电子从基态分别激发到 2s 和 2p 轨道，所需能量相同，原因是氢原子核外只有一个电子，这个电子仅受原子核的作用，电子的能量只与主量子数有关，如下式所示：

$$E=-13.6\times\frac{Z^2}{n^2}\ \text{eV}$$

将 He^{+} 或 Li^{2+} 核外电子从基态分别激发到 2s 和 2p 轨道，所需能量也相同，原因是这些类氢离子核外只有一个电子，这个电子也仅仅受原子核的作用，电子的能量只与主量子数有关，不涉及内层电子屏蔽作用不同的问题。

若 He 原子核外电子从基态分别激发到 2s 和 2p 轨道，所需能量不同。原因是在多电子原子中，一个电子不仅受到原子核的引力，而且还受到其他电子的斥力。He 第一层有 2 个电子，其中一个电子除了受原子核对它的引力之外，还受另一个电子对它的排斥作用。这一电子的排斥作用可以考虑为它对核电荷的屏蔽效应，2s 和 2p 轨道受到的屏蔽不同，故两者的能量也不相同，所以电子从基态分别激发到 2s 和 2p 轨道，所需能量不同。

例 5.3　Cu 原子形成 +1 价离子时失去的是 4s 电子还是 3d 电子？用斯莱特(Slater)规则的计算结果加以说明。

解： Cu 原子的电子排布式为

$$1s^2 2s^2 2p^6 3s^2 3p^6 3d^{10} 4s^1$$

4s 电子的
$$\sigma_{4s} = (0.85 \times 18) + (1.00 \times 10) = 25.3$$

$$E_{4s} = -13.6 \times \frac{(29-25.3)^2}{4^2}\ \text{eV} = -11.6\ \text{eV}$$

3d 电子的
$$\sigma_{3d} = (0.35 \times 9) + (1.00 \times 18) = 21.15$$

$$E_{3d} = -13.6 \times \frac{(29-21.15)^2}{3^2}\ \text{eV} = -93.1\ \text{eV}$$

计算结果是 $E_{4s} > E_{3d}$，说明 Cu 原子失去的是 4s 轨道中的电子。

例 5.4　某原子共有 6 个电子，其状态分别用 4 个量子数表示如下：

① $n=3,\quad l=2,\quad m=-2,\quad m_s=\frac{1}{2}$；

② $n=4,\quad l=0,\quad m=0,\quad m_s=-\frac{1}{2}$；

③ $n=2,\quad l=0,\quad m=0,\quad m_s=\frac{1}{2}$；

④ $n=4,\quad l=0,\quad m=0,\quad m_s=\frac{1}{2}$；

⑤ $n=2,\quad l=1,\quad m=0,\quad m_s=\frac{1}{2}$；

⑥ $n=3,\quad l=1,\quad m=-1,\quad m_s=\frac{1}{2}$。

(1) 试用主量子数与角量子数的光谱学符号相结合的方式(如 2p,3s)，表示每个电子所处的轨道；

(2) 试将各轨道按照能量由高到低的次序排列。

解： (1) ① 3d　② 4s　③ 2s

④ 4s　⑤ 2p　⑥ 3p

(2) 该原子共有 6 个电子，这是激发态的碳原子，比照科顿原子轨道能级图，各轨道按照能量由高到低的顺序排列如下：

4s,3d,3p,2p,2s

例 5.5 已知离子 M^{2+} 的 3d 轨道中有 5 个电子，试推出：

(1) M 原子的核外电子排布；

(2) M 元素的名称和元素符号；

(3) M 元素在元素周期表中的位置。

解： 先列出具有 $3d^{5\sim7}$ 的元素及其电子排布式：

25 号 锰 Mn $[Ar]3d^54s^2$

26 号 铁 Fe $[Ar]3d^64s^2$

27 号 钴 Co $[Ar]3d^74s^2$

根据科顿原子轨道能级图，它们的 $E_{4s} > E_{3d}$，所以形成 M^{2+} 时，失去的是 2 个 4s 电子。由此可得出结论：(1) M 原子的核外电子排布为 $[Ar]3d^54s^2$；(2) M 元素是锰，其元素符号为 Mn。

$[Ar]3d^54s^2$ 中最高能级属于第四能级组，故 M 为第四周期元素。d 电子未充满，属于 d 区副族元素，其族数等于最高能级组中的电子总数，即 $5+2=7$。因此，可推出结论(3) M 元素在元素周期表中位于 d 区，第四周期、ⅦB 族。

例 5.6 写出下列元素基态原子的电子排布式，并给出原子序数和元素名称：

(1) 第 4 个稀有气体元素；

(2) 第四周期的第 6 个过渡元素；

(3) 4p 轨道半充满的元素；

(4) 电负性最大的元素；

(5) 4f 轨道填充 4 个电子的元素；

(6) 第一个 4d 轨道全充满的元素。

解：	电子排布式	原子序数	元素名称
(1)	$[Ar]3d^{10}4s^24p^6$	36	氪 Kr
(2)	$[Ar]3d^64s^2$	26	铁 Fe
(3)	$[Ar]3d^{10}4s^24p^3$	33	砷 As
(4)	$[He]2s^22p^5$	9	氟 F
(5)	$[Xe]4f^46s^2$	60	钕 Nd
(6)	$[Kr]4d^{10}$	46	钯 Pd

例 5.7 A 和 B 是两种短周期非金属元素，其价层电子数之和为 10。A 和 B 在一定条件下可生成两种常见的化合物 AB 和 AB_2。通过推理给出元素 A 和 B 的名称及 AB_2 与氢氧化钠溶液反应的产物。

解： A 和 B 是两种非金属元素且其价层电子数之和为 10，则

A 和 B 两种元素的族数之和为 10，即满足 $3+7$，$4+6$，$5+5$。

由于 A 和 B 是两种短周期元素，应满足 B＋F，B＋Cl

C＋O，C＋S，Si＋O，Si＋S

N＋P

根据 A 和 B 生成的两种常见化合物 AB 和 AB_2，则 A 为碳，B 为氧。

AB_2 与氢氧化钠溶液反应的主要产物为 Na_2CO_3 和 $NaHCO_3$。

例 5.8 某元素在 Kr 之前，当它的原子失去 3 个电子后，其角量子数为 2 的轨道上的电子恰好是半充满的。推断该元素的名称，并给出其基态原子的电子排布式。

解： Kr 的电子排布式为[Ar]$3d^{10}4s^24p^6$。

角量子数为 2 的轨道是 d 轨道，d 轨道 5 重简并，半充满是指具有 d^5 构型。

在 Kr 之前，失去 3 个电子将涉及 3d 电子的原子中，肯定不含有 4p 电子。只有比[Ar]$3d^{10}4s^2$ 电子数少的原子，其 M^{3+} 才会改变其 3d 电子构型。失去 2 个 4s 电子和 1 个 3d 电子后具有 $3d^5$ 构型的原子，其电子构型中应有 6 个 3d 电子。

因此该元素原子的电子排布式为[Ar]$3d^64s^2$，这是 26 号元素铁。

例 5.9　若 4 个量子数 n，l，m 和 m_s 的取值及相互关系重新规定如下：

n 为正整数。对于给定的 n 值，l 可以取下列 n 个值：

$$l=0,1,2,\cdots,(n-1)$$

对于给定的 l 值，m 可以取下列$(l+1)$个值：

$$m=0,+1,+2,\cdots,+l$$

$$m_s=\pm\frac{1}{2}$$

据此可以得到新的元素周期表。试根据新元素周期表回答下列问题：

(1) 第二、第四周期各有多少种元素？

(2) p 区元素共有多少列？

(3) 位于第三周期最右一列的元素的原子序数是多少？

(4) 原元素周期表中电负性最大的元素，在新元素周期表中位于第几周期、第几列？

(5) 新元素周期表中第一个具有 d 电子的元素，在原元素周期表中位于第几周期、第几列？

解： 新规定的不同在于 m 的取值。

当 $l=0$ 时，m 只有 1 个取值 0；

$l=1$ 时，m 有 2 个取值 0，1；

$l=2$ 时，m 有 3 个取值 0，1，2。

这说明 $l=0$ 的 s 轨道只有 1 个取向，简并度为 1；

$l=1$ 的 p 轨道有 2 个不同的取向，简并度为 2；

$l=2$ 的 d 轨道有 3 个不同的取向，简并度为 3。

于是可得新元素周期表：

H											He
Li	Be							B	C	N	O
F	Ne							Na	Mg	Al	Si
P	S	Cl	Ar	K	Ca	Sc	Ti	V	Cr	Mn	Fe
s 区元素		d 区元素						p 区元素			

根据新元素周期表回答问题如下：

(1) 第二周期有 6 种元素，第四周期有 12 种元素。

(2) p 区元素共有 4 列。

(3) 第三周期最右一列的元素为 Si，原子序数为 14。

(4) 原元素周期表中电负性最大的元素是 F，在新元素周期表中位于第三周期、第 1 列。

(5) 新元素周期表中第一个具有 d 电子的元素是 Cl,它在原元素周期表中位于第三周期、第 17 列。

例 5.10 简要回答下列问题:

(1) 比较 Na^+ 和 Ne 的第一电离能 I_1 的大小,并说明原因;

(2) B 原子的第一、第二、第三、第四电离能分别为 801 kJ·mol^{-1},2427 kJ·mol^{-1},3660 kJ·mol^{-1},25026 kJ·mol^{-1},试说明 B 原子各级电离能变化的原因,并预测 B 原子稳定的最高氧化态为多少。

解:(1) Na^+ 和 Ne 的核外电子排布均为 $1s^22s^22p^6$,两者都具有稳定的稀有气体电子构型。它们的第一电离能 I_1 均是从全充满的 2p 轨道上失去一个电子所需能量。但是 Na^+ 的核电荷数比 Ne 的大,并带有一个正电荷,因此其有效核电荷数远大于 Ne,同样失去一个 2p 电子所需能量更多,所以 $I_1(Na^+)>I_1(Ne)$。

(2) B 的核外电子排布为 $1s^22s^22p^1$,失去一个 2p 电子所需能量较少,其第一电离能也较小。B 失去一个电子形成 +1 价离子后,有效核电荷数 Z^* 增大,离子半径变小,核对外层电子的引力增大,故有 $I_1<I_2<I_3<I_4$。B 的 I_4 远比 I_3 大得多,增大数量发生突跃,说明 B 失去第四个电子非常难,所以 B 稳定的最高氧化态为 +3。

第二部分 习题

一、选择题

5.1 原子轨道角度分布图中,从原点到曲面的距离表示

(A) ψ 值的大小; (B) Y 值的大小;

(C) r 值的大小; (D) $4\pi r^2 dr$ 值的大小。

5.2 下列轨道上的电子,在 xy 平面上的电子云密度为零的是

(A) 3s; (B) $3p_x$; (C) $3p_z$; (D) $3d_{z^2}$。

5.3 第四周期元素原子中未成对电子数最多可达

(A) 4 个; (B) 5 个; (C) 6 个; (D) 7 个。

5.4 基态原子的第五电子层只有 2 个电子,则该原子的第四电子层中的电子数肯定为

(A) 8 个; (B) 18 个; (C) 8~18 个; (D) 8~32 个。

5.5 下列元素中,原子半径最接近的一组是

(A) Ne,Ar,Kr,Xe; (B) Mg,Ca,Sr,Ba;

(C) B,C,N,O; (D) Cr,Mn,Fe,Co。

5.6 按原子半径由大到小排列,顺序正确的是

(A) Mg B Si; (B) Si Mg B; (C) Mg Si B; (D) B Si Mg。

5.7 下列元素中,电子排布不正确的是

(A) Nb $4d^45s^1$; (B) Nd $4f^45d^06s^2$; (C) Ne $3s^23p^6$; (D) Ni $3d^84s^2$。

5.8 下列各组量子数中,可以描述原子序数为 19 的元素价电子的运动状态的是

(A) $n=1, l=0, m=0, m_s=+\frac{1}{2}$; (B) $n=2, l=1, m=0, m_s=+\frac{1}{2}$;

(C) $n=3, l=2, m=1, m_s=+\frac{1}{2}$； (D) $n=4, l=0, m=0, m_s=+\frac{1}{2}$。

5.9 镧系收缩使下列各对元素中性质相似的是

(A) Mn 和 Tc； (B) Ru 和 Rh； (C) Nd 和 Ta； (D) Zr 和 Hf。

5.10 具有下列电子排布的元素中，第一电离能最小的是

(A) ns^2np^3； (B) ns^2np^4； (C) ns^2np^5； (D) ns^2np^6。

5.11 Pb^{2+} 的价层电子排布为

(A) $5s^2$； (B) $6s^26p^2$； (C) $5s^25p^2$； (D) $5s^25p^65d^{10}6s^2$。

5.12 下列各对元素中，第一电离能大小顺序不正确的是

(A) Mg＜Al； (B) S＜P； (C) Cu＜Zn； (D) Cs＜Au。

5.13 下列元素中基态原子的第三电离能最大的是

(A) C； (B) B； (C) Be； (D) Li。

5.14 某元素基态原子失去 3 个电子后，角量子数为 2 的轨道半充满，其原子序数为

(A) 24； (B) 25； (C) 26； (D) 27。

5.15 下列元素中，属镧系元素的是

(A) Ta； (B) Ti； (C) Tl； (D) Tm。

5.16 下列元素中，不是放射性元素的是

(A) Pa； (B) Pd； (C) Pm； (D) Po。

5.17 在原子序数 1～18 的元素中，原子最外层不成对的电子数与其电子层数相等的元素有

(A) 6 种； (B) 5 种； (C) 4 种； (D) 3 种。

5.18 下列各组元素按电负性大小排列正确的是

(A) F＞N＞O； (B) O＞Cl＞F； (C) As＞P＞H； (D) Cl＞S＞As。

5.19 根据原子结构理论预测，第 9 周期所包括的元素有

(A) 80 种； (B) 50 种； (C) 36 种； (D) 18 种。

5.20 下列各对元素按第一电子亲和能大小排列正确的是

(A) O＞S； (B) F＜C； (C) Cl＞Br； (D) Si＜P。

二、填空题

5.21 4p 亚层中轨道的主量子数为________，角量子数为________，该亚层的轨道最多可以有________种空间取向，最多可容纳________个电子。

5.22 第四周期元素中，4p 轨道半充满的是________，3d 轨道半充满的是________，4s 轨道半充满的是________，价层中 s 电子数与 d 电子数相同的是________。

5.23 周期表中最活泼的金属为________，最活泼的非金属为________；原子序数最小的放射性元素为第________周期元素，其元素符号为________。

5.24 给出下列元素的价层电子排布式：W____________，Nb____________，Ru____________，Rh____________，Pd____________，Pt____________。

5.25 氢原子轨道的能量计算公式为________________；He^+ 基态电子的能量与 H 基态电子的能量之比为________；Li 的第三电离能为________ $kJ \cdot mol^{-1}$。

5.26 镧系元素包括原子系数从____至____共____种元素，其中单电子数最多的元素是______，

单电子数为____；从 La 到 Lu 金属半径共减小了____pm，这一事实称为________，其结果是____________。

5.27 某元素原子序数在氪之前，该元素的原子失去 2 个电子后的离子在角量子数为 2 的轨道中有 1 个单电子，若只失去 1 个电子则离子的轨道中没有单电子。该元素的符号为______，其基态原子核外电子排布为________，该元素在______区，第______族。

5.28 A 原子的 M 层比 B 原子的 M 层少 4 个电子，B 原子的 N 层比 A 原子的 N 层多 5 个电子。则 A 的元素符号为______，B 的元素符号为______，A 与 B 的单质在酸性溶液中反应得到的两种化合物分别为________。

5.29 ⅠA 族和ⅠB 族元素的价层电子排布分别为______和______；同周期中，ⅠB 族与ⅠA 族比较，有效核电荷______，原子半径______，元素的金属性______。

5.30 五种原子的基态电子排布如下：① $1s^22s^2$；② $1s^22s^22p^5$；③ $1s^22s^22p^1$；④ $1s^22s^22p^63s^1$；⑤ $1s^22s^22p^63s^2$，其中原子半径最大的是______，第二电离能最小的是______，电负性最大的是______。（填写序号）

三、简答题和计算题

5.31 核外某电子的动能为 13.6 eV，求该电子德布罗意波的波长。

5.32 试分别写出原子序数为 24 和 41 的元素的名称、符号、电子排布式，并用 4 个量子数分别表示各价层电子的运动状态。

5.33 通过计算说明，原子序数为 25 的元素原子中，4s 和 3d 轨道哪个能量高？

5.34 由下列元素在元素周期表中的位置，给出元素名称、元素符号及其价层电子排布式。

(1) 第四周期第ⅥB 族；(2) 第五周期第ⅠB 族；

(3) 第五周期第ⅣA 族；(4) 第六周期第ⅡA 族；

(5) 第四周期第ⅦA 族。

5.35 写出下列离子的电子排布式，并给出化学式：

(1) 与 Ar 电子排布相同的 +2 价离子；

(2) 与 F^- 电子排布相同的 +3 价离子；

(3) 核中质子数最少的 3d 轨道全充满的 +1 价离子；

(4) 与 Kr 电子排布相同的 −1 价离子。

5.36 有 A,B,C,D,E,F 六种元素，试按下列条件推断各元素在元素周期表中的位置、元素符号，给出各元素的价层电子排布式。

(1) A,B,C 为同一周期活泼金属元素，原子半径满足 A＞B＞C，已知 C 有 3 个电子层。

(2) D,E 为非金属元素，与氢结合生成 HD 和 HE。室温下 D 的单质为液体，E 的单质为固体。

(3) F 为金属元素，它有 4 个电子层并且有 6 个单电子。

5.37 A,B,C 三种元素的原子最后一个电子填充在相同的能级组轨道上，B 的核电荷比 A 大 9 个单位，C 的质子数比 B 多 7 个；1 mol 的 A 单质同酸反应置换出 1 g H_2，同时转化为具有氩原子电子排布的离子。判断 A,B,C 各为何元素，给出 A,B 同 C 反应时生成的化合物的分子式。

5.38 A,B 两元素,A 原子的 M 层和 N 层的电子数分别比 B 原子的 M 层和 N 层的电子数少 7 个和 4 个。写出 A,B 的元素名称和电子排布式,给出推理过程。

5.39 关于 116 号元素,试给出:

(1) 钠盐的化学式;

(2) 简单氢化物的化学式;

(3) 最高氧化态的氧化物的化学式;

(4) 该元素是金属元素还是非金属元素?

5.40 给出 166 号元素的周期和族,预测该元素氢化物的化学式及最高氧化态的氧化物的化学式。

5.41 判断下列各对元素中哪一种元素的第一电离能大,并说明原因。

(1) S 与 P; (2) Al 与 Mg; (3) Sr 与 Rb; (4) Cu 与 Zn; (5) Cs 与 Au。

5.42 比较下列各对元素或离子的半径大小,并说明原因。

(1) Sr 与 Ba; (2) Ca 与 Sc; (3) Ni 与 Cu; (4) Zr 与 Hf; (5) S^{2-} 与 S; (6) Na^{+} 与 Al^{3+}; (7) Sn^{2+} 与 Pb^{2+}; (8) Fe^{2+} 与 Fe^{3+}。

5.43 试根据原子结构理论预测:

(1) 第八周期将包括多少种元素?

(2) 核外出现第一个 5g 电子的元素其原子序数是多少?

(3) 第 114 号元素位于第几周期?第几族?

5.44 比较大小并简要说明原因。

(1) 第一电离能:O 与 N,Cd 与 In,Cr 与 W;

(2) 第一电子亲和能:C 与 N,S 与 P。

第 6 章

分子结构和共价键理论

第一部分　例题

例 6.1　试给出下列分子的 Lewis 结构式。

(1) HI；　(2) HCN；　(3) H_2S；　(4) HClO；

(5) C_2H_4；　(6) $(CH_3)_2O$；　(7) H_2O_2；　(8) N_2H_4。

解：答案见下表。

(1) HI	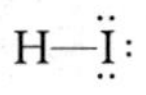	(5) C_2H_4	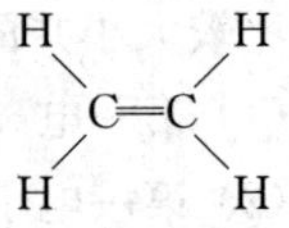
(2) HCN	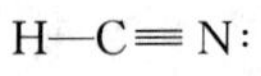	(6) $(CH_3)_2O$	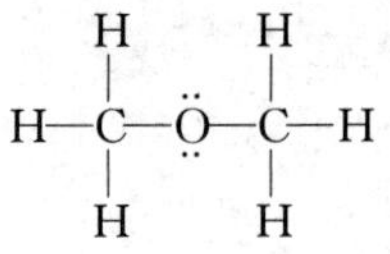
(3) H_2S	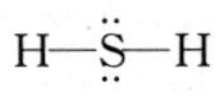	(7) H_2O_2	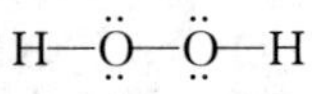
(4) HClO	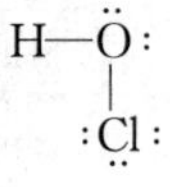	(8) N_2H_4	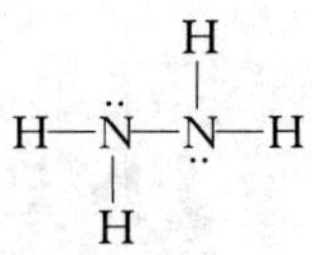

例 6.2　乙烯($H_2C═CH_2$)分子中，两个 C 原子之间成双键。试以左 C 原子为中心，用价层电子对互斥理论判断其构型，并用杂化轨道理论解释其成键情况。

解：以乙烯 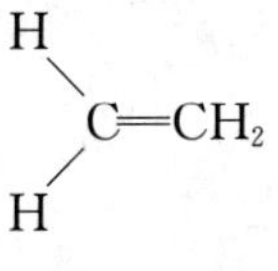 分子左 C 原子为中心，将其归为 AB_n 型分子。中心 C 原子的 s 电

子和p电子之和为4，两个H原子配体提供的电子数为2，配体CH_2与中心C原子成双键提供的电子数为2，故价层电子总数为8，则价层电子对数为4。因有非ⅥA族配体CH_2与中心C原子之间成双键而使价层电子对数减1，故为3对，共有3个配体，所以乙烯分子以左C原子为中心呈平面三角形。

价层电子对数为3，中心C原子的轨道应为sp^2杂化。

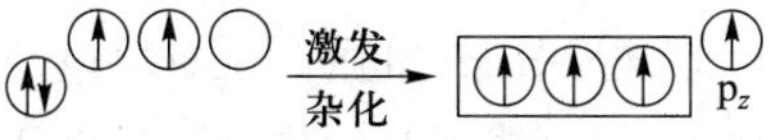

乙烯分子中C原子的sp^2杂化

3条能量相等的sp^2杂化轨道中，各有一个单电子，与H原子之间的C—H键是sp^2-1s轨道重叠，均为σ键。故以左C原子为中心，形成三角形构型。与右C原子之间的C—C键是sp^2-sp^2轨道重叠，并确定了乙烯的分子平面。

两个C原子中未参与杂化的p_z轨道，垂直于乙烯的分子平面，互相平行，两个p_z轨道之间成π键，故乙烯中有C═C双键存在。

例6.3 试用价层电子对互斥理论判断下列分子或离子的空间构型，再用杂化轨道理论说明它们的成键情况：

(1) SF_4；(2) BrF_3；(3) I_3^-；(4) ICl_4^-。

解：根据价层电子对互斥理论对题设4种分子或离子的空间构型判断结果见下表。

	分子或离子	价层电子总数	价层电子对数	电子对空间构型	分子或离子的空间构型
(1)	SF_4	10	5	三角双锥形	变形四面体形
(2)	BrF_3	10	5	三角双锥形	T形
(3)	I_3^-	10	5	三角双锥形	直线形
(4)	ICl_4^-	12	6	正八面体形	正方形

(1) SF_4分子中，中心原子S的价层电子排布为$3s^23p^4$，经激发和杂化，形成5条sp^3d杂化轨道。这5条sp^3d杂化轨道指向三角双锥的5个顶点，其中有孤电子对的杂化轨道指向三角双锥底面三角形的一个顶点，其余4个有单电子的杂化轨道分别与F的2p轨道成σ键。两个F在底面三角形的两个顶点上，另两个F位于三角双锥的顶角上，构成变形四面体形。

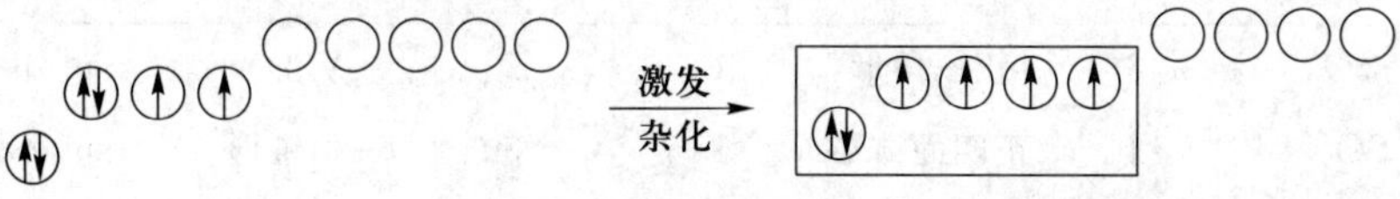

SF_4分子中S原子的杂化

(2) BrF_3分子中，中心原子Br的价层电子排布为$4s^24p^5$，经激发和杂化得5条能量不相等的sp^3d杂化轨道。这5条sp^3d杂化轨道呈三角双锥形分布，其中3条有单电子的杂化轨道分别与3个配体F的2p轨道成σ键：两个位于三角双锥顶角的F及一个位于三角双锥共用底面三角形顶点的F。底面的另两个顶点为孤电子对所占据。在确定分子的构型时不考虑孤电子对，故BrF_3分子的空间构型为T形。

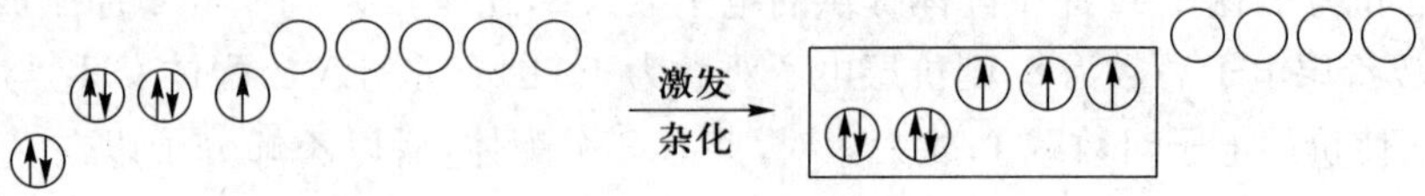

BrF_3 分子中 Br 原子的杂化

(3) I_3^- 中心 I^- 的价层电子排布为 $5s^25p^6$，经激发和杂化得 5 条能量不相等的 sp^3d 杂化轨道。这 5 条 sp^3d 杂化轨道呈三角双锥形分布，其中两条有单电子的杂化轨道分别与位于三角双锥顶角的两个配体 I 成 σ 键，构成 I_3^- 的直线形空间构型。另外 3 条有孤电子对的杂化轨道指向三角双锥底面三角形的 3 个顶点。

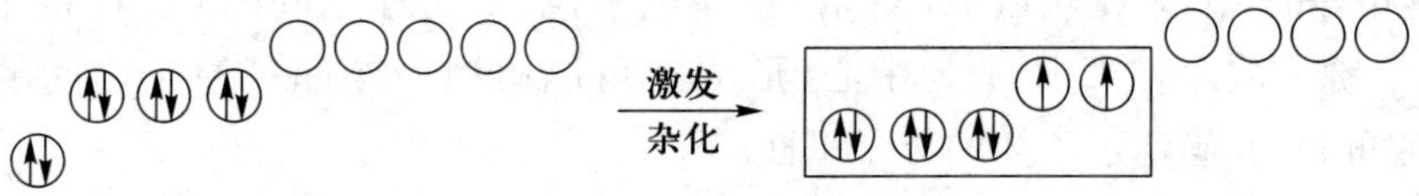

I_3^- 中 I^- 的杂化

(4) ICl_4^- 中心 I^- 的价层电子排布为 $5s^25p^6$，经激发和杂化后形成 6 条能量不相等的 sp^3d^2 杂化轨道。这 6 条 sp^3d^2 杂化轨道呈正八面体形分布，其中 4 条有单电子的杂化轨道与处于同一平面四边形顶点的 4 个 Cl 成 σ 键，使得 ICl_4^- 空间构型为正方形。另外两条有孤电子对的杂化轨道指向正八面体的另外两个顶点，分别位于正方形的两侧。

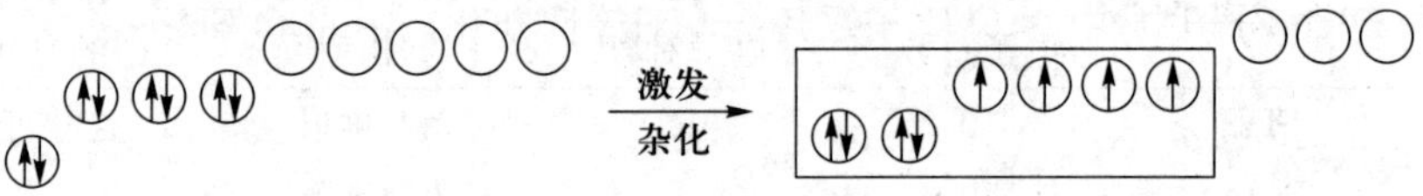

ICl_4^- 中 I^- 的杂化

例 6.4 试用价层电子对互斥理论判断下列分子或离子的空间构型，并指出其中心原子的杂化方式：

(1) SO_2； (2) SO_3^{2-}； (3) H_2O； (4) BrF_5。

解：结果见下表。

	分子或离子	价层电子对数	电子对空间构型	孤电子对数目	配体数目	分子或离子的空间构型	中心原子杂化方式
(1)	SO_2	3	正三角形	1	2	V 形	sp^2 不等性杂化
(2)	SO_3^{2-}	4	正四面体形	1	3	三角锥形	sp^3 不等性杂化
(3)	H_2O	4	正四面体形	2	2	V 形	sp^3 不等性杂化
(4)	BrF_5	6	正八面体形	1	5	四角锥形	sp^3d^2 不等性杂化

例 6.5 试解释下列分子或离子中形成的共轭 π 键：

(1) CO_3^{2-}，Π_4^6； (2) NO_3^-，Π_4^6； (3) O_3，Π_3^4。

解：(1) 在 CO_3^{2-} 中，中心 C 原子采用 sp^2 等性杂化。中心 C 原子用 3 个 sp^2 等性杂化轨道分别与 3 个 O 原子的 $2p_x$ 轨道成 σ 键，确定了平面三角形构型。

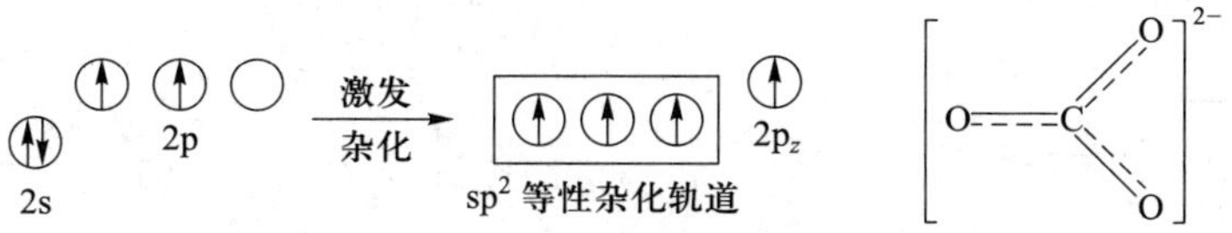

CO_3^{2-} 的结构

在垂直于离子所在平面的方向上，中心 C 原子有未参与杂化的 $2p_z$ 轨道，其中有 1 个电子，3 个 O 原子各有一个垂直于离子所在平面的 $2p_z$ 轨道，其中各有 1 个电子，另外 CO_3^{2-} 的 2 个电子也在这 4 个 $2p_z$ 轨道形成的 π 键中运动。所以离子中有大 π 键 Π_4^6 存在。

(2) 在 NO_3^- 中，中心 N 原子采用 sp^2 等性杂化。中心 N 原子用 3 个 sp^2 等性杂化轨道分别与 3 个 O 原子的 $2p_x$ 轨道成 σ 键，确定了平面三角形构型。在垂直于离子所在平面的方向上，中心 N 原子有未参与杂化的 $2p_z$ 轨道，其中有 2 个电子；3 个氧原子各有一个垂直于离子所在平面的 $2p_z$ 轨道，其中各有 1 个电子。另外，NO_3^- 的 1 个电子也在这 4 个 $2p_z$ 轨道形成的 π 键中运动。所以离子中有大 π 键 Π_4^6 存在。

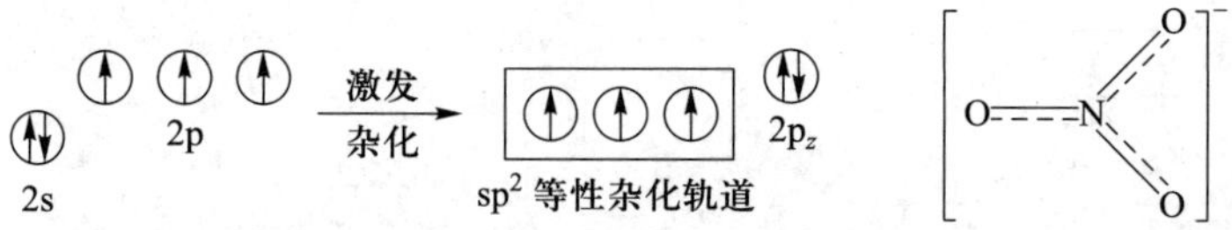

NO_3^- 的结构

(3) 在臭氧 O_3 分子中，中心 O 原子采用 sp^2 不等性杂化。中心 O 原子用 2 个有单电子的 sp^2 不等性杂化轨道分别与 2 个配体 O 原子的 $2p_x$ 轨道成 σ 键，确定了分子为 V 形构型。在 3 个 O 原子之间还存在着一个垂直于分子平面的大 π 键 Π_3^4，这个离域的 π 键是由中心 O 原子提供 2 个 p 电子、另外 2 个配位 O 原子各提供 1 个 p 电子形成的。

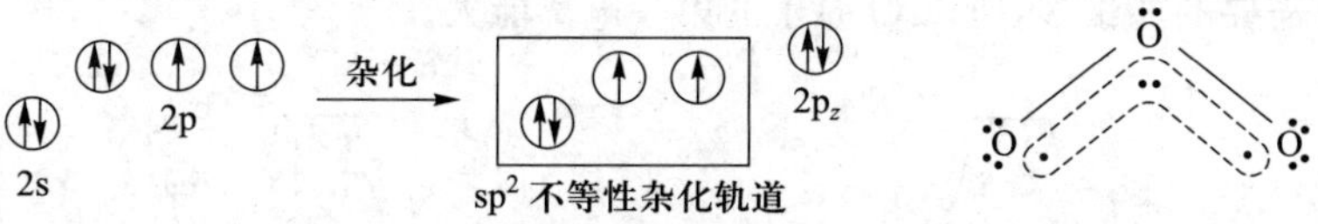

O_3 分子的结构

例 6.6　试画出下列同核双原子分子的分子轨道图，写出电子排布式并计算键级，判断哪些具有顺磁性，哪些具有逆磁性。

(1) H_2；　　(2) Li_2；　　(3) B_2。

解：

(1) H_2 分子轨道图

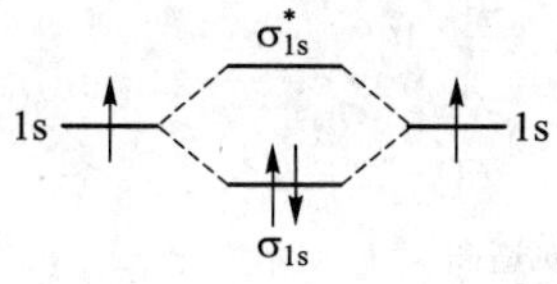

H_2 电子排布式：$(\sigma_{1s})^2$

键级 $= \dfrac{1}{2} \times (2-0) = 1$

逆磁性

(2) Li_2 分子轨道图

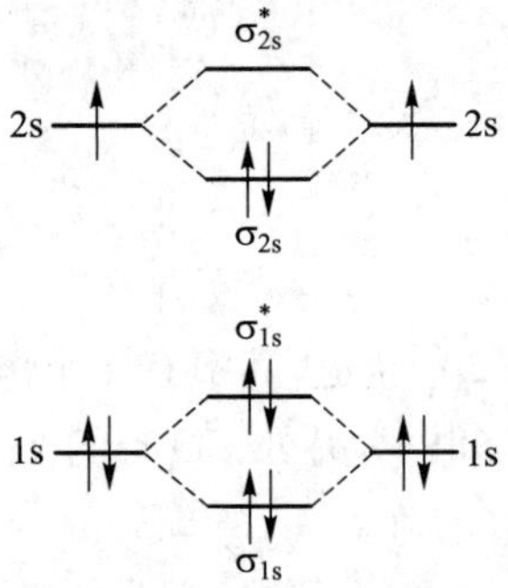

Li_2 电子排布式：

$(\sigma_{1s})^2(\sigma_{1s}^*)^2(\sigma_{2s})^2$

键级 $=\frac{1}{2}\times(2-0)=1$

逆磁性

(3) B_2 分子轨道图

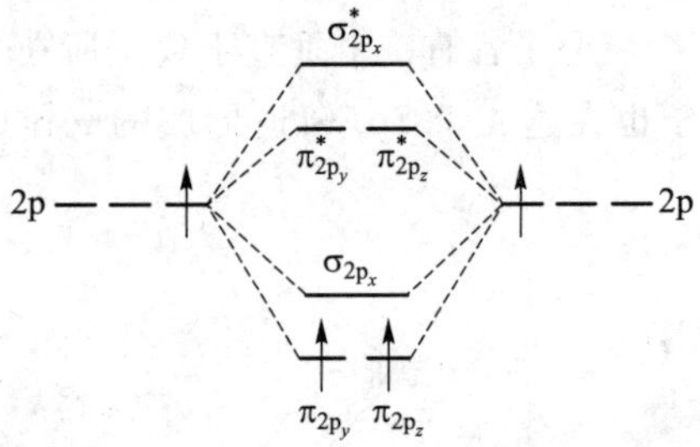

B_2 电子排布式：

$KK(\sigma_{2s})^2(\sigma_{2s}^*)^2(\pi_{2p_y})^1(\pi_{2p_z})^1$

键级 $=\frac{1}{2}\times(2-0)=1$

顺磁性

例 6.7 根据分子轨道理论回答下列问题：

(1) N 原子的电离能与 N_2 分子的电离能哪一个大些，为什么？

(2) O 原子的电离能与 O_2 分子的电离能哪一个大些，为什么？

解：(1) 从 N_2 的分子轨道图可以看出，N 原子最高能级的电子能量比 N_2 分子最高能级的电子能量高，失去时需要的能量少，所以 N_2 分子的第一电离能大。

(2) 从 O_2 的分子轨道图可以看出，O 原子最高能级的电子能量比 O_2 分子最高能级的电子能量低，失去时需要的能量多，所以 O 原子的第一电离能大。

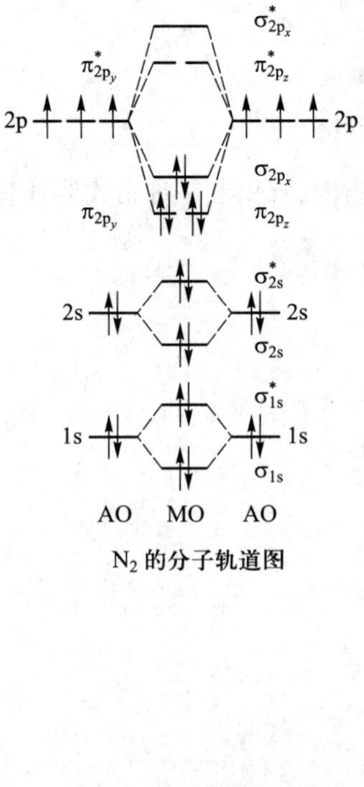

N_2 的分子轨道图

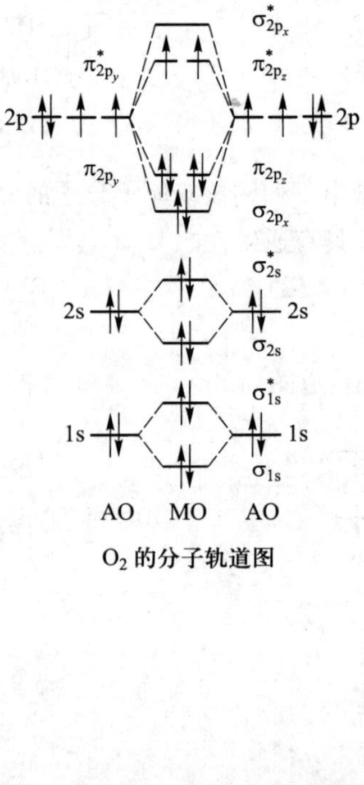

O_2 的分子轨道图

例 6.8 试写出 O_2^{2-}，O_2^-，O_2，O_2^+ 分子或离子的电子排布式，指出它们的稳定性顺序。

解： 电子排布式：

O_2^{2-} $KK(\sigma_{2s})^2(\sigma_{2s}^*)^2(\sigma_{2p_x})^2(\pi_{2p_y})^2(\pi_{2p_z})^2(\pi_{2p_y}^*)^2(\pi_{2p_z}^*)^2$

O_2^- $KK(\sigma_{2s})^2(\sigma_{2s}^*)^2(\sigma_{2p_x})^2(\pi_{2p_y})^2(\pi_{2p_z})^2(\pi_{2p_y}^*)^2(\pi_{2p_z}^*)^1$

O_2 $KK(\sigma_{2s})^2(\sigma_{2s}^*)^2(\sigma_{2p_x})^2(\pi_{2p_y})^2(\pi_{2p_z})^2(\pi_{2p_y}^*)^1(\pi_{2p_z}^*)^1$

O_2^+ $KK(\sigma_{2s})^2(\sigma_{2s}^*)^2(\sigma_{2p_x})^2(\pi_{2p_y})^2(\pi_{2p_z})^2(\pi_{2p_y}^*)^1$

通过键级可以比较出稳定性顺序，见下表。

分子或离子	O_2^{2-}	O_2^-	O_2	O_2^+
键级	1	1.5	2	2.5
稳定性	$O_2^{2-}<O_2^-<O_2<O_2^+$			

第二部分 习题

一、选择题

6.1 中心原子采取 sp^2 杂化的分子是

(A) NH_3；(B) BCl_3；(C) PCl_3；(D) H_2O。

6.2 下列分子或离子中，不含有孤电子对的是

(A) H_2O；(B) H_3O^+；(C) NH_3；(D) NH_4^+。

6.3 下列分子或离子中，中心原子的价层电子对构型与分子或离子构型相同的是

(A) NH_4^+；(B) SO_2；(C) ICl_2^-；(D) OF_2。

6.4 下列分子中，中心原子采取等性杂化的是

(A) NCl_3；(B) SF_4；(C) CCl_4；(D) H_2O。

6.5 下列分子中 C 与 O 原子之间形成的化学键的键长最短的是

(A) CO；(B) CO_2；(C) CH_3OH；(D) CH_3COOH。

6.6 下列分子中，不存在离域 π 键的是

(A) O_3；(B) SO_3；(C) HNO_3；(D) HNO_2。

6.7 下列分子或离子中，空间构型不为直线形的是

(A) I_3^+；(B) I_3^-；(C) CS_2；(D) $BeCl_2$。

6.8 下列分子或离子中，键角∠ONO 最大的是

(A) NO_2^-；(B) NO_2；(C) NO_2^+；(D) NO_3^-。

6.9 下列分子中，含有不同长度共价键的是

(A) NH_3；(B) SO_3；(C) KI_3；(D) SF_4。

6.10 按分子轨道理论，O_2 分子中最高能量的电子所处的分子轨道是

(A) π_{2p}；(B) π_{2p}^*；(C) σ_{2p}；(D) σ_{2p}^*。

6.11 下列分子中，属逆磁性的是

(A) O_2；　(B) CO；　(C) B_2；　(D) NO。

6.12 按分子轨道理论，下列分子或离子的稳定性大小顺序正确的是

(A) $N_2^{2-} > N_2^- > N_2$；　(B) $N_2^- > N_2^{2-} > N_2$；

(C) $N_2 > N_2^- > N_2^{2-}$；　(D) $N_2^- > N_2 > N_2^{2-}$。

二、填空题

6.13 下列各物质中，是 CO 的等电子体的有________。

NO，　O_2，　N_2，　HF，　CN^-。

6.14 下列分子或离子中键角由大到小排列的顺序是________________。

① BCl_3，　② NH_3，　③ H_2O，　④ PCl_4^+，　⑤ $HgCl_2$。

6.15 给出各分子或离子的空间构型和中心原子的杂化方式。

ICl_2^- ________________，________________；BrF_3 ________________，________________；

ICl_4^- ________________，________________；NO_2^+ ________________，________________。

6.16 给出下列分子或离子的中心原子的杂化方式。

NCl_3 ________________，$TeCl_4$ ________________，$CHCl_3$ ________________，

PH_4^+ ________________，PCl_6^- ________________，IF_3 ________________。

6.17 给出下列分子的 Lewis 结构式：

H_2S ________________，HClO ________________，HCN ________________，

H_2O_2 ________________，NO^+ ________________，HCHO ________________。

6.18 下列化合物中，属于共价化合物的有________________________________。

NaF，　CCl_4，　RbBr，　B_2O_3，　CuI，　HI，　CsCl。

6.19 根据分子轨道理论，N_2^+ 的分子轨道电子排布式为____________。下列各分子或离子的键级为：F_2________，N_2^+________，N_2^-________，CO________，CO^+________；其中具有顺磁性的有________________________________。

6.20 已知 P—P 键，C—C 键，OH---O 键的键能分别为 201 $kJ\cdot mol^{-1}$，345.6 $kJ\cdot mol^{-1}$，18.8 $kJ\cdot mol^{-1}$，试粗略估算：P_4(g)的原子化热为____________$kJ\cdot mol^{-1}$，金刚石的原子化热为____________$kJ\cdot mol^{-1}$，冰的升华热为____________$kJ\cdot mol^{-1}$。

三、简答题和计算题

6.21 已知 NO(g)的生成热为 90.25 $kJ\cdot mol^{-1}$，N_2 分子中三键的键能为 941.69 $kJ\cdot mol^{-1}$，O_2 分子中双键的键能为 493.59 $kJ\cdot mol^{-1}$，求 NO(g)中 N—O 键的键能。

6.22 已知 CO_2，NO_2^-，BF_3 分别为直线形、V 形和平面三角形构型。试用等电子原理说明下列分子或离子的成键情况和空间构型。

O_3，　NO_2^+，　NO_3^-，　N_3^-，　CO_3^{2-}。

6.23 由 SF_4 能合成许多重要的化合物，如 SNF_3 和 CH_2SF_4。试分别画出二者的结构，并判断中心原子的杂化方式。

6.24 不同条件下 $BeCl_2$ 可以单体、二聚和多聚结构存在，试分别画出其结构，并指出 Be 的杂化方式。

6.25　在 BCl_3 和 NCl_3 分子中，中心原子的氧化数和配位数都相同，为什么二者的中心原子采取的杂化方式和分子的空间构型却不同？

6.26　举例说明主族元素形成的 AB_3 型分子有几种空间构型？指出分子的中心原子 A 的杂化方式、价层孤电子对数和分子是否有极性。

6.27　用价层电子对互斥理论判断下列稀有气体化合物的空间构型，再用杂化轨道理论说明它们的成键情况。

XeF_2，　XeF_4，　XeO_3，　XeO_4。

6.28　实验测得 BF_3 分子中，B—F 键的键长为 130 pm，比理论 B—F 单键键长 152 pm 短，试加以解释。

6.29　已知 NO_2，CO_2，SO_2 分子中键角分别为 134°，180°，120°，判断它们的中心原子的杂化方式，说明成键情况。

6.30　CO，N_2 和 CN^- 为等电子体。

(1) 用分子轨道理论说明 CO，N_2 和 CN^- 的键能都很大的原因。

(2) 已知 CO 的键能($1070\ kJ\cdot mol^{-1}$)比 N_2 的键能($942\ kJ\cdot mol^{-1}$)大，为什么 CO 易被氧化而 N_2 却很稳定？

6.31　在下列各对化合物中，哪一种化合物的键角大？说明原因。

(1) CH_4 和 NH_3；　(2) OF_2 和 Cl_2O；　(3) NH_3 和 NF_3；　(4) PH_3 和 NH_3。

6.32　用价层电子对互斥理论判断下列分子或离子的空间构型。

$BeCl_2$，BCl_3，NH_4^+，H_2O，ClF_3，PCl_5，I_3^-，ICl_4^-，ClO_2^-，PO_4^{3-}，CO_2，SO_2，NOCl，$POCl_3$。

6.33　分别画出下列分子的结构，指出中心原子的杂化方式。

(1) $N(CH_3)_3$；　(2) $F_3B-N(CH_3)_3$；　(3) $F_4Si-N(CH_3)_3$。

6.34　试画出 NO 的分子轨道图，写出电子排布式，指出其键级和磁性，并比较 NO^+，NO 和 NO^- 的稳定性。

第 7 章
晶体结构

第一部分　例题

例 7.1　下列分子中哪些是极性分子？哪些是非极性分子？

(1) CO_2；　(2) SO_2；　(3) NO_2；　(4) $CHCl_3$；

(5) NCl_3；　(6) SO_3；　(7) $COCl_2$；　(8) BCl_3。

解：(1) CO_2 为非极性分子；

(2) SO_2 为极性分子；

(3) NO_2 为极性分子；

(4) $CHCl_3$ 为极性分子；

(5) NCl_3 为极性分子；

(6) SO_3 为非极性分子；

(7) $COCl_2$ 为极性分子；

(8) BCl_3 为非极性分子。

例 7.2　下列化合物中哪些存在氢键？是分子内氢键还是分子间氢键？

(1) C_6H_6；　(2) NH_3；　(3) C_2H_6；　(4) 邻羟基苯甲醛；

(5) 间硝基苯甲醛；　(6) 对硝基苯甲醛；　(7) 固体硼酸。

解：(1) 不存在氢键；

(2) 存在分子间氢键；

(3) 不存在氢键；

(4) 存在分子内氢键和分子间氢键；

(5) 不存在氢键；

(6) 不存在氢键；

(7) 存在分子间氢键。

例 7.3　NF_3 的偶极矩远小于 NH_3 的偶极矩，但前者的元素间电负性差大于后者的元素间电负性差。如何解释这一矛盾现象？

解：NF_3 和 NH_3 均为三角锥形分子，分子的总偶极矩是分子内部各种因素产生的分偶极矩的矢量和。

NF_3 分子中成键电子对偏向电负性大的 F 原子，N 的孤电子对对偶极矩的贡献与键矩对偶极矩的贡献方向相反，即孤电子对的存在削弱了可能由键矩引起的分子偶极矩，故偶极矩较小，如下图(a)所示；而 NH_3 分子中成键电子对偏向电负性大的 N 原子，即孤电子对对偶极矩的贡献与键矩对偶极矩的贡献方向相同，故 NH_3 分子有较大的偶极矩，如下图(b)所示。

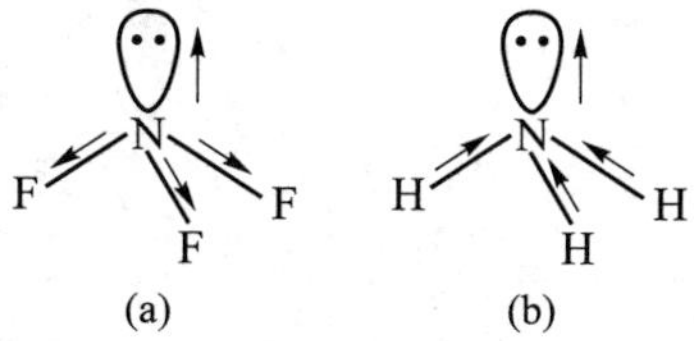

NF_3 和 NH_3 键矩和孤电子对偶极矩的矢量

例 7.4　试解释下列各组化合物熔点的高低关系。

(1) NaCl＞NaBr；　　(2) CaO＞KCl；

(3) MgO＞Al_2O_3；　　(4) ZnI_2＞CdI_2。

解：前两组化合物均为典型的离子型化合物。离子晶体的熔点主要由离子键的键能决定，键能越大，熔点越高。

键能和离子电荷数及半径有关。电荷数多，离子键强。半径大，导致离子间距大，所以键能小；相反，半径小，则键能大。据此可以解释(1)和(2)。

(1) NaCl 和 NaBr 的阳离子均为 Na^+，阴离子电荷数相同而半径 $r(Cl^-)<r(Br^-)$，故键能 $E(NaCl)>E(NaBr)$，所以熔点 NaCl＞NaBr。

(2) CaO 和 KCl，其键能的大小主要取决于离子电荷数。CaO 的阴、阳离子电荷数均为 2，而 KCl 的均为 1，故 CaO 的键能比 KCl 的大，所以熔点 CaO＞KCl 。

除阴、阳离子电荷数和半径影响键能，从而影响化合物的熔点外，离子极化作用较强时，也可使离子化合物具有较多的共价成分，而使键能有所减小，熔点有所降低。

(3) MgO 与 Al_2O_3 相比，Al^{3+} 的电荷数相当高，半径小，极化作用很强，因而使 Al_2O_3 具有较多的共价成分，离子键的键能有所减小，所以熔点 MgO＞Al_2O_3。

(4) 对于某些大半径离子，如(18＋2)电子构型的阳离子，只考虑其对阴离子的极化作用还不够，还要考虑阳离子自身的变形性。半径相当大时，例如 Cd^{2+} 受到 I^- 的极化时发生变形，加强了自身对 I^- 的极化能力，产生了附加极化作用。相互极化的总结果使 CdI_2 的共价成分大于 ZnI_2 的共价成分，故有熔点 ZnI_2＞CdI_2。

例 7.5　根据已知的下列数据，由玻恩-哈伯循环计算氯化钡的 $\Delta_f H_m^\ominus$。

氯分子的解离能	242.6 $kJ\cdot mol^{-1}$
钡的原子化热	177.8 $kJ\cdot mol^{-1}$
钡的第一电离能	520.9 $kJ\cdot mol^{-1}$
钡的第二电离能	962.3 $kJ\cdot mol^{-1}$
氯的电子亲和能	348.6 $kJ\cdot mol^{-1}$
氯化钡的晶格能	2026.7 $kJ\cdot mol^{-1}$

解：玻恩-哈伯循环如下所示。

$$
\begin{array}{ccccc}
Ba(s) & + & Cl_2(g) & \xrightarrow{\Delta_f H_m^{\ominus}(BaCl_2, s)} & BaCl_2(s) \\
\downarrow \Delta H_1 & & \downarrow \Delta H_4 & & \\
Ba(g) & & 2Cl(g) & & \\
\downarrow \Delta H_2 & & & & \uparrow \Delta H_6 \\
Ba^+(g) & & \downarrow \Delta H_5 & & \\
\downarrow \Delta H_3 & & & & \\
Ba^{2+}(g) & + & 2Cl^-(g) & &
\end{array}
$$

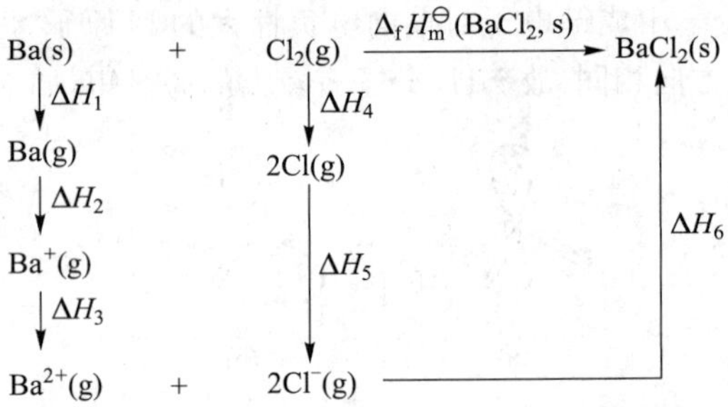

根据赫斯定律，有

$$
\begin{aligned}
\Delta_f H_m^{\ominus}(BaCl_2, s) &= \Delta H_1 + \Delta H_2 + \Delta H_3 + \Delta H_4 + \Delta H_5 + \Delta H_6 \\
&= 177.8 \text{ kJ·mol}^{-1} + 520.9 \text{ kJ·mol}^{-1} + 962.3 \text{ kJ·mol}^{-1} + \\
&\quad 242.6 \text{ kJ·mol}^{-1} - 348.6 \text{ kJ·mol}^{-1} \times 2 - 2026.7 \text{ kJ·mol}^{-1} \\
&= -820.3 \text{ kJ·mol}^{-1}
\end{aligned}
$$

例 7.6 解释下列实验事实：

(1) 二甲醚（CH_3-O-CH_3）的沸点远低于其同分异构体乙醇（CH_3CH_2OH）的沸点；

(2) HF(s) 的熔点比 HI(s) 的熔点低，但是 HF(l) 的沸点比 HI(l) 的沸点高；

(3) $AgNO_3$ 的热分解温度高于 $Cu(NO_3)_2$ 的分解温度。

解：(1) 乙醇分子间有氢键：

$$
H_5C_2-O-H\cdots O-C_2H_5
$$
$$
\qquad\qquad\qquad\quad |
$$
$$
\qquad\qquad\qquad\quad H
$$

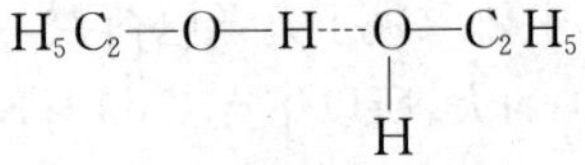

因此其分子间作用力远强于无分子间氢键的二甲醚。从液体变成气体的沸腾过程要在较高的温度下进行以克服乙醇分子间的氢键，故乙醇的沸点要高于二甲醚。

(2) 尽管固体 HF 中有大量的氢键存在，但是熔化过程中多数氢键并不被破坏。熔化过程中要克服的主要是色散力、诱导力和取向力等分子间作用力，这些力在大半径分子 HI 之间比在小分子 HF 之间强，故 HF 的熔点低于 HI 的熔点。

在沸腾过程中，HF 分子间的氢键要大量被破坏，所以其沸点远高于无分子间氢键的 HI。

(3) 半径小且电荷数高的 Cu^{2+} 的反极化能力远高于半径大且电荷数低的 Ag^+，使 $Cu(NO_3)_2$ 中的 Cu—O 结合更强，导致 N—O 键断裂更加容易，故热分解温度低于 $AgNO_3$。

例 7.7 试用离子极化理论解释下列各组化合物热分解温度的高低关系。

(1) $CaSO_4 > CdSO_4$；　　　　　(2) $MnSO_4 > Mn_2(SO_4)_3$；

(3) $SrSO_4 > MgSO_4$；　　　　　(4) $Na_2SO_4 > MgSO_4$；

(5) $HNO_3 > HNO_2$；　　　　　(6) $Na_2CO_3 > NaHCO_3$。

解：(1) 对于 $CaSO_4$ 和 $CdSO_4$，其阳离子电荷数相同而价电子构型不同，Ca^{2+} 是 8 电子型，Cd^{2+} 是 18 电子型，极化能力 $Cd^{2+} > Ca^{2+}$，所以稳定性 $CaSO_4 > CdSO_4$，分解温度 $CaSO_4 > CdSO_4$。

(2) 对于 $MnSO_4$ 和 $Mn_2(SO_4)_3$，其阳离子是同种元素，离子电荷数前者为 +2，后者为 +3，极化能力 $Mn^{2+} < Mn^{3+}$，所以热稳定性 $MnSO_4 > Mn_2(SO_4)_3$，分解温度 $MnSO_4 > Mn_2(SO_4)_3$。

(3) 对于 $SrSO_4$ 和 $MgSO_4$，其阳离子是同一主族的 +2 价离子，离子半径 $Sr^{2+} > Mg^{2+}$，极化

能力 $Sr^{2+} < Mg^{2+}$，所以热稳定性 $SrSO_4 > MgSO_4$，分解温度 $SrSO_4 > MgSO_4$。

(4) 对于 Na_2SO_4 和 $MgSO_4$，其阳离子的电荷数不同。Mg^{2+} 的电荷数高，极化能力较强，所以 $MgSO_4$ 的热稳定性低于 Na_2SO_4，分解温度 $Na_2SO_4 > MgSO_4$。

(5) 对于 HNO_3 和 HNO_2，其阳离子相同，对中心的反极化作用相同，但中心 N(Ⅴ)对 H^+ 的反极化作用的抵抗能力强于 N(Ⅲ)，故热稳定性 $HNO_3 > HNO_2$，分解温度 $HNO_3 > HNO_2$。

(6) 对于 Na_2CO_3 和 $NaHCO_3$，H^+ 的反极化能力极强，导致 $NaHCO_3$ 的热稳定性远小于 Na_2CO_3，故分解温度 $Na_2CO_3 > NaHCO_3$。

例 7.8 LiBr 属于 NaCl 型晶体结构，密度为 3.464 g·cm^{-3}，计算 Li^+ 和 Br^- 之间的距离。

解：在 LiBr 面心立方晶胞中，有 4 个 Li^+ 和 4 个 Br^-，相当于有 4 个 LiBr 单元。LiBr 的摩尔质量 $M(\text{LiBr}) = 86.84\ \text{g}\cdot\text{mol}^{-1}$，其晶胞质量为

$$M = \frac{4 \times 86.84\ \text{g}\cdot\text{mol}^{-1}}{6.022 \times 10^{23}\ \text{mol}^{-1}} = 5.768 \times 10^{-22}\ \text{g}$$

晶胞体积为
$$V = \frac{m}{\rho} = \frac{5.768 \times 10^{-22}\ \text{g}}{3.464\ \text{g}\cdot\text{cm}^{-3}} = 1.665 \times 10^{-22}\ \text{cm}^3$$

$$\text{边长} = V^{\frac{1}{3}} = (1.665 \times 10^{-22}\ \text{cm}^3)^{\frac{1}{3}} = 5.50 \times 10^{-8}\ \text{cm}$$

由下图可知边长 $AD = 2[r(Br^-) + r(Li^+)]$，故 Li^+ 和 Br^- 之间的距离为

$$\frac{1}{2}AD = 2.75 \times 10^{-8}\ \text{cm}$$

换算成 pm 单位，Li^+ 和 Br^- 之间的距离为 275 pm。

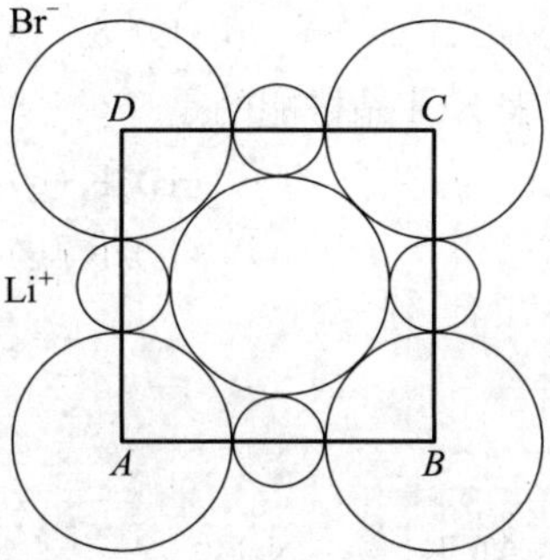

LiBr 晶胞平行六面的一个面

第二部分 习题

一、选择题

7.1 下列化合物中含有极性共价键的是

(A) $KClO_3$； (B) Na_2O_2； (C) Na_2O； (D) KI。

7.2 下列化合物中键的极性最弱的是

(A) $FeCl_3$； (B) $AlCl_3$； (C) $SiCl_4$； (D) PCl_5。

7.3 下列分子中偶极矩不等于零的是

(A) PCl_5； (B) BF_3； (C) NF_3； (D) CO_2。

7.4 下列各组分子中均为极性分子的一组是

(A) PF_3，PF_5； (B) PF_3，SF_4； (C) SF_4，SF_6； (D) PF_5，SF_6。

7.5 下列物质熔点大小顺序中正确的一组是

(A) $BaO > MgO > ZnI_2 > CdI_2$； (B) $MgO > BaO > CdI_2 > ZnI_2$；

(C) $MgO > BaO > ZnI_2 > CdI_2$； (D) $BaO > MgO > ZnI_2 > CdI_2$。

7.6 熔融 SiO_2 晶体时，需要克服的作用力主要是

(A) 离子键； (B) 氢键； (C) 共价键； (D) 范德华力。

7.7 对于下列对化合物在水中溶解度的判断，正确的是

(A) $AgF > HF$； (B) $CaF_2 > CaCl_2$；

(C) $HgCl_2 > HgI_2$； (D) $LiF > NaCl$。

7.8 下列化合物中正、负离子间附加极化作用最强的是

(A) $AgCl$； (B) HgS； (C) ZnI_2； (D) $PbCl_2$。

7.9 下列化合物中在水中溶解度最大的是

(A) NH_3； (B) HCl； (C) HF； (D) H_2S。

7.10 下列化合物中颜色最深的是

(A) $HgCl_2$； (B) Hg_2Cl_2； (C) $HgBr_2$； (D) HgI_2。

7.11 已知立方 ZnS 为面心立方晶格，若 ZnS 晶胞中的 Zn 和 S 全被 C 取代就成为金刚石晶胞，则金刚石晶胞中含碳原子的个数为

(A) 12 (B) 8 (C) 6 (D) 4

7.12 下列反应中反应的焓变可代表 KCl 晶格能的是

(A) $KCl(s) \longrightarrow K^+(g) + Cl^-(g)$ (B) $K(g) + Cl(g) \longrightarrow KCl(s)$

(C) $KCl(s) \longrightarrow K(s) + Cl(s)$ (C) $K(g) + 1/2\ Cl_2(g) \longrightarrow KCl(s)$

二、填空题

7.13 比较大小。

(1) 晶格能： AlF_3________$AlCl_3$， NaCl________KCl；

(2) 溶解度： CuF_2________$CuCl_2$， $Ca(HCO_3)_2$________$NaHCO_3$。

7.14 已知 Cd^{2+} 半径为 97 pm，S^{2-} 半径为 184 pm，按正、负离子半径比，CdS 应具有________型晶格，正、负离子的配位数之比应是________；但 CdS 却具有立方 ZnS 型晶格，正、负离子的配位数之比是________，这主要是由____________________造成的。

7.15 比较各对化合物沸点的高低(用＞或＜表示)，并简要说明原因。

NaCl______$MgCl_2$， AgCl______KCl， NH_3______PH_3，

CO_2______SO_2， O_3______SO_2， O_3______O_2，

Ne______Ar， HF______H_2O， HF______NH_3，

H_2S______HCl， HF______HI。

7.16 比较下列各对化合物中键的极性大小(用>或<表示)。

PbO______PbS，　$FeCl_3$______$FeCl_2$，　SnS______SnS_2，

AsH_3______SeH_2，　PH_3______H_2S，　HF______H_2O。

7.17 下列分子或离子中,能形成分子内氢键的有______;不能形成分子间氢键的有______。

① NH_3,② H_2O,③ HNO_3,④ HF_2^-,⑤ NH_4^+,⑥ 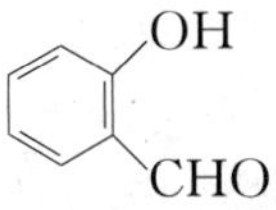

。

7.18 将 Na_2CO_3,$MgCO_3$,K_2CO_3,$MnCO_3$,$PbCO_3$ 按热稳定性由高到低排列,顺序为______________________________。

7.19 将 O^{2-},S^{2-},F^-,Na^+,H^+ 按变形性由小到大排列,顺序为______________________________。

7.20 比较下列各对分子偶极矩的大小(用>,=或<表示)。

CO_2________SO_2，　CCl_4________CH_4，　PH_3________NH_3，

BF_3________NF_3，　NH_3________NF_3，　CH_3OCH_3________C_6H_6。

7.21 金属 Cu 为面心立方结构,晶胞参数为 $a = 361.4$ pm,金属原子配位数为________,晶胞中原子数为________,金属 Cu 原子半径为________ pm,晶胞密度________ $g\cdot cm^{-3}$,Cu 的空间占有率是________。已知 $A_r(Cu) = 63.54$。

7.22 金属钾晶体为体心立方结构,则在单位晶胞中钾原子的个数是________,已知金属钾的密度为 $0.862\ g\cdot cm^{-3}$,则钾原子半径为________ pm。

三、简答题和计算题

7.23 根据下列已知数据,由玻恩-哈伯循环计算 Al_2O_3 的晶格能。

$$\Delta_f H_m^\ominus(Al_2O_3, s) = -1676\ kJ\cdot mol^{-1}$$

$$Al(s) = Al(g) \qquad \Delta H = 326.4\ kJ\cdot mol^{-1}$$

$$Al(g) = Al^+(g) + e^- \qquad I_1 = 578\ kJ\cdot mol^{-1}$$

$$Al^+(g) = Al^{2+}(g) + e^- \qquad I_2 = 1817\ kJ\cdot mol^{-1}$$

$$Al^{2+}(g) = Al^{3+}(g) + e^- \qquad I_3 = 2745\ kJ\cdot mol^{-1}$$

$$O_2(g) = 2O(g) \qquad E = 498\ kJ\cdot mol^{-1}$$

$$O(g) + e^- = O^-(g) \qquad E_1 = 141\ kJ\cdot mol^{-1}$$

$$O^-(g) + e^- = O^{2-}(g) \qquad E_2 = -780\ kJ\cdot mol^{-1}$$

7.24 已知 NaF 中键的离子性比 CsF 中的小,但 NaF 的晶格能却比 CsF 的大。试解释原因。

7.25 指出下列物质在晶体中质点间的作用力、晶体类型及熔点高低。

(1) KCl；　(2) SiC；　(3) CH_3Cl；　(4) NH_3；　(5) Cu；　(6) Xe。

7.26 计算金属面心立方最紧密堆积和体心立方紧密堆积的空间利用率。

7.27 已知 KF 晶体具有 NaCl 型结构,在 20℃时测出 KF 晶体密度为 $2.481\ g\cdot cm^{-3}$,试计算 KF 晶胞的边长及在晶胞中相邻的 K^+ 和 F^- 间的距离。已知 $A_r(K) = 39.10$,$A_r(F) = 19.00$。

7.28 HF 分子间氢键比 H_2O 分子间氢键更强些,为什么 HF 的沸点及汽化热均比 H_2O 的低?

7.29 C 和 O 的电负性差较大,CO 分子极性却较弱,试说明原因。

7.30 为什么由不同种元素的原子形成的 PCl_5 分子为非极性分子，而由同种元素的原子形成的 O_3 分子却是极性分子？

7.31 试指出下列分子中哪些是极性分子，哪些是非极性分子。

NO_2， $CHCl_3$， NCl_3， SO_3， SCl_2， $COCl_2$， BCl_3。

7.32 解释下列现象：

(1) 金属铜可以压片或抽丝，而大理石却不能；

(2) 根据离子半径比，AgI 晶体中正、负离子的配位数应为 6，但实测却为 4；

(3) ⅠA 族元素单质与ⅦA 族元素单质的熔点变化规律恰好相反。

7.33 判断下列各组分子之间存在何种形式的分子间作用力。

(1) CS_2 与 CCl_4；

(2) H_2O 与 H_2；

(3) CH_3Cl；

(4) H_2O 与 NH_3。

7.34 解释下列实验事实。

(1) 沸点 HF＞HI＞HCl，BiH_3＞NH_3＞PH_3；

(2) 熔点 BeO＞LiF；

(3) $SiCl_4$ 比 CCl_4 易水解；

(4) 金刚石的硬度比石墨的大。

7.35 C 和 Si 在同一族，为什么 CO_2 形成分子晶体而 SiO_2 却形成原子晶体？

7.36 元素 Si 和 Sn 的电负性相差不大，为什么常温下 SiF_4 为气态而 SnF_4 却为固态？

7.37 试比较下列同组化合物中阳离子的极化能力大小。

(1) $ZnCl_2$，$FeCl_2$，$CaCl_2$，KCl；

(2) $SiCl_4$，$AlCl_3$，PCl_5，$MgCl_2$，NaCl。

7.38 试用离子极化理论排出下列各组化合物的熔点及溶解度由大到小的顺序。

(1) $BeCl_2$，$CaCl_2$，$HgCl_2$；

(2) CaS，FeS，HgS；

(3) LiCl，KCl，CuCl。

7.39 常温下 PF_5 和 N_2O_4 为气态，而 PCl_5，PBr_5 和 N_2O_5 为固态（熔体均能导电）。测得 PCl_5 和 N_2O_5 中心与配体间均有两种键长，PBr_5 只存在一种 P—Br 键键长。试予以解释。

7.40 试用离子极化理论解释 AgF 易溶于水，而 AgCl，AgBr，AgI 难溶于水，且由 AgF 到 AgBr 再到 AgI 溶解度依次减小。

7.41 金属 M 晶体为立方最密堆积，$a = 361.4$ pm，密度为 8.95 $g \cdot cm^{-3}$。

(1) 给出 M 的元素名称和元素符号。

(2) 在 MCl 晶体中，M 占据了由 Cl 立方最密堆积构成的四面体空隙的一半，画出其晶胞图。

(3) 试解释卤化物 MI_2 不存在而 MF_2 稳定，MI 稳定而 MF 极不稳定。

7.42 一晶体由镁、镍和碳三种元素组成，该晶体的结构可看作由镁原子和镍原子在一起进行面心立方最密堆积，构成两种八面体空隙，一种由镍原子构成，另一种由镍原子和镁原子一起构成，两种八面体空隙的数量比是 1∶3，碳原子填充在镍原子构成的八面体空隙中。

(1) 画出该晶体的一个晶胞并标明原子；

(2) 写出该晶体材料的化学式。

7.43　证明在立方晶系 AB 型离子晶体配位数为 4 和配位数为 8 的介稳状态中，$\frac{r_+}{r_-}$分别为 0.225 和 0.732。

第 8 章
酸碱解离平衡

第一部分　例题

例 8.1　已知氨水的 $K_b^\ominus = 1.8 \times 10^{-5}$，现有 1.0 dm^3 0.10 $mol \cdot dm^{-3}$ 氨水，试求：

(1) 氨水的 $c(H^+)$；

(2) 加入 10.7 g NH_4Cl 后溶液的 $c(H^+)$，假设加入 NH_4Cl 后溶液体积的变化可以忽略不计；

(3) 加入 NH_4Cl 后，氨水的解离度缩小到原来的多少分之一？

解：(1)

	$NH_3 \cdot H_2O$	$\rightleftharpoons$	NH_4^+	+	OH^-
$c_0/(mol \cdot dm^{-3})$	0.10		0		0
$c_平/(mol \cdot dm^{-3})$	$0.10 - x \approx 0.10$		x		x

x $mol \cdot dm^{-3}$ 为解离完全的 $NH_3 \cdot H_2O$ 的浓度。

$$K_b^\ominus = \frac{c(NH_4^+)c(OH^-)}{c(NH_3 \cdot H_2O)} = \frac{x^2}{0.10} = 1.8 \times 10^{-5}$$

解得
$$x = 1.34 \times 10^{-3}$$

即
$$c(OH^-) = 1.34 \times 10^{-3}\ mol \cdot dm^{-3}$$

$$c(H^+) = \frac{K_w^\ominus}{c(OH^-)} = \frac{1.0 \times 10^{-14}}{1.34 \times 10^{-3}}\ mol \cdot dm^{-3} = 7.46 \times 10^{-12}\ mol \cdot dm^{-3}$$

解离度
$$\alpha_1 = \frac{1.34 \times 10^{-3}\ mol \cdot dm^{-3}}{0.10\ mol \cdot dm^{-3}} \times 100\% = 1.34\%$$

(2)
$$M(NH_4Cl) = 53.5\ g \cdot mol^{-1}$$

$$n(NH_4Cl) = \frac{10.7\ g}{53.5\ g \cdot mol^{-1}} = 0.20\ mol$$

NH_4Cl 完全解离后，$c(NH_4^+) = 0.20\ mol \cdot dm^{-3}$。

	$NH_3 \cdot H_2O \rightleftharpoons$	NH_4^+ +	OH^-
$c_平/(mol \cdot dm^{-3})$	0.10	0.20	y

$$K_b^\ominus = \frac{c(NH_4^+)c(OH^-)}{c(NH_3 \cdot H_2O)} = \frac{0.20y}{0.10} = 1.8 \times 10^{-5}$$

解得
$$y = 9.00 \times 10^{-6}$$

即
$$c(OH^-)=9.00\times10^{-6}\ mol\cdot dm^{-3}$$
$$c(H^+)=1.11\times10^{-9}\ mol\cdot dm^{-3}$$

解离度
$$\alpha_2=\frac{9.00\times10^{-6}\ mol\cdot dm^{-3}}{0.10\ mol\cdot dm^{-3}}\times100\%=(9.00\times10^{-3})\%$$

(3)
$$\frac{\alpha_1}{\alpha_2}=\frac{1.34\%}{(9.00\times10^{-3})\%}=149$$

即缩小为原来的$\frac{1}{149}$。

例 8.2　298 K 时，测得 $0.100\ mol\cdot dm^{-3}$ 氢氟酸的 $c(H^+)$ 为 $7.63\times10^{-3}\ mol\cdot dm^{-3}$，试求反应

$$HF(aq)\rightleftharpoons H^+(aq)+F^-(aq)$$

的 $\Delta_rG_m^\ominus$ 值。

解:

	$HF(aq)$	$\rightleftharpoons$	$H^+(aq)$	+	$F^-(aq)$
$c_0/(mol\cdot dm^{-3})$	0.100		0		0
$c_平/(mol\cdot dm^{-3})$	$0.100-7.63\times10^{-3}$		7.63×10^{-3}		7.63×10^{-3}

$$K_a^\ominus=\frac{c(H^+)c(F^-)}{c(HF)}=\frac{(7.63\times10^{-3})^2}{0.100-7.63\times10^{-3}}=6.30\times10^{-4}$$

$$\begin{aligned}\Delta_rG_m^\ominus&=-RT\ln K_a^\ominus\\&=-8.314\ J\cdot mol^{-1}\cdot K^{-1}\times298\ K\times\ln(6.30\times10^{-4})\\&=18.3\ kJ\cdot mol^{-1}\end{aligned}$$

例 8.3　三元酸砷酸 H_3AsO_4 的解离平衡常数 $K_{a1}^\ominus=5.5\times10^{-3}$，$K_{a2}^\ominus=1.7\times10^{-7}$，$K_{a3}^\ominus=5.1\times10^{-12}$，试求多大起始浓度的 H_3AsO_4 可使 $c(AsO_4^{3-})=4.0\times10^{-17}\ mol\cdot dm^{-3}$？

解: 由 $H_3AsO_4\rightleftharpoons 3H^++AsO_4^{3-}$ 得

$$K_{a1}^\ominus K_{a2}^\ominus K_{a3}^\ominus=\frac{[c(H^+)]^3c(AsO_4^{3-})}{c(H_3AsO_4)}\tag{1}$$

因为 $K_{a2}^\ominus\ll K_{a1}^\ominus$，故体系的 $c(H^+)$ 由第一步解离决定：

$$H_3AsO_4\rightleftharpoons H^++H_2AsO_4^-$$

$$K_{a1}^\ominus=\frac{c(H^+)c(H_2AsO_4^-)}{c(H_3AsO_4)}$$

即
$$K_{a1}^\ominus=\frac{[c(H^+)]^2}{c(H_3AsO_4)}\tag{2}$$

将式(2)代入式(1)得

$$K_{a2}^\ominus K_{a3}^\ominus=c(H^+)c(AsO_4^{3-})$$

故
$$c(H^+)=\frac{K_{a2}^\ominus K_{a3}^\ominus}{c(AsO_4^{3-})}$$

$$=\frac{1.7\times10^{-7}\times5.1\times10^{-12}}{4.0\times10^{-17}}\ mol\cdot dm^{-3}=2.17\times10^{-2}\ mol\cdot dm^{-3}$$

将其代入式(2)得

$$K_{a1}^{\ominus}=\frac{(2.17\times 10^{-2})^2}{c(H_3AsO_4)}$$

所以 $$c(H_3AsO_4)=\frac{(2.17\times 10^{-2})^2}{K_{a1}^{\ominus}}$$

$$=\frac{(2.17\times 10^{-2})^2}{5.5\times 10^{-3}}\ mol\cdot dm^{-3}=0.086\ mol\cdot dm^{-3}$$

H_3AsO_4 的起始浓度为平衡浓度 $c(H_3AsO_4)$ 与 $c(H^+)$ 之和，即为

$$0.086\ mol\cdot dm^{-3}+2.17\times 10^{-2}\ mol\cdot dm^{-3}=0.11\ mol\cdot dm^{-3}$$

例 8.4 将 0.10 $mol\cdot dm^{-3}$ HAc 溶液和 0.10 $mol\cdot dm^{-3}$ HCN 溶液等体积混合，试计算此溶液的 $c(H^+)$，$c(Ac^-)$ 和 $c(CN^-)$。已知 HAc 的 $K_a^{\ominus}=1.8\times 10^{-5}$，HCN 的 $K_a^{\ominus}=6.2\times 10^{-10}$。

解： 两种酸溶液混合，其中 $K_a^{\ominus}(HAc)\gg K_a^{\ominus}(HCN)$，所以体系中 $c(H^+)$ 完全由 HAc 的解离来决定。等体积混合后，两种酸溶液的浓度均为 0.050 $mol\cdot dm^{-3}$。

	HAc ⇌	H^+ +	Ac^-
$c_0/(mol\cdot dm^{-3})$	0.050	0	0
$c_平/(mol\cdot dm^{-3})$	$0.050-x$	x	x

x $mol\cdot dm^{-3}$ 为已解离的 HAc 的浓度。

$\frac{c_0}{K_a^{\ominus}}>400$，近似有 $0.050-x\approx 0.050$，则

$$K_a^{\ominus}(HAc)=\frac{c(H^+)c(Ac^-)}{c(HAc)}=\frac{x^2}{0.050}=1.8\times 10^{-5}$$

解得 $$x=9.5\times 10^{-4}$$

即溶液中 $$c(H^+)=9.5\times 10^{-4}\ mol\cdot dm^{-3}$$

$$c(Ac^-)=9.5\times 10^{-4}\ mol\cdot dm^{-3}$$

	HCN ⇌	H^+ +	CN^-
$c_平/(mol\cdot dm^{-3})$	0.050	9.5×10^{-4}	

$$K_a^{\ominus}(HCN)=\frac{c(H^+)c(CN^-)}{c(HCN)}$$

$$c(CN^-)=\frac{K_a^{\ominus}(HCN)c(HCN)}{c(H^+)}$$

$$=\frac{6.2\times 10^{-10}\times 0.050}{9.5\times 10^{-4}}\ mol\cdot dm^{-3}=3.3\times 10^{-8}\ mol\cdot dm^{-3}$$

即溶液中 $c(CN^-)=3.3\times 10^{-8}\ mol\cdot dm^{-3}$。

例 8.5 拟配制 1 dm^3 pH 为 5 的 HAc－NaAc 缓冲溶液，为保证缓冲容量，要求 HAc 及其共轭碱的浓度之和为 2 $mol\cdot dm^{-3}$。计算需要 17 $mol\cdot dm^{-3}$ 冰醋酸和 6 $mol\cdot dm^{-3}$ NaOH 溶液各多少，需加水多少。已知 HAc 的 $K_a^{\ominus}=1.8\times 10^{-5}$。

解： 缓冲溶液中 HAc 的解离平衡为

$$HAc \rightleftharpoons H^+ + Ac^-$$

$$K_a^{\ominus}=\frac{c(H^+)c(Ac^-)}{c(HAc)}$$

故
$$\frac{c(Ac^-)}{c(HAc)}=\frac{K_a^{\ominus}}{c(H^+)}$$

因为 pH＝5，所以 $c(H^+)=1.0\times10^{-5}\ mol\cdot dm^{-3}$，故有

$$\frac{c(Ac^-)}{c(HAc)}=\frac{1.8\times10^{-5}}{1.0\times10^{-5}}=1.8 \tag{1}$$

缓冲体系中的 Ac^- 由下面反应得来：

$$HAc+NaOH=\!=\!=NaAc+H_2O$$

加入的 NaOH 的量，在溶液中体现为 Ac^- 的量。依题意有

$$c(Ac^-)+c(HAc)=2\ mol\cdot dm^{-3} \tag{2}$$

式(1)和式(2)联立，解得 $c(HAc)=0.7\ mol\cdot dm^{-3}$，$c(Ac^-)=1.3\ mol\cdot dm^{-3}$。因此，在缓冲溶液中，有

$$n(Ac^-)=1.3\ mol\cdot dm^{-3}\times1\ dm^3=1.3\ mol$$

需加入 NaOH 溶液的体积为

$$\frac{1.3\ mol}{6\ mol\cdot dm^{-3}}=0.22\ dm^3$$

平衡的 HAc 和生成 Ac^- 时与 OH^- 作用掉的 HAc 共 2 mol，因此需冰醋酸的体积为

$$\frac{2\ mol}{17\ mol\cdot dm^{-3}}=0.12\ dm^3$$

缓冲溶液的总体积，按题设为 1 dm^3，故尚需加水的体积为

$$1\ dm^3-0.12\ dm^3-0.22\ dm^3=0.66\ dm^3$$

例 8.6 已知 H_2S 的 $K_{a1}^{\ominus}=1.1\times10^{-7}$，$K_{a2}^{\ominus}=1.3\times10^{-13}$，求 $0.20\ mol\cdot dm^{-3}\ Na_2S$ 溶液中的 $c(Na^+)$，$c(S^{2-})$，$c(HS^-)$，$c(OH^-)$，$c(H_2S)$和 $c(H^+)$。

解：
$$Na_2S=\!=\!=2Na^++S^{2-}$$

$0.20\ mol\cdot dm^{-3}$的 Na_2S 完全解离，故溶液中 Na^+ 的浓度为 $0.40\ mol\cdot dm^{-3}$，S^{2-} 的起始浓度为 $0.20\ mol\cdot dm^{-3}$，S^{2-} 的水解分两步进行。

$$K_{h1}^{\ominus}=\frac{K_w^{\ominus}}{K_{a2}^{\ominus}}=\frac{1.0\times10^{-14}}{1.3\times10^{-13}}=7.7\times10^{-2}$$

$$K_{h2}^{\ominus}=\frac{K_w^{\ominus}}{K_{a1}^{\ominus}}=\frac{1.0\times10^{-14}}{1.1\times10^{-7}}=9.1\times10^{-8}$$

由于 $K_{h1}^{\ominus}\gg K_{h2}^{\ominus}$，故水解产生的 $c(OH^-)$ 由第一步水解决定。

	S^{2-}	+ $H_2O \rightleftharpoons$	HS^-	+	OH^-
$c_0/(mol\cdot dm^{-3})$	0.20		0		0
$c_平/(mol\cdot dm^{-3})$	$0.20-x$		x		x

$x\ mol\cdot dm^{-3}$为已水解的 S^{2-} 的浓度。

$$K_{h1}^{\ominus}=\frac{c(HS^-)c(OH^-)}{c(S^{2-})}=\frac{x^2}{0.20-x}=7.7\times10^{-2}$$

解得
$$x=0.091$$

即 $$c(OH^-)=0.091\ mol\cdot dm^{-3}$$
$$c(HS^-)=0.091\ mol\cdot dm^{-3}$$
$$c(H^+)=\frac{K_w^\ominus}{c(OH^-)}=\frac{1.0\times10^{-14}}{0.091}\ mol\cdot dm^{-3}=1.1\times10^{-13}\ mol\cdot dm^{-3}$$
$$c(S^{2-})=(0.20-x)mol\cdot dm^{-3}=(0.20-0.091)mol\cdot dm^{-3}=0.109\ mol\cdot dm^{-3}$$

	HS^- +	$H_2O \rightleftharpoons$	H_2S +	OH^-
$c_平/(mol\cdot dm^{-3})$	0.091		y	0.091

$$K_{h2}^\ominus=\frac{c(H_2S)c(OH^-)}{c(HS^-)}=y$$

解得 $$y=9.1\times10^{-8}$$

即 $c(H_2S)=9.1\times10^{-8}\ mol\cdot dm^{-3}$。

例 8.7 指出下列各反应式中的所有共轭酸碱关系，从相关参考书中查出酸(或碱)的 $K_a^\ominus$(或 $K_b^\ominus$)，再计算出其共轭碱(或酸)的 $K_b^\ominus$(或 $K_a^\ominus$)：

(1) $HSO_4^-+OH^- \xlongequal{} SO_4^{2-}+H_2O$

(2) $PO_4^{3-}+H_2O \xlongequal{} HPO_4^{2-}+OH^-$

(3) $CO_3^{2-}+H_2O \xlongequal{} HCO_3^-+OH^-$

(4) $NH_3+H_2S \xlongequal{} NH_4^++HS^-$

解：

	具有共轭关系的酸和碱		酸或碱的解离平衡常数	
	酸	碱	从表中查出的 $K_a^\ominus(K_b^\ominus)$	计算出的 $K_b^\ominus(K_a^\ominus)$
(1)	HSO_4^- H_2O	SO_4^{2-} OH^-	$K_a^\ominus(HSO_4^-)=1.0\times10^{-2}$	$K_b^\ominus(SO_4^{2-})=1.0\times10^{-12}$
(2)	HPO_4^{2-} H_2O	PO_4^{3-} OH^-	$K_a^\ominus(HPO_4^{2-})=4.8\times10^{-13}$	$K_b^\ominus(PO_4^{3-})=2.1\times10^{-2}$
(3)	HCO_3^- H_2O	CO_3^{2-} OH^-	$K_a^\ominus(HCO_3^-)=4.7\times10^{-11}$	$K_b^\ominus(CO_3^{2-})=2.1\times10^{-4}$
(4)	H_2S NH_4^+	HS^- NH_3	$K_a^\ominus(H_2S)=1.1\times10^{-7}$ $K_b^\ominus(NH_3)=1.8\times10^{-5}$	$K_b^\ominus(HS^-)=9.1\times10^{-8}$ $K_a^\ominus(NH_4^+)=5.6\times10^{-10}$

从 $K_a^\ominus(K_b^\ominus)$计算其共轭碱的 $K_b^\ominus$(共轭酸的 K_a)的公式是 $K_a^\ominus\cdot K_b^\ominus=K_w^\ominus$。

例 8.8 用强碱滴定某一元弱酸，在加入 3.50 cm^3 碱液时，体系的pH＝4.15；在加入 5.70 cm^3 碱液时，体系的 pH＝4.44。求该弱酸的解离平衡常数。

解： 一元弱酸 HA 与强碱 OH^- 的反应为

$$HA+OH^- \rightleftharpoons A^-+H_2O$$

弱酸被强碱部分中和后得到弱酸盐与弱酸组成的缓冲溶液。其 pH 计算公式为

$$pH=pK_a^\ominus-\lg\frac{c_{酸}}{c_{盐}} \qquad (1)$$

设酸的体积为 V_a，浓度为 c_a，加入的碱的体积为 V_b，浓度为 c_b，则反应后生成的盐的物质的量 $n_{盐}=V_b c_b$，浓度 $c_{盐}=\dfrac{V_b c_b}{V_a+V_b}$，剩余的酸的物质的量 $n_{酸}=V_a c_a-V_b c_b$，浓度 $c_{酸}=\dfrac{V_a c_a-V_b c_b}{V_a+V_b}$。

将 $c_{酸}$，$c_{盐}$ 代入式(1)得

$$\mathrm{pH}=\mathrm{p}K_a^\ominus-\lg\frac{\dfrac{V_a c_a-V_b c_b}{V_a+V_b}}{\dfrac{V_b c_b}{V_a+V_b}}$$

整理得

$$\mathrm{pH}=\mathrm{p}K_a^\ominus-\lg\frac{\dfrac{V_a c_a}{c_b}}{V_b}-1$$

令 $\dfrac{V_a c_a}{c_b}=A$，则

$$\mathrm{pH}=\mathrm{p}K_a^\ominus-\lg\left(\frac{A}{V_b}-1\right)$$

依题意有

$$4.15=\mathrm{p}K_a^\ominus-\lg\left(\frac{A}{3.50\ \mathrm{cm}^3}-1\right) \tag{2}$$

$$4.44=\mathrm{p}K_a^\ominus-\lg\left(\frac{A}{5.70\ \mathrm{cm}^3}-1\right) \tag{3}$$

式(2)和式(3)联立，解得 $A=16.85\ \mathrm{cm}^3$，$\mathrm{p}K_a^\ominus=4.73$。

故该弱酸的解离平衡常数 $K_a^\ominus=1.86\times10^{-5}$。

第二部分　习题

一、选择题

8.1　已知　H_2CO_3　$K_{a1}^\ominus=4.5\times10^{-7}$，$K_{a2}^\ominus=4.7\times10^{-11}$

H_2S　$K_{a1}^\ominus=1.1\times10^{-7}$，$K_{a2}^\ominus=1.3\times10^{-13}$

将相同浓度的 H_2S 溶液和 H_2CO_3 溶液等体积混合后，下列对离子浓度相对大小表达正确的是

(A) $c(CO_3^{2-})<c(S^{2-})$；　(B) $c(CO_3^{2-})>c(S^{2-})$；

(C) $c(HCO_3^-)<c(S^{2-})$；　(D) $c(HS^-)<c(CO_3^{2-})$。

8.2　已知 H_3PO_4 的 $K_{a1}^\ominus=6.9\times10^{-3}$，$K_{a2}^\ominus=6.1\times10^{-8}$，$K_{a3}^\ominus=4.8\times10^{-13}$，则在 0.1 mol·dm^{-3} NaH_2PO_4 溶液中离子浓度由大到小的顺序正确的是

(A) Na^+，$H_2PO_4^-$，HPO_4^{2-}，H_3PO_4，PO_4^{3-}；

(B) Na^+，$H_2PO_4^-$，HPO_4^{2-}，PO_4^{3-}，H_3PO_4；

(C) Na^+，HPO_4^{2-}，$H_2PO_4^-$，H_3PO_4，PO_4^{3-}；

(D) Na^+，HPO_4^{2-}，$H_2PO_4^-$，PO_4^{3-}，H_3PO_4。

8.3　将下列浓度均为 0.1 mol·dm^{-3} 的溶液加水稀释 1 倍后，pH 变化最小的是

(A) HCl；　(B) H_2SO_4；　(C) HNO_3；　(D) HAc。

8.4 在下列溶液中 HCN 解离度最大的是

(A) 0.10 $mol\cdot dm^{-3}$ KCN 溶液；

(B) 0.20 $mol\cdot dm^{-3}$ NaCl 溶液；

(C) 0.10 $mol\cdot dm^{-3}$ KCN 和 0.10 $mol\cdot dm^{-3}$ KCl 混合溶液；

(D) 0.10 $mol\cdot dm^{-3}$ KCl 和 0.20 $mol\cdot dm^{-3}$ NaCl 混合溶液。

8.5 将 0.1 $mol\cdot dm^{-3}$ NaAc 溶液加水稀释时，下列各项数值中增大的是

(A) $c(Ac^-)/c(OH^-)$；　　(B) $c(OH^-)/c(Ac^-)$；

(C) $c(Ac^-)$；　　(D) $c(OH^-)$。

8.6 在 0.10 $mol\cdot dm^{-3}$ 氨水中加入等体积的 0.10 $mol\cdot dm^{-3}$ 下列溶液后，混合溶液的 pH 最大的是

(A) HCl；　(B) H_2SO_4；　(C) HNO_3；　(D) HAc。

8.7 在 H_3PO_4 溶液中加入一定量 NaOH 后，溶液的 pH＝10.00，在该溶液中下列物种中浓度最大的是

(A) H_3PO_4；　(B) $H_2PO_4^-$；　(C) HPO_4^{2-}；　(D) PO_4^{3-}。

8.8 下列溶液中，具有明显缓冲作用的是

(A) Na_2CO_3；　(B) $NaHCO_3$；　(C) $NaHSO_4$；　(D) Na_3PO_4。

8.9 将 100 cm^3 0.10 $mol\cdot dm^{-3}$ 的 HCN($K_a^\ominus=4.9\times10^{-10}$)溶液稀释至 400 cm^3，则溶液中的 H^+ 的浓度约为原来的

(A) $\frac{1}{2}$；　(B) $\frac{1}{4}$；　(C) 2 倍；　(D) 4 倍。

8.10 以 H_2O 作为溶剂，对下列各组物质有区分效应的是

(A) HCl，HAc，HNO_3，CH_3OH；　　(B) HI，$HClO_4$，NHCl，NaAc；

(C) HNO_3，NaOH，$Ba(OH)_2$，H_3PO_4；　　(D) NH_3，NH_2OH，CH_3NH_2，N_2H_4。

8.11 不是共轭酸碱对的一组物质是

(A) NH_3，NH_2^-；　　(B) NaOH，Na^+；

(C) HS^-，S^{2-}；　　(D) H_2O，OH^-。

8.12 将 0.050 dm^3 0.10 $mol\cdot dm^{-3}$ 某一元弱酸溶液与 0.020 dm^3 0.10 $mol\cdot dm^{-3}$ KOH 溶液混合，之后将混合溶液稀释至 0.10 dm^3，测得该溶液的 pH 为 5.25，该弱酸的 $K_a^\ominus$ 为

(A) 3.8×10^{-6}；　(B) 5.6×10^{-6}；　(C) 8.4×10^{-6}；　(D) 9.4×10^{-6}。

二、填空题

8.13 已知 H_2SO_4 的二级解离平衡常数为 1.0×10^{-2}，则 0.010 $mol\cdot dm^{-3}$ H_2SO_4 溶液的 $c(H^+)$ 为________ $mol\cdot dm^{-3}$，pH 为________。

8.14 已知氢氟酸的 $K_a^\ominus=6.3\times10^{-4}$，则 0.10 $mol\cdot dm^{-3}$ NaF 溶液的 pH 为______，溶液的水解度为________。

8.15 现有 NH_4Cl 和 $NH_3\cdot H_2O$ 的混合溶液，其 pH 为 9.5($NH_3\cdot H_2O$ 的 $K_b^\ominus=1.8\times10^{-5}$)。若溶液中 $c(NH_4^+)$ 为 5.0 $mol\cdot dm^{-3}$，则溶液的 $c(NH_3\cdot H_2O)$为____________。

8.16 已知某二元弱酸 H_2A 的 $K_{a1}^\ominus=1\times10^{-7}$，$K_{a2}^\ominus=1\times10^{-14}$，则 0.10 $mol\cdot dm^{-3}$ H_2A 溶液中 $c(A^{2-})$为________ $mol\cdot dm^{-3}$；在 0.10 $mol\cdot dm^{-3}$ H_2A 和 0.10 $mol\cdot dm^{-3}$盐酸混合溶液中

$c(A^{2-})$为________ $mol \cdot dm^{-3}$。

8.17　下列溶液中各物质的浓度均为 0.10 $mol \cdot dm^{-3}$，则按 pH 由大到小排列的顺序为________________________________。

(1) NH_4Cl 和 $NH_3 \cdot H_2O$ 混合溶液；　(2) NaAc 和 HAc 混合溶液；

(3) HAc；　(4) $NH_3 \cdot H_2O$；

(5) HCl；　(6) NaOH。

8.18　在 0.10 $mol \cdot dm^{-3}$ HAc 溶液中加入少许 NaCl 晶体，溶液的 pH 将会______；若以 Na_2CO_3 代替 NaCl，则溶液的 pH 将会______。

8.19　实验室有 HCl，HAc($K_a^{\ominus} = 1.8 \times 10^{-5}$)，NaOH，NaAc 四种浓度相同的溶液，现要配制 pH＝4.44的缓冲溶液，共有三种配法，每种配法所用的两种溶液及其体积比分别为____________________；____________________；____________________。

8.20　在 0.10 $mol \cdot dm^{-3}$ $NH_3 \cdot H_2O$ 中加入 NH_4Cl 固体，则 $NH_3 \cdot H_2O$ 的浓度____________，解离度__________，pH __________，解离平衡常数__________。

8.21　2 $mol \cdot dm^{-3}$ $NH_3 \cdot H_2O$ ($K_b^{\ominus} = 1.8 \times 10^{-5}$)的 pH 为__________；将它与 2 $mol \cdot dm^{-3}$ 盐酸等体积混合后，溶液的 pH 为__________；若将氨水与 4 $mol \cdot dm^{-3}$ 盐酸等体积混合，则混合溶液的 pH 为__________。

8.22　已知 H_3PO_4 的 $K_{a1}^{\ominus} = 6.9 \times 10^{-3}$，$K_{a2}^{\ominus} = 6.1 \times 10^{-8}$，$K_{a3}^{\ominus} = 4.8 \times 10^{-13}$。$H_3PO_4$ 的共轭碱为________，其 $K_b^{\ominus}$ 值为________。

8.23　在醋酸溶剂中，高氯酸的酸性比盐酸______，因为醋酸是______溶剂；在水中，高氯酸的酸性与盐酸的酸性______，这是因为水是______溶剂。

8.24　已知 HAc 的 $K_a^{\ominus} = 1.8 \times 10^{-5}$，HCN 的 $K_a^{\ominus} = 6.2 \times 10^{-10}$，HF 的 $K_a^{\ominus} = 6.3 \times 10^{-4}$，则相同浓度的 NaAc，NaCN 和 NaF 稀溶液，水解度由大到小的顺序是______________。OH^-，Ac^-，CN^-，F^- 碱性由强至弱的顺序是____________。

8.25　根据酸碱质子理论，$[Fe(H_2O)_5(OH)]^{2+}$ 的共轭酸是______________，共轭碱是______________；HNO_3 的共轭酸是______________；NH_2^- 的共轭碱是______________。

三、简答题和计算题

8.26　计算下列溶液的 pH。

(1) 0.01 $mol \cdot dm^{-3}$ HCN 溶液($K_a^{\ominus} = 6.2 \times 10^{-10}$)；

(2) 0.01 $mol \cdot dm^{-3}$ HNO_2 溶液($K_a^{\ominus} = 5.1 \times 10^{-4}$)；

(3) 0.20 $mol \cdot dm^{-3}$ KHC_2O_4 溶液($H_2C_2O_4$：$K_{a1}^{\ominus} = 5.4 \times 10^{-2}$，$K_{a2}^{\ominus} = 5.4 \times 10^{-5}$)；

(4) 0.10 $mol \cdot dm^{-3}$ Na_2CO_3 溶液(H_2CO_3：$K_{a1}^{\ominus} = 4.5 \times 10^{-7}$，$K_{a2}^{\ominus} = 4.7 \times 10^{-11}$)；

(5) 0.10 $mol \cdot dm^{-3}$ Na_2S 溶液(H_2S：$K_{a1}^{\ominus} = 1.1 \times 10^{-7}$，$K_{a2}^{\ominus} = 1.3 \times 10^{-13}$)；

(6) 0.10 $mol \cdot dm^{-3}$ NH_4Cl 溶液($NH_3 \cdot H_2O$：$K_b^{\ominus} = 1.8 \times 10^{-5}$)。

8.27　通过计算说明：中和 50.0 cm^3，pH＝3.80 的盐酸与中和 50.0 cm^3，pH＝3.80 的醋酸溶液所需 NaOH 的物质的量是否相同。已知 $K_a^{\ominus}(HAc) = 1.8 \times 10^{-5}$。

8.28　向 0.10 $mol \cdot dm^{-3}$ 草酸溶液中滴加 NaOH 溶液至 pH＝6.00，试求溶液中 $H_2C_2O_4$，$HC_2O_4^-$ 和 $C_2O_4^{2-}$ 的浓度。已知 $H_2C_2O_4$ 的 $K_{a1}^{\ominus} = 5.4 \times 10^{-2}$，$K_{a2}^{\ominus} = 5.4 \times 10^{-5}$。

8.29 已知 $K_a^\ominus=4.0\times10^{-5}$ 的某弱酸 HA，其溶液的 pH 与将 2.0 cm^3 0.10 $mol\cdot dm^{-3}$ 盐酸加入 48.0 cm^3 水所形成溶液的 pH 相同，试计算此弱酸溶液的浓度。若 NaA 溶液的 pH = 9.00，则此弱酸盐溶液的浓度是多少？

8.30 将 0.20 $mol\cdot dm^{-3}$ 盐酸和 0.20 $mol\cdot dm^{-3}$ $H_2C_2O_4$ 溶液等体积混合后，求溶液中 $C_2O_4^{2-}$ 和 $HC_2O_4^-$ 的浓度。已知 $H_2C_2O_4$ 的 $K_{a1}^\ominus=5.4\times10^{-2}$，$K_{a2}^\ominus=5.4\times10^{-5}$。

8.31 欲配制 0.50 dm^3 pH = 9，$c(NH_4^+)=1.0\ mol\cdot dm^{-3}$ 的缓冲溶液，求需密度为 0.904 $g\cdot cm^{-3}$，含氨质量分数为 26.0% 的氨水的体积及所需固体氯化铵的质量。

8.32 在血液中 H_2CO_3 - $NaHCO_3$ 缓冲对的作用之一是从细胞组织中迅速除去由运动产生的乳酸（简记为 HL，$K_a^\ominus=1.4\times10^{-4}$）。已知 H_2CO_3 的 $K_{a1}^\ominus=4.5\times10^{-7}$。

(1) 求 $HL+HCO_3^- \rightleftharpoons H_2CO_3+L^-$ 的平衡常数 $K^\ominus$；

(2) 若血液中 $c(H_2CO_3)=1.4\times10^{-3}\ mol\cdot dm^{-3}$，$c(HCO_3^-)=2.7\times10^{-2}\ mol\cdot dm^{-3}$，求血液的 pH；

(3) 向 1.0 dm^3 血液中加入 5.0×10^{-3} mol HL 后，pH 为多大？

8.33 将 1.00 $mol\cdot dm^{-3}$ HAc 溶液和 1.00 $mol\cdot dm^{-3}$ 氢氟酸等体积混合，若已知 HAc 的 $K_a^\ominus=1.8\times10^{-5}$，HF 的 $K_a^\ominus=6.3\times10^{-4}$，试计算此溶液的 $c(H^+)$，$c(Ac^-)$ 和 $c(F^-)$。

8.34 通过计算判断在水溶液中，NH_3 与 HPO_4^{2-} 哪一个碱性较强？已知 $NH_3\cdot H_2O$ 的 $K_b^\ominus=1.8\times10^{-5}$；$H_3PO_4$ 的 $K_{a1}^\ominus=6.9\times10^{-3}$，$K_{a2}^\ominus=6.1\times10^{-8}$，$K_{a3}^\ominus=4.8\times10^{-13}$。

8.35 80 cm^3 1.0 $mol\cdot dm^{-3}$ 某一元弱酸与 50 cm^3 0.40 $mol\cdot dm^{-3}$ NaOH 溶液混合后，再稀释至 250 cm^3，所得溶液的 pH = 2.72，求该弱酸的解离平衡常数。

8.36 甲溶液为一元弱酸，其 $c(H^+)=a\ mol\cdot dm^{-3}$，乙溶液为该一元弱酸的钠盐溶液，其 $c(H^+)=b\ mol\cdot dm^{-3}$。当上述甲溶液与乙溶液等体积混合后，测得其 $c(H^+)=c\ mol\cdot dm^{-3}$，试求该一元弱酸的解离平衡常数 $K_a^\ominus$ 的表达式。

8.37 根据酸碱质子理论，下列分子或离子中哪些是酸，哪些是碱，哪些既是酸又是碱？

HS^-， CO_3^{2-}， $H_2PO_4^-$， NH_3， H_2S， HAc， OH^-， H_2O， NO_2^-。

8.38 根据酸碱质子理论，写出下列分子或离子的共轭酸（或碱）的化学式。

(1) SO_4^{2-}；　(2) H_2SO_4；　(3) HSO_4^-；　(4) S^{2-}；

(5) NH_3；　(6) H_2S；　(7) $H_2PO_4^-$。

第 9 章
沉淀溶解平衡

第一部分　例题

例 9.1　查表，将下列难溶性强电解质按其 $K_{sp}^{\ominus}$ 由大到小顺序排列；再分别求出它们的溶解度，并按溶解度由大到小顺序排列。比较两个排列顺序的异同，试说明原因。

AgCl，$Zn(OH)_2$，FeS，CuS，$Pb(OH)_2$，CuI，$CaCO_3$，CaF_2，$PbSO_4$，$Mg(OH)_2$。

解：查表和计算结果如下表所示。

序号	化学式	$K_{sp}^{\ominus}$	序号	化学式	$s/(mol\cdot dm^{-3})$
1	$PbSO_4$	2.53×10^{-8}	1	CaF_2	1.10×10^{-3}
2	CaF_2	5.30×10^{-9}	2	$PbSO_4$	1.59×10^{-4}
3	$CaCO_3$	2.8×10^{-9}	3	$Mg(OH)_2$	1.1×10^{-4}
4	AgCl	1.8×10^{-10}	4	$CaCO_3$	5.3×10^{-5}
5	$Mg(OH)_2$	5.6×10^{-12}	5	AgCl	1.3×10^{-5}
6	CuI	1.27×10^{-12}	6	$Pb(OH)_2$	7.10×10^{-6}
7	$Pb(OH)_2$	1.43×10^{-15}	7	$Zn(OH)_2$	2.0×10^{-6}
8	$Zn(OH)_2$	3.0×10^{-17}	8	CuI	1.13×10^{-6}
9	FeS	6.3×10^{-18}	9	FeS	2.5×10^{-9}
10	CuS	6.3×10^{-36}	10	CuS	2.5×10^{-18}

化合物 $K_{sp}^{\ominus}$ 和溶解度 s 的排列顺序不一致，其原因是这些化合物的阴、阳离子个数比不一致，在由 $K_{sp}^{\ominus}$ 求算 s 的过程中数学运算方法不同。从下面求算 s 的两个例子中可以看出这一点。

若阴、阳离子个数比相同，则 $K_{sp}^{\ominus}$ 和 s 的大小排列顺序是一致的。

根据 $K_{sp}^{\ominus}$ 计算溶解度 s 的方法示例如下：

(1) $K_{sp}^{\ominus}(PbSO_4)=2.53\times10^{-8}$，即

$$PbSO_4 \rightleftharpoons Pb^{2+}+SO_4^{2-}$$

$$K_{sp}^{\ominus}=c(Pb^{2+})\cdot c(SO_4^{2-})=2.53\times10^{-8}$$

由反应方程式可知

$$c(Pb^{2+})=c(SO_4^{2-})=s$$

故

$$s^2=2.53\times10^{-8}$$

$$s=1.59\times10^{-4}$$

即 $PbSO_4$ 的溶解度为 1.59×10^{-4} mol·dm^{-3}。

(2) $K_{sp}^{\ominus}(CaF_2)=5.30\times10^{-9}$,即

$$CaF_2 \rightleftharpoons Ca^{2+}+2F^-$$

$$K_{sp}^{\ominus}=c(Ca^{2+})\cdot[c(F^-)]^2$$

由反应方程式可知 $$s=c(Ca^{2+}),2s=c(F^-)$$

故 $$K_{sp}^{\ominus}=s\times(2s)^2=4s^3=5.30\times10^{-9}$$

$$s=1.10\times10^{-3}$$

即 CaF_2 的溶解度为 1.10×10^{-3} mol·dm^{-3}。

例 9.2 已知 SrF_2 的 $K_{sp}^{\ominus}=4.3\times10^{-9}$,氢氟酸的 $K_a^{\ominus}=6.3\times10^{-4}$。当保持体系的 pH=3.0 时,$SrF_2$ 的溶解度为多少?

解: $$SrF_2 \rightleftharpoons Sr^{2+}+2F^-$$

$$K_{sp}^{\ominus}=c(Sr^{2+})[c(F^-)]^2=4.3\times10^{-9} \tag{1}$$

$$HF \rightleftharpoons H^+ + F^-$$

据 $$K_a^{\ominus}=\frac{c(H^+)c(F^-)}{c(HF)}=6.3\times10^{-4}$$

得 $$\frac{c(F^-)}{c(HF)}=\frac{6.3\times10^{-4}}{c(H^+)} \tag{2}$$

依题意,pH=3.0,即 $c(H^+)=1.0\times10^{-3}$,将其代入式(2)得

$$\frac{c(F^-)}{c(HF)}=\frac{6.3\times10^{-4}}{1.0\times10^{-3}}=\frac{0.63}{1.0}$$

所以 $$\frac{c(F^-)}{c(HF)+c(F^-)}=\frac{0.63}{1.63} \tag{3}$$

由反应 $SrF_2 \rightleftharpoons Sr^{2+}+2F^-$ 溶解得到的 F^- 将部分地转化成 HF,若以 $c(Sr^{2+})$ 等于溶解度 s,则 $c(F^-)+c(HF)=2s$。

于是式(3)可以表示为

$$c(F^-)=\frac{0.63}{1.63}[c(HF)+c(F^-)]=\frac{0.63\times2s}{1.63}=0.773s$$

代入式(1)得 $$c(Sr^{2+})[c(F^-)]^2=4.3\times10^{-9}$$

$$s\times(0.773s)^2=4.3\times10^{-9}$$

解得 $$s=1.9\times10^{-3}$$

即 SrF_2 的溶解度为 1.9×10^{-3} mol·dm^{-3}。

例 9.3 将 75 cm^3 0.20 mol·dm^{-3} NaOH 溶液与 25 cm^3 0.40 mol·dm^{-3} $H_2C_2O_4$ 溶液混合,问:

(1) 该溶液的 $c(H^+)$ 是多少?

(2) 将 1 cm^3 0.040 mol·dm^{-3} Pb^{2+} 溶液稀释成 100 cm^3 后,加入该混合溶液中,是否有沉淀产生?已知 $H_2C_2O_4$ 的 $K_{a1}^{\ominus}=5.4\times10^{-2}$,$K_{a2}^{\ominus}=5.4\times10^{-5}$,$PbC_2O_4$ 的 $K_{sp}^{\ominus}=4.8\times10^{-10}$。

解: (1) 混合后:

$$c(OH^-)=0.20\ \text{mol·dm}^{-3}\times\frac{75\ \text{cm}^3}{100\ \text{cm}^3}=0.15\ \text{mol·dm}^{-3}$$

$$c(H_2C_2O_4)=0.40\ mol\cdot dm^{-3}\times\frac{25\ cm^3}{100\ cm^3}=0.10\ mol\cdot dm^{-3}$$

NaOH 与 $H_2C_2O_4$ 反应后，溶液中

$$c(C_2O_4^{2-})=0.050\ mol\cdot dm^{-3}$$
$$c(HC_2O_4^-)=0.050\ mol\cdot dm^{-3}$$

所以混合溶液为缓冲溶液，其平衡为

$$HC_2O_4^- \rightleftharpoons C_2O_4^{2-}+H^+$$
$$K_{a2}^{\ominus}=\frac{c(C_2O_4^{2-})\cdot c(H^+)}{c(HC_2O_4^-)}$$

故

$$c(H^+)=\frac{K_{a2}^{\ominus}c(HC_2O_4^-)}{c(C_2O_4^{2-})}$$
$$=\frac{5.4\times10^{-5}\times0.050}{0.050}\ mol\cdot dm^{-3}=5.4\times10^{-5}\ mol\cdot dm^{-3}$$

即混合溶液中 $c(H^+)$为 $5.4\times10^{-5}\ mol\cdot dm^{-3}$。

(2) $1\ cm^3$ $0.040\ mol\cdot dm^{-3}$的 Pb^{2+}溶液稀释成 $100\ cm^3$ 后，浓度变成 $0.040\times10^{-2}\ mol\cdot dm^{-3}$。与(1)中缓冲溶液混合后：

$$c(Pb^{2+})=0.040\times10^{-2}\ mol\cdot dm^{-3}\times\frac{100\ cm^3}{200\ cm^3}=0.020\times10^{-2}\ mol\cdot dm^{-3}$$
$$c(C_2O_4^{2-})=0.050\ mol\cdot dm^{-3}\times\frac{100\ cm^3}{200\ cm^3}=0.025\ mol\cdot dm^{-3}$$
$$Q_i^{\ominus}=c(Pb^{2+})\cdot c(C_2O_4^{2-})=0.020\times10^{-2}\times0.025=5.0\times10^{-6}$$

$Q_i^{\ominus}>K_{sp}^{\ominus}$，故有 PbC_2O_4 沉淀生成。

例 9.4 已知氢氟酸的解离平衡常数 $K_a^{\ominus}=6.3\times10^{-4}$，LiF 的溶度积常数 $K_{sp}^{\ominus}=1.8\times10^{-3}$。求 LiF 在 $0.5\ mol\cdot dm^{-3}$氢氟酸中实现沉淀溶解平衡时溶液的 pH。

解： 体系中有两个平衡：

$$HF \rightleftharpoons H^+ + F^- \tag{1}$$
$$LiF \rightleftharpoons Li^+ + F^- \tag{2}$$

溶液为酸性，$c(OH^-)$可忽略，所以

$$c(F^-)=c(H^+)+c(Li^+) \tag{3}$$

由反应式(1)的平衡常数表示式 $K_a^{\ominus}=\frac{c(H^+)c(F^-)}{c(HF)}$ 得

$$c(F^-)=\frac{K_a^{\ominus}c(HF)}{c(H^+)} \tag{4}$$

由反应式(2)的平衡常数表示式 $K_{sp}^{\ominus}=c(Li^+)c(F^-)$得

$$c(Li^+)=\frac{K_{sp}^{\ominus}}{c(F^-)}$$

将式(4)代入其中，得

$$c(Li^+)=\frac{K_{sp}^\ominus}{\dfrac{K_a^\ominus c(HF)}{c(H^+)}}=\frac{K_{sp}^\ominus c(H^+)}{K_a^\ominus c(HF)} \tag{5}$$

将式(5)和式(4)代入式(3)中，得

$$\frac{K_a^\ominus c(HF)}{c(H^+)}=c(H^+)+\frac{K_{sp}^\ominus c(H^+)}{K_a^\ominus c(HF)}$$

整理得

$$\begin{aligned}c(H^+)&=\frac{K_a^\ominus c(HF)}{\sqrt{K_{sp}^\ominus+K_a^\ominus c(HF)}}\\&=\frac{6.3\times10^{-4}\times0.5}{\sqrt{1.8\times10^{-3}+6.3\times10^{-4}\times0.5}}\ \text{mol}\cdot\text{dm}^{-3}=6.8\times10^{-3}\ \text{mol}\cdot\text{dm}^{-3}\\ \text{pH}&=2.2\end{aligned}$$

例 9.5 某一元弱酸 HA 溶液的 $c(H^+)=a\ \text{mol}\cdot\text{dm}^{-3}$，在此溶液中加入过量难溶盐 MA，实现沉淀溶解平衡时，溶液的 $c(H^+)=b\ \text{mol}\cdot\text{dm}^{-3}$。设酸的浓度满足解离平衡的近似计算条件，求 MA 的溶度积常数 $K_{sp}^\ominus$。

解： 当体系中只有酸碱平衡时，即

$$HA \rightleftharpoons H^+ + A^- \tag{1}$$

$$K_a^\ominus=\frac{c(H^+)c(A^-)}{c(HA)}$$

其中 $c(H^+)=c(A^-)=a$。

由于符合近似计算条件，所以 $c(HA)$ 近似为起始浓度，故

$$K_a^\ominus=\frac{a^2}{c(HA)} \tag{2}$$

当实现沉淀溶解平衡后，即

$$MA \rightleftharpoons M^+ + A^- \tag{3}$$

依题意溶液中 $c(H^+)$ 等于 b，显然这时的 $c(HA)$ 仍等于起始浓度，所以式(1)的平衡常数

$$K_a^\ominus=\frac{c(H^+)c(A^-)}{c(HA)}=\frac{bc(A^-)}{c(HA)} \tag{4}$$

结合式(2)，得

$$\frac{a^2}{c(HA)}=\frac{bc(A^-)}{c(HA)}$$

所以有

$$c(A^-)=\frac{a^2}{b} \tag{5}$$

从反应式(1)和(3)得出

$$c(A^-)=c(H^+)+c(M^+)$$

即

$$c(M^+)=c(A^-)-c(H^+)$$

所以两个平衡同时实现之时，有

$$c(M^+)=\frac{a^2}{b}-b \tag{6}$$

对于沉淀溶解平衡式(3)，有

$$K_{sp}^{\ominus}=c(M^+)c(A^-)$$

将式(5)和式(6)代入上式得

$$K_{sp}^{\ominus}=\frac{a^2}{b}\left(\frac{a^2}{b}-b\right)$$

即

$$K_{sp}^{\ominus}=\frac{a^4-a^2b^2}{b^2}$$

例 9.6　向 0.50 $mol\cdot dm^{-3}$ $FeCl_2$ 溶液中通入 H_2S 气体至饱和，若控制不析出 FeS 沉淀，求溶液 pH 的范围。已知 FeS 的 $K_{sp}^{\ominus}=6.3\times10^{-18}$，$H_2S$ 的 $K_a^{\ominus}=1.4\times10^{-20}$。

解：

$$FeS \rightleftharpoons Fe^{2+}+S^{2-}$$

$$K_{sp}^{\ominus}=c(Fe^{2+})c(S^{2-})$$

所以与 0.50 $mol\cdot dm^{-3}$ Fe^{2+} 平衡的 S^{2-}，其浓度为

$$c(S^{2-})=\frac{K_{sp}^{\ominus}}{c(Fe^{2+})}=\frac{6.3\times10^{-18}}{0.50}\ mol\cdot dm^{-3}=1.26\times10^{-17}\ mol\cdot dm^{-3}$$

	H_2S	$\rightleftharpoons$	$2H^+$	+	S^{2-}
$c_平/(mol\cdot dm^{-3})$	0.10		$c(H^+)$		1.26×10^{-17}

所以与饱和 H_2S(0.10 $mol\cdot dm^{-3}$)及 1.26×10^{-17} $mol\cdot dm^{-3}$ S^{2-} 平衡的 H^+，其浓度可以由如下公式求出。因为

$$K_a^{\ominus}=\frac{[c(H^+)]^2c(S^{2-})}{c(H_2S)}$$

所以

$$c(H^+)=\sqrt{\frac{K_a^{\ominus}c(H_2S)}{c(S^{2-})}}$$

$$=\sqrt{\frac{1.4\times10^{-20}\times0.10}{1.26\times10^{-17}}}\ mol\cdot dm^{-3}=0.010\,5\ mol\cdot dm^{-3}$$

$$pH=1.98$$

故 pH 应小于 1.98。

本题还可以采用如下方法进行计算。

	Fe^{2+}	+	H_2S	$\rightleftharpoons$	FeS	+	$2H^+$
$c_平/(mol\cdot dm^{-3})$	0.50		0.10				$c(H^+)$

$$K^{\ominus}=\frac{[c(H^+)]^2}{c(Fe^{2+})c(H_2S)}=\frac{[c(H^+)]^2}{c(Fe^{2+})c(H_2S)}\cdot\frac{c(S^{2-})}{c(S^{2-})}$$

$$=\frac{\dfrac{[c(H^+)]^2c(S^{2-})}{c(H_2S)}}{c(Fe^{2+})c(S^{2-})}=\frac{K_a^{\ominus}}{K_{sp}^{\ominus}}$$

$$=\frac{1.4\times10^{-20}}{6.3\times10^{-18}}=2.2\times10^{-3}$$

$$K^{\ominus}=\frac{[c(H^+)]^2}{c(Fe^{2+})c(H_2S)}=\frac{[c(H^+)]^2}{0.50\times0.10}=2.2\times10^{-3}$$

所以 $c(H^+)=\sqrt{2.2\times10^{-3}\times0.50\times0.10}\ mol\cdot dm^{-3}=0.0105\ mol\cdot dm^{-3}$

$$pH=1.98$$

这种计算思路与题设的情景更符合。

例 9.7 将足量的 $Cu(OH)_2$ 放入 0.20 dm^3 HAc 溶液中，假设 Cu^{2+} 不与 Ac^- 生成配离子。达到平衡时，溶液中 $c(Ac^-)=2c(HAc)$。试计算溶解的 $Cu(OH)_2$ 的物质的量和 HAc 溶液的起始浓度。已知 $K_{sp}^{\ominus}[Cu(OH)_2]=2.2\times10^{-20}$，$K_a^{\ominus}(HAc)=1.8\times10^{-5}$。

解：设 HAc 溶液的起始浓度为 c_0，由题意可知

$$c_0=c(Ac^-)+c(HAc)=3c(HAc)$$

故有 $c(HAc)=\frac{1}{3}c_0$， $c(Ac^-)=\frac{2}{3}c_0$， $c(Cu^{2+})=\frac{1}{2}c(Ac^-)=\frac{1}{3}c_0$

$Cu(OH)_2$ 溶于 HAc 溶液中：

$$Cu(OH)_2+2HAc \rightleftharpoons Cu^{2+}+2Ac^-+2H_2O$$

平衡时 $\frac{1}{3}c_0$ $\frac{1}{3}c_0$ $\frac{2}{3}c_0$

此溶解反应的平衡数为

$$K^{\ominus}=\frac{c(Cu^{2+})c(Ac^-)^2}{c(HAc)^2}\cdot\frac{c(OH^-)^2c(H^+)^2}{c(OH^-)^2c(H^+)^2}$$

$$=\frac{(K_a^{\ominus})^2K_{sp}^{\ominus}}{(K_w^{\ominus})^2}=7.13\times10^{-2}$$

代入平衡时各种物质的浓度，有

$$K^{\ominus}=\frac{\frac{1}{3}c_0\left(\frac{2}{3}c_0\right)^2}{\left(\frac{1}{3}c_0\right)^2}=7.13\times10^{-2}$$

解得 $c_0(HAc)=5.3\times10^{-2}\ mol\cdot dm^{-3}$

溶解的 $Cu(OH)_2$ 的物质的量为

$$n=c(Cu^{2+})V=\frac{1}{3}\times5.3\times10^{-2}mol\cdot dm^{-3}\times0.20\ dm^{-3}=3.5\times10^{-3}mol$$

例 9.8 采用加入 KBr 溶液的方法，将 AgCl 沉淀转化为 AgBr。求 Br^- 的浓度必须保持大于 Cl^- 的浓度的多少倍？已知 AgCl 的 $K_{sp}^{\ominus}=1.8\times10^{-10}$，AgBr 的 $K_{sp}^{\ominus}=5.4\times10^{-13}$。

解：转化过程涉及两个沉淀溶解平衡：

$$AgCl \rightleftharpoons Ag^++Cl^- \qquad K_{sp}^{\ominus}(AgCl)=1.8\times10^{-10}$$

$$AgBr \rightleftharpoons Ag^++Br^- \qquad K_{sp}^{\ominus}(AgBr)=5.4\times10^{-13}$$

两式相减即得 AgCl 转化为 AgBr 的反应式：

$$AgCl+Br^- \rightleftharpoons AgBr+Cl^-$$

$$K^{\ominus}=\frac{K_{sp}^{\ominus}(AgCl)}{K_{sp}^{\ominus}(AgBr)}=\frac{1.8\times10^{-10}}{5.4\times10^{-13}}=3.3\times10^{2}$$

$$K^{\ominus}=\frac{c(Cl^-)}{c(Br^-)}$$

$$c(Br^-)=\frac{1}{K^{\ominus}}c(Cl^-)=\frac{1}{3.3\times10^{2}}\,c(Cl^-)$$

$$c(Br^-)=3.0\times10^{-3}c(Cl^-)$$

故必须保持 $c(Br^-)>3.0\times10^{-3}c(Cl^-)$，即 $c(Br^-)$ 大于 $c(Cl^-)$ 的 3.0×10^{-3} 倍。

第二部分 习题

一、选择题

9.1 在 CaF_2($K_{sp}^{\ominus}=5.3\times10^{-9}$)和 $CaSO_4$($K_{sp}^{\ominus}=4.9\times10^{-5}$)混合物的饱和溶液中，$F^-$ 的浓度为 1.8×10^{-3} mol·dm^{-3}，则 $CaSO_4$ 的溶解度为

(A) 3.0×10^{-2} mol·dm^{-3}； (B) 3.0×10^{-3} mol·dm^{-3}；

(C) 1.6×10^{-3} mol·dm^{-3}； (D) 9.0×10^{-4} mol·dm^{-3}。

9.2 $CaCO_3$ 在相同浓度的下列溶液中溶解度最大的是

(A) NH_4Ac； (B) $CaCl_2$； (C) NH_4Cl； (D) Na_2CO_3。

9.3 难溶盐 $Ca_3(PO_4)_2$ 在 a mol·dm^{-3} Na_3PO_4 溶液中的溶解度 s 与溶度积 $K_{sp}^{\ominus}$ 关系式中正确的是

(A) $K_{sp}^{\ominus}=108\,s^5$； (B) $K_{sp}^{\ominus}=(3s)^3(2s+a)^2$；

(C) $K_{sp}^{\ominus}=s^5$； (D) $K_{sp}^{\ominus}=s^3(s+a)^2$。

9.4 AgCl 和 Ag_2CrO_4 的溶度积分别为 1.8×10^{-10} 和 1.1×10^{-12}，则下面叙述中正确的是

(A) AgCl 与 Ag_2CrO_4 的溶解度相等； (B) AgCl 的溶解度大于 Ag_2CrO_4；

(C) AgCl 的溶解度小于 Ag_2CrO_4； (D) 都是难溶盐，溶解度无意义。

9.5 $BaSO_4$ 的相对分子质量为 233，$K_{sp}^{\ominus}=1.1\times10^{-10}$，把 1.0×10^{-3} mol $BaSO_4$ 配成 10 dm^3 溶液，未溶解的 $BaSO_4$ 的质量是

(A) 0.0021 g； (B) 0.021 g； (C) 0.21 g； (D) 2.1 g。

9.6 已知 $Mg(OH)_2$ 的 $K_{sp}^{\ominus}=5.6\times10^{-12}$，则向 $Mg(OH)_2$ 饱和溶液中加 $MgCl_2$，使 Mg^{2+} 浓度为 0.010 mol·dm^{-3}，则该溶液的 pH 为

(A) 9.1； (B) 9.4； (C) 8.4； (D) 4.6。

9.7 已知 H_2S 的 $K_a^{\ominus}=1.4\times10^{-20}$，$K_{sp}^{\ominus}(CuS)=8.5\times10^{-45}$。在 0.10 mol·dm^{-3} $CuSO_4$ 溶液中不断通入 $H_2S(g)$ 至饱和，则溶液中残留的 Cu^{2+} 的浓度为

(A) 7.7×10^{-33} mol·dm^{-3}； (B) 2.5×10^{-20} mol·dm^{-3}；

(C) 1.7×10^{-25} mol·dm^{-3}； (D) 2.4×10^{-25} mol·dm^{-3}。

9.8 已知 $K_{sp}^{\ominus}$：AgCl 1.8×10^{-10}，AgBr 5.4×10^{-13}，AgSCN 1.0×10^{-12}，Ag_2CrO_4 1.1×10^{-12}，混合溶液中 KCl，KBr，KSCN 和 K_2CrO_4 浓度均为 0.010 mol·dm^{-3}，向溶液中滴加

$0.010\ mol \cdot dm^{-3}$ $AgNO_3$ 溶液时,最先和最后生成的沉淀是

(A) Ag_2CrO_4,AgCl; (B) AgSCN,AgCl;

(C) AgBr,Ag_2CrO_4; (D) AgCl,Ag_2CrO_4。

9.9 已知 $K^\ominus_{sp}$:NiS 1.0×10^{-24},Bi_2S_3 1.0×10^{-97},CuS 6.3×10^{-36},MnS 2.5×10^{-13},CdS 8.0×10^{-27},ZnS 2.5×10^{-22},下列各对离子的混合溶液中均含有 $0.30\ mol \cdot dm^{-3}$ 盐酸,不能用 H_2S 进行分离的是

(A) Cu^{2+},Ni^{2+}; (B) Bi^{3+},Cu^{2+};

(C) Mn^{2+},Cd^{2+}; (D) Mn^{2+},Ni^{2+}。

9.10 溶液中 $FeCl_2$ 和 $CuCl_2$ 的浓度均为 $0.10\ mol \cdot dm^{-3}$,向其中通入 H_2S 气体至饱和,沉淀生成情况为(已知 FeS 的 $K^\ominus_{sp}=6.3\times10^{-18}$,CuS 的 $K^\ominus_{sp}=6.3\times10^{-36}$,$H_2S$ 的 $K^\ominus_a=1.4\times10^{-20}$)

(A) 先生成 CuS 沉淀,后生成 FeS 沉淀;

(B) 先生成 FeS 沉淀,后生成 CuS 沉淀;

(C) 只生成 CuS 沉淀,不生成 FeS 沉淀;

(D) 只生成 FeS 沉淀,不生成 CuS 沉淀。

二、填空题

9.11 难溶电解质 $MgNH_4PO_4$ 和 $TiO(OH)_2$ 的溶度积表达式分别是____________,____________。

9.12 已知 PbF_2 的 $K^\ominus_{sp}=3.3\times10^{-8}$,则在 PbF_2 饱和溶液中,$c(F^-)=$______$mol \cdot dm^{-3}$,溶解度为______ $mol \cdot dm^{-3}$。

9.13 已知 $K^\ominus_{sp}$:FeS 6.3×10^{-18},ZnS 2.5×10^{-22},CdS 8.0×10^{-27}。在浓度相同的 Fe^{2+},Zn^{2+} 和 Cd^{2+} 混合溶液中滴加 Na_2S 溶液,最先生成沉淀的离子是______;最后生成沉淀的离子是______。

9.14 若 AgCl 在水中,$0.010\ mol \cdot dm^{-3}$ $CaCl_2$ 溶液中,$0.010\ mol \cdot dm^{-3}$ NaCl 溶液中及 $0.050\ mol \cdot dm^{-3}$ $AgNO_3$ 溶液中的溶解度分别为 s_1,s_2,s_3 和 s_4,将这些溶解度按由大到小排列的顺序为__________。

9.15 在纯水中 $Mn(OH)_2$ 的溶解度为______ $mol \cdot dm^{-3}$。若使 0.050 mol $Mn(OH)_2$ 刚好溶解在 $0.50\ dm^3$ NH_4Cl 溶液中,则此 NH_4Cl 溶液的浓度为______ $mol \cdot dm^{-3}$。已知 $Mn(OH)_2$ 的 $K^\ominus_{sp}=1.9\times10^{-13}$,$NH_3$ 的 $K^\ominus_b=1.8\times10^{-5}$。

9.16 将 Ag_2CrO_4 固体加到 Na_2S 溶液中,大部分 Ag_2CrO_4 转化为 Ag_2S,这是由于________。

9.17 某溶液中含有 Fe^{2+} 和 Fe^{3+},浓度均为 $0.10\ mol \cdot dm^{-3}$,若要将 Fe^{3+} 完全沉淀为 $Fe(OH)_3$,而不产生 $Fe(OH)_2$ 沉淀,则溶液的 pH 应控制在______。已知 $Fe(OH)_3$ 的 $K^\ominus_{sp}=2.8\times10^{-39}$,$Fe(OH)_2$ 的 $K^\ominus_{sp}=4.9\times10^{-17}$。

9.18 向含有固体 AgI 的饱和溶液中:

(1) 加入固体 $AgNO_3$,则 $c(I^-)$变______;

(2) 若改加更多的 AgI,则 $c(Ag^+)$将______;

(3) 若改加 AgBr 固体,则 $c(I^-)$变______,而 $c(Ag^+)$变______。

9.19 AgCl饱和溶液中 Ag^+ 和 Cl^- 的浓度均为 1.3×10^{-5} mol·dm^{-3}，则AgCl溶解反应的 $\Delta_r G_m^\ominus$ 为________ kJ·mol^{-1}。

9.20 已知 $Ba(IO_3)_2$ 在 1.0 dm^3 浓度为 0.0020 mol·dm^{-3} 的 KIO_3 溶液中溶解的量与其在 1.0 dm^3 浓度为 0.040 mol·dm^{-3} 的 $Ba(NO_3)_2$ 溶液中溶解的量相等。则 $Ba(IO_3)_2$ 在上述两种溶液中的溶解度为______，$Ba(IO_3)_2$ 的 $K_{sp}^\ominus=$________。

三、简答题和计算题

9.21 根据下列给定条件求溶度积常数。

(1) $FeC_2O_4\cdot 2H_2O$ 在 1 dm^3 水中能溶解 0.10 g；

(2) $Ni(OH)_2$ 在 pH＝9.00 的溶液中的溶解度为 1.6×10^{-6} mol·dm^{-3}。

9.22 已知 Ag_2CO_3 的溶度积为 8.46×10^{-12}，若 Ag_2CO_3 在饱和溶液中完全解离，试计算：

(1) Ag_2CO_3 饱和溶液中 Ag^+，CO_3^{2-} 的浓度(忽略 CO_3^{2-} 的水解)；

(2) Ag_2CO_3 在 0.01 mol·dm^{-3} Na_2CO_3 溶液中的溶解度；

(3) Ag_2CO_3 在 0.01 mol·dm^{-3} $AgNO_3$ 溶液中的溶解度。

9.23 1 g FeS固体能否溶于 100 cm^3 1 mol·dm^{-3} 盐酸中？已知FeS的 $K_{sp}^\ominus=6.3\times10^{-18}$，$H_2S$ 的 $K_a^\ominus=1.4\times10^{-20}$。

9.24 向 $c(Zn^{2+})$ 和 $c(Mn^{2+})$ 均为 0.010 mol·dm^{-3} 的混合溶液中通入 H_2S 气体至饱和，拟使 Zn^{2+} 完全沉淀而 Mn^{2+} 不沉淀，溶液的pH应控制在什么范围？已知ZnS的 $K_{sp}^\ominus=2.5\times10^{-22}$，MnS的 $K_{sp}^\ominus=2.5\times10^{-13}$，$H_2S$ 的 $K_a^\ominus=1.4\times10^{-20}$。

9.25 向下列溶液中不断通入 H_2S 气体，计算溶液中最后残留的 Cu^{2+} 的浓度。

(1) 0.10 mol·dm^{-3} $CuSO_4$ 溶液；

(2) 0.10 mol·dm^{-3} $CuSO_4$ 与 1.0 mol·dm^{-3} HCl的混合溶液。

9.26 $Mg(OH)_2$ 在水中的溶解度为 1.12×10^{-4} mol·dm^{-3}，求溶度积常数 $K_{sp}^\ominus$。如果在0.10 dm^3 0.10 mol·dm^{-3} $MgCl_2$ 溶液中加入 0.10 dm^3 0.10 mol·dm^{-3} $NH_3\cdot H_2O$，求需加入多少克 NH_4Cl 固体才能够抑制 $Mg(OH)_2$ 沉淀的生成？已知 $NH_3\cdot H_2O$ 的 $K_b^\ominus=1.8\times10^{-5}$。

9.27 常温常压下，CO_2 在水中的溶解度为 0.033 mol·dm^{-3}，求该条件下 $CaCO_3$ 在 CO_2 饱和水溶液中的溶解度。已知 $CaCO_3$ 的 $K_{sp}^\ominus=2.8\times10^{-9}$，$H_2CO_3$ 的 $K_{a1}^\ominus=4.5\times10^{-7}$，$K_{a2}^\ominus=4.7\times10^{-11}$。

9.28 将足量ZnS置于 1 dm^3 盐酸中，收集到 0.10 mol H_2S 气体，求溶液中 $c(H^+)$ 和 $c(Cl^-)$。已知ZnS的 $K_{sp}^\ominus=2.5\times10^{-22}$，$H_2S$ 的 $K_a^\ominus=1.4\times10^{-20}$。

9.29 在 1 dm^3 0.20 mol·dm^{-3} $ZnSO_4$ 溶液中含有 Fe^{2+} 杂质 0.056 g。加入氧化剂将 Fe^{2+} 氧化为 Fe^{3+} 后，调pH生成 $Fe(OH)_3$ 而除去杂质，问如何控制溶液的pH？已知 $K_{sp}^\ominus[Zn(OH)_2]=3.0\times10^{-17}$，$K_{sp}^\ominus[Fe(OH)_3]=2.8\times10^{-39}$，$A_r(Fe)=56$。

9.30 如果 $BaCO_3$ 沉淀中尚有 0.010 mol $BaSO_4$，在 1.0 dm^3 此沉淀的饱和溶液中加入多少摩尔 Na_2CO_3 才能使 0.010 mol $BaSO_4$ 完全转化为 $BaCO_3$？已知 $BaSO_4$ 的 $K_{sp}^\ominus=1.1\times10^{-10}$，$BaCO_3$ 的 $K_{sp}^\ominus=2.6\times10^{-9}$。

9.31 Ba^{2+} 和 Sr^{2+} 的混合溶液中，两者的浓度均为 0.10 mol·dm^{-3}，将极稀的 Na_2SO_4 溶液滴加到混合溶液中。已知 $BaSO_4$ 的 $K_{sp}^\ominus=1.1\times10^{-10}$，$SrSO_4$ 的 $K_{sp}^\ominus=3.4\times10^{-7}$，试求：

(1) 当 Ba^{2+} 已有99%沉淀为 $BaSO_4$ 时的 $c(Sr^{2+})$；

(2) 当 Ba^{2+} 已有99.99%沉淀为 $BaSO_4$ 时，Sr^{2+} 已经转化为 $SrSO_4$ 的百分数。

第 10 章
氧化还原反应

第一部分　例题

例 10.1　有电对

① H^+/H_2；　② Fe^{3+}/Fe^{2+}；　③ MnO_4^-/MnO_4^{2-}；

④ Zn^{2+}/Zn；　⑤ $CuBr/Cu$；　⑥ Ag_2O/Ag。

(1) 试分别写出上面电对作为正极和负极时在电池符号中的表示方法。

(2) 选用上面的电对，任意组成两种合理的原电池，分别用电池符号表示出来。利用标准电极电势表的数据计算电池的电动势，并写出其电动势的能斯特方程。

解：(1)

① H^+/H_2　　$H^+(c)|H_2(p)|Pt(+)$

$(-)Pt|H_2(p)|H^+(c)$

② Fe^{3+}/Fe^{2+}　　$Fe^{3+}(c_1),Fe^{2+}(c_2)|Pt(+)$

$(-)Pt|Fe^{2+}(c_2),Fe^{3+}(c_1)$

③ MnO_4^-/MnO_4^{2-}　　$MnO_4^-(c_1),MnO_4^{2-}(c_2)|Pt(+)$

$(-)Pt|MnO_4^{2-}(c_2),MnO_4^-(c_1)$

④ Zn^{2+}/Zn　　$Zn^{2+}(c)|Zn(+)$

$(-)Zn|Zn^{2+}(c)$

⑤ $CuBr/Cu$　　$Br^-(c)|CuBr(s)|Cu(+)$

$(-)Cu|CuBr(s)|Br^-(c)$

⑥ Ag_2O/Ag　　$OH^-(c)|Ag_2O(s)|Ag(+)$

$(-)Ag|Ag_2O(s)|OH^-(c)$

(2) 第一种原电池

$$(-)Zn|Zn^{2+}(c^{\ominus})||Fe^{2+}(c^{\ominus}),Fe^{3+}(c^{\ominus})|Pt(+)$$

查表得　$E_+^{\ominus}=0.771\ V,\quad E_-^{\ominus}=-0.76\ V$

故

$$E_{池}^{\ominus}=E_+^{\ominus}-E_-^{\ominus}=0.771\ V-(-0.76\ V)=1.53\ V$$

电池反应为

$$2Fe^{3+} + Zn \longrightarrow 2Fe^{2+} + Zn^{2+}$$

电动势的能斯特方程为

$$E_{池} = E^{\ominus}_{池} - \frac{0.059\ V}{2}\lg\frac{c(Zn^{2+})\cdot[c(Fe^{2+})]^2}{[c(Fe^{3+})]^2}$$

第二种原电池

$$(-)Pt\,|\,H_2(p^{\ominus})\,|\,H^+(c^{\ominus})\,||\,MnO_4^-(c^{\ominus}),MnO_4^{2-}(c^{\ominus})\,|\,Pt(+)$$

查表得 $E^{\ominus}_{+} = 0.558\ V$， $E^{\ominus}_{-} = 0.000\ V$

故

$$E^{\ominus}_{池} = E^{\ominus}_{+} - E^{\ominus}_{-} = 0.558\ V - 0.000\ V = 0.558\ V$$

理论上，电池反应为

$$2MnO_4^- + H_2 \longrightarrow 2MnO_4^{2-} + 2H^+$$

电动势的能斯特方程为

$$E_{池} = E^{\ominus}_{池} - \frac{0.059\ V}{2}\lg\frac{[c(MnO_4^{2-})]^2\cdot[c(H^+)]^2}{[c(MnO_4^-)]^2\cdot p(H_2)}$$

例 10.2 将下列非氧化还原反应设计成为两个半电池反应，并利用标准电极电势表的数据，求出 298 K 时反应的平衡常数 $K^{\ominus}$。

$$PbI_2 \longrightarrow Pb^{2+} + 2I^-$$

解： 正极 $PbI_2 + 2e^- \longrightarrow Pb + 2I^-$ $E^{\ominus}_{+} = -0.365\ V$

负极 $Pb^{2+} + 2e^- \longrightarrow Pb$ $E^{\ominus}_{-} = -0.126\,2\ V$

$$E^{\ominus} = E^{\ominus}_{+} - E^{\ominus}_{-} = -0.365\ V - (-0.126\,2\ V) = -0.239\ V$$

$$\lg K^{\ominus} = \frac{zE^{\ominus}}{0.059\ V} = \frac{2\times(-0.239\ V)}{0.059\ V} = -8.10$$

故反应

$$PbI_2 \longrightarrow Pb^{2+} + 2I^-$$

的 $K^{\ominus} = 7.9\times10^{-9}$。

例 10.3 有如下两个电池：

① $Fe|Fe^{3+}(c_2)\,\|\,Fe^{3+}(c_1)|Fe$

② $Pt|Fe^{3+}(c_2),Fe^{2+}(c_3)\,\|\,Fe^{2+}(c_3),Fe^{3+}(c_1)|Pt$

测得其电动势分别为 E_1 和 E_2。求 E_1 与 E_2 之比。

解： 电池① 正极反应 $Fe^{3+}(c_1) + 3e^- \rightleftharpoons Fe$

$$E_+ = E^{\ominus}(Fe^{3+}/Fe) + \frac{0.059\ V}{3}\lg c_1$$

负极反应 $Fe^{3+}(c_2) + 3e^- \rightleftharpoons Fe$

$$E_- = E^{\ominus}(Fe^{3+}/Fe) + \frac{0.059\ V}{3}\lg c_2$$

$$
\begin{aligned}
E_1 &= E_+ - E_- \\
&= E^{\ominus}(Fe^{3+}/Fe) + \frac{0.059\ V}{3}\lg c_1 - \left[E^{\ominus}(Fe^{3+}/Fe) + \frac{0.059\ V}{3}\lg c_2\right] \\
&= \frac{0.059\ V}{3}(\lg c_1 - \lg c_2) \\
&= \frac{0.059\ V}{3}\lg\frac{c_1}{c_2}
\end{aligned}
$$

电池② 正极反应 $Fe^{3+}(c_1) + e^- \rightleftharpoons Fe^{2+}(c_3)$

$$E_+ = E^{\ominus}(Fe^{3+}/Fe^{2+}) + 0.059\ V\ \lg\frac{c_1}{c_3}$$

负极反应 $Fe^{3+}(c_2) + e^- \rightleftharpoons Fe^{2+}(c_3)$

$$E_- = E^{\ominus}(Fe^{3+}/Fe^{2+}) + 0.059\ V\ \lg\frac{c_2}{c_3}$$

$$
\begin{aligned}
E_2 &= E_+ - E_- \\
&= E^{\ominus}(Fe^{3+}/Fe^{2+}) + 0.059\ V\ \lg\frac{c_1}{c_3} - \left[E^{\ominus}(Fe^{3+}/Fe^{2+}) + 0.059\ V\ \lg\frac{c_2}{c_3}\right] \\
&= 0.059\ V\left(\lg\frac{c_1}{c_3} - \lg\frac{c_2}{c_3}\right) \\
&= 0.059\ V\ \lg\frac{c_1}{c_2}
\end{aligned}
$$

$$\frac{E_1}{E_2} = \frac{\frac{0.059\ V}{3}\lg\frac{c_1}{c_2}}{0.059\ V\ \lg\frac{c_1}{c_2}} = 1:3$$

例 10.4 已知 $MnO_4^- + 8H^+ + 5e^- = Mn^{2+} + 4H_2O$ $E^{\ominus} = 1.51\ V$

$Br_2 + 2e^- = 2Br^-$ $E^{\ominus} = 1.08\ V$

$Cl_2 + 2e^- = 2Cl^-$ $E^{\ominus} = 1.36\ V$

拟使混合液中的 Br^- 被 MnO_4^- 氧化，而 Cl^- 不被氧化，溶液的 pH 应控制在什么范围？体系中除 H^+ 外，涉及的其余物质均按标准状态考虑。

解： 电极反应

$$MnO_4^- + 8H^+ + 5e^- = Mn^{2+} + 4H_2O$$

的能斯特方程为

$$E = E^{\ominus} + \frac{0.059\ V}{5}\lg\frac{c(MnO_4^-)[c(H^+)]^8}{c(Mn^{2+})}$$

设 MnO_4^- 和 Mn^{2+} 均处于标准状态，故

$$E = E^{\ominus} + \frac{0.059\ V}{5}\lg[c(H^+)]^8$$

若 MnO_4^- 可以氧化 Br^-，则

$$E > E^{\ominus}(Br_2/Br^-)$$

所以有

$$E^{\ominus} + \frac{0.059\ V}{5}\lg[c(H^+)]^8 > E^{\ominus}(Br_2/Br^-)$$

$$1.51\ \text{V} + \frac{0.059\ \text{V}}{5}\lg[c(\text{H}^+)]^8 > 1.08\ \text{V}$$

解得 $\lg c(\text{H}^+) > -4.56$，即

$$\text{pH} < 4.56$$

若 MnO_4^- 不能氧化 Cl^-，则

$$E < E^\ominus(\text{Cl}_2/\text{Cl}^-)$$

所以有

$$E^\ominus + \frac{0.059\ \text{V}}{5}\lg[c(\text{H}^+)]^8 < E^\ominus(\text{Cl}_2/\text{Cl}^-)$$

$$1.51\ \text{V} + \frac{0.059\ \text{V}}{5}\lg[c(\text{H}^+)]^8 < 1.36\ \text{V}$$

解得 $\lg c(\text{H}^+) < -1.59$，即

$$\text{pH} > 1.59$$

故溶液的 pH 应控制在 1.59～4.56。

例 10.5 在 10.0 cm^3 含有 0.0010 mol AgBr 沉淀的饱和溶液中加入足量 Zn 粉，试问 AgBr 中的 Ag(Ⅰ)能否被 Zn 粉全部还原生成单质 Ag? 已知 $E^\ominus(\text{Ag}^+/\text{Ag}) = 0.80\ \text{V}$，$E^\ominus(\text{Zn}^{2+}/\text{Zn}) = -0.76\ \text{V}$，$K_{sp}^\ominus(\text{AgBr}) = 5.35\times10^{-13}$。

解：在 AgBr 的饱和溶液中，存在如下平衡：

$$\text{AgBr} \rightleftharpoons \text{Ag}^+ + \text{Br}^-$$

$$K_{sp}^\ominus(\text{AgBr}) = c(\text{Ag}^+)\cdot c(\text{Br}^-)$$

$$c(\text{Ag}^+) = \frac{K_{sp}^\ominus(\text{AgBr})}{c(\text{Br}^-)}$$

AgBr/Ag 电极的标准电极电势为

$$E^\ominus(\text{AgBr/Ag}) = E^\ominus(\text{Ag}^+/\text{Ag}) + 0.059\ \text{V}\lg c(\text{Ag}^+)$$

$$= 0.80\ \text{V} + 0.059\ \text{V}\lg\frac{K_{sp}^\ominus(\text{AgBr})}{c(\text{Br}^-)} = 0.076\ \text{V}$$

在含有 AgBr 沉淀的溶液中加入 Zn 粉将发生如下反应：

$$2\text{AgBr} + \text{Zn} = 2\text{Ag} + \text{Zn}^{2+} + 2\text{Br}^-$$

此时形成的 AgBr－Zn 原电池的电动势为

$$E_{池} = E^\ominus(\text{AgBr/Ag}) - E^\ominus(\text{Zn}^{2+}/\text{Zn}) - \frac{0.059\ \text{V}}{2}\lg Q$$

$$= 0.076\ \text{V} - (-0.76\ \text{V}) - \frac{0.059\ \text{V}}{2}\lg\{c(\text{Zn}^{2+})[c(\text{Br}^-)]^2\}$$

$$= 0.84\ \text{V} - \frac{0.059\ \text{V}}{2}\lg\{c(\text{Zn}^{2+})[c(\text{Br}^-)]^2\}$$

假设在 10.0 cm^3 溶液中 0.0010 mol AgBr 完全被 Zn 还原，则此时溶液中：

$$c(\text{Br}^-) = \frac{0.0010\ \text{mol}}{0.010\ \text{dm}^3} = 0.10\ \text{mol}\cdot\text{dm}^{-3}$$

$$c(\text{Zn}^{2+}) = \frac{0.0010\ \text{mol}}{2\times0.010\ \text{dm}^3} = 0.050\ \text{mol}\cdot\text{dm}^{-3}$$

将离子浓度数值代入电池电动势的计算式中，有

$$E_{池} = 0.84\ \text{V} - \frac{0.059\ \text{V}}{2}\lg(0.10^2 \times 0.050) = 0.94\ \text{V}$$

计算表明，0.0010 mol AgBr 沉淀在 10.0 cm^3 溶液中完全溶解后，$E \gg 0$，反应仍未达平衡，故 AgBr 可以被 Zn 完全还原。

例 10.6 已知 $Cu^{2+} + 2e^- \longrightarrow Cu$ $\quad E^\ominus = 0.34\ \text{V}$

$Cu^+ + e^- \longrightarrow Cu$ $\quad E^\ominus = 0.52\ \text{V}$

$Cu^{2+} + Br^- + e^- \longrightarrow CuBr$ $\quad E^\ominus = 0.65\ \text{V}$

试求 CuBr 的 $K_{sp}^\ominus$。

解： 将部分题设条件画在下图所示的元素电势图上：

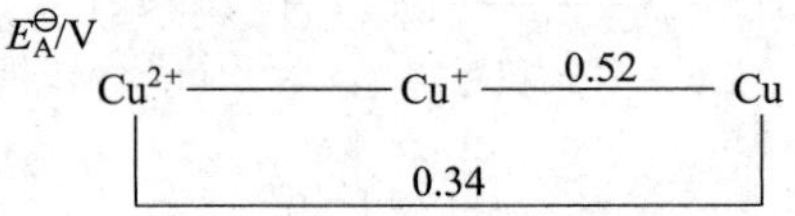

$$E^\ominus(Cu^{2+}/Cu) = \frac{E^\ominus(Cu^{2+}/Cu^+) \times 1 + E^\ominus(Cu^+/Cu) \times 1}{1+1}$$

所以

$$\begin{aligned} E^\ominus(Cu^{2+}/Cu^+) &= 2E^\ominus(Cu^{2+}/Cu) - E^\ominus(Cu^+/Cu) \\ &= 2 \times 0.34\ \text{V} - 0.52\ \text{V} \\ &= 0.16\ \text{V} \end{aligned}$$

即 $Cu^{2+} + e^- \longrightarrow Cu^+$ 的 $E^\ominus(Cu^{2+}/Cu^+) = 0.16\ \text{V}$。

将

$$Cu^{2+} + Br^- + e^- \longrightarrow CuBr$$

的 $E^\ominus = 0.65\ \text{V}$ 看成

$$Cu^{2+} + e^- \longrightarrow Cu^+$$

的非标准电极电势 E，这个非标准状态是由 $c(Br^-) = 1.0\ \text{mol·dm}^{-3}$ 时的 $c(Cu^+)$ 决定的。

根据 $\quad CuBr \longrightarrow Cu^+ + Br^- \quad K_{sp}^\ominus = c(Cu^+)c(Br^-)$

得

$$c(Cu^+) = \frac{K_{sp}^\ominus}{c(Br^-)} = K_{sp}^\ominus$$

将其代入电极反应 $Cu^{2+} + e^- \longrightarrow Cu^+$ 的能斯特方程中，则

$$E = E^\ominus(Cu^{2+}/Cu^+) + 0.059\ \text{V}\lg\frac{1}{c(Cu^+)}$$

$$0.65\ \text{V} = 0.16\ \text{V} + 0.059\ \text{V}\lg\frac{1}{K_{sp}^\ominus}$$

$$\lg K_{sp}^\ominus = \frac{0.16\ \text{V} - 0.65\ \text{V}}{0.059\ \text{V}} = -8.31$$

$$K_{sp}^\ominus = 4.9 \times 10^{-9}$$

例 10.7 已知 H_2S 的解离平衡常数 $K_{a1}^\ominus = 1.1 \times 10^{-7}$，$K_{a2}^\ominus = 1.3 \times 10^{-13}$，CuS 的 $K_{sp}^\ominus = 6.3 \times 10^{-36}$。

$NO_3^- + 4H^+ + 3e^- \rightleftharpoons NO + 2H_2O$ $\quad E^\ominus = 0.957\ \text{V}$

$S + 2H^+ + 2e^- \rightleftharpoons H_2S$ $\quad E^\ominus = 0.142\ \text{V}$

求反应 $3CuS + 2NO_3^- + 8H^+ \rightleftharpoons 3Cu^{2+} + 2NO + 3S + 4H_2O$ 的平衡常数 $K^\ominus$。

解： 将题设反应

$$3CuS + 2NO_3^- + 8H^+ \rightleftharpoons 3Cu^{2+} + 2NO + 3S + 4H_2O$$

分成两步完成：

$$3CuS + 6H^+ \rightleftharpoons 3Cu^{2+} + 3H_2S \qquad (1)$$

$$3H_2S + 2H^+ + 2NO_3^- \rightleftharpoons 2NO + 3S + 4H_2O \qquad (2)$$

$$K^\ominus(1) = \left\{\frac{c(Cu^{2+})\cdot c(H_2S)}{[c(H^+)]^2}\right\}^3 = \left\{\frac{c(Cu^{2+})\cdot c(H_2S)\cdot c(S^{2-})}{[c(H^+)]^2\cdot c(S^{2-})}\right\}^3$$

$$= \left\{\frac{c(Cu^{2+})\cdot c(S^{2-})}{\frac{[c(H^+)]^2\cdot c(S^{2-})}{c(H_2S)}}\right\}^3 = \left[\frac{K_{sp}^\ominus(CuS)}{K_1^\ominus K_2^\ominus}\right]^3$$

$$= \left(\frac{6.3\times10^{-36}}{1.1\times10^{-7}\times1.3\times10^{-13}}\right)^3 = 8.6\times10^{-47}$$

将反应(2)设计成原电池。正极反应为

$$2NO_3^- + 8H^+ + 6e^- = 2NO + 4H_2O \qquad E_+^\ominus = 0.957\ V$$

负极反应为

$$3S + 6H^+ + 6e^- = 3H_2S \qquad E_-^\ominus = 0.142\ V$$

$$z = 6$$

$$E_{池}^\ominus(2) = E_+^\ominus - E_-^\ominus = 0.957\ V - 0.142\ V = 0.815\ V$$

$$\lg K^\ominus(2) = \frac{zE_{池}^\ominus}{0.059\ V} = \frac{6\times0.815\ V}{0.059\ V} = 82.88$$

$$K^\ominus(2) = 7.6\times10^{82}$$

$$K^\ominus = K^\ominus(1)\cdot K^\ominus(2) = 8.6\times10^{-47}\times7.6\times10^{82} = 6.5\times10^{36}$$

例 10.8 $E_A^\ominus/V$ $\qquad Cr^{3+} \xrightarrow{-0.41} Cr^{2+} \xrightarrow{-0.91} Cr$

根据上面给出的部分 Cr 的元素电势图，计算下列各原电池的电动势 $E^\ominus$ 及其电池反应的 $\Delta_r G_m^\ominus$。

(1) $Cr|Cr^{2+} \| Cr^{3+}, Cr^{2+}|Pt$

(2) $Cr|Cr^{3+} \| Cr^{3+}, Cr^{2+}|Pt$

(3) $Cr|Cr^{2+} \| Cr^{3+}|Cr$

解： 先求出 $E^\ominus(Cr^{3+}/Cr)$ 的数值，将元素电势图补充完整。

$$E^\ominus(Cr^{3+}/Cr) = \frac{E^\ominus(Cr^{3+}/Cr^{2+})\times1 + E^\ominus(Cr^{2+}/Cr)\times2}{1+2}$$

$$= \frac{(-0.41\ V)\times1 + (-0.91\ V)\times2}{3}$$

$$= -0.74\ V$$

(1) $E_{池}^\ominus = E_+^\ominus - E_-^\ominus = E^\ominus(Cr^{3+}/Cr^{2+}) - E^\ominus(Cr^{2+}/Cr) = (-0.41\ V) - (-0.91\ V) = 0.50\ V$

原电池的正极电极反应为 $\qquad$ $Cr^{3+} + e^- \Longrightarrow Cr^{2+}$

原电池的负极电极反应为 $\qquad$ $Cr^{2+} + 2e^- \Longrightarrow Cr$

电池反应为 2 倍正极反应减去负极反应： $2Cr^{3+} + Cr \Longrightarrow 3Cr^{2+}$

故电子转移数 $z = 2$。

$$\Delta_r G_m^\ominus = -zE^\ominus F = -2 \times 0.50\ V \times 96500\ C \cdot mol^{-1} = -96.5\ kJ \cdot mol^{-1}$$

(2) $E_{池}^\ominus = E_+^\ominus - E_-^\ominus = E^\ominus(Cr^{3+}/Cr^{2+}) - E^\ominus(Cr^{3+}/Cr)$

$\qquad = (-0.41\ V) - (-0.74\ V) = 0.33\ V$

原电池的正极反应为 $\qquad$ $Cr^{3+} + e^- \Longrightarrow Cr^{2+}$

原电池的负极反应为 $\qquad$ $Cr^{3+} + 3e^- \Longrightarrow Cr$

电池反应为 3 倍正极反应减去负极反应： $2Cr^{3+} + Cr \Longrightarrow 3Cr^{2+}$

故电子转移数 $z = 3$。

(3) $E_{池}^\ominus = E_+^\ominus - E_-^\ominus = E^\ominus(Cr^{3+}/Cr) - E^\ominus(Cr^{2+}/Cr) = (-0.74\ V) - (-0.91\ V) = 0.17\ V$

原电池的正极电极反应为 $\qquad$ $Cr^{3+} + 3e^- \Longrightarrow Cr$

原电池的负极电极反应为 $\qquad$ $Cr^{2+} + 2e^- \Longrightarrow Cr$

电池反应为 2 倍正极反应减去 3 倍负极反应： $2Cr^{3+} + Cr \Longrightarrow 3Cr^{2+}$

故电子转移数 $z = 6$。

(2)(3)中电池反应与(1)中电池反应相同，故电池反应的 $\Delta_r G_m^\ominus$ 与(1)中电池反应相同，均为 $-96.5\ kJ \cdot mol^{-1}$。三个原电池的电动势不同，但由于电子转移数不同，所以 $\Delta_r G_m^\ominus$ 仍保持一致。

例 10.9 下面是氧的元素电势图。根据此图回答下列问题：

$$E_A^\ominus/V \qquad O_2 \xrightarrow{\ 0.695\ } H_2O_2 \xrightarrow{\quad} H_2O$$
$$\underset{1.229}{\underline{\qquad\qquad\qquad\qquad}}$$

$$E_B^\ominus/V \qquad O_2 \xrightarrow{\quad} HO_2^- \xrightarrow{\ 0.88\ } OH^-$$
$$\underset{0.401}{\underline{\qquad\qquad\qquad\qquad}}$$

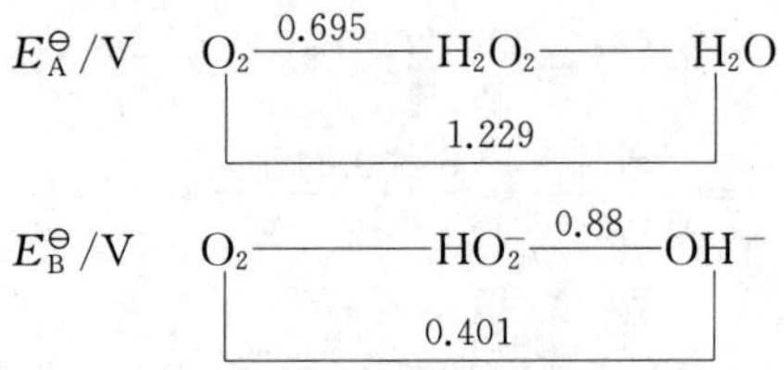

(1) 计算说明 H_2O_2 在酸性介质中氧化性的强弱，以及在碱性介质中还原性的强弱；

(2) 计算说明 H_2O_2 在酸性介质中和碱性介质中稳定性的高低；

(3) 计算 H_2O 的离子积常数 $K_w^\ominus$。

解：(1) 由酸性介质中的元素电势图得

$$E^\ominus(O_2/H_2O) = \frac{E^\ominus(O_2/H_2O_2) \times 1 + E^\ominus(H_2O_2/H_2O) \times 1}{1+1}$$

则 $\qquad E^\ominus(H_2O_2/H_2O) = 2E^\ominus(O_2/H_2O) - E^\ominus(O_2/H_2O_2)$

$\qquad\qquad = 1.229\ V \times 2 - 0.695\ V$

$\qquad\qquad = 1.763\ V$

数据说明在酸性介质中 H_2O_2 是很强的氧化剂。

由碱性介质中的元素电势图得

$$E^\ominus(O_2/OH^-) = \frac{E^\ominus(O_2/HO_2^-) \times 1 + E^\ominus(HO_2^-/OH^-) \times 1}{1+1}$$

则
$$\begin{aligned} E^\ominus(O_2/HO_2^-) &= 2E^\ominus(O_2/OH^-) - E^\ominus(HO_2^-/OH^-) \\ &= 0.401\ \text{V} \times 2 - 0.88\ \text{V} \\ &= -0.08\ \text{V} \end{aligned}$$

数据说明在碱性介质中 H_2O_2 是一种中等强度的还原剂。

(2) 将(1)中计算结果填入氧的元素电势图中：

$$E_A^\ominus/\text{V}\quad O_2 \xrightarrow{0.695} H_2O_2 \xrightarrow{1.763} H_2O \qquad (O_2 \text{—} H_2O:\ 1.229)$$

$$E_B^\ominus/\text{V}\quad O_2 \xrightarrow{-0.08} HO_2^- \xrightarrow{0.88} OH^- \qquad (O_2 \text{—} OH^-:\ 0.401)$$

不论在酸性介质中，还是在碱性介质中，均有 $E^\ominus_{右} > E^\ominus_{左}$。这说明 H_2O_2 都是不稳定的，将会发生歧化反应。尽管从元素电势图上看，在热力学上 H_2O_2 在酸中歧化的可能性更大些，但实际上在碱中，由于动力学的原因，H_2O_2 分解的速率更快。

(3) 由元素电势图得

(a) $O_2 + 4H^+ + 4e^- \rightleftharpoons 2H_2O \qquad E^\ominus = 1.229\ \text{V}$

(b) $O_2 + 2H_2O + 4e^- \rightleftharpoons 4OH^- \qquad E^\ominus = 0.401\ \text{V}$

将(b)的 $E^\ominus$ 看成(a)的非标准电极电势 E，这个非标准状态是由 $c(OH^-) = 1.0\ \text{mol·dm}^{-3}$ 时的$c(H^+)$ 决定的。

$$c(H^+) = \frac{K_w^\ominus}{c(OH^-)} = K_w^\ominus$$

将其代入(a)的能斯特方程：

$$E = E^\ominus + \frac{0.059\ \text{V}}{4}\lg[c(H^+)]^4$$

即
$$0.401\ \text{V} = 1.229\ \text{V} + 0.059\ \text{V}\lg K_w^\ominus$$
$$\lg K_w^\ominus = \frac{0.401\ \text{V} - 1.229\ \text{V}}{0.059\ \text{V}} = -14.03$$
$$K_w^\ominus = 9.3 \times 10^{-15}$$

即水的离子积常数 $K_w^\ominus = 0.93 \times 10^{-14}$。

例 10.10 将电对 IO_3^-/I_2 和电对 I_2/I^- 的电势-pH 图画在同一直角坐标系中。指出体系中涉及的歧化反应和逆歧化反应发生的具体 pH 范围。若在 298 K，pH＝11 时将所发生的反应以原电池方式完成，计算原电池的电动势 E 和电池反应的 $\Delta_r G_m$。

解：电对 IO_3^-/I_2 的电极反应式为

$$2IO_3^- + 12H^+ + 10e^- \rightleftharpoons I_2 + 6H_2O \qquad E^\ominus(1) = 1.2\ \text{V}$$

$$E = E^\ominus(1) + \frac{0.059\ \text{V}}{10}\lg[c(H^+)]^{12} = 1.2\ \text{V} + \frac{0.059\ \text{V} \times 12}{10}\lg c(H^+)$$

故有
$$E = 1.2\ \text{V} - 0.07\ \text{V}\ \text{pH}$$

E 对 pH 作图为一直线，取两点(pH＝0，$E = 1.2$ V)和(pH＝14，$E = 0.22$ V)，电势-pH 图见下图中的 l_1 线。电对 I_2/I^- 的电极反应式为

$$I_2 + 2e^- \rightleftharpoons 2I^- \qquad E^{\ominus}(2) = 0.54\ V$$

$E = E^{\ominus}$，E 与 pH 无关，为平行于横轴的直线，见右图中的 l_2 线。

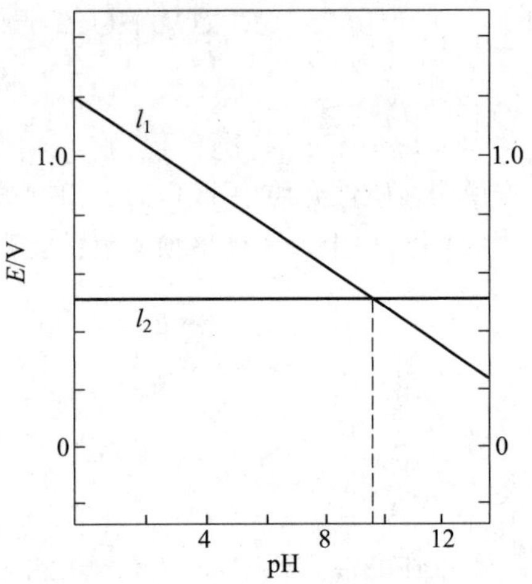

从右图中看出，当 pH＜9.4 时，l_1 在 l_2 上方，即

$$E(IO_3^-/I_2) > E(I_2/I^-)$$

IO_3^- 与 I^- 发生逆歧化反应，生成 I_2：

$$IO_3^- + 5I^- + 6H^+ \longrightarrow 3I_2 + 3H_2O$$

当 pH＞9.4 时，l_1 在 l_2 下方，即

$$E(IO_3^-/I_2) < E(I_2/I^-)$$

I_2 将发生歧化反应，生成 IO_3^- 和 I^-：

$$3I_2 + 6OH^- \longrightarrow IO_3^- + 5I^- + 3H_2O$$

pH＝11 时发生歧化反应，这时

$$E_+ = E(I_2/I^-) = 0.54\ V$$

$$E_- = E(IO_3^-/I_2) = 1.2\ V - 0.07\ V\ pH = 1.2\ V - 0.07\ V \times 11 = 0.43\ V$$

故原电池的电动势

$$E = E_+ - E_- = 0.54\ V - 0.43\ V = 0.11\ V$$

电池反应的

$$\Delta_r G_m = -zEF = (-5 \times 0.11 \times 96500)\ J\cdot mol^{-1} = -53\ kJ\cdot mol^{-1}$$

第二部分　习题

一、选择题

10.1　某氧化剂 $YO(OH)_2^+$ 中 Y 元素的价态为＋5，如果还原 7.16×10^{-4} mol $YO(OH)_2^+$ 溶液使 Y 至较低价态，则需用 0.066 $mol\cdot dm^{-3}$ Na_2SO_3 溶液 26.98 mL。还原产物中 Y 元素的价态为

(A) －2；　(B) －1；　(C) 0；　(D) ＋1。

10.2　使下列电极反应中有关离子浓度减少一半，而 E 值增加的是

(A) $Cu^{2+} + 2e^- \longrightarrow Cu$；　(B) $I_2 + 2e^- \longrightarrow 2I^-$；

(C) $2H^+ + 2e^- \longrightarrow H_2$；　(D) $Fe^{3+} + e^- \longrightarrow Fe^{2+}$。

10.3　将下列反应设计成原电池时，不用惰性电极的是

(A) $H_2 + Cl_2 \longrightarrow 2HCl$；　(B) $2Fe^{3+} + Cu \longrightarrow 2Fe^{2+} + Cu^{2+}$；

(C) $Ag^+ + Cl^- \longrightarrow AgCl$；　(D) $2Hg^{2+} + Sn^{2+} \longrightarrow Hg_2^{2+} + Sn^{4+}$。

10.4　已知 $E^{\ominus}(Zn^{2+}/Zn) = -0.76$ V，下列原电池反应的电动势为 0.46V，则氢电极溶液中的 pH 为

$$Zn + 2H^+(a\ mol\cdot dm^{-3}) \longrightarrow Zn^{2+}(1\ mol\cdot dm^{-3}) + H_2(1.013 \times 10^5\ Pa)$$

(A) 10.2； (B) 2.5； (C) 3.0； (D) 5.1。

10.5 若要使电池(－)Pt|$H_2(p_1)$|$H^+(c_0)$ ‖ $H^+(c_0)$|$H_2(p_2)$|Pt(＋)的电动势 E 为正值，则 p_1 和 p_2 应满足的关系为

(A) $p_1=p_2$； (B) $p_1<p_2$；

(C) $p_1>p_2$； (D) p_1 和 p_2 均可取任意值。

10.6 以惰性电极电解一段时间后，pH 增大的溶液是

(A) HCl； (B) H_2SO_4； (C) Na_2SO_4； (D) $NaHSO_4$。

10.7 已知 $E^\ominus(Ag^+/Ag)=0.799$ V，$E^\ominus(O_2/H_2O)=1.229$ V，$K_{sp}^\ominus(AgCl)=1.8\times10^{-10}$。298 K 时，电池反应：$4Ag+4HCl+O_2 = 4AgCl+2H_2O$，当 $c(HCl)=6.0\ mol\cdot dm^{-3}$，$p(O_2)=101.3$ kPa 时，该原电池的电动势 E 和电池反应的 $\Delta_rG_m^\ominus$ 分别为

(A) 1.098 V，$-388.3\ kJ\cdot mol^{-1}$； (B) 1.053 V，$388.6\ kJ\cdot mol^{-1}$；

(C) 1.19 V，$-144.8\ kJ\cdot mol^{-1}$； (D) 1.053 V，$-388.6\ kJ\cdot mol^{-1}$。

10.8 已知两个反应 $2Fe^{3+}+Sn^{2+} = Sn^{4+}+2Fe^{2+}$ 和 $Fe^{3+}+\frac{1}{2}Sn^{2+} = \frac{1}{2}Sn^{4+}+Fe^{2+}$，对于其 $E^\ominus$，$\Delta_rG_m^\ominus$ 和 $K^\ominus$ 的关系判断正确的是

(A) $E^\ominus$，$\Delta_rG_m^\ominus$，$K^\ominus$ 都相等； (B) $E^\ominus$，$\Delta_rG_m^\ominus$，$K^\ominus$ 都不相等；

(C) $\Delta_rG_m^\ominus$ 相等，$E^\ominus$，$K^\ominus$ 不相等； (D) $E^\ominus$ 相等，$\Delta_rG_m^\ominus$，$K^\ominus$ 不相等。

10.9 已知 $E^\ominus(M^{3+}/M^{2+}) > E^\ominus[M(OH)_3/M(OH)_2]$，则溶度积 $K_{sp}^\ominus[M(OH)_3]$ 与 $K_{sp}^\ominus[M(OH)_2]$的关系应是

(A) $K_{sp}^\ominus[M(OH)_3]>K_{sp}^\ominus[M(OH)_2]$；

(B) $K_{sp}^\ominus[M(OH)_3]<K_{sp}^\ominus[M(OH)_2]$；

(C) $K_{sp}^\ominus[M(OH)_3]=K_{sp}^\ominus[M(OH)_2]$；

(D) 无法判断。

10.10 某电池(－)A|$A^{2+}(0.1\ mol\cdot dm^{-3})$ ‖ $B^{2+}(1.0\times10^{-2}\ mol\cdot dm^{-3})$|B(＋)的电动势 E 为 0.27V，则该电池的标准电动势 $E^\ominus$ 为

(A) 0.24 V； (B) 0.27 V； (C) 0.30 V； (D) 0.33 V。

10.11 若将反应 $2MnO_4^-+10Fe^{2+}+16H^+ = 2Mn^{2+}+10Fe^{3+}+8H_2O$ 设计成原电池，则该电池的符号为

(A) Pt|MnO_4^-，Mn^{2+}，H^+ ‖ Fe^{2+}，Fe^{3+}|Pt；

(B) Pt|Fe^{2+}，Fe^{3+} ‖ MnO_4^-，Mn^{2+}，H^+|Pt；

(C) Fe|Fe^{2+}，Fe^{3+} ‖ MnO_4^-，Mn^{2+}，H^+|Mn；

(D) Mn|MnO_4^-，Mn^{2+}，H^+ ‖ Fe^{2+}，Fe^{3+}|Fe 。

10.12 已知原电池(－)Pt|Fe^{2+}，Fe^{3+} ‖ Ag^+|Ag(＋)的 $E^\ominus=0.0296$ V，若 Fe^{2+} 和 Fe^{3+} 的浓度相等，当此原电池的电动势等于零时 Ag^+ 的浓度为

(A) $0.418\ mol\cdot dm^{-3}$； (B) $0.315\ mol\cdot dm^{-3}$；

(C) $0.274\ mol\cdot dm^{-3}$； (D) $0.157\ mol\cdot dm^{-3}$。

二、填空题

10.13 电池(－)Pt|$H_2(1.013\times10^5\ Pa)$|$H^+(1\times10^{-3}\ mol\cdot dm^{-3})$ ‖ $H^+(1\ mol\cdot dm^{-3})$|

H_2 (1.013×10^5 Pa)|Pt(+)属于__________电池，该电池的电动势为____________V，电池反应为____________________。

10.14 标准状态下，下列反应均自发进行：

$$2MnO_4^- + 5H_2O_2 + 6H^+ \longequal 2Mn^{2+} + 5O_2 + 8H_2O$$

$$H_2O_2 + 2I^- + 2H^+ \longequal 2H_2O + I_2$$

$$I_2 + 2S_2O_3^{2-} \longequal 2I^- + S_4O_6^{2-}$$

由此判断反应所涉及的物质中还原性最强的是_________，氧化性最强的是_________。

10.15 电池 (−) Cu|Cu^+ ‖ Cu^+，Cu^{2+}|Pt(+)和(−)Cu|Cu^{2+} ‖ Cu^+，Cu^{2+}|Pt(+)的反应均可写成 $Cu + Cu^{2+} \longequal 2Cu^+$，则两电池的 $\Delta_r G_m^\ominus$ ______，$E^\ominus$ ______，$K^\ominus$ ______。(填"相同"或"不同")

10.16 已知 $E^\ominus(Cu^{2+}/Cu) = 0.34$ V，$K_{sp}^\ominus[Cu(OH)_2] = 2.2\times10^{-20}$，则 $E^\ominus[Cu(OH)_2/Cu] =$ ______V。

10.17 在 $Fe^{3+} + e^- \longequal Fe^{2+}$ 电极反应中，加入 Fe^{3+} 的配位剂 F^- 可使电极电势的数值______；在 $Cu^{2+} + e^- \longequal Cu^+$ 电极反应中，加入 Cu^+ 的沉淀剂 I^- 可使其电极电势的数值__________。

10.18 对某一自发的氧化还原反应，若将反应方程式中各物质的化学计量数扩大到原来的 2 倍，则此反应的 $|\Delta_r G_m|$ 将________，电池电动势 E________。

10.19 已知 $MnO_4^- + 8H^+ + 5e^- \longequal Mn^{2+} + 4H_2O$　$E^\ominus = 1.51$ V，当 MnO_4^- 和 Mn^{2+} 处于标准状态时，电极电势与 pH 的关系是：$E/V =$ ____________。

10.20 已知 $E^\ominus(Br_2/Br^-) = 1.06$ V，$E^\ominus(Fe^{3+}/Fe^{2+}) = 0.77$ V，将这两个电极组成原电池，电池符号为____，此电池的电动势 $E_{池}^\ominus =$ _________。反应 $2Br^- + 2Fe^{3+} \longequal Br_2 + 2Fe^{2+}$ 的 $\Delta_r G_m^\ominus =$ ______ $kJ\cdot mol^{-1}$，25 ℃时此反应的平衡常数 $K^\ominus =$ __________。

10.21 实验室中通常采用反应 $MnO_2 + 4HCl \longequal MnCl_2 + Cl_2 + 2H_2O$ 制取氯气。已知 $E^\ominus(MnO_2/Mn^{2+}) = 1.22$ V，$E^\ominus(Cl_2/Cl^-) = 1.36$ V。若想制备得到氯气，所用盐酸的最低浓度为______。

10.22 对于原电池(−)A|$A^{2+}(c_1)$ ‖ $B^{2+}(c_2)$|B(+)，当 $c_1 = c_2$ 时，$E = 0.78$ V，则放电一段时间至电动势减半时，$c_1/c_2 =$ ________。

三、简答题和计算题

10.23 用离子电子法配平下列反应方程式(酸性介质)。

(1) $MnO_4^- + Cl^- \longrightarrow Mn^{2+} + Cl_2$

(2) $Mn^{2+} + NaBiO_3 \longrightarrow MnO_4^- + Bi^{3+}$

(3) $Cr^{3+} + PbO_2 \longrightarrow Cr_2O_7^{2-} + Pb^{2+}$

(4) $C_3H_8O + MnO_4^- \longrightarrow C_3H_6O_2 + Mn^{2+}$

(5) $HClO_3 + P_4 \longrightarrow Cl^- + H_3PO_4$

10.24 用离子电子法配平下列反应方程式(碱性介质)。

(1) $CrO_4^{2-} + HSnO_2^- \longrightarrow CrO_2^- + HSnO_3^-$

(2) $H_2O_2 + CrO_2^- \longrightarrow CrO_4^{2-}$

(3) $CuS + CN^- \longrightarrow [Cu(CN)_4]^{3-} + S^{2-} + NCO^-$

(4) $CN^- + O_2 \longrightarrow CO_3^{2-} + NH_3$

(5) $Al + NO_2^- \longrightarrow [Al(OH)_4]^- + NH_3$

10.25 已知 $Co(OH)_3 + e^- \rightleftharpoons Co(OH)_2 + OH^-$ $E^\ominus = 0.17\ V$

$Co^{3+} + e^- \rightleftharpoons Co^{2+}$ $E^\ominus = 1.92\ V$

若用 $K_{sp}^\ominus(1)$表示 $Co(OH)_3$ 的溶度积常数，$K_{sp}^\ominus(2)$表示 $Co(OH)_2$ 的溶度积常数，试求 $K_{sp}^\ominus(1)/K_{sp}^\ominus(2)$的值。

10.26 某学生为测定 CuS 的溶度积常数，设计如下原电池：正极为铜片，在 $0.1\ mol\cdot dm^{-3}\ Cu^{2+}$ 溶液中，再通入 H_2S 气体使之达到饱和；负极为标准锌电极。测得电池电动势为 0.67 V。已知 $E^\ominus(Cu^{2+}/Cu) = 0.34\ V$，$E^\ominus(Zn^{2+}/Zn) = -0.76\ V$，$H_2S$ 的 $K_{a1}^\ominus = 1.1\times10^{-7}$，$K_{a2}^\ominus = 1.3\times10^{-13}$。试求 CuS 的溶度积常数。

10.27 已知 $H_3AsO_4 + 2H^+ + 2e^- \rightleftharpoons H_3AsO_3 + H_2O$ $E^\ominus = 0.559\ V$

$I_3^- + 2e^- \rightleftharpoons 3I^-$ $E^\ominus = 0.54\ V$

试问：

(1) 若溶液的 pH=7，反应向哪个方向自发进行？

(2) 若溶液中 $c(H^+) = 6\ mol\cdot dm^{-3}$，反应向哪个方向自发进行？

10.28 求下列电池电动势和电池反应的标准平衡常数。

$(-)Cu|[Cu(NH_3)_4]^{2+}(0.10\ mol\cdot dm^{-3}), NH_3(1.0\ mol\cdot dm^{-3}) \| AgNO_3(0.010\ mol\cdot dm^{-3})|Ag(+)$

已知 $E^\ominus(Ag^+/Ag) = 0.80\ V$，$E^\ominus(Cu^{2+}/Cu) = 0.34\ V$，$[Cu(NH_3)_4]^{2+}$的 $K_{稳}^\ominus = 2.1\times10^{13}$。

10.29 已知电对 Cu^{2+}/Cu^+ 的 $E^\ominus = 0.15\ V$，电对 I_2/I^- 的 $E^\ominus = 0.54\ V$，CuI 的$K_{sp}^\ominus = 1.3\times10^{-12}$。

(1) 试求氧化还原反应

$$Cu^{2+} + 2I^- \rightleftharpoons CuI + \frac{1}{2}I_2$$

298 K 时的平衡常数；

(2) 若溶液中 Cu^{2+} 的起始浓度为 $0.10\ mol\cdot dm^{-3}$，I^- 的起始浓度为 $1.0\ mol\cdot dm^{-3}$，试计算达到平衡时留在溶液中 Cu^{2+} 的浓度。

10.30 已知 $E^\ominus(Cu^{2+}/Cu) = 0.34\ V$，$E^\ominus(Cu^{2+}/Cu^+) = 0.15\ V$，$K_{sp}^\ominus(CuCl) = 1.72\times10^{-7}$。通过计算求反应 $Cu^{2+} + Cu + 2Cl^- \rightleftharpoons 2CuCl$ 能否自发进行，并求反应的标准平衡常数 $K^\ominus$。

10.31 将下列非氧化还原反应设计成两个半电池反应，并利用标准电极电势表的数据，求出 298 K 时反应的标准平衡常数 $K^\ominus$。

(1) $H_2O \rightleftharpoons H^+ + OH^-$；

(2) $Pt^{2+} + 4Cl^- \rightleftharpoons [PtCl_4]^{2-}$。

10.32 已知 $E^\ominus(Tl^{3+}/Tl^+) = 1.25\ V$，$E^\ominus(Tl^{3+}/Tl) = 0.74\ V$，设计成下列三个标准电池：

(a) $(-)\ Tl|Tl^+ \| Tl^{3+}|Tl(+)$

(b) $(-)\ Tl|Tl^+ \| Tl^{3+}, Tl^+|Pt(+)$

(c) $(-)\ Tl|Tl^{3+} \| Tl^{3+}, Tl^+|Pt(+)$

(1) 试写出每一个电池的电池反应式；

(2) 计算每一个电池的电动势和 $\Delta_r G_m^\ominus$。

10.33 在酸性条件下，将 $KMnO_4$ 滴加到过量 KI 溶液中，产物是什么？已知元素电势图如下：

$E_A^\ominus/V$

$$H_5IO_6 \xrightarrow{1.70} IO_3^- \xrightarrow{1.14} HOI \xrightarrow{1.45} I_3^- \xrightarrow{0.54} I^-$$

$$MnO_4^- \xrightarrow{0.56} MnO_4^{2-} \xrightarrow{2.26} MnO_2 \xrightarrow{0.95} Mn^{3+} \xrightarrow{1.51} Mn^{2+} \xrightarrow{-1.18} Mn$$

10.34 向酸性的 1.0×10^{-3} $mol\cdot dm^{-3}$ Fe^{3+} 溶液中加入过量液态汞，发生如下反应：

$$2Fe^{3+} + 2Hg \rightleftharpoons 2Fe^{2+} + Hg_2^{2+}$$

达平衡时溶液中还有 4.6% Fe^{3+}。已知 $E^\ominus(Fe^{3+}/Fe^{2+}) = 0.771$ V，求 $E^\ominus(Hg_2^{2+}/Hg)$。

10.35 已知 $E^\ominus(Ag^+/Ag) = 0.80$ V，$E^\ominus(O_2/OH^-) = 0.401$ V，$E^\ominus(H^+/H_2) = 0$；$[Ag(CN)_2]^-$ 的 $K_{稳}^\ominus = 1\times10^{21}$，$K_a^\ominus(HCN) = 1.0\times10^{-10}$。通过计算回答：

(1) 在碱性条件下通入空气时，Ag 能否溶于 KCN 溶液？

(2) Ag 能否从 KCN 溶液中置换出 H_2？

10.36 下图是铬体系的电势-pH 图。写出图中 DH，EF，FJ，IK，CF，DE，IJ 各线所表示的反应。

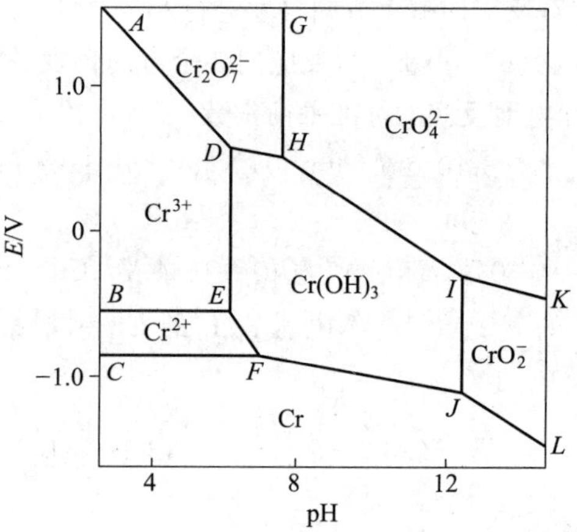

10.37 根据下面 pH＝1 介质中 Bi 的元素电势图：

$$Bi_2O_4 \xrightarrow{1.59\ V} BiO^+ \xrightarrow{0.32\ V} Bi \xrightarrow{-0.97\ V} BiH_3$$

(1) 求电对 Bi_2O_4/Bi，BiO^+/BiH_3，Bi_2O_4/BiH_3 的电极电势；

(2) 作出 Bi 元素的自由能-氧化数图。

第 11 章
配位化学基础

第一部分　例题

例 11.1　指出下列配位化合物中配位单元的空间构型，并画出可能存在的几何异构体：

(1) $[Cr(NH_3)_3(H_2O)_3]Cl_3$；　　(2) $[Co(NH_3)_2(en)_2]Cl_3$；

(3) $[Cr(H_2O)_4Cl_2]Cl\cdot 2H_2O$；　　(4) $[Pt(NH_3)_2(OH)_2Cl_2]$；

(5) $[Pt(NH_3)_2BrCl]$；　　(6) $[Co(NH_3)(en)Cl_3]$。

解：(1) 八面体，两种几何异构体，如下图所示。

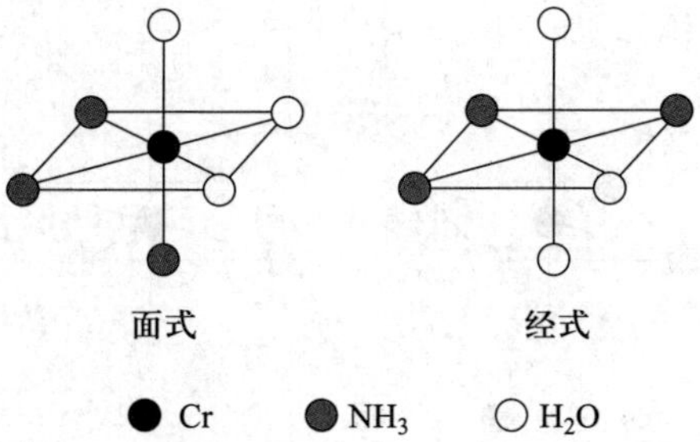

(2) 八面体，两种几何异构体，如下图所示。

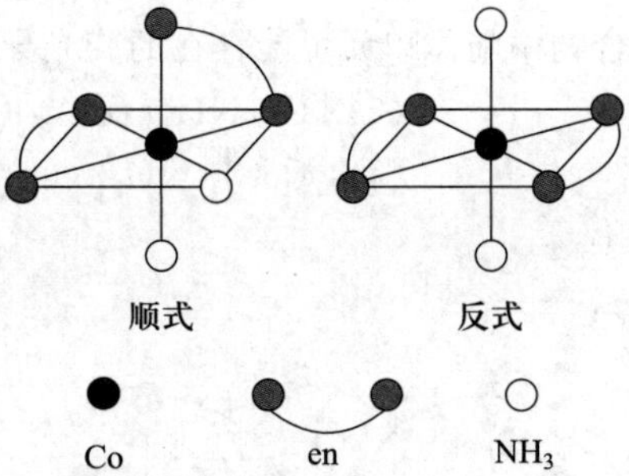

(3) 八面体，两种几何异构体，如下图所示。

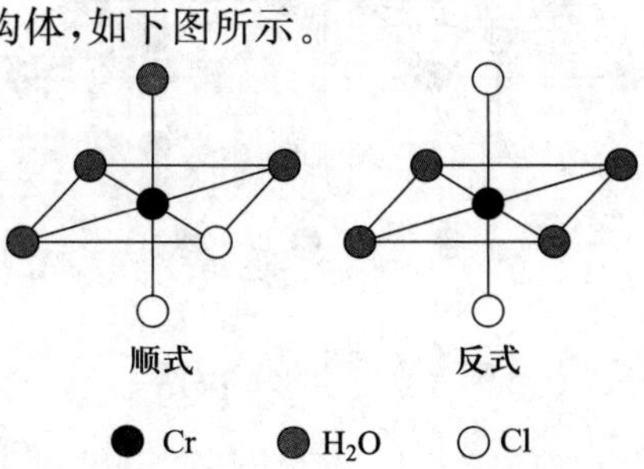

(4) 八面体，五种几何异构体，如下图所示。

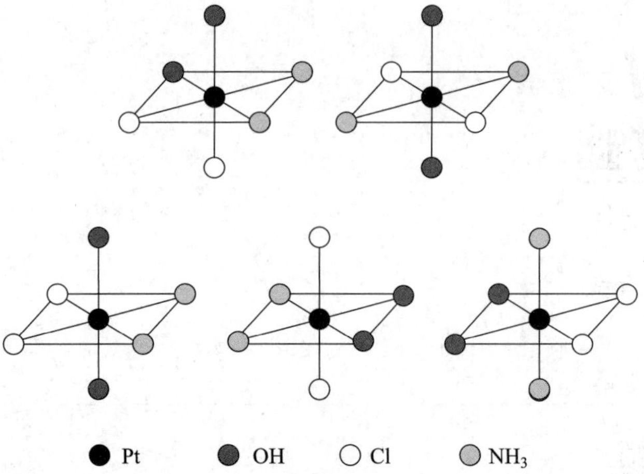

(5) 平面四边形，两种几何异构体，如下图所示。

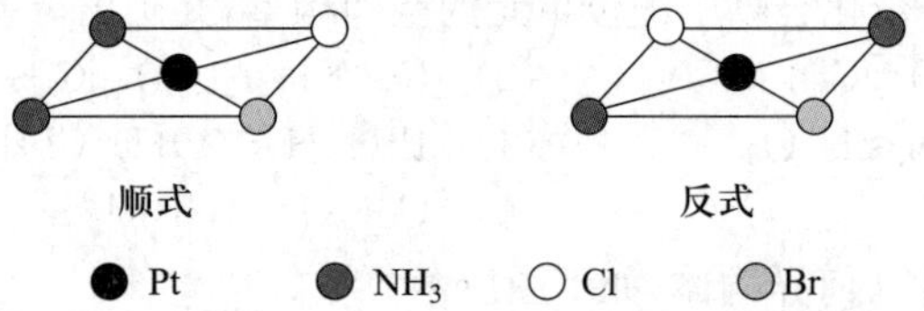

(6) 八面体，两种几何异构体，如下图所示。

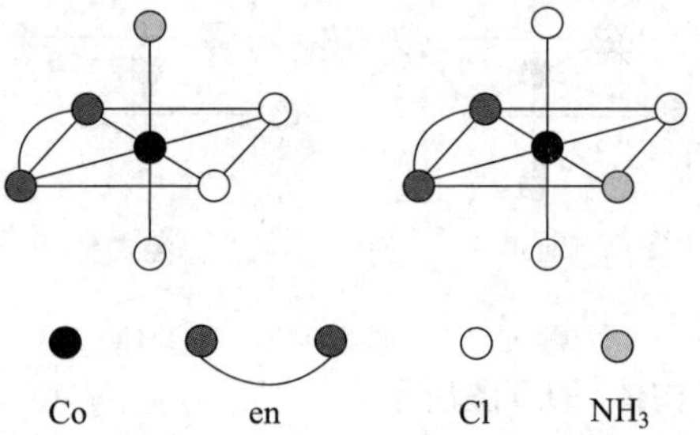

例 11.2 画出下列配位化合物中配位单元可能存在的旋光异构体。

(1) $[Ni(en)_3]SO_4$；　　(2) $[Co(NH_3)_2(en)_2]Cl_3$；

(3) $[PtCl_2(OH)_2(NH_3)_2]$；　　(4) $[CoCl_2(NH_3)_2(en)]Cl$；

(5) $K[CoCl_2(H_2NCH_2COO)_2]$。

解：(1) 有一对旋光异构体：

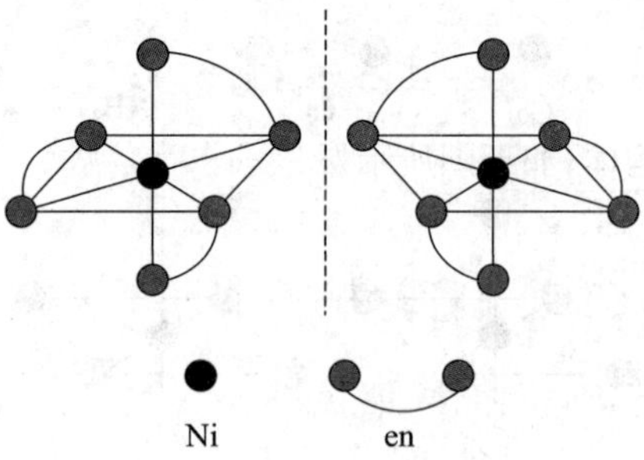

$[Ni(en)_3]^{2+}$的旋光异构

（2）有一对旋光异构体：

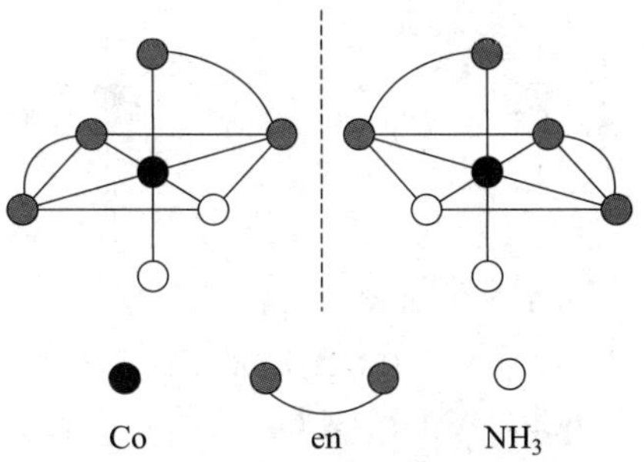

$[Co(NH_3)_2(en)_2]^{3+}$的旋光异构

（3）有一对旋光异构体：

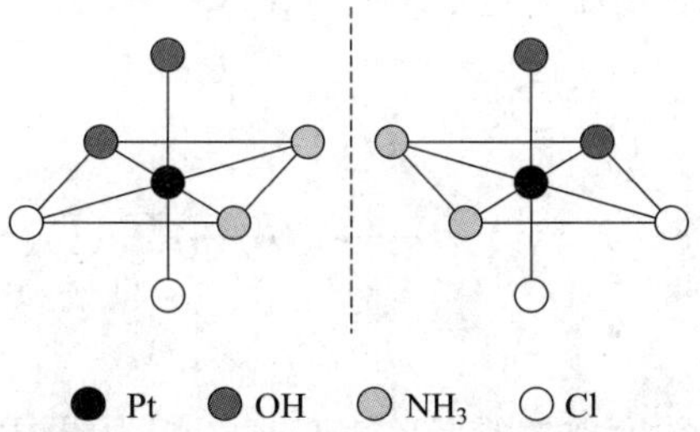

$[PtCl_2(OH)_2(NH_3)_2]$的旋光异构

（4）有一对旋光异构体：

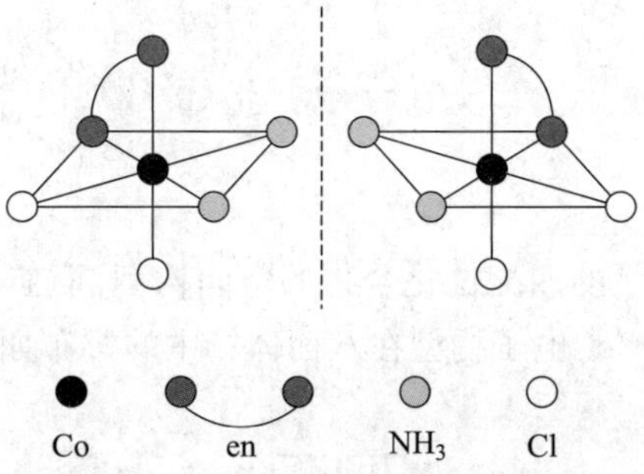

$[CoCl_2(NH_3)_2(en)]^{+}$的旋光异构

（5）有四对旋光异构体：

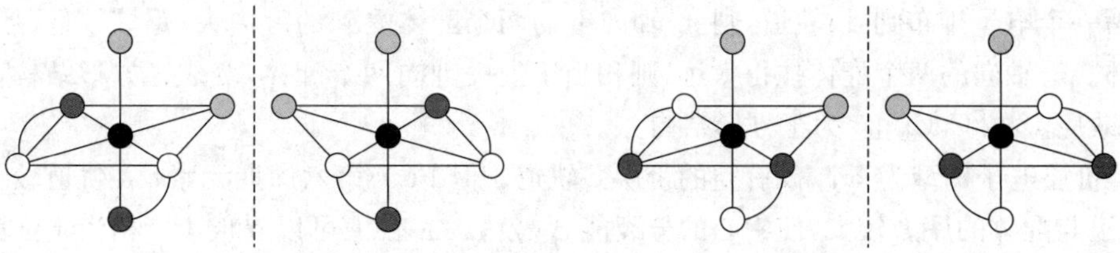

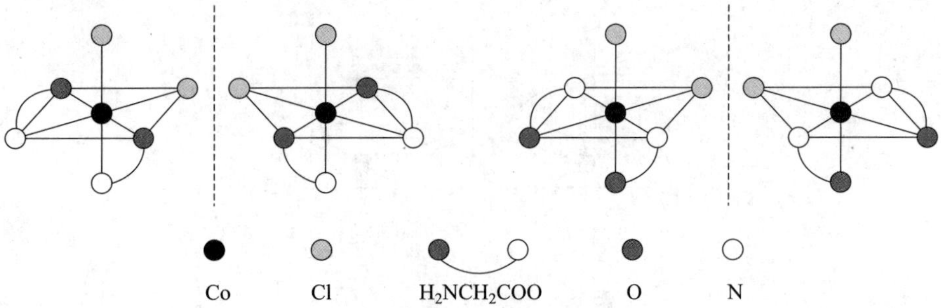

$[CoCl_2(H_2NCH_2COO)_2]^-$ 的旋光异构

例 11.3 试解释原因：$[CoCl_4]^{2-}$ 和 $[NiCl_4]^{2-}$ 为四面体结构，而 $[CuCl_4]^{2-}$ 和 $[PtCl_4]^{2-}$ 为正方形结构。

解：按照配位化合物价键理论，Co^{2+} 价层电子构型为 $3d^7$，没有空的价层 d 轨道；而 Cl^- 为弱配体，在形成 $[CoCl_4]^{2-}$ 时不能使中心 d 电子发生重排，Co^{2+} 只能采取 sp^3 杂化，如下图所示。

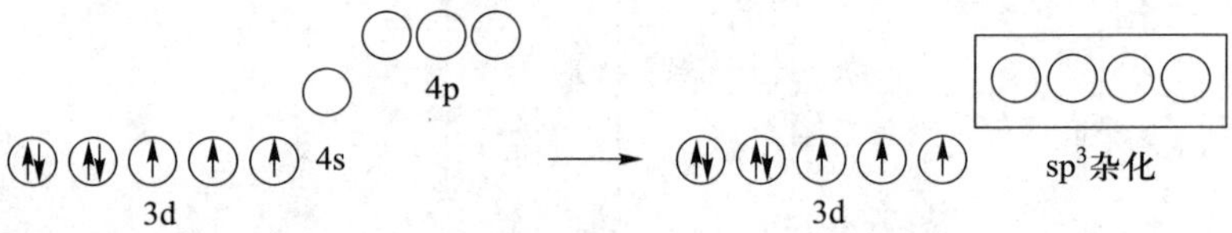

因此，$[CoCl_4]^{2-}$ 为四面体结构。

Ni^{2+} 价层电子构型为 $3d^8$，没有空的价层 d 轨道；而 Cl^- 为弱配体，在形成 $[NiCl_4]^{2-}$ 时不能使中心 d 电子发生重排，Ni^{2+} 只能采取 sp^3 杂化，如下图所示。

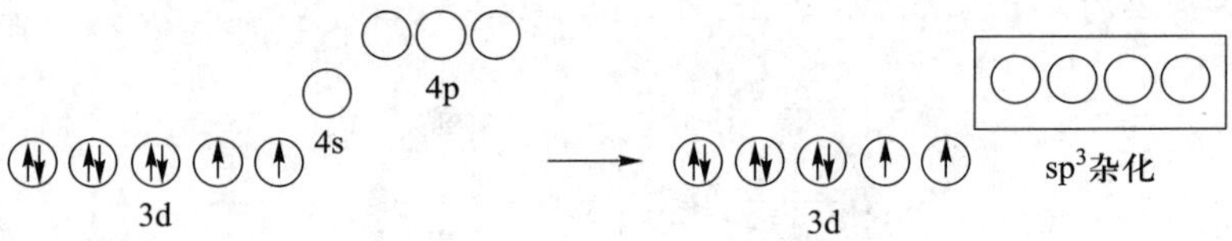

因此，$[NiCl_4]^{2-}$ 为四面体结构。

不能用价键理论讨论 Cu^{2+} 的四配位化合物的空间构型，而应由姜-泰勒效应讨论其空间构型。按照晶体场理论，Cu^{2+} 的 $3d^9$ 电子构型在八面体场中的排布如下图所示。

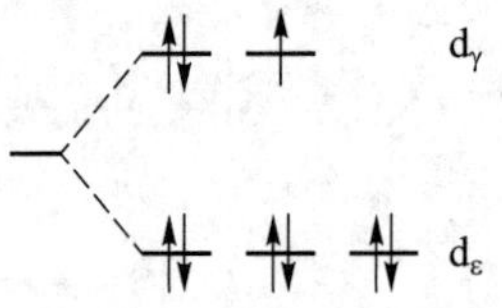

最后一个电子排布到 d_{z^2} 轨道，则 d_{z^2} 轴向上的两个配体受到的斥力大，距核较远，形成拉长的八面体。若轴向的两个配体拉得太远，则相当于失去轴向两个配体，变成正方形结构，这就是姜-泰勒效应。故 $[CuCl_4]^{2-}$ 为正方形结构。

Pt^{2+} 价层电子构型为 $5d^8$，没有空的价层 d 轨道。但 Pt 为第六周期元素，5d 轨道较为扩展，即 5d 轨道与配体的斥力较大，使中心的分裂能 Δ 较大。Δ 较大可以看成 Cl^- 相当于强配体，能使 Pt^{2+} 的 5d 电子发生重排，空出 1 个 5d 轨道，采取 dsp^2 杂化，如下图所示。故 $[PtCl_4]^{2-}$ 为正方形结构。

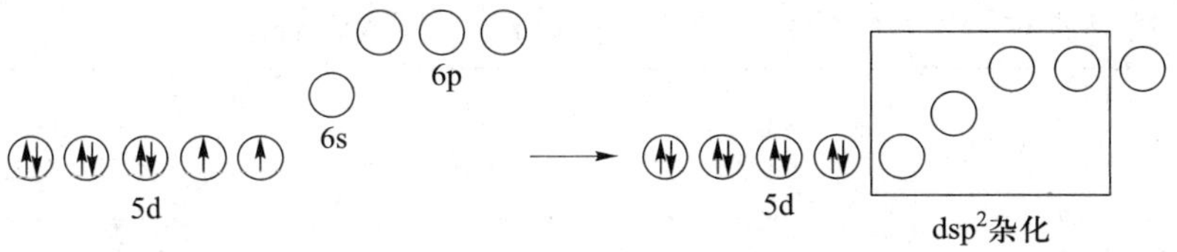

利用晶体场理论也能合理解释为什么$[PtCl_4]^{2-}$为正方形结构而不是四面体结构。Pt^{2+}为d^8电子构型，在八面体场中的排布为$(d_\varepsilon)^6(d_\gamma)^2$，由于铂为高周期元素，配位化合物的分裂能较大，$d_{x^2-y^2}$和$d_{z^2}$轨道单电子的能量均较高。八面体场经重排后转化成正方形场，在正方形场中最高能量轨道$d_{x^2-y^2}$不填充电子，使正方形配位化合物有较大的晶体场稳定化能，如下图所示。

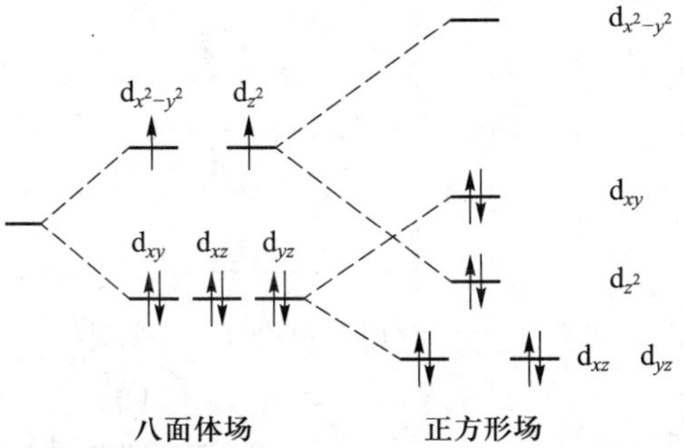

例 11.4　已知下列配位化合物的磁矩，根据配位化合物价键理论给出中心轨道的杂化类型、中心 d 电子的排布、配位单元的空间构型。

(1) $[Co(NH_3)_6]^{2+}$　$\mu = 3.9\ \mu_B$；　　(2) $[Pt(CN)_4]^{2-}$　$\mu = 0\ \mu_B$；

(3) $[Mn(SCN)_6]^{4-}$　$\mu = 6.1\ \mu_B$；　　(4) $[Co(NO_2)_6]^{4-}$　$\mu = 1.8\ \mu_B$。

解：由配位化合物磁矩可以求出其中心 d 轨道的单电子数，以判断中心 d 电子的排布方式，进而得到中心轨道的杂化类型和配位单元的空间构型。以$[Co(NO_2)_6]^{4-}$为例进行讨论。根据磁矩 μ 和单电子数 n 的关系式：

$$\mu = \sqrt{n(n+2)}\,\mu_B$$

由$[Co(NO_2)_6]^{4-}$的$\mu = 1.8\mu_B$可以求得$n = 1$。这说明强场NO_2^-使Co^{2+}的 3d 轨道的 7 个电子发生了重排，3d 轨道只排布 3 对电子，同时有 1 个 3d 轨道电子跃迁到 4d 轨道，如下图所示。中心采取d^2sp^3杂化，正八面体构型。

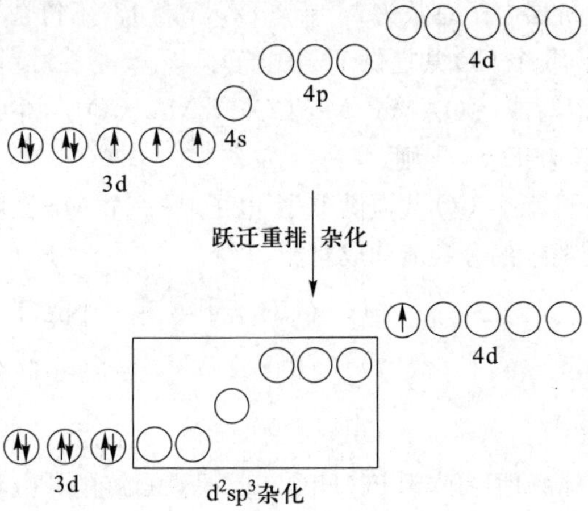

利用类似的方法对题设各配位化合物进行讨论，结果填入下表中。

配位单元	磁矩/μ_B	单电子数	中心 d 电子的排布	中心轨道的杂化类型	空间构型
$[Co(NH_3)_6]^{2+}$	3.9	3	(⇅)(⇅)(↑)(↑)(↑) 3d	sp^3d^2	八面体
$[Pt(CN)_4]^{2-}$	0	0	(⇅)(⇅)(⇅)(⇅)( ) 5d	dsp^2	正方形
$[Mn(SCN)_6]^{4-}$	6.1	5	(↑)(↑)(↑)(↑)(↑) 3d	sp^3d^2	八面体
$[Co(NO_2)_6]^{4-}$	1.8	1	(⇅)(⇅)(⇅)( )( ) 3d	d^2sp^3	八面体

例 11.5 通过计算判断下列配位化合物是否符合 EAN 规则。

(1) $K[Pt(C_2H_4)Cl_3]$；(2) $[Ru(C_5H_5)_2]$；

(3) $[Mo(CO)_6]$；(4) $K_4[Fe(CN)_6]$；

(5) $[V(CO)_6]$；(6) $[Mn_2(CO)_{10}]$。

解： EAN 规则就是 18 电子规则，即过渡金属在形成配位化合物时价层达到 18 个电子时配位化合物较稳定。

(1) $K[Pt(C_2H_4)Cl_3]$中 Pt^{2+}价层电子总数为 $N=8+2+6=16$，不符合 EAN 规则。

其中 Pt^{2+}提供 8 个电子，1 个 C_2H_4 提供 2 个电子，3 个 Cl^-共提供 6 个电子。

(2) $[Ru(C_5H_5)_2]$中 Ru^{2+}价层电子总数为 $N=6+2\times6=18$，符合 EAN 规则。

其中 Ru^{2+}提供 6 个电子，2 个 $C_5H_5^-$ 共提供 12 个电子。

(3) $[Mo(CO)_6]$中 Mo 价层电子总数为 $N=6+2\times6=18$，符合 EAN 规则。

其中 Mo 提供 6 个电子，6 个 CO 共提供 12 个电子。

(4) $K_4[Fe(CN)_6]$中 Fe^{2+}价层电子总数为 $N=6+2\times6=18$，符合 EAN 规则。

其中 Fe^{2+}提供 6 个电子，6 个 CN^-共提供 12 个电子。

(5) $[V(CO)_6]$中 V 价层电子总数为 $N=5+2\times6=17$，不符合 EAN 规则。

其中 V 提供 5 个电子，6 个 CO 共提供 12 个电子。

(6) $[Mn_2(CO)_{10}]$可以写成$(CO)_5Mn-Mn(CO)_5$，$[Mn_2(CO)_{10}]$中每个 Mn 价层电子总数为 $N=7+2\times5+1=18$，符合 EAN 规则。

其中 Mn 提供 7 个电子，5 个 CO 共提供 10 个电子，另一个 Mn 提供 1 个共用电子。

例 11.6 已知两个配离子的分裂能和成对能：

	$[Co(NH_3)_6]^{3+}$	$[Fe(H_2O)_6]^{2+}$
Δ/cm^{-1}	23000	10400
P/cm^{-1}	21000	15000

(1) 用价键理论及晶体场理论解释$[Fe(H_2O)_6]^{2+}$是高自旋的，$[Co(NH_3)_6]^{3+}$是低自旋的；

（2）计算两种配离子的晶体场稳定化能。

解：（1）由价键理论可知，H_2O 为弱配体，不能使 Fe^{2+} 的 d 电子发生重排，因此$[Fe(H_2O)_6]^{2+}$是高自旋的；而 NH_3 对 Co^{3+} 为强配体，能使 Co^{3+} 的 d 电子发生重排，因此$[Co(NH_3)_6]^{3+}$是低自旋的。

由晶体场理论，$[Fe(H_2O)_6]^{2+}$的 $\Delta < P$，d 电子采取高自旋排布；而$[Co(NH_3)_6]^{3+}$ 的$\Delta > P$，d 轨道电子采取低自旋排布。

（2）$[Fe(H_2O)_6]^{2+}$的 d 电子排布如下图所示。

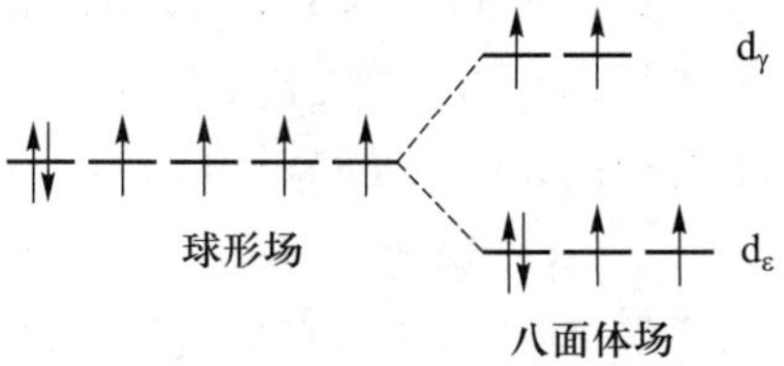

$$\begin{aligned}CFSE &= 0 - (-0.4\Delta \times 4 + 0.6\Delta \times 2) = 0.4\Delta \\ &= 0.4 \times 10400\ cm^{-1} = 4160\ cm^{-1}\end{aligned}$$

$[Co(NH_3)_6]^{3+}$的 d 电子排布如下图所示。

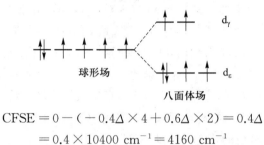

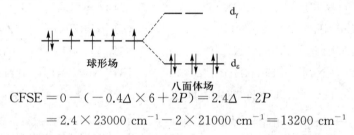

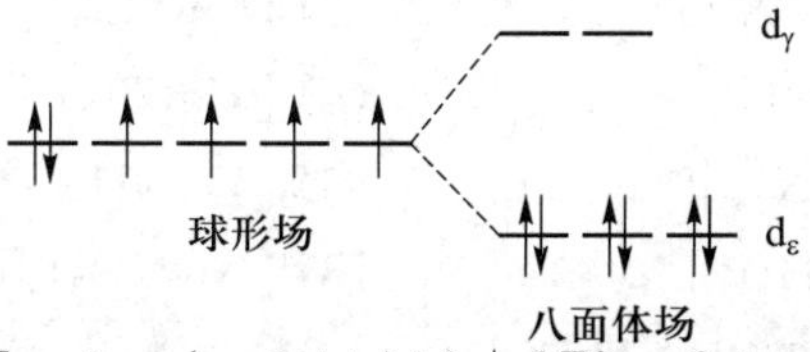

$$\begin{aligned}CFSE &= 0 - (-0.4\Delta \times 6 + 2P) = 2.4\Delta - 2P \\ &= 2.4 \times 23000\ cm^{-1} - 2 \times 21000\ cm^{-1} = 13200\ cm^{-1}\end{aligned}$$

例 11.7　简要回答下列问题。

（1）试解释为什么在$[Co(NCS)(NH_3)_5]^{2+}$中 NCS^- 用 N 原子配位，而在$[Co(CN)_5(SCN)]^{3-}$中 SCN^- 用 S 原子配位。

（2）为什么$[NiCl_2(PPh_3)_2]$为顺磁性的（$\mu = 2.96\mu_B$），而$[PdCl_2(PPh_3)_2]$为逆磁性的（$\mu = 0\mu_B$）？

（3）$[Cr(en)_3](SCN)_3$ 受热生成反式$[Cr(en)_2(SCN)_2]SCN$，而$[Cr(en)_3]Cl_3$ 受热生成顺式$[Cr(en)_2Cl_2]Cl$。试说明原因。

（4）指出$[Co(NO_2)(NH_3)_5]Cl_2$ 和$[Co(ONO)(NH_3)_5]Cl_2$ 中哪个是黄色的、哪个是红色的，并说明原因。

解：（1）NCS^- 作为配体，若用 N 原子配位时为硬碱，若用 S 原子配位时为软碱。Co^{3+} 属于硬酸，更易与硬碱结合。在$[Co(NCS)(NH_3)_5]^{2+}$中，5 个 NH_3 用 N 原子配位，所以 NCS^- 也用 N 原子配位，按硬酸-硬碱结合。

CN^- 作为强配体，电负性小的 C 原子给电子能力强于 N 原子给电子能力，5 个给电子能力强的 CN^- 配位使 Co^{3+} 正电性明显降低而成为软酸，所以在$[Co(CN)_5(SCN)]^{3-}$中 SCN^- 用给电子能力强的 S 原子配位，按软酸-软碱结合。

（2）PPh_3 作为配体，既有 P 原子孤电子对向中心原子的配位形成 σ 配键，又有 P 原子的空 d 轨道接受中心原子的 d 电子形成 π 配键，即 PPh_3 与中心原子形成较强的键。

Ni 为第四周期元素，Ni^{2+} 半径较小、变形性小，Ni^{2+} 与配体 PPh_3 之间的附加极化作用不大。

所以，对 Ni^{2+} 而言，PPh_3 不是强配体，不能使 Ni^{2+} 的 d^8 组态电子发生重排，有 2 个单电子，故 $NiCl_2(PPh_3)_2$ 为顺磁性的。

Pd 为第五周期元素，Pd^{2+} 半径较大、变形性较大，Pd^{2+} 与配体 PPh_3 之间的附加极化作用较大。所以，对 Pd^{2+} 而言，PPh_3 是强配体，使 Pd^{2+} 的 d^8 组态电子发生重排，没有单电子，故 $PdCl_2(PPh_3)_2$ 为逆磁性的。

(3) $[Cr(en)_3](SCN)_3$ 和 $[Cr(en)_3]Cl_3$ 受热均失去 1 个乙二胺，分别生成 $[Cr(en)_2(SCN)_2]SCN$ 和 $[Cr(en)_2Cl_2]Cl$。由于 3 原子配体 SCN^- 体积较大，处于顺式位置时斥力大，不稳定，故顺式配位单元中的 en 重排，生成稳定的反式 $[Cr(en)_2(SCN)_2]SCN$。单原子配体 Cl^- 体积较小，生成 $[Cr(en)_2Cl_2]Cl$ 过程中 en 不需要重排，故 $[Cr(en)_2Cl_2]Cl$ 为顺式结构。

(4) $[Co(NO_2)(NH_3)_5]Cl_2$ 为黄色的，$[Co(ONO)(NH_3)_5]Cl_2$ 为红色的。

NO_2^- 配位能力强于 ONO^-，$Co—NO_2^-$ 键比 $Co—ONO^-$ 键略强，$[Co(NO_2)(NH_3)_5]Cl_2$ 吸收可见光的波长比 $[Co(ONO)(NH_3)_5]Cl_2$ 的短，其互补色的波长恰好相反。即 $[Co(NO_2)(NH_3)_5]Cl_2$ 显示较长波长可见光的颜色，而 $[Co(ONO)(NH_3)_5]Cl_2$ 显示较短波长可见光的颜色，所以 $[Co(NO_2)(NH_3)_5]Cl_2$ 为黄色的，$[Co(ONO)(NH_3)_5]Cl_2$ 为红色的。

例 11.8 比较下列各对配位单元的相对稳定性，并说明原因。

(1) $[Fe(SCN)_4]^-$，$[Co(SCN)_4]^{2-}$；
(2) $[Cu(NH_3)_4]^{2+}$，$[Cu(NH_3)_4]^+$；
(3) $[Cu(NH_3)_4]^{2+}$，$[Zn(NH_3)_4]^{2+}$；
(4) $[Hg(CN)_4]^{2-}$，$[Zn(CN)_4]^{2-}$；
(5) $[Zn(CN)_4]^{2-}$，$[Ni(CN)_4]^{2-}$；
(6) $[Pt(NH_3)_4]^{2+}$，$[Cu(NH_3)_4]^{2+}$；
(7) $[Cu(CN)_2]^-$，$[Cu(NH_3)_2]^+$；
(8) $[Ni(NH_3)_6]^{2+}$，$[Ni(en)_3]^{2+}$；
(9) $[Cu(en)_2]^{2+}$，$[Cu(H_2NCH_2CH_2COO)_2]$；
(10) $[Ag(CN)_2]^-$，$[Ag(S_2O_3)_2]^{3-}$。

解：(1) 稳定性 $[Fe(SCN)_4]^- > [Co(SCN)_4]^{2-}$。$Fe^{3+}$ 的正电荷数比 Co^{2+} 的高，Fe^{3+} 与阴离子配体 SCN^- 间静电引力大，形成的配位单元更稳定。

(2) 稳定性 $[Cu(NH_3)_4]^{2+} > [Cu(NH_3)_4]^+$。$Cu^{2+}$ 的正电荷数比 Cu^+ 的高，正电荷数高的中心与配体的静电引力大，形成的配位单元更稳定。

(3) 稳定性 $[Cu(NH_3)_4]^{2+} > [Zn(NH_3)_4]^{2+}$。$[Cu(NH_3)_4]^{2+}$ 为正方形结构，晶体场稳定化能大；$[Zn(NH_3)_4]^{2+}$ 为四面体结构，晶体场稳定化能小。

(4) 稳定性 $[Hg(CN)_4]^{2-} > [Zn(CN)_4]^{2-}$。$CN^-$ 为软碱，与半径大的软酸 Hg^{2+} 形成的配位单元稳定性高。

(5) 稳定性 $[Zn(CN)_4]^{2-} < [Ni(CN)_4]^{2-}$。$Ni^{2+}$ 的原子轨道为 dsp^2 杂化轨道，$[Ni(CN)_4]^{2-}$ 为正方形结构，晶体场稳定化能大；Zn^{2+} 的原子轨道为 sp^3 杂化轨道，$[Zn(CN)_4]^{2-}$ 为四面体结构，晶体场稳定化能小。

(6) 稳定性 $[Pt(NH_3)_4]^{2+} > [Cu(NH_3)_4]^{2+}$。Pt 为高周期元素，d 轨道较为扩展，与配体的轨道重叠多，配位键强，故配位单元稳定性高。

(7) 稳定性 $[Cu(CN)_2]^- > [Cu(NH_3)_2]^+$。对于 Cu^+，CN^- 为强配体而 NH_3 为弱配体；同时 Cu^+ 与 CN^- 间有 σ 配键和反馈 π 配键，而 Cu^+ 与 NH_3 间只有 σ 配键。

(8) 稳定性 $[Ni(NH_3)_6]^{2+} < [Ni(en)_3]^{2+}$。两个配位单元的中心相同，$Ni^{2+}$ 与 en 生成螯合物，而与 NH_3 只能生成简单配位化合物，螯合物更稳定。

(9) 稳定性$[Cu(en)_2]^{2+}>[Cu(H_2NCH_2CH_2COO)_2]$。乙二胺 en 以 2 个氮原子配位，$H_2NCH_2CH_2COO^-$以 1 个氮原子和 1 个氧原子配位，氮原子的配位能力比氧原子的配位能力强。

(10) 稳定性$[Ag(CN)_2]^->[Ag(S_2O_3)_2]^{3-}$。半径大的阴离子 $S_2O_3^{2-}$ 与中心的静电引力小、成键弱。特别是 CN^-与过渡金属离子还能够形成反馈 π 配键。所以，总的结果是 Ag^+与 CN^-间的键更强。

例 11.9　一原电池构成如下：

电极 A：铜片插入 2.0 mol·dm^{-3} $CuSO_4$ 溶液和 10 mol·dm^{-3}氨水的等体积混合溶液；

电极 B：铜片插入 1.0 mol·dm^{-3} $CuSO_4$ 溶液。

测得该电池的电动势 $E=0.39$ V，试求$[Cu(NH_3)_4]^{2+}$的稳定常数。

解： 电极 B 是标准 Cu^{2+}/Cu 电极：

$$E=E^{\ominus}(Cu^{2+}/Cu)$$

电极 A 的电极反应为

$$[Cu(NH_3)_4]^{2+}+2e^- = Cu+4NH_3$$

可以将其 E 值看成 Cu^{2+}/Cu 电极的非标准电极电势，则

$$E(Cu^{2+}/Cu)=E^{\ominus}(Cu^{2+}/Cu)+\frac{0.059\ \text{V}}{2}\lg[Cu^{2+}]$$

电极 A 的混合溶液中，Cu^{2+}与 NH_3 反应前 $c(Cu^{2+})=1.0$ mol·dm^{-3}，$c(NH_3)=5.0$ mol·dm^{-3}。

由于$[Cu(NH_3)_4]^{2+}$的 $K^{\ominus}_{稳}$较大且 NH_3 过量，Cu^{2+}与 NH_3 充分反应后几乎全部转化为$[Cu(NH_3)_4]^{2+}$，同时消耗掉 $c(NH_3)=4.0$ mol·dm^{-3}，所以反应后溶液中

$$c([Cu(NH_3)_4]^{2+})=c(NH_3)=1.0\ \text{mol·dm}^{-3}$$

由

$$K^{\ominus}_{稳}=\frac{c([Cu(NH_3)_4]^{2+})}{c(Cu^{2+})[c(NH_3)]^4}=\frac{1}{c(Cu^{2+})}$$

得

$$c(Cu^{2+})=\frac{1}{K^{\ominus}_{稳}}$$

所以

$$E(Cu^{2+}/Cu)=E^{\ominus}(Cu^{2+}/Cu)+\frac{0.059\ \text{V}}{2}\lg c(Cu^{2+})$$

$$=E^{\ominus}(Cu^{2+}/Cu)+\frac{0.059\ \text{V}}{2}\lg\frac{1}{K^{\ominus}_{稳}}$$

电池的电动势

$$E_{池}=E_+-E_-=E_B-E_A$$

$$=E^{\ominus}(Cu^{2+}/Cu)-\left[E^{\ominus}(Cu^{2+}/Cu)+\frac{0.059\ \text{V}}{2}\lg\frac{1}{K^{\ominus}_{稳}}\right]$$

依题意

$$E_{池}=0.39\ \text{V}$$

即

$$0.34\ \text{V}-\left(0.34\ \text{V}+\frac{0.059\ \text{V}}{2}\lg\frac{1}{K^{\ominus}_{稳}}\right)=0.39\ \text{V}$$

解得

$$K^{\ominus}_{稳}=1.6\times10^{13}$$

例 11.10 某不活泼金属 M 在氯气中燃烧的产物溶于盐酸得黄色溶液，蒸发结晶后得到黄色晶体 Z，晶体 Z 中 M 的质量分数为 0.4783。取 0.100 mol 晶体 Z 溶于水后投入铜片，反应完全后称得固体质量增加了 10.17 g。试通过计算给出 Z 的化学式，并画出其核心部分的立体结构。

解： 设 Z 的化学式为 MCl_n，金属的相对原子质量为 M_r。

铜片溶解反应为
$$M^{n+}+\frac{n}{2}Cu = M+\frac{n}{2}Cu^{2+}$$

得关系式
$$0.100\times\left(M_r-63.55\times\frac{n}{2}\right)=10.17$$

解得
$$M_r=31.775n+101.7$$

若

$n=1$　$M_r=133.5$　M 为 Cs（非惰性金属，不符合题意）

$n=2$　$M_r=165.3$　M 为 Ho（非惰性金属，不符合题意）

$n=3$　$M_r=197.0$　M 为 Au（惰性金属，符合题意）

$n=4$　$M_r=228.8$　没有合适的金属，不符合题意

若 Z 为 $AuCl_3$，Au 在晶体 $AuCl_3$ 中的质量分数为
$$\frac{197.0}{197.0+3\times35.45}=0.6494$$

该数值大于晶体中 M 的质量分数 0.4783，说明 $AuCl_3$ 有结晶水。

设 $AuCl_3$ 有 m 个结晶水，则有
$$\frac{197.0}{197.0+4\times35.45+18m}=0.4783$$

解得 $m=6$，故 Z 的化学式为 $AuCl_3\cdot6H_2O$。

晶体 Z 也可能为配位酸 $H[AuCl_4]$，Au 在晶体 $H[AuCl_4]$ 中的质量分数为
$$\frac{197.0}{197.0+4\times35.45+1}=0.5798$$

该数值也大于晶体中 M 的质量分数 0.4783，说明 $H[AuCl_4]$ 有结晶水。

设 $H[AuCl_4]$ 有 l 个结晶水，则有
$$\frac{197.0}{197.0+4\times35.45+1+18l}=0.4783$$

解得 $l=4$，故 Z 的化学式为 $H[AuCl_4]\cdot4H_2O$

组成为 $AuCl_3\cdot6H_2O$ 的化合物尚未见报道。

所以 Z 的化学式最可能为 $H[AuCl_4]\cdot4H_2O$。$H[AuCl_4]\cdot4H_2O$ 的核心部分即配位单元 $[AuCl_4]^-$，为平面四边形结构，如下图所示。

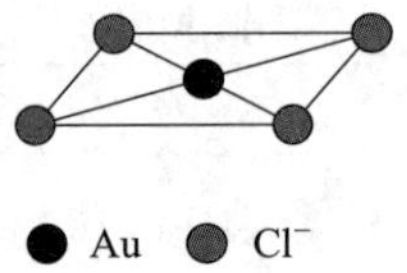

第二部分　习题

一、选择题

11.1　Co(Ⅲ)的八面体配合物 $CoCl_m \cdot nNH_3$，若 1mol 该配合物与足量的 $AgNO_3$ 作用生成 1 mol AgCl 沉淀，则 m 和 n 的值分别为

(A) $m=1, n=5$；　(B) $m=3, n=4$；

(C) $m=5, n=1$；　(D) $m=4, n=5$。

11.2　已知$[Ni(en)_3]^{2+}$的 $K^{\ominus}_{稳}=2.14\times10^{18}$，将 2.00 $mol\cdot dm^{-3}$ en 溶液与 0.200 $mol\cdot dm^{-3}$ $NiSO_4$ 溶液等体积混合，则平衡时 $c(Ni^{2+})$ 为

(A) 1.36×10^{-18} $mol\cdot dm^{-3}$；　(B) 2.91×10^{-18} $mol\cdot dm^{-3}$；

(C) 1.36×10^{-19} $mol\cdot dm^{-3}$；　(D) 4.36×10^{-20} $mol\cdot dm^{-3}$。

11.3　已知原电池(－)Pt | Hg | $[HgBr_4]^{2-}$(aq) ‖ Fe^{3+}(aq)，Fe^{2+}(aq) | Pt(＋)的 $E^{\ominus}=0.561$ V，$E^{\ominus}(Hg^{2+}/Hg)=0.857$ V，$E^{\ominus}(Fe^{3+}/Fe^{2+})=0.771$ V，则 $K^{\ominus}_{稳}([HgBr_4]^{2-})$为

(A) 8.52×10^{10}；　(B) 1.16×10^{18}；

(C) 6.84×10^{28}；　(D) 8.56×10^{21}。

11.4　下列配位化合物按稳定性由高到低的顺序排列，正确的是

(A) $[HgI_4]^{2-} > [HgCl_4]^{2-} > [Hg(CN)_4]^{2-}$；

(B) $[Co(NH_3)_6]^{3+} > [Co(SCN)_4]^{2-} > [Co(CN)_6]^{3-}$；

(C) $[Ni(en)_3]^{2+} > [Ni(NH_3)_6]^{2+} > [Ni(H_2O)_6]^{2+}$；

(D) $[Fe(SCN)_6]^{3-} > [Fe(CN)_6]^{3-} > [Fe(CN)_6]^{4-}$。

11.5　下列配离子中，具有逆磁性的是

(A) $[Mn(CN)_6]^{4-}$；　(B) $[Cu(CN)_4]^{2-}$；

(C) $[Co(CN)_6]^{3-}$；　(D) $[Fe(CN)_6]^{3-}$。

11.6　下列配离子中，分裂能最大的是

(A) $[Ni(CN)_4]^{2-}$；　(B) $[Cu(NH_3)_4]^{2+}$；

(C) $[Cu(CN)_4]^{3-}$；　(D) $[Zn(CN)_4]^{2-}$。

11.7　下列配位化合物中，除存在几何异构体外，还存在旋光异构体的是

(A) $[Pt(NH_3)_2Cl_2]$；　(B) $[Co(NH_3)_4Cl_2]Cl$；

(C) $[Co(en)_2Cl_2]Cl$；　(D) $[Pt(NH_3)ClBrPy]$。

11.8　在八面体配位化合物中，可能发生畸变的电子结构为

(A) $(t_{2g})^5(eg)^2$；　(B) $(t_{2g})^4(e_g)^2$；

(C) $(t_{2g})^6(e_g)^3$；　(D) $(t_{2g})^4(e_g)^0$。

11.9　下列配位化合物中，不具有平面四边形结构的是

(A) $[Ni(CO)_4]$；　(B) $[Cu(NH_3)_4]^{2+}$；

(C) $[AuCl_4]^-$；　(D) $[PtCl_4]^{2-}$。

11.10　下列配位化合物中，不存在几何异构体的是

(A) $[CrCl_2(en)_2]Cl$；　(B) $[Pt(en)Cl_4]$；

(C) $[Cr(NH_3)_4(H_2O)_2]SO_4$；　　(D) $[Ni(CO)_2(CN)_2]$。

11.11 根据18电子规则，下列配位化合物中应以双聚体形式存在的是

(A) $Mn(CO)_4NO$；　　(B) $Fe(CO)_5$；

(C) $Cr(CO)_6$；　　(D) $Co(CO)_4$。

11.12 下列离子中，具有最大晶体场稳定化能的是

(A) $[Fe(H_2O)_6]^{2+}$；　　(B) $[Ni(H_2O)_6]^{2+}$；

(C) $[Co(H_2O)_6]^{2+}$；　　(D) $[Mn(H_2O)_6]^{2+}$。

11.13 下列化合物中，肯定为无色的是

(A) ScF_3；　　(B) $TiCl_3$；　　(C) MnF_3；　　(D) CrF_3。

11.14 某金属离子生成的两种配位化合物的磁矩分别为 $\mu=4.90\ \mu_B$ 和 $\mu=0$，则该金属可能是

(A) Cr^{3+}；　　(B) Mn^{2+}；　　(C) Mn^{3+}；　　(D) Fe^{2+}。

11.15 已知$[PdCl_2(OH)_2]^{2-}$具有两种不同的结构，成键电子所占据的杂化轨道是

(A) sp^3；　　(B) d^2sp^3；　　(C) dsp^2；　　(D) d^2sp^3。

二、填空题

11.16 命名下列配位化合物。

(1) $K_3[Co(NO_2)_6]$____________________；

(2) $[Pt(NH_3)_2(OH)_2Cl_2]$____________________；

(3) $[Cr(H_2O)_5Cl]Cl_2\cdot H_2O$____________________；

(4) $[Ni(en)_3]Cl_2$____________________；

(5) $[Cu(NH_3)_4][PtCl_4]$____________________；

(6) $K_3[Fe(C_2O_4)_3]\cdot 3H_2O$____________________；

(7) $K_2[Cu(C_2O_4)_2]$____________________；

(8) $[Pt(py)_4][PtCl_4]$____________________；

(9) $[(CO)_3Co—(CO)_2—Co(CO)_3]$____________________。

11.17 根据下列配位化合物的名称写出其化学式。

(1) 五氰·羰合铁(Ⅱ)配离子____________________；

(2) 二氯·二羟·二氨合铂(Ⅳ)____________________；

(3) 四硫氰根·二氨合铬(Ⅲ)酸铵____________________；

(4) 二水合一溴化二溴·四水合铬(Ⅲ)____________________；

(5) 六氰合钴(Ⅲ)酸六氨合铬(Ⅲ)____________________。

11.18 配位化合物 $K_3[Fe(CN)_5(CO)]$中配离子的电荷数为__________，配离子的空间构型为__________，配位原子为__________，中心离子的配位数为__________。d电子在 t_{2g} 和 e_g 轨道上的排布方式为__________，配离子中心的杂化轨道类型为__________，该配位化合物属__________磁性物质。

11.19 第一过渡系列金属的 M^{2+} 的最外层电子数为16，该金属为__________，M^{2+} 与 Cl^-，CN^- 分别形成$[MCl_4]^{2-}$和$[M(CN)_4]^{2-}$配离子，在这两个配离子中 M^{2+} 的杂化轨道类型为__________和__________；配离子的空间构型分别是__________和__________；两个配离子的磁矩分别为__________和__________。

11.20 指出下列配离子中心的未成对电子数：

(1) $[CoCl_4]^{2-}$________个；(2) $[MnF_6]^{4-}$________个；

(3) $[Fe(H_2O)_6]^{2+}$________个；(4) $[Ni(H_2O)_6]^{2+}$________个；

(5) $[Mn(CN)_6]^{4-}$________个；(6) $[Zn(CN)_4]^{2-}$________个。

11.21 比较下列各对配离子分裂能的相对大小(用＞或＜表示)，并给出简要解释：

$[Co(NH_3)_6]^{2+}$________$[Co(NH_3)_6]^{3+}$，理由是________________________；

$[Ni(CN)_4]^{2-}$________$[Zn(CN)_4]^{2-}$，理由是________________________；

$[Co(NH_3)_6]^{3+}$________$[Co(CN)_6]^{3-}$，理由是________________________；

$[PdCl_4]^{2-}$________$[PtCl_4]^{2-}$，理由是________________________。

11.22 按 EAN 规则(18 电子规则)，化合物 $Mo(CO)_x(C_6H_6)$，$HCo(CO)_y$，$Mn_2(CO)_z$ 分子式中的 x，y，z 值分别为__________，__________和__________。

11.23 已知$[Co(NH_3)_6]^{3+}$的磁矩 $\mu=0$，$[Co(NH_3)_6]^{2+}$的磁矩 $\mu=3.88\ \mu_B$，请指出：

(1) $[Co(NH_3)_6]^{2+}$中心的未成对电子数为________个；

(2) 按照价键理论，两个配离子中心的杂化轨道类型分别为__________和__________；形成的配位化合物分别属于________型和________型；

(3) 按照晶体场理论，两种配离子中心的 d 电子排布式分别为________和________；其 CFSE(用 Dq 和 P 表示)分别为________和________；

(4) 分裂能(Δ)较大的配离子是________________。

11.24 下列各对配离子稳定性的对比关系是(用＞或＜表示)：

(1) $[Cu(NH_3)_4]^{2+}$____$[Cu(en)_2]^{2+}$；(2) $[Ag(S_2O_3)_2]^{3-}$____$[Ag(NH_3)_2]^{+}$；

(3) $[Co(NH_3)_6]^{3+}$____$[Co(NH_3)_6]^{2+}$；(4) $[FeF_6]^{3-}$____$[Fe(CN)_6]^{3-}$。

三、简答题和计算题

11.25 指出下列配位化合物的空间构型，并画出可能存在的几何异构体。

(1) $[Pt(NH_3)_2(NO_2)Cl]$；(2) $[Pt(Py)(NH_3)ClBr]$；

(3) $[Pt(NH_3)_2(OH)_2Cl_2]$；(4) $NH_4[Co(NH_3)_2(NO_2)_4]$；

(5) $[Co(NH_3)_3(OH)_3]$；(6) $[Cr(SCN)_2(en)_2]SCN$；

(7) $[Co(en)_3]Cl_3$；(8) $[Co(NH_3)(en)Cl_3]$。

11.26 设计方案由 Pt 制备反式$[Pt(NH_3)_2Cl_2]$，并用化学反应方程式表示。

11.27 下列配位化合物中，哪些属于内轨型？哪些属于外轨型？

(1) $[Cr(H_2O)_6]Cl_3$；(2) $K_3[Cr(CN)_6]$；

(3) $K_2[PtCl_4]$；(4) $K_2[Ni(CN)_4]$；

(5) $K_4[Mn(CN)_6]$；(6) $K_3[Fe(C_2O_4)_3]$；

(7) $[Fe(CO)_5]$；(8) $K_3[Fe(CN)_6]$。

11.28 计算下列配离子的磁矩和晶体场稳定化能。

(1) $[CoF_6]^{3-}$；(2) $[Fe(H_2O)_6]^{2+}$；

(3) $[Co(en)_3]^{2+}$；(4) $[Fe(SCN)_6]^{3-}$；

(5) $[Ni(CO)_4]$；(6) $[Mn(CN)_6]^{4-}$。

11.29 有两种钴(Ⅲ)配位化合物组成均为 $Co(NH_3)_5Cl(SO_4)$，但分别只与 $AgNO_3$ 和 $BaCl_2$ 发

生沉淀反应。写出两种配位化合物的化学结构式，并指出它们属于哪一类异构。

11.30 研究发现棕色配位化合物$[Fe(NO)(H_2O)_5]SO_4$显顺磁性，并测得其磁矩为3.8 μ_B。

(1) 试给出中心d电子的排布方式及杂化轨道类型；

(2) $[Fe(NO)(H_2O)_5]SO_4$中N—O键的键长与自由NO分子中的键长相比，变长还是变短？试简述理由。

11.31 试解释原因：$[Fe(CN)_6]^{3-}$比$[Fe(CN)_6]^{4-}$稳定，但与邻二氮菲(phen)生成的配位化合物却是$[Fe(phen)_3]^{3+}$不如$[Fe(phen)_3]^{2+}$稳定。

11.32 二价铜的化合物中，$CuSO_4$呈白色，而$CuCl_2$呈暗棕色，$CuSO_4·5H_2O$呈蓝色。试解释原因。

11.33 向Hg^{2+}溶液中加入KI溶液时有红色HgI_2生成，继续加入过量的KI溶液时，HgI_2溶解得无色的$[HgI_4]^{2-}$。试说明HgI_2有颜色而$[HgI_4]^{2-}$无色的原因。

11.34 预测下列各对配位单元的相对稳定性，并简要说明原因。

(1) $[Co(NH_3)_6]^{3+}$与$[Co(NH_3)_6]^{2+}$；

(2) $[Zn(EDTA)]^{2-}$与$[Ca(EDTA)]^{2-}$；

(3) $[Cu(CN)_4]^{3-}$与$[Zn(CN)_4]^{2-}$；

(4) $[AlF_6]^{3-}$与$[AlCl_6]^{3-}$；

(5) $[Cu(NH_2CH_2COO)_2]$与$[Cu(NH_2CH_2CH_2NH_2)_2]^{2+}$。

11.35 下列配离子中，哪些构型会发生畸变？哪些不会发生畸变？

(1) $[Cr(H_2O)_6]^{3+}$； (2) $[Fe(CN)_6]^{3-}$；

(3) $[Cu(en)_3]^{2+}$； (4) $[Mn(H_2O)]_6]^{2+}$；

(5) $[Co(CN)_6]^{4-}$； (6) $[Cr(H_2O)_6]^{2+}$。

11.36 解释下列过渡金属离子与弱配体形成的八面体配位单元的稳定性顺序。

$$Mn^{2+} < Fe^{2+} < Co^{2+} < Ni^{2+} < Cu^{2+} > Zn^{2+}$$

11.37 将0.50 dm^3 0.20 $mol·dm^{-3}$ $AgNO_3$溶液和0.50 dm^3 6.0 $mol·dm^{-3}$ NH_3溶液混合后，加入1.19 g KBr固体，通过计算说明是否有沉淀生成。已知$[Ag(NH_3)_2]^+$的$K^\ominus_{稳}=1.1\times10^7$，AgBr的$K^\ominus_{sp}=5.4\times10^{-13}$。

11.38 已知

$$Fe^{3+}+e^- \longrightarrow Fe^{2+} \qquad E^\ominus=0.771\ V$$

$$[Fe(CN)_6]^{3-}+e^- \longrightarrow [Fe(CN)_6]^{4-} \qquad E^\ominus=0.358\ V$$

$$Fe^{3+}+6CN^- \rightleftharpoons [Fe(CN)_6]^{3-} \qquad K^\ominus_{稳}=1.00\times10^{42}$$

求反应$Fe^{2+}+6CN^- \rightleftharpoons [Fe(CN)_6]^{4-}$的$K^\ominus_{稳}$。

11.39 已知向0.010 $mol·dm^{-3}$ $ZnCl_2$溶液通入H_2S气体至饱和，当溶液的pH＝1.0时刚开始有ZnS沉淀产生。若在此浓度$ZnCl_2$溶液中加入1.0 $mol·dm^{-3}$ KCN后通入H_2S气体至饱和，求在多大pH时会有ZnS沉淀产生？已知$K^\ominus_{稳}([Zn(CN)_4]^{2-})=5.0\times10^{16}$。

11.40 已知$E^\ominus(Au^+/Au)=1.69$ V，$K^\ominus_{稳}([Au(CN)_2]^-)=2\times10^{38}$，试求$E^\ominus([Au(CN)_2]^-/Au)$。

11.41 已知$E^\ominus(Fe^{3+}/Fe^{2+})=0.771$ V，$E^\ominus(Sn^{4+}/Sn^{2+})=0.15$ V，$K^\ominus_{稳}([FeF_6]^{3-})=1.1\times10^{12}$。通过计算说明下列氧化还原反应能否发生，若能发生写出其化学反应方程式。设有关物

质的浓度均为1.0 $mol\cdot dm^{-3}$。

(1) 向 $FeCl_3$ 溶液中加入 NaF，然后再加 $SnCl_2$。

(2) 向 $[Fe(SCN)_5]^{2-}$ 溶液中加入 $SnCl_2$。已知 $K^{\ominus}_{稳}([Fe(SCN)_5]^{2-})=2.5\times10^6$。

(3) 向 $[Fe(SCN)_5]^{2-}$ 溶液中加入 KI。已知 $E^{\ominus}(I_2/I^-)=0.54$ V。

11.42 求在体积为 1.5 dm^3 的 1.0 $mol\cdot dm^{-3}$ $Na_2S_2O_3$ 溶液中能溶解多少克 AgBr？已知 $M_r(AgBr)=188$，$K^{\ominus}_{稳}([Ag(S_2O_3)_2]^{3-})=2.8\times10^{13}$，$K^{\ominus}_{sp}(AgBr)=5.4\times10^{-13}$。

11.43 为什么在水溶液中，Co^{3+}能氧化水，$[Co(NH_3)_6]^{3+}$却不能氧化水？已知$K^{\ominus}_{稳}([Co(NH_3)_6]^{3+})=1.58\times10^{35}$，$K^{\ominus}_{稳}([Co(NH_3)_6]^{2+})=1.38\times10^5$，$K^{\ominus}_b(NH_3)=1.8\times10^{-5}$，$E^{\ominus}(Co^{3+}/Co^{2+})=1.92$ V，$E^{\ominus}(O_2/OH^-)=0.401$ V，$E^{\ominus}(O_2/H_2O)=1.229$ V。

11.44 将铜电极浸在含有 1.00 $mol\cdot dm^{-3}$ 氨和 1.00 $mol\cdot dm^{-3}$ $[Cu(NH_3)_4]^{2+}$的溶液里，以标准锌电极为负极，测得电池的电动势为 0.71 V。计算$[Cu(NH_3)_4]^{2+}$的稳定常数。已知 $E^{\ominus}(Cu^{2+}/Cu)=0.34$ V，$E^{\ominus}(Zn^{2+}/Zn)=-0.76$ V。

11.45 六配位单核配位化合物$[MA_2(NO_2)_2]$的组成分析结果为M:21.68%，N:31.04%，C:17.74%；未知配体 A 中不含氧；已知在配位化合物中配体的氮氧键不等长。

(1) 通过计算推导出配位化合物的化学式，并给出其命名；

(2) 画出该配位化合物的结构及其几何异构体的结构。

11.46 向 $CoCl_2$ 和 NH_4Cl 的混合溶液中加入氨水和活性炭，加入适量 H_2O_2 溶液作氧化剂，充分反应后，加入少量浓盐酸析出橙黄色配位化合物晶体(A)。分析结果表明，(A)中只有一种配体。若反应体系中不加入活性炭，则会得到砖红色配位化合物晶体(B)。分析结果表明，(B)中配体氨的个数比(A)中的减少了六分之一，但二者外界完全等同。在一定温度下将晶体(B)加热，得到紫红色晶体(C)。向相同浓度、相同体积的(B)和(C)溶液中加入 $AgNO_3$ 溶液，生成的沉淀的质量比为 1.5∶1。写出(A)，(B)，(C)的结构简式，并简述推理过程。

第 12 章
碱金属和碱土金属

第一部分　例题

例 12.1　完成并配平下列化学反应方程式。

(1) $H_2 + Ca \xlongequal{\triangle}$

(2) $KO_2 + H_2O \xlongequal{}$

(3) $ZrO_2 + Ca \xlongequal{熔融}$

(4) $Fe_2O_3 + Na_2O_2 \xlongequal{熔融}$

(5) $BaO_2 + H_2SO_4 \xlongequal{}$

(6) $Li_2CO_3 \xlongequal{\triangle}$

(7) $Na_2O_2 + MnO_4^- + H^+ \xlongequal{}$

(8) $Na + Na_2O_2 \xlongequal{真空}$

解：(1) $H_2 + Ca \xlongequal{\triangle} CaH_2$

(2) $2KO_2 + 2H_2O \xlongequal{} H_2O_2 + O_2\uparrow + 2KOH$

(3) $ZrO_2 + 2Ca \xlongequal{熔融} Zr + 2CaO$

(4) $Fe_2O_3 + 3Na_2O_2 \xlongequal{熔融} 2Na_2FeO_4 + Na_2O$

(5) $BaO_2 + H_2SO_4 \xlongequal{} BaSO_4 + H_2O_2$

(6) $Li_2CO_3 \xlongequal{\triangle} Li_2O + CO_2\uparrow$

(7) $5Na_2O_2 + 2MnO_4^- + 16H^+ \xlongequal{} 5O_2\uparrow + 2Mn^{2+} + 10Na^+ + 8H_2O$

(8) $2Na + Na_2O_2 \xlongequal{真空} 2Na_2O$

例 12.2　用化学反应方程式表示下列制备过程。

(1) 以重晶石为原料制备 $BaCl_2$，$BaCO_3$，BaO；

(2) 以食盐为原料制备过氧化钠；

(3) 以食盐、氨水和二氧化碳为原料制备纯碱；

(4) 以 LiOH 和 KO_2 为原料分别制备 Li_2O_2 和 K_2O_2。

解：(1) 工业上用炭在高温下还原重晶石粉，将其转化为可溶性的 BaS，进一步可制备其他钡的化合物：

$$BaSO_4 + 4C \xlongequal{高温} BaS + 4CO\uparrow$$

$$BaS + 2HCl(aq) \xlongequal{} BaCl_2 + H_2S\uparrow$$

$$BaCl_2 + Na_2CO_3 \xlongequal{} BaCO_3\downarrow + 2NaCl$$

$$BaCO_3 \xlongequal{高温} BaO + CO_2\uparrow$$

(2) 以 $CaCl_2$ 为助熔剂，电解 NaCl 制备金属钠，进一步可制备 Na_2O_2：

$$2NaCl(l) \xlongequal{高温} 2Na(l) + Cl_2(g)$$

$$4Na + O_2 \xlongequal{180\sim200\ ℃} 2Na_2O$$

$$2Na_2O + O_2 \xlongequal{300\sim400\ ℃} 2Na_2O_2$$

(3) 向吸足氨气的饱和食盐水中通入二氧化碳，析出溶解度小的 $NaHCO_3$，加热分解 $NaHCO_3$ 得到 Na_2CO_3，这种方法称为氨碱法：

$$NH_3 + CO_2 + H_2O \xlongequal{} NH_4HCO_3$$

$$NH_4HCO_3 + NaCl \xlongequal{} NaHCO_3 + NH_4Cl$$

$$2NaHCO_3 \xlongequal{\triangle} Na_2CO_3 + CO_2\uparrow + H_2O$$

(4) 将 LiOH 溶于乙醇形成饱和溶液，使之与 H_2O_2 反应，可得到纯度很高的 Li_2O_2：

$$2LiOH + H_2O_2 \xlongequal{} Li_2O_2 + 2H_2O$$

在真空中长时间加热 KO_2 可以得到 K_2O_2：

$$2KO_2 \xlongequal{\triangle} K_2O_2 + O_2\uparrow$$

例 12.3 鉴别下列各组物质。

(1) $Be(OH)_2$，$Mg(OH)_2$； (2) Na_2CO_3，$NaHCO_3$，NaOH；

(3) $Ca(OH)_2$，CaO，$CaSO_4$； (4) $BeCO_3$，$MgCO_3$，$PbCO_3$。

解：(1) 用 NaOH 溶液处理，溶于过量 NaOH 溶液的是 $Be(OH)_2$，不溶于 NaOH 溶液的是 $Mg(OH)_2$。

$$Be(OH)_2 + 2NaOH \xlongequal{} Na_2[Be(OH)_4]$$

(2) 与盐酸作用放出 CO_2 气体的是 Na_2CO_3 或 $NaHCO_3$，没有气体生成的是 NaOH。

将少量 Na_2CO_3 和 $NaHCO_3$ 分别溶于水，用 pH 试纸检验。溶液的 pH>11 的是 Na_2CO_3，溶液的 pH<9 的是 $NaHCO_3$。

(3) 将三种物质分别溶于水，溶液显强碱性的是 $Ca(OH)_2$ 或 CaO，溶液显中性的是 $CaSO_4$。溶于水放出大量热的是 CaO。

(4) 用煤气灯加热，产物为黄色的是 $PbCO_3$，不变色的是 $MgCO_3$ 和 $BeCO_3$：

$$PbCO_3 \xlongequal{} PbO(黄色) + CO_2\uparrow$$

$$BeCO_3 \xlongequal{} BeO + CO_2\uparrow$$

$$MgCO_3 \xlongequal{} MgO + CO_2\uparrow$$

将加热分解后不变色的产品用 NaOH 溶液处理，溶于过量 NaOH 溶液的是 $BeCO_3$，不溶于 NaOH 溶液的是 $MgCO_3$：

$$BeO + 2NaOH + H_2O = Na_2[Be(OH)_4]$$

例 12.4 解释实验现象。

(1) 少量的金属钠溶解于液氨中形成蓝色溶液，放置一段时间后，蒸干此溶液得到少量白色固体；

(2) 向酸性 $KMnO_4$ 溶液中加入少量的过氧化钠，溶液的紫色褪去；

(3) 向酸化的亚硝酸钾溶液中滴加 $CoCl_2$ 溶液，有黄色的沉淀生成；

(4) 用煤气灯加热 $NaNO_3$ 固体时无红棕色气体生成，当 $NaNO_3$ 固体中混有 $MgSO_4$ 时则有红棕色的气体生成；

(5) 向 $MgCl_2$ 溶液中加入氨水，有白色的沉淀生成；再加入固体 NH_4Cl 后沉淀消失。

解：(1) 金属钠溶解在液氨中可得到蓝色具有还原性和强导电性的溶液：

$$Na + 2NH_3 = Na^+(NH_3) + e^-(NH_3)$$

放置后，金属钠的氨溶液释放出氨生成氨基钠，为白色固体：

$$2Na + 2NH_3 = 2NaNH_2 + H_2\uparrow$$

(2) Na_2O_2 具有还原性，可将 $KMnO_4$ 还原生成 Mn^{2+}：

$$5Na_2O_2 + 2MnO_4^- + 16H^+ = 5O_2\uparrow + 2Mn^{2+} + 10Na^+ + 8H_2O$$

(3) 在酸性体系下，亚硝酸可将 Co(Ⅱ)氧化为 Co(Ⅲ)并与 NO_2^- 形成配位化合物 $K_3[Co(NO_2)_6]$，该配位化合物是难溶的钾盐，为黄色沉淀：

$$Co^{2+} + 7NO_2^- + 3K^+ + 2H^+ = NO\uparrow + K_3[Co(NO_2)_6]\downarrow + H_2O$$

(4) $NaNO_3$ 固体在煤气灯上加热生成 $NaNO_2$ 和 O_2，而 $NaNO_2$ 进一步分解的速率很慢。$NaNO_3$ 与 $MgSO_4$ 混合物加热熔化后 Mg^{2+}与 NO_3^- 接触，Mg^{2+}的极化能力强，使 NO_3^- 分解，有 NO_2 和 O_2 生成：

$$2Mg(NO_3)_2 = 2MgO + 4NO_2\uparrow + O_2\uparrow$$

(5) $MgCl_2$ 溶液中加入氨水后，生成难溶的 $Mg(OH)_2$，为白色沉淀：

$$MgCl_2 + 2NH_3 + 2H_2O = Mg(OH)_2\downarrow + 2NH_4Cl$$

$Mg(OH)_2$ 可溶于弱酸性溶液，如 NH_4Cl 溶液：

$$Mg(OH)_2 + 2NH_4Cl = MgCl_2 + 2NH_3\cdot H_2O$$

例 12.5 简要解释下列各题。

(1) LiF 的溶解度比 AgF 的小，LiI 的溶解度却比 AgI 的大；

(2) 在水中的溶解度 $LiClO_4 > NaClO_4 > KClO_4$；

(3) $Be(OH)_2$ 为两性物质而 $Mg(OH)_2$ 却显碱性；

(4) $BeCl_2$ 为共价化合物而 $MgCl_2$，$CaCl_2$ 等为离子化合物；

(5) 钾、铷和铯的标准电极电势非常接近。

解：(1) LiF 和 AgF 都是离子化合物，但 Li^+的半径(60 pm)却比 Ag^+的半径(126 pm)小得多，因而 LiF 的晶格能比 AgF 大。所以，LiF 的溶解度比 AgF 小。

LiI 与 AgI 相比，因 Ag^+有较大的变形性，Ag^+与 I^-间的附加极化作用强，因而 AgI 分子的共价性比 LiI 强得多，使 AgI 的溶解度远比 LiI 小。

(2) 阳离子半径 $Li^+ < Na^+ < K^+$；而复杂阴离子 ClO_4^- 的半径较大。一般来说，阴、阳离子的半径若严重不匹配，则盐的稳定性较差，晶格能较小，盐的溶解度较大。因此，在水中的溶解度 $LiClO_4 > NaClO_4 > KClO_4$。

(3) 氢氧化物中 M—O—H 键在水中有两种解离方式：

$$M—O—H \longrightarrow MO^- + H^+ \quad 酸式解离$$

$$M—O—H \longrightarrow M^+ + OH^- \quad 碱式解离$$

采取哪种解离方式或以哪种解离方式为主，主要取决于金属阳离子的极化能力。

Mg^{2+}半径较大，极化能力较弱，Mg—O 键比 O—H 键更易断开，$Mg(OH)_2$ 主要是碱式解离，所以 $Mg(OH)_2$ 显碱性。而 Be^{2+}半径较小，极化能力较强，Be—O 键较强，使得 $Be(OH)_2$ 碱式解离与酸式解离相当，所以 $Be(OH)_2$ 为两性化合物。

(4) Be 的电负性较大(1.57)，Be^{2+}的半径较小(约 31 pm)使其极化能力很强，所以 $BeCl_2$ 中 Be—Cl 键以共价性为主，$BeCl_2$ 为共价化合物。而其他碱土金属的电负性较小，但离子半径却比 Be^{2+}的大得多(Mg^{2+}为 65 pm，Ca^{2+}为 95 pm)，$MgCl_2$ 和 $CaCl_2$ 中的键以离子性为主，所以为离子化合物。

(5) 有两个相反的因素影响标准电极电势的大小：一个因素是从钾到铯的电离能越来越小，这种趋势应该导致电极电势越来越小；另一个因素是从钾到铯的离子半径越来越大，导致其与水的结合能越来越小，相当于降低了金属离子的稳定性，这会导致标准电极电势越来越大。两个相反的变化趋势相互抵消，导致它们的标准电极电势非常接近。

例 12.6 碱金属中，$E^{\ominus}_{A}(Li^+/Li)$数值最小，能否说明碱金属中 Li 和 H_2O 反应最剧烈？为什么？

解： 在水溶液中金属单质进行反应时，影响活泼性的因素包括电离能、升华能、气态离子水合热等，其综合结果可由水合离子生成热来表示。由于 Li^+ 的半径特别小，其气态离子水合放热特别多，弥补了升华能、电离能的偏高尚有余，所以水合 Li^+ 的生成热比水合 Na^+ 的生成热还要低，与水合离子生成热正相关的标准电极电势也是锂的更低一些。但一个变化过程除考虑热力学因素外还要考虑动力学因素。由于锂的熔点较高(碱金属的熔点较低，除锂外都在 100 ℃以下)，与水反应所产生的热量不足以使锂熔化，而其他碱金属却可以熔化，致使固体锂与水的接触面积小，故反应速率比其他碱金属慢。此外，锂的反应产物 LiOH 溶解度较小，它覆盖在表面也会阻碍反应进行。

第二部分 习题

一、选择题

12.1 下列元素中，第一电离能最大的是

(A) Li； (B) Be； (C) Na； (D) Mg。

12.2 下列氮化物中，最稳定的是

(A) Li_3N； (B) Na_3N； (C) K_3N； (D) Ba_3N_2。

12.3 下列过氧化物中，最稳定的是

(A) Li_2O_2； (B) Na_2O_2； (C) K_2O_2； (D) Rb_2O_2。

12.4 下列碳酸盐中，热稳定性最差的是

(A) $BaCO_3$； (B) $CaCO_3$； (C) K_2CO_3； (D) Na_2CO_3。

12.5 下列化合物中，溶解度最小的是

(A) $NaHCO_3$； (B) Na_2CO_3； (C) $Ca(HCO_3)_2$； (D) $CaCl_2$。

12.6 下列化合物中，溶解度最大的是

(A) LiF； (B) $NaClO_4$； (C) $KClO_4$； (D) $K_2[PtCl_4]$。

12.7 下列离子水合时，放出热量最多的是

(A) Mg^{2+}； (B) Be^{2+}； (C) K^+； (D) Na^+。

12.8 下列化合物中，具有顺磁性的是

(A) Na_2O_2； (B) SrO； (C) KO_2； (D) BaO_2。

二、填空题

12.9 给出下列物质的化学式。

(1) 萤石________； (2) 岩盐________；

(3) 石膏________； (4) 泻盐________；

(5) 芒硝________； (6) 明矾________；

(7) 光卤石________； (8) 重晶石________；

(9) 天青石________； (10) 方解石________；

(11) 钠长石________； (12) 毒重石________。

12.10 金属锂应保存在________中，金属钠和钾应保存在________中。

12.11 在 s 区金属中，熔点最高的是________，熔点最低的是________；密度最小的是________；硬度最小的是________。

12.12 元素周期表中，处于斜线位置的 B 与 Si，________，________性质十分相似，人们习惯上把这种现象称为“斜线规则”或“对角线规则”。

12.13 $Be(OH)_2$ 与 $Mg(OH)_2$ 性质的最大差异是________。

12.14 熔盐电解法制得的金属钠中一般含有少量的________，其原因是________。

12.15 电解熔盐 NaCl 制备金属钠时加入 $CaCl_2$ 的作用是________；电解熔盐 $BeCl_2$ 制备金属铍时加入 NaCl 的作用是________。

12.16 盛 $Ba(OH)_2$ 的试剂瓶在空气中放置一段时间后，瓶内壁出现的一层白膜是________。

12.17 比较各对化合物溶解度的大小(用＞或＜表示)：

(1) LiF______AgF； (2) LiI______AgI； (3) Li_2CO_3______Na_2CO_3；

(4) $NaClO_4$______$KClO_4$ (5) BeF_2______MgF_2； (6) $CaCO_3$______$Ca(HCO_3)_2$。

12.18 碱土金属的氧化物，从上至下晶格能依次________，硬度依次________，熔点依次________。

三、完成并配平化学反应方程式

12.19 过氧化钠与冷水作用。

12.20 在熔融条件下三氧化二铬与过氧化钠反应。

12.21 二氧化碳与过氧化钠作用。

12.22 臭氧化钾溶于水。

12.23 金属锂在氧气中燃烧。

12.24 用镁还原四氯化钛。

12.25 超氧化钾与二氧化碳反应。

12.26 硝酸钠 800 ℃下受热分解。

12.27 碳酸镁受热分解。

12.28 六水合氯化镁受热分解。

12.29 臭氧与氢氧化钾固体作用。

四、分离、鉴别与制备

12.30 试说明如何配制不含或含有极少碳酸钠的氢氧化钠溶液。

12.31 如何制得 Na_2O 和 K_2O?

12.32 某白色粉末状固体，它可能是 Na_2CO_3，$NaNO_3$，Na_2SO_4，NaCl 或 NaBr 中的任一种，试设计方案加以鉴别。

12.33 拟除去 $BaCl_2$ 溶液中的少量 $FeCl_3$ 杂质，试分析加入 $Ba(OH)_2$ 和 $BaCO_3$ 哪种试剂更好?

12.34 粗盐提纯时，如何除去粗盐溶液中的 Mg^{2+}，Ca^{2+} 和 SO_4^{2-}？

五、简答题

12.35 $BeCl_2$ 的熔盐不导电，但熔入 NaCl，则混合熔盐变成为优良的电导体，结合化学反应方程式说明其原因。

12.36 钾要比钠活泼，但可以通过下述反应制备金属钾，请解释原因并分析由此制备金属钾是否可行。

$$Na + KCl \xlongequal{\text{高温熔融}} NaCl + K$$

12.37 Be^{2+} 的配位化合物比同属ⅡA族的其他离子的要稳定得多，试解释其原因。

12.38 举例说明锂与镁的相似性。

12.39 举例说明铍与铝的相似性。

12.40 为什么在配制黑火药时使用 KNO_3，而不用 $NaNO_3$？

12.41 试总结下列卤化物标准摩尔生成热数据的变化规律，解释其原因；并预测将 LiI 与 CsF 混合研磨后可能发生的反应。

卤化物	$\Delta_f H_m^{\ominus}/(kJ \cdot mol^{-1})$			
	MF	MCl	MBr	MI
LiX	−616.0	−408.6	−351.2	−270.4
RbX	−557.7	−435.4	−394.6	−333.8

12.42 为什么金属镁不溶于水但溶于氯化铵溶液?

12.43 在温度高于 1020 K 条件下，$BeCl_2$ 气体以单分子形态存在，其中 Be 为 sp 杂化；当 $BeCl_2$ 气体温度低于该温度时，以二聚体形式存在，其中 Be 为 sp^2 杂化；无水固态 $BeCl_2$ 具有链状结构，其中 Be 为 sp^3 杂化。试分析上述各种 $BeCl_2$ 的成键形式与空间构型。

12.44 在电炉法炼镁时，要用大量的冷氢气将炉口馏出的蒸气稀释、降温，以得到金属镁粉。请问能否用空气、氮气、二氧化碳代替氢气作冷却剂？为什么?

12.45 一固体混合物可能含有 $MgCO_3$，Na_2SO_4，$Ba(NO_3)_2$，$AgNO_3$ 和 $CuSO_4$。混合物投入水中得到无色溶液和白色沉淀；将溶液进行焰色试验，火焰呈黄色；沉淀可溶于稀盐酸并放出气体。试判断哪些物质肯定存在，哪些物质可能存在，哪些物质肯定不存在，并分析原因。

12.46 某碱土金属(A)在空气中燃烧时火焰呈橙红色，反应产物为(B)和(C)的固体混合物。该混合物与水反应生成(D)溶液，并放出气体(E)，(E)可使红色石蕊试纸变蓝。将 CO_2 气体通入(D)溶液中有白色沉淀(F)生成。试给出(A)、(B)、(C)、(D)、(E)和(F)所代表的物质的化学式。

第 13 章
硼族元素

第一部分 例题

例 13.1 完成并配平下列化学反应方程式。

(1) $B_2H_6(g) + Cl_2(g) =\!=\!=$

(2) $NaH + B(OCH_3)_3 \xrightarrow[\text{油液中}]{250\ ℃}$

(3) $B + H_2S \xrightarrow{\triangle}$

(4) $LiAlH_4 + BCl_3 \xrightarrow{\text{乙醚}}$

(5) $BF_3(g) + NH_3 =\!=\!=$

(6) $LiH + AlCl_3 \xrightarrow{\text{乙醚}}$

(7) $Tl_2(SO_4)_3 + FeSO_4(aq) =\!=\!=$

(8) $In + H_2SO_4$(稀) $=\!=\!=$

(9) $Tl + HNO_3$(浓) $=\!=\!=$

(10) $Tl(NO_3)_3 + SO_2 + H_2O =\!=\!=$

解：(1) $B_2H_6(g) + 6Cl_2(g) =\!=\!= 2BCl_3(l) + 6HCl(g)$

(2) $4NaH + B(OCH_3)_3 \xrightarrow[\text{油液中}]{250\ ℃} NaBH_4 + 3NaOCH_3$

(3) $2B + 3H_2S \xrightarrow{\triangle} B_2S_3 + 3H_2$

(4) $3LiAlH_4 + 4BCl_3 \xrightarrow{\text{乙醚}} 2B_2H_6 + 3LiCl + 3AlCl_3$

(5) $BF_3(g) + NH_3 =\!=\!= H_3N \rightarrow BF_3$

(6) $3nLiH + nAlCl_3 \xrightarrow{\text{乙醚}} (AlH_3)_n + 3nLiCl$

(7) $Tl_2(SO_4)_3 + 4FeSO_4(aq) =\!=\!= Tl_2SO_4 + 2Fe_2(SO_4)_3$

(8) $2In + 3H_2SO_4$(稀) $=\!=\!= In_2(SO_4)_3 + 3H_2\uparrow$

(9) $Tl + 2HNO_3$(浓) $=\!=\!= TlNO_3 + NO_2\uparrow + H_2O$

(10) $Tl(NO_3)_3 + SO_2 + 2H_2O =\!=\!= TlNO_3 + H_2SO_4 + 2HNO_3$

例 13.2 以单质硼为原料制备下列各化合物。

(1) $B(OH)_3$； (2) B_2O_3； (3) BF_3； (4) $NaBH_4$。

解：(1) 将单质硼溶于热的浓 HNO_3，经蒸发、浓缩、冷却得到硼酸：

$$B + 3HNO_3(浓) \xlongequal{\triangle} B(OH)_3 + 3NO_2\uparrow$$

(2) 加热由单质硼经(1)过程制备的硼酸，脱水得到 B_2O_3：

$$2B(OH)_3 \xlongequal{\triangle} B_2O_3 + 3H_2O$$

(3) 单质硼在常温下可与 F_2 直接化合，得到 BF_3：

$$2B + 3F_2 \xlongequal{} 2BF_3$$

或由单质硼经(1)(2)过程制备 B_2O_3，再由以下反应制备 BF_3：

$$B_2O_3 + 3CaF_2 + 3H_2SO_4 \xlongequal{} 2BF_3\uparrow + 3CaSO_4 + 3H_2O$$

(4) 由单质硼经(1)过程制备 $B(OH)_3$，再由以下反应制备 $NaBH_4$：

$$3CH_3OH + B(OH)_3 \xlongequal{浓硫酸} B(OCH_3)_3 + 3H_2O$$

$$B(OCH_3)_3 + 4NaH \xrightarrow[油液中]{250\ ℃} NaBH_4 + 3NaOCH_3$$

例 13.3 鉴别下列各组物质。

(1) $Al(OH)_3$和 $B(OH)_3$； (2) $\gamma-Al_2O_3$和 B_2O_3；

(3) $Al(OH)_3$ 和 $Ga(OH)_3$； (4) $Al(OH)_3$ 和 $In(OH)_3$。

解：(1) 取少量试样加水溶解，不溶于水的是 $Al(OH)_3$，溶于水的是 $B(OH)_3$。

(2) 方法一 不溶于水的是 $\gamma-Al_2O_3$，B_2O_3 易溶于水。

方法二 与金属氧化物熔融产生不同颜色的熔珠的是 B_2O_3，$\gamma-Al_2O_3$ 不具有这一性质。

(3) 不溶于氨水的是 $Al(OH)_3$，$Ga(OH)_3$ 溶于氨水：

$$Ga(OH)_3 + NH_3\cdot H_2O \xlongequal{} [Ga(OH)_4]^- + NH_4^+$$

(4) 能溶于过量的 NaOH 溶液的是 $Al(OH)_3$，$In(OH)_3$ 因显碱性而不溶于 NaOH 溶液：

$$NaOH + Al(OH)_3 \xlongequal{} NaAlO_2 + 2H_2O$$

例 13.4 解释实验现象。

(1) $AlCl_3$ 溶液和 Na_2S 溶液混合产生白色沉淀和有臭鸡蛋气味的气体；

(2) 测得硼砂溶液的 pH＝9.24，用水稀释硼砂溶液后溶液的 pH 变化不大；

(3) B 单质不与 500 ℃的熔融 NaOH 反应，但有 KNO_3 存在时却能和熔融的 NaOH 反应；

(4) 测得某硼酸溶液的 pH 为 5，加入些甘油后，测得溶液的 pH＝4。

解：(1) 溶液中的 Al^{3+}和 S^{2-} 发生双水解，Al^{3+}和水中的 OH^- 结合生成$Al(OH)_3$白色沉淀，S^{2-} 和水中的 H^+ 结合生成 H_2S，H_2S 的溶解度较小，可放出气体：

$$2Al^{3+} + 3S^{2-} + 6H_2O \xlongequal{} 2Al(OH)_3\downarrow + 3H_2S\uparrow$$

(2) 硼砂水解生成等物质的量的弱酸 $B(OH)_3$ 和它的盐$[B(OH)_4]^-$，形成了pH＝9.24 的缓冲体系。因此，硼砂溶液可做缓冲溶液，水的稀释使溶液的 pH 变化不大。硼砂水解的反应方程式如下：

$$[B_4O_5(OH)_4]^{2-} + 5H_2O \xlongequal{} 2B(OH)_3 + 2[B(OH)_4]^-$$

(3) B 单质仅在有氧化剂存在时可以与强碱共熔并发生反应：

$$2B + 3KNO_3 + 2NaOH \xlongequal{共熔} 2NaBO_2 + 3KNO_2 + H_2O$$

(4) 硼与氢的电负性基本相等,故而难以发生 O—H 键异裂。硼酸是典型的路易斯酸,其弱酸性来源于 $B(OH)_3$ 与水中路易斯碱 OH^- 形成加合物 $[B(OH)_4]^-$,水中的额外 H^+ 成为其酸性来源:

$$B(OH)_3 + H_2O \Longrightarrow [B(OH)_4]^- + H^+ \qquad K_a^{\ominus} = 5.81 \times 10^{-10}$$

在硼酸中加入多元醇(如甘油),可使硼酸的酸性增强。这主要是因为 $[B(OH)_4]^-$ 与甘油结合成很稳定的硼酸酯:

$$B(OH)_3 + 2C_3H_5(OH)_3 \Longrightarrow \left[HOCH \begin{matrix} CH_2-O \\ \\ CH_2-O \end{matrix} B \begin{matrix} O-CH_2 \\ \\ O-CH_2 \end{matrix} CHOH \right]^- + H^+ + 3H_2O$$

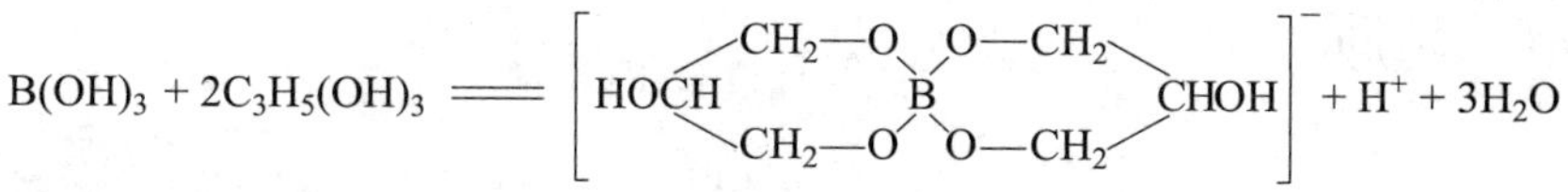

由于该反应具有更大的平衡常数,反应过程中有更多的 H^+ 生成,因而增加了硼酸的酸性。

例 13.5 简要回答下列各题。

(1) 为什么 BI_3 的稳定性是卤化硼中最差的?

(2) BF_3(熔点 $-126.8\ ℃$)与 BCl_3(熔点 $-107.3\ ℃$)的熔点都很低,且相差不大;但 AlF_3(熔点 $2250\ ℃$)和 $AlCl_3$(熔点 $192.6\ ℃$)的熔点较高,且相差很大。为什么?

(3) 为什么 $AlCl_3$ 易形成二聚体,而 BCl_3 却为单分子结构?

解: (1) BI_3 中 B 与 I 的外层原子轨道尺寸相差最大,轨道间重叠效率最低,故而 B 与 I 之间形成的 σ 键是最弱的。同时它们的 p 轨道间重叠形成的大 π 键的效率也是最低的。

(2) BF_3 与 BCl_3 都是非极性分子,它们的固态均属于分子晶体,由于分子间力较小,所以熔点都较低;又因分子间力大小主要与分子体积大小有关,它们的分子体积相差不大,所以熔点也相差不大。而 AlF_3 和 $AlCl_3$ 情况则不相同,AlF_3 的两元素间电负性相差大,其为离子晶体,故熔点很高;$AlCl_3$ 则是过渡型晶体,熔点低,它们之间熔点相差就很大。

(3) $AlCl_3$ 以 Cl 作为桥基形成铝的四面体结构,而 BCl_3 因为存在平面大 π 键及 B 体积比较小,无法形成稳定的 Cl 桥键。

例 13.6 给出各方框中字母所代表的物质,并写出有关化学反应方程式。

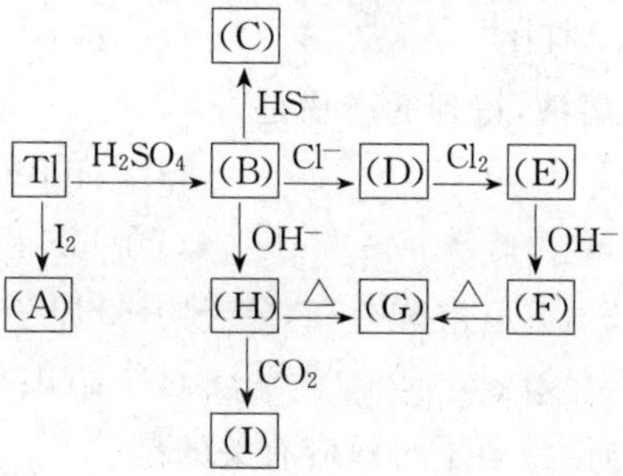

解: (A)—TlI;(B)—Tl_2SO_4;(C)—Tl_2S;(D)—$TlCl$;(E)—$TlCl_3$;(F)—Tl_2O_3;(G)—Tl_2O;(H)—$TlOH$;(I)—Tl_2CO_3。

Tl ⟶ (A)	$2Tl + I_2 = 2TlI$
Tl ⟶ (B)	$2Tl + H_2SO_4 = Tl_2SO_4 + H_2 \uparrow$
(B) ⟶ (C)	$Tl_2SO_4 + HS^- = Tl_2S \downarrow + HSO_4^-$
(B) ⟶ (D)	$Tl_2SO_4 + 2Cl^- = 2TlCl \downarrow + SO_4^{2-}$
(D) ⟶ (E)	$TlCl + Cl_2 = TlCl_3$
(E) ⟶ (F)	$2TlCl_3 + 6OH^- = Tl_2O_3 \downarrow + 6Cl^- + 3H_2O$

(B) ⟶ (H)　　$Tl_2SO_4 + 2OH^- \xlongequal{} 2TlOH + SO_4^{2-}$

(H) ⟶ (G)　　$2TlOH \xlongequal{\triangle} Tl_2O + H_2O$

(F) ⟶ (G)　　$Tl_2O_3 \xlongequal{\triangle} Tl_2O + O_2\uparrow$

(H) ⟶ (I)　　$2TlOH + CO_2 \xlongequal{} Tl_2CO_3\downarrow + H_2O$

第二部分　习题

一、选择题

13.1　下列关于 BF_3 的叙述中，正确的是

(A) BF_3 易形成二聚体；　(B) BF_3 为离子化合物；

(C) BF_3 为路易斯酸；　(D) BF_3 常温下为液体。

13.2　下列金属中，熔点与沸点相差最大的是

(A) Al；　(B) Li；　(C) In；　(D) Ga。

13.3　下列化合物中，熔点最低的是

(A) BCl_3；　(B) CCl_4；　(C) $SiCl_4$；　(D) $SnCl_4$。

13.4　下列物质中，水解并能放出 H_2 的是

(A) B_2H_6；　(B) N_2H_4；　(C) NH_3；　(D) PH_3。

13.5　下列含氧酸中，属于一元酸的是

(A) H_3AsO_3；　(B) H_3BO_3；　(C) H_3PO_3；　(D) H_2CO_3。

13.6　下列物质中，酸性最弱的是

(A) H_3PO_3；　(B) H_2S；　(C) H_3BO_3；　(D) H_5IO_6。

13.7　下列金属中，与硝酸反应得到产物的氧化数最低的是

(A) In；　(B) Tl；　(C) Fe；　(D) Bi。

13.8　BF_3 通入过量的 Na_2CO_3 溶液，得到的产物是

(A) HF 和 H_3BO_3；　(B) $H[BF_4]$和 H_3BO_3；

(C) $Na[BF_4]$和 $Na[B(OH)_4]$；　(D) HF 和 B_2O_3。

13.9　液态的三氯化铝经常以$(AlCl_3)_2$形式存在，分子中 Al 原子的杂化方式为

(A) sp^2；　(B) sp^3；　(C) sp^3d；　(D) dsp^2。

13.10　下列化合物中，氧化性与惰性电子对效应有关的是

(A) I_2O_5；　(B) Tl_2O_3；　(C) Mn_2O_7；　(D) CrO_3。

二、填空题

13.11　给出下列物质的化学式。

硼镁矿________，铝土矿________，刚玉________，

冰晶石________，硼砂________。

13.12　无机苯的化学式为________，其结构为________，与________的结构相似。

13.13　硼酸为____状晶体，$B(OH)_3$ 分子间以____键结合，层与层之间以____结合，故硼酸晶体

具有____性，可作____剂。

13.14 $GaCl_2$ 是____磁性物质，结构式应写成____________________。

13.15 在$(AlCl_3)_2$ 双聚分子中 Al—Cl—Al 键的类型为____________________；硼砂水解产物为__________________。

13.16 判断(填＞或＜)：

(1) 化合物的热稳定性 $GaCl_3$____$TlCl_3$；

(2) 酸性 $Al(OH)_3$____$Ga(OH)_3$；

(3) 酸性溶液中的氧化性 Ga_2O_3____Tl_2O_3；

13.17 TlCl 在光照下易分解，溶解度________，与一价阳离子的氯化物________相似；而 Tl^+的氢氧化物溶解度________，Tl^+易形成矾，与________的离子相似。

13.18 放在手中能够熔化的金属有________，以液相存在的温度范围最大的金属是__________。

13.19 硼酸与乙醇生成硼酸三乙酯的化学式为____________，其火焰为________色，以此可以鉴定硼酸。

13.20 B_2O_3与金属氧化物共熔生成的硼珠有特征的颜色，称为硼珠试验，如 CoO 的硼珠 $Co(BO_2)_2$呈深蓝色，则 CuO 的硼珠呈________色，MnO 的硼珠呈________色，NiO 的硼珠呈________色，Cr_2O_3 的硼珠呈________色，Fe_2O_3 的硼珠呈________色。

三、完成并配平化学反应方程式

13.21 高温下单质硼与氮气反应。

13.22 无定形硼与热的浓硫酸反应。

13.23 三碘化硼在灼热的金属钽丝上分解。

13.24 乙硼烷在空气中自燃。

13.25 硼氢化锂与水作用。

13.26 三氧化二硼遇到热的水蒸气。

13.27 三氟化硼水解。

13.28 赤热下无定形硼与水蒸气作用。

13.29 三硫化二硼水解。

13.30 向硼砂溶液中加稀硫酸。

13.31 将 Na_2CO_3 和 Al_2O_3 一起熔烧，然后将熔块打碎并投入水中。

13.32 铝溶于热的 NaOH 溶液中。

13.33 向 $NaAlO_2$ 溶液中加 NH_4Cl。

13.34 金属镓与稀硫酸反应。

13.35 金属镓与浓硝酸反应。

13.36 向 TlOH 溶液中加 NaCl 溶液。

13.37 向 KI 溶液中加入 $TlCl_3$。

四、分离、鉴别与制备

13.38 以硼砂为原料生产单质硼。

13.39 以铝土矿($Al_2O_3 \cdot nH_2O$)为原料提取单质铝。

13.40 无水 $AlCl_3$ 如何制备？能否直接加热使 $AlCl_3 \cdot 6H_2O$ 脱水制备无水 $AlCl_3$？

13.41 如何从明矾制备氢氧化铝？写出化学反应方程式。

13.42 如何鉴定硼酸？

13.43 有两种绿色物质，分别为 MnO 和 NiO，试用硼珠试验加以鉴别。

五、简答题和计算题

13.44 判断下列反应能否实现，写出有关化学反应方程式。

(1) 三氯化铊与硫化钠反应生成 Tl_2S_3；

(2) $Al(NO_3)_3$ 与 Na_2CO_3 作用生成 $Al_2(CO_3)_3$ 沉淀；

(3) 铝酸钠与 NH_4Cl 发生反应生成铝酸铵。

13.45 解释：

(1) 铝的抗腐蚀性能比铁强得多；

(2) 铝比铜活泼得多，但冷的浓 HNO_3 能溶解铜而不能溶解铝。

13.46 根据铝在酸性介质和碱性介质中的标准电极电势说明：

(1) 铝在酸、碱、水中溶解的可能性，从而说明铝在这些溶液中和空气中的稳定性；

(2) 铝不溶于水，但能溶于 Na_2CO_3 溶液。

13.47 溶于水再加热蒸发至干能否将 BCl_3 回收？结合化学反应方程式解释。

13.48 硼可以形成分子式为 $B_2H_2(CH_3)_4$ 的化合物，试画出其可能结构。

13.49 化合物 B_3F_5 是 1967 年由 Timms 报道的。光谱研究表明该化合物中 F 按原子比 4∶1存在两种不同的环境，B 按原子比 2∶1也存在两种不同的环境。试给出该化合物的结构式。

13.50 $AlCl_3$ 溶于苯，得到二聚体 $(AlCl_3)_2$ 的溶液。若溶于乙醚，则会导致 $AlCl_3$ 与 $O(C_2H_5)_2$ 间的化学反应，已知其产物为含有一个铝原子的物质，试推测该产物的分子式。

13.51 二氯化镓 ($GaCl_2$) 为逆磁性化合物。已知 $GaCl_2$ 在溶液中解离出一种简单阳离子和一种四氯阴离子，试推测该化合物的可能结构。

13.52 AlF_3 不溶于液态 HF，但当液态 HF 中加入 NaF 时则可溶，且若在此溶液中通入 BF_3 时，AlF_3 又沉淀出来，为什么？

13.53 单质(A)为棕色粉末，在空气中燃烧生成物质(B)，(B)溶于水生成(C)的溶液，该溶液显弱酸性。化合物(D)溶液为缓冲溶液，其冷的浓溶液用 H_2SO_4 酸化，可析出(C)的晶体。(A)的氯化物(E)水解产生(C)和刺激性气体(F)。(D)受热到 400 ℃左右将失去约 47%的质量，转化成物质(G)。试给出(A)、(B)、(C)、(D)、(E)、(F)和(G)所代表的物质的化学式。

13.54 某金属(A)溶于盐酸生成物质(B)的溶液，若溶于氢氧化钠溶液则生成物质(C)的溶液，两个反应均有气体(D)生成。向(C)溶液中通入 CO_2，有白色沉淀(E)析出，(E)不溶于氨水。在较低的温度下加热(E)有(F)生成，(F)易溶于盐酸，也溶于氢氧化钠溶液；但在高温下灼烧(E)后生成的(G)既不溶于盐酸，也不溶于氢氧化钠溶液。试给出(A)、(B)、(C)、(D)、(E)、(F)和(G)所代表的物质的化学式。

13.55 由 BCl_3 制得的淡黄色固体(A)中含 B 23.4%，含 Cl 76.6%。取 0.0516 g (A)在 69 ℃蒸发，在 2.96 kPa 时蒸气占有体积 0.268 dm^3。求(A)的化学式(已知 B 的相对原子质量为 10.81，Cl 的相对原子质量为 35.45)。

第 14 章

碳族元素

第一部分　例题

例 14.1　完成并配平下列化学反应方程式。

(1) $CO + Fe \xlongequal{高温}$

(2) $CO + CuCl + H_2O \xlongequal{H^+}$

(3) $Si + NaOH + H_2O =\!=\!=$

(4) $Si + HNO_3 + HF(aq) =\!=\!=$

(5) $CS_2 + H_2O \xlongequal{150\ ℃}$

(6) $SiS + KOH =\!=\!=$

(7) $Sn + HNO_3$(极稀) $=\!=\!=$

(8) $Pb + HCl$(浓) $=\!=\!=$

(9) $Pb + OH^- + H_2O =\!=\!=$

解：(1) $5CO + Fe \xlongequal{高温} [Fe(CO)_5]$

(2) $CO + CuCl + 2H_2O \xlongequal{H^+} Cu(CO)Cl \cdot 2H_2O$

(3) $Si + 2NaOH + H_2O =\!=\!= Na_2SiO_3 + 2H_2\uparrow$

(4) $3Si + 4HNO_3 + 18HF(aq) =\!=\!= 3H_2[SiF_6] + 4NO\uparrow + 8H_2O$

(5) $CS_2 + 2H_2O \xlongequal{150\ ℃} CO_2 + 2H_2S$

(6) $SiS + 2KOH =\!=\!= SiO_2 + K_2S + H_2\uparrow$

(7) $3Sn + 8HNO_3$(极稀) $=\!=\!= 3Sn(NO_3)_2 + 2NO\uparrow + 4H_2O$

(8) $Pb + 4HCl$(浓) $=\!=\!= H_2[PbCl_4] + H_2\uparrow$

(9) $Pb + OH^- + 2H_2O =\!=\!= [Pb(OH)_3]^- + H_2\uparrow$

例 14.2　以二氧化硅为原料制备下列物质。

(1) 硅；　(2) 甲硅烷；　(3) 变色硅胶。

解：(1) 将原料 SiO_2 在电炉中 1800 ℃的高温下用碳还原，得到粗硅：

$$SiO_2 + 2C =\!=\!= Si + 2CO\uparrow$$

提纯粗硅，首先把粗硅转化成液态的 $SiCl_4$：

$$Si + 2Cl_2 \xlongequal{} SiCl_4$$

然后通过精馏来提纯 $SiCl_4$。再用活泼金属锌或镁还原 $SiCl_4$ 得到纯度较高的硅：

$$SiCl_4 + 2Zn \xlongequal{} Si + 2ZnCl_2$$

现在一般使用超纯的 H_2 作还原剂：

$$SiCl_4 + 2H_2 \xlongequal{} Si + 4HCl$$

最后用区域熔融法来进一步提纯，才能得到生产半导体用的高纯度的硅。

(2) 方法一　利用热力学耦合的方法，将 SiO_2 氯化制得 $SiCl_4$：

$$SiO_2 + 2Cl_2 + 2C \xlongequal{\triangle} SiCl_4 + 2CO$$

再用 $LiAlH_4$ 与 $SiCl_4$ 反应制得纯的甲硅烷：

$$SiCl_4 + LiAlH_4 \xlongequal{} SiH_4\uparrow + LiCl + AlCl_3$$

方法二　先用 SiO_2 和金属 Mg 为原料在高温灼烧下制取硅化镁：

$$SiO_2 + 4Mg \xlongequal{} Mg_2Si + 2MgO$$

之后使硅化镁与盐酸反应，得到甲硅烷：

$$Mg_2Si + 4HCl(aq) \xlongequal{} SiH_4\uparrow + 2MgCl_2$$

这样制得的甲硅烷常含有乙硅烷、丙硅烷等杂质。

(3) 将 SiO_2 和纯碱共熔，制得可溶性 Na_2SiO_3：

$$SiO_2 + Na_2CO_3 \xlongequal{\text{共熔}} Na_2SiO_3 + CO_2\uparrow$$

将 Na_2SiO_3 制成水溶液，即得水玻璃。

向水玻璃(Na_2SiO_3 溶液)中加盐酸：

$$Na_2SiO_3 + 2HCl \xlongequal{} H_2SiO_3 + 2NaCl$$

有硅酸生成。当 pH 逐渐变小时，硅酸根发生聚合。当 pH 为 7～8 时，形成胶体溶液，当胶体的相对分子质量大到一定程度时，析出凝胶。用热水洗涤凝胶，除去体系中的 Na^+ 和 Cl^-。用 $CoCl_2$ 溶液浸泡，在低于 100 ℃条件下干燥，再于300 ℃下活化，得到多孔性有吸水作用的变色硅胶。

例 14.3　鉴别下列各组物质。

(1) $Sn(OH)_2$ 和 $Pb(OH)_2$；　　　(2) $PbCrO_4$ 和 $BaCrO_4$。

解：(1) 溶于 NaOH 溶液后加入次氯酸钠溶液，有棕黑色沉淀生成的是 $Pb(OH)_2$。

(2) 方法一　取少量固体样品，滴加稀盐酸，若黄色沉淀消失且不生成白色沉淀，则样品为 $BaCrO_4$，反应方程式为

$$2BaCrO_4 + 2H^+ \xlongequal{} Cr_2O_7^{2-} + 2Ba^{2+} + H_2O$$

若黄色沉淀在加稀盐酸时逐渐转变成白色沉淀，当盐酸过量时白色沉淀又消失，则样品为 $PbCrO_4$，反应方程式为

$$2PbCrO_4 + 2H^+ \xlongequal{} Cr_2O_7^{2-} + 2Pb^{2+} + H_2O$$

$$Pb^{2+} + 2Cl^- \xlongequal{} PbCl_2\downarrow(\text{白色})$$

$$PbCl_2 + 2HCl \xlongequal{} H_2[PbCl_4]$$

若对 Pb^{2+}的判断实验现象不够明显，可在体系中滴加 Na_2S 溶液，若有黑色沉淀生成，则样品肯定为 $PbCrO_4$，反应方程式为

$$Pb^{2+} + S^{2-} \xlongequal{} PbS\downarrow(\text{黑色})$$

方法二　取少量固体样品，滴加浓 NaOH 溶液，黄色沉淀逐渐消失的是$PbCrO_4$，无明显现

象的是 $BaCrO_4$：

$$PbCrO_4 + 3OH^- = CrO_4^{2-} + [Pb(OH)_3]^-$$

例 14.4　解释实验现象。

(1) 将 CO 气体通入二氯化钯溶液中，溶液变黑。

(2) 将甲硅烷通入 $KMnO_4$ 溶液中，溶液褪色，有棕黑色沉淀和气泡产生。

(3) 向氯化汞溶液中滴加 $SnCl_2$ 溶液，先生成白色沉淀，随着 $SnCl_2$ 溶液滴入至过量，沉淀逐渐变灰、变黑。

(4) Al_4C_3 和水作用有白色沉淀和气体生成。

解：(1) CO 属于还原性气体，可以将 $PdCl_2$ 还原，生成 Pd 沉淀，溶液变黑：

$$CO + PdCl_2 + H_2O = CO_2 + 2HCl + Pd\downarrow$$

(2) 甲硅烷具有较强的还原性，可以将高锰酸钾还原为 MnO_2 并有氢气生成，故溶液紫红色逐渐褪色，并有棕黑色沉淀和气体生成：

$$SiH_4 + 2KMnO_4 = 2MnO_2\downarrow + K_2SiO_3 + H_2O + H_2\uparrow$$

(3) $SnCl_2$ 先将 $HgCl_2$ 还原生成白色的氯化亚汞沉淀：

$$2HgCl_2 + SnCl_2 + 2HCl = Hg_2Cl_2\downarrow + H_2[SnCl_6]$$

当 $SnCl_2$ 过量时，可进一步将氯化亚汞还原为单质汞，沉淀逐渐变灰、变黑：

$$Hg_2Cl_2 + SnCl_2 + 2HCl = 2Hg\downarrow + H_2[SnCl_6]$$

(4) Al^{3+} 的电荷较高，具有较强的极化能力，易与水中的 OH^- 结合生成 $Al(OH)_3$，同时 C 显电负性，与 H^+ 结合生成 CH_4：

$$Al_4C_3 + 12H_2O = 4Al(OH)_3 + CH_4\uparrow$$

例 14.5　Pb_3O_4 中 Pb 有两种不同的价态。试设计实验加以验证。

解：Pb_3O_4 与 HNO_3 反应，将产物中的棕黑色粉末滤出，使其在酸性介质中与 Mn^{2+} 反应：

$$5PbO_2 + 2Mn^{2+} + 4H^+ = 5Pb^{2+} + 2MnO_4^- + 2H_2O$$

有紫色 MnO_4^- 生成，说明 PbO_2 的存在。

将滤液调至近中性后加入 CrO_4^{2-}，则

$$Pb^{2+} + CrO_4^{2-} = PbCrO_4\downarrow$$

有黄色 $PbCrO_4$ 沉淀生成，据此可以鉴定 Pb(Ⅱ)的存在。

例 14.6　简要回答下列各题。

(1) 为什么 Si 很难与酸作用，即使是与氧化性很强的酸也难作用，但却与碱发生反应？

(2) 为什么 CCl_4 遇水不发生水解，而 BCl_3 和 $SiCl_4$ 却剧烈水解？

(3) 白锡在温度低于 13.2 ℃时缓慢转变为灰锡(灰色粉末)，自行毁坏，这种变化从一点开始，迅速蔓延开来，称为“锡疫”。请解释为什么会出现“锡疫”这种现象？

解：(1) 单质硅具有较强的非金属性，所以硅不易与酸反应。

氧化性的酸，例如 HNO_3，从电极电势看可以将 Si 氧化成 SiO_2，反应方程式为

$$3Si + 4HNO_3(浓) = 3SiO_2 + 4NO\uparrow + 2H_2O$$

但是生成物 SiO_2 不溶于水，附在反应物 Si 的表面，使反应不能进行下去，所以氧化性很强的酸也难与 Si 作用。

在加热条件下 Si 可与氢氟酸反应(常温下反应极慢)：

$$Si + 4HF = SiF_4\uparrow + 2H_2\uparrow$$

其原因是产物 SiF_4 挥发脱离体系，可以使反应进行彻底。

硅易与碱反应：

$$Si + 2NaOH + H_2O \longrightarrow Na_2SiO_3 + 2H_2\uparrow$$

这体现了硅的非金属性，而且产物为可溶性的 Na_2SiO_3，所以反应较为容易进行。

(2) CCl_4 分子中的 C 原子没有空的价层轨道，加之 C—Cl 键较强而难以解离，所以 CCl_4 不水解。

BCl_3 分子中的硼原子虽然没有 3d 价层轨道，但由于硼的缺电子特点，有空的 2p 轨道可接受 H_2O 分子中 O 原子的电子对配位，每次水解都是 OH 取代一个 Cl 原子，最后得到 $B(OH)_3$ 和 HCl：

$$BCl_3 + 3H_2O \longrightarrow B(OH)_3 + 3HCl$$

$SiCl_4$ 分子中的 Si(sp^3 杂化)有空的 3d 价层轨道，可形成 sp^3d 杂化而接受 H_2O 分子中 O 原子的电子对配位，Cl 原子解离掉而被 OH 取代，最终生成 H_4SiO_4 和 HCl：

$$SiCl_4 + 4H_2O \longrightarrow H_4SiO_4\downarrow + 4HCl$$

水解过程可描述为

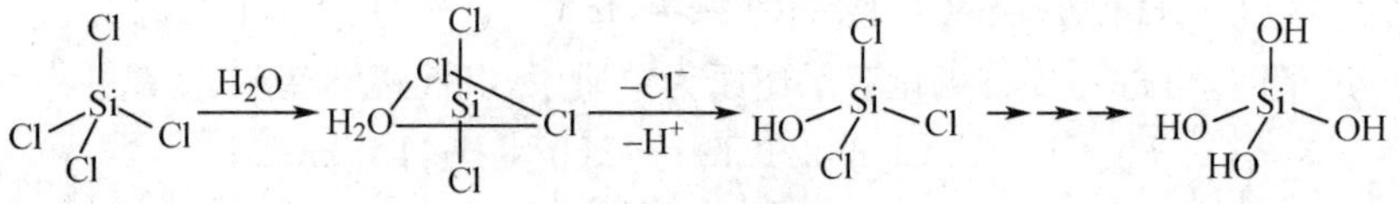

(3) 白锡的密度($7.287\ g\cdot cm^{-3}$)明显比灰锡的密度($5.769\ g\cdot cm^{-3}$)大，密度大的白锡转变为密度小的灰锡时，体积膨胀较大，晶体发生炸裂而成为粉末。所以说，锡疫是锡的两种晶形转化过程中体积膨胀较大造成的。

例 14.7 溶液中含有金属离子 Pb^{2+}，Sn^{2+}和 Ba^{2+}，试设计方案进行分离。

解： 离子分离方案如下所示：

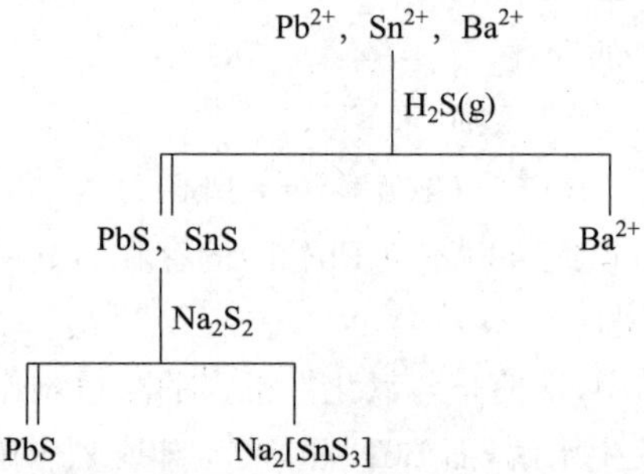

例 14.8 化合物(A)为红色固体粉末，将(A)在高温下加热最终得黄色固体(B)。(B)溶于硝酸得无色溶液(C)，向(C)中滴加适量 NaOH 溶液得白色沉淀(D)，加入过量 NaOH 时，(D)溶解得无色溶液(E)，向(E)中加 NaClO 溶液并微热，有棕黑色沉淀(F)生成。将(F)洗净后在一定温度下加热又得(A)。用硝酸处理(A)得沉淀(F)和溶液(C)。向(F)中加入盐酸有白色沉淀(G)和气体(H)生成，(H)可使淀粉－碘化钾试纸变蓝。将(G)和 KI 溶液共热，冷却后有黄色沉淀(I)生成。

试给出(A)、(B)、(C)、(D)、(E)、(F)、(G)、(H)和(I)所代表的物质的化学式，并写出有关化学反应方程式。

解： (A) —Pb_3O_4；　(B) —PbO；　(C) —$Pb(NO_3)_2$；

(D) —$Pb(OH)_2$； (E) —$Na_2[Pb(OH)_4]$； (F) —PbO_2；

(G) —$PbCl_2$； (H) —Cl_2； (I) —PbI_2

各过程的化学反应方程式如下：

$$2Pb_3O_4 \xlongequal{\triangle} 6PbO + O_2\uparrow$$

$$PbO + 2HNO_3 = Pb(NO_3)_2 + H_2O$$

$$Pb^{2+} + 2OH^- = Pb(OH)_2\downarrow$$

$$Pb(OH)_2 + OH^- = [Pb(OH)_3]^-$$

$$[Pb(OH)_3]^- + ClO^- = PbO_2\downarrow + Cl^- + OH^- + H_2O$$

$$3PbO_2 \xlongequal{\triangle} Pb_3O_4 + O_2\uparrow$$

$$Pb_3O_4 + 4HNO_3 = 2Pb(NO_3)_2 + PbO_2 + 2H_2O$$

$$PbO_2 + 4HCl = PbCl_2 + Cl_2\uparrow + 2H_2O$$

$$Cl_2 + 2I^- = I_2 + 2Cl^-$$

$$PbCl_2 + 2KI = PbI_2 + 2KCl$$

第二部分 习题

一、选择题

14.1 下面对化合物的溶解度的判断正确的是

(A) $NaHCO_3 > Na_2CO_3$； (B) $NaHCO_3 < Ca(HCO_3)_2$；

(C) $NaHCO_3 > Ca(HCO_3)_2$； (D) $Ca(HCO_3)_2 > Na_2CO_3$。

14.2 下列对化合物热稳定性顺序的判断，正确的是

(A) $NaHCO_3 < Na_2CO_3 < CaCO_3$； (B) $Na_2CO_3 < NaHCO_3 < CaCO_3$；

(C) $CaCO_3 < NaHCO_3 < Na_2CO_3$； (D) $NaHCO_3 < CaCO_3 < Na_2CO_3$。

14.3 下列化合物中，不水解的是

(A) $SiCl_4$； (B) CCl_4； (C) BCl_3； (D) PCl_5。

14.4 常温下不能稳定存在的是

(A) $[GaCl_4]^-$； (B) $SnCl_4$； (C) $PbCl_4$； (D) $GeCl_4$。

14.5 下列氧化物中，氧化性最强的是

(A) SiO_2； (B) GeO_2； (C) SnO_2； (D) Pb_2O_3。

14.6 与 Na_2CO_3 溶液反应生成碱式盐沉淀的离子是

(A) Al^{3+}； (B) Ba^{2+}； (C) Hg^{2+}； (D) Cu^{2+}。

14.7 下列物质中，酸性最强的是

(A) H_2SnO_3； (B) $Ge(OH)_4$； (C) $Sn(OH)_2$； (D) $Ge(OH)_2$。

14.8 下列物质中，酸性最弱的是

(A) H_2CO_3； (B) H_4SiO_4； (C) H_2SiF_6； (D) HBF_4。

14.9 下列物质中，与水作用放出氢气的是

(A) BCl_3； (B) NH_3； (C) F_2； (D) SiH_4。

14.10 下列单质中，与硝酸不反应的是

(A) Pb； (B) Sn； (C) Si； (D) C。

二、填空题

14.11 给出下列物质的化学式。

(1) 锗石矿__________； (2) 锡石矿__________； (3) 方铅矿__________；

(4) 纯碱__________； (5) 小苏打__________； (6) 石英__________；

(7) 水玻璃__________； (8) 橄榄石__________； (9) 钪硅石__________；

(10) 密陀僧__________； (11) 铅黄__________； (12) 铅丹__________。

14.12 在硅酸盐中硅与氧的个数比决定硅氧四面体联结的方式，即决定硅酸盐的结构。单个硅氧四面体结构中硅氧比为________，链状结构中硅氧比为________，层状结构中硅氧比为________，三维骨架结构中硅氧比为________。

14.13 欲除去 CO 中少量的 CO_2，采取的方法是__________________，欲除去 CO_2 中少量的 CO，采取的方法是______________。

14.14 将少量 CO_2 通入 NaOH 溶液得到的化合物(X)是____________，在(X)的饱和溶液中通入过量的 CO_2 则析出化合物(Y)____________；在(X)的饱和溶液中加入 NH_4Cl 晶体，加热溶解后冷却则析出化合物(Z)____________；热稳定性(X)____________(Y)，(Y)____________(Z)；溶解度(X)____________(Y)，原因是____________。

14.15 将各氧化物写成盐的形式：三氧化二铅______，四氧化三铅______，四氧化三铁_______。

14.16 Pb_3O_4 呈____色，俗称____，与 HNO_3 作用时，铅有____生成____，有____生成_______。

14.17 将 $HClO_4$，H_2SiO_3，H_2SO_3，H_3PO_4 按酸性由强到弱排列，顺序为________________。

14.18 给出下列化合物的颜色。

$PbCl_2$____色；PbI_2____色；SnS____色；SnS_2____色；

PbS____色；$PbSO_4$____色；PbO____色；Pb_2O_3____色。

三、完成并配平化学反应方程式

14.19 将甲酸滴加到热浓硫酸中。

14.20 向＋3 价铁离子的溶液中加入碳酸钠溶液。

14.21 向浓氨水中通入过量 CO_2。

14.22 向 Na_2SiO_3 溶液中加入饱和 NH_4Cl 溶液。

14.23 石英与熔融状态的纯碱作用。

14.24 二氧化硅溶于过量的氢氟酸中。

14.25 甲硅烷受热分解。

14.26 将 SiS 粉末点燃后在空气中燃烧。

14.27 四氟化硅水解。

14.28 甲硅烷在空气中自燃。

14.29 用锌粉还原 $SiCl_4$。

14.30 金属锗溶于浓硝酸中。

14.31 金属锡与浓硝酸反应。

14.32 金属锡与热的浓盐酸反应。

14.33 二硫化锡与氢氧化钠溶液作用。

14.34 碱性条件下，用亚锡酸还原硝酸铋。

14.35 锡与氢氧化钠溶液反应。

14.36 硅溶解在硝酸和氢氟酸的混合溶液中。

14.37 向 $Na_2[Sn(OH)_6]$溶液中通入 CO_2。

14.38 $PbCrO_4$ 溶于 NaOH 溶液。

14.39 金属铅溶于浓硝酸。

14.40 二氧化铅与盐酸反应。

14.41 将二氧化铅加入＋2 价锰离子的酸性溶液中并微热。

四、分离、鉴别与制备

14.42 用化学反应方程式表示制备过程：以方铅矿（PbS）为原料，制备氧化铅、二氧化铅和铅单质。

14.43 如何用锡直接氯化的方法制取 $SnCl_4$？需要采取哪些防止产物水解的措施？

14.44 以二硫化碳为主要原料制取四氯化碳。

14.45 用四种方法鉴别 $SnCl_4$ 和 $SnCl_2$ 溶液。

14.46 设计实验鉴别下列各组物质。

(1) Sb_2O_5 与 SnO；(2) As_2S_3 与 SnS_2；

(3) $Pb(NO_3)_2$ 与 $Bi(NO_3)_3$；(4) $PbCl_2$ 和 $SnCl_2$。

14.47 提纯除去气体中的少量杂质。

(1) 除去氢气中少量的一氧化碳；

(2) 工业上生产的 CO_2 气体中常含有 CO，O_2，N_2，水蒸气和微量的 H_2S，SO_2，如何纯化 CO_2？

14.48 分离离子：Pb^{2+}，Mg^{2+}和 Ag^+。

14.49 有一白色粉末是 Na_2SO_3，Na_2CO_3，$NaClO_3$，Na_2SO_4 中的一种，设计实验加以鉴别。

14.50 如何配制 $SnCl_2$ 溶液？

五、简答题

14.51 N_2 和 CO 具有相同的分子轨道式和相似的分子结构，但 CO 与过渡金属形成配位化合物的能力比 N_2 强得多，请解释原因。

14.52 硅单质虽可有类似于金刚石的结构，但其熔点、硬度却比金刚石差得多，请解释原因。

14.53 常温下 SiF_4 为气态，$SiCl_4$ 为液态；而 SnF_4 为固态，$SnCl_4$ 为液态，请解释原因。

14.54 为什么常温下 SiO_2 是一种熔点极高的无限聚合物固体而 CO_2 却是气体分子？

14.55 为什么难溶的碳酸盐如 $CaCO_3$，其酸式盐溶解度比正盐溶解度大；而酸式盐 $NaHCO_3$，$KHCO_3$ 的溶解度却小于相应的 Na_2CO_3，K_2CO_3？

14.56 碳和硅都是ⅣA 族元素，为什么碳链构成的化合物有上千万种，而由硅链构成的化合物却远不及碳的化合物那样多？

14.57 Pb 的标准电极电势小于 H 的标准电极电势，为什么 Pb 却不溶于稀盐酸和稀硫酸，而溶于热浓硫酸、浓盐酸及稀硝酸？

14.58 解释实验现象：

(1) 向 $SnCl_4$ 溶液中滴加 Na_2S 溶液，有沉淀生成，继续滴加沉淀又溶解，再以稀盐酸处理此溶液，又析出沉淀。

(2) 向盛有 $Pb(NO_3)_2$ 溶液的试管中加入 KI 溶液，生成黄色沉淀；将试管加热则沉淀溶解；再将试管缓慢冷却到室温，有金黄色针状晶体析出。

14.59 单质(A)不溶于硝酸，但和单质(B)剧烈反应得到液态化合物(C)。(C)与过量水反应析出白色难溶物(D)。(D)经高温灼烧，得到化合物(E)。(E)的一种晶体的晶胞可与(A)的晶胞类比，(E)晶胞中(A)的原子并不直接相连，而是通过(F)原子相连。

(1) 试给出(A)、(B)、(C)、(D)和(E)所代表的物质的化学式；

(2) 给出(E)的晶胞图。

14.60 灰黑色固体单质(A)在常温下不与酸反应，与浓 NaOH 溶液作用时生成无色溶液(B)和气体(C)。气体(C)在灼热的条件下可以将一黑色的氧化物还原成红色金属(D)。(A)在很高的温度下与氧气作用的产物为白色固体(E)。(E)与氢氟酸作用时能产生无色气体(F)。(F)通入水中时生成白色沉淀(G)及溶液(H)。(G)用适量的 NaOH 溶液处理得溶液(B)。试给出(A)、(B)、(C)、(D)、(E)、(F)、(G)和(H)所代表的物质的化学式。

14.61 金属(M)与过量的干燥氯气共热得无色液体(A)，(A)与金属(M)作用转化为固体(B)。将(A)溶于盐酸后通入 H_2S 气体得黄色沉淀(C)，(C)溶于 Na_2S 溶液得无色溶液(D)。将(B)溶于稀盐酸后加入适量 $HgCl_2$ 有白色沉淀(E)生成。向(B)的盐酸溶液中加入适量 NaOH 溶液有白色沉淀(F)生成。(F)溶于过量 NaOH 溶液得无色溶液(G)。向(G)中加入 $BiCl_3$ 溶液有黑色沉淀(H)生成。试给出(M)、(A)、(B)、(C)、(D)、(E)、(F)、(G)和(H)所代表的物质的化学式。

14.62 某白色固体(A)，置于水中生成白色沉淀(B)和无色溶液(C)。将 $AgNO_3$ 溶液加入溶液(C)，析出白色沉淀(D)，(D)溶于氨水得溶液(E)。向(E)中加入 KI，生成黄色沉淀(F)，再加入 NaCN 时沉淀(F)溶解。酸化溶液(E)，又产生白色沉淀(D)。将 H_2S 气体通入溶液(C)，产生灰色沉淀(G)。(G)溶于 Na_2S_2，形成溶液。酸化该溶液时得黄色沉淀(H)。少量溶液(C)加入 $HgCl_2$ 溶液得白色沉淀(I)，继续加入溶液(C)，沉淀(I)逐渐变灰，最后变为黑色沉淀(J)。试给出(A)、(B)、(C)、(D)、(E)、(F)、(G)、(H)、(I)和(J)所代表的物质的化学式。

14.63 金属(A)难溶于稀盐酸。(A)溶于稀硝酸得(B)的无色溶液和无色气体(C)。(C)在空气中转变为红棕色气体(D)。在(B)的水溶液中加入盐酸，产生白色沉淀(E)。(E)不溶于氨水，但与 H_2S 反应生成黑色沉淀(F)。(F)溶于硝酸生成无色气体(C)、浅黄色沉淀(G)和(B)溶液。向(B)溶液中加入 NaOH 溶液生成白色沉淀(H)，NaOH 溶液过量时(H)溶解，得到无色溶液(I)。向溶液(I)中加入氯水有棕黑色沉淀(J)生成。向(J)中加入热的酸性 $MnSO_4$ 溶液，溶液变红。试给出(A)、(B)、(C)、(D)、(E)、(F)、(G)、(H)、(I)和(J)所代表的物质的化学式。

14.64 无色晶体(A)加热后有红棕色气体(B)生成。向(A)的水溶液中加入盐酸有白色沉淀(C)生成，盐酸过量时沉淀(C)溶解得到(D)。若向(A)的水溶液中加入 KI 溶液，则有黄色沉淀(E)生成。向(A)的水溶液中滴加 NaOH 溶液有白色沉淀(F)生成，NaOH 过量则沉淀

(F)溶解。将气体(B)通入水中生成(G),并放出无色气体(H)。沉淀(F)溶于适量(G)中形成的溶液,结晶后可以得到(A)。试给出(A)、(B)、(C)、(D)、(E)、(F)、(G)和(H)所代表的物质的化学式。

14.65　将白色粉末(A)加热得黄色固体(B)和无色气体(C)。(B)溶于硝酸得无色溶液(D),向(D)中加入 K_2CrO_4 溶液得黄色沉淀(E)。向(D)中加入 NaOH 溶液至碱性,有白色沉淀(F)生成,NaOH 过量时白色沉淀溶解得无色溶液。将气体(C)通入石灰水中产生白色沉淀(G),将(G)投入酸中,又有气体(C)放出。试给出(A)、(B)、(C)、(D)、(E)、(F)和(G)所代表的物质的化学式。

第 15 章
氮族元素

第一部分　例题

例 15.1　完成并配平下列化学反应方程式。

(1) $NH_3 + Mg \xlongequal{\triangle}$

(2) $Mg_3N_2 + H_2O =\!=\!=$

(3) $NH_3 + HgCl_2 =\!=\!=$

(4) $MnO_4^- + HNO_2 + H^+ =\!=\!=$

(5) $N_2H_4(aq) + HNO_2 =\!=\!=$

(6) $As_2O_3 + Zn + HCl(aq) =\!=\!=$

(7) $Cu_2SO_4 + PH_3 =\!=\!=$

(8) $Sb_2O_3 + HCl(浓) =\!=\!=$

(9) $P_4 + NaOH(热、浓) + H_2O =\!=\!=$

解：(1) $2NH_3 + 3Mg \xlongequal{\triangle} Mg_3N_2 + 3H_2$

(2) $Mg_3N_2 + 6H_2O =\!=\!= 3Mg(OH)_2 + 2NH_3\uparrow$

(3) $2NH_3 + HgCl_2 =\!=\!= Hg(NH_2)Cl\downarrow + NH_4Cl$

(4) $2MnO_4^- + 5HNO_2 + H^+ =\!=\!= 5NO_3^- + 2Mn^{2+} + 3H_2O$

(5) $N_2H_4(aq) + HNO_2 =\!=\!= HN_3 + 2H_2O$

(6) $As_2O_3 + 6Zn + 12HCl(aq) =\!=\!= 2AsH_3\uparrow + 6ZnCl_2 + 3H_2O$

(7) $3Cu_2SO_4 + 2PH_3 =\!=\!= 3H_2SO_4 + 2Cu_3P\downarrow$

(8) $Sb_2O_3 + 6HCl(浓) =\!=\!= 2SbCl_3 + 3H_2O$

(9) $P_4 + 3NaOH(热、浓) + 3H_2O =\!=\!= 3NaH_2PO_2 + PH_3\uparrow$

例 15.2　用化学反应方程式表示制备与生产过程。

(1) 以 N_2 和 H_2 为主要原料制备 NH_4NO_3；

(2) 由 NH_3 制备 N_2H_4 和 HN_3；

(3) 由 $NaNO_3$ 制备 N_2O_5；

(4) 以磷酸钙矿为主要原料生产 P_2O_5 和单质 P；

(5) 以 As_2S_3 为主要原料制备 As_2O_3 和 H_3AsO_4。

解：(1)
$$3H_2+N_2 \xrightarrow[T,p]{\text{催化剂}} 2NH_3$$
生成的 NH_3 通入硝酸中生成 NH_4NO_3：
$$NH_3+HNO_3 = NH_4NO_3$$
(2) 用 NaClO 氧化过量氨水可以得到 N_2H_4：
$$2NH_3+NaClO = N_2H_4+NaCl+H_2O$$
N_2H_4 被亚硝酸氧化，生成叠氮酸：
$$N_2H_4+HNO_2 = HN_3+2H_2O$$
(3) 将 $NaNO_3$ 酸化，并用 P_2O_5 使硝酸脱水：
$$6HNO_3+P_2O_5 = 3N_2O_5+2H_3PO_4$$
(4) 在电炉中反应：
$$Ca_3(PO_4)_2(s)+3SiO_2(s) = 3CaSiO_3(l)+P_2O_5(g)$$
$$P_2O_5(g)+5C(s) = 2P(g)+5CO(g)$$
将磷蒸气通入水中冷凝得单质磷。

(5) 高温下焙烧 As_2S_3 得到 As_2O_3：
$$2As_2S_3+9O_2 \xlongequal{\triangle} 2As_2O_3+6SO_2$$
酸性条件下用 H_2O_2 氧化 As_2O_3 可得 H_3AsO_4：
$$As_2O_3+2H_2O_2+H_2O \xlongequal{\triangle} 2H_3AsO_4$$
例 15.3 分别用三种方法鉴别下列各组物质。

(1) NH_4NO_3 和 NH_4Cl；　　(2) $SbCl_3$ 和 $BiCl_3$；

(3) $NaNO_3$ 和 $NaPO_3$。

解：(1) 向两种盐的溶液中加入 $AgNO_3$ 溶液，有白色沉淀生成的是 NH_4Cl，另一种盐是 NH_4NO_3：
$$Ag^++Cl^- = AgCl\downarrow$$
向两种盐的溶液中分别加入酸性 $KMnO_4$ 溶液，能使其褪色的是 NH_4Cl，另一种是 NH_4NO_3：
$$10Cl^-+2MnO_4^-+16H^+ = 2Mn^{2+}+5Cl_2\uparrow+8H_2O$$
取少量两种盐的晶体分别装入两支试管中，加入 $FeSO_4$，加水溶解后沿着试管壁加浓硫酸，在浓硫酸与上层溶液的界面处有棕色环生成的是 NH_4NO_3，另一种盐是 NH_4Cl：
$$NO_3^-+3Fe^{2+}+4H^+ = NO\uparrow+3Fe^{3+}+2H_2O$$
$$NO+Fe^{2+} = [Fe(NO)]^{2+}(\text{棕色})$$
(2) 将两种盐溶于水，分别滴加 NaOH 溶液至过量，先有白色沉淀生成而后沉淀又溶解的是 $SbCl_3$，加 NaOH 溶液生成的白色沉淀不溶于过量 NaOH 溶液的是 $BiCl_3$：
$$Sb^{3+}+3OH^- = Sb(OH)_3\downarrow$$
$$Sb(OH)_3+3OH^- = SbO_3^{3-}+3H_2O$$
$$Bi^{3+}+3OH^- = Bi(OH)_3\downarrow$$
将两种盐溶于稀盐酸，分别加入溴水，能使溴水褪色的是 $SbCl_3$，另一种盐是 $BiCl_3$：
$$Sb^{3+}+Br_2 = Sb^{5+}+2Br^-$$

向两种盐的溶液中加入 NaOH 和 NaClO 溶液，微热，有棕黄色沉淀生成的是 $BiCl_3$，另一种盐是 $SbCl_3$：

$$Bi^{3+} + ClO^- + 4OH^- + Na^+ = NaBiO_3 \downarrow + 2H_2O + Cl^-$$

(3) 向两种盐的溶液中加入 $AgNO_3$ 溶液，有白色沉淀生成的是 $NaPO_3$，另一种盐是 $NaNO_3$：

$$Ag^+ + PO_3^- = AgPO_3 \downarrow$$

分别将两种盐酸化后煮沸，这时偏磷酸盐 PO_3^- 将转化为正磷酸盐 PO_4^{3-}。再分别加入过量的$(NH_4)_2MoO_4$，有特征的黄色沉淀磷钼酸铵生成的是 $NaPO_3$，无此特征现象的是 $NaNO_3$：

$$PO_4^{3-} + 12MoO_4^{2-} + 24H^+ + 3NH_4^+ = (NH_4)_3PMo_{12}O_{40} \cdot 6H_2O \downarrow + 6H_2O$$

分别将两种盐的晶体加热，充分反应后加入浓硝酸，有棕色 NO_2 气体生成的是 $NaNO_3$，另一种盐是$NaPO_3$：

$$NO_3^- + NO_2^- + 2H^+ = 2NO_2 \uparrow + H_2O$$

例 15.4 现有下列六种磷的含氧酸盐固体，试加以鉴别。

$Na_4P_2O_7$，$NaPO_3$，Na_2HPO_4，NaH_2PO_4，NaH_2PO_2，NaH_2PO_3。

解： 向六种盐的水溶液中分别加入 $AgNO_3$ 溶液，生成白色沉淀的是 $Na_4P_2O_7$ 和 $NaPO_3$：

$$P_2O_7^{4-} + 4Ag^+ = Ag_4P_2O_7 \downarrow (白色)$$

$$PO_3^- + Ag^+ = AgPO_3 \downarrow (白色)$$

生成黄色沉淀的是 Na_2HPO_4 和 NaH_2PO_4：

$$HPO_4^{2-} + 3Ag^+ = Ag_3PO_4 \downarrow (黄色) + H^+$$

$$H_2PO_4^- + 3Ag^+ = Ag_3PO_4 \downarrow (黄色) + 2H^+$$

生成黑色沉淀的是 NaH_2PO_2 和 NaH_2PO_3：

$$H_2PO_2^- + 4Ag^+ + 2H_2O = 4Ag \downarrow (黑色) + H_3PO_4 + 3H^+$$

$$H_2PO_3^- + 2Ag^+ + H_2O = 2Ag \downarrow (黑色) + H_3PO_4 + H^+$$

$NaPO_3$ 能使蛋白质溶液凝聚而 $Na_4P_2O_7$ 不能，由此可将 $NaPO_3$ 和 $Na_4P_2O_7$ 区分开。

Na_2HPO_4 溶液为弱碱性而 NaH_2PO_4 溶液为弱酸性，由此可将 Na_2HPO_4 和 NaH_2PO_4 区分开。

NaH_2PO_3 为酸式盐，其溶液有缓冲作用，加入少量强酸或强碱但溶液的 pH 基本不变；NaH_2PO_2 不是酸式盐，其溶液没有缓冲作用。由此可将 NaH_2PO_3 和 NaH_2PO_2 区分开。

例 15.5 解释实验现象。

(1) 在煤气灯上加热 KNO_3 晶体时没有棕色气体生成，但若 KNO_3 晶体混有 $CuSO_4$ 时则有棕色气体生成。

(2) 向 Na_3PO_4 溶液中滴加 $AgNO_3$ 溶液时生成黄色沉淀，但向 $NaPO_3$ 溶液中滴加 $AgNO_3$ 溶液时却生成白色沉淀。

(3) 向 Na_2HPO_4 溶液中滴加 $CaCl_2$ 溶液有白色沉淀生成，但向 NaH_2PO_4 溶液中滴加 $CaCl_2$ 溶液没有沉淀生成。

(4) 分别向 NaH_2PO_4，Na_2HPO_4 和 Na_3PO_4 溶液中滴加 $AgNO_3$ 溶液时，均得到黄色的 Ag_3PO_4 沉淀。

(5) 向 KNO_2 的酸性溶液中加入 Co(Ⅱ) 盐，生成的 $K_3[Co(NO_2)_6]$ 中 Co 为 +3 价。

解： (1) K^+ 极化能力弱，在煤气灯上加热 KNO_3 晶体时生成 KNO_2 和 O_2，不生成棕色 NO_2

气体：

$$2KNO_3 \xlongequal{\triangle} 2KNO_2 + O_2\uparrow$$

在 KNO_3 晶体混有 $CuSO_4$ 时，混合物受热熔化，NO_3^- 接触极化能力较强的 Cu^{2+}，使 NO_3^- 分解生成棕色 NO_2 气体：

$$4KNO_3 + 2CuSO_4 \xlongequal{\triangle} 4NO_2\uparrow + O_2\uparrow + 2CuO + 2K_2SO_4$$

(2) 向 Na_3PO_4 溶液中滴加 $AgNO_3$ 溶液时生成 Ag_3PO_4 沉淀，为黄色；向 $NaPO_3$ 溶液中滴加 $AgNO_3$ 溶液时生成 $AgPO_3$ 沉淀，为白色。

Ag^+的极化能力较强，半径也较大，因而 Ag_3PO_4 中 Ag^+与负电荷数多的 PO_4^{3-} 之间的附加极化作用较强，很容易发生电荷迁移，吸收可见光显颜色。而 $AgPO_3$ 中 Ag^+与负电荷数少的 PO_3^- 之间的附加极化作用较弱，很难发生电荷迁移，即可见光照射后不发生电荷迁移，因而为白色。

(3) $CaHPO_4$ 溶解度比 $Ca(H_2PO_4)_2$ 小得多，所以向 Na_2HPO_4 溶液中加入 $CaCl_2$ 溶液有白色沉淀生成，向 NaH_2PO_4 溶液中加入 $CaCl_2$ 溶液没有沉淀生成。

(4) AgH_2PO_4 和 Ag_2HPO_4 比 Ag_3PO_4 溶解度大得多，因此向 NaH_2PO_4，Na_2HPO_4 和 Na_3PO_4 溶液中加入 $AgNO_3$ 溶液时，都生成黄色的 Ag_3PO_4 沉淀。

(5) NO_2^- 对于 Co(Ⅲ) 为强配体，使电对 Co(Ⅲ)/Co(Ⅱ) 的 E 降低很多。在酸性条件下 Co(Ⅱ) 被亚硝酸氧化成 Co(Ⅲ)，生成稳定的配位化合物 $K_3[Co(NO_2)_6]$：

$$Co^{2+} + 7NO_2^- + 3K^+ + 2H^+ \xlongequal{} K_3[Co(NO_2)_6]\downarrow + NO\uparrow + H_2O$$

例 15.6　给出下列铵盐受热分解的反应方程式，总结铵盐热分解反应规律。

NH_4HCO_3，NH_4Cl，NH_4NO_3，$(NH_4)_2Cr_2O_7$。

解：

$$NH_4HCO_3 \xlongequal{\triangle} NH_3\uparrow + CO_2\uparrow + H_2O\uparrow$$

$$NH_4Cl \xlongequal{\triangle} NH_3\uparrow + HCl\uparrow$$

$$NH_4NO_3 \xlongequal{\triangle} N_2O\uparrow + 2H_2O\uparrow$$

$$2NH_4NO_3 \xlongequal{\triangle} 2N_2\uparrow + O_2\uparrow + 4H_2O\uparrow$$

$$(NH_4)_2Cr_2O_7 \xlongequal{\triangle} Cr_2O_3 + N_2\uparrow + 4H_2O\uparrow$$

铵盐热分解一般生成 NH_3 和相应的酸，若生成的酸有较强的氧化性，则 NH_3 被氧化成 N_2 或氮的氧化物。

例 15.7　给出下列物质的水解反应方程式，并说明 NCl_3 水解产物与其他化合物的水解产物有何本质的区别，为什么？

NCl_3，PCl_3，$AsCl_3$，$SbCl_3$，$BiCl_3$，$POCl_3$。

解：

$$NCl_3 + 3H_2O \xlongequal{} NH_3 + 3HClO$$

$$PCl_3 + 3H_2O \xlongequal{} H_3PO_3 + 3HCl$$

$$AsCl_3 + 3H_2O \xlongequal{} H_3AsO_3 + 3HCl$$

$$SbCl_3 + H_2O \xlongequal{} SbOCl\downarrow + 2HCl$$

$$BiCl_3 + H_2O \xlongequal{} BiOCl\downarrow + 2HCl$$

$$POCl_3 + 3H_2O \xlongequal{} H_3PO_4 + 3HCl$$

NCl_3 水解产物既有酸（HClO），又有碱（NH_3），PCl_3 和 $AsCl_3$ 彻底水解产物为两种酸，$SbCl_3$ 和 $BiCl_3$ 水解产物为酸和碱式盐（MOCl）。

NCl_3 中 N 的孤电子对向 H_2O 中的 H 配位后释放出 Cl^-，最终生成 NH_3，释放出的 Cl^- 与 H_2O 中解离出的 OH^- 结合生成 HClO。

例 15.8 在 H_3PO_2，H_3PO_3 和 H_3PO_4 分子中都含有 3 个 H，为什么 H_3PO_2 为一元酸，H_3PO_3 为二元酸，而 H_3PO_4 为三元酸？

解： 磷的含氧酸中，只有—OH 基团的 H 能解离出 H^+，而与 P 键连的 H 不能解离出 H^+。因此，磷的含氧酸是几元酸，是由分子中有几个—OH 基团决定的。

由磷的含氧酸的结构可知，H_3PO_2 分子中有 1 个—OH 基团，为一元酸；H_3PO_3 分子中有 2 个—OH 基团，为二元酸，H_3PO_4 分子中有 3 个—OH 基团，为三元酸。

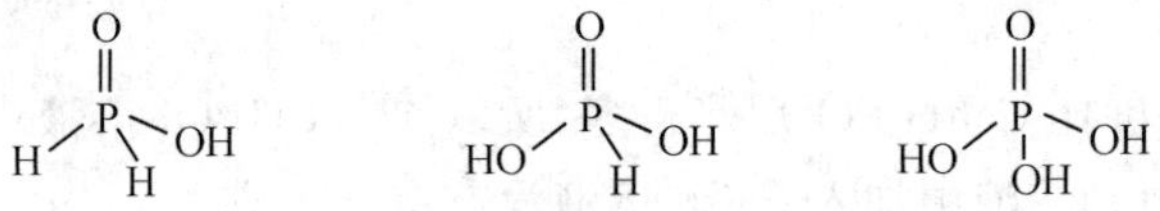

H_3PO_2　　　　H_3PO_3　　　　H_3PO_4

例 15.9 无色钠盐晶体（A）溶于水后加入 $AgNO_3$ 有浅黄色沉淀（B）生成。用 NaOH 溶液处理（B），得到棕黑色沉淀（C）。（B）溶于硝酸并放出棕色气体（D）。（D）通入 NaOH 溶液后经蒸发、浓缩析出晶体（E）。（E）受热分解得无色气体（F）和（A）的粉末。

试给出（A）、（B）、（C）、（D）、（E）和（F）所代表的物质的化学式，并用化学反应方程式表示各过程。

解：（A）—$NaNO_2$；　（B）—$AgNO_2$；　（C）—Ag_2O；
（D）—NO_2；　（E）—$NaNO_2 + NaNO_3$；　（F）—O_2。

各过程的化学反应方程式如下：

$$NaNO_2 + AgNO_3 = AgNO_2\downarrow + NaNO_3$$
$$2AgNO_2 + 2NaOH = Ag_2O\downarrow + 2NaNO_2 + H_2O$$
$$2AgNO_2 + 2HNO_3 = 2AgNO_3 + NO_2\uparrow + NO\uparrow + H_2O$$
$$2NO_2 + 2NaOH = NaNO_3 + NaNO_2 + H_2O$$
$$2NaNO_3 \xlongequal{\triangle} 2NaNO_2 + O_2\uparrow$$

例 15.10 化合物（A）溶于稀盐酸得无色溶液，再加入 NaOH 溶液得到白色沉淀（B）。（B）溶于过量 NaOH 溶液得到无色溶液（C）。将（B）溶于盐酸后蒸发、浓缩后又析出（A）。向（A）的稀盐酸溶液加入 H_2S 溶液生成橙色沉淀（D）。（D）与 Na_2S_2 可以发生氧化还原反应，反应产物之间作用得到无色溶液（E）。将（A）投于水中生成白色沉淀（F）。

试给出（A）、（B）、（C）、（D）、（E）和（F）所代表的物质的化学式，并用化学反应方程式表示各过程。

解：（A）—$SbCl_3$；　（B）—$Sb(OH)_3$；　（C）—Na_3SbO_3；
（D）—Sb_2S_3；　（E）—Na_3SbS_4；　（F）—SbOCl。

各过程的化学反应方程式如下：

$$SbCl_3 + 3NaOH \xlongequal{} Sb(OH)_3 \downarrow + 3NaCl$$
$$Sb(OH)_3 + 3NaOH \xlongequal{} Na_3SbO_3 + 3H_2O$$
$$Sb(OH)_3 + 3HCl \xlongequal{} SbCl_3 + 3H_2O$$
$$2SbCl_3 + 3H_2S \xlongequal{} Sb_2S_3 \downarrow + 6HCl$$
$$Sb_2S_3 + 2Na_2S_2 \xlongequal{} Sb_2S_5 + 2Na_2S$$
$$Sb_2S_5 + 3Na_2S \xlongequal{} 2Na_3SbS_4$$
$$SbCl_3 + H_2O \xlongequal{} SbOCl \downarrow + 2HCl$$

第二部分　习题

一、选择题

15.1　下列有关 NH_3 和 PH_3 的叙述错误的是

(A) 毒性 $PH_3 > NH_3$；　(B) 热稳定性 $PH_3 < NH_3$；

(C) 碱性 $PH_3 < NH_3$；　(D) 与过渡金属配位能力 $PH_3 < NH_3$。

15.2　对下列化合物的性质判断正确的是

(A) 碱性：$NH_3 > N_2H_4 > NH_2OH$；　(B) 熔点：$NH_3 > N_2H_4 > NH_2OH$；

(C) 还原性：$NH_3 > N_2H_4 > NH_2OH$；　(D) 热稳定性：$NH_2OH > N_2H_4 > NH_3$。

15.3　下列分子中，不存在 Π_3^4 离域键的是

(A) HNO_3；　(B) HNO_2；　(C) N_2O；　(D) N_3^-。

15.4　下列物质中，受热可得到 NO_2 的是

(A) $NaNO_3$；　(B) $LiNO_3$；　(C) KNO_3；　(D) NH_4NO_3。

15.5　下列物质中，加热分解可以得到金属单质的是

(A) $Hg(NO_3)_2$；　(B) $Cu(NO_3)_2$；　(C) KNO_3；　(D) $Mg(NO_3)_2$。

15.6　下列物质中，遇水后能放出气体并有沉淀生成的是

(A) $Bi(NO_3)_2$；　(B) Mg_3N_2；　(C) $(NH_4)_2SO_4$；　(D) NCl_3。

15.7　下列化合物中，沸点最低的是

(A) PCl_3；　(B) PF_5；　(C) PCl_5；　(D) PBr_5。

15.8　下列化合物中，最易发生爆炸反应的是

(A) $Pb(NO_3)_2$；　(B) $Pb(N_3)_2$；　(C) $PbCO_3$；　(D) K_2CrO_4。

15.9　下列铵盐中，受热分解时有 NH_3 放出的是

(A) $(NH_4)_2SO_4$；　(B) NH_4NO_3；　(C) NH_4NO_2；　(D) $(NH_4)_2Cr_2O_7$。

15.10　下列化合物中，不能将 I_2 还原的是

(A) H_3PO_3；　(B) H_3PO_2；　(C) HPO_3；　(D) PH_3。

15.11　下列溶液中，加入 $AgNO_3$ 溶液生成的沉淀颜色最浅的是

(A) $NaPO_3$；　(B) NaH_2PO_3；　(C) Na_3PO_4；　(D) Na_2HPO_4。

15.12 下列酸中为一元酸的是

(A) $H_4P_2O_7$; (B) H_3PO_2; (C) H_3PO_3; (D) H_3PO_4。

15.13 下列物质的水解产物中既有酸又有碱的是

(A) NCl_3; (B) PCl_3; (C) $POCl_3$; (D) Mg_3N_2。

15.14 下列物质中,不溶于氢氧化钠溶液的是

(A) $Sb(OH)_3$; (B) $Sb(OH)_5$; (C) H_3AsO_4; (D) $Bi(OH)_3$。

15.15 下列物质中,与盐酸反应能产生氯气的是

(A) H_3AsO_4; (B) H_3SbO_4; (C) Bi_2O_3; (D) $NaBiO_3$。

15.16 下列物质均有较强的氧化性,其中强氧化性与惰性电子对有关的是

(A) $K_2Cr_2O_7$; (B) $NaBiO_3$; (C) $(NH_4)_2S_2O_8$; (D) H_5IO_6。

二、填空题

15.17 给出下列物质的化学式。

(1) 雄黄________; (2) 雌黄________;

(3) 辉锑矿________; (4) 锑硫镍矿________;

(5) 辉铋矿________; (6) 砷华________;

(7) 锑华________; (8) 铋华________。

15.18 从 NH_3 的结构和 N 的价态考虑,应有______反应、______反应和______反应。

15.19 氮的氢化物中,碱性最强的是______,酸性最强的是______,配位能力最强的是______,最不稳定的是______,还原能力最差的是______,与 AgCl 反应有水生成的是______。

15.20 在 As,Sb,Bi 的含氧化合物中,酸性最强的是________,碱性最强的是________,氧化性最强的是________,还原性最强的是________。可见自上而下氧化数为________的化合物渐趋稳定。

15.21 稀酸的氧化性 HNO_3______HNO_2;盐的热稳定性 $AgNO_3$______$AgNO_2$;离子的配位能力 NO_3^-______NO_2^-(填>或<)。

15.22 依次给出次磷酸、亚磷酸、正磷酸、偏磷酸、焦磷酸的化学式:________,________,________,________,________。

15.23 磷的硫化物的颜色均为______色,其中组成与结构和对应的氧化物最相似的是______,分子结构有二重旋转轴的是______。

15.24 $Ca(H_2PO_4)_2$,$CaHPO_4$,$Ca_3(PO_4)_2$ 在水中的溶解度大小次序为____________。

15.25 $SbCl_3$ 的水解产物为______;$Cu(NO_3)_2\cdot 2H_2O$ 在不太高温度时的分解产物为______,温度较高时的分解产物为______;$Mn(NO_3)_2$ 受热分解的产物为______。

15.26 在 NaH_2PO_4 溶液中加入 $AgNO_3$ 溶液时,生成的沉淀为________,沉淀呈________色。

15.27 马氏试砷法中,把砷的化合物与锌和盐酸作用,产生分子式为______的气体,气体受热,在玻璃管中出现________。

15.28 As_2O_3 与 NaOH 溶液作用生成________,再加碘水生成________和________。

15.29 给出下列化合物或离子的颜色。

As_2S_3______色;As_2S_5______色;Sb_2S_3______色;Sb_2S_5______色;$AgNO_2$______色;

$K_3[Co(NO_2)_6]$______色;$[Fe(NO)]^{2+}$______色;NO_2______色;N_2O_3______色;N_2O_4______色。

三、完成并配平化学反应方程式

15.30　氯化铵与亚硝酸钠溶液混合后加热。

15.31　亚硝酸钠晶体与浓硝酸混合。

15.32　二氧化氮通入氢氧化钠溶液。

15.33　亚硝酸钠晶体受热分解。

15.34　氨气通过热的氧化铜。

15.35　用羟胺处理 AgBr。

15.36　叠氮酸铅受热分解。

15.37　金溶于王水。

15.38　铂溶于王水。

15.39　向红磷与水的混合物中滴加溴。

15.40　白磷溶于硝酸溶液。

15.41　向次磷酸溶液中滴加硝酸银溶液。

15.42　将氨气通入二氯化硫的热的四氯化碳溶液中。

15.43　次磷酸溶液中加入过量氢氧化钠溶液。

15.44　亚磷酸溶液中加入过量氢氧化钠溶液。

15.45　用次氯酸钠溶液洗掉玻璃管壁上的“砷镜”。

15.46　砷化氢通入硝酸银溶液。

15.47　三硫化二砷溶于氢氧化钠溶液。

15.48　三硫化二砷溶于硫化钠溶液。

15.49　向硫代砷酸钠溶液中加盐酸。

15.50　五硫化二锑溶于氢氧化钠溶液。

15.51　三氧化二锑溶于浓硝酸。

15.52　金属铋溶于浓硝酸。

15.53　氢氧化铋与氯气在氢氧化钠溶液中反应。

15.54　将铋酸钠与少许酸化的硫酸锰溶液混合。

四、分离、鉴别与制备

15.55　由辉锑矿生产单质 Sb。

15.56　由 Bi_2S_3 制备 $NaBiO_3$。

15.57　完成下列物质转化的化学反应方程式并给出反应条件：

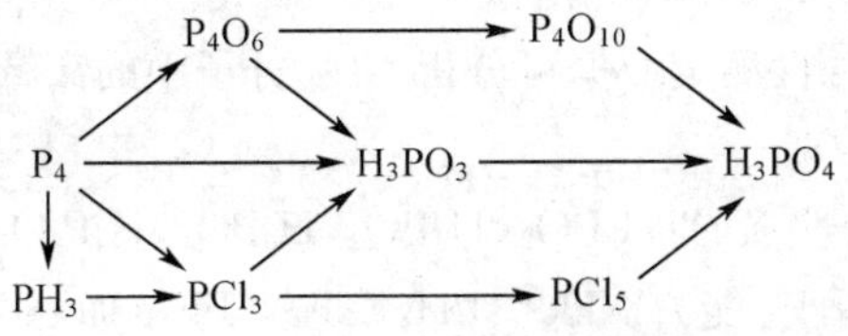

15.58　分离下列各组离子。

(1) Sb^{3+}和 Bi^{3+}；　　　　(2) PO_4^{3-} 和 NO_3^-；

(3) PO_4^{3-} 和 SO_4^{2-}；　　　　　　(4) PO_4^{3-} 和 Cl^-。

15.59 提纯下列物质。

(1) 除去 N_2 中的少量 O_2 和 H_2O；

(2) 除去 NO 中的少量 NO_2；

(3) 除去 $NaNO_3$ 溶液中的少量 $NaNO_2$。

15.60 分别用三种方法鉴别下列各组物质。

(1) Na_3PO_4 和 Na_2SO_4；　　　　(2) KNO_3 和 KIO_3。

15.61 试用 6 种方法鉴别 KNO_3 和 KNO_2。

五、简答题

15.62 除去下列物质中的杂质，给出相关化学反应方程式。

(1) KNO_2 晶体中的少量 KNO_3 晶体；

(2) N_2O 气体中混有的少量 NO；

(3) Na_2SO_4 溶液中的少量 $(NH_4)_2SO_4$。

15.63 $H_4P_2O_7$ 的解离平衡常数 $K_{a1}^{\ominus}=1.2\times10^{-1}$，$K_{a2}^{\ominus}=7.9\times10^{-3}$，$K_{a3}^{\ominus}=2.0\times10^{-7}$，$K_{a4}^{\ominus}=4.5\times10^{-10}$，为什么 $K_{a1}^{\ominus}$ 与 $K_{a2}^{\ominus}$ 相近，$K_{a3}^{\ominus}$ 与 $K_{a4}^{\ominus}$ 相近，但 $K_{a2}^{\ominus}$ 与 $K_{a3}^{\ominus}$ 相差较大？

15.64 在催化剂作用下氨和氟反应得到的产物中有一种三角锥形分子(A)，(A)被某金属还原得到一种金属盐及相对分子质量为 66 的一对异构体(B)和(C)。

(1) 写出(A)的分子式及其合成反应的化学方程式。

(2) 说明(A)质子化时放出的热量比氨质子化时放出的热量明显少的原因；

(3) 画出(B)和(C)的结构。

15.65 解释实验现象。

(1) 向含有 Bi^{3+} 和 Sn^{2+} 的澄清溶液中加入 NaOH 溶液会有黑色沉淀生成。

(2) 向 $FeCl_3$ 溶液中滴加 Na_3PO_4 溶液，先有黄色沉淀生成；继续滴加时沉淀减少，最后消失得无色溶液。

(3) AsH_3 通入一玻璃管并在入口处加热，管壁出现有金属光泽的黑色物质。

(4) 向 $NaNO_2$ 溶液中加 $AgNO_3$ 溶液有黄色沉淀生成。

(5) 将 NaOH 溶液与 $BiCl_3$ 溶液充分混合有白色沉淀生成，再向其中通入 Cl_2 时有黄棕色沉淀生成。

15.66 给出下列硝酸盐受热分解的反应方程式，总结硝酸盐热分解反应规律。

KNO_3，$LiNO_3$，$Pb(NO_3)_2$，$Bi(NO_3)_3$，$AgNO_3$，$Fe(NO_3)_2$。

15.67 为什么 NH_3 溶液显碱性而 HN_3 溶液显酸性？

15.68 如何配制 $SbCl_3$ 溶液和 $Bi(NO_3)_3$ 溶液？

15.69 有人提出由 NO_2 的磁性测定数据可分析 NO_2 分子中的离域 π 键是 Π_3^4 还是 Π_3^3。你认为是否可行？为什么？

15.70 比较磷的含氧酸的酸性强弱：H_3PO_2，H_3PO_3，H_3PO_4，$H_4P_2O_7$。

15.71 为什么与过渡金属的配位能力 $NH_3 < PH_3$，$NF_3 < PF_3$；而与 H^+ 的配位能力 $NH_3 > PH_3$。

15.72 无色晶体(A)受热得到无色气体(B)，将(B)在更高的温度下加热后再恢复到原来的温度，发现气体体积增加了 50%。晶体(A)与等物质的量的 NaOH 固体共热得无色气体

(C)和白色固体(D)。将(C)通入 $AgNO_3$ 溶液先有棕黑色沉淀(E)生成,(C)过量时则(E)消失得到无色溶液。将(A)溶于浓盐酸后加入 KI 则溶液变黄。试给出(A)、(B)、(C)、(D)和(E)所代表的物质的化学式。

15.73　用水处理短周期元素形成的黄色化合物(A),得到白色沉淀(B)和无色气体(C)。(B)不溶于 NaOH 溶液,溶于硝酸后经浓缩析出(D)的水合晶体。(D)受热分解得到白色物质(E)和棕色气体(F),将(F)通过 NaOH 溶液后气体体积变为原来的 20%。将(C)通入 $CuSO_4$ 溶液先有浅蓝色沉淀生成,(C)过量后沉淀溶解得深蓝色溶液(G)。试给出(A)、(B)、(C)、(D)、(E)、(F)和(G)所代表的物质的化学式。

15.74　钾盐(A)为白色粉末,(A)溶于水后溶液显弱酸性。向(A)的水溶液中加入 $AgNO_3$ 溶液有黄色沉淀(B)生成。(B)溶于硝酸得无色溶液(C)。向(A)的水溶液中加入 $CaCl_2$ 无沉淀生成,再加入氨水则有白色沉淀(D)生成。试给出(A)、(B)、(C)、(D)所代表的物质的化学式。

15.75　化合物(A)为白色固体,(A)在水中溶解度较小,但易溶于氢氧化钠溶液和浓盐酸。(A)溶于浓盐酸得溶液(B),向(B)中通入 H_2S 气体得黄色沉淀(C),(C)不溶于盐酸,易溶于氢氧化钠溶液。(C)溶于硫化钠溶液得无色溶液(D),若将(C)溶于 Na_2S_2 溶液则得无色溶液(E)。向(B)中滴加溴水,则溴被还原,而(B)转为无色溶液(F),向所得(F)的酸性溶液中加入淀粉－碘化钾溶液,则溶液变蓝。试给出(A)、(B)、(C)、(D)、(E)和(F)所代表的物质的化学式。

15.76　化合物(A)为白色固体,不溶于水。(A)受热剧烈分解,生成固体(B)和气体(C)。固体(B)不溶于水或盐酸,但溶于热的稀硝酸得无色溶液(D)和无色气体(E)。(E)在空气中变棕色。向溶液(D)中加入盐酸得白色沉淀(F)。气体(C)与普通试剂不起反应,但与热的金属镁作用生成黄色固体(G)。(G)与水作用得白色沉淀(H)及气体(I)。(I)能使湿润的红色石蕊试纸变蓝。(H)可溶于稀硫酸得溶液(J)。化合物(A)以 H_2S 溶液处理时得黑色沉淀(K)、无色溶液(L)和气体(C)。过滤后,固体(K)溶于浓硝酸得气体(E)、黄色沉淀(M)和溶液(D)。用 NaOH 溶液处理滤液(L)又得气体(I)。试给出(A)、(B)、(C)、(D)、(E)、(F)、(G)、(H)、(I)、(J)、(K)、(L)和(M)所代表的物质的化学式。

15.77　化合物(A)加入水中得白色沉淀(B)和无色溶液(C)。取溶液(C)与饱和 H_2S 溶液作用生成棕黑色沉淀(D),(D)不溶于 NaOH 溶液,能溶于盐酸。向溶液(C)中加入 NaOH 溶液有白色沉淀(E)生成,(E)不溶于 NaOH 溶液。向 $SnCl_2$ 溶液中加入过量 NaOH 溶液后滴加溶液(C),有黑色沉淀(F)生成。向溶液(C)中加入 $AgNO_3$ 溶液有白色沉淀(G)生成,(G)不溶于硝酸但易溶于氨水。试给出(A)、(B)、(C)、(D)、(E)、(F)和(G)所代表的物质的化学式。

第 16 章
氧族元素

第一部分　例题

例 16.1　完成并配平下列化学反应方程式。

(1) $O_3 + KI(aq) + H_2O =\!=\!=$

(2) $HO_2^- + [Cr(OH)_4]^- =\!=\!=$

(3) $H_2O_2 + Ag_2O =\!=\!=$

(4) $PbS + O_3 =\!=\!=$

(5) $MnO_4^- + H_2O_2 + H^+ =\!=\!=$

(6) $HO_2^- + Mn(OH)_2 =\!=\!=$

(7) $S + NaOH(aq) \xlongequal{\triangle}$

(8) $S + H_2SO_4$(浓) $\xlongequal{\triangle}$

(9) $H_2S(aq) + I_2 + H_2O =\!=\!=$

解：(1) $O_3 + 2KI(aq) + H_2O =\!=\!= I_2 + O_2 + 2KOH$

(2) $3HO_2^- + 2[Cr(OH)_4]^- =\!=\!= 2CrO_4^{2-} + OH^- + 5H_2O$

(3) $H_2O_2 + Ag_2O =\!=\!= 2Ag + O_2\uparrow + H_2O$

(4) $PbS + 4O_3 =\!=\!= PbSO_4 + 4O_2$

(5) $2MnO_4^- + 5H_2O_2 + 6H^+ =\!=\!= 2Mn^{2+} + 5O_2\uparrow + 8H_2O$

(6) $HO_2^- + Mn(OH)_2 =\!=\!= MnO_2 + OH^- + H_2O$

(7) $3S + 6NaOH(aq) \xlongequal{\triangle} 2Na_2S + Na_2SO_3 + 3H_2O$

(8) $S + 2H_2SO_4$(浓) $\xlongequal{\triangle} 3SO_2\uparrow + 2H_2O$

(9) $H_2S(aq) + 4I_2 + 4H_2O =\!=\!= H_2SO_4 + 8HI$

例 16.2　用化学反应方程式表示生产过程。

(1) 以硫酸氢铵为原料，利用电解－水解法生产双氧水。

(2) 以硫酸和硫酸铵为原料生产过二硫酸铵。

解：(1) 首先以铂片作电极，电解 NH_4HSO_4 饱和溶液，得到 $(NH_4)_2S_2O_8$：

$$2NH_4HSO_4 \xlongequal{\text{通电}} (NH_4)_2S_2O_8 + H_2\uparrow$$

然后，加入适量硫酸以水解过二硫酸铵，即得过氧化氢：

$$(NH_4)_2S_2O_8 + 2H_2SO_4 \xlongequal{\quad} H_2S_2O_8 + 2NH_4HSO_4$$

$$H_2S_2O_8 + 2H_2O \xlongequal{\quad} H_2O_2 + 2H_2SO_4$$

生成的硫酸氢铵可循环使用。

(2) 将硫酸和硫酸铵溶液混合，制备硫酸氢铵：

$$H_2SO_4 + (NH_4)_2SO_4 \xlongequal{\quad} 2NH_4HSO_4$$

以 Pt 为电极，电解 NH_4HSO_4 饱和溶液，制备过二硫酸铵：

$$2NH_4HSO_4 \xlongequal{电解} (NH_4)_2S_2O_8 + H_2\uparrow$$

例 16.3　现有 5 瓶失落标签的无色溶液，分别为 Na_2S，Na_2SO_3，$Na_2S_2O_3$，Na_2SO_4 和 $Na_2S_2O_8$，试加以鉴别。

解： 用试管分别取少许 5 种无色溶液，向其中加入少许盐酸。

有臭鸡蛋气味气体放出并能使醋酸铅试纸变黑的是 Na_2S 溶液：

$$S^{2-} + 2H^+ \xlongequal{\quad} H_2S\uparrow$$

$$Pb(Ac)_2 + H_2S \xlongequal{\quad} PbS\downarrow(黑色) + 2HAc$$

有刺激性气体放出并有乳白色（或浅黄色）沉淀析出的是 $Na_2S_2O_3$ 溶液；气体可使湿润的品红试纸褪色可进一步确证生成气体为 SO_2：

$$S_2O_3^{2-} + 2H^+ \xlongequal{\quad} SO_2\uparrow + S\downarrow + H_2O$$

放出刺激性且能使 $KMnO_4$ 溶液褪色（或使蓝色石蕊试纸变红）的气体，且无沉淀或浑浊现象的是 Na_2SO_3 溶液：

$$SO_3^{2-} + 2H^+ \xlongequal{\quad} SO_2\uparrow + H_2O$$

$$5SO_2 + 2MnO_4^- + 2H_2O \xlongequal{\quad} 5SO_4^{2-} + 2Mn^{2+} + 4H^+$$

无反应现象的是 Na_2SO_4 和 $Na_2S_2O_8$。在此两种溶液中加入少许稀硫酸酸化并分别加入 KI 和淀粉溶液，溶液变蓝的是 $Na_2S_2O_8$，溶液不变蓝的是 Na_2SO_4。

$$S_2O_8^{2-} + 2I^- \xlongequal{\quad} 2SO_4^{2-} + I_2$$

例 16.4　有一黑色固体，是 FeS，PbS 和 CuS 中的一种，试加以鉴别。

解： 取少许黑色固体，向其中加入稀盐酸，固体溶解则为 FeS，若不溶解则为 PbS 或 CuS。

再向固体中加入浓盐酸，则固体溶解或变白色的为 PbS，无变化的为 CuS。

例 16.5　解释实验现象。

(1) 向 $Pb(NO_3)_2$ 溶液中通入 H_2S 气体，有黑色沉淀生成，用 H_2O_2 处理该黑色沉淀，沉淀逐渐转变为白色。

(2) 室温下稀 H_2O_2 溶液分解较慢，但加入少量 KI 后分解速率加快。

(3) 向硫代硫酸钠溶液中滴加少量硝酸银溶液，生成少许白色沉淀又马上消失，向此溶液中加入少许盐酸，则产生黑色沉淀。

解： (1) $Pb(NO_3)_2$ 与 H_2S 反应生成黑色的 PbS 沉淀：

$$Pb(NO_3)_2 + H_2S \xlongequal{\quad} PbS\downarrow + 2HNO_3$$

H_2O_2 具有较强的氧化性，可以将 PbS 氧化为白色的 $PbSO_4$，故沉淀变白：

$$PbS + 4H_2O_2 \xlongequal{\quad} PbSO_4 + 4H_2O$$

(2) H_2O_2 分解速率与温度有关，温度越高，分解速率越快，故常温下分解较慢。

加入 KI 后，H_2O_2 首先将 I^- 氧化为 I_2，后进一步氧化为 IO_3^-，$E^\ominus(IO_3^-/I_2)=1.12$ V，介于 H_2O_2 作氧化型和还原型的 1.776～0.695 V 之间，可以催化 H_2O_2 的分解，具体反应如下：

$$H_2O_2 + 2I^- + 2H^+ = I_2 + 2H_2O \quad ①$$

$$5H_2O_2 + I_2 = 2IO_3^- + 2H^+ + 4H_2O \quad ②$$

$$5H_2O_2 + 2IO_3^- + 2H^+ = I_2 + 5O_2\uparrow + 6H_2O \quad ③$$

反应②和③循环进行，总的结果是 H_2O_2 分解：

$$2H_2O_2 = O_2\uparrow + 2H_2O$$

(3) 少量的硝酸银加入硫代硫酸钠溶液中先发生反应：

$$2Ag^+ + S_2O_3^{2-} = Ag_2S_2O_3\downarrow$$

生成白色沉淀 $Ag_2S_2O_3$，溶于过量的硫代硫酸钠生成稳定的配离子，白色沉淀迅速溶解为无色溶液：

$$Ag_2S_2O_3 + 3S_2O_3^{2-} = 2[Ag(S_2O_3)_2]^{3-}$$

加入盐酸后，$[Ag(S_2O_3)_2]^{3-}$ 遇酸分解，生成黑色的 Ag_2S：

$$2[Ag(S_2O_3)_2]^{3-} + 4H^+ = Ag_2S\downarrow + SO_4^{2-} + 3S\downarrow + 3SO_2\uparrow + 2H_2O$$

例 16.6 解释由同种元素构成的 O_3 分子却是极性分子。

解：分子的极性大小可用分子的偶极矩来衡量。O_3 分子中成键原子间的电负性差为零，但中心原子的孤电子对数与端原子的孤电子对数不同，使中心原子与端原子周围的电子云密度不同，即 O—O 键为极性键；同时，O_3 分子空间构型为 V 形，使两个 O—O 键的键矩不能互相抵消。

所以，O_3 分子的中心原子与端原子的电子云密度不同，分子的非对称性使键矩不能互相抵消，这些决定了 O_3 分子为极性分子(偶极矩 $\mu=0.53$ D)。

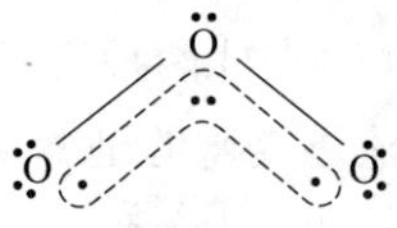

Π_3^4

例 16.7 为什么硫酸盐的热稳定性比碳酸盐高，而硅酸盐的热稳定性更高？

解：对于相同金属离子的硫酸盐和碳酸盐，金属离子的极化能力相同，含氧酸根(SO_4^{2-}，CO_3^{2-})电荷数相同，且半径都较大。因此，两者热稳定性差异主要是含氧酸根的中心原子氧化数的不同。一般情况，中心原子氧化数越大，抵抗金属离子的极化能力越强，含氧酸盐越稳定。因此，中心原子氧化数为 +6 的硫酸盐的稳定性比中心原子氧化数为 +4 的碳酸盐高。

硅酸盐热稳定性更高的原因与前两种盐不同，前两种盐分解均产生气体如 SO_3，CO_2，是熵驱动反应。而硅酸盐分解反应无气体产生，除金属氧化物外，就是 SiO_2，反应的熵增很少。这就是硅酸盐热稳定性高的原因。

例 16.8 有一种能溶于水的白色固体，其水溶液进行下列实验而产生如下的实验现象：

(1) 用铂丝蘸少量液体在火焰上灼烧，产生黄色火焰。

(2) 它使酸化的 $KMnO_4$ 溶液褪色而产生无色溶液，该溶液与 $BaCl_2$ 溶液作用生成不溶于稀 HNO_3 的白色沉淀。

(3) 加入硫粉，并加热，硫溶解生成无色溶液，此溶液用盐酸酸化时产生乳白色或浅黄色沉淀；此溶液也能使 KI_3 溶液褪色，也能溶解 AgCl 或 AgBr 沉淀。

写出这一白色固体的化学式，并完成各步化学反应方程式。

解： 该白色固体的化学式为 Na_2SO_3。

各步化学反应方程式如下：

$$5SO_3^{2-} + 2MnO_4^- + 6H^+ = 5SO_4^{2-} + 2Mn^{2+} + 3H_2O$$

$$SO_4^{2-} + Ba^{2+} = BaSO_4 \downarrow$$

$$Na_2SO_3 + S = Na_2S_2O_3$$

$$Na_2S_2O_3 + 2HCl = 2NaCl + S\downarrow + SO_2\uparrow + H_2O$$

$$2Na_2S_2O_3 + I_2 = Na_2S_4O_6 + 2NaI$$

$$AgBr + 2Na_2S_2O_3 = Na_3[Ag(S_2O_3)_2] + NaBr$$

例 16.9 无色晶体(A)易溶于水。(A)的溶液与酸性 KI 溶液作用溶液变黄，说明有(B)生成。(A)的溶液煮沸一段时间后加入 $BaCl_2$ 溶液有白色沉淀(C)生成，(C)不溶于强酸。(A)的溶液与 $MnSO_4$ 混合后加稀硝酸和几滴 $AgNO_3$ 溶液，加热，溶液变红，说明有(D)生成。(A)溶液与 KOH 混合后加热，有气体(E)放出。气体(E)通入 $AgNO_3$ 溶液则有棕黑色沉淀(F)生成，(E)通入过量则沉淀溶解为无色溶液。

试给出(A)、(B)、(C)、(D)、(E)和(F)所代表的物质的化学式，并用化学反应方程式表示各过程。

解： (A)—$(NH_4)_2S_2O_8$；(B)—I_2 或 I_3^-；(C)—$BaSO_4$；(D)—MnO_4^-；(E)—NH_3；(F)—Ag_2O。

各过程的化学反应方程式如下：

$$(NH_4)_2S_2O_8 + 2KI = (NH_4)_2SO_4 + K_2SO_4 + I_2$$

$$2(NH_4)_2S_2O_8 + 2H_2O \xlongequal{\triangle} 4NH_4HSO_4 + O_2\uparrow$$

$$NH_4HSO_4 + BaCl_2 = BaSO_4\downarrow + NH_4Cl + HCl$$

$$5S_2O_8^{2-} + 2Mn^{2+} + 8H_2O \xlongequal[\triangle]{Ag^+} 2MnO_4^- + 10HSO_4^- + 6H^+$$

$$(NH_4)_2S_2O_8 + 2KOH = 2NH_3\uparrow + K_2S_2O_8 + 2H_2O$$

$$2NH_3 + 2Ag^+ + H_2O = Ag_2O\downarrow + 2NH_4^+$$

$$Ag_2O + 2NH_3 + 2NH_4^+ = 2[Ag(NH_3)_2]^+ + H_2O$$

第二部分 习题

一、选择题

16.1 常温下最稳定的晶体硫的分子式为

(A) S_2；　(B) S_4；　(C) S_6；　(D) S_8。

16.2 下列物质中，酸性最强的是

(A) H_2S；　(B) H_2SO_3；　(C) H_2SO_4；　(D) $H_2S_2O_7$。

16.3 干燥 H_2S 气体，可选用的干燥剂是

(A) 浓 H_2SO_4；　(B) KOH；　(C) P_2O_5；　(D) $CuSO_4$。

16.4 下列溶液中，能使酸性 $KMnO_4$ 缓慢褪色的是

(A) Na_2SO_4；　(B) $(NH_4)_2S_2O_8$；　(C) H_2SO_4；　(D)CaO。

16.5 下列四个电极反应中，$E^{\ominus}$ 值最大的是

(A) $H_2O_2 + 2H^+ + 2e^- \longrightarrow 2H_2O$；　(B) $HO_2^- + H_2O + 2e^- \longrightarrow 3OH^-$；

(C) $O_2 + 2H^+ + 2e^- \longrightarrow H_2O_2$；　(D) $O_2 + H_2O + 2e^- \longrightarrow HO_2^- + OH^-$。

16.6 为使已变暗的古油画恢复原来的白色，使用的方法为

(A) 用 SO_2 气体漂白；　(B) 用稀 H_2O_2 溶液擦洗；

(C) 用氯水擦洗；　(D) 用 O_3 漂白。

16.7 下列各组硫化物中，颜色基本相同的是

(A) ZnS，MnS，FeS；　(B) CdS，SnS_2，As_2S_3；

(C) Ag_2S，Sb_2S_5，Bi_2S_3；　(D) SnS，PbS，CoS。

16.8 下列分子中，结构和中心原子杂化类型都与 O_3 相同的是

(A) SO_3；　(B) SO_2；　(C) CO_2；　(D) Cl_2O。

16.9 下列化合物中，在标准状态下氧化能力最弱的是

(A) H_2SO_3；　(B) H_2SO_4；　(C) $H_2S_2O_8$；　(D) H_2O_2。

16.10 下列各对物质中，能发生化学反应的是

(A) CuS 和 HCl；　(B) Ag 和 HCl；　(C) $AlCl_3$ 和 H_2S；　(D) Na_2SO_3 和 I_2。

16.11 下列化合物中，与 H_2S 和 HNO_3 都能发生氧化还原反应的是

(A) $FeCl_3$；　(B) SO_2；　(C) KI；　(D) SO_3。

16.12 向下列各对溶液中分别通入 H_2S 气体，均能得到预期硫化物沉淀的是

(A) $SbCl_5$，$SnCl_4$；　(B) $SnCl_4$，$FeCl_3$；

(C) $FeCl_3$，$CdCl_2$；　(D) $SnCl_4$，$CdCl_2$。

16.13 下列各组硫化物中，难溶于稀盐酸，但能溶于浓盐酸的是

(A) Bi_2S_3 和 ZnS；　(B) CuS 和 Sb_2S_3；

(C) CdS 和 SnS；　(D) As_2S_3 和 HgS。

16.14 下列硫化物中，既能溶于 Na_2S 溶液又能溶于 Na_2S_2 溶液的是

(A) ZnS；　(B) SnS；　(C) Sb_2S_3；　(D) HgS。

16.15 下列硫化物中，不溶于 Na_2S_2 溶液的是

(A) SnS；　(B) As_2S_3；　(C) Sb_2S_3；　(D) ZnS。

16.16 按酸性由强至弱排列，顺序正确的是

(A) H_2Te，H_2S，H_2Se；　(B) H_2Se，H_2Te，H_2S；

(C) H_2Te，H_2Se，H_2S；　(D) H_2S，H_2Se，H_2Te。

二、填空题

16.17 给出下列物质的化学式。

(1) 方铅矿________；(2) 朱砂________；(3) 闪锌矿________；

(4) 黄铜矿________；(5) 黄铁矿________；(6) 芒硝________；

(7) 海波________；(8) 保险粉________；(9) 石膏________；

(10) 泻盐________；(11) 元明粉________。

16.18 比较大小(填＞或＜)：

(1) 氧化性　O_3____O_2，O_3____H_2O_2，O_2____SO_3。

(2) 稳定性 O_3____O_2，SO_2____SO_3，Na_2SO_3____Na_2SO_4。

16.19 现有化合物 KO_2，K_2O_2，KO_3，$O_2^+[PtF_6]^-$，按 O—O 键键长增加顺序排列为______。

16.20 给出下列离子的结构式。

硫代硫酸根 __________；过二硫酸根__________；

连二亚硫酸根__________；连四硫酸根__________。

16.21 向各离子浓度均为 0.1 $mol \cdot dm^{-3}$ 的 Mn^{2+}，Zn^{2+}，Cu^{2+}，Ag^+，Hg^{2+}，Pb^{2+}混合溶液中通入 H_2S 气体，可被沉淀的离子有______________。

16.22 欲除去氢气中混有的少量 SO_2，H_2S 和水蒸气，应将氢气先通过________溶液，再通过________；欲除去 CO_2 中混有的少量 SO_2 气体，可将此混合气体通过饱和的________溶液或由稀硫酸酸化的________溶液。

16.23 硫化物 ZnS，CuS，MnS，SnS，HgS 中，易溶于稀盐酸的是________；不溶于稀盐酸，但溶于浓盐酸的是________；不溶于浓盐酸，但可溶于硝酸的是________；只溶于王水的是________。

16.24 某些金属硫酸盐的含水结晶称为矾，给出下列几种矾的化学式。

(1) 胆矾________； (2) 皓矾________； (3) 绿矾________；

(4) 明矾________； (5) 铬钾矾________； (6) 铁铵矾________。

16.25 $NaHSO_3$ 受热分解产物为__________；$Na_2S_2O_8$ 受热分解产物为__________；Na_2SO_3 受热分解产物为__________。

16.26 H_2S 水溶液长期放置后变混浊，原因是____。

16.27 酸化某溶液析出 S 并放出 SO_2，则原溶液中的含硫化合物可能为______，______，______或______。

16.28 比较组成为 $M_2S_2O_x$ 的三种盐，它们各自符合下面所述的某些性质：

(1) 阴离子以 —O—O— 键为特征；

(2) 阴离子以 S—S 键为特征；

(3) 阴离子以 S—O—S 键为特征；

(4) 它由硫酸氢盐缩合而成；

(5) 它由硫酸氢盐阳极氧化形成；

(6) 它由亚硫酸盐水溶液与硫反应形成；

(7) 它的水溶液使溴化银溶解；

(8) 它的水溶液与氢氧化物(MOH)反应生成硫酸盐；

(9) 在水溶液中能把 Mn^{2+}氧化成 MnO_4^-。

试将 x 的正确数值填入下表中角标括号内，并将上述各性质以序号填入相应盐的横栏内：

$M_2S_2O_{(\ )}$			
$M_2S_2O_{(\ )}$			
$M_2S_2O_{(\ )}$			

16.29 给出下列化合物的颜色：

ZnS______色；MnS______色；CdS______色；SnS______色；As_2S_3______色；

As_2S_5______色；Sb_2S_3______色；Sb_2S_5______色；$Ag_2S_2O_3$______色；PbS_2O_3______色。

三、完成并配平化学反应方程式

16.30 过氧化钠与冷的稀硫酸作用。

16.31 过氧化氢与氢碘酸反应。

16.32 电解硫酸氢铵溶液。

16.33 高温下三氧化硫与碘化钾反应。

16.34 亚硫酸与硫化氢作用。

16.35 三氧化二铝与焦硫酸钾共熔。

16.36 无氧条件下锌粉还原亚硫酸氢钠和亚硫酸的混合溶液。

16.37 硫化汞溶于硫化钠溶液。

16.38 硫酸亚铁受热分解。

16.39 氧化铁与焦硫酸钾共熔。

16.40 氯化亚铜溶解在硫代硫酸钠溶液中。

16.41 过二硫酸钾加热分解。

16.42 亚硫酰氯水解。

16.43 过量的干燥氯化氢气体与三氧化硫反应。

16.44 将二氧化硒溶于水，然后通入二氧化硫气体。

16.45 中等浓度的硒酸与盐酸作用。

16.46 向 Na_2S 和 Na_2SO_3 混合溶液中加入稀酸。

16.47 向 $Na_2S_2O_3$ 溶液中加入碘水。

16.48 硫代硫酸钠溶液加入氯水中。

16.49 向 Na_2S_2 溶液中滴加盐酸。

16.50 向$[Ag(S_2O_3)_2]^{3-}$的弱酸性溶液中通入硫化氢气体。

四、分离、鉴别与制备

16.51 按如下要求，制备 H_2S，SO_2 和 SO_3，写出相关反应方程式。

(1) 化合物中 S 的氧化数不变的反应；

(2) 化合物中 S 的氧化数变化的反应。

16.52 工业上以硫化钠、碳酸钠和二氧化硫为原料生产硫代硫酸钠，写出相关反应方程式。

16.53 将硫黄粉、石灰与水混合，经煮沸、摇匀制得石硫合剂。试解释石硫合剂呈橙色至樱桃红色的原因，并写出相应的反应方程式。

16.54 CS_2 在过量 O_2 中燃烧，得到混合气体，设计方案分离出其中的 SO_2。

16.55 用化学反应方程式表示物质的转化：

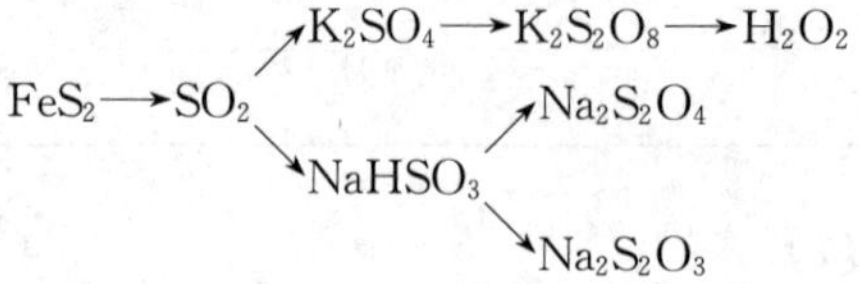

16.56 某溶液中可能含 Cl^-，S^{2-}，SO_3^{2-}，$S_2O_3^{2-}$，SO_4^{2-}，进行下列实验并产生如下的实验现象：

(1) 向一份未知液中加入过量 $AgNO_3$ 溶液产生白色沉淀；

(2) 向另一份未知液中加入 $BaCl_2$ 溶液也产生白色沉淀；

(3) 取第三份未知液，用 H_2SO_4 酸化后加入溴水，溴水不褪色。

判断哪几种离子存在？哪几种离子不存在？哪几种离子可能存在？

16.57 试设计方案分离下列各组离子(分离过程须用到硫的化合物)。

(1) Ag^+，Ba^{2+}，Fe^{2+}；　　(2) Al^{3+}，Zn^{2+}，Fe^{3+}，Cu^{2+}。

五、简答题

16.58 解释实验现象。

(1) 少量 $Na_2S_2O_3$ 溶液和 $AgNO_3$ 溶液反应生成白色沉淀，沉淀逐渐变黄至棕色，最后变成黑色。白色沉淀溶于过量 $Na_2S_2O_3$ 溶液，而黑色沉淀不溶于过量 $Na_2S_2O_3$ 溶液。

(2) 将 H_2S 气体通入 $MnSO_4$ 溶液中不产生 MnS 沉淀，若 $MnSO_4$ 溶液中含有一定量的氨水，再通入 H_2S 气体时即有 MnS 沉淀产生。

(3) 向稀盐酸和 Na_2SO_3 混合溶液中通入 H_2S 气体，溶液变混浊；向稀盐酸和 Na_2SO_4 混合溶液中通入 H_2S 气体，溶液无变化。

(4) 将少量酸性 $MnSO_4$ 溶液与 $(NH_4)_2S_2O_8$ 溶液混合后水浴加热，很快生成棕黑色沉淀；但在加热前加入几滴 $AgNO_3$ 溶液，混合溶液逐渐变红。

16.59 已知 O_2F_2 结构与 H_2O_2 相似，但 O_2F_2 中 O—O 键键长 121 pm，H_2O_2 中 O—O 键键长 148 pm，请给出 O_2F_2 的结构，并解释两个化合物中 O—O 键键长不同的原因。

16.60 溶于水的 O_2 以氢键形式与水形成一水合物和二水合物，为什么 O_2 能与水形成氢键但溶解度却非常小？

16.61 为什么 $SOCl_2$ 既可作路易斯酸又可作路易斯碱？

16.62 给出 SOF_2，$SOCl_2$，$SOBr_2$ 分子中 S—O 键强度的变化规律，并解释原因。

16.63 为什么 SF_6 稳定、不易水解，而 SF_4 不稳定、又易水解？

16.64 对于硫的卤化物 S_2X_2，为什么随着卤素原子半径的增大其稳定性降低，而其存在状态却呈现从气体到液体再到固体的变化规律？

16.65 为什么不宜采用高温浓缩的办法制备 $NaHSO_3$ 晶体？

16.66 某学生实验时发现 SnS 能溶于 Na_2S 溶液。你认为出现这种反常现象的原因是什么？如何证明你的判断是正确的？

16.67 一种盐(A)溶于水后加入稀硫酸，有刺激性气体(B)和乳白色沉淀(C)生成。气体(B)溶于 Na_2CO_3 溶液则转化为(D)并放出气体(E)。(A)溶液与碘水作用则转化为(F)，同时碘水褪色。(A)溶液加入氯水则转化为溶液(G)，(G)与钡盐作用，即产生不溶于强酸的白色沉淀(H)。(C)与(D)溶液混合后煮沸，则又缓慢转化为(A)。试给出(A)、(B)、(C)、(D)、(E)、(F)、(G)和(H)所代表的物质的化学式。

16.68 将 0.108 g 白色固体(A)置于干燥箱中于 105 ℃干燥一段时间后，得到 0.72 g 黄色固体(B)。将(B)在 400 ℃加热，失重 0.16 g，得到白色固体(C)。将(A)与 KI 晶体混合后溶于稀盐酸得到黄色溶液(D)。向溶液(D)中加入过量固体(C)，则溶液变成无色溶液(E)和白色沉淀(F)。少量(C)溶于水后加入 Na_2CO_3 溶液有白色沉淀(G)生成。试确定(A)、(B)、(C)、(D)、(E)和(F)各为何物质。

16.69 将无色钠盐溶于水得无色溶液(A)，用 pH 试纸检验知(A)显酸性。(A)能使 $KMnO_4$ 溶液褪色，同时(A)被氧化为(B)。向(B)的溶液中加入 $BaCl_2$ 溶液得不溶于强酸的白色沉淀(C)。向(A)中加入稀盐酸有无色气体(D)放出，将(D)通入氯水则又得到无色的(B)。向含有淀粉的 KIO_3 溶液中通入少许(D)则溶液立即变蓝，说明有(E)生成，(D)过量时蓝色消失得无色溶液。试给出(A)、(B)、(C)、(D)和(E)所代表的物质的化学式。

16.70 向无色溶液(A)中加入 HI 溶液有无色气体(B)和黑色沉淀(C)生成，(C)在 KCN 溶液中部分溶解得无色溶液(D)，向(D)中通入 H_2S 气体析出黑色沉淀(E)，(E)不溶于浓盐酸。若向(A)中加入 KI 溶液有黄色沉淀(F)生成，将(F)投入 KCN 溶液则(F)全部溶解。试给出(A)、(B)、(C)、(D)、(E)和(F)所代表的物质的化学式。

16.71 将无水钠盐固体(A)溶于水，滴加稀硫酸有无色气体(B)生成，(B)通入碘水溶液，则碘水褪色，说明(B)转化为(C)。晶体(A)在 600 ℃以上加热至恒重后生成混合物(D)。用 pH 试纸检验发现(D)的水溶液的碱性大大高于(A)的水溶液。向(D)的水溶液中加 $CuCl_2$ 溶液，有不溶于盐酸的黑色沉淀(E)生成。若用 $BaCl_2$ 溶液代替 $CuCl_2$ 进行实验，则有白色沉淀(F)生成，(F)不溶于硝酸、氢氧化钠溶液及氨水。试给出(A)、(B)、(C)、(D)、(E)和(F)所代表的物质的化学式。

第 17 章

卤素

第一部分　例题

例 17.1　完成并配平下列化学反应方程式。

(1) $Cl_2 + HgO + H_2O =\!=\!=$

(2) $Br_2 + Na_2CO_3 =\!=\!=$

(3) $KBrO_3 + KBr + H_2SO_4 =\!=\!=$

(4) $CaSiO_3 + HF =\!=\!=$

(5) $Na_2SO_4 + F_2 =\!=\!=$

(6) $NaCl(s) + NaHSO_4(s) \xlongequal{\triangle}$

(7) $NaBr + H_2SO_4$(浓) $=\!=\!=$

(8) $NaI + H_2SO_4$(浓) $=\!=\!=$

(9) $MnO_4^- + Cl^- + H^+ =\!=\!=$

(10) $FeBr_2 + Cl_2$(过量) $=\!=\!=$

解: (1) $2Cl_2 + 2HgO + H_2O =\!=\!= HgO \cdot HgCl_2 + 2HClO$

(2) $3Br_2 + 3Na_2CO_3 =\!=\!= NaBrO_3 + 5NaBr + 3CO_2\uparrow$

(3) $KBrO_3 + 5KBr + 3H_2SO_4 =\!=\!= 3Br_2 + 3K_2SO_4 + 3H_2O$

(4) $CaSiO_3 + 6HF =\!=\!= CaF_2 + SiF_4\uparrow + 3H_2O$

(5) $Na_2SO_4 + 2F_2 =\!=\!= SO_2F_2 + 2NaF + O_2$

(6) $NaCl(s) + NaHSO_4(s) \xlongequal{\triangle} Na_2SO_4(s) + HCl\uparrow$

(7) $2NaBr + 3H_2SO_4$(浓) $=\!=\!= Br_2 + 2NaHSO_4 + SO_2\uparrow + 2H_2O$

(8) $8NaI + 9H_2SO_4$(浓) $=\!=\!= 4I_2 + 8NaHSO_4 + H_2S\uparrow + 4H_2O$

(9) $2MnO_4^- + 10Cl^- + 16H^+ =\!=\!= 2Mn^{2+} + 5Cl_2\uparrow + 8H_2O$

(10) $2FeBr_2 + 3Cl_2$(过量) $=\!=\!= 2FeCl_3 + 2Br_2$

例 17.2　以 NaCl 为基本原料制备下列化合物,写出各主要步骤的化学反应方程式。

(1) $NaClO$;　(2) $KClO_3$;　(3) $HClO_4$;　(4) $Ca(ClO)_2$。

解: (1) $2NaCl + 2H_2O \xlongequal{电解} 2NaOH + Cl_2\uparrow + H_2\uparrow$

$$Cl_2 + 2NaOH \xlongequal{\quad} NaCl + NaClO + H_2O$$

(2) $2NaCl + 2H_2O \xlongequal{电解} 2NaOH + Cl_2\uparrow + H_2\uparrow$

$$3Cl_2 + 6KOH \xlongequal{\triangle} 5KCl + KClO_3 + 3H_2O$$

将溶液冷却，$KClO_3$ 即结晶析出。

(3) $2NaCl + 2H_2O \xlongequal{电解} 2NaOH + Cl_2\uparrow + H_2\uparrow$

$$3Cl_2 + 6KOH \xlongequal{\triangle} 5KCl + KClO_3 + 3H_2O$$

$$4KClO_3 \xlongequal{\triangle} 3KClO_4 + KCl$$

$KClO_4$ 溶解度比 KCl 小，可分离。

$$KClO_4 + H_2SO_4 \xlongequal{\quad} KHSO_4 + HClO_4$$

减压蒸馏出 $HClO_4$。

(4) $2NaCl + 2H_2O \xlongequal{电解} 2NaOH + Cl_2\uparrow + H_2\uparrow$

$$2Cl_2 + 2Ca(OH)_2 \xlongequal{\quad} Ca(ClO)_2 + CaCl_2 + 2H_2O$$

例 17.3 解释实验现象。

(1) I_2 难溶于水，却易溶于 KI 溶液；

(2) 溴能从含有碘离子的溶液中取代出碘，碘又能从溴酸钾溶液中取代出溴；

(3) 分别向 $FeCl_2$ 和 $NaHCO_3$ 溶液中加入碘水，碘水都不褪色。向二者的混合溶液中加入碘水，则褪色。

解：(1) I_2 的特征之一是能形成多碘化物 KI_3，所以可较好地溶解在 KI 溶液中。溶液中 I_2 或多碘化物的浓度越大，溶液的颜色越深。

(2) 溴可从 KI 溶液中置换出 I_2。

查表得 $E^\ominus(Br_2/Br^-)=1.07\ V$，$E^\ominus(I_2/I^-)=0.54\ V$。因为 $E^\ominus(Br_2/Br^-)>E^\ominus(I_2/I^-)$；$Br_2$ 有氧化性，I^- 有还原性，故

$$Br_2 + 2KI \xlongequal{\quad} 2KBr + I_2$$

碘又能够从 $KBrO_3$ 溶液中置换出 Br_2。

查表得 $E^\ominus(BrO_3^-/Br_2)=1.48\ V$，$E^\ominus(IO_3^-/I_2)=1.20\ V$。因为 $E^\ominus(BrO_3^-/Br_2)>E^\ominus(IO_3^-/I_2)$，$BrO_3^-$ 作氧化剂能氧化单质 I_2：

$$I_2 + 2KBrO_3 \xlongequal{\quad} 2KIO_3 + Br_2$$

(3) 因为 $E^\ominus(Fe^{3+}/Fe^{2+})>E^\ominus(I_2/I^-)$，所以 I_2 不能将 Fe^{2+} 氧化而褪色。

因为 $NaHCO_3$ 溶液的碱性较弱，所以碘在 $NaHCO_3$ 溶液中不发生歧化反应，故碘水也不褪色。

当向 $FeCl_2$ 和 $NaHCO_3$ 的混合溶液中加入碘水时，由于 Fe^{2+} 生成氢氧化物沉淀，导致铁电对的电极电势发生改变：

$$Fe^{2+} + 2HCO_3^- \xlongequal{\quad} Fe(OH)_2\downarrow + 2CO_2\uparrow$$

使 $E^\ominus[Fe(OH)_3/Fe(OH)_2]<E^\ominus(I_2/I^-)$，$Fe(OH)_2$ 能将 I_2 还原而褪色：

$$2Fe(OH)_2 + I_2 + 2HCO_3^- \xlongequal{\quad} 2Fe(OH)_3 + 2CO_2\uparrow + 2I^-$$

例 17.4　简要回答下列各题。

(1) 为什么单质氟不能用电解相应的氟化物水溶液来制备?

(2) F_2 的化学性质极为活泼,为什么电解 KHF_2 时可用 Cu,Ni 及其合金作电解槽?

(3) 向溴水中通入氯气,能否有 $HBrO_3$ 生成? 为什么?

(4) 为什么从氟到氯活泼性的变化有一个突变?

(5) 为什么不能用玻璃容器盛放 NH_4F 溶液?

解: (1) 由于 OH^- 或 H_2O 比 F^- 更容易给出电子而被氧化,因此电解应在无水条件下进行。

(2) 因为在 Cu,Ni 及其合金的电解槽表面可形成致密且难溶的氟化物保护膜,阻止 F_2 与 Cu,Ni 进一步反应,故可以用 Cu,Ni 及其合金作电解槽。

(3) 查得 $E^\ominus(BrO_3^-/Br_2)=1.48\ V$, $E^\ominus(Cl_2/Cl^-)=1.36\ V$。因为 $E^\ominus(Cl_2/Cl^-)<E^\ominus(BrO_3^-/Br_2)$,所以向溴水中通入氯气,不能生成 $HBrO_3$。

(4) 由于 F 的半径特别小,F_2 中孤电子对之间的斥力较大,使得 F_2 的解离能远小于 Cl_2;同时,氟化物的晶格能比氯化物大,氟化物的能量更低;此外,F^- 水合时放出的热量远多于 Cl^-。所以从氟到氯活泼性有一个突变。

(5) NH_4F 水解生成 $NH_3\cdot H_2O$ 和 HF:

$$NH_4F+H_2O = NH_3\cdot H_2O+HF$$

HF 和 SiO_2 反应,使玻璃容器被腐蚀:

$$SiO_2+4HF = SiF_4\uparrow+2H_2O$$

因而 NH_4F 溶液只能储存在塑料瓶中。

例 17.5　在淀粉-碘化钾溶液中加入少量 NaClO 时,得到蓝色溶液,说明有(A)生成;加入过量 NaClO 时,蓝色褪去,溶液变为无色,说明有(B)生成;然后酸化之并加入少量固体 Na_2SO_3,则溶液的蓝色复原;当 Na_2SO_3 过量时蓝色又褪去成为无色溶液,说明有(C)生成;再加入 $NaIO_3$ 溶液,溶液的蓝色又出现。

判断(A)、(B)和(C)各为何种物质,并写出各步反应的方程式。

解: (A)—I_2;　(B)—KIO_3;　(C)—KI。

各步反应的方程式如下:

$$2I^-+ClO^-+H_2O = I_2+Cl^-+2OH^-$$

$$I_2+5ClO^-+2OH^- = 2IO_3^-+5Cl^-+H_2O$$

$$2IO_3^-+5SO_3^{2-}+2H^+ = I_2+5SO_4^{2-}+H_2O$$

$$I_2+SO_3^{2-}+H_2O = 2I^-+SO_4^{2-}+2H^+$$

$$5I^-+IO_3^-+6H^+ = 3I_2+3H_2O$$

例 17.6　有一易溶于水的钠盐(A),加入浓 H_2SO_4 并微热有气体(B)生成;将气体(B)通入酸化的 $KMnO_4$ 溶液有气体(C)生成;将气体(C)通入 H_2O_2 溶液有气体(D)生成;将气体(D)与 PbS在高温下作用有气体(E)生成;将气体(E)通入 $KClO_3$ 的酸性溶液中,可得到极不稳定的黄绿色气体(F);气体(F)浓度高时发生爆炸分解成气体(C)和(D)。

试给出(A)、(B)、(C)、(D)、(E)和(F)所代表的物质的化学式,并用化学反应方程式表示各过程。

解: (A)—NaCl;　(B)—HCl;　(C)—Cl_2;　(D)—O_2;
(E)—SO_2;　(F)—ClO_2

各过程的化学反应方程式如下：

$$NaCl + H_2SO_4 \xlongequal{\triangle} NaHSO_4 + HCl\uparrow$$

$$2KMnO_4 + 16HCl \xlongequal{} 2KCl + 2MnCl_2 + 5Cl_2\uparrow + 8H_2O$$

$$H_2O_2 + Cl_2 \xlongequal{} 2Cl^- + O_2 + 2H^+$$

$$2PbS + 3O_2 \xlongequal{\triangle} 2PbO + 2SO_2$$

$$2KClO_3 + SO_2 \xlongequal{} 2ClO_2 + K_2SO_4$$

$$2ClO_2 \xlongequal{} Cl_2 + 2O_2$$

第二部分　习题

一、选择题

17.1　制备 F_2 实际所采用的方法是

(A) 电解 HF；　(B) 电解 CaF_2；　(C) 电解 KHF_2；　(D) 电解 NH_4F。

17.2　下列各对试剂混合后能产生氯气的是

(A) NaCl 与浓硫酸；　(B) NaCl 与 MnO_2；

(C) NaCl 与浓硝酸；　(D) $KMnO_4$ 与浓盐酸。

17.3　卤素单质中，在 NaOH 溶液中不发生歧化反应的是

(A) F_2；　(B) Cl_2；　(C) Br_2；　(D) I_2。

17.4　下列反应中，不可能按反应方程式进行的是

(A) $2NaNO_3 + H_2SO_4$(浓) $\xlongequal{}$ $Na_2SO_4 + 2HNO_3$

(B) $2NaI + H_2SO_4$(浓) $\xlongequal{}$ $Na_2SO_4 + 2HI$

(C) $CaF_2 + H_2SO_4$(浓) $\xlongequal{}$ $CaSO_4 + 2HF$

(D) $2NH_3 + H_2SO_4 \xlongequal{} (NH_4)_2SO_4$

17.5　下列含氧酸中，酸性最弱的是

(A) HClO；　(B) HIO；　(C) HIO_3；　(D) HBrO。

17.6　下列含氧酸中，酸性最强的是

(A) $HClO_3$；　(B) HClO；　(C) HIO_3；　(D) HIO。

17.7　下列酸中，酸性由强至弱排列顺序正确的是

(A) HF>HCl>HBr>HI；　(B) HI>HBr>HCl>HF；

(C) $HClO>HClO_2>HClO_3>HClO_4$；　(D) $HIO_4>HClO_4>HBrO_4$。

17.8　下列有关卤素的论述不正确的是

(A) 溴可由氯作氧化剂制得；　(B) 卤素单质都可由电解熔融卤化物得到；

(C) I_2 是最强的还原剂；　(D) F_2 是最强的氧化剂。

17.9　下列含氧酸的氧化性递变顺序不正确的是

(A) $HClO_4>H_2SO_4>H_3PO_4$；　(B) $HBrO_4>HClO_4>H_5IO_6$；

(C) $HClO>HClO_3>HClO_4$；　(D) $HBrO_3>HClO_3>HIO_3$。

17.10 下列物质中，关于热稳定性判断正确的是

(A) HF＜HCl＜HBr＜HI； (B) HF＞HCl＞HBr＞HI；

(C) $HClO>HClO_2>HClO_3>HClO_4$； (D) $HCl>HClO_4>HBrO_4>HIO_4$。

二、填空题

17.11 给出下列物质的化学式。

(1) 萤石________； (2) 冰晶石________； (3) 氟磷灰石________；

(4) 光卤石________； (5) 光气________。

17.12 下列物质或溶液的颜色为：I_2 ________色，I_2 溶于 CCl_4 中________色，I_2 溶于乙醇中________色，少量 I_2 溶于 KI 溶液中________色。

17.13 将 Cl_2 通入热的 $Ca(OH)_2$ 溶液中，反应产物是__________，低温下 Br_2 与 Na_2CO_3 溶液反应的产物是__________，常温下 I_2 与 NaOH 溶液反应的产物是________________。

17.14 F，Cl，Br 三元素中电子亲和能最大的是__________，单质的解离能最小的是__________。

17.15 反应 $KX(s)+H_2SO_4$(浓) $\longrightarrow$ $KHSO_4+HX$ 中，卤化物 KX 是指__________和__________。

17.16 导致氢氟酸的酸性与其他氢卤酸的酸性明显不同的因素主要是__________小，而__________特别大。

17.17 比较下列各组物质的热稳定性：

(1) ClO_2 __________ I_2O_5； (2) $HClO_2$ __________ $HClO_4$；

(3) IF_7 __________ BrF_7； (4) $NaICl_4$ __________ $CsICl_4$。

17.18 氢卤酸中，酸性最强的是__________；能使 $[Fe(SCN)_6]^{3-}$ 溶液褪色的是__________；不能使酸性 $KMnO_4$ 溶液褪色的是__________。

17.19 比较氧化性：$HClO_3$ ________ HClO，酸性 $HClO_3$ ________ HClO。

17.20 高碘酸是________元________酸，其酸根离子的空间构型为__________形，其中碘原子的杂化方式为__________，高碘酸具有强________性。

17.21 Cl_2O 和 ClO_2 分子结构均为__________，但 ClO_2 分子中的 Cl—O 键键长比 Cl_2O 分子中的 Cl—O 键键长__________，原因是____。

三、完成并配平化学反应方程式

17.22 次氯酸钠溶液与硫酸锰反应。

17.23 在酸性条件下由 SCN^- 还原 MnO_2。

17.24 将 I_2O_5 和 KI 混合后加入稀硫酸。

17.25 向碘化亚铁溶液中滴加过量氯水。

17.26 向碘化铬溶液中加入次氯酸钠溶液。

17.27 用氢碘酸溶液处理氧化铜。

17.28 将氯气通入碘酸钾的碱性溶液中。

17.29 向 KI 溶液中滴加 KClO 溶液。

17.30 将 KClO 溶液与浓盐酸混合。

17.31 向 KClO 溶液中加入 $Pb(NO_3)_2$ 溶液。

17.32 加热氯气和氨气混合气体。

17.33 氯气通入氢氧化钠溶液中。

17.34 次氯酸受热分解。

17.35 将二氧化氯气体通入氢氧化钠溶液中。

17.36 热的 I_2O_5 与一氧化碳作用。

17.37 次氯酸溶液与单质硫反应。

17.38 向碱性溴化钾溶液中加入氯水。

四、分离、鉴别与制备

17.39 用化学反应方程式表示下列提纯和鉴别过程。

(1) 工业碘中常常含有 ICl 或 IBr 杂质，试设计方案提纯碘，并说明方案的理论根据；

(2) 某 NaCl 样品中混有少量 NaBr，试设法提纯该样品；

(3) 一白色粉末，可能是 KCl，KBr 或 KI，试设计方案加以鉴别；

(4) 一固体样品，可能是 $KClO_4$ 或 K_5IO_6，试设计方案加以鉴别；

(5) 3 个试剂瓶中分别装有 KI，KIO_3 和 K_5IO_6，试设计方案加以鉴别；

(6) 4 个试剂瓶中分别装有 KCl，KClO，$KClO_3$ 和 $KClO_4$，试设计方案加以鉴别。

17.40 用化学反应方程式表示下列制备过程，并注明反应条件。

(1) 以萤石(CaF_2)为原料制备单质氟；　(2) 从氯酸钾制备高氯酸；

(3) 由海水制备溴；　(4) 以碘为原料制备高碘酸。

17.41 以盐酸为基本原料制备下列物质：

(1) 氯气；　(2) 次氯酸；

(3) 氯酸钾；　(4) 二氧化氯。

17.42 实验室常用浓盐酸与 MnO_2 或 $KMnO_4$ 反应制备 Cl_2，试分析两种方法的优缺点。

17.43 实验室中制备少量 HBr 所采用的方法是将红磷与 H_2O 混合后滴加 Br_2。为什么不能将红磷与 Br_2 混合后滴加 H_2O 制备 HBr?

17.44 四支试管中分别装有 HCl，HBr，HI，H_2SO_4 溶液。如何鉴别?

17.45 试用三种方法鉴别 KNO_3 和 KIO_3。

17.46 某一试液能使 $KMnO_4$ 的酸性溶液褪色，但不能使碘-淀粉溶液褪色。试指出下列阴离子哪些可能存在于试液中。已知 $E^\ominus(MnO_4^-/Mn^{2+})=1.51\ V$，$E^\ominus(I_2/I^-)=0.535\ V$。

(1) $S_2O_3^{2-}$；　(2) S^{2-}；　(3) Br^-；　(4) I^-；　(5) NO_2^-；　(6) SO_3^{2-}。

五、简答题

17.47 用化学反应方程式表示下列反应过程，并给出实验现象。

(1) 用过量 $HClO_3$ 溶液处理 I_2；

(2) 氯水滴入 KBr 和 KI 混合溶液中；

(3) 向 Na_2SO_3 溶液中加入 HIO_3 溶液；

(4) 向酸性的 KIO_3 和淀粉混合溶液中滴加少量 Na_2SO_3 溶液；

(5) 将次氯酸钠溶液滴入硝酸铅溶液中。

17.48 解释实验现象。

(1) 向KI溶液中滴加少量KClO溶液，溶液变黄。但向KClO溶液中滴加入少量KI溶液，溶液不变黄。

(2) 向$KClO_3$溶液中加入少量浓盐酸，溶液不变黄；向浓盐酸中加入$KClO_3$晶体，则溶液变黄。

(3) 向$FeSO_4$溶液中加入碘水，碘水不褪色；再加入NH_4F溶液，则碘水褪色。

(4) NaClO溶液能够氧化I^-，而$NaClO_3$溶液却不能。

(5) 浓$HClO_4$溶液能够氧化I_2，而稀$HClO_4$溶液却不能氧化I_2。

(6) 加热$KClO_3$固体无气体生成，但有MnO_2存在时却产生了气体。

(7) I_2溶于KI溶液后可能呈现不同的颜色。

17.49 比较KI_3，$KIBr_2$和KI_2Br的稳定性并说明原因。

17.50 比较下列各组酸强度的强弱，并简要说明理由。

(1) HF，HCl，HBr和HI；

(2) HClO，$HClO_2$和$HClO_3$；

(3) $HClO_3$，$HBrO_3$和HIO_3；

(4) $HClO_4$和H_3PO_4。

17.51 将下列各组物质的有关性质由大到小排序，并简要说明理由。

(1) 键解离能　Cl_2，Br_2和I_2；

(2) 溶解度　HgF_2，$HgCl_2$，$HgBr_2$和HgI_2；

(3) 氧化性　HClO，$HClO_3$和$HClO_4$；

(4) 稳定性　ClO_2和I_2O_5。

17.52 解释原因。

(1) 漂白粉长期暴露于空气中会失效；

(2) AlF_3在温度高达1000 ℃时不熔化，而$AlCl_3$的熔点却只有192.6 ℃；

(3) 氟的电子亲和能比氯小，但F_2却比Cl_2活泼。

17.53 给出实验现象和化学反应方程式，并加以说明。

(1) 向KI溶液中滴加H_2O_2溶液；

(2) 向HIO_3溶液中滴加Na_2SO_3淀粉溶液；

(3) 向Na_2SO_3淀粉溶液中滴加HIO_3溶液。

17.54 NF_3与F_2，BF_3反应得到一种盐(A)，它的阳离子和阴离子均为四面体结构。

(1) 写出(A)的结构简式和它的合成反应的化学方程式。

(2) 已知(A)的阳离子水解能定量地生成NF_3和HF，而同时得到的O_2和H_2O_2的量却因反应条件不同而不同，结合水解反应式解释之。

17.55 白色钾盐固体(A)与油状无色液体(B)反应生成(C)。纯净的(C)为紫黑色固体，微溶于水，易溶于(A)的溶液中，得到红棕色溶液(D)。将(D)分成两份，一份中加入无色溶液(E)，另一份中通入黄绿色气体单质(F)，两份均褪色成无色透明溶液。无色溶液(E)遇酸生成乳白色或浅黄色沉淀(G)，同时放出无色气体(H)。将气体(F)通入溶液(E)，在所得溶液中加入$BaCl_2$，有白色沉淀(I)生成，(I)不溶于HNO_3。试给出(A)、(B)、(C)、(D)、(E)、(F)、(G)、(H)和(I)所代表的物质的化学式。

17.56 白色的钠盐晶体(A)和(B)都溶于水,(A)的水溶液呈中性,(B)的水溶液呈碱性。(A)溶液与 $FeCl_3$ 溶液作用,溶液呈黄至棕色。(A)溶液与 $AgNO_3$ 溶液作用,有黄色沉淀析出。晶体(B)与浓盐酸反应,有黄绿色气体产生,此气体同冷 NaOH 溶液作用,可得到含(B)的溶液。向(A)溶液中开始滴加(B)溶液时,溶液呈黄色;若继续滴加过量的(B)溶液,则溶液的颜色消失。试判断白色晶体(A)和(B)各为何物质。

17.57 少量白色粉末(A)溶于水,溶液显酸性;向该溶液中加入少量淀粉溶液后滴加 Na_2SO_3 溶液,则溶液变蓝;Na_2SO_3 过量溶液变无色。一定量的(A)在干燥的氮气流中于 200 ℃加热一段时间后,失重约 5%,冷却得到白色粉末(B)。(B)溶于水后蒸发、浓缩又析出(A)。试给出(A)和(B)的化学式。

17.58 无色钾盐晶体(A)易溶于水。向盛(A)的水溶液试管中加入少量 CCl_4 和氯水,充分反应并摇动试管,试管下部变黄;然后加入少量 $FeSO_4$ 溶液,试管下部变无色;若再加入少量 KI 溶液代替 $FeSO_4$ 溶液,并摇动试管,则管下部变红。向(A)的水溶液中加入 $AgNO_3$ 溶液,有淡黄色沉淀生成,该沉淀易溶于 $Na_3S_2O_3$ 溶液。试给出(A)的化学式。

第 18 章
氢和稀有气体

第一部分　例题

例 18.1　完成并配平下列化学反应方程式：

(1) $H_2 + Na \xlongequal{\triangle}$

(2) $TiCl_4 + H_2 \xlongequal{\triangle}$

(3) $AlCl_3 + LiH \xlongequal{\triangle}$

(4) $NaH + TiCl_4 \xlongequal{\triangle}$

(5) $LiAlH_4 + H_2O \xlongequal{}$

(6) $KH + H_2O \xlongequal{}$

(7) $XeF_2(aq) + H_2 \xlongequal{}$

(8) $XeF_2(aq) + I^- \xlongequal{}$

(9) $XeF_4 + Pt \xlongequal{\text{液态 HF}}$

(10) $XeF_2 + H_2O_2 \xlongequal{}$

解：(1) $H_2 + 2Na \xlongequal{\triangle} 2NaH$

(2) $TiCl_4 + 2H_2 \xlongequal{\triangle} Ti + 4HCl$

(3) $AlCl_3 + 4LiH \xlongequal{\triangle} LiAlH_4 + 3LiCl$

(4) $4NaH + TiCl_4 \xlongequal{\triangle} Ti + 4NaCl + 2H_2\uparrow$

(5) $LiAlH_4 + 4H_2O \xlongequal{} Al(OH)_3\downarrow + LiOH + 4H_2\uparrow$

(6) $KH + H_2O \xlongequal{} KOH + H_2\uparrow$

(7) $XeF_2(aq) + H_2 \xlongequal{} Xe + 2HF$

(8) $XeF_2(aq) + 2I^- \xlongequal{} Xe\uparrow + I_2 + 2F^-$

(9) $XeF_4 + Pt \xlongequal{\text{液态 HF}} Xe\uparrow + PtF_4$

(10) $XeF_2 + H_2O_2 \xlongequal{} Xe\uparrow + 2HF + O_2\uparrow$

例 18.2 从分子轨道理论出发讨论下列分子和离子存在的可能性。

(1) HeH； (2) HeH^+； (3) He_2^+； (4) He_2。

解： HeH，HeH^+，He_2^+ 和 He_2 的分子轨道能级图见下图，它们存在的可能性可以由它们键级的大小决定，现分别讨论如下。

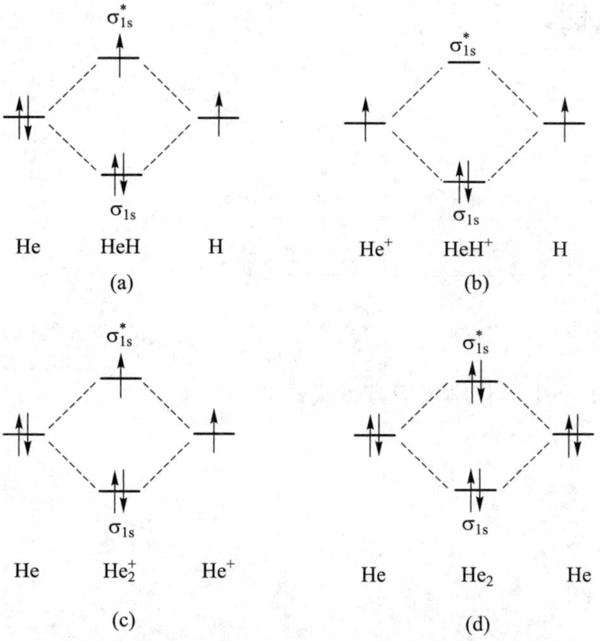

(1) HeH 图(a)，HeH 的键级为$\frac{1}{2}$，He 与 H 之间的键较弱，但键级不为 0，因此，HeH 有存在的可能性。

(2) HeH^+ 图(b)，HeH^+的键级为 1，He 与 H 之间形成共价单键，因此，HeH^+有存在的可能性。

(3) He_2^+ 图(c)，He_2^+ 的键级为$\frac{1}{2}$，共价键较弱，但键级不为 0，因此，He_2^+ 有存在的可能性。

(4) He_2 图(d)，He_2 的键级为 0，He 与 He 之间不存在共价键，因此，He_2 没有存在的可能性。

例 18.3 给出方框中(A)、(B)、(C)、(D)、(E)、(F)和(G)所代表的物质的化学式，并写出过程①～⑩的化学反应方程式。

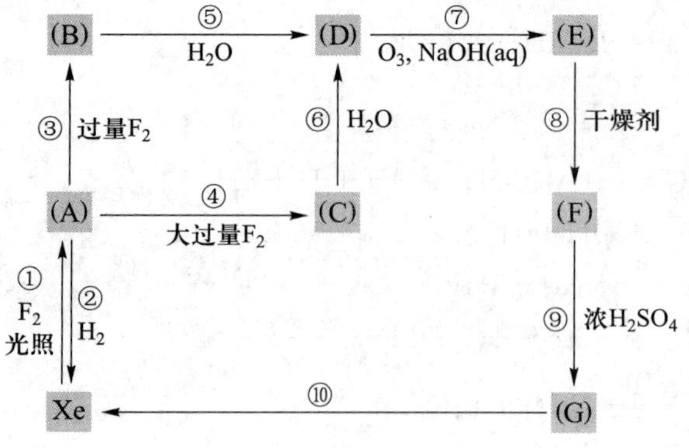

解：(A) —XeF_2； (B) —XeF_4； (C) —XeF_6； (D) —XeO_3；

(E) —$Na_4XeO_6 \cdot 8H_2O$； (F) —Na_4XeO_6； (G) —XeO_4。

各过程的化学反应方程式如下：

① $Xe + F_2 \xlongequal{光照} XeF_2$

② $XeF_2 + H_2 \xlongequal{400\ ℃} Xe + 2HF$

③ $XeF_2 + F_2$(过量) $\xlongequal{} XeF_4$

④ $XeF_2 + 2F_2$(大过量) $\xlongequal{\triangle} XeF_6$

⑤ $6XeF_4 + 12H_2O \xlongequal{} 2XeO_3 + 4Xe\uparrow + 24HF + 3O_2\uparrow$

⑥ $XeF_6 + 3H_2O \xlongequal{} XeO_3 + 6HF$

⑦ $XeO_3 + 4NaOH + O_3 + 6H_2O \xlongequal{} Na_4XeO_6 \cdot 8H_2O + O_2$

⑧ $Na_4XeO_6 \cdot 8H_2O \xlongequal{干燥剂} Na_4XeO_6 + 8H_2O$

⑨ $Na_4XeO_6 + 2H_2SO_4$(浓) $\xlongequal{} XeO_4 + 2Na_2SO_4 + 2H_2O$

⑩ $XeO_4 \xlongequal{} Xe\uparrow + 2O_2\uparrow$

第二部分 习题

一、选择题

18.1 下列氢化物中，最稳定的是

(A) LiH； (B) NaH； (C) KH； (D) RbH。

18.2 下列共价单键中，键能最大的是

(A) F—F； (B) N—H； (C) H—H； (D) O—H。

18.3 下列物质中，还原能力最强的是

(A) HI； (B) NaH； (C) Na； (D) LiH。

18.4 下列化合物与水混合后，水溶液碱性最强的是

(A) HCl； (B) KH； (C) XeF_4； (D) KF。

18.5 合成出来的第一个稀有气体化合物是

(A) XeF_2； (B) XeF_4； (C) XeF_6； (D) $Xe[PtF_6]$。

18.6 下列气体中，沸点最低的是

(A) 氢； (B) 氦； (C) 氮； (D) 氧。

18.7 下列分子或离子中，中心原子的轨道杂化方式相同的是

(A) XeO_3 和 $XeOF_4$； (B) XeF_2 和 XeF_4；

(C) $XeOF_4$ 和 XeO_6^{4-}； (D) XeF_4 和 XeO_4。

18.8 下列氢化物中，与水不发生氧化还原反应的是

(A) B_2H_6； (B) SiH_4； (C) PH_3； (D) KH。

18.9 下列制备方法中，能够得到比较纯净 H_2 的是

(A) 稀盐酸与锌金属作用； (B) 电解 25%的 NaOH 溶液；

(C) 催化裂解天然气； (D) 水蒸气通过红热的炭层。

二、填空题

18.10 水溶液中没有独立存在的 H^+，H^+的存在形式为________。

18.11 氢的同位素有 3 种，其名称分别是________、________、________，符号分别为________、________、________。

18.12 工业上用________通过红热的________来获得 H_2，分离产物中 H_2 的方法是将________连同________一起通过红热的________，然后将混合物在 2×10^6 Pa 下用________洗涤，吸收掉________后得到 H_2。

18.13 稀有气体中，温度最低的液体冷冻剂为________；电离能最低、能安全地放电作为光源是________；最常用作惰性气氛的是________。

18.14 由三氧化氙制高氙酸钠的化学反应方程式是________________________________。

三、完成并配平化学反应方程式

18.15 高温下用氢气还原三氧化钨。

18.16 在乙醚溶液中，氢化锂与乙硼烷反应。

18.17 高温下二氧化碳与氢化钡作用。

18.18 二氟化氙在水中缓慢水解。

18.19 在一定的温度和压强下以 $ZnO-Cr_2O_3$ 催化一氧化碳和氢气反应。

18.20 六氟化氙与二氧化硅反应。

18.21 高温下氢化钙与二氟化铀反应。

18.22 六氟化氙的完全水解。

18.23 六氟化氙的不完全水解。

18.24 浓硫酸与高氙酸盐作用。

四、分离、鉴别与制备

18.25 叙述氢气的实验室制法。

18.26 叙述氢气的几种工业生产过程。

18.27 以单质为原料制备下列物质，并说明应采取哪些措施以保证目标产物的纯净。

(1) XeF_2； (2) XeF_4； (3) XeF_6。

18.28 用 Xe 为主要原料，设计高氙酸盐的制备步骤。

18.29 一无色气体，可能是 H_2，He，CO 或 CH_4，试加以鉴别。

五、简答题

18.30 对于稀有气体化合物的研究，为什么多集中于元素氙？

18.31 根据价层电子对互斥理论，讨论下列分子的空间构型，并根据杂化轨道理论讨论其中 Xe 的轨道杂化方式。

(1) XeF_2； (2) XeF_4； (3) XeF_6； (4) XeO_3；

(5) XeO_4； (6) $XeOF_4$； (7) $XeOF_2$； (8) XeO_3F_2。

18.32 根据含氧酸酸性变化的鲍林规则，推测高氙酸 H_4XeO_6 应当是强酸还是弱酸。

18.33 根据氢化物的相关知识填写下表：

物质	BaH_2	SiH_4	NH_3	AsH_3	$PdH_{0.9}$	HI
名称						
氢化物类型						
常温常压下状态						

第 19 章
铜副族元素和锌副族元素

第一部分　例题

例 19.1　完成并配平下列化学反应方程式。

(1) $Cu + HNO_3$(稀) $=\!=\!=$

(2) $Ag_2S + NaCN(aq)$ $=\!=\!=$

(3) $CuCl_2 \cdot 2H_2O \xlongequal{\triangle}$

(4) $CuCl_2 \xlongequal{\triangle}$

(5) $Ag_2S + HNO_3$(浓) $=\!=\!=$

(6) $[Ag(NH_3)_2]^+ + HCHO + OH^- =\!=\!=$

(7) $Zn + NaOH + H_2O =\!=\!=$

(8) $Ag_2O + NH_3 + H_2O =\!=\!=$

(9) $HgO \xlongequal{\triangle}$

解：(1) $3Cu + 8HNO_3$(稀) $=\!=\!= 3Cu(NO_3)_2 + 2NO\uparrow + 4H_2O$

(2) $Ag_2S + 4NaCN(aq) =\!=\!= 2Na[Ag(CN)_2] + Na_2S$

(3) $2CuCl_2 \cdot 2H_2O \xlongequal{\triangle} Cu(OH)_2 \cdot CuCl_2 + 2HCl\uparrow + 2H_2O$

(4) $2CuCl_2 \xlongequal{\triangle} 2CuCl + Cl_2\uparrow$

(5) $Ag_2S + 4HNO_3$(浓) $=\!=\!= 2AgNO_3 + S\downarrow + 2NO_2\uparrow + 2H_2O$

(6) $2[Ag(NH_3)_2]^+ + HCHO + 3OH^- =\!=\!= 2Ag\downarrow + HCOO^- + 4NH_3\uparrow + 2H_2O$

(7) $Zn + 2NaOH + 2H_2O =\!=\!= Na_2[Zn(OH)_4] + H_2\uparrow$

(8) $Ag_2O + 4NH_3 + H_2O =\!=\!= 2[Ag(NH_3)_2]^+ + 2OH^-$

(9) $2HgO \xlongequal{\triangle} 2Hg + O_2\uparrow$

例 19.2　以金属 Cu 为铜源合成下列各物质。

(1) CuCl；　　(2) CuO；　　(3) CuI。

解：将铜溶于硝酸，经蒸发、浓缩、冷却得到水合 $Cu(NO_3)_2$。

(1) 在热的浓盐酸溶液中，用铜屑还原 $Cu(NO_3)_2$，并加 NaCl，生成 $[CuCl_2]^-$：

$$Cu^{2+} + Cu + 4Cl^- \xlongequal{\triangle} 2[CuCl_2]^-$$

用水稀释，得到 CuCl 白色沉淀：

$$[CuCl_2]^- \xlongequal{稀释} CuCl\downarrow + Cl^-$$

(2) 在 $Cu(NO_3)_2$ 溶液中加入强碱，得到浅蓝色的 $Cu(OH)_2$：

$$Cu(NO_3)_2 + 2NaOH \xlongequal{} Cu(OH)_2\downarrow + 2NaNO_3$$

水浴加热 $Cu(OH)_2$ 即得到黑色的 CuO：

$$Cu(OH)_2 \xlongequal{\triangle} CuO + H_2O$$

(3) 向 $Cu(NO_3)_2$ 溶液中加入过量的 KI，生成的沉淀 CuI 因表面附有 I_2 而呈黄色。用 Na_2SO_3 溶液洗去表面的 I_2，得到白色的 CuI：

$$2Cu^{2+} + 4I^- \xlongequal{} 2CuI\downarrow + I_2$$

$$I_2 + SO_3^{2-} + H_2O \xlongequal{} 2I^- + SO_4^{2-} + 2H^+$$

例 19.3 四个试剂瓶中分别盛装 HgO，CdS，PbO，SnS_2 黄色固体试样，试加以鉴别。

解：能溶于 NaOH 溶液的是 SnS_2 和 PbO：

$$3SnS_2 + 6NaOH \xlongequal{} Na_2SnO_3 + 2Na_2SnS_3 + 3H_2O$$

$$PbO + NaOH + H_2O \xlongequal{} Na[Pb(OH)_3]$$

再将溶液用 HAc 调至酸性，生成黄色沉淀的是 SnS_2，先生成白色沉淀后沉淀又溶解的是 PbO：

$$Na_2SnO_3 + 2Na_2SnS_3 + 6HAc \xlongequal{} 3SnS_2\downarrow + 6NaAc + 3H_2O$$

$$Na[Pb(OH)_3] + HAc \xlongequal{} Pb(OH)_2\downarrow + NaAc + 2H_2O$$

$$Pb(OH)_2 + 2HAc \xlongequal{} Pb(Ac)_2 + 2H_2O$$

剩下的试样用稀盐酸处理，无反应发生的是 CdS，溶解为无色溶液的是 HgO：

$$HgO + 2HCl \xlongequal{} HgCl_2 + H_2O$$

或将剩下的固体试样加热，变成红色的是 HgO，不变的是 CdS。

例 19.4 试设计方案，分离离子：Cu^{2+}，Ag^+，Zn^{2+}，Hg_2^{2+}。

解：离子分离方案如下所示。

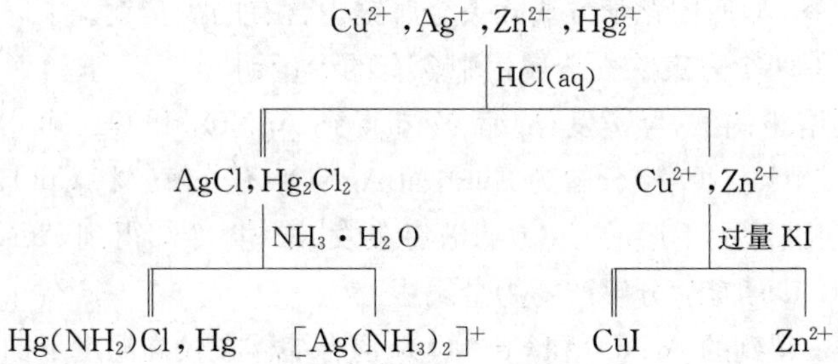

例 19.5 解释实验现象。

(1) $[Ag(NH_3)_2]Cl$ 遇到硝酸时，析出沉淀。

(2) 稀释 $CuCl_2$ 的浓溶液时，体系的颜色由黄色经绿色变为蓝色。

(3) 将 SO_2 通入 $CuSO_4$ 和 NaCl 的浓的混合溶液，有白色沉淀生成。

(4) 单质铁能使 Cu^{2+} 还原，单质铜却能使 Fe^{3+} 还原。

(5) 向用 H_2SO_4 酸化的 $CuSO_4$ 溶液中通入 H_2S 气体，可以得到黑色的 CuS 沉淀。当 Cu 与浓硫酸共热，主要的含硫产物为 SO_2，同时也得到少量的 CuS 沉淀。

解：(1) 在$[Ag(NH_3)_2]^+$溶液中存在如下配位解离平衡：

$$[Ag(NH_3)_2]^+ \rightleftharpoons Ag^+ + 2NH_3$$

当向该体系中加入硝酸时，有下列反应：

$$NH_3 + H^+ = NH_4^+$$

由于生成NH_4^+，使$[Ag(NH_3)_2]^+$的解离程度更大。当Ag^+浓度增加到足以形成AgCl沉淀时，则发生下式的反应：

$$[Ag(NH_3)_2]Cl + HNO_3 = AgCl\downarrow + NH_4NO_3$$

(2) 在很浓的$CuCl_2$水溶液中，可形成黄色的$[CuCl_4]^{2-}$，而$CuCl_2$的稀溶液为蓝色，这是因为溶液中存在$[Cu(H_2O)_4]^{2+}$的缘故：

$$\underset{(黄色)}{[CuCl_4]^{2-}} + 4H_2O \rightleftharpoons \underset{(蓝色)}{[Cu(H_2O)_4]^{2+}} + 4Cl^-$$

稀释$CuCl_2$的浓溶液时，依次观察到黄色、黄绿色、绿色、蓝绿色和蓝色。颜色变化的原因是溶液中黄色$[CuCl_4]^{2-}$和蓝色$[Cu(H_2O)_4]^{2+}$的相对量不同。

(3) 白色沉淀为氯化亚铜，为使Cu^{2+}转变为Cu(Ⅰ)，在有还原剂SO_2存在的同时，还必须有Cu(Ⅰ)的沉淀剂或配体Cl^-存在，以降低溶液中Cu^+的浓度，使之成为难溶物或难解离的化合物：

$$2Cu^{2+} + SO_2 + 2Cl^- + 2H_2O = 2CuCl\downarrow + SO_4^{2-} + 4H^+$$

(4) 查得Fe^{2+}/Fe的$E^\ominus(1) = -0.447\ V$，Fe^{3+}/Fe^{2+}的$E^\ominus(2) = 0.771\ V$，Cu^{2+}/Cu的$E^\ominus(3) = 0.342\ V$。

因为$E^\ominus(1) < E^\ominus(3)$，所以单质铁能使$Cu^{2+}$还原：

$$Fe + Cu^{2+} = Fe^{2+} + Cu$$

而$E^\ominus(3) < E^\ominus(2)$，所以单质铜能使$Fe^{3+}$还原：

$$2Fe^{3+} + Cu = 2Fe^{2+} + Cu^{2+}$$

(5) CuS的溶解度很小，不溶于H_2SO_4，故题设的条件下可以生成CuS沉淀。

铜与浓硫酸之间发生的是氧化还原反应。H_2SO_4的主要还原产物是SO_2，但也有少量S^{2-}。Cu的氧化产物Cu^{2+}可以与S^{2-}生成难溶的CuS。

例 19.6 简要回答：如何用化学方法除去金属银中含有的少量铜。

解：可以设计以下两个方案除去金属银中含有的少量铜。

方案一 将金属溶于硝酸，经蒸发、浓缩、冷却得到$AgNO_3$和$Cu(NO_3)_2$混合晶体，控制加热温度在200～400 ℃，$Cu(NO_3)_2$分解为CuO，而$AgNO_3$不分解。将CuO和$AgNO_3$混合物投入水中，充分搅拌后过滤除去不溶的CuO，滤液经蒸发、浓缩、冷却得到$AgNO_3$晶体，将$AgNO_3$在较高温度下（>440 ℃）加热，分解产物为金属银。

方案二 将方案一得到的$AgNO_3$和$Cu(NO_3)_2$混合晶体在较高温度下加热，$AgNO_3$分解为金属银，$Cu(NO_3)_2$分解为CuO；用稀硫酸处理Ag和CuO混合物则CuO溶解，过滤得到金属银。

例 19.7 AgF的溶解度大于AgCl的溶解度，而CuF_2的溶解度却小于$CuCl_2$的溶解度，请解释原因。

解：AgF中，Ag^+为软酸，F^-为硬碱，软酸和硬碱结合的产物结合力弱，溶解度大，AgF易溶于水。AgCl中，Cl^-的变形性大，Ag^+也有变形性，AgCl中键的共价成分多，溶解度小，AgCl不溶于水。CuF_2中，F^-的半径很小，CuF_2的晶格能特别大，难溶。而Cl^-半径大，$CuCl_2$的晶格能比CuF_2的晶格能小，故$CuCl_2$较CuF_2易溶。

例 19.8　化合物(A)较浓的溶液为绿色，将铜丝与其共煮渐渐生成近无色溶液(B)。用大量的水稀释(B)得到白色沉淀(C)。用热的 NaOH 和 H_2O_2 混合溶液处理(C)得到黑色物质(D)。(D)溶于稀 H_2SO_4 生成蓝色溶液(E)，向(E)中缓慢滴加氨水，先有蓝色沉淀(F)生成，最后得到深蓝色溶液(G)。向溶液(E)中投入铁粉，有红色单质(H)生成。(H)不溶于稀 H_2SO_4，溶于浓 H_2SO_4 有气体(I)生成。试给出(A)、(B)、(C)、(D)、(E)、(F)、(G)、(H)和(I)所代表物质的化学式，并用化学方程式表示各过程。

解：(A)—$CuCl_2$；　(B)—$[CuCl_2]^-$；　(C)—CuCl；　(D)—CuO；
(E)—$CuSO_4$；　(F)—$Cu(OH)_2 \cdot CuSO_4$；　(G)—$[Cu(NH_3)_4]^{2+}$；　(H)—Cu；
(I)—SO_2。

各过程的化学反应方程式如下：

$$Cu^{2+} + Cu + 4Cl^- \xlongequal{} 2[CuCl_2]^-$$

$$[CuCl_2]^- \xlongequal{} CuCl + Cl^-$$

$$2CuCl + 2NaOH + H_2O_2 \xlongequal{} 2CuO + 2H_2O + 2NaCl$$

$$CuO + H_2SO_4 \xlongequal{} CuSO_4 + H_2O$$

$$2CuSO_4 + 2NH_3 \cdot H_2O \xlongequal{} Cu(OH)_2 \cdot CuSO_4 + (NH_4)_2SO_4$$

$$Cu(OH)_2 \cdot CuSO_4 + (NH_4)_2SO_4 + 6\ NH_3 \cdot H_2O \xlongequal{} 2[Cu(NH_3)_4]SO_4 + 2H_2O$$

$$Cu + H_2SO_4(浓) \xlongequal{} CuSO_4 + SO_2\uparrow + H_2O$$

第二部分　习题

一、选择题

19.1　下列化合物中，既易溶于稀氢氧化钠溶液，又易溶于氨水的是
(A) $Cu(OH)_2$；　(B) Ag_2O；　(C) $Zn(OH)_2$；　(D) $Cd(OH)_2$。

19.2　下列化合物中，在 NaOH 溶液中溶解度最小的是
(A) $Sn(OH)_2$；　(B) $Pb(OH)_2$；　(C) $Cu(OH)_2$；　(D) $Zn(OH)_2$。

19.3　下列化合物中，和稀醋酸作用有金属单质生成的是
(A) Ag_2O；　(B) Cu_2O；　(C) ZnO；　(D) HgO。

19.4　为除去铜粉中的少量氧化铜，应采取的操作是
(A) 浓盐酸洗；　(B) KCN 溶液洗；　(C) 稀硝酸洗；　(D) 稀硫酸洗。

19.5　欲除去 $Cu(NO_3)_2$ 溶液中的少量 $AgNO_3$，最好加入
(A) 铜粉；　(B) NaOH；　(C) Na_2S；　(D) $NaHCO_3$。

19.6　下列化合物中，其浓溶液可以溶解铁锈的是
(A) $FeCl_2$；　(B) $CoCl_2$；　(C) $ZnCl_2$；　(D) $CuCl_2$。

19.7　向 $Hg_2(NO_3)_2$ 溶液中加入 NaOH 溶液，生成的沉淀是
(A) Hg_2O；　(B) HgOH；　(C) HgO＋Hg；　(D) $Hg(OH)_2$＋Hg。

19.8　下列化合物中，在硝酸和氨水中都能溶解的是
(A) AgCl；　(B) Ag_2CrO_4；　(C) $HgCl_2$；　(D) CuS。

19.9 在分析气体时,可用于吸收 CO 的试剂为

(A) $PdCl_2$; (B) CuCl; (C) AgCl; (D) Hg_2Cl_2。

19.10 下列化合物中,颜色最深的是

(A) CuO; (B) ZnO; (C) HgO; (D) PbO。

19.11 下列化合物中,在氨水、盐酸、氢氧化钠溶液中均不溶解的是

(A) $ZnCl_2$; (B) $CuCl_2$; (C) Hg_2Cl_2; (D) AgCl。

19.12 下列试剂中,可将 Hg_2Cl_2,CuCl,AgCl 鉴别开的是

(A) Na_2S; (B) $NH_3 \cdot H_2O$; (C) Na_2SO_4; (D) KNO_3。

二、填空题

19.13 给出下列物质的化学式。

(1) 黄铜矿________; (2) 辉铜矿________; (3) 赤铜矿________;

(4) 黑铜矿________; (5) 孔雀石________; (6) 胆矾________;

(7) 闪锌矿________; (8) 菱锌矿________; (9) 朱砂________;

(10) 锌白________; (11) 立德粉________; (12) 镉黄________;

(13) 甘汞________; (14) 升汞________。

19.14 给出组成合金的金属:青铜________,白铜________,黄铜________,康铜________。

19.15 Hg_2Cl_2 空间构型为________,中心原子采取的轨道杂化类型为________。用氨水处理 Hg_2Cl_2 得到的沉淀是________。

19.16 黄色 HgO 在一定温度下加热一段时间转化为红色的 HgO,这是因为____________;ZnO 长时间加热后将由白色变成黄色,这是由于在加热过程中______________。

19.17 欲将 Ag^+ 从 Pb^{2+},Sn^{4+},Al^{3+},Hg^{2+}混合溶液中分离出来,可加入的试剂为__________。

19.18 Cu(Ⅰ)在水溶液中不稳定,容易发生________反应,该反应的离子方程式为__________________。因此,Cu(Ⅰ)在水溶液中只能以________和________形式存在,如__________和____________。

19.19 Hg_2Cl_2 是利尿剂。有时服用含有 Hg_2Cl_2 的药剂会引起中毒,其原因是____________。

19.20 五支试管分别盛有以下五种试液,请用一种试剂把它们区别开,并给出产物和现象。

	NaCl	Na_2S	$K_2Cr_2O_7$	$Na_2S_2O_3$	K_2HPO_4

19.21 给出下列离子的颜色。

$[Cu(H_2O)_4]^{2+}$________色;$[CuCl_4]^{2-}$________色;$[Cu(CN)_4]^{3-}$________色;$[CuCl_2]^-$________色;$[Cu(NH_3)_4]^{2+}$________色;$[Cu(OH)_4]^{2-}$________色;$[Cu(NH_3)_2]^+$________色;$[Cu(CN)_4]^{2-}$________色;$[HgI_4]^{2-}$________色;$[Hg(SCN)_4]^{2-}$________色。

19.22 给出下列化合物的颜色。

$CuSO_4$________色;$CuCl_2$________色;$CuCl_2 \cdot 2H_2O$________色;$K_2[Cu(C_2O_4)_2] \cdot 2H_2O$________色;$Cu(OH)_2$________色;$Cu(OH)_2 \cdot CuCO_3$________色;CuBr________色;CuI________色;CuCN________色;CuO________色;Cu_2O________色;Ag_2O________

色；$AgPO_3$ ________ 色；Ag_3PO_4 ________ 色；$Ag_4P_2O_7$ ________ 色；AgCl ________ 色；AgBr ________ 色；AgI ________ 色；$Ag_2S_2O_3$ ________ 色；$Zn[Hg(SCN)_4]$ ________ 色；ZnO ________ 色；ZnS ________ 色；CdO ________ 色；HgO ________ 色；Hg_2Cl_2 ________ 色；Hg_2I_2 ________ 色；HgI_2 ________ 色。

19.23 比较大小。

(1) 在水中的溶解度 CuCl ____ AgCl，$AgClO_4$ ____ $KClO_4$。

(2) 在氨水中的溶解度 $Cr(OH)_3$ ____ $Zn(OH)_2$，$ZnCl_2$ ____ ZnO。

(3) 在 KI 溶液中的溶解度 HgI_2 ____ PbI_2，PbI_2 ____ AgI。

(4) 在 NaOH 溶液中的溶解度 ZnO ______ CuO，CuO ______ CdO。

三、完成并配平化学反应方程式

19.24 向 $ZnCl_2$ 的稀溶液中连续滴加氢氧化钠溶液。

19.25 向 $CdCl_2$ 的稀溶液中连续滴加氢氧化钠溶液。

19.26 向 $ZnCl_2$ 的稀溶液中连续滴加氨水。

19.27 向 $Hg(NO_3)_2$ 溶液中滴加氢氧化钠溶液。

19.28 向 $HgCl_2$ 溶液中滴加氨水。

19.29 向 $Hg(NO_3)_2$ 溶液中连续滴加碘化钾溶液。

19.30 奈斯勒试剂与 NH_4^+ 作用。

19.31 氯化汞与亚锡离子反应。

19.32 氯化铜溶液与亚硫酸氢钠溶液混合后微热。

19.33 向 $CuSO_4$ 溶液中连续滴加 NaCN 溶液。

19.34 氯化亚铜暴露于空气中。

19.35 硝酸汞溶液与单质汞作用后，再加入盐酸。

19.36 用氨水处理甘汞。

19.37 氧化汞溶于氢碘酸。

19.38 向 $Hg_2(NO_3)_2$ 溶液中加入 NaOH 溶液。

19.39 二价铜与碱性联氨溶液作用。

19.40 硫化亚铜溶于氰离子溶液。

19.41 汞与过量的稀硝酸作用。

19.42 硫化汞溶于硫化钠溶液。

19.43 水合氯化锌受热分解。

19.44 氯化亚汞光照分解。

19.45 铜与含有二氧化碳的潮湿空气接触，表面生成铜绿。

19.46 在有氧气存在的条件下，银与氰化钠溶液反应。

19.47 金属铜在有空气存在的条件下与稀硫酸作用。

19.48 四羟合铜(Ⅱ)配阴离子与葡萄糖的反应。

19.49 氧化亚铜溶于氨水。

19.50 溴化银光照分解。

19.51 过量的单质汞与稀硝酸反应。

19.52 单质锌溶于氨水。

19.53 硫化汞溶于浓的碘化钾酸性溶液。

19.54 单质汞与二氯化汞固体一起研磨。

19.55 硫化汞溶于王水。

19.56 向二硫代硫酸根合银(Ⅰ)配阴离子的溶液中通入硫化氢气体。

四、分离、鉴别与制备

19.57 叙述下列生产或制备过程。

(1) 以黄铜矿($CuFeS_2$)为原料提炼粗铜；

(2) 氰化法炼金；

(3) 以含有杂质 CdS 的闪锌矿(ZnS)提炼金属 Zn；

(4) 以辰砂(HgS)为原料制取高纯汞。

19.58 请将下列合成用化学反应方程式表示出来。

(1) 由 $CuSO_4$ 合成 CuBr；

(2) 由 ZnS 合成无水 $ZnCl_2$；

(3) 由 Hg 制备 $K_2[HgI_4]$；

(4) 由 $ZnCO_3$ 提取 Zn；

(5) 以金属 Ag 为主要原料制取硝酸银、氯化银、碘化银和硫化银；

(6) 以金属 Zn 为主要原料制取硝酸锌、氯化锌和硫化锌；

(7) 以金属 Hg 为主要原料制取硝酸汞、硝酸亚汞、碘化汞、碘化亚汞和硫化汞；

(8) 由 Cu(Ⅱ)化合物制备 Cu(Ⅲ)化合物。

19.59 分离下列各组混合物。

(1) ZnS，CdS，HgS；　　(2) AgCl，Hg_2Cl_2，$HgCl_2$。

19.60 设计方案分离离子：Zn^{2+}，Cd^{2+}，Hg^{2+}，Al^{3+}。

19.61 设计方案将离子分离并复原：Al^{3+}，Cr^{3+}，Ag^{+}，Zn^{2+}，Hg^{2+}。

19.62 设计一个不用生成硫化物而能将离子分离的方案：Ag^{+}，Hg_2^{2+}，Cu^{2+}，Zn^{2+}，Cd^{2+}，Hg^{2+}，Al^{3+}。

19.63 CuCl，AgCl，Hg_2Cl_2 都是难溶于水的白色粉末，如何区别这三种物质？

五、简答题

19.64 解释实验现象。

(1) 向盛有 $CuSO_4$ 溶液的试管中加入 NaOH 溶液，析出浅蓝色沉淀，然后将试管水浴加热则沉淀变黑；

(2) 向 $HgCl_2$ 溶液中加入 NaOH 溶液析出黄色沉淀，而向 $HgCl_2$ 溶液中加入氨水析出白色沉淀；

(3) $Hg(NO_3)_2$ 溶于水时析出黄色沉淀，而 $HgCl_2$ 溶于水时没有明显的沉淀析出；

(4) 黄色的 AgI 受热时显红色，低温时显白色，而 AgCl 常温下显白色；

(5) 铜与 NaCN 溶液作用放出 H_2，而且在有氧气存在时铜能溶于浓氨水；

(6) 铜可溶于硝酸，而金只能溶于王水；

(7) 向 $[Zn(OH)_4]^{2-}$ 溶液中不断滴加盐酸，先有白色沉淀生成，继而沉淀溶解；

(8) 向 $Hg_2(NO_3)_2$ 溶液中不断滴加 KI 溶液，先有黄色沉淀生成，继而沉淀颜色加深，最后得到黑色沉淀和无色溶液；

(9) 向 $Hg(NO_3)_2$ 溶液中不断滴加 KI 溶液，先有红色沉淀生成，继而沉淀消失得到无色溶液。

19.65 用化学反应方程式表示下列与 Cu 有关的转化过程。

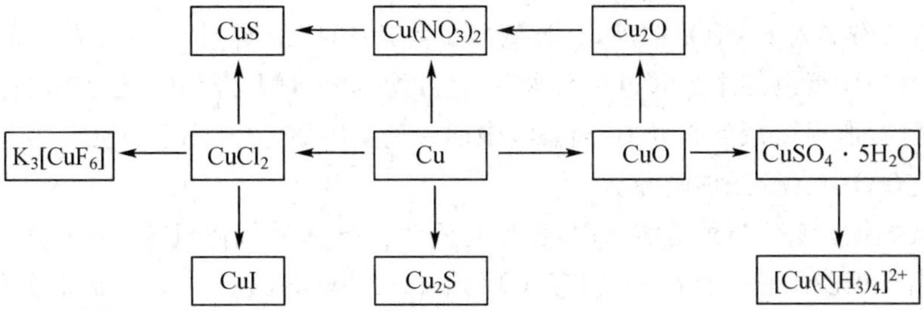

19.66 用化学反应方程式表示下列与 Zn 有关的转化过程。

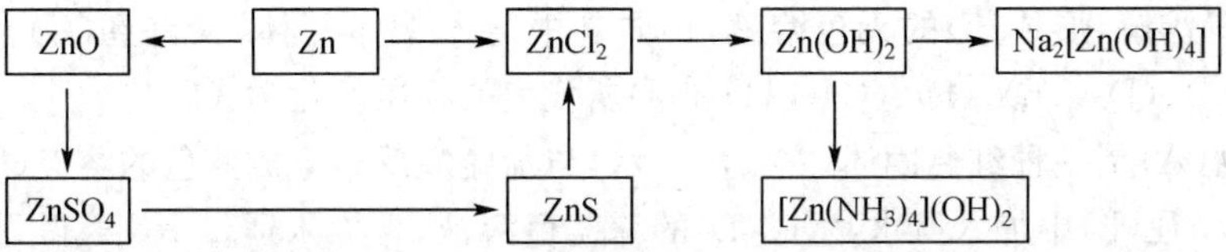

19.67 填写汞的硝酸盐与某些试剂反应的主要产物，并说明实验现象。

	$Hg_2(NO_3)_2$	$Hg(NO_3)_2$
KOH		
$NH_3 \cdot H_2O$		
H_2S		
$SnCl_2$		
KI		

19.68 解释下列实验事实。

(1) 加热 $CuCl_2 \cdot 2H_2O$ 得不到无水 $CuCl_2$；

(2) HgC_2O_4 难溶于水，但可溶于盐酸；

(3) $Hg(NO_3)_2$ 溶液中有 NH_4NO_3 存在时，加入氨水得不到 $Hg(NH_2)NO_3$ 沉淀。

19.69 Cu 和 Zn 在元素周期表中同属 ds 区，且为相邻元素。实验测得 Cu 的第一电离能为 745.5 $kJ \cdot mol^{-1}$，Zn 的第一电离能为 906.4 $kJ \cdot mol^{-1}$。从第一电离能数据看，Cu 应该比 Zn 活泼，事实上 Zn 的化学活泼性远强于 Cu，由 $E^{\ominus}(Cu^{2+}/Cu) = 0.34\ V$，$E^{\ominus}(Zn^{2+}/Zn) = -0.76\ V$ 可明显看出这一点。试认真分析这一问题，并查阅有关数据，解释这对似乎矛盾的事实。

19.70 金属(M)延展性好，不溶于盐酸和稀硫酸。将(M)溶于硝酸后蒸发、浓缩、冷却得到(A)的水合盐。(A)受热分解得到黑色固体(B)。(B)溶于盐酸后经蒸发、浓缩、冷却得到绿色晶体(C)。(B)溶于稀硫酸后经蒸发、浓缩、冷却得到蓝色晶体(D)。(D)在 270 ℃恒温生成白色粉末(E)。(E)在 600 ℃恒温生成(B)。

(1) 写出(A)、(B)、(C)和(E)所代表物质的化学式。

(2) (A)的熔点较低、真空时易升华，这与一般离子晶体的性质不相符。简述理由。

(3) Cu(Ⅱ)的一水合乙酸盐的磁矩明显小于期望值($1.732\mu_B$)，简述理由。

19.71 白色固体(A)为三种硝酸盐的混合物，进行如下实验：

(1) 取少量固体(A)溶于水后，加 NaCl 溶液，有白色沉淀生成。

(2) 将(1)的沉淀离心分离，离心液分成三份：第一份加入少量 Na_2SO_4，有白色沉淀生成；第二份加入 K_2CrO_4 溶液，有黄色沉淀生成；第三份加入 NaClO，有棕黑色沉淀生成。

(3) 在(1)所得沉淀中加入过量氨水，白色沉淀部分溶解，部分转化为灰白色沉淀。

(4) 将(3)所得溶液离心分离，离心液中加入过量硝酸，又有白色沉淀产生。

试确定(A)中含哪三种硝酸盐。

19.72 某络酸的钠盐(A)与稀盐酸作用，生成有刺激性气味的气体(B)和黑色沉淀(C)，同时溶液中出现极浅的黄色浑浊，说明有(D)产生。气体(B)能使 $KMnO_4$ 溶液褪色。若通氯气于(A)的溶液中，得到白色沉淀(E)和化合物(F)的溶液。(F)与 $BaCl_2$ 作用，有不溶于酸的白色沉淀(G)产生。若在(A)的溶液中加入 KI，则生成黄色沉淀(H)，再加入 NaCN 溶液，(H)溶解，形成(I)的无色溶液，再向其中通入 H_2S 气体，又得到(C)。试给出(A)、(B)、(C)、(D)、(E)、(F)、(G)、(H)和(I)所代表的物质的化学式。

19.73 化合物(A)是一种红色固体，它不溶于水，与稀硫酸反应生成蓝色的溶液(B)和暗红色沉淀(C)。往(B)中加入氨水，生成(D)的深蓝色溶液，再加入适量 KCN，得无色溶液，说明有(E)生成。(C)与浓硫酸反应生成(B)，同时放出有刺激性气味的气体(F)。试给出(A)、(B)、(C)、(D)、(E)和(F)所代表的物质的化学式。

19.74 白色固体(A)不溶于水和氢氧化钠溶液，溶于盐酸形成无色溶液(B)和气体(C)。向溶液(B)中滴加氨水先有白色沉淀(D)生成，而后(D)又溶于过量氨水中形成无色溶液(E)；将(C)通入 $CdSO_4$ 溶液中得黄色沉淀，若将(C)通入溶液(E)中则析出固体(A)。试给出(A)、(B)、(C)、(D)和(E)所代表的物质的化学式。

19.75 无色晶体(A)溶于水后加入盐酸得白色沉淀(B)。分离后将(B)溶于 $Na_2S_2O_3$ 溶液得无色溶液(C)。向(C)中加入盐酸得黑色沉淀混合物(D)和无色气体(E)。(E)与碘水作用后转化为无色溶液(F)。向(A)的水溶液中滴加少量 $Na_2S_2O_3$ 溶液立即生成白色沉淀(G)，该沉淀由白变黄、变橙、变棕最后转化为黑色，说明有(H)生成。试给出(A)、(B)、(C)、(D)、(E)、(F)、(G)和(H)所代表的物质的化学式。

19.76 白色固体溶于水后得无色溶液(A)。向(A)中加入氢氧化钠溶液得黄色沉淀(B)，(B)不溶于过量的氢氧化钠溶液。(B)溶于盐酸又得到(A)。向(A)中滴加少量氯化亚锡溶液有白色沉淀(C)生成。用过量碘化钾溶液处理(C)得黑色沉淀(D)和无色溶液(E)。向无色溶液(E)中通入硫化氢气体得黑色沉淀(F)，(F)不溶于硝酸。将(F)溶于王水后得黄色沉淀(G)、无色溶液(H)和气体(I)，(I)可使酸性高锰酸钾溶液褪色。试给出(A)、(B)、(C)、(D)、(E)、(F)、(G)、(H)和(I)所代表的物质的化学式。

第 20 章
钛副族元素和钒副族元素

第一部分　例题

例 20.1　完成并配平下列化学反应方程式。

(1) $Ti + H_2SO_4(浓) \xlongequal{\triangle}$

(2) $Ti + Cl_2 \xlongequal{高温}$

(3) $TiO_2 + MgO \xlongequal{熔融}$

(4) $TiO_2 + H_2SO_4(浓) \xlongequal{\triangle}$

(5) $TiCl_4 + Ti \xlongequal{800\ ℃}$

(6) $V + O_2 \xlongequal{高温}$

(7) $V + Cl_2 \xlongequal{高温}$

(8) $NH_4VO_3 \xlongequal{\triangle}$

(9) $V_2O_5 + NaOH(aq) =\!=\!=$

(10) $VSO_4 + KMnO_4 + H_2O =\!=\!=$

解：(1) $2Ti + 3H_2SO_4(浓) \xlongequal{\triangle} Ti_2(SO_4)_3 + 3H_2\uparrow$

(2) $Ti + 2Cl_2 \xlongequal{高温} TiCl_4$

(3) $TiO_2 + MgO \xlongequal{熔融} MgTiO_3$

(4) $TiO_2 + 2H_2SO_4(浓) \xlongequal{\triangle} Ti(SO_4)_2 + 2H_2O$

(5) $3TiCl_4 + Ti \xlongequal{800\ ℃} 4TiCl_3$

(6) $4V + 5O_2 \xlongequal{高温} 2V_2O_5$

(7) $V + 2Cl_2 \xlongequal{高温} VCl_4$

(8) $2NH_4VO_3 \xlongequal{\triangle} V_2O_5 + 2NH_3\uparrow + H_2O$

(9) $V_2O_5 + 6NaOH(aq) =\!=\!= 2Na_3VO_4 + 3H_2O$

(10) $6VSO_4 + 2KMnO_4 + H_2O \xlongequal{} 2V_2(SO_4)_3 + V_2O_3\downarrow + 2MnO_2\downarrow + 2KOH$

例 20.2 简述生产过程，并写出有关化学反应方程式。

(1) 以金红石为原料生产纯金属钛；

(2) 以炼钢的残渣为主要原料生产单质钒。

解：(1) 将原料粉与碳、氯气共热生成 $TiCl_4$：

$$TiO_2 + 2C + 2Cl_2 \xlongequal{\triangle} TiCl_4 + 2CO$$

在 Ar 气氛中用金属镁或钠还原 $TiCl_4$ 蒸气制取 Ti：

$$TiCl_4(g) + 2Mg(l) \xlongequal{800\ ℃} Ti + 2MgCl_2(l)$$

用水浸取除去可溶盐后，即得到海绵状钛，再在惰性气氛下熔炼，得到较纯的 Ti 单质。

(2) 在炼钢的残渣中，V_2O_3 与 FeO 结合为 $FeO\cdot V_2O_3$。将助熔剂如 NaCl，Na_2CO_3 等加入钒渣中，进行氧化焙烧，可使钒转化为可溶性的钒酸钠。发生的反应为

$$4FeO\cdot V_2O_3 + 5O_2 \xlongequal{焙烧} 4V_2O_5 + 2Fe_2O_3$$

$$2V_2O_5 + 4NaCl + O_2 \xlongequal{焙烧} 4NaVO_3 + 2Cl_2$$

$$V_2O_3 + Na_2CO_3 + O_2 \xlongequal{焙烧} 2NaVO_3 + CO_2$$

然后，用水将可溶性的 $NaVO_3$ 浸出，加酸调 pH 至 2～3，此时析出红色的多钒酸盐沉淀。将其在 700 ℃下熔化，可得黑色的工业级 V_2O_5。V_2O_5 可进一步被 Fe 在高温下还原为金属钒单质。

例 20.3 解释实验现象。

(1) 金属钛缓慢溶于热的浓盐酸，生成紫色溶液；将该溶液在室温下滴入酸化的高锰酸钾水溶液中，溶液迅速褪色。

(2) 打开盛有 $TiCl_4$ 试剂的玻璃瓶时会冒白烟。

(3) 在酸性介质中，足量金属锌加入钒(Ⅴ)的溶液中，溶液颜色由黄色逐渐变为蓝色、绿色，最后变成紫色。

解：(1) 金属钛缓慢溶于热的浓盐酸，得到紫色的 Ti^{3+} 溶液：

$$2Ti + 6HCl(浓) \xlongequal{} 2TiCl_3 + 3H_2\uparrow$$

在酸性溶液中，Ti(Ⅲ)具有较强的还原性，可还原酸化的高锰酸钾，使溶液的紫红色褪去：

$$5Ti^{3+} + MnO_4^- + H_2O \xlongequal{} 5TiO^{2+} + Mn^{2+} + 2H^+$$

(2) $TiCl_4$ 遇潮湿的空气发生水解：

$$TiCl_4 + 2H_2O \xlongequal{} TiO_2\downarrow + 4HCl$$

生成的 HCl 蒸气凝结成小液滴，成雾状，即所谓的“白烟”。

(3) 金属锌可以还原钒(Ⅴ)的酸性溶液(VO_2^+ 黄色)，经蓝色的 +4 氧化态、绿色的 +3 氧化态，最后得到紫色的氧化数为 +2 的钒离子。化学反应方程式为

$$2VO_2^+(黄色) + Zn + 4H^+ \xlongequal{} 2VO^{2+}(蓝色) + Zn^{2+} + 2H_2O$$

$$2VO^{2+} + Zn + 4H^+ \xlongequal{} 2V^{3+}(绿色) + Zn^{2+} + 2H_2O$$

$$2V^{3+} + Zn \xlongequal{} 2V^{2+}(紫色) + Zn^{2+}$$

例 20.4 指出下列离子中哪些在水溶液中不能存在，并说明理由。

(1) $[Ti(H_2O)_6]^{2+}$；　　(2) $[Ti(H_2O)_6]^{3+}$；

(3) $[Ti(H_2O)_6]^{4+}$；　　(4) $[Zr(H_2O)_6]^{2+}$。

解： $[Ti(H_2O)_6]^{2+}$不能存在。见下面的元素电势图：

$$TiO^{2+} \xrightarrow{0.1\ V} Ti^{3+} \xrightarrow{-0.37\ V} Ti^{2+} \xrightarrow{-1.63\ V} Ti$$

由于 Ti^{2+}的还原性极强，在水中将被氧化成 Ti^{3+}。

$[Ti(H_2O)_6]^{4+}$不能存在。因为 Ti^{4+}的电荷数过高，且半径很小，约为 61 pm，在水中将发生水解，变成 TiO^{2+}形式。

$[Zr(H_2O)_6]^{2+}$不能存在。Zr 的低氧化态不稳定，基本上以 Zr(Ⅳ)形式存在。

只有$[Ti(H_2O)_6]^{3+}$可以在水中存在。但是由于其还原性较强，可以被空气中的 O_2 氧化，所以也要注意加以保护。

例 20.5 浅黄色晶体(A)受热分解生成棕黄色粉末(B)和无色气体(C)。(B)不溶于水，与浓盐酸作用放出强刺激性气体(D)。将气体(C)通入 $CuSO_4$ 溶液有淡蓝色沉淀(E)生成，(C)过量则沉淀溶解得到深蓝色溶液(F)。(B)溶于稀硫酸后，加入适量草酸，经充分反应得到蓝色溶液(G)。向溶液(G)中放入足量金属 Zn，最终生成紫色溶液(H)。

试给出(A)、(B)、(C)、(D)、(E)、(F)、(G)和(H)所代表的物质的化学式，并用化学反应方程式表示各过程。

解： (A)—NH_4VO_3；　(B)—V_2O_5；　(C)—NH_3；

(D)—Cl_2；　(E)—$Cu(OH)_2$；　(F)—$[Cu(NH_3)_4]^{2+}$；

(G)—VO^{2+}；　(H)—V^{2+}。

各过程的化学反应方程式如下：

$$2NH_4VO_3 = V_2O_5 + 2NH_3\uparrow + H_2O$$

$$V_2O_5 + 6HCl(浓) = 2VOCl_2 + Cl_2\uparrow + 3H_2O$$

$$2NH_3 + CuSO_4 + 2H_2O = Cu(OH)_2\downarrow + (NH_4)_2SO_4$$

$$Cu(OH)_2 + 4NH_3 = [Cu(NH_3)_4]^{2+} + 2OH^-$$

$$V_2O_5 + H_2SO_4 = (VO_2)_2SO_4 + H_2O$$

$$2VO_2^+ + H_2C_2O_4 + 2H^+ = 2VO^{2+}(蓝色) + 2CO_2\uparrow + 2H_2O$$

$$VO^{2+} + Zn + 2H^+ = V^{2+}(紫色) + Zn^{2+} + H_2O$$

第二部分　习题

一、选择题

20.1 下列金属中，密度最小的是

(A) Cu；　(B) Zn；　(C) Ti；　(D) V。

20.2 下列各组元素的性质最相似的是

(A) Cr 和 Mn；　(B) Cu 和 Zn；　(C) Ti 和 V；　(D) Nb 和 Ta。

20.3 下列各组元素的性质差异最大的是

(A) Ti 和 V；　(B) Mo 和 W；　(C) Nb 和 Ta；　(D) Zr 和 Hf。

20.4 下列单质中,易溶于 HF 溶液的是

(A) Ti; (B) Cu; (C) Ni; (D) Si。

20.5 下列金属中,与硝酸作用的产物氧化数最低的是

(A) Sb; (B) V; (C) Mo; (D) W。

20.6 与其他溶液颜色明显不同的是

(A) $TiCl_3$; (B) $[V(H_2O)_6]^{2+}$;

(C) $[V(H_2O)_6]^{3+}$; (D) $KMnO_4$。

20.7 下列化合物中,熔点最低的是

(A) TiF_3; (B) TiF_4; (C) $TiCl_3$; (D) $TiCl_4$。

20.8 下列无机材料中,具有压电效应的是

(A) $BaCO_3$; (B) $BaSO_4$; (C) $BaTiO_3$; (D) $BaCrO_4$。

20.9 下列试剂中,能将 TiO^{2+} 还原为 Ti^{3+} 的是

(A) H_2S; (B) SO_2; (C) KI; (D) Al。

20.10 将钒的混合氧化物溶于硫酸,溶液中不存在的离子是

(A) VO^{2+}; (B) V^{4+}; (C) V^{3+}; (D) VO_2^+。

二、填空题

20.11 给出下列物质的化学式。

(1) 金红石________; (2) 钛铁矿________;

(3) 钙钛矿________; (4) 榍石________;

(5) 锆英石________; (6) 斜锆石________;

(7) 绿硫钒石________; (8) 钒铅矿________。

20.12 钛溶于热的浓盐酸的氧化产物是________,钛与干燥的氯在高温下的反应产物是________;钒与稀硝酸反应的氧化产物是________。

20.13 Ti(Ⅳ)在酸性溶液中的存在形式为________,V(Ⅳ)在酸性溶液中的存在形式为________。

20.14 用 $Ti(CO_3)_4$, TiI_4, $Ti(NO_3)_4$, $Ti(OH)_4$ 表示的化合物中,其中________可以从溶液中析出,实际上不可能存在的是________。

20.15 用过量 Zn 还原 VO^{2+} 溶液,最终的还原产物为________;用 Fe^{3+} 溶液氧化 V^{3+},最终的氧化产物为________。

20.16 五价钒的溶液与 H_2O_2 发生________反应,在酸性条件下的反应产物为________,在碱性条件下的反应产物为________。

20.17 给出下列离子在溶液中的颜色。

Ti^{3+}________色;V^{2+}________色;V^{3+}________色;VO^{2+}________色;VO_2^+________色;VO_4^{3-}________色;$V_{10}O_{28}^{6-}$________色;$[Ti(O_2)]^{2+}$________色;$[V(O_2)]^{3+}$________色;$[VO_2(O_2)_2]^{3-}$________色。

三、完成并配平化学反应方程式

20.18 向三氯化钛溶液中加入稀硝酸。

20.19　金属钒溶于浓硝酸。

20.20　向硫酸氧钛溶液中加入过氧化氢。

20.21　用 NaH 还原四氯化钛。

20.22　五氧化二钒溶于稀硫酸。

20.23　向 VO_2^+ 溶液中加入硫酸亚铁。

20.24　酸性条件下用 $KMnO_4$ 溶液滴定四价钒。

20.25　金属钛溶于热的氢氟酸中。

20.26　高温下金属钛与氮气作用。

20.27　二氧化钛与碳酸钡共熔。

20.28　将四氯化钛加到氢氧化钠溶液中。

20.29　金属锌与四氯化钛的盐酸溶液作用。

20.30　金属钒与氢氟酸反应。

20.31　三氯氧钒水解。

20.32　五氧化二钒与浓盐酸作用。

20.33　向酸性的正钒酸盐中通入硫化氢气体。

20.34　铌与氧高温下反应。

四、分离、鉴别与制备

20.35　写出从钛铁矿($FeTiO_3$)提取钛白粉的化学反应方程式。

20.36　由 TiO_2 制备 $TiCl_4$。

20.37　由金属钛制取三氯化钛和钛酸钡。

20.38　写出以金属钒为原料制取五氧化二钒和偏钒酸铵的化学反应方程式。

20.39　紫色溶液可能是 $TiCl_3$ 溶液和 $KMnO_4$ 溶液中的一种，试加以鉴别。

五、简答题和计算题

20.40　解释实验现象。

(1) 冷却浓的 $TiCl_3$ 溶液析出的 $TiCl_3 \cdot 6H_2O$ 晶体呈紫色，用乙醚萃取 $TiCl_3$ 溶液在一定条件下析出的 $TiCl_3 \cdot 6H_2O$ 晶体呈绿色。

(2) $TiCl_3$ 溶液与 $CuCl_2$ 溶液反应后加水稀释有白色沉淀析出。

(3) 向酸性的 $VOSO_4$ 溶液中滴加 $KMnO_4$ 溶液，溶液颜色由蓝变黄。

(4) 向 V^{2+}溶液中缓慢滴加 $KMnO_4$ 溶液至大过量，体系颜色由紫色到绿色，再到蓝色，最后到黄色。

(5) V_2O_5溶于热的浓盐酸生成黄色溶液，后溶液颜色逐渐变蓝并有气体放出。

20.41　给出实验现象和化学反应方程式。

(1) 向 $TiCl_4$ 溶液中加入浓盐酸和金属锌后充分反应。

(2) 向(1)反应后的溶液中缓慢加入 NaOH 溶液至溶液呈碱性。

(3) 将(2)的沉淀过滤出来，用硝酸将其溶解后再加入稀碱溶液。

20.42　测定 TiO_2 中的钛含量时，先将 TiO_2 溶于热的 H_2SO_4-$(NH_4)_2SO_4$ 混合溶液中，冷却，稀释；用金属铝还原后，再用 KSCN 为指示剂，Fe^{3+}为氧化剂滴定溶液中的 Ti^{3+}，便可计算钛的含量。写出有关化学反应方程式，并说明测定方法的依据。

20.43 试写出钛白、锌白、锌钡白的化学组成，并指出钛白作为染料的优点。

20.44 酸性钒酸盐溶液中通入 SO_2 时生成深蓝色溶液，相同量的钒酸盐溶液被锌汞齐还原，得到紫色溶液，将此两溶液相混，得到绿色溶液，在这个过程中进行了哪些反应？写出化学反应方程式。

20.45 下面数据是 Ti(Ⅳ)的卤化物的熔点，请对其规律加以解释：

TiF_4 284 ℃； $TiCl_4$ −25 ℃； $TiBr_4$ 39 ℃； TiI_4 150 ℃。

20.46 在酸性介质中，钒元素的元素电势图如下：

$$VO_2^+ \xrightarrow{1.00\ V} VO^{2+} \xrightarrow{0.34\ V} V^{3+} \xrightarrow{-0.26\ V} V^{2+} \xrightarrow{-1.175\ V} V$$

(1) 写出钒溶解在盐酸中的离子反应方程式；

(2) 计算 V^{3+}/V 电对的 $E^{\ominus}$；

(3) 这些钒的氧化态能否发生歧化反应？

(4) 将 V 放入含有 V^{3+}的溶液中，写出离子反应方程式。

20.47 将 N_2O_5 与 $TiCl_4$ 作用可制备 $Ti(NO_3)_4$。试解释：

(1) 不能在水溶液中制备 $Ti(NO_3)_4$；

(2) $Ti(NO_3)_4$ 为离子化合物，但熔点(58 ℃)却较低。

20.48 化合物(A)为无色液体。(A)在潮湿的空气中冒白烟。取(A)的水溶液加入 $AgNO_3$ 溶液，有不溶于硝酸的白色沉淀(B)生成，(B)易溶于氨水。取锌粒投入(A)的盐酸溶液中，最终得到紫色溶液(C)。向(C)中加入 NaOH 溶液至碱性则有紫色沉淀(D)生成。将(D)洗净后置于稀硝酸中得无色溶液(E)。将溶液(E)加热得白色沉淀(F)。试给出(A)、(B)、(C)、(D)、(E)和(F)所代表的物质的化学式。

20.49 无色液体(A)与干燥氧气在高温下反应，生成不溶于水的白色粉末(B)。(B)和锌粉混合后与盐酸缓慢作用，最后得到紫红色溶液，说明有化合物(C)生成。向(C)的溶液中加入 $CuCl_2$ 溶液得白色沉淀(D)。紫色化合物(C)溶于过量硝酸得无色溶液(E)。将溶液(E)蒸干后，在较高温度下加热又得到(B)。(A)与铝粉混合，在高温下反应有化合物(C)生成。试给出(A)、(B)、(C)、(D)和(E)所代表的物质的化学式。

20.50 钒与吡啶-2-甲酸根($C_6NO_2H_4^-$)形成电中性的单核配位化合物，测得其氮的质量分数为4.5%。给出配位化合物的组成和钒的氧化数。

第 21 章
铬副族元素和锰副族元素

第一部分 例题

例 21.1 完成并配平下列化学反应方程式。

(1) $Cr^{3+} + CO_3^{2-} + H_2O =\!=\!=$

(2) $Cr^{3+} + PbO_2 + H_2O =\!=\!=$

(3) $Cr(OH)_3 + I_2 + OH^- =\!=\!=$

(4) $[Cr(OH)_4]^- + H_2O_2 + OH^- =\!=\!=$

(5) $Cr_2O_7^{2-} + H_2S + H^+ =\!=\!=$

(6) $MnO_2 + KOH + O_2 \xlongequal{\text{熔融}}$

(7) $MnO_4^{2-} + Cl_2 =\!=\!=$

(8) $MnO_4^{2-} + H_2O =\!=\!=$

(9) $MnO_4^- + SO_3^{2-} + H_2O =\!=\!=$

(10) $MnO_4^- + Cr^{3+} + H_2O =\!=\!=$

解: (1) $Cr^{3+} + 3CO_3^{2-} + 3H_2O =\!=\!= Cr(OH)_3\downarrow + 3HCO_3^-$

(2) $2Cr^{3+} + 3PbO_2 + H_2O =\!=\!= 3Pb^{2+} + Cr_2O_7^{2-} + 2H^+$

(3) $2Cr(OH)_3 + 3I_2 + 10OH^- =\!=\!= 2CrO_4^{2-} + 6I^- + 8H_2O$

(4) $2[Cr(OH)_4]^- + 3H_2O_2 + 2OH^- =\!=\!= 2CrO_4^{2-} + 8H_2O$

(5) $Cr_2O_7^{2-} + 3H_2S + 8H^+ =\!=\!= 2Cr^{3+} + 3S\downarrow + 7H_2O$

(6) $2MnO_2 + 4KOH + O_2 \xlongequal{\text{熔融}} 2K_2MnO_4 + 2H_2O$

(7) $2MnO_4^{2-} + Cl_2 =\!=\!= 2MnO_4^- + 2Cl^-$

(8) $3MnO_4^{2-} + 2H_2O =\!=\!= 2MnO_4^- + MnO_2\downarrow + 4OH^-$

(9) $2MnO_4^- + 3SO_3^{2-} + H_2O =\!=\!= 2MnO_2\downarrow + 3SO_4^{2-} + 2OH^-$

(10) $6MnO_4^- + 10Cr^{3+} + 11H_2O =\!=\!= 6Mn^{2+} + 5Cr_2O_7^{2-} + 22H^+$

例 21.2 分别将 CO_2,Cl_2 通入 K_2MnO_4 溶液或电解 K_2MnO_4 溶液,都可生成 $KMnO_4$,试写出相应的化学反应方程式,若从制备 $KMnO_4$ 的角度考虑,哪种方法较好,为什么?

解:生成 $KMnO_4$ 的三个反应为

$$3K_2MnO_4 + 2CO_2 =\!=\!= 2KMnO_4 + MnO_2\downarrow + 2K_2CO_3$$

$$2K_2MnO_4 + Cl_2 \xlongequal{} 2KMnO_4 + 2KCl$$

$$2K_2MnO_4 + 2H_2O \xlongequal{} 2KMnO_4 + 2KOH + H_2\uparrow$$

从反应方程式可以看出，第一个反应理论产率只有三分之二，有三分之一的 K_2MnO_4 转化为 MnO_2。第二个反应的产率虽然高，但 $KMnO_4$(溶解度 0.45 mol·dm^{-3})和 KCl(溶解度 0.48 mol·dm^{-3})难以分离；且 Cl_2 在碱性条件下易歧化而损失掉。第三个反应产率高，$KMnO_4$ 和 KOH(溶解度 2.1 mol·dm^{-3})较容易分离；且副产物 KOH 可用于软锰矿氧化焙烧的原料，故用电解 K_2MnO_4 溶液的方法制备 $KMnO_4$ 较好。

例 21.3 各用三种方法鉴定下列各组物质。

(1) MnO_2 和 CuO； (2) MnO_2 和 PbO_2；

(3) V_2O_5 和 Ag_2CrO_4； (4) $MnSO_4$ 和 $ZnSO_4$。

解：(1) MnO_2 和 CuO

方法一 用热的稀硫酸分别与两种氧化物作用，溶液变蓝的是 CuO：

$$CuO + H_2SO_4 \xlongequal{} CuSO_4 + H_2O$$

方法二 取少量两种氧化物分别与热氨水作用，缓慢溶解并生成蓝色溶液的是 CuO：

$$CuO + 4NH_3\cdot H_2O \xlongequal{} [Cu(NH_3)_4]^{2+} + 2OH^- + 3H_2O$$

方法三 将两种氧化物分别与浓盐酸混合，加热后有 Cl_2 放出的是 MnO_2：

$$MnO_2 + 4HCl(浓) \xlongequal{} MnCl_2 + Cl_2\uparrow + 2H_2O$$

(2) MnO_2 和 PbO_2

方法一 将两种氧化物分别与酸性的 $MnSO_4$ 溶液混合并加热，有 MnO_4^- 生成的是 PbO_2：

$$5PbO_2 + 2MnSO_4 + 3H_2SO_4 \xlongequal{\triangle} 2HMnO_4 + 5PbSO_4 + 2H_2O$$

方法二 将少量两种氧化物分别与热的稀盐酸充分反应后冷却，有白色沉淀生成的是 PbO_2：

$$PbO_2 + 4HCl(热、稀) \xlongequal{} PbCl_2 + Cl_2\uparrow + 2H_2O$$

方法三 将两种氧化物分别与 KOH 和 $KClO_3$ 的混合物共熔，有绿色产物生成的是 MnO_2：

$$3MnO_2 + KClO_3 + 6KOH \xlongequal{熔融} 3K_2MnO_4(绿色) + KCl + 3H_2O$$

(3) V_2O_5 和 Ag_2CrO_4

方法一 分别取少量两种化合物与稀硫酸作用，溶解的是 V_2O_5：

$$V_2O_5 + H_2SO_4 \xlongequal{} (VO_2)_2SO_4 + H_2O$$

而由棕红色沉淀逐渐转化为白色沉淀的是 Ag_2CrO_4：

$$2Ag_2CrO_4 + 2H_2SO_4 \xlongequal{} 2Ag_2SO_4(白色) + H_2Cr_2O_7 + H_2O$$

方法二 分别取少量两种化合物与稀盐酸作用，变白的是 Ag_2CrO_4：

$$2Ag_2CrO_4 + 4HCl(稀) \xlongequal{} 4AgCl(白色) + H_2Cr_2O_7 + H_2O$$

方法三 分别取少量两种化合物与 NaOH 溶液作用，变黑的是 Ag_2CrO_4，溶解的是 V_2O_5：

$$Ag_2CrO_4 + 2NaOH \xlongequal{} Ag_2O(黑色) + Na_2CrO_4 + H_2O$$

$$V_2O_5 + 6NaOH \xlongequal{} 2Na_3VO_4 + 3H_2O$$

(4) $MnSO_4$ 和 $ZnSO_4$

方法一 分别取少量两种化合物与氨水作用，溶解的是 $ZnSO_4$：

$$ZnSO_4 + 4NH_3 \cdot H_2O = [Zn(NH_3)_4]SO_4 + 4H_2O$$

$$MnSO_4 + 2NH_3 \cdot H_2O = Mn(OH)_2 \downarrow + (NH_4)_2SO_4$$

方法二　分别取少量两种化合物与过量 NaOH 溶液作用，溶解的是 $ZnSO_4$：

$$ZnSO_4 + 4NaOH = Na_2[Zn(OH)_4] + Na_2SO_4$$

$$MnSO_4 + 2NaOH = Mn(OH)_2 \downarrow + Na_2SO_4$$

方法三　分别取少量两种化合物加热分解，有棕黑色产物生成的是 $MnSO_4$：

$$MnSO_4 = MnO_2 + SO_2 \uparrow$$

$$ZnSO_4 = ZnO + SO_3 \uparrow$$

例 21.4　解释实验现象。

(1) $CrCl_3 \cdot 6H_2O$ 溶于水，其溶液为绿色，将溶液煮沸一段时间后冷却至室温，溶液变为蓝紫色。

(2) $[Cr(H_2O)_6]^{3+}$内界中的配体 H_2O 逐步被 NH_3 取代后，溶液的颜色发生一系列变化：紫色→浅红色→橙红色→橙黄色→黄色。

(3) 向 $MnSO_4$ 溶液中加入 NaOH 溶液，生成白色沉淀；该白色沉淀暴露在空气中逐渐变成棕黑色；加入稀硫酸棕黑色沉淀不溶解，再加入过氧化氢沉淀消失。

(4) 将 MnO_2，$KClO_3$，KOH 固体混合后用煤气灯加热，得绿色固体；用大量水处理绿色固体得到紫色溶液和棕黑色沉淀，再通入过量 NO_2 气体则颜色和沉淀消失，得到无色溶液。

解：(1) $CrCl_3 \cdot 6H_2O$ 溶于水主要以 $[Cr(H_2O)_4Cl_2]^+$形式存在，溶液呈绿色；将溶液煮沸一段时间后冷却至室温，溶液中有紫色的 $[Cr(H_2O)_6]^{3+}$及其水解产物 $[Cr(OH)(H_2O)_5]^{2+}$等，溶液呈蓝紫色：

$$[Cr(H_2O)_6]^{3+} \rightleftharpoons [Cr(OH)(H_2O)_5]^{2+} + H^+$$

(2) $[Cr(H_2O)_6]^{3+}$内界中的 H_2O 逐步被 NH_3 取代后，随着配离子内界配体的变化，颜色发生如下变化：

$$\underset{\text{紫色}}{[Cr(H_2O)_6]^{3+}} \longrightarrow \underset{\text{紫红色}}{[Cr(NH_3)_2(H_2O)_4]^{3+}} \longrightarrow \underset{\text{浅红色}}{[Cr(NH_3)_3(H_2O)_3]^{3+}}$$

$$\longrightarrow \underset{\text{橙红色}}{[Cr(NH_3)_4(H_2O)_2]^{3+}} \longrightarrow \underset{\text{橙黄色}}{[Cr(NH_3)_5(H_2O)]^{3+}} \longrightarrow \underset{\text{黄色}}{[Cr(NH_3)_6]^{3+}}$$

由于 NH_3 是比 H_2O 更强的配体，当 NH_3 逐级取代 H_2O 后，分裂能 Δ_o逐渐增大，d－d 跃迁所需能量相应增大，吸收的可见光的波长逐渐变短，散射出波长较长的光，所以配离子的颜色从紫色到红色再到黄色。

(3) 向 $MnSO_4$ 溶液中加入 NaOH 溶液，生成白色的 $Mn(OH)_2$ 沉淀：

$$MnSO_4 + 2NaOH = Mn(OH)_2 \downarrow + Na_2SO_4$$

$Mn(OH)_2$ 还原能力强，在空气中被氧化为棕黑色的 MnO_2：

$$2Mn(OH)_2 + O_2 = 2MnO_2 + 2H_2O$$

MnO_2 不溶于稀硫酸，但在酸性条件下与过氧化氢反应生成 Mn^{2+}，沉淀消失：

$$MnO_2 + H_2O_2 + 2H^+ = Mn^{2+} + O_2 \uparrow + 2H_2O$$

(4) 将 MnO_2，$KClO_3$，KOH 固体混合后用煤气灯加热熔融，得到绿色的 K_2MnO_4：

$$3MnO_2 + KClO_3 + 6KOH \xlongequal{\text{熔融}} 3K_2MnO_4 + KCl + 3H_2O$$

加入大量水时，溶液中碱的浓度降低，K_2MnO_4 歧化得到紫色 $KMnO_4$ 溶液和棕黑色 MnO_2

沉淀：

$$3K_2MnO_4 + 2H_2O \xlongequal{\quad} 2KMnO_4 + MnO_2\downarrow + 4KOH$$

NO_2 为具有还原性的酸性氧化物，过量的 NO_2 能将 $KMnO_4$ 和 MnO_2 还原为近无色的 Mn^{2+}：

$$MnO_4^- + 5NO_2 + H_2O \xlongequal{\quad} Mn^{2+} + 5NO_3^- + 2H^+$$

$$MnO_2 + 2NO_2 \xlongequal{\quad} Mn^{2+} + 2NO_3^-$$

所以，溶液的紫色和沉淀都消失，得到无色溶液。

例 21.5 论证下列各组离子能否大量共存，写出有关化学反应方程式。

(1) Na^+，K^+，$[Al(OH)_4]^-$，NO_3^-，$Cr_2O_7^{2-}$，NO_2^-；

(2) K^+，MnO_4^-，SO_4^{2-}，Mn^{2+}，I^-。

解： 判断溶液中离子能否共存，应从两方面加以考虑：一是离子之间是否发生化学反应，能发生反应的离子不能共存；二是酸碱等介质条件能否保证所有离子的形态都稳定存在。

(1) 不能大量共存。

$Cr_2O_7^{2-}$ 只能存在于酸性介质中，而 $[Al(OH)_4]^-$，NO_2^- 只能存在于碱性介质中。且 $Cr_2O_7^{2-}$ 与 NO_2^- 之间可发生氧化还原反应：

$$Cr_2O_7^{2-} + 3NO_2^- + 8H^+ \xlongequal{\quad} 2Cr^{3+} + 3NO_3^- + 4H_2O$$

(2) 不能大量共存。

MnO_4^- 可以将 Mn^{2+}，I^- 氧化，反应为

$$2MnO_4^- + 3Mn^{2+} + 2H_2O \xlongequal{\quad} 5MnO_2\downarrow + 4H^+$$

$$2MnO_4^- + 10I^- + 16H^+ \xlongequal{\quad} 2Mn^{2+} + 5I_2 + 8H_2O$$

例 21.6 橙红色固体(A)受热后生成深绿色固体(B)和无色气体(C)，加热时(C)能与镁反应生成黄色固体(D)。固体(B)与 NaOH 共熔后溶于水生成绿色溶液(E)，在(E)中加适量 H_2O_2 生成黄色溶液(F)。将(F)酸化变为橙色溶液(G)，在(G)中加 $BaCl_2$ 溶液，得黄色沉淀(H)。在(G)的浓溶液中加 KCl 固体，反应完全后蒸发、浓缩后冷却有橙红色晶体(I)析出。(I)受强热得到的固体产物中有(B)，同时得到能支持燃烧的气体(J)。

试给出(A)、(B)、(C)、(D)、(E)、(F)、(G)、(H)、(I)和(J)所代表的物质的化学式，并用化学反应方程式表示各过程。

解： (A)—$(NH_4)_2Cr_2O_7$；(B)—Cr_2O_3；(C)—N_2；(D)—Mg_3N_2；
(E)—CrO_2^- 或 $[Cr(OH)_4]^-$；(F)—CrO_4^{2-}；(G)—$Cr_2O_7^{2-}$；(H)—$BaCrO_4$；
(I)—$K_2Cr_2O_7$；(J)—O_2。

各过程的化学反应方程式如下：

$$(NH_4)_2Cr_2O_7 \xlongequal{\triangle} Cr_2O_3 + N_2\uparrow + 4H_2O$$

$$3Mg + N_2 \xlongequal{\triangle} Mg_3N_2$$

$$Cr_2O_3 + 2NaOH \xlongequal{\quad} 2NaCrO_2 + H_2O$$

$$2CrO_2^- + 3H_2O_2 + 2OH^- \xlongequal{\quad} 2CrO_4^{2-} + 4H_2O$$

$$2CrO_4^{2-} + 2H^+ \xlongequal{\quad} Cr_2O_7^{2-} + H_2O$$

$$Cr_2O_7^{2-} + 2Ba^{2+} + H_2O \xlongequal{\quad} 2BaCrO_4\downarrow + 2H^+$$

$$Na_2Cr_2O_7 + 2KCl \xlongequal{\quad} K_2Cr_2O_7 + 2NaCl$$

$$2K_2Cr_2O_7 \xlongequal{\triangle} 2Cr_2O_3 + 2K_2O + 3O_2\uparrow$$

例 21.7 在某温度下，$KMnO_4$ 分解的产物中 K_2MnO_4 与 K_3MnO_4 的物质的量之比为 2∶1。试分析反应的产物并给出反应方程式。

解：$KMnO_4$ 分解生成 K_2MnO_4 或 K_3MnO_4 时，锰的氧化数降低则必有 O_2 生成。由于含锰的酸根中氧原子数不变，为减少锰的含氧化合物中氧的数量，产物中必有稳定的 MnO_2。$KMnO_4$ 分解产物中既有 K_2MnO_4，又有 K_3MnO_4，可将 $KMnO_4$ 分解反应写成两个独立的反应：

$$2KMnO_4 = K_2MnO_4 + MnO_2 + O_2\uparrow \qquad (1)$$

$$3KMnO_4 = K_3MnO_4 + 2MnO_2 + 2O_2\uparrow \qquad (2)$$

考虑到产物中 K_2MnO_4 与 K_3MnO_4 的物质的量之比为 2∶1，反应(1)×2+(2)得

$$7KMnO_4 = 2K_2MnO_4 + K_3MnO_4 + 4MnO_2 + 4O_2\uparrow$$

第二部分　习题

一、选择题

21.1　下列金属中，硬度最高的是

(A) Cr；　(B) Mo；　(C) W；　(D) Mn。

21.2　下列金属中，熔点最高的是

(A) Cr；　(B) Mo；　(C) W；　(D) Mn。

21.3　下列各对元素的性质最相似的是

(A) Cr 和 Mo；　(B) Mo 和 W；　(C) Mn 和 Re；　(D) Cr 和 Mn。

21.4　与其他化合物颜色明显不同的是

(A) $Cu(OH)_2 \cdot CuCO_3$；　(B) $NaCrO_2$；　(C) K_2MnO_4；　(D) K_2CrO_4。

21.5　下列微溶化合物中，既溶于 HNO_3 溶液又溶于 NaOH 溶液的是

(A) $PbCrO_4$；　(B) $BaCrO_4$；　(C) Ag_2CrO_4；　(D) $BaSO_4$。

21.6　下列物质中，强氧化性与惰性电子对效应无关的是

(A) PbO_2；　(B) $NaBiO_3$；　(C) $K_2Cr_2O_7$；　(D) $TlCl_3$。

21.7　下列化合物中，不是黄颜色的是

(A) $BaCrO_4$；　(B) Ag_2CrO_4；　(C) $PbCrO_4$；　(D) PbI_2。

21.8　欲分离溶液中 Cr^{3+} 和 Zn^{2+}，应加入的试剂为

(A) NaOH；　(B) $NH_3 \cdot H_2O$；　(C) H_2S；　(D) Na_2CO_3。

21.9　在酸性介质中，不能将 Mn^{2+} 氧化为 MnO_4^- 的是

(A) $(NH_4)_2S_2O_8$；　(B) $NaBiO_3$；　(C) $K_2Cr_2O_7$；　(D) PbO_2。

21.10　下列金属氧化物中，熔点最低的是

(A) Na_2O；　(B) HgO；　(C) V_2O_5；　(D) Mn_2O_7。

21.11　下列新生成的氢氧化物暴露在空气中，颜色最容易发生明显变化的是

(A) $Zn(OH)_2$；　(B) $Cd(OH)_2$；　(C) $Mn(OH)_2$；　(D) $Cr(OH)_3$。

21.12　在酸性介质中，发生歧化反应的离子是

(A) Mn^{2+}；　(B) Mn^{3+}；　(C) Cr^{3+}；　(D) Ti^{3+}。

二、填空题

21.13 给出下列物质的化学式。

(1) 铬铁矿________；(2) 铬铅矿________；(3) 铬赭石矿________；
(4) 辉钼矿________；(5) 钼铅矿________；(6) 白钨矿________；
(7) 软锰矿________；(8) 黑锰矿________；(9) 方锰矿________；
(10) 菱锰矿________。

21.14 铬缓慢溶于盐酸生成的蓝色产物是______；该产物不稳定，很容易被氧化为绿色的______。

21.15 $KMnO_4$ 溶液被 Na_2SO_3 还原的产物与溶液的酸碱性有关，在酸性溶液中的还原产物为______；在碱性溶液中的还原产物为______；在中性溶液中的还原产物为______。

21.16 给出下列离子的颜色。

$[Cr(H_2O)_6]^{3+}$______色；$[Cr(H_2O)_5Cl]^{2+}$______色；$[Cr(NH_3)_6]^{3+}$______色；
$[Cr(OH)_4]^-$______色；$[Cr(NH_3)_3(H_2O)_3]^{3+}$______色；$CrO_4^{2-}$______色；
$Cr_2O_7^{2-}$______色；$[Mn(H_2O)_6]^{2+}$______色；MnO_4^{2-}______色；MnO_4^-______色。

21.17 给出下列化合物的颜色。

$Cr_2(SO_4)_3\cdot 18H_2O$______色；$Cr_2(SO_4)_3\cdot 6H_2O$______色；$Cr_2(SO_4)_3$______色；
$CrCl_3\cdot 6H_2O$______色；Cr_2O_3______色；CrO_3______色；CrO_5______色；
$Cr(OH)_3$______色；CrO_2Cl_2______色；$BaCrO_4$______色；$PbCrO_4$______色；
Ag_2CrO_4______色；$MnSO_4\cdot 7H_2O$______色；K_2MnO_4______色；$KMnO_4$______色；
$Mn(OH)_2$______色；MnO_2______色。

21.18 实验室常用于在酸性条件下将 Mn^{2+} 氧化为 MnO_4^- 的试剂有(填化学式)______，______和______，用______作氧化剂时需加入______作催化剂。

21.19 向 $CrCl_3$ 溶液中滴加 Na_2CO_3 溶液，产生的沉淀组成为______，沉淀的颜色为______色。

21.20 为检验 Cr(Ⅵ)，可向酸性溶液中加入______和______，生成______色的______，该物质的结构式为______，其中 Cr 的价态为______。

21.21 向 K_2MnO_4 溶液中滴加稀硫酸时，发生______反应，产物为______；向 K_2MnO_4 溶液中滴加氯水时，发生______反应，产物为______。

21.22 十二钨磷杂多酸的化学式为____________。

三、完成并配平化学反应方程式

21.23 金属铬缓慢地溶于盐酸。

21.24 三氧化二铬与氯酸钾共熔。

21.25 三氧化二铬与硫酸氢钾共熔。

21.26 三氧化铬受热分解。

21.27 向＋3 价铬离子溶液中加入硫化钠溶液。

21.28 将重铬酸钾加到氢溴酸中。

21.29 重铬酸钾与氯化钾混合后，滴加浓硫酸并加热。

21.30 单质锰与热水反应。

21.31　硫化锰沉淀在空气中放置。

21.32　硫酸锰晶体受热分解。

21.33　硫酸锰溶液与高锰酸钾溶液混合并充分反应。

21.34　将二氧化锰、氢氧化钾、氯酸钾混合后高温共熔。

21.35　锰酸钾在酸性溶液中发生歧化反应。

21.36　高锰酸钾晶体在 200 ℃下分解。

21.37　高锰酸根在碱性溶液中与亚硫酸盐作用。

21.38　用高锰酸钾溶液标定草酸溶液。

21.39　在酸性介质中用 $KMnO_4$ 氧化 $Cr_2(SO_4)_3$。

21.40　将 Cr_2O_3 与 Al 粉混合后加热。

21.41　$MnCO_3$ 受热分解。

21.42　将 MnO_2 与浓硫酸混合后水浴加热。

21.43　在酸性介质中用 $NaBiO_3$ 氧化 Mn^{2+}。

21.44　向酸性 $K_2Cr_2O_7$ 溶液中加入 H_2O_2 溶液。

21.45　高锰酸钾晶体与浓硫酸作用。

21.46　室温下用浓盐酸处理二氧化锰。

21.47　在稀硫酸中二氧化锰与过氧化氢作用。

21.48　$(NH_4)_2Cr_2O_7$ 受热分解。

21.49　三氧化钼溶于热的浓氨水。

四、分离、鉴别与制备

21.50　以铬铁矿为主要原料生产重铬酸钾。

21.51　用化学反应方程式表示下图中与 Cr 相关物质的相互转化：

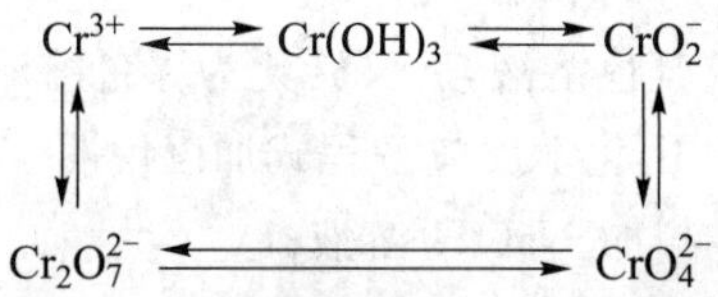

21.52　用化学反应方程式表示下图中与 Mn 相关物质的相互转化：

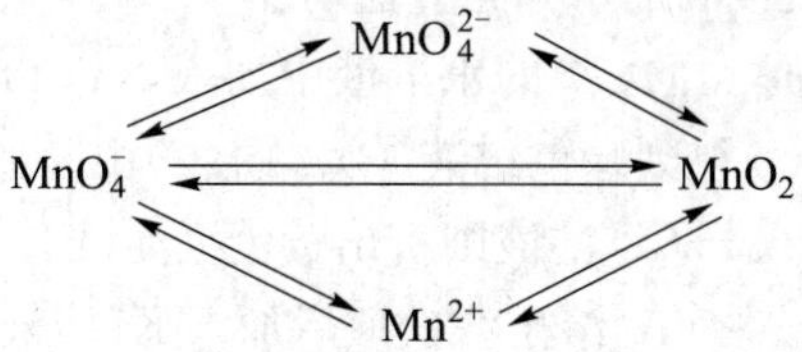

21.53　试分离下列各组离子。

(1) Cr^{3+}和 Al^{3+}；　(2) Cr^{3+}和 Mn^{2+}；　(3) Mn^{2+}和 Cu^{2+}。

21.54　试设计方案分离溶液中的下列各组离子。

(1) Mn^{2+}，Zn^{2+}，Cr^{3+}，Al^{3+}；　(2) Cu^{2+}，Zn^{2+}，Cr^{3+}，Cd^{2+}。

21.55　实验室经常用$(NH_4)_2S_2O_8$，PbO_2，$NaBiO_3$ 为氧化剂鉴定 Mn^{2+}，请给出鉴定反应的化学反应方程式和反应条件。

21.56 一黄色固体，可能是 $PbCrO_4$，$BaCrO_4$ 或 $SrCrO_4$，请加以鉴别。

五、简答题和计算题

21.57 通过计算说明 $K_2Cr_2O_7$ 能否氧化浓度分别为 1 $mol\cdot dm^{-3}$ 和 12 $mol\cdot dm^{-3}$ 盐酸中的 Cl^-。已知 $E^\ominus(Cr_2O_7^{2-}/Cr^{3+})=1.36$ V，$E^\ominus(Cl_2/Cl^-)=1.36$ V。

21.58 为什么用 Cr(Ⅱ)可以除去氮气中痕量的氧气？

21.59 在三份 $Cr_2(SO_4)_3$ 溶液中分别加入下列溶液：

(1) Na_2S； (2) Na_2CO_3； (3) $NH_3\cdot H_2O$。

得到的沉淀各是什么？写出化学反应方程式。

21.60 测定水中溶氧量的方法是，在隔绝空气的条件下向一定量的水样中加入适量的 $MnCl_2$ 及过量的 NaOH 溶液。然后以过量的 H_2SO_4 酸化该溶液，再加入过量的 KI 溶液。充分反应后用已知浓度的标准 $Na_2S_2O_3$ 溶液滴定生成的 I_2。写出有关化学反应方程式，并给出 O_2 和消耗 $Na_2S_2O_3$ 的物质的量之比。

21.61 根据下列实验现象，给出化学反应方程式。

(1) 在酸性介质中，用 Zn 还原 $Cr_2O_7^{2-}$ 时，溶液颜色由橙色经绿色最后变为蓝色，放置一段时间后又变为绿色。

(2) 向酸性 $K_2Cr_2O_7$ 溶液中通入 SO_2 气体时，溶液由橙色变为绿色。

(3) 向 $MnSO_4$ 溶液中滴加 NaOH 溶液有白色沉淀生成，在空气中放置沉淀逐渐变为棕褐色。

(4) 向酸性 $KMnO_4$ 溶液中通入 H_2S 气体，溶液由紫色变成近无色，并有乳白色沉淀析出。

21.62 解释实验现象。

(1) 向 $BaCrO_4$ 固体加浓盐酸时无明显变化，经加热后溶液变绿。

(2) 向 $K_2Cr_2O_7$ 溶液中滴加 $AgNO_3$ 溶液，有砖红色沉淀析出，再加入 NaCl 溶液并煮沸，沉淀变为白色。

(3) 金属铬溶于盐酸生成蓝色溶液，后又转化为绿色溶液。

21.63 叙述下列反应实验现象并用化学反应方程式加以说明。

(1) 向 $CrCl_3$ 溶液中缓慢滴加 NaOH 溶液；

(2) 向 K_2CrO_4 与 H_2O_2 混合溶液中加入硫酸；

(3) 向 K_2MnO_4 固体缓慢滴加水并充分摇动。

21.64 (A)的水合物为紫色晶体。向(A)的水溶液中加入 Na_2CO_3 溶液有灰蓝色沉淀(B)生成。(B)溶于过量 NaOH 溶液得到绿色溶液(C)。向(C)中滴加 H_2O_2 得黄色溶液(D)。取少量(D)经醋酸酸化后加入 $BaCl_2$ 溶液则析出黄色沉淀(E)。将(D)用硫酸酸化后通入 SO_2 气体得到绿色溶液(F)。将(A)溶于浓盐酸后加入 KI 溶液经鉴定有 I_2 生成，同时放出无色气体(G)。(G)在空气中逐渐变为棕色。试给出(A)、(B)、(C)、(D)、(E)、(F)和(G)所代表的物质的化学式。

21.65 将黄色晶体(A)溶于水后通入 SO_2 气体得绿色溶液(B)。向(B)中加入过量的 NaOH 溶液得绿色溶液(C)。向(C)中滴加 H_2O_2 得黄色溶液(D)。将(D)酸化至弱酸性后加入 $Pb(NO_3)_2$ 有黄色沉淀(E)生成。向(B)中加入氨水至过量有沉淀(F)生成。过滤后将(F)与 $KClO_3$ 和 KOH 共熔又得到(A)。试给出(A)、(B)、(C)、(D)、(E)和(F)所代表的物质的化学式。

21.66　红色固体(A)溶于热浓盐酸放出气体(B),溶液经冷却后析出绿色晶体(C)。少量(B)通入 KI 溶液中则溶液变黄。向(C)的水溶液中加入 Na_2CO_3 溶液生成沉淀(D)。将(D)溶于 KOH 溶液后加入 H_2O_2 溶液得到黄色溶液(E)。用稀硫酸酸化溶液(E)后,经蒸发、浓缩后冷却,析出橘红色晶体(F)。(F)与浓硫酸作用能够得到(A)。试给出(A)、(B)、(C)、(D)、(E)和(F)所代表的物质的化学式。

21.67　白色粉末(A)溶于水后与 NaOH 溶液作用生成白色沉淀(B)。(B)与 H_2O_2 溶液作用转化为棕黑色沉淀(C)。(C)与 KOH 和 $KClO_3$ 共熔得到绿色化合物(D)。将(D)溶于 KOH 溶液后加入氯水生成紫色的(E)。向(E)的水溶液中通入过量的 SO_2 气体得到无色溶液,再进行蒸发、浓缩后冷却,析出水合晶体(F)。将(F)小心加热又生成白色粉末(A)。试给出(A)、(B)、(C)、(D)、(E)和(F)所代表的物质的化学式。

21.68　绿色固体(A)易溶于水,其水溶液中通入 CO_2 即得棕黑色固体(B)和紫红色溶液(C)。(B)与浓盐酸共热时得黄绿色气体(D)和近乎无色溶液(E)。将溶液(E)和溶液(C)混合能生成沉淀(B)。将气体(D)通入(A)的溶液,可得(C)。试给出(A)、(B)、(C)、(D)和(E)所代表的物质的化学式。

21.69　棕黑色粉末(A)不溶于水。将(A)与稀硫酸混合后加入 H_2O_2 并微热得无色溶液(B)。向酸性的(B)中加入 $NaBiO_3$ 粉末后得紫红色溶液(C)。向(C)中加入 NaOH 溶液至碱性后滴加 Na_2SO_3 溶液有绿色溶液(D)生成。向(D)中滴加稀硫酸又生成(A)和(C)。少量(A)与浓盐酸作用在室温下生成暗黄色溶液(E),加热(E)后有黄绿色气体(F)和近无色的溶液(G)生成。向(B)中滴加 NaOH 溶液有白色沉淀(H)生成,(H)不溶于过量的 NaOH 溶液。但在空气中(H)逐渐变为棕黑色。试给出(A)、(B)、(C)、(D)、(E)、(F)、(G)和(H)所代表的物质的化学式。

21.70　一种固体混合物可能含有 $AgNO_3$,CuS,$AlCl_3$,$KMnO_4$,K_2SO_4 和 $ZnCl_2$ 中的一种或几种。将此混合物置于水中,并用少量盐酸酸化,得白色沉淀物(A)和无色溶液(B)。(A)溶于氨水。将滤液(B)分成两份,一份中加入少量 NaOH 溶液有白色沉淀产生,再加入过量 NaOH 溶液则白色沉淀溶解;另一份中加入少量氨水也产生白色沉淀,当加入过量氨水时白色沉淀溶解。

试根据上述现象判断:在混合物中哪些化合物肯定存在,哪些肯定不存在,哪些可能存在。说明理由,并用化学反应方程式表示。

第 22 章
铁系元素和铂系元素

第一部分 例题

例 22.1 完成并配平下列化学反应方程式。

(1) $Fe^{3+} + H_2S =\!=\!=$

(2) $FeSO_4 + Br_2 =\!=\!=$

(3) $Fe^{2+} + NO_3^- + H^+ =\!=\!=$

(4) $FeO_4^{2-} + H^+ =\!=\!=$

(5) $Co^{3+} + Mn^{2+} + H_2O =\!=\!=$

(6) $Co(OH)_3 + HCl(aq) =\!=\!=$

(7) $NiO(OH) + HCl(aq) =\!=\!=$

(8) $H_2[PdCl_6] + SO_2 + H_2O =\!=\!=$

(9) $[PtCl_4]^{2-} + C_2H_4 \xlongequal{\text{乙醇}}$

(10) $RuO_4 \xlongequal{\triangle}$

解：(1) $2Fe^{3+} + H_2S =\!=\!= 2Fe^{2+} + S\downarrow + 2H^+$

(2) $6FeSO_4 + 3Br_2 =\!=\!= 2Fe_2(SO_4)_3 + 2FeBr_3$

(3) $3Fe^{2+} + NO_3^- + 4H^+ =\!=\!= NO\uparrow + 3Fe^{3+} + 2H_2O$

(4) $4FeO_4^{2-} + 20H^+ =\!=\!= 4Fe^{3+} + 3O_2\uparrow + 10H_2O$

(5) $5Co^{3+} + Mn^{2+} + 4H_2O =\!=\!= 5Co^{2+} + MnO_4^- + 8H^+$

(6) $2Co(OH)_3 + 6HCl(aq) =\!=\!= 2CoCl_2 + Cl_2\uparrow + 6H_2O$

(7) $2NiO(OH) + 6HCl(aq) =\!=\!= 2NiCl_2 + Cl_2\uparrow + 4H_2O$

(8) $H_2[PdCl_6] + SO_2 + 2H_2O =\!=\!= H_2[PdCl_4] + H_2SO_4 + 2HCl$

(9) $[PtCl_4]^{2-} + C_2H_4 \xlongequal{\text{乙醇}} [Pt(C_2H_4)Cl_3]^- + Cl^-$

(10) $RuO_4 \xlongequal{\triangle} RuO_2 + O_2\uparrow$

例 22.2 制备下列化合物。

(1) 由 $FeSO_4\cdot 7H_2O$ 制备 $K_3[Fe(C_2O_4)_3]\cdot 3H_2O$；

(2) 以钴为原料经二氯化钴制备三氯化六氨合钴(Ⅲ)。

解:(1) 向热的 $FeSO_4$ 溶液中加入 NaOH 和 H_2O_2,生成 $Fe(OH)_3$ 沉淀:

$$2FeSO_4 + H_2O_2 + 4NaOH = 2Fe(OH)_3\downarrow + 2Na_2SO_4$$

将 $Fe(OH)_3$ 沉淀过滤、洗涤后溶于盐酸,蒸发、浓缩后冷却结晶,析出 $FeCl_3\cdot 6H_2O$ 晶体。

将饱和 $K_2C_2O_4$ 溶液与 $FeCl_3$ 溶液按物质的量之比 3.5∶1混合,蒸发、浓缩后冷却,析出绿色 $K_3[Fe(C_2O_4)_3]\cdot 3H_2O$ 晶体。

(2) 将金属钴溶于稀盐酸,过滤除去杂质,得到 $CoCl_2$ 溶液:

$$Co + 2HCl = CoCl_2 + H_2\uparrow$$

向 $CoCl_2$ 溶液中加入少量 NH_4Cl 和过量氨水,加入活性炭作催化剂,H_2O_2 为氧化剂,水浴加热,生成的 $[Co(NH_3)_6]Cl_3$ 吸附在活性炭上:

$$2CoCl_2 + H_2O_2 + 10NH_3\cdot H_2O + 2NH_4Cl = 2[Co(NH_3)_6]Cl_3 + 12H_2O$$

过滤,用稀盐酸将吸附在活性炭上的 $[Co(NH_3)_6]Cl_3$ 溶解,除去活性炭,加入少量浓盐酸,冷却,析出橙黄色 $[Co(NH_3)_6]Cl_3$。

例 22.3 现有 3 瓶黑色固体试剂,分别为 MnO_2,PbO_2 和 Fe_3O_4。设计方案将其鉴别出来,并写出相关化学反应方程式。

解:取少许固体试剂,加入 $MnSO_4$ 溶液和 H_2SO_4,微热,若溶液变红(有 MnO_4^- 生成),则试剂为 PbO_2:

$$5PbO_2 + 2Mn^{2+} + 5SO_4^{2-} + 4H^+ = 2MnO_4^- + 5PbSO_4 + 2H_2O$$

剩下的两种试剂分别加入浓盐酸,加热后放出黄绿色气体的是 MnO_2:

$$MnO_2 + 4HCl(浓) \overset{\triangle}{=} MnCl_2 + Cl_2\uparrow + 2H_2O$$

剩下的一种为 Fe_3O_4。

例 22.4 不用硫化氢和硫化物,设计方案分离含有 Ba^{2+},Al^{3+},Cr^{3+},Fe^{3+},Co^{2+},Ni^{2+}的混合溶液。

解:分离方案如下所示。

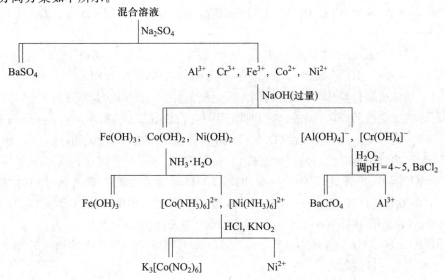

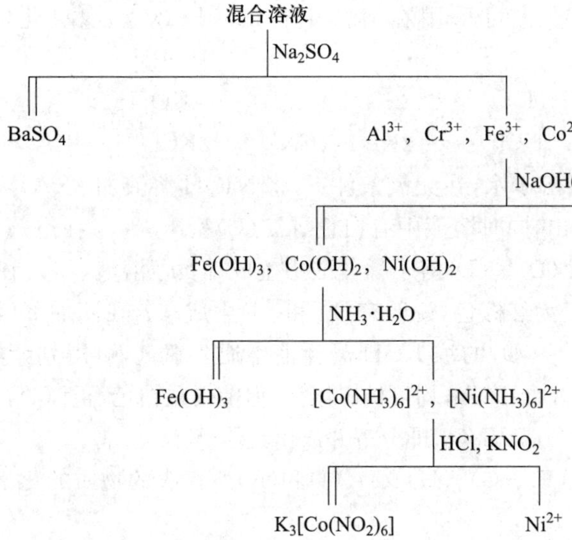

例 22.5 解释实验现象。

(1) 向 $FeSO_4$ 溶液中加入碘水,碘水不褪色,再加入 $NaHCO_3$ 后,碘水褪色。

(2) 向 $FeCl_3$ 溶液中加入 KSCN 溶液,溶液立即变红,加入适量 $SnCl_2$ 后溶液变成无色。

(3) 向 $FeCl_3$ 溶液中加入 NH_4F 溶液后，再滴加 NH_4SCN 溶液不变红。

解：(1) 酸性条件下，电对 Fe^{3+}/Fe^{2+} 的标准电极电势为 0.77 V，用碘水不能将 Fe(Ⅱ)氧化，因为电对 I_2/I^- 的标准电极电势为 0.54 V，故向 $FeSO_4$ 溶液中加入碘水，碘水不褪色。体系中加入 $NaHCO_3$ 后，涉及的电对变成了 $Fe(OH)_3/Fe(OH)_2$，由于 $Fe(OH)_3$ 的溶度积远小于 $Fe(OH)_2$，电极电势变得很低，为 −0.52 V，因此碘水很容易将 Fe(Ⅱ)氧化为Fe(Ⅲ)，碘水褪色。反应式为

$$2Fe(OH)_2 + I_2 + 2OH^- \longrightarrow 2Fe(OH)_3 + 2I^-$$

(2) 向 $FeCl_3$ 溶液中加入 KSCN 溶液，生成红色的$[Fe(SCN)_n]^{3-n}$：

$$Fe^{3+} + nSCN^- \longrightarrow [Fe(SCN)_n]^{3-n} \quad (n=1\sim6)$$

加入 $SnCl_2$ 使$[Fe(SCN)_n]^{3-n}$中 Fe^{3+}还原为 Fe^{2+}，故红色消失，因为较稀的 Fe^{2+}溶液近于无色：

$$2[Fe(SCN)_n]^{3-n} + Sn^{2+} \longrightarrow 2Fe^{2+} + Sn^{4+} + 2nSCN^-$$

(3) 向 $FeCl_3$ 溶液中加入 NH_4F 溶液后，溶液褪色：

$$Fe^{3+} + 5F^- \longrightarrow [FeF_5]^{2-}\text{(无色)}$$

由于$[FeF_5]^{2-}$远比$[Fe(NCS)_n]^{3-n}$($n=1\sim6$)稳定，继续加入的 SCN^- 难以取代$[FeF_5]^{2-}$中的 F^-，所以不生成红色的$[Fe(NCS)_n]^{3-n}$。

例 22.6 为什么 $K_4[Fe(CN)_6]\cdot 3H_2O$ 可由 $FeSO_4$ 溶液与 KCN 混合直接制备，而 $K_3[Fe(CN)_6]$却不能由 $FeCl_3$ 溶液与 KCN 直接混合来制备？如何制备赤血盐？

解：由 $FeSO_4$ 溶液与 KCN 混合后经过重结晶直接制备 $K_4[Fe(CN)_6]\cdot 3H_2O$：

$$FeSO_4 + 6KCN \longrightarrow K_4[Fe(CN)_6] + K_2SO_4$$

$$K_4[Fe(CN)_6] + 3H_2O \longrightarrow K_4[Fe(CN)_6]\cdot 3H_2O$$

由于 Fe^{3+}有氧化性，能将 CN^-氧化为易挥发的有毒产物$(CN)_2$，同时 Fe^{3+}被还原，制备产物中含有 $K_4[Fe(CN)_6]\cdot 3H_2O$，得不到纯净的 $K_3[Fe(CN)_6]$晶体。所以，不能由 $FeCl_3$ 溶液与 KCN 直接混合来制备 $K_3[Fe(CN)_6]$。可采用在溶液中将 $K_4[Fe(CN)_6]$氧化的方法制备$K_3[Fe(CN)_6]$：

$$2K_4[Fe(CN)_6] + H_2O_2 \longrightarrow 2K_3[Fe(CN)_6] + 2KOH$$

或

$$2K_4[Fe(CN)_6] + Cl_2 \longrightarrow 2K_3[Fe(CN)_6] + 2KCl$$

例 22.7 某淡蓝绿色晶体(A)可溶于水，在无氧条件下，将 NaOH 溶液加入(A)溶液中，即有使红色石蕊试纸变蓝的气体(B)放出，同时溶液中有白色沉淀(C)析出。(C)在空气中迅速变为灰绿色、黑色，最后变为红棕色沉淀(D)。(D)溶于稀盐酸中生成棕黄色溶液(E)。在(E)溶液中滴加 KI 溶液，溶液由棕黄色逐渐变为红棕色，说明有(F)和(G)生成。若在滴加 KI 溶液之前先加入过量 KF 溶液，则无此现象。在(D)的浓 KOH 悬浮液中通入氯气，可得到紫红色溶液(H)。在(A)溶液和(H)溶液中分别滴加 $BaCl_2$，均可析出沉淀，但前者是白色沉淀(I)，后者是紫红色沉淀(J)。(I)不溶于 HNO_3，但(J)遇 HNO_3 即分解并放出气体(K)。

试给出(A)、(B)、(C)、(D)、(E)、(F)、(G)、(H)、(I)、(J)和(K)所代表的物质的化学式，并用化学反应方程式表示各过程。

解：(A)—$(NH_4)_2SO_4\cdot FeSO_4\cdot 6H_2O$；　(B)—$NH_3$；　(C)—$Fe(OH)_2$；

(D)—$Fe(OH)_3$；　(E)—$FeCl_3$；　(F)—I_2；　(G)—KI_3；

(H)—K_2FeO_4；　(I)—$BaSO_4$；　(J)—$BaFeO_4$；　(K)—O_2。

各过程的化学反应方程式如下：

$$NH_4^+ + OH^- \xlongequal{} NH_3\uparrow + H_2O$$

$$Fe^{2+} + 2OH^- \xlongequal{} Fe(OH)_2\downarrow$$

$$4Fe(OH)_2 + O_2 + 2H_2O \xlongequal{} 4Fe(OH)_3$$

$$Fe(OH)_3 + 3HCl \xlongequal{} FeCl_3 + 3H_2O$$

$$2Fe^{3+} + 2I^- \xlongequal{} 2Fe^{2+} + I_2$$

$$KI + I_2 \xlongequal{} KI_3$$

$$2Fe(OH)_3 + 3Cl_2 + 10KOH \xlongequal{} 2K_2FeO_4 + 6KCl + 8H_2O$$

$$Ba^{2+} + SO_4^{2-} \xlongequal{} BaSO_4(\text{白色})\downarrow$$

$$Ba^{2+} + FeO_4^{2-} \xlongequal{} BaFeO_4(\text{紫红色})\downarrow$$

$$4BaFeO_4 + 20H^+ \xlongequal{} 4Fe^{3+} + 3O_2\uparrow + 10H_2O + 4Ba^{2+}$$

例 22.8 某金属(A)缓慢地溶于稀盐酸生成绿色溶液，从中可以结晶出绿色物质(B)。向绿色溶液中加入 NaOH 得绿色沉淀(C)，(C)不溶于过量 NaOH 溶液，但在大量 NH_4^+ 存在时可溶于氨水生成蓝色溶液(D)。用气体(E)处理刚生成的沉淀(C)，沉淀颜色逐渐加深，最后转化为黑棕色的(F)。(F)与盐酸作用得绿色溶液并放出气体(E)。气体(E)与金属(A)共热生成黄色固体物质(G)。

试给出(A)、(B)、(C)、(D)、(E)、(F)和(G)所代表的物质的化学式，并用化学反应方程式表示各过程。

解：(A)—Ni； (B)—$NiCl_2\cdot 6H_2O$； (C)—$Ni(OH)_2$； (D)—$[Ni(NH_3)_6]^{2+}$；
(E)—Cl_2； (F)—NiO(OH)； (G)—$NiCl_2$。

各过程的化学反应方程式如下：

$$Ni + 2HCl \xlongequal{} NiCl_2 + H_2\uparrow$$

$$Ni^{2+} + 2OH^- \xlongequal{} Ni(OH)_2\downarrow$$

$$2Ni(OH)_2 + 12NH_3\cdot H_2O \xlongequal{} 2[Ni(NH_3)_6]^{2+} + 2OH^- + 12H_2O$$

$$2Ni(OH)_2 + Cl_2 + 2OH^- \xlongequal{} 2NiO(OH) + 2Cl^- + 2H_2O$$

$$2NiO(OH) + 6HCl \xlongequal{} 2NiCl_2 + Cl_2\uparrow + 4H_2O$$

$$Ni + Cl_2 \xlongequal{} NiCl_2$$

第二部分 习题

一、选择题

22.1 下列过渡金属中，密度最大的是

(A) W； (B) Os； (C) Ir； (D) Au。

22.2 下列金属中，最活泼的是

(A) Fe； (B) Co； (C) Ni； (D) Pd。

22.3 下列配离子中，能将 KI 氧化的是

(A) $[Fe(CN)_6]^{3-}$； (B) $[Fe(SCN)_6]^{3-}$；

(C) $[Co(NH_3)_6]^{3+}$； (D) $[Ni(CN)_6]^{3-}$。

22.4 能用 NaOH 溶液分离的离子对是

(A) Cr^{3+}和 Al^{3+}；　(B) Cu^{2+}和 Zn^{2+}；

(C) Cr^{3+}和 Fe^{3+}；　(D) Cu^{2+}和 Fe^{3+}。

22.5 下列化合物中，与浓盐酸作用没有氯气放出的是

(A) Pb_2O_3；　(B) Fe_2O_3；　(C) Co_2O_3；　(D) Ni_2O_3。

22.6 下列化合物中，受热脱水不生成 HCl 气体的是

(A) $MgCl_2 \cdot 6H_2O$；　(B) $NiCl_2 \cdot 6H_2O$；　(C) $CoCl_2 \cdot 6H_2O$；　(D) $CuCl_2 \cdot 2H_2O$。

22.7 下列新制出的沉淀在空气中放置，颜色不发生变化的是

(A) $Mn(OH)_2$；　(B) $Fe(OH)_2$；　(C) $Co(OH)_2$；　(D) $Ni(OH)_2$。

22.8 与 Na_2S 溶液作用均生成黑色沉淀的一对离子是

(A) Fe^{2+}，Co^{2+}；　(B) Fe^{2+}，Mn^{2+}；　(C) Ni^{2+}，Zn^{2+}；　(D) Cu^{2+}，Zn^{2+}。

22.9 可以形成记忆合金的一对金属单质是

(A) Ni 与 Fe；　(B) Ni 与 Ti；　(C) Cu 与 Ni；　(D) Ti 与 Co。

22.10 下列金属单质中，耐碱能力最强的是

(A) Cu；　(B) Cr；　(C) Ni；　(D) Pt。

22.11 下列气体中，可由 $PdCl_2$ 溶液检出的是

(A) CO_2；　(B) CO；　(C) O_3；　(D) NO_2。

22.12 下列配位化合物中，可以由简单盐溶液与 KCN 溶液直接得到的是

(A) $K_3[Fe(CN)_6]$；　(B) $K_4[Co(CN)_6]$；

(C) $K_2[Ni(CN)_4]$；　(D) $K_2[Cu(CN)_4]$。

二、填空题

22.13 给出下列物质的化学式。

(1) 赤铁矿________；(2) 磁铁矿________；(3) 褐铁矿________；

(4) 菱铁矿________；(5) 砷钴矿________；(6) 辉钴矿________；

(7) 硫钴矿________；(8) 赤血盐________；(9) 黄血盐________；

(10) 绿矾________；(11) 莫尔盐________；(12) 铁铵矾________；

(13) 二茂铁________；(14) 蔡斯盐________；(15) 顺铂________。

22.14 为防止氧化和水解，在配制 $FeSO_4$ 溶液时加入______和______；向红色$[Fe(SCN)_4]^-$溶液中加入 NH_4F，溶液变为______色，再加入 NaOH 溶液生成______色沉淀______。

22.15 比较下列各对配位化合物的稳定性(填 > 或 <)。

(1) $[NiCl_4]^{2-}$____$[PtCl_4]^{2-}$；　(2) $[Ni(en)_3]^{2+}$____$[Ni(NH_3)_6]^{2+}$；

(3) $[Fe(CN)_6]^{3-}$____$[Fe(CN)_6]^{4-}$；　(4) $[Co(NH_3)_6]^{2+}$____$[Co(NH_3)_6]^{3+}$。

22.16 向热的氢氧化铁浓碱性悬浮液中通入氯气，溶液颜色变为______色；再加入 $BaCl_2$ 溶液，则有______色的______沉淀生成。

22.17 将 $RhCl_3 \cdot 3H_2O$ 和过量三苯膦(PPh_3)的乙醇溶液回流得到紫红色晶体(A)，其摩尔质量为 925.23，逆磁性。(A)化学式为______，其立体结构为______。

22.18 蔡斯(Zeise)盐为铂的配位化合物，其化学式为______，内界的空间构型为______；

顺铂的化学式为________，空间构型为________。

22.19 现有四瓶绿色溶液，分别含有 Ni(Ⅱ)，Cu(Ⅱ)，Cr(Ⅲ)，MnO_4^{2-}。

(1) 加水稀释后，溶液变蓝的是________；

(2) 加入过量酸性 Na_2SO_3 溶液后，变为无色的是________；

(3) 加入适量 NaOH 溶液有沉淀生成，NaOH 过量时沉淀溶解，又得到绿色溶液的是________；

(4) 加入适量氨水有绿色沉淀生成，氨水过量时得到蓝色溶液的是____________。

22.20 在 Cr^{3+}，Mn^{2+}，Fe^{2+}，Fe^{3+}，Co^{2+}，Ni^{2+}中，易溶于过量氨水的是____________。

22.21 向 $CoSO_4$ 溶液中加入过量 KCN 溶液，则有________生成，放置后逐渐转化为________。

22.22 给出下列离子的颜色。

$[Fe(H_2O)_6]^{2+}$________色；$[Co(H_2O)_6]^{2+}$________色；$[Ni(H_2O)_6]^{2+}$________色；

$[Fe(H_2O)_6]^{3+}$________色；$[FeCl_4]^-$________色；$[Fe(SCN)_6]^{3-}$________色；

$[FeF_5]^{2-}$________色；$[Fe(C_2O_4)_3]^{3-}$________色；$[Fe(H_2O)_5OH]^{2+}$________色；

$[Co(NH_3)_6]^{2+}$________色；$[CoCl_4]^{2-}$________色；$[Co(SCN)_4]^{2-}$________色；

$[Ni(NH_3)_6]^{3+}$________色；$[Ni(CN)_4]^{2-}$________色；$[PtCl_4]^{2-}$________色。

22.23 给出下列化合物的颜色。

$FeSO_4 \cdot 7H_2O$______色；$FeSO_4$______色；$FeSO_4 \cdot (NH_4)_2SO_4 \cdot 6H_2O$______色；

$Fe(OH)_2$______色；$K_4[Fe(CN)_6] \cdot 3H_2O$______色；$Fe(C_5H_5)_2$______色；

$FeCl_3$______色；$FeCl_3 \cdot 6H_2O$______色；$K_3[Fe(CN)_6]$______色；

$K_3[Fe(C_2O_4)_3] \cdot 3H_2O$______色；$Fe_2O_3$______色；$Fe(OH)_3$______色；

$CoSO_4 \cdot 7H_2O$______色；$CoCl_2 \cdot 6H_2O$______色；$CoCl_2$______色；

$Co(OH)_2$______色；$K_3[Co(NO_2)_6]$______色；$Co[Hg(SCN)_4]$______色；

$NiSO_4 \cdot 7H_2O$______色；$NiCl_2 \cdot 6H_2O$______色；$Ni(OH)_2$______色；

$[Pt(NH_3)_2Cl_2]$______色；$K[Pt(C_2H_4)Cl_3]$______色。

三、完成并配平化学反应方程式

22.24 将四氧化三铁溶于氢碘酸。

22.25 硫酸亚铁受热分解。

22.26 氯化亚铁与环戊二烯基钠在呋喃中反应。

22.27 铁与水蒸气在赤热的条件下反应。

22.28 向三氯化铁溶液中加入过量的碳酸钠。

22.29 草酸亚铁受热分解。

22.30 向三氯化铁溶液中滴加碘化钾溶液。

22.31 氯气通入混有氢氧化铁的氢氧化钾浓溶液。

22.32 向黄血盐溶液中通入氯气。

22.33 三草酸根合铁(Ⅲ)酸钾光照分解。

22.34 将四氧化三钴溶于盐酸。

22.35 碱性条件下通入一氧化碳将硫化镍还原。

22.36 向 $CoCl_2$ 和溴水的混合溶液中滴加 NaOH 溶液。

22.37 弱酸性条件下向 $CoSO_4$ 溶液中滴加饱和 KNO_2 溶液。

22.38 二氧化镍溶于硫酸。

22.39 向二氯化镍溶液中加入氢氧化钠溶液和溴水。

22.40 向二氯化钯溶液中通入一氧化碳。

四、分离、鉴别与制备

22.41 以粗镍为原料制备高纯镍。

22.42 如何鉴别分别含有 Fe^{3+}，Co^{2+}和 Ni^{2+}的溶液？

22.43 鉴别下列各组物质：

(1) $NiSO_4$和 $FeSO_4$； (2) Fe_3O_4和 CuO。

22.44 设计方案分离共存于溶液中的下列各组离子：

(1) Al^{3+}，Cr^{3+}，Fe^{3+}，Ni^{2+}； (2) Fe^{2+}，Co^{2+}，Zn^{2+}，Cu^{2+}。

22.45 如何在不引入杂质的情况下，将粗 $ZnSO_4$溶液中含有的 Fe^{3+}，Fe^{2+}，Cu^{2+}杂质除去？

22.46 完成下列过程的化学反应方程式：

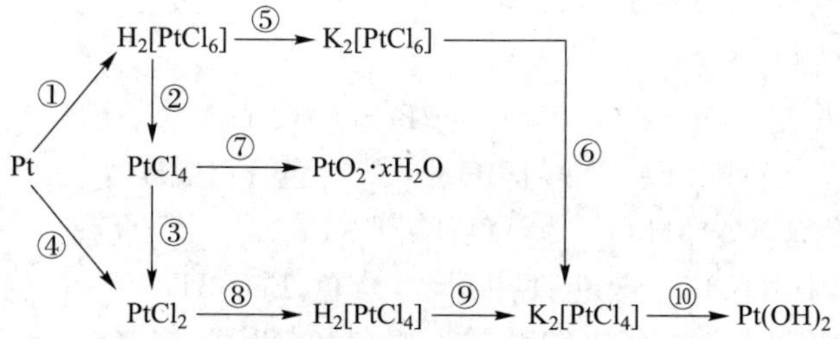

五、简答题和计算题

22.47 分别向 $FeSO_4$，$CoSO_4$，$NiSO_4$溶液中缓慢滴加氨水，生成的产物和实验现象是什么？

22.48 为什么铝板氧化层用极稀的 $Co(NO_3)_2$ 溶液处理后灼烧，即显蓝色？

22.49 利用 NH_4SCN 试剂鉴定 Co^{2+}时，为什么要用浓的 NH_4SCN 溶液，并加丙酮萃取？溶液中存在什么常见离子时会发生干扰？如何消除这些干扰？

22.50 在用稀硫酸清洗被 $Co(OH)_3$ 和 $MnO(OH)_2$ 污染的玻璃器皿时，为什么要加入一些过氧化氢溶液？

22.51 $[Ni(CO)_4]$和$[Ni(CN)_4]^{2-}$都是逆磁性的，两者在结构上是否相同？试用配位化合物的价键理论给予说明。

22.52 写出与下述实验现象有关的化学反应方程式。

向含有 Fe^{2+}的溶液中加入 NaOH 溶液后生成灰绿色沉淀，空气中放置沉淀逐渐变为棕色。过滤后，用盐酸溶解棕色沉淀得黄色溶液。向黄色溶液中加几滴 KSCN 溶液则溶液立即变红，再通入 SO_2 气体则红色消失。向溶液中再滴入 $KMnO_4$ 溶液，则 $KMnO_4$ 紫色褪去。最后加入黄血盐溶液时，生成蓝色沉淀。

22.53 给出下列实验的现象和化学反应方程式。

(1) 向含有 CCl_4 的黄血盐溶液中滴加碘水；

(2) 将 3 $mol\cdot dm^{-3}$ $CoCl_2$ 溶液加热，再滴加 $AgNO_3$ 溶液；

(3) 将$[Ni(NH_3)_6]SO_4$溶液水浴加热一段时间再加氨水；

(4) 用浓盐酸处理$Fe(OH)_3$，$Co(OH)_3$，$Ni(OH)_3$。

22.54　解释实验现象。

(1) 在$FeCl_3$溶液中加入 KSCN 溶液时出现血红色，再加入少许铁粉后血红色逐渐消失。

(2) 向少量$FeCl_3$溶液中加入过量饱和$(NH_4)_2C_2O_4$溶液后，滴加少量 KSCN 溶液并不出现红色，但再滴加盐酸则溶液立即变红。

(3) 蓝色的变色硅胶吸水后变成粉红色；$CoCl_2$溶液中滴加 NaOH 溶液生成的沉淀久置后用盐酸酸化，有刺激性气味的气体产生。

(4) 向$[Co(NH_3)_6]SO_4$溶液中滴加稀盐酸先生成蓝绿色沉淀，后沉淀溶解，生成粉红色溶液。

(5) 向$NiSO_4$溶液中滴加 NaOH 溶液生成绿色沉淀，再加入H_2O_2溶液沉淀不变色；但用氯水代替H_2O_2溶液则沉淀变色。

22.55　混合溶液(A)为紫红色。向(A)中加入浓盐酸并微热得蓝色溶液(B)和气体(C)。(A)中加入 NaOH 溶液则得棕黑色沉淀(D)和绿色溶液(E)。向(A)中通入过量SO_2气体则溶液最后变为粉红色溶液(F)。向(F)中加入过量氨水得白色沉淀(G)和棕黄色溶液(H)。(G)在空气中缓慢转变为棕黑色。将(D)与(G)混合后加入硫酸又得溶液(A)。试给出(A)、(B)、(C)、(D)、(E)、(F)、(G)和(H)所代表的主要化合物或离子的化学式。

22.56　某固体混合物中可能含有 KI，$SnCl_2$，$CuSO_4$，$ZnSO_4$，$FeCl_3$，$CoCl_2$和$NiSO_4$。通过下列实验判断哪些物质肯定存在，哪些物质肯定不存在，并分析原因。

(1) 取少许固体溶入稀硫酸中，没有沉淀生成。

(2) 将盐的水溶液与过量氨水作用，有灰绿色沉淀生成，溶液为蓝色。

(3) 将盐的水溶液与 KSCN 作用，无明显变化。再加入戊醇，也无明显变化。

(4) 向盐的水溶液中加入过量 NaOH 溶液有沉淀生成，溶液无明显颜色。过滤后，向溶液缓慢滴加盐酸时，有白色沉淀生成。

(5) 向盐的溶液中滴加$AgNO_3$溶液时，得到不溶于硝酸的白色沉淀。沉淀溶于氨水。

22.57　某同学在确定所合成的$K_3[Fe(C_2O_4)_3]\cdot 3H_2O$晶体中$FeC_2O_4$杂质的含量时，进行了以下实验：将一定量样品加入稀硫酸中，微热溶解后用$0.0500\ mol\cdot dm^{-3}$高锰酸钾溶液滴定，用去$108.00\ cm^3$；再加入适量还原剂将三价铁还原为二价铁后，用$KMnO_4$溶液滴定，恰好用去$20.00\ cm^3$。

(1) 给出滴定反应的离子反应方程式；

(2) 计算所合成产品的组成(不考虑结晶水)。

22.58　有一固体混合物可能含有$FeCl_3$，$NaNO_2$，$Ca(OH)_2$，$AgNO_3$，$CuCl_2$，NaF，NH_4Cl七种物质中的若干种。若将此混合物加水后，可得白色沉淀和无色溶液，在此无色溶液中加入 KSCN 没有变化；无色溶液可使酸化的$KMnO_4$溶液紫色褪去；将无色溶液加热有气体放出。另外，白色沉淀可溶于$NH_3\cdot H_2O$中。试根据上述现象，判断在混合物中，哪些物质肯定存在，哪些肯定不存在，哪些可能存在，说明理由，并用化学反应方程式表示。

22.59　金属(A)溶于稀盐酸，生成溶液(B)。在无氧操作条件下，将 NaOH 加到(B)溶液中，生成白色沉淀(C)。(C)接触空气颜色逐渐变深，最后成为棕红色沉淀(D)。灼烧(D)可生成棕红色粉末(E)，(E)经不彻底还原而生成铁磁性黑色物质(F)。(D)溶于稀盐酸生成溶液(G),该溶液能将 KI 氧化成 I_2,但在加入 KI 之前,先加入 NaF,则不能氧化 KI。若向(D)的浓 NaOH 悬浮液中通入氯气,可得到(H)的紫红色溶液,向该溶液中加入 $BaCl_2$ 后有红棕色固体(I)析出,(I)是一种强氧化剂。试给出(A)、(B)、(C)、(D)、(E)、(F)、(G)、(H)和(I)所代表的物质的化学式。

22.60 绿色晶体(A)隔绝空气加热失重近 45.3%后达到恒重,得到白色固体(B)。(B)溶于水后加入 H_2O_2 和 Na_2CO_3 溶液有棕色沉淀(C)生成。(C)溶于稀 H_2SO_4 后将溶液浓缩、结晶得到浅紫色晶体(D)。将(D)加热脱水失重约 28.8%。(D)的饱和溶液与 $K_2C_2O_4$ 饱和溶液混合后冷却,析出绿色水合晶体(E)。(E)溶于水后加入盐酸酸化,加入 KSCN 溶液得红色溶液(F)。向溶液(F)中通入 SO_2 气体则红色消失。试给出(A)、(B)、(C)、(D)、(E)和(F)所代表的物质的化学式。

22.61 蓝色化合物(A)溶于水得粉红色溶液(B)。向(B)中加入过量氢氧化钠溶液得粉红色沉淀(C)。用次氯酸钠溶液处理则(C)转化为棕黑色沉淀(D)。洗涤、过滤后将(D)与浓盐酸作用得蓝色溶液(E)。将(E)用水稀释后又得粉红色溶液(B)。试给出(A)、(B)、(C)、(D)和(E)所代表的物质的化学式。

22.62 化合物(A)为不溶于水的棕黑色固体,将(A)溶解在浓盐酸中,得到溶液(B)和黄绿色气体(C),(C)通过热氢氧化钾溶液,被吸收后生成溶液(D),(D)用酸中和并以 $AgNO_3$ 溶液处理,生成白色沉淀(E),(E)不溶于硝酸,但可溶于氨水。若在(B)溶液中加入氢氧化钠溶液,得到粉红色沉淀(F),将(F)用 H_2O_2 处理,则又得到(A)。若将(B)用 KNO_2 的醋酸溶液处理,则生成黄色沉淀(G)和气体(H),将(H)通过 $FeSO_4$ 溶液,则溶液变为暗棕色,但没有沉淀生成。试给出(A)、(B)、(C)、(D)、(E)、(F)、(G)和(H)所代表的物质的化学式。

习题参考答案

第1章

一、选择题

1.1 A　1.2 C　1.3 D　1.4 B　1.5 C　1.6 D　1.7 A　1.8 A　1.9 C　1.10 D
1.11 B　1.12 C　1.13 A　1.14 D

二、填空题

1.15　$\left(p+\frac{a}{V^2}\right)(V-b)=RT$。

1.16　大，小。

1.17　17，NH_3。

1.18　55.8。

1.19　3.9×10^6，1.5×10^6，4.6×10^6。

1.20　0.48。

1.21　20，10.23。

1.22　6.08×10^4。

1.23　9.69。

1.24　6.19%，1.01。

1.25　3.86。

1.26　272.17。

三、简答题和计算题

1.27　由题意可知，混合气体的 $\rho=3.18\ \text{g}\cdot\text{dm}^{-3}$，$T=298\ \text{K}$，$p=101\ \text{kPa}$。

由理想气体状态方程 $pV=nRT$ 得

$$pV=\frac{m}{M}RT=\frac{\rho V}{M}RT$$

整理得 $M=\frac{\rho RT}{p}$，代入相关数据，有

$$M=\frac{\rho RT}{p}=\frac{3.18\ \text{g}\cdot\text{dm}^{-3}\times 8.314\times 10^3\ \text{dm}^3\cdot\text{Pa}\cdot\text{mol}^{-1}\cdot\text{K}^{-1}\times 298\ \text{K}}{101\times 10^3\ \text{Pa}}=78.0\ \text{g}\cdot\text{mol}^{-1}$$

设混合气体中 NO_2 的摩尔分数为 x，则 N_2O_4 的摩尔分数为 $(1-x)$，则有

$$46x+92(1-x)=78.0$$

解得 $$x=0.304$$

则 $$1-x=0.696,\quad x:(1-x)=1:2.29$$

1.28 反应前气体的物质的量为

$$n_1=\frac{p_1V}{RT}=\frac{1.23\times 10^5\ \text{Pa}\times 0.5\times 10^{-3}\,\text{m}^3}{8.314\ \text{Pa}\cdot\text{m}^3\cdot\text{mol}^{-1}\cdot\text{K}^{-1}\times 298\ \text{K}}=0.0248\ \text{mol}$$

反应后气体的物质的量为

$$n_2=\frac{p_2V}{RT}=\frac{8.3\times 10^4\ \text{Pa}\times 0.5\times 10^{-3}\,\text{m}^3}{8.314\ \text{Pa}\cdot\text{m}^3\cdot\text{mol}^{-1}\cdot\text{K}^{-1}\times 298\ \text{K}}=0.0168\ \text{mol}$$

设反应后生成 x mol NO_2 气体，由

$$\begin{array}{cccc} 2NO & + & O_2 = & 2NO_2 \\ \left(0.0248-\frac{3}{2}x\right)\text{mol} & & & x\ \text{mol} \end{array}$$

$$n_2=\left(0.0248-\frac{3}{2}x\right)\text{mol}+x\text{mol}=0.0168\ \text{mol}$$

得 $x=0.016$，生成 NO_2 的质量为 $0.016\ \text{mol}\times 46\ \text{g}\cdot\text{mol}^{-1}=0.74\ \text{g}$。

1.29 (1) 混合气体中的水蒸气最后全部被干燥剂吸收，则混合气体中氮气的分压为

$$p(N_2)=99.3\ \text{kPa}$$

混合气体中水蒸气的分压为

$$p(H_2O)=101.3\ \text{kPa}-99.3\ \text{kPa}=2.0\ \text{kPa}$$

由公式 $p_i=x_ip_{总}$，则混合气体中氮气的摩尔分数为

$$x(N_2)=\frac{p(N_2)}{p_{总}}=\frac{99.3\ \text{kPa}}{101.3\ \text{kPa}}=0.98$$

混合气体中水蒸气的摩尔分数为

$$x(H_2O)=\frac{p(H_2O)}{p_{总}}=\frac{2.0\ \text{kPa}}{101.3\ \text{kPa}}=0.02$$

(2) 依题意，混合气体中水蒸气的质量等于干燥剂增加的质量，则水蒸气中水的物质的量为

$$\frac{0.150\ \text{g}}{18\ \text{g}\cdot\text{mol}^{-1}}=8.33\times 10^{-3}\ \text{mol}$$

由理想气体状态方程得瓶的容积为

$$\begin{aligned} V(瓶)=V(H_2O)&=\frac{n(H_2O)RT}{p(H_2O)}\\ &=\frac{8.33\times 10^{-3}\ \text{mol}\times 8.314\ \text{Pa}\cdot\text{m}^3\cdot\text{mol}^{-1}\cdot\text{K}^{-1}\times 293\ \text{K}}{2.0\times 10^3\ \text{Pa}}\\ &=10.1\times 10^{-3}\ \text{m}^3=10.1\ \text{dm}^3 \end{aligned}$$

1.30 电解反应为 $H_2O = H_2+\frac{1}{2}O_2$，则 1 mol H_2O 可生成 1.5 mol 气体。氧气和氢气的分压之和为

$$p(H_2)+p(O_2)=p_{总}-p(N_2)$$
$$=1.88\times10^5\ Pa-(1.01\times10^5\ Pa-4.04\times10^3\ Pa)$$
$$=9.10\times10^4\ Pa$$

氧气和氢气的物质的量为

$$n(H_2)+n(O_2)=\frac{[p(H_2)+p(O_2)]V}{RT}$$
$$=\frac{9.10\times10^4\ Pa\times3\times10^{-3}\ m^3}{8.314\ Pa\cdot m^3\cdot mol^{-1}\cdot K^{-1}\times302\ K}$$
$$=0.109\ mol$$

容器中水的质量为

$$0.109\ mol\times\frac{2}{3}\times18\ g\cdot mol^{-1}=1.31\ g$$

1.31 设原混合气体中 C_2H_4 的物质的量为 n_1，H_2 的物质的量为 n_2。

反应	C_2H_4 +	H_2 ═══	C_2H_6	
反应前	n_1	n_2	0	$n_{总}=n_1+n_2$
反应后	0	n_2-n_1	n_1	$n_{总}=(n_2-n_1)+n_1=n_2$

原混合气体中 C_2H_4 的摩尔分数为

$$x(C_2H_4)=\frac{n_1}{n_1+n_2}=1-\frac{n_2}{n_1+n_2}=1-\frac{p_{终}}{p_{始}}$$
$$=1-\frac{4530\ Pa}{6930\ Pa}=0.346$$

1.32 根据理想气体状态方程可知，2.3 g 乙醇气体所占的体积为

$$V=\frac{nRT}{p}$$
$$=\frac{[2.3\ g/(46\ g\cdot mol^{-1})]\times8.314\ Pa\cdot m^3\cdot mol^{-1}\cdot K^{-1}\times293\ K}{5866.2\ Pa}$$
$$=2.076\times10^{-2}\ m^3=20.76\ dm^3$$

在 20.76 dm^3 气体中，空气的分压为

$$p(空气)=1.013\times10^5\ Pa-5866.2\ Pa=9.54\times10^4\ Pa$$

通入 1.013×10^5 Pa 的空气的体积为

$$V(空气)=\frac{9.54\times10^4\ Pa\times20.76\ dm^3}{1.013\times10^5\ Pa}=19.55\ dm^3$$

或

$$V(空气)=20.76\ dm^3\times\left(1-\frac{5866.2\ Pa}{1.013\times10^5\ Pa}\right)=19.56\ dm^3$$

1.33 通入空气的物质的量为

$$n(空气)=\frac{pV}{RT}=\frac{1.013\times10^5\ Pa\times1.0\times10^{-3}\ m^3}{8.314\ Pa\cdot m^3\cdot mol^{-1}\cdot K^{-1}\times273\ K}=0.0446\ mol$$

被空气带走的二甲醚蒸气的物质的量为

$$n(二甲醚)=\frac{0.0335\ g}{46\ g\cdot mol^{-1}}=7.28\times10^{-4}\ mol$$

依题意，混合气体的总压等于外压(1.013×10^5 Pa)，二甲醚蒸气的分压为

$$p(\text{二甲醚})=\frac{n(\text{二甲醚})}{n(\text{二甲醚})+n(\text{空气})}\cdot p_{\text{总}}$$

$$=\frac{7.28\times10^{-4}}{7.28\times10^{-4}+0.0446}\times1.013\times10^{5}\ \text{Pa}$$

$$=1.63\times10^{3}\ \text{Pa}$$

1.34 在压缩前后混合气体中苯的分压均等于苯的饱和蒸气压，则压缩前空气的分压为

$$p_1=9.97\times10^{4}\ \text{Pa}-2.41\times10^{4}\ \text{Pa}=7.56\times10^{4}\ \text{Pa}$$

压缩后空气的分压为

$$p_2=5.05\times10^{5}\ \text{Pa}-2.41\times10^{4}\ \text{Pa}=4.81\times10^{5}\ \text{Pa}$$

压缩前后空气的物质的量、温度均未发生变化，由 $p_1V_1=p_2V_2$ 得压缩后混合气体的体积为

$$V_2=\frac{p_1V_1}{p_2}=\frac{7.56\times10^{4}\ \text{Pa}\times1000\ \text{cm}^3}{4.81\times10^{5}\ \text{Pa}}=157.2\ \text{cm}^3$$

凝结成液体的苯的物质的量等于压缩前、后苯蒸气的物质的量之差：

$$n_{\text{凝}}=n_1-n_2=\frac{pV_1}{RT}-\frac{pV_2}{RT}=\frac{p}{RT}(V_1-V_2)$$

$$=\frac{2.41\times10^{4}\ \text{Pa}}{8.314\ \text{Pa}\cdot\text{m}^3\cdot\text{mol}^{-1}\cdot\text{K}^{-1}\times313\ \text{K}}\times(1000-157.2)\times10^{-6}\ \text{m}^3$$

$$=7.81\times10^{-3}\ \text{mol}$$

凝结成液体的苯的质量为

$$7.81\times10^{-3}\ \text{mol}\times78\ \text{g}\cdot\text{mol}^{-1}=0.609\ \text{g}$$

1.35 (1) 将题设的过程理解为一个 $p_1=98.6\ \text{kPa}$，$V_1=4.00\ \text{dm}^3$ 的空气气泡缓缓通过 $CHCl_3$ 液体，气泡在被 $CHCl_3$ 饱和的过程中体系的总压没变，气泡的体积增大。通过 $CHCl_3$ 后的气泡是一个混合气体体系，$V_{\text{总}}$ 是其体积，$p_{\text{总}}=98.6\ \text{kPa}$。$CHCl_3$ 的饱和蒸气压 49.3 kPa 等于混合气体中该组分的分压 p_2，设另一组分空气的分压为 $p(\text{空气})$，则

$$p(\text{空气})=p_{\text{总}}-p_2=98.6\ \text{kPa}-49.3\ \text{kPa}=49.3\ \text{kPa}$$

对组分气体空气使用 Boyle 定律，因为 T，n 不变，$p(\text{空气})V_{\text{总}}=p_1V_1$，故

$$V_{\text{总}}=\frac{p_1V_1}{p(\text{空气})}$$

$$=\frac{98.6\ \text{kPa}\times4.0\ \text{dm}^3}{49.3\ \text{kPa}}=8.0\ \text{dm}^3$$

(2) 对组分气体 $CHCl_3$ 使用理想气体状态方程 $p_2V_{\text{总}}=nRT$，故混合气体中 $CHCl_3$ 的物质的量为

$$n=\frac{p_2V_{\text{总}}}{RT}=\frac{49.3\times10^{3}\ \text{Pa}\times8.0\times10^{-3}\ \text{m}^3}{8.314\ \text{Pa}\cdot\text{m}^3\cdot\text{mol}^{-1}\cdot\text{K}^{-1}\times313\ \text{K}}=0.152\ \text{mol}$$

因为 $CHCl_3$ 的摩尔质量 $M=119.5\ \text{g}\cdot\text{mol}^{-1}$，故带走的 $CHCl_3$ 的质量为

$$m=Mn=119.5\ \text{g}\cdot\text{mol}^{-1}\times0.152\ \text{mol}=18.2\ \text{g}$$

1.36

反应式		$2H_2(g)+$	$O_2(g)$ ═══	$2H_2O(l)$
反应前	n_0/mol	$2a$	$2a$	0
反应后	n_t/mol	0	a	$2a$

反应后的气体是 a mol O_2 和饱和水蒸气形成的混合气体。其中水蒸气的分压为 $p(H_2O)$，由题设可知 $p(H_2O)=3.17$ kPa。

根据分压的定义，当 a mol 氧气单独占有容器总体积 V 时，其压强即为 $p(O_2)$。

由 $pV=nRT$ 得出当 V,R,T 不变时，有 $p\propto n$，即压强与物质的量成正比。根据题设 $4a$ mol 气体形成的压强为 100 kPa，可知 a mol 氧气形成的 $p(O_2)$ 为

$$\frac{100\ \text{kPa}}{4}=25\ \text{kPa}$$

由分压定律 $p_{总}=\sum_i p_i$，有

$$\begin{aligned}p_{总}&=p(O_2)+p(H_2O)\\&=25\ \text{kPa}+3.17\ \text{kPa}=28.17\ \text{kPa}\end{aligned}$$

1.37 剩余的 H_2SO_4 与 NaOH 发生如下反应：

$$H_2SO_4+2NaOH=\!=\!=Na_2SO_4+2H_2O$$

与 NH_3 反应所消耗 H_2SO_4 的物质的量为

$$50\times10^{-3}\ \text{dm}^3\times0.50\ \text{mol}\cdot\text{dm}^{-3}-\frac{1}{2}\times10.4\times10^{-3}\ \text{dm}^3\times1.0\ \text{mol}\cdot\text{dm}^{-3}=0.0198\ \text{mol}$$

NH_3 与 H_2SO_4 的反应为

$$2NH_3+H_2SO_4=\!=\!=(NH_4)_2SO_4$$

饱和溶液中 NH_3 的物质的量为

$$0.0198\ \text{mol}\times2=0.0396\ \text{mol}$$

溶液中 NH_3 的质量为

$$0.0396\ \text{mol}\times17.0\ \text{g}\cdot\text{mol}^{-1}=0.6732\ \text{g}$$

饱和溶液中水的质量为

$$3.018\ \text{g}-0.6732\ \text{g}=2.3448\ \text{g}$$

NH_3 在水中的溶解度为

$$\frac{0.6732\ \text{g}}{2.3448\ \text{g}}\times100\ \text{g}/[100\ \text{g}(H_2O)]=28.71\ \text{g}/[100\ \text{g}(H_2O)]$$

1.38 先求算 H_2 的物质的量 $n(H_2)$。

收集到的混合气体 $p_{总}=100.0$ kPa，其中 $p(H_2O)=2.1$ kPa，由分压定律可知

$$p(H_2)=p_{总}-p(H_2O)=100.0\ \text{kPa}-2.1\ \text{kPa}=97.9\ \text{kPa}$$

依题意 $V_{总}=38.5\times10^{-6}\ \text{m}^3$， $T=(18+273)\text{K}=291\ \text{K}$

由 $p(H_2)V_{总}=n(H_2)RT$，得

$$n(H_2)=\frac{p(H_2)V_{总}}{RT}=\frac{97.9\times10^3\ \text{Pa}\times38.5\times10^{-6}\ \text{m}^3}{8.314\ \text{Pa}\cdot\text{m}^3\cdot\text{mol}^{-1}\cdot\text{K}^{-1}\times291\ \text{K}}=1.56\times10^{-3}\ \text{mol}$$

依题意，金属的物质的量为

$$n(\text{金属})=n(H_2)=1.56\times10^{-3}\ \text{mol}$$

金属的摩尔质量 $M=\frac{m}{n(\text{金属})}=\frac{0.102\ \text{g}}{1.56\times10^{-3}\ \text{mol}}=65.4\ \text{g}\cdot\text{mol}^{-1}$

故此金属的相对原子质量为 65.4。

1.39 由题意可知，1.0 dm^3 4.0 $\text{mol}\cdot\text{dm}^{-3}$ H_2SO_4 溶液中，H_2SO_4 的物质的量为 4.0 mol。

300 cm^3 密度为 1.07 $g \cdot cm^{-3}$ 的 10% H_2SO_4 溶液中，H_2SO_4 的物质的量为

$$n_1 = (300\ cm^3 \times 1.07\ g \cdot cm^{-3} \times 10\%)/(98\ g \cdot mol^{-1}) = 0.328\ mol$$

还需 H_2SO_4 的物质的量为

$$n_2 = 4.0\ mol - 0.328\ mol = 3.672\ mol$$

需密度为 1.82 $g \cdot cm^{-3}$ 的 90% H_2SO_4 溶液的体积为

$$V = \frac{3.672\ mol \times 98\ g \cdot mol^{-1}}{1.82\ g \cdot cm^{-3} \times 90\%} = 219.7\ cm^3$$

1.40 由 $p = p_A^* x_A$ 得丙酮的摩尔分数为

$$x(\text{丙酮}) = \frac{p}{p^*(\text{丙酮})} = \frac{35570\ Pa}{37330\ Pa} = 0.9529$$

设非挥发性有机物的摩尔质量为 M，则

$$x(\text{丙酮}) = \frac{\dfrac{120\ g}{58\ g \cdot mol^{-1}}}{\dfrac{120\ g}{58\ g \cdot mol^{-1}} + \dfrac{6\ g}{M}} = 0.9529$$

解得 $M = 58.7\ g \cdot mol^{-1}$。

1.41 根据题意有

$$\Delta T_b = K_b \cdot b = K_b \cdot \frac{\dfrac{m_B}{M_B}}{m_A}$$

$$M_B = \frac{K_b m_B}{m_A \Delta T_b} = \frac{2.53\ K \cdot kg \cdot mol^{-1} \times 3.24\ g}{40 \times 10^{-3}\ kg \times 0.81\ K} = 253\ g \cdot mol^{-1}$$

设此硫分子的分子式为 S_n，则 $32n = 253$，$n \approx 8$。因此，此溶液中的硫分子是由 8 个硫原子组成的。

1.42 对于 $Pb(NO_3)_2$，其质量摩尔浓度为

$$b_1 = \frac{\dfrac{0.570\ g}{331.2\ g \cdot mol^{-1}}}{120 \times 10^{-3}\ kg} = 0.0143\ mol \cdot kg^{-1}$$

通过测定凝固点降低值，溶液的质量摩尔浓度为

$$b_2 = \frac{0.08\ K}{1.86\ K \cdot kg \cdot mol^{-1}} = 0.0430\ mol \cdot kg^{-1}$$

溶液中的粒子数目 $= \dfrac{0.0430\ mol}{0.0143\ mol} = 3$，可见 $Pb(NO_3)_2$ 在水中是完全解离的。

对于 $PbCl_2$，其质量摩尔浓度为

$$b_3 = \frac{\dfrac{0.570\ g}{278.2\ g \cdot mol^{-1}}}{100 \times 10^{-3}\ kg} = 0.0205\ mol \cdot kg^{-1}$$

通过测定凝固点降低值，溶液的质量摩尔浓度为

$$b_4 = \frac{0.0381\ K}{1.86\ K \cdot kg \cdot mol^{-1}} = 0.0205\ mol \cdot kg^{-1}$$

溶液中的粒子数目 $= \dfrac{0.0205\ mol}{0.0205\ mol} = 1$，可见 $PbCl_2$ 在水中溶解度很小，几乎不解离，以分子

形式存在。

1.43 (1) 通入空气的物质的量为

$$n(\text{空气})=\frac{pV}{RT}=\frac{1.013\times10^5\ \text{Pa}\times4.0\times10^{-3}\ \text{m}^3}{8.314\ \text{Pa}\cdot\text{m}^3\cdot\text{mol}^{-1}\cdot\text{K}^{-1}\times293\ \text{K}}=0.1663\ \text{mol}$$

被空气带走的苯蒸气物质的量为

$$n(\text{苯})=\frac{1.185\ \text{g}}{78.0\ \text{g}\cdot\text{mol}^{-1}}=0.0152\ \text{mol}$$

混合气体的总压为 1.013×10^5 Pa，则苯蒸气分压为

$$\begin{aligned}p(\text{苯})&=\frac{n(\text{苯})}{n(\text{空气})+n(\text{苯})}\cdot p_{\text{总}}\\&=\frac{0.0152}{0.1663+0.0152}\times1.013\times10^5\ \text{Pa}\\&=8.48\times10^3\ \text{Pa}\end{aligned}$$

混合气体中苯的蒸气压就是苯溶液的蒸气压。由拉乌尔定律，$p=p_A^*\cdot x_A$ 得苯的摩尔分数为

$$x(\text{苯})=\frac{p(\text{苯})}{p^*(\text{苯})}=\frac{8.48\times10^3\ \text{Pa}}{1\times10^4\ \text{Pa}}=0.848$$

设溶质的摩尔质量为 M，由摩尔分数定义得

$$x(\text{苯})=\frac{\dfrac{100\ \text{g}}{78\ \text{g}\cdot\text{mol}^{-1}}}{\dfrac{100\ \text{g}}{78\ \text{g}\cdot\text{mol}^{-1}}+\dfrac{15\ \text{g}}{M}}=0.848$$

解得 $M=65.3\ \text{g}\cdot\text{mol}^{-1}$。

(2) 苯溶液的质量摩尔浓度为

$$b=\frac{\dfrac{15\ \text{g}}{65.3\ \text{g}\cdot\text{mol}^{-1}}}{100\times10^{-3}\ \text{kg}}=2.297\ \text{mol}\cdot\text{kg}^{-1}$$

$$\Delta T_f=K_f\cdot b=5.1\ \text{K}\cdot\text{kg}\cdot\text{mol}^{-1}\times2.297\ \text{mol}\cdot\text{kg}^{-1}=11.7\ \text{K}$$

苯溶液的凝固点为

$$T_f=T_f^*-\Delta T_f=278.4\ \text{K}-11.7\ \text{K}=266.7\ \text{K}$$

$$\Delta T_b=K_b\cdot b=2.53\ \text{K}\cdot\text{kg}\cdot\text{mol}^{-1}\times2.297\ \text{mol}\cdot\text{kg}^{-1}=5.8\ \text{K}$$

苯溶液的沸点为

$$T_b=T_b^*+\Delta T_b=353.1\ \text{K}+5.8\ \text{K}=358.9\ \text{K}$$

1.44 由 $\Delta T_f=K_f\cdot b$ 得溶液的质量摩尔浓度：

$$b=\frac{\Delta T_f}{K_f}=\frac{0.543\ \text{K}}{1.86\ \text{K}\cdot\text{kg}\cdot\text{mol}^{-1}}=0.292\ \text{mol}\cdot\text{kg}^{-1}$$

该葡萄糖溶液的质量分数为

$$w=\frac{0.292\ \text{mol}\times180\ \text{g}\cdot\text{mol}^{-1}}{0.292\ \text{mol}\times180\ \text{g}\cdot\text{mol}^{-1}+1000\ \text{g}}\times100\%=5.0\%$$

根据 $\Pi=cRT$，且稀溶液中 $c\approx b$，血液的温度约为 37 ℃，即 $T=310$ K，则血液的渗透压为

$$\Pi = cRT$$
$$\approx 0.292\ \text{mol·dm}^{-3} \times 8.314 \times 10^3\ \text{Pa·dm}^3\text{·mol}^{-1}\text{·K}^{-1} \times 310\ \text{K}$$
$$= 752.6 \times 10^3\ \text{Pa} = 752.6\ \text{kPa}$$

1.45 (1) 图(a)所示的正六面体不是NaCl的晶胞。晶胞是晶体的代表,它不仅要代表晶体的组成,还要代表晶体的对称性。图(a)所示的正六面体虽然组成和NaCl相同,但其对称性与NaCl不同,不具备立方晶系的特征对称元素,所以不是NaCl的晶胞。

(2) 图(b)所示的正六面体不仅其组成与CsCl相同(Cs∶Cl=1∶1);其对称性也与CsCl相同,具有立方晶系的特征对称元素(4条3重旋转轴),故是CsCl的晶胞。

第2章

一、选择题

2.1 C 2.2 B 2.3 D 2.4 B 2.5 D 2.6 C 2.7 A 2.8 D 2.9 C 2.10 A
2.11 D 2.12 C 2.13 A 2.14 D

二、填空题

2.15 54.56, 10.48, 98.64, 173.2,0。
2.16 C, B, 77, A, −161.6, D。
2.17 253.1。
2.18 19.3, 158.5。
2.19 −90.7, 0.451。
2.20 −3905.4, 0.496。
2.21 Li(s), LiCl(s), Ne(g), Cl_2(g), I_2(g)。
2.22 >, >, <。
2.23 ΔS,ΔG。

三、简答题和计算题

2.24 设产生1 dm^3 水煤气时消耗的碳的物质的量为 n(C)。

根据题意,CO和CO_2总量为n(C),其中CO为0.95 n(C),CO_2为0.05 n(C),而H_2为1.05 n(C)。由$pV=nRT$得

$$n_{总} = \frac{pV}{RT} = \frac{1.0 \times 10^5\ \text{Pa} \times 1\ \text{dm}^3}{8.314 \times 10^3\ \text{Pa·dm}^3\text{·mol}^{-1}\text{·K}^{-1} \times 298\ \text{K}} = 0.040\ \text{mol}$$

$$n_{总} = n(\text{CO}) + n(\text{CO}_2) + n(\text{H}_2)$$
$$= 0.95\ n(\text{C}) + 0.05n(\text{C}) + 1.05n(\text{C})$$

解得
$$n(\text{C}) = 0.0195\ \text{mol}$$
$$n(\text{CO}) = 0.0195\ \text{mol} \times 0.95 = 0.019\ \text{mol}$$
$$n(\text{H}_2) = 0.0195\ \text{mol} \times 1.05 = 0.020\ \text{mol}$$

水煤气的燃烧反应

$$\text{CO(g)} + \frac{1}{2}\text{O}_2\text{(g)} =\!=\!= \text{CO}_2\text{(g)} \quad (1)$$

$$H_2(g) + \frac{1}{2}O_2(g) \Longrightarrow H_2O(g) \tag{2}$$

$$\Delta_r H_m^{\ominus}(1) = -393.5 \text{ kJ·mol}^{-1} - (-110.5 \text{ kJ·mol}^{-1}) = -283.0 \text{ kJ·mol}^{-1}$$

$$\Delta_r H_m^{\ominus}(2) = -241.8 \text{ kJ·mol}^{-1}$$

1 dm³ 水煤气燃烧产生的热量为

$$\Delta_r H = n(\text{CO}) \cdot \Delta_r H_m^{\ominus}(1) + n(\text{H}_2) \cdot \Delta_r H_m^{\ominus}(2)$$
$$= 0.019 \text{ mol} \times (-283.0 \text{ kJ·mol}^{-1}) + 0.020 \text{ mol} \times (-241.8 \text{ kJ·mol}^{-1})$$
$$= -10.21 \text{ kJ}$$

2.25　根据状态函数和状态函数的改变量的性质,由题设

$$2\text{MnO}_4^- + 10\text{Cl}^- + 16\text{H}^+ \Longrightarrow 2\text{Mn}^{2+} + 5\text{Cl}_2 \uparrow + 8\text{H}_2\text{O}$$

$$\Delta_r G_m^{\ominus}(1) = -142.0 \text{ kJ·mol}^{-1}$$

所以　　　　$$\text{MnO}_4^- + 5\text{Cl}^- + 8\text{H}^+ \Longrightarrow \text{Mn}^{2+} + \frac{5}{2}\text{Cl}_2 \uparrow + 4\text{H}_2\text{O}$$

$$\Delta_r G_m^{\ominus}(3) = -71.0 \text{ kJ·mol}^{-1}$$

由题设　　　　$$\text{Cl}_2 + 2\text{Fe}^{2+} \Longrightarrow 2\text{Cl}^- + 2\text{Fe}^{3+}$$

$$\Delta_r G_m^{\ominus}(2) = -113.6 \text{ kJ·mol}^{-1}$$

所以　　　　$$\frac{5}{2}\text{Cl}_2 + 5\text{Fe}^{2+} \Longrightarrow 5\text{Cl}^- + 5\text{Fe}^{3+}$$

$$\Delta_r G_m^{\ominus}(4) = -284.0 \text{ kJ·mol}^{-1}$$

因为

$$\text{MnO}_4^- + 5\text{Cl}^- + 8\text{H}^+ \Longrightarrow \text{Mn}^{2+} + \frac{5}{2}\text{Cl}_2 + 4\text{H}_2\text{O}$$

$$+)\qquad \frac{5}{2}\text{Cl}_2 + 5\text{Fe}^{2+} \Longrightarrow 5\text{Cl}^- + 5\text{Fe}^{3+}$$

$$\overline{\text{MnO}_4^- + 5\text{Fe}^{2+} + 8\text{H}^+ \Longrightarrow \text{Mn}^{2+} + 5\text{Fe}^{3+} + 4\text{H}_2\text{O}}$$

所得化学反应的标准摩尔吉布斯自由能变为

$$\Delta_r G_m^{\ominus} = \Delta_r G_m^{\ominus}(3) + \Delta_r G_m^{\ominus}(4)$$
$$= [(-71.0) + (-284.0)] \text{ kJ·mol}^{-1}$$
$$= -355.0 \text{ kJ·mol}^{-1}$$

2.26　由 $\Delta_f H_m^{\ominus}(\text{H}_2\text{O}, \text{l}) = -285.8 \text{ kJ·mol}^{-1}$ 得

$$\text{H}_2(g) + \frac{1}{2}\text{O}_2(g) \Longrightarrow \text{H}_2\text{O}(l) \qquad \Delta_r H_m^{\ominus} = -285.8 \text{ kJ·mol}^{-1}$$

即　　　　$$\Delta_r U_m^{\ominus} = \Delta_r H_m^{\ominus} - \Delta\nu RT$$
$$= -285.8 \text{ kJ·mol}^{-1} - (-1.5) \times 8.314 \times 10^{-3} \text{ kJ·mol}^{-1}\cdot\text{K}^{-1} \times 298 \text{ K}$$
$$= -282.1 \text{ kJ·mol}^{-1}$$

生成水的恒容反应热为

$$Q_V = n\Delta_r U_m^{\ominus} = 0.2 \text{ mol} \times (-282.1 \text{ kJ·mol}^{-1}) = -56.42 \text{ kJ}$$

由题意,0.2 mol H₂(g)燃烧生成 H₂O(l)时所放出的热量等于热量计所吸收的热量,则热量计的热容为

$$C=\frac{-Q_V}{T}=\frac{56.42\ \text{kJ}}{0.88\ \text{K}}=64.11\ \text{kJ}\cdot\text{K}^{-1}$$

同理，0.01 mol 甲苯燃烧放出的热量等于热量计吸收的热量：

$$Q_V=-64.11\ \text{kJ}\cdot\text{K}^{-1}\times 0.615\ \text{K}=-39.43\ \text{kJ}$$

甲苯燃烧反应的 $\Delta_r U_m^\ominus$ 为

$$\Delta_r U_m^\ominus=\frac{Q_V}{\xi}=\frac{-39.43\ \text{kJ}}{0.01\ \text{mol}}=-3943\ \text{kJ}\cdot\text{mol}^{-1}$$

甲苯燃烧反应的 $\Delta_r H_m^\ominus$ 为

$$\begin{aligned}\Delta_r H_m^\ominus &=\Delta_r U_m^\ominus+\Delta\nu RT\\ &=-3943\ \text{kJ}\cdot\text{mol}^{-1}+(-2)\times 8.314\times 10^{-3}\ \text{kJ}\cdot\text{mol}^{-1}\cdot\text{K}^{-1}\times 298\ \text{K}\\ &=-3948\ \text{kJ}\cdot\text{mol}^{-1}\end{aligned}$$

2.27 $C_3H_6(g)$的标准摩尔燃烧热 $\Delta_c H_m^\ominus$ 即为反应

$$C_3H_6(g)+\frac{9}{2}O_2(g) = 3CO_2(g)+3H_2O(l)$$

的恒压反应热 $\Delta_r H_m^\ominus$。其恒容反应热用 $\Delta_r U_m^\ominus$ 表示。

该反应气相物质的化学计量数改变量 $\Delta\nu$ 为

$$\Delta\nu=3-\left(1+\frac{9}{2}\right)=-\frac{5}{2}$$

由公式 $\Delta_r H_m^\ominus=\Delta_r U_m^\ominus+\Delta\nu RT$，得

$$\Delta_r U_m^\ominus=\Delta_r H_m^\ominus-\Delta\nu RT$$

将 $\Delta\nu$ 代入，得

$$\begin{aligned}\Delta_r U_m^\ominus &=-2058.0\ \text{kJ}\cdot\text{mol}^{-1}-\left(-\frac{5}{2}\right)\times 8.314\times 10^{-3}\ \text{kJ}\cdot\text{mol}^{-1}\cdot\text{K}^{-1}\times 298\ \text{K}\\ &=-2051.8\ \text{kJ}\cdot\text{mol}^{-1}\end{aligned}$$

2.28 $2N_2H_4(l)+N_2O_4(g) = 3N_2(g)+4H_2O(l)$

$$\begin{aligned}\Delta_r H_m^\ominus &=4\times(-285.8\ \text{kJ}\cdot\text{mol}^{-1})-2\times 50.6\ \text{kJ}\cdot\text{mol}^{-1}-9.16\ \text{kJ}\cdot\text{mol}^{-1}\\ &=-1253.56\ \text{kJ}\cdot\text{mol}^{-1}\end{aligned}$$

燃烧 1 kg $N_2H_4(l)$所放出的热量为

$$Q=\frac{1000\ \text{g}}{32\ \text{g}\cdot\text{mol}^{-1}}\times\frac{-1253.56\ \text{kJ}\cdot\text{mol}^{-1}}{2}=-19587\ \text{kJ}\approx -1.96\times 10^4\ \text{kJ}$$

燃烧 1 kg $N_2H_4(l)$需 $N_2O_4(g)$的体积为

$$\begin{aligned}V=\frac{nRT}{p}&=\frac{\frac{1000\ \text{g}}{32\ \text{g}\cdot\text{mol}^{-1}}\times\frac{1}{2}\times 8.314\times 10^3\ \text{Pa}\cdot\text{dm}^3\cdot\text{mol}^{-1}\cdot\text{K}^{-1}\times 300\ \text{K}}{1.013\times 10^5\ \text{Pa}}\\ &=384.7\ \text{dm}^3\end{aligned}$$

2.29 由题意可知 $\qquad S（斜方）\longrightarrow S（单斜）$

该转化反应的

$$\begin{aligned}\Delta_r S_m^\ominus &=S_m^\ominus(S，单斜)-S_m^\ominus(S，斜方)\\ &=(32.6-31.9)\ \text{J}\cdot\text{mol}^{-1}\cdot\text{K}^{-1}\\ &=0.7\ \text{J}\cdot\text{mol}^{-1}\cdot\text{K}^{-1}\end{aligned}$$

单质硫的燃烧反应为

$$S(斜方) + O_2(g) \xlongequal{\quad} SO_2(g) \qquad (1)$$

$$\Delta_r H_m^\ominus(1) = \Delta_c H_m^\ominus(斜方) = -296.81\ kJ\cdot mol^{-1}$$

$$S(单斜) + O_2(g) \xlongequal{\quad} SO_2(g) \qquad (2)$$

$$\Delta_r H_m^\ominus(2) = \Delta_c H_m^\ominus(单斜) = -297.14\ kJ\cdot mol^{-1}$$

反应式(1)－反应式(2)，得

$$S\ (斜方) \xlongequal{\quad} S\ (单斜)$$

故转化反应的热效应为

$$\Delta_r H_m^\ominus = -296.81\ kJ\cdot mol^{-1} - (-297.14\ kJ\cdot mol^{-1}) = 0.33\ kJ\cdot mol^{-1}$$

298 K 时，转化反应的吉布斯自由能变为

$$\begin{aligned}\Delta_r G_m^\ominus &= \Delta_r H_m^\ominus - T\Delta_r S_m^\ominus \\ &= 0.33\ kJ\cdot mol^{-1} - 298\ K \times 0.7 \times 10^{-3}\ kJ\cdot mol^{-1}\cdot K^{-1} \\ &= 0.12\ kJ\cdot mol^{-1}\end{aligned}$$

2.30 由赫斯定律得(4) $= \frac{1}{6}[(1)\times 3 - (2) - (3)\times 2]$

$$\begin{aligned}\Delta_r H_m^\ominus(4) &= \frac{1}{6}[\Delta_r H_m^\ominus(1)\times 3 - \Delta_r H_m^\ominus(2) - \Delta_r H_m^\ominus(3)\times 2] \\ &= \frac{1}{6}[(-27.61\ kJ\cdot mol^{-1})\times 3 - (-58.58\ kJ\cdot mol^{-1}) - 38.07\ kJ\cdot mol^{-1}\times 2] \\ &= -16.73\ kJ\cdot mol^{-1}\end{aligned}$$

2.31 $\Delta_r H_m^\ominus$ 表示处于标准状态的反应物生成标准状态的产物的焓变，即反应热。

$\Delta_f H_m^\ominus$ 表示由处于标准状态的各种元素的指定单质生成标准状态的 1 mol 某纯物质时的热效应。

$\Delta_c H_m^\ominus$ 表示在 $p^\ominus$ 下 1 mol 物质完全燃烧时的热效应。完全燃烧在热力学上有严格的规定：碳、氮、硫燃烧产物分别为气体 CO_2，N_2，SO_2，氢、氯的燃烧产物分别为液态 H_2O 和 HCl 水溶液。

一个反应同时满足以上三个热力学函数的条件时，则 $\Delta_r H_m^\ominus = \Delta_f H_m^\ominus = \Delta_c H_m^\ominus$，如 1 mol H_2 完全燃烧反应：

$$H_2(g) + \frac{1}{2}O_2(g) \xlongequal{\quad} H_2O(l)$$

该反应的反应热等于 $H_2(g)$ 的标准摩尔燃烧热，也等于 $H_2O(l)$ 的标准摩尔生成热，即

$$\Delta_c H_m^\ominus(H_2, g) = \Delta_f H_m^\ominus(H_2O, l) = \Delta_r H_m^\ominus$$

注意：如果上述反应的产物是 $H_2O(g)$，则 $\Delta_c H_m^\ominus(H_2, g) \neq \Delta_f H_m^\ominus(H_2O, g)$，因为 $H_2(g)$ 完全燃烧的产物应是液态 H_2O，而不是气态 H_2O。

再如，1 mol 石墨完全燃烧反应的 $\Delta_r H_m^\ominus$，$\Delta_f H_m^\ominus$ 和 $\Delta_c H_m^\ominus$ 在数值上相等：

$$C(石墨) + O_2(g) \xlongequal{\quad} CO_2(g)$$

即该反应的反应热 $\Delta_r H_m^\ominus$ 等于 C(石墨)的标准摩尔燃烧热 $\Delta_c H_m^\ominus$，也等于气态 CO_2 的标准摩尔生成热，所以有

$$\Delta_c H_m^\ominus(石墨) = \Delta_f H_m^\ominus(CO_2, g) = \Delta_r H_m^\ominus$$

2.32 $\Delta H = 352\ J\cdot g^{-1} \times 76.15\ g\cdot mol^{-1} \times 1\ mol = 26805\ J \approx 26.8\ kJ$

$$\Delta U = \Delta H - \Delta nRT$$
$$= 26.8\ \text{kJ} - 1\ \text{mol} \times 8.314 \times 10^{-3}\ \text{kJ}\cdot\text{mol}^{-1}\cdot\text{K}^{-1} \times 319.3\ \text{K}$$
$$= 24.1\ \text{kJ}$$

$$\Delta S = \frac{\Delta H}{T} = \frac{26805\ \text{J}}{319.3\ \text{K}} = 83.95\ \text{J}\cdot\text{K}^{-1}$$

2.33 (1) $HCHO(g) + O_2(g) \xlongequal{\quad} CO_2(g) + H_2O(l)$

$$\Delta_c H_m^\ominus(CH_2O,g) = \Delta_r U_m^\ominus + \Delta\nu RT$$
$$= -568.2\ \text{kJ}\cdot\text{mol}^{-1} + (1-2) \times 8.314 \times 10^{-3}\ \text{kJ}\cdot\text{mol}^{-1}\cdot\text{K}^{-1} \times 298\ \text{K}$$
$$= -570.7\ \text{kJ}\cdot\text{mol}^{-1}$$

$$CH_3OH(l) + \frac{1}{2}O_2(g) \xlongequal{\quad} HCHO(g) + H_2O(l)$$

$$\Delta_r H_m^\ominus = \sum_i \nu_i \Delta_c H_m^\ominus(\text{反应物}) - \sum_i \nu_i \Delta_c H_m^\ominus(\text{生成物})$$
$$\Delta_r H_m^\ominus = \Delta_c H_m^\ominus(CH_3OH,l) - \Delta_c H_m^\ominus(HCHO,g)$$
$$-155.4\ \text{kJ}\cdot\text{mol}^{-1} = \Delta_c H_m^\ominus(CH_3OH,l) - (-570.7\ \text{kJ}\cdot\text{mol}^{-1})$$
$$\Delta_c H_m^\ominus(CH_3OH,l) = -726.1\ \text{kJ}\cdot\text{mol}^{-1}$$

(2) $CH_3OH(l) + \frac{3}{2}O_2(g) \xlongequal{\quad} CO_2(g) + 2H_2O(l)$

$$\Delta_r H_m^\ominus = \sum_i \nu_i \Delta_f H_m^\ominus(\text{生成物}) - \sum_i \nu_i \Delta_f H_m^\ominus(\text{反应物})$$
$$\Delta_r H_m^\ominus = \Delta_c H_m^\ominus(CH_3OH,l)$$
$$= -393.5\ \text{kJ}\cdot\text{mol}^{-1} + 2 \times (-285.8\ \text{kJ}\cdot\text{mol}^{-1}) - \Delta_f H_m^\ominus(CH_3OH,l)$$
$$= -726.1\ \text{kJ}\cdot\text{mol}^{-1}$$
$$\Delta_f H_m^\ominus(CH_3OH,l) = -239.0\ \text{kJ}\cdot\text{mol}^{-1}$$

2.34 $\Delta_r H_m^\ominus = \sum_i \nu_i \Delta_f H_m^\ominus(\text{生成物}) - \sum_i \nu_i \Delta_f H_m^\ominus(\text{反应物})$

$$= -110.52\ \text{kJ}\cdot\text{mol}^{-1} - (-241.82\ \text{kJ}\cdot\text{mol}^{-1})$$
$$= 131.30\ \text{kJ}\cdot\text{mol}^{-1}$$

同理 $\Delta_r G_m^\ominus = -137.15\ \text{kJ}\cdot\text{mol}^{-1} - (-228.59\ \text{kJ}\cdot\text{mol}^{-1}) = 91.44\ \text{kJ}\cdot\text{mol}^{-1}$

$$\Delta_r G_m^\ominus = \Delta_r H_m^\ominus - T\Delta_r S_m^\ominus$$

$$\Delta_r S_m^\ominus = \frac{\Delta_r H_m^\ominus - \Delta_r G_m^\ominus}{T} = \frac{(131.30 - 91.44) \times 10^3\ \text{J}\cdot\text{mol}^{-1}}{298\ \text{K}} = 133.76\ \text{J}\cdot\text{mol}^{-1}\cdot\text{K}^{-1}$$

$\Delta_r H$ 和 $\Delta_r S$ 随温度变化均较小，可近似认为 $\Delta_r H$ 和 $\Delta_r S$ 不随温度变化而变化。反应达平衡时 $\Delta_r G_m^\ominus = 0 = \Delta_r H_m^\ominus - T\Delta_r S_m^\ominus$，故

$$T = \frac{\Delta_r H_m^\ominus}{\Delta_r S_m^\ominus} = \frac{131.30\ \text{kJ}\cdot\text{mol}^{-1}}{133.76 \times 10^{-3}\ \text{kJ}\cdot\text{mol}^{-1}\cdot\text{K}^{-1}} = 981.6\ \text{K}$$

2.35 $CS_2(l) \xlongequal{\quad} CS_2(g)$

在 298 K 达平衡时，液态的 CS_2 与气态的 CS_2 的相变可以视为可逆过程。恒温可逆过程中的熵变为

$$\Delta S = \frac{Q_r}{T}$$

故 $CS_2(l)$ 变为 $CS_2(g)$ 的熵变为

$$\Delta S=\frac{Q_r}{T}=\frac{\Delta_r H_m^\ominus}{T}=\frac{27.7\times10^3\ \mathrm{J\cdot mol^{-1}}}{298\ \mathrm{K}}=93.0\ \mathrm{J\cdot mol^{-1}\cdot K^{-1}}$$

由 $$\Delta S^\ominus=S_m^\ominus(CS_2,g)-S_m^\ominus(CS_2,l)$$

得 $$\begin{aligned}S_m^\ominus(CS_2,g)&=S_m^\ominus(CS_2,l)+\Delta S_m^\ominus\\&=151.3\ \mathrm{J\cdot mol^{-1}\cdot K^{-1}}+93.0\ \mathrm{J\cdot mol^{-1}\cdot K^{-1}}\\&=244.3\ \mathrm{J\cdot mol^{-1}\cdot K^{-1}}\end{aligned}$$

2.36 对于反应 ① $ZnO(s)+C(s) = Zn(s)+CO(g)$，有

$$\begin{aligned}\Delta_r H_m^\ominus&=\Delta_f H_m^\ominus(Zn)+\Delta_f H_m^\ominus(CO)-\Delta_f H_m^\ominus(ZnO)-\Delta_f H_m^\ominus(C)\\&=[0+(-110.5)-(-350.5)-0]\ \mathrm{kJ\cdot mol^{-1}}\\&=240.0\ \mathrm{kJ\cdot mol^{-1}}\end{aligned}$$

$$\begin{aligned}\Delta_r S_m^\ominus&=S_m^\ominus(Zn)+S_m^\ominus(CO)-S_m^\ominus(ZnO)-S_m^\ominus(C)\\&=(41.6+197.7-43.7-5.7)\ \mathrm{J\cdot mol^{-1}\cdot K^{-1}}\\&=189.9\ \mathrm{J\cdot mol^{-1}\cdot K^{-1}}\end{aligned}$$

$$T=\frac{\Delta_r H_m^\ominus}{\Delta_r S_m^\ominus}=\frac{240.0\times10^3\ \mathrm{J\cdot mol^{-1}}}{189.9\ \mathrm{J\cdot mol^{-1}\cdot K^{-1}}}=1263.8\ \mathrm{K}$$

对于反应 ② $ZnO(s)+H_2(g) = Zn(s)+H_2O(g)$，有

$$\begin{aligned}\Delta_r H_m^\ominus&=\Delta_f H_m^\ominus(Zn)+\Delta_f H_m^\ominus(H_2O)-\Delta_f H_m^\ominus(ZnO)-\Delta_f H_m^\ominus(H_2)\\&=[0+(-241.8)-(-350.5)-0]\ \mathrm{kJ\cdot mol^{-1}}\\&=108.7\ \mathrm{kJ\cdot mol^{-1}}\end{aligned}$$

$$\begin{aligned}\Delta_r S_m^\ominus&=S_m^\ominus(Zn)+S_m^\ominus(H_2O)-S_m^\ominus(ZnO)-S_m^\ominus(H_2)\\&=(41.6+188.8-43.7-130.7)\ \mathrm{J\cdot mol^{-1}\cdot K^{-1}}\\&=56.0\mathrm{J\cdot mol^{-1}\cdot K^{-1}}\end{aligned}$$

$$T=\frac{\Delta_r H_m^\ominus}{\Delta_r S_m^\ominus}=\frac{108.7\times10^3\ \mathrm{J\cdot mol^{-1}}}{56.0\ \mathrm{J\cdot mol^{-1}\cdot K^{-1}}}=1941.1\ \mathrm{K}$$

由计算结果可知，反应②的温度较高不利于反应条件控制，且该反应使用氢气还原的成本也较高，因此工业上一般采用反应①制备单质锌。

2.37 (1) $C_2H_4(g)$，$H_2(g)$，$C(s)$ 的燃烧反应的热化学反应方程式：

$C_2H_4(g)+3O_2(g) = 2CO_2(g)+2H_2O(l)$ $\qquad \Delta_c H_m^\ominus(1)=-1411.2\ \mathrm{kJ\cdot mol^{-1}}$

$C(s)+O_2(g) = CO_2(g)$ $\qquad \Delta_c H_m^\ominus(2)=-393.5\ \mathrm{kJ\cdot mol^{-1}}$

$H_2(g)+\frac{1}{2}O_2(g) = H_2O(l)$ $\qquad \Delta_c H_m^\ominus(3)=-285.8\ \mathrm{kJ\cdot mol^{-1}}$

(2) 解法一：由燃烧热求化学反应的反应热。

$C_2H_4(g)$ 生成反应方程式为

$$2C(s)+2H_2(g) = C_2H_4(g)$$

$$\Delta_r H_m^\ominus=\sum_i \nu_i\Delta_c H_m^\ominus(\text{反应物})-\sum_i \nu_i\Delta_c H_m^\ominus(\text{生成物})$$

$C_2H_4(g)$ 的标准摩尔生成热为

$$\Delta_f H_m^\ominus=\Delta_r H_m^\ominus=[2\times\Delta_c H_m^\ominus(2)+2\times\Delta_c H_m^\ominus(3)]-\Delta_c H_m^\ominus(1)$$

$=[2\times(-393.5\ kJ\cdot mol^{-1})+2\times(-285.8\ kJ\cdot mol^{-1})]-(-1411.2\ kJ\cdot mol^{-1})$

$=52.6\ kJ\cdot mol^{-1}$

解法二：由生成热求化学反应的反应热。

由反应式可知，$\Delta_c H_m^\ominus(2)=\Delta_f H_m^\ominus(CO_2,g)$，$\Delta_c H_m^\ominus(3)=\Delta_f H_m^\ominus(H_2O,l)$。

$C_2H_4(g)$标准摩尔生成热可通过反应

$$C_2H_4(g)+3O_2(g) = 2CO_2(g)+2H_2O(l)$$

的反应热（燃烧热）求得：

$$\Delta_r H_m^\ominus=\sum_i \nu_i \Delta_f H_m^\ominus(\text{生成物})-\sum_i \nu_i \Delta_f H_m^\ominus(\text{反应物})$$

$$\Delta_c H_m^\ominus(C_2H_4,g)=[2\times\Delta_f H_m^\ominus(CO_2,g)+2\times\Delta_f H_m^\ominus(H_2O,l)]-\Delta_f H_m^\ominus(C_2H_4,g)$$

$$\begin{aligned}\Delta_f H_m^\ominus(C_2H_4,g)&=[2\times\Delta_f H_m^\ominus(CO_2,g)+2\times\Delta_f H_m^\ominus(H_2O,l)]-\Delta_c H_m^\ominus(C_2H_4,g)\\&=[2\times(-393.5\ kJ\cdot mol^{-1})+2\times(-285.8\ kJ\cdot mol^{-1})]-\\&\quad(-1411.2\ kJ\cdot mol^{-1})\\&=52.6\ kJ\cdot mol^{-1}\end{aligned}$$

2.38 $\Delta_r H_m^\ominus=\Delta_f H_m^\ominus(Sn,\text{灰})-\Delta_f H_m^\ominus(Sn,\text{白})=-2.1\ kJ\cdot mol^{-1}$

$\Delta_r S_m^\ominus=S_m^\ominus(Sn,\text{灰})-S_m^\ominus(Sn,\text{白})=44.3\ J\cdot mol^{-1}\cdot K^{-1}-51.5\ J\cdot mol^{-1}\cdot K^{-1}$

$=-7.2\ J\cdot mol^{-1}\cdot K^{-1}$

相变过程 $\Delta_r G_m^\ominus=0$，即 $\Delta_r H_m^\ominus-T\Delta_r S_m^\ominus=0$

相变温度为

$$T=\frac{\Delta_r H_m^\ominus}{\Delta_r S_m^\ominus}=\frac{-2.1\ kJ\cdot mol^{-1}}{-7.2\times10^{-3}\ kJ\cdot mol^{-1}\cdot K^{-1}}=291.7\ K$$

2.39 (1) $2NH_3(g)+3Cl_2(g) = N_2(g)+6HCl(g)$

$$\begin{aligned}\Delta_r H_m^\ominus&=2\times3E(N-H)+3E(Cl-Cl)-E(N\equiv N)-6E(Cl-H)\\&=6\times389\ kJ\cdot mol^{-1}+3\times243\ kJ\cdot mol^{-1}-945\ kJ\cdot mol^{-1}-6\times431\ kJ\cdot mol^{-1}\\&=-468\ kJ\cdot mol^{-1}\end{aligned}$$

(2) $\frac{1}{2}N_2(g)+\frac{3}{2}Cl_2(g) = NCl_3(g)$

$\frac{1}{2}N_2(g)+\frac{3}{2}H_2(g) = NH_3(g)$

$$\begin{aligned}\Delta_f H_m^\ominus(NCl_3,g)&=\frac{1}{2}E(N\equiv N)+\frac{3}{2}E(Cl-Cl)-3E(N-Cl)\\&=\frac{1}{2}\times945\ kJ\cdot mol^{-1}+\frac{3}{2}\times243\ kJ\cdot mol^{-1}-3\times201\ kJ\cdot mol^{-1}\\&=234\ kJ\cdot mol^{-1}\end{aligned}$$

$$\begin{aligned}\Delta_f H_m^\ominus(NH_3,g)&=\frac{1}{2}E(N\equiv N)+\frac{3}{2}E(H-H)-3E(N-H)\\&=\frac{1}{2}\times945\ kJ\cdot mol^{-1}+\frac{3}{2}\times436\ kJ\cdot mol^{-1}-3\times389\ kJ\cdot mol^{-1}\\&=-40.5\ kJ\cdot mol^{-1}\end{aligned}$$

计算结果表明，NH_3 稳定而 NCl_3 不稳定。

2.40 对于反应 $C(石墨) \longrightarrow C(金刚石)$

$$\Delta_r H_m^\ominus = \Delta_f H_m^\ominus(金刚石), \Delta_r G_m^\ominus = \Delta_f G_m^\ominus(金刚石)$$

$$\Delta_r G_m^\ominus = \Delta_r H_m^\ominus - T\Delta_r S_m^\ominus$$

$$\Delta_r S_m^\ominus = \frac{\Delta_r H_m^\ominus - \Delta_r G_m^\ominus}{T} = \frac{(1.897 - 2.900) \times 10^3\ J \cdot mol^{-1}}{298\ K} = -3.366\ J \cdot mol^{-1} \cdot K^{-1}$$

$$\Delta_r S_m^\ominus = S_m^\ominus(金刚石) - S_m^\ominus(石墨)$$

$$S_m^\ominus(金刚石) = \Delta_r S_m^\ominus + S_m^\ominus(石墨)$$

$$= -3.366\ J \cdot mol^{-1} \cdot K^{-1} + 5.740\ J \cdot mol^{-1} \cdot K^{-1}$$

$$= 2.374\ J \cdot mol^{-1} \cdot K^{-1}$$

$S_m^\ominus(石墨) > S_m^\ominus(金刚石)$，说明金刚石中碳原子排列更有序。

第3章

一、选择题

3.1 C　3.2 D　3.3 B　3.4 C　3.5 C　3.6 B　3.7 C　3.8 A　3.9 D　3.10 A

二、填空题

3.11 二，$r = k[c(NO)]^2 c(O_2)$，$1.1 \times 10^{-5}\ mol \cdot dm^{-3} \cdot s^{-1}$。

3.12 9。

3.13 $2B = D + E$，催化剂，中间产物。

3.14 19.91，0.352。

3.15 同等程度降低，不同，基本不变，不变。

3.16 增大，增大，不变。

3.17 $4 \times 10^{-5}\ mol \cdot dm^{-3} \cdot s^{-1}$，1.805。

3.18 $2.03 \times 10^{-3}\ min^{-1}$；0.0450。

3.19 (1) A，(2) D，(3) B，(4) C，(5) A。

3.20 2，113.8。

三、简答题和计算题

3.21 (1) $\bar{v}_1 = -\frac{\Delta_1 c}{\Delta_1 t}$

$$= -\frac{(4.64 - 6.68) \times 10^{-3}\ mol \cdot dm^{-3}}{(242 - 42)\ s}$$

$$= 1.0 \times 10^{-5}\ mol \cdot dm^{-3} \cdot s^{-1}$$

$$\bar{v}_2 = -\frac{\Delta_2 c}{\Delta_2 t}$$

$$= -\frac{(2.81 - 4.64) \times 10^{-3}\ mol \cdot dm^{-3}}{(665 - 242)\ s}$$

$$= 4.3 \times 10^{-6}\ mol \cdot dm^{-3} \cdot s^{-1}$$

反应速率 $\overline{v}$ 正比于反应物浓度 c，在 242～665 s 时间间隔中反应物浓度远小于 42～242 s 时间间隔中反应物的浓度，故平均反应速率 $\overline{v}_2 < \overline{v}_1$。

(2) 根据题设中给出的数据，作 $c-t$ 图，如下图所示。

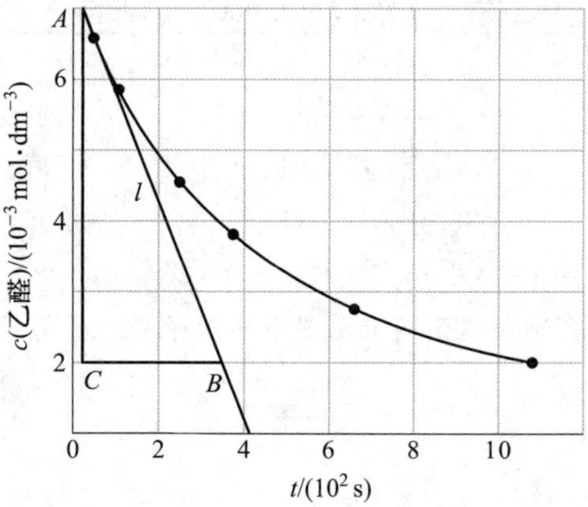

在曲线上 $t = 100$ s 处作曲线的切线 l，利用直角三角形 ABC 求出 l 的斜率。

$$l \text{ 的斜率} = \frac{AC}{CB} = \frac{(7-2)\times 10^{-3}\ \text{mol}\cdot\text{dm}^{-3}}{(3.5-0.2)\times 10^{2}\ \text{s}} = 1.5\times 10^{-5}\ \text{mol}\cdot\text{dm}^{-3}\cdot\text{s}^{-1}$$

即 $t = 100$ s 时，反应速率为 $1.5\times 10^{-5}\ \text{mol}\cdot\text{dm}^{-3}\cdot\text{s}^{-1}$。

3.22 (1) 由 H_2O_2 分解反应的速率常数的单位 min^{-1}，可判断出此分解反应为一级反应。

对于一级反应，有 $$\lg\frac{c(H_2O_2)}{c_0(H_2O_2)} = -\frac{k}{2.303}t$$

代入相关数据，有 $$\lg\frac{c(H_2O_2)}{0.500} = -\frac{0.0410}{2.303}\times 10.0 = -0.178$$

解得 $$c(H_2O_2) = 0.332\ \text{mol}\cdot\text{dm}^{-3}$$

(2) 根据一级反应半衰期公式 $$t_{1/2} = \frac{\ln 2}{k} = \frac{0.693}{k}$$

则 $$t_{1/2} = \frac{0.693}{0.0410\ \text{min}^{-1}} = 16.9\ \text{min}$$

3.23 慢反应②为速控步，故有

$$v(O_2) = k_2 c(O) c(O_3) \tag{1}$$

由反应①得 $$K_1 = \frac{c(O_2)c(O)}{c(O_3)}$$

所以有 $$c(O) = \frac{K_1 c(O_3)}{c(O_2)} \tag{2}$$

将式(2)代入式(1)，得

$$v(O_2) = k_2\frac{K_1 c(O_3)}{c(O_2)}\cdot c(O_3)$$

令 $k = k_2 K_1$，则有

$$v(O_2) = k\frac{[c(O_3)]^2}{c(O_2)}$$

3.24 反应机理中各步反应都是基元反应，总反应的速率由速率最慢的那一步基元反应决定，所

以总反应的速率方程应为

$$v = k_2 c(N_2O_2) c(H_2)$$

N_2O_2 是反应①的产物，该步反应为快反应，立即达平衡，则

$$K_1 = \frac{c(N_2O_2)}{[c(NO)]^2}$$

即
$$c(N_2O_2) = K_1 [c(NO)]^2$$

代入总反应的速率方程，得

$$v = k_2 K_1 [c(NO)]^2 c(H_2) = k[c(NO)]^2 c(H_2)$$

3.25 (1) 机理中③为慢反应，因此整个反应的速率取决于反应③，故有

$$\frac{dc(COCl_2)}{dt} = k_3 c(COCl\cdot) c(Cl_2) \quad \text{(a)}$$

速率方程中出现活性很大的自由基 COCl·的浓度，必须设法在速率方程中消去它，使速率方程中只包含反应物的浓度。为此需找到自由基的浓度和反应物浓度的关系。因反应①和反应②的速率均很快，几乎一直处于平衡态，因此，由①，②得

$$v_+ = v_-$$

即
$$k_1 c(Cl_2) = k_{-1}[c(Cl\cdot)]^2$$

得
$$c(Cl\cdot) = \frac{k_1^{1/2}}{k_{-1}^{1/2}}[c(Cl_2)]^{1/2} \quad \text{(b)}$$

由
$$k_2 c(CO) c(Cl\cdot) = k_{-2} c(COCl\cdot)$$

得
$$c(COCl\cdot) = \frac{k_2}{k_{-2}} c(CO) c(Cl\cdot) \quad \text{(c)}$$

将式(b)、式(c)代入式(a)，得

$$\frac{dc(COCl_2)}{dt} = k_3 \frac{k_2 k_1^{1/2}}{k_{-2} k_{-1}^{1/2}} c(CO)[c(Cl_2)]^{3/2}$$

令
$$k = \frac{k_1^{1/2} k_2 k_3}{k_{-1}^{1/2} k_{-2}}$$

$$\frac{dc(COCl_2)}{dt} = kc(CO)[c(Cl_2)]^{3/2}$$

可见建议的机理与速率方程相符合。

(2) $k = \dfrac{k_1^{1/2} k_2 k_3}{k_{-1}^{1/2} k_{-2}}$

3.26 (1) 设反应的速率方程为 $v = k[c(H_2PO_2^-)]^m [c(OH^-)]^n$

当 $c(OH^-)$ 不变时，有

$$\frac{3.2 \times 10^{-5}}{1.6 \times 10^{-4}} = \frac{k(0.10)^m (1.0)^n}{k(0.50)^m (1.0)^n}$$

得 $m = 1$。

当 $c(H_2PO_2^-)$ 不变时，有

$$\frac{1.6\times10^{-4}}{2.56\times10^{-3}}=\frac{k(0.50)^m(1.0)^n}{k(0.50)^m(4.0)^n}$$

得 $n=2$。

反应级数为 $m+n=3$，反应速率方程为 $v=kc(H_2PO_2^-)[c(OH^-)]^2$。

(2) 将任一组数据代入速率方程得

$$k=\frac{v}{c(H_2PO_2^-)[c(OH^-)]^2}$$
$$=\frac{3.2\times10^{-5}\ mol\cdot dm^{-3}\cdot min^{-1}}{0.1\ mol\cdot dm^{-3}\times(1.0\ mol\cdot dm^{-3})^2}$$
$$=3.2\times10^{-4}\ mol^{-2}\cdot dm^6\cdot min^{-1}$$

3.27 以 $c(C_2H_6)$ 的变化表示起始分解速率：

$$v_0=-\frac{dc(C_2H_6)}{dt}=k[c(C_2H_6)]^{\frac{3}{2}}$$

由理想气体状态方程 $pV=nRT$ 得

$$c(C_2H_6)=\frac{n}{V}=\frac{p}{RT}$$

$$v_0=k\left(\frac{p}{RT}\right)^{\frac{3}{2}}=1.13\ dm^{\frac{3}{2}}\cdot mol^{-\frac{1}{2}}\cdot s^{-1}\times\left(\frac{1.33\times10^4\ Pa}{8.314\times10^3\ Pa\cdot dm^3\cdot mol^{-1}\cdot K^{-1}\times910\ K}\right)^{\frac{3}{2}}$$
$$=8.3\times10^{-5}\ mol\cdot dm^{-3}\cdot s^{-1}$$

3.28 由于放射性同位素 ^{14}C 的衰变相当于一级反应，因此可根据一级反应的反应物浓度与时间的关系进行计算。

$$t_{1/2}=\frac{0.693}{k}$$

所以
$$k=\frac{0.693}{t_{1/2}}=\frac{0.693}{5720\ a}=1.21\times10^{-4}\ a^{-1}$$

由
$$\lg\frac{c}{c_0}=-\frac{k}{2.303}t$$

得
$$t=-\frac{2.303\ \lg\frac{c}{c_0}}{k}=-\frac{2.303\times\lg\frac{85}{100}}{1.21\times10^{-4}\ a^{-1}}=1.3\times10^3\ a$$

故该纺织品的年龄约为 1.3×10^3 年。

3.29 反应速率与变酸时间成反比，即 $\frac{k_2}{k_1}=\frac{t_1}{t_2}=\frac{48}{4}$。

$$\lg\frac{k_2}{k_1}=\frac{E_a}{2.303\ R}\cdot\frac{T_2-T_1}{T_1T_2}$$

$$\lg\frac{48}{4}=\frac{E_a}{2.303\times8.314\times10^{-3}\ kJ\cdot mol^{-1}\cdot K^{-1}}\times\frac{301\ K-278\ K}{301\ K\times278\ K}$$

$$E_a=75\ kJ\cdot mol^{-1}$$

3.30 反应速率之比等于反应速率常数之比。

加催化剂前
$$\lg k=-\frac{E_a}{2.303RT}+\lg A$$

加催化剂后
$$\lg k' = -\frac{E'_a}{2.303\ RT} + \lg A'$$

对于同一反应，$A = A'$。两式相减得

$$\lg\frac{k'}{k} = -\frac{E'_a - E_a}{2.303\ RT} = \frac{-(138.1-188.3)\times10^3\ \mathrm{J\cdot mol^{-1}}}{2.303\times8.314\ \mathrm{J\cdot mol^{-1}\cdot K^{-1}}\times800\ \mathrm{K}} = 3.277$$

$$\frac{k'}{k} = 1.89\times10^3$$

3.31 零级反应
$$c = c_0 - kt$$
$$c_0 - c = kt$$
$$\frac{(c_0-c)_{100\ \mathrm{min}}}{(c_0-c)_{200\ \mathrm{min}}} = \frac{t_{100\ \mathrm{min}}}{t_{200\ \mathrm{min}}}$$
$$\frac{0.25}{(c_0-c)_{200\ \mathrm{min}}} = \frac{100\ \mathrm{min}}{200\ \mathrm{min}}$$
$$c_0 - c = 0.5 = 50\%$$

一级反应
$$\lg c = \lg c_0 - \frac{k}{2.303}t$$
$$\lg\frac{c_0}{c} = \frac{k}{2.303}t$$
$$\frac{\lg\left(\frac{c_0}{c}\right)_{100\ \mathrm{min}}}{\lg\left(\frac{c_0}{c}\right)_{200\ \mathrm{min}}} = \frac{t_{100\ \mathrm{min}}}{t_{200\ \mathrm{min}}}$$
$$\frac{\lg\left(\frac{1}{0.75}\right)_{100\ \mathrm{min}}}{\lg\left(\frac{1}{c}\right)_{200\ \mathrm{min}}} = \frac{100\ \mathrm{min}}{200\ \mathrm{min}}$$
$$c = 0.56$$

即消耗了 44%。

二级反应
$$\frac{1}{c} - \frac{1}{c_0} = kt$$
$$\frac{\left(\frac{1}{c}-\frac{1}{c_0}\right)_{100\ \mathrm{min}}}{\left(\frac{1}{c}-\frac{1}{c_0}\right)_{200\ \mathrm{min}}} = \frac{t_{100\ \mathrm{min}}}{t_{200\ \mathrm{min}}}$$
$$\frac{\left(\frac{1}{0.75}-1\right)_{100\ \mathrm{min}}}{\left(\frac{1}{c}-1\right)_{200\ \mathrm{min}}} = \frac{100\ \mathrm{min}}{200\ \mathrm{min}}$$
$$c = 0.60$$

即消耗了 40%。

3.32 一级反应的半衰期为

$$t_{1/2} = \frac{0.693}{k}$$

则速率常数为

$$k=\frac{0.693}{360\ \text{min}}=1.93\times10^{-3}\ \text{min}^{-1}$$

由阿伦尼乌斯方程得

$$\lg\frac{k_{700\ \text{K}}}{k_{600\ \text{K}}}=\frac{E_a}{2.303R}\left(\frac{1}{T_{600\ \text{K}}}-\frac{1}{T_{700\ \text{K}}}\right)$$

$$\lg\frac{k_{700\ \text{K}}}{1.93\times10^{-3}\text{min}^{-1}}=\frac{200\ \text{kJ}\cdot\text{mol}^{-1}}{2.303\times8.314\times10^{-3}\ \text{kJ}\cdot\text{mol}^{-1}\cdot\text{K}^{-1}}\left(\frac{1}{600\ \text{K}}-\frac{1}{700\ \text{K}}\right)$$

解得 700 K 时的速率常数 $k_{700\ \text{K}}=0.59\ \text{min}^{-1}$。

由
$$\lg c=\lg c_0-\frac{k}{2.303}t$$

得
$$\lg\frac{c_0}{c}=\frac{k}{2.303}t$$

$$\lg\frac{1}{0.3}=\frac{0.59\ \text{min}^{-1}}{2.303}t$$

$$t=2.04\ \text{min}$$

3.33 反应活化能 E_a 与反应温度 T 及速率常数 k 之间的关系为

$$\ln\frac{k_2}{k_1}=\frac{E_a}{R}\left(\frac{1}{T_1}-\frac{1}{T_2}\right)$$

整理有
$$E_a=R\cdot\frac{T_2\times T_1}{T_2-T_1}\cdot\ln\frac{k_2}{k_1}$$

将题设条件代入，得

$$E_a=8.314\ \text{J}\cdot\text{mol}^{-1}\cdot\text{K}^{-1}\times\frac{700\ \text{K}\times600\ \text{K}}{700\ \text{K}-600\ \text{K}}\times\ln\frac{19.7\ \text{dm}^3\cdot\text{mol}^{-1}\cdot\text{s}^{-1}}{0.75\ \text{dm}^3\cdot\text{mol}^{-1}\cdot\text{s}^{-1}}$$
$$=1.141\times10^5\ \text{J}\cdot\text{mol}^{-1}=114.1\ \text{kJ}\cdot\text{mol}^{-1}$$

根据阿伦尼乌斯方程

$$\ln k=-\frac{E_a}{RT}+\ln A$$

则有
$$\ln A=\ln k+\frac{E_a}{RT}$$

将 600 K 时的 k 和活化能 E_a 的数值代入，有

$$\ln A=\ln 0.75\ \text{dm}^3\cdot\text{mol}^{-1}\cdot\text{s}^{-1}+\frac{1.141\times10^5\ \text{J}\cdot\text{mol}^{-1}}{8.314\ \text{J}\cdot\text{mol}^{-1}\cdot\text{K}^{-1}\times600\ \text{K}}=22.59$$

解得
$$A=6.44\times10^9\ \text{dm}^3\cdot\text{mol}^{-1}\cdot\text{s}^{-1}$$

3.34 由一级反应的半衰期公式

$$t_{1/2}=\frac{0.693}{k}$$

得
$$k=\frac{0.693}{t_{1/2}}$$

$$\frac{k_2}{k_1}=\frac{\dfrac{0.693}{t_{1/2}(2)}}{\dfrac{0.693}{t_{1/2}(1)}}=\frac{t_{1/2}(1)}{t_{1/2}(2)}$$

将其代入反应活化能 E_a，反应温度 T 和速率常数 k 的关系式：

$$\lg\frac{k_2}{k_1}=\frac{E_a}{2.303R}\left(\frac{1}{T_1}-\frac{1}{T_2}\right)$$

可得

$$\lg\frac{t_{1/2}(1)}{t_{1/2}(2)}=\frac{E_a}{2.303R}\left(\frac{1}{T_1}-\frac{1}{T_2}\right)$$

将题设数据代入其中，得

$$E_a=\frac{2.303\ R\lg\dfrac{t_{1/2}(1)}{t_{1/2}(2)}}{\dfrac{1}{T_1}-\dfrac{1}{T_2}}$$

$$=\frac{2.303\times 8.314\ \mathrm{J\cdot mol^{-1}\cdot K^{-1}}\times\lg 100}{\dfrac{1}{400\ \mathrm{K}}-\dfrac{1}{500\ \mathrm{K}}}$$

$$=76.6\ \mathrm{kJ\cdot mol^{-1}}$$

3.35 根据速率常数单位知该反应为一级反应，则

$$\lg c=\lg c_0-\frac{k}{2.303}t$$

即

$$\lg\frac{c_0}{c}=\frac{k}{2.303}t$$

$$\lg\frac{1}{0.1}=\frac{k}{2.303}\times 600\ \mathrm{s}$$

$$k=3.8\times 10^{-3}\mathrm{s^{-1}}$$

$$\lg\frac{k_2}{k_1}=\frac{E_a}{2.303R}\left(\frac{1}{T_1}-\frac{1}{T_2}\right)$$

$$\lg\frac{3.8\times 10^{-3}\mathrm{s^{-1}}}{3.3\times 10^{-2}\mathrm{s^{-1}}}=\frac{18.88\times 10^4\ \mathrm{J\cdot mol^{-1}}}{2.303\times 8.314\ \mathrm{J\cdot mol^{-1}\cdot K^{-1}}}\left(\frac{1}{600\ \mathrm{K}}-\frac{1}{T_2}\right)$$

$$T_2=567.6\ \mathrm{K}$$

3.36 由题意 $t_{1/2}=46.1$ d，反应为一级，$m_0=0.200$ mg。

由 $t_{1/2}=\dfrac{0.693}{k}$ 得 $$k=\frac{0.693}{t_{1/2}}$$

$$\lg\frac{m}{m_0}=-\frac{kt}{2.303}=-\frac{0.693t}{2.303t_{1/2}}=-\frac{0.693\times 182}{2.303\times 46.1}=-1.19$$

$$\frac{m}{m_0}=0.0646$$

剩余试样质量 $$m=0.0646\times 0.200\ \mathrm{mg}=0.0129\ \mathrm{mg}$$

3.37 (1) 对于一级反应 $$\lg\frac{c}{c_0}=-\frac{k}{2.303}t$$

因此 $$\lg\frac{c(\mathrm{N_2O_5})}{1.65\times 10^{-2}\ \mathrm{mol\cdot dm^{-3}}}=-\frac{4.80\times 10^{-4}\mathrm{s^{-1}}\times 825\ \mathrm{s}}{2.303}$$

$$c(\mathrm{N_2O_5})=1.11\times 10^{-2}\ \mathrm{mol\cdot dm^{-3}}$$

(2) 由
$$\lg\frac{c}{c_0}=-\frac{k}{2.303}t$$
$$\lg\frac{1.00\times10^{-2}\ \text{mol·dm}^{-3}}{1.65\times10^{-2}\ \text{mol·dm}^{-3}}=-\frac{4.80\times10^{-4}\ \text{s}^{-1}\cdot t}{2.303}$$
$$t=1043\ \text{s}$$

3.38 先计算分解反应的活化能。

由
$$\lg\frac{k_2}{k_1}=\frac{E_a}{2.303R}\left(\frac{1}{T_1}-\frac{1}{T_2}\right)=\frac{E_a}{2.303R}\cdot\frac{T_2-T_1}{T_2\times T_1}$$

得
$$E_a=2.303R\cdot\frac{T_2\times T_1}{T_2-T_1}\cdot\lg\frac{k_2}{k_1}$$
$$=\left(2.303\times8.314\times10^{-3}\times\frac{333\times283}{333-283}\times\lg\frac{5.48\times10^{-2}}{1.08\times10^{-4}}\right)\ \text{kJ·mol}^{-1}$$
$$=97.63\ \text{kJ·mol}^{-1}$$

再将上述任一温度下的数据和温度 303 K 代入公式计算 $k_{303\ \text{K}}$，得
$$\lg\frac{k_{303\ \text{K}}}{1.08\times10^{-4}\ \text{mol·dm}^{-3}\cdot\text{s}^{-1}}=\frac{97.63\times10^3}{2.303\times8.314}\times\frac{303-283}{303\times283}=1.19$$
$$\frac{k_{303\ \text{K}}}{1.08\times10^{-4}\ \text{mol·dm}^{-3}\cdot\text{s}^{-1}}=15.49$$
$$k_{303\ \text{K}}=1.67\times10^{-3}\ \text{mol·dm}^{-3}\cdot\text{s}^{-1}$$

第 4 章

一、选择题

4.1 B　4.2 C　4.3 B　4.4 C　4.5 C　4.6 C　4.7 A　4.8 C　4.9 D　4.10 C

二、填空题

4.11 5.7。

4.12 2.05。

4.13 6.43。

4.14 53.1,37.3。

4.15 不变,不变,增大,增大,不变,逆向移动;
增大,增大,增大,增大,增大,正向移动;
增大,增大,增大,增大,不变,不移动。

4.16 537。

4.17 (1) 增大,I_2 解离是吸热反应($\Delta_r H_m^{\ominus}>0$);
(2) 减小,总体积减小,压强增大,平衡向气体粒子数减少的方向移动;
(3) 不变,I_2(g)和 I(g)的分压都不变;
(4) 增大,体积变大时则 I_2(g)和 I(g)的分压同时减小,平衡向粒子数增多的方向移动。

4.18 1.3×10^{-5}。

三、简答题和计算题

4.19
$$2NO_2(g) \rightleftharpoons N_2O_4(g)$$

平衡分压 $\qquad p_1 \qquad\qquad p_2$

故
$$K_p = \frac{p(N_2O_4,g)}{[p(NO_2,g)]^2} = \frac{p_2}{p_1^2}$$

$$K_c = K_p(RT)^{-\Delta\nu} = \frac{p_2}{p_1^2}RT$$

$$K^\ominus = \frac{\dfrac{p(N_2O_4,g)}{p^\ominus}}{\left[\dfrac{p(NO_2,g)}{p^\ominus}\right]^2} = \frac{\dfrac{p_2}{p^\ominus}}{\left(\dfrac{p_1}{p^\ominus}\right)^2} = \frac{p_2}{p_1^2}p^\ominus$$

$$\frac{K_c}{K^\ominus} = \frac{\dfrac{p_2}{p_1^2}RT}{\dfrac{p_2}{p_1^2}p^\ominus}$$

注意 K_c 的单位是$(\text{mol}\cdot\text{dm}^{-3})^{-1}$，而 $K^\ominus$ 是量纲一的量。所以

$$\frac{K_c}{K^\ominus} = \frac{\dfrac{p_2}{p_1^2}\times 8.314\times 10^3\ \text{Pa}\cdot\text{dm}^3\cdot\text{mol}^{-1}\cdot\text{K}^{-1}\times(273+27)\ \text{K}}{\dfrac{p_2}{p_1^2}\times 100\times 1000\ \text{Pa}}$$
$$= 24.94\ \text{dm}^3\cdot\text{mol}^{-1}$$

4.20

	$H_2(g)$	+ $Br_2(g)$ $\rightleftharpoons$	$2HBr(g)$	$K_c = 8.10\times 10^3$
起始浓度/$(\text{mol}\cdot\text{dm}^{-3})$	1.00	1.00	0	
平衡浓度/$(\text{mol}\cdot\text{dm}^{-3})$	$1.00-x$	$1.00-x$	$2x$	

其中 $x\ \text{mol}\cdot\text{dm}^{-3}$ 为平衡时已转化的 Br_2 的浓度，则

$$K_c = \frac{[c(HBr)]^2}{c(H_2)c(Br_2)} = \frac{(2x)^2}{(1.00-x)(1.00-x)} = 8.10\times 10^3$$

故有
$$\frac{2x}{1.00-x} = 90$$

整理得
$$92x = 90$$

解得
$$x = 0.978$$

$$\text{平衡转化率} = \frac{\text{已转化的 } Br_2 \text{ 的浓度}}{Br_2 \text{ 的起始浓度}}\times 100\%$$

$$= \frac{0.978\ \text{mol}\cdot\text{dm}^{-3}}{1.00\ \text{mol}\cdot\text{dm}^{-3}}\times 100\% = 97.8\%$$

	$H_2(g)$	+ $Br_2(g)$ $\rightleftharpoons$	$2HBr(g)$	$K_c = 8.10\times 10^3$
起始浓度/$(\text{mol}\cdot\text{dm}^{-3})$	10.00	1.00	0	
平衡浓度/$(\text{mol}\cdot\text{dm}^{-3})$	$10.00-y$	$1.00-y$	$2y$	

其中 $y\ \text{mol}\cdot\text{dm}^{-3}$ 为平衡时已转化的 Br_2 的浓度，则

$$K_c=\frac{[c(\mathrm{HBr})]^2}{c(\mathrm{H_2})c(\mathrm{Br_2})}=\frac{(2y)^2}{(10.00-y)(1.00-y)}=8.10\times10^3$$

整理得 $$8096y^2-89100y+81000=0$$

解得 $$y=0.9999$$

$$\text{平衡转化率}=\frac{\text{已转化的 Br}_2\text{ 的浓度}}{\text{Br}_2\text{ 的起始浓度}}\times100\%$$

$$=\frac{0.9999\ \mathrm{mol\cdot dm^{-3}}}{1.00\ \mathrm{mol\cdot dm^{-3}}}\times100\%$$

$$=99.99\%$$

计算结果表明，增大反应混合物中 H_2 的浓度，可以提高另一种反应物 Br_2 的平衡转化率。

4.21 $$3\mathrm{H_2(g)}+\mathrm{N_2(g)}\rightleftharpoons2\mathrm{NH_3(g)}$$

$$\lg K_1^{\ominus}=-\frac{\Delta_rH_m^{\ominus}}{2.303RT_1}+\frac{\Delta_rS_m^{\ominus}}{2.303R}$$

$$\lg K_2^{\ominus}=-\frac{\Delta_rH_m^{\ominus}}{2.303RT_2}+\frac{\Delta_rS_m^{\ominus}}{2.303R}$$

两式相减得

$$\lg\frac{K_2^{\ominus}}{K_1^{\ominus}}=\frac{\Delta_rH_m^{\ominus}}{2.303R}\left(\frac{1}{T_1}-\frac{1}{T_2}\right)$$

所以反应的标准摩尔反应热为

$$\Delta_rH_m^{\ominus}=\frac{2.303R\lg\dfrac{K_2^{\ominus}}{K_1^{\ominus}}}{\dfrac{1}{T_1}-\dfrac{1}{T_2}}$$

$$=\frac{2.303\times8.314\ \mathrm{J\cdot mol^{-1}\cdot K^{-1}}\times\lg\dfrac{6.0\times10^{-4}}{0.64}}{\dfrac{1}{(200+273)\mathrm{K}}-\dfrac{1}{(400+273)\mathrm{K}}}$$

$$=-92\ \mathrm{kJ\cdot mol^{-1}}$$

$NH_3(g)$的标准生成反应为

$$\frac{3}{2}\mathrm{H_2(g)}+\frac{1}{2}\mathrm{N_2(g)}\rightleftharpoons\mathrm{NH_3(g)}$$

其化学计量数为题设的反应的一半，故其标准反应热为

$$-92\ \mathrm{kJ\cdot mol^{-1}}\times\frac{1}{2}=-46\ \mathrm{kJ\cdot mol^{-1}}$$

这就是 $NH_3(g)$的标准摩尔生成热 $\Delta_fH_m^{\ominus}$。

4.22 (1) 设 $COCl_2$ 起始浓度为 1 $\mathrm{mol\cdot dm^{-3}}$，解离度为 α。

$$\mathrm{COCl_2(g)} = \mathrm{CO(g)}+\mathrm{Cl_2(g)}$$

平衡时 $(1-\alpha)$mol　　αmol　　αmol

$$n(\text{总})=[(1-\alpha)+\alpha+\alpha]\text{mol}=(1+\alpha)\text{mol}$$

$$p(COCl_2)=\frac{1-\alpha}{1+\alpha}p=\frac{1-\alpha}{1+\alpha}\times 2.0\times 10^5\ \text{Pa}$$

$$p(CO)=p(Cl_2)=\frac{\alpha}{1+\alpha}p=\frac{\alpha}{1+\alpha}\times 2.0\times 10^5\ \text{Pa}$$

$$K^\ominus=\frac{[p(CO)/p^\ominus][p(Cl_2)/p^\ominus]}{p(COCl_2)/p^\ominus}=\frac{\left(\frac{\alpha}{1+\alpha}\times\frac{2.0\times 10^5}{1.0\times 10^5}\right)^2}{\frac{1-\alpha}{1+\alpha}\times\frac{2.0\times 10^5}{1.0\times 10^5}}=8.0\times 10^{-9}$$

$$\alpha=6.32\times 10^{-5}=(6.32\times 10^{-3})\%$$

(2) $\Delta_r G_m^\ominus=-2.303RT\lg K^\ominus$

$$=-2.303\times 8.314\ \text{J}\cdot\text{mol}^{-1}\cdot\text{K}^{-1}\times 373\ \text{K}\times\lg(8.0\times 10^{-9})$$

$$=57.8\times 10^3\ \text{J}\cdot\text{mol}^{-1}$$

$$\Delta_r S_m^\ominus=\frac{\Delta_r H_m^\ominus-\Delta_r G_m^\ominus}{T}$$

$$=\frac{(104.6\times 10^3-57.8\times 10^3)\ \text{J}\cdot\text{mol}^{-1}}{373\ \text{K}}$$

$$=125.5\ \text{J}\cdot\text{mol}^{-1}\cdot\text{K}^{-1}$$

4.23 设容器的体积为 V,应向平衡体系中加入 x mol I_2。

	$2HI \rightleftharpoons$	H_2	$+\ I_2$
起始浓度/$(\text{mol}\cdot\text{dm}^{-3})$	$\frac{1}{V}$	0	0
平衡浓度/$(\text{mol}\cdot\text{dm}^{-3})$	$\frac{1-0.244}{V}$	$\frac{0.122}{V}$	$\frac{0.122}{V}$
新平衡浓度/$(\text{mol}\cdot\text{dm}^{-3})$	$\frac{1-0.10}{V}$	$\frac{0.05}{V}$	$\frac{0.05+x}{V}$

根据题意,温度不变则平衡常数不变:

$$\frac{\frac{0.122}{V}\times\frac{0.122}{V}}{\left(\frac{1-0.244}{V}\right)^2}=\frac{\frac{0.05}{V}\times\frac{0.05+x}{V}}{\left(\frac{1-0.10}{V}\right)^2}$$

$$x=0.372$$

4.24 (1) 设起始态 N_2O_4 为 1 mol。N_2O_4 解离度 $\alpha=0.272$。

$$N_2O_4(g)\rightleftharpoons 2NO_2(g)$$

平衡时 $(1-\alpha)$mol　　2αmol

$$n_{\text{总}}=[(1-\alpha)+2\alpha]\text{mol}=(1+\alpha)\text{mol}=1.272\ \text{mol}$$

$$p(NO_2)=\frac{2\alpha}{1.272}p_{\text{总}}=\frac{0.544}{1.272}p^\ominus,\quad p(N_2O_4)=\frac{1-\alpha}{1.272}p_{\text{总}}=\frac{0.728}{1.272}p^\ominus$$

$$K^\ominus=\frac{[p(NO_2)/p^\ominus]^2}{p(N_2O_4)/p^\ominus}=\frac{\left(\frac{0.544}{1.272}\right)^2}{\frac{0.728}{1.272}}=0.32$$

(2) $N_2O_4(g) \rightleftharpoons 2NO_2$

平衡时 $(1-\alpha)\,mol \quad 2\alpha\,mol$

$$n_{总} = (1+\alpha)\,mol$$

$$p(NO_2) = \frac{2\alpha}{1+\alpha}p_{总} = \frac{2\alpha}{1+\alpha}2p^{\ominus}$$

$$p(N_2O_4) = \frac{1-\alpha}{1+\alpha}p_{总} = \frac{1-\alpha}{1+\alpha}2p^{\ominus}$$

$$K^{\ominus} = \frac{[p(NO_2)/p^{\ominus}]^2}{p(N_2O_4)/p^{\ominus}} = \frac{\left(\frac{2\alpha}{1+\alpha}\times 2\right)^2}{\frac{1-\alpha}{1+\alpha}\times 2} = 0.32$$

$$\alpha = 0.196 = 19.6\%$$

(3) 计算结果表明，增大体系的压强，平衡向气体分子数目减少的方向移动。

4.25 若压强减小一半，则新的平衡体系中各物质的起始浓度为原来的$\frac{1}{2}$。

	$PCl_5(g) \rightleftharpoons$	$PCl_3(g)$ +	$Cl_2(g)$
平衡浓度/($mol\cdot dm^{-3}$)	1.0	0.204	0.204
新平衡浓度/($mol\cdot dm^{-3}$)	$0.5-x$	$0.102+x$	$0.102+x$

若温度不变，则平衡常数不变：

$$\frac{(0.102+x)^2}{0.5-x} = \frac{0.204^2}{1.0}$$

$$x = 0.0368$$

在新的平衡体系中，各物质的浓度为

$$c(PCl_5) = 0.5\ mol\cdot dm^{-3} - 0.0368\ mol\cdot dm^{-3} = 0.463\ mol\cdot dm^{-3}$$

$$c(PCl_3) = c(Cl_2) = 0.102\ mol\cdot dm^{-3} + 0.0368\ mol\cdot dm^{-3} = 0.139\ mol\cdot dm^{-3}$$

4.26 设平衡时 SO_2 的分压为 xPa。

$$始态时\ p(SO_2Cl_2) = \frac{\frac{7.6\ g}{135\ g\cdot mol^{-1}} \times 8.314\times 10^3\ Pa\cdot dm^3\cdot mol^{-1}\cdot K^{-1}\times 375\ K}{1.0\ dm^3} = 1.755\times 10^5\ Pa$$

	$SO_2Cl_2 \rightleftharpoons$	SO_2 +	Cl_2
平衡分压/Pa	$1.755\times 10^5 - x$	x	$1.0\times 10^5 + x$

$$K^{\ominus} = \frac{(x/p^{\ominus})[(1.0\times 10^5 + x)/p^{\ominus}]}{(1.755\times 10^5 - x)/p^{\ominus}} = 2.4$$

$$x = 0.97\times 10^5$$

所以 $p(SO_2Cl_2) = 1.755\times 10^5\ Pa - 0.97\times 10^5\ Pa = 0.79\times 10^5\ Pa = 7.9\times 10^4\ Pa$

$$p(SO_2) = 0.97\times 10^5\ Pa = 9.7\times 10^4\ Pa$$

$$p(Cl_2) = 1.0\times 10^5\ Pa + 0.97\times 10^5\ Pa = 1.97\times 10^5\ Pa$$

4.27 当化学反应方程式中化学计量数扩大 n 倍时，反应的平衡常数 K 将变成 K^n。故反应

$$SO_2(g) + \frac{1}{2}O_2(g) \rightleftharpoons SO_3(g)$$

$$K_p=(3.40\times10^{-5}\ \text{Pa}^{-1})^{0.5}=5.83\times10^{-3}\ \text{Pa}^{-0.5}$$

联系 K_p 和 K_c 的关系式是理想气体的状态方程 $pV=nRT$，$p=\frac{n}{V}RT$ 和 $p=cRT$ 等。

必须注意的是，K_p 表示式中的 p 的单位是 Pa，而 K_c 表示式中的 c 的单位经常是 $\text{mol}\cdot\text{dm}^{-3}$，体积的单位不是 m^3，而是 dm^3。于是 c 的数值比以 $\text{mol}\cdot\text{dm}^{-3}$ 为单位时扩大了 10^3 倍。为了保证公式 $p=cRT$ 两边数值相等，应有

$$R=8.314\times10^3\ \text{Pa}\cdot\text{dm}^3\cdot\text{mol}^{-1}\cdot\text{K}^{-1}$$

由 p 和 c 的关系式得到 K_p 和 K_c 的关系式：

$$K_p=K_c(RT)^{\Delta\nu}$$

$\Delta\nu$ 为气体分子化学计量数的改变量。故

$$\begin{aligned}K_c&=K_p(RT)^{-\Delta\nu}\\&=5.83\times10^{-3}\ \text{Pa}^{-0.5}\times(8.314\times10^3\ \text{Pa}\cdot\text{dm}^3\cdot\text{mol}^{-1}\cdot\text{K}^{-1}\times1000\ \text{K})^{0.5}\\&=16.8\ \text{mol}^{-0.5}\cdot\text{dm}^{1.5}\end{aligned}$$

4.28 汞的汽化过程可表示为

$$\text{Hg(l)} \rightleftharpoons \text{Hg(g)}$$

$$\begin{aligned}\Delta_r G_m^\ominus&=\Delta_f G_m^\ominus(\text{Hg,g})-\Delta_f G_m^\ominus(\text{Hg,l})\\&=(31.8-0)\text{kJ}\cdot\text{mol}^{-1}\\&=31.8\ \text{kJ}\cdot\text{mol}^{-1}\end{aligned}$$

由公式 $\Delta_r G_m^\ominus=-RT\ln K^\ominus$ 得

$$\ln K^\ominus=-\frac{\Delta_r G_m^\ominus}{RT}=-\frac{31.8\times1000\ \text{J}\cdot\text{mol}^{-1}}{8.314\ \text{J}\cdot\text{mol}^{-1}\cdot\text{K}^{-1}\times298\ \text{K}}=-12.84$$

故 $$K^\ominus=2.7\times10^{-6}$$

$$K^\ominus=\frac{p(\text{Hg})}{p^\ominus}=2.7\times10^{-6}$$

所以 $$p(\text{Hg})=2.7\times10^{-6}p^\ominus=2.7\times10^{-6}\times100\ \text{kPa}=0.27\ \text{Pa}$$

即 298 K 时 Hg 的饱和蒸气压为 0.27 Pa。

$$\begin{aligned}\Delta_r H_m^\ominus&=\Delta_f H_m^\ominus(\text{Hg,g})-\Delta_f H_m^\ominus(\text{Hg,l})\\&=(61.4-0)\ \text{kJ}\cdot\text{mol}^{-1}=61.4\ \text{kJ}\cdot\text{mol}^{-1}\end{aligned}$$

$$\begin{aligned}\Delta_r S_m^\ominus&=S_m^\ominus(\text{Hg,g})-S_m^\ominus(\text{Hg,l})\\&=(175-75.9)\text{J}\cdot\text{mol}^{-1}\cdot\text{K}^{-1}=99.1\ \text{J}\cdot\text{mol}^{-1}\cdot\text{K}^{-1}\end{aligned}$$

在正常沸点下的汽化过程可以认为是可逆的，过程的 $\Delta_r G_m^\ominus=0$，由公式 $\Delta_r G_m^\ominus=\Delta_r H_m^\ominus-T\Delta_r S_m^\ominus$ 得

$$T\Delta_r S_m^\ominus=\Delta_r H_m^\ominus$$

$$T=\frac{\Delta_r H_m^\ominus}{\Delta_r S_m^\ominus}=\frac{61.4\times1000\ \text{J}\cdot\text{mol}^{-1}}{99.1\ \text{J}\cdot\text{mol}^{-1}\cdot\text{K}^{-1}}=620\ \text{K}$$

故汞的沸点为 620 K，相当于 347 ℃。

4.29

	$PCl_5(g)$	$\rightleftharpoons$ $PCl_3(g)$	+ $Cl_2(g)$
起始时物质的量/mol	2.00	1.00	0
平衡时物质的量/mol	$2.00(1-0.91)=0.18$	$1.00+2.00\times0.91=2.82$	$2.00\times0.91=1.82$
x_i	$\frac{0.18}{4.82}$	$\frac{2.82}{4.82}$	$\frac{1.82}{4.82}$
p_i	$\frac{0.18}{4.82}\times202\ \text{kPa}$	$\frac{2.82}{4.82}\times202\ \text{kPa}$	$\frac{1.82}{4.82}\times202\ \text{kPa}$
相对 p_i	$\frac{0.18\times202}{4.82\times100}$	$\frac{2.82\times202}{4.82\times100}$	$\frac{1.82\times202}{4.82\times100}$

$$K_p=\frac{\frac{1.82}{4.82}\times202\ \text{kPa}\times\frac{2.82}{4.82}\times202\ \text{kPa}}{\frac{0.18}{4.82}\times202\ \text{kPa}}=1.2\times10^3\ \text{kPa}$$

$$K^\ominus=\frac{\frac{1.82\times202}{4.82\times100}\times\frac{2.82\times202}{4.82\times100}}{\frac{0.18\times202}{4.82\times100}}=12$$

4.30 $K^\ominus=p(CO_2)/p^\ominus$

$p(CO_2)=1.16\times1.0\times10^5\ \text{Pa}=1.16\times10^5\ \text{Pa}$

在 1037 K 达平衡时，CO_2 的物质的量为

$$n=\frac{pV}{RT}=\frac{1.16\times10^5\ \text{Pa}\times10\ \text{dm}^3}{8.314\times10^3\ \text{Pa·dm}^3\text{·mol}^{-1}\text{·K}^{-1}\times1037\ \text{K}}=0.135\ \text{mol}$$

$CaCO_3$ 分解分数为 $\frac{0.135}{0.20}\times100\%=68\%$。

4.31 (1)

$$PCl_5(g) \rightleftharpoons PCl_3(g)+Cl_2(g)$$

平衡浓度/(mol·dm^{-3}) $\quad\frac{0.70-0.50}{2}\quad\frac{0.50}{2}\quad\frac{0.50}{2}$

$$K_c=\frac{c(PCl_3)c(Cl_2)}{c(PCl_5)}=\frac{(0.25\ \text{mol·dm}^{-3})^2}{0.10\ \text{mol·dm}^{-3}}=0.63\ \text{mol·dm}^{-3}$$

$$K^\ominus=K_p\left(\frac{1}{p^\ominus}\right)^{\Delta\nu}=K_c(RT)^{\Delta\nu}\left(\frac{1}{p^\ominus}\right)^{\Delta\nu}$$

$$=0.63\ \text{mol·dm}^{-3}\times8.314\times10^3\ \text{Pa·dm}^3\text{·mol}^{-1}\text{·K}^{-1}\times523\ \text{K}\times\frac{1}{1.0\times10^5\ \text{Pa}}$$

$$=27.4$$

PCl_5 的分解分数为 $\frac{0.50}{0.70}=71\%$。

(2) 再注入 0.10 mol Cl_2 后平衡向生成 PCl_5 方向移动，设 PCl_5 浓度又增加 x mol·dm^{-3}。

$$PCl_5(g) \rightleftharpoons PCl_3(g) + Cl_2(g)$$

平衡浓度/(mol·dm^{-3}) $\quad 0.10+x \quad 0.25-x \quad 0.25+\frac{0.10}{2}-x$

$$K_c = \frac{(0.25 - x)(0.30 - x)}{0.1 + x} = 0.63$$

$$x = 0.010$$

PCl_5 的分解分数为$\frac{0.50 - 0.010 \times 2}{0.70} = 69\%$。

比较(1)、(2)的计算结果表明，增大生成物浓度，平衡向增大反应物浓度的方向移动，反应物的分解分数降低。

(3) 设平衡时 PCl_3 的浓度为 x mol·dm^{-3}，则

$$PCl_5(g) \rightleftharpoons PCl_3(g) + Cl_2(g)$$

平衡浓度/(mol·dm^{-3})　$\frac{0.70}{2} - x$　　x　　$\frac{0.10}{2} + x$

$$K_c = \frac{x(0.05 + x)}{0.35 - x} = 0.63$$

$$x = 0.24$$

PCl_5 的分解分数为$\frac{0.24 \times 2}{0.70} = 69\%$。

PCl_5 的分解分数与(2)的结果相同，说明在相同条件下，体系平衡状态的组成与达到平衡的途径无关。

4.32 (1) 设起始态有 1.0 mol 乙苯气体，达平衡时乙苯的转化率为 x，则

$$C_6H_5C_2H_5(g) \rightleftharpoons C_6H_5C_2H_3(g) + H_2(g)$$

平衡时物质的量/mol　$1.0 - x$　　x　　x

平衡时总的物质的量为

$$n = (1.0 - x + x + x)\ \text{mol} = (1.0 + x)\ \text{mol}$$

平衡时各物质的分压为

$$p(C_6H_5C_2H_5) = \frac{1.0 - x}{1.0 + x} p$$

$$p(C_6H_5C_2H_3) = p(H_2) = \frac{x}{1.0 + x} p$$

$$p = p^\ominus = 1.0 \times 10^5\ \text{Pa}$$

$$K^\ominus = \frac{[p(C_6H_5C_2H_3)/p^\ominus][p(H_2)/p^\ominus]}{p(C_6H_5C_2H_5)/p^\ominus}$$

$$= \frac{\left(\frac{x}{1.0 + x}\right)^2}{\frac{1.0 - x}{1.0 + x}} = 8.9 \times 10^{-2}$$

$$x = 0.286$$

乙苯的转化率为 $0.286 \times 100\% = 28.6\%$。

(2) 设起始态有 1.0 mol 乙苯，则水蒸气为 10 mol，乙苯的转化率为 x，则

$$C_6H_5C_2H_5(g) \rightleftharpoons C_6H_5C_2H_3(g) + H_2(g)$$

平衡时物质的量/mol　$1.0 - x$　　x　　x

平衡时总的物质的量为

$$n = (1.0 - x + x + x + 10)\ \text{mol} = (11 + x)\ \text{mol}$$

平衡时各物质的分压为

$$p(C_6H_5C_2H_5) = \frac{1.0 - x}{11 + x} p$$

$$p(C_6H_5C_2H_3) = p(H_2) = \frac{x}{11 + x} p$$

$$K^\ominus = \frac{\left(\dfrac{x}{11 + x}\right)^2}{\dfrac{1.0 - x}{11 + x}} = 8.9 \times 10^{-2}$$

$$x = 0.624$$

乙苯的转化率为 $0.624 \times 100\% = 62.4\%$。

4.33 设起始态有 1 mol N_2O_4，平衡时解离度为 α。

$$N_2O_4(g) \rightleftharpoons 2NO_2(g)$$

平衡时物质的量/mol　　$1 - \alpha$　　2α

$$n_{总} = [(1 - \alpha) + 2\alpha]\ \text{mol} = (1 + \alpha)\ \text{mol}$$

$$p(N_2O_4) = p \cdot \frac{1 - \alpha}{1 + \alpha} \qquad p(NO_2) = p \cdot \frac{2\alpha}{1 + \alpha}$$

$$K^\ominus = \frac{[p(NO_2)/p^\ominus]^2}{p(N_2O_4)/p^\ominus} = \frac{p}{p^\ominus} \cdot \frac{4\alpha^2}{1 - \alpha^2}$$

$p = p^\ominus$ 时，$\alpha = 50.2\% = 0.502$，则

$$K^\ominus = \frac{4 \times 0.502^2}{1 - 0.502^2} = 1.35$$

温度相同，$K^\ominus$ 不变。若 $p = 10p^\ominus$，则 $K^\ominus = 10 \times \dfrac{4\alpha^2}{1 - \alpha^2} = 1.35$，解得 $\alpha = 0.181 = 18.1\%$。

4.34 设平衡时体积为 1 dm^3，因分解前后质量不变，因此分解前 $PCl_5(g)$ 的物质的量为

$$\frac{2.695\ \text{g}}{208.5\ \text{g} \cdot \text{mol}^{-1}} = 0.01293\ \text{mol}$$

若 $PCl_5(g)$ 的解离度为 α，则有

$$PCl_5(g) \;=\!=\!=\; PCl_3(g) + Cl_2(g)$$

平衡时物质的量/mol　　$0.01293(1 - \alpha)$　　0.01293α　　0.01293α

每升气体的物质的量为

$$n = \frac{pV}{RT} = \frac{1.0 \times 10^5\ \text{Pa} \times 1\ \text{dm}^3}{8.314 \times 10^3\ \text{Pa} \cdot \text{dm}^3 \cdot \text{mol}^{-1} \cdot \text{K}^{-1} \times (250 + 273)\text{K}} = 0.023\ \text{mol}$$

$$0.01293(1 - \alpha) + 2 \times 0.01293\alpha = 0.023$$

$$\alpha = 0.779$$

$$p(PCl_5) = \frac{0.01293 \times (1 - 0.779)}{0.023} p^\ominus = 0.124 p^\ominus$$

$$p(PCl_3) = p(Cl_2) = \frac{0.01293 \times 0.779}{0.023} p^\ominus = 0.438 p^\ominus$$

$$K^\ominus = \frac{[p(Cl_2)/p^\ominus][p(PCl_3)/p^\ominus]}{p(PCl_5)/p^\ominus} = \frac{0.438^2}{0.124} = 1.55$$

$$\Delta_r G_m^\ominus = -RT\ln K^\ominus$$
$$= -8.314\ \text{J·mol}^{-1}\text{·K}^{-1} \times (250+273)\ \text{K} \times 2.303 \times \lg 1.55$$
$$= -1.91\ \text{kJ·mol}^{-1}$$

4.35 PCl_5 的分解反应为

$$PCl_5(g) \rightleftharpoons PCl_3(g) + Cl_2(g)$$

当 PCl_5 已有 50%分解时，PCl_5，PCl_3，Cl_2 的平衡分压相等，设 $p=p(PCl_5)=p(PCl_3)=p(Cl_2)$，则平衡常数 $K_p=p$。

(1) 体积增大 1 倍，则压强减小为原来的$\frac{1}{2}$，各物质的分压亦都减小为原来的$\frac{1}{2}$，则

$$\frac{p(PCl_3)p(Cl_2)}{p(PCl_5)} = \frac{\left(\frac{1}{2}p\right)^2}{\frac{1}{2}p} = \frac{1}{2}p = \frac{1}{2}K_p$$

即$\frac{p(PCl_3)p(Cl_2)}{p(PCl_5)} < K_p$，平衡向正反应方向移动，故解离度增大。

(2) 加入的氮气不参与化学反应，但体积增大 1 倍，使 PCl_5，PCl_3 和 Cl_2 的分压都减小为原来的$\frac{1}{2}$，使平衡向正反应方向移动，PCl_5 的解离度增大。

(3) 加入的氮气不参与化学反应，但使压强增大 1 倍而体积不变，因此 PCl_5，PCl_3 和 Cl_2 的分压不变，不影响化学平衡，故 PCl_5 的解离度不变。

(4) 加入氯气使体积增至 2 dm^3 而总压不变，则 PCl_5 和 PCl_3 的分压减小，而 Cl_2 的分压增大：

$$p(PCl_5) = p(PCl_3) = \frac{1}{2}p \qquad p(Cl_2) = 3p - \frac{1}{2}p \times 2 = 2p$$

$$\frac{p(PCl_3)p(Cl_2)}{p(PCl_5)} = \frac{\frac{1}{2}p \times 2p}{\frac{1}{2}p} = 2p = 2K_p > K_p$$

加入氯气后平衡向生成 PCl_5 的方向移动，PCl_5 的解离度减小。

(5) 加入氯气使压强增大 1 倍而体积不变，则

$$p(PCl_5) = p(PCl_3) = p \qquad p(Cl_2) = 6p - 2p = 4p$$

$$\frac{p(PCl_3)p(Cl_2)}{p(PCl_5)} = 4p = 4K_p > K_p$$

PCl_5 的解离度减小。

4.36 对于反应 $$N_2(g) + 3H_2(g) = 2NH_3(g)$$

有 $\Delta_r H_m^\ominus = 2\Delta_f H_m^\ominus(NH_3) = 2\times(-45.22\ \text{kJ·mol}^{-1}) = -90.44\ \text{kJ·mol}^{-1}$

$$\Delta_r S_m^\ominus = 2S_m^\ominus(NH_3) - [S_m^\ominus(N_2) + 3S_m^\ominus(H_2)]$$
$$= 2\times 243.5\ \text{J·mol}^{-1}\text{·K}^{-1} - (217.0\ \text{J·mol}^{-1}\text{·K}^{-1} + 3\times 155.9\ \text{J·mol}^{-1}\text{·K}^{-1})$$
$$= -197.7\ \text{J·mol}^{-1}\text{·K}^{-1}$$

$$\Delta_r G_m^\ominus = \Delta_r H_m^\ominus - T\Delta_r S_m^\ominus$$
$$= -90.44\ \text{kJ·mol}^{-1} - 700\ \text{K} \times (-197.7\times 10^{-3}\ \text{kJ·mol}^{-1}\text{·K}^{-1})$$
$$= 48.0\ \text{kJ·mol}^{-1}$$

因为 $$\Delta_r G_m^\ominus = -RT\ln K^\ominus$$

所以 $$\ln K^\ominus = -\frac{\Delta_r G_m^\ominus}{RT} = -\frac{48.0\ \text{kJ}\cdot\text{mol}^{-1}}{8.314\times10^{-3}\ \text{kJ}\cdot\text{mol}^{-1}\cdot\text{K}^{-1}\times700\ \text{K}} = -8.25$$

$$K^\ominus = 2.6\times10^{-4}$$

$$\begin{aligned}K_c &= K^\ominus\left(\frac{RT}{p^\ominus}\right)^{-\Delta\nu}\\ &= 2.6\times10^{-4}\times\left(\frac{8.314\times10^3\ \text{Pa}\cdot\text{dm}^3\cdot\text{mol}^{-1}\cdot\text{K}^{-1}\times700\ \text{K}}{1.0\times10^5\ \text{Pa}}\right)^2\\ &= 0.88\ \text{mol}^{-2}\cdot\text{dm}^6\end{aligned}$$

平衡时 $c(N_2)=1.0\ \text{mol}\cdot\text{dm}^{-3}$ $c(H_2)=3.0\ \text{mol}\cdot\text{dm}^{-3}$

根据平衡关系式：

$$\frac{[c(NH_3)]^2}{c(N_2)[c(H_2)]^3} = \frac{[c(NH_3)]^2}{1.0\ \text{mol}\cdot\text{dm}^{-3}\times(3.0\ \text{mol}\cdot\text{dm}^{-3})^3} = 0.88\ \text{mol}^{-2}\cdot\text{dm}^6$$

$$c(NH_3) = 4.87\ \text{mol}\cdot\text{dm}^{-3}$$

4.37 由理想气体状态方程 $pV=nRT$ 求得反应起始时各物质的分压：

$$p(CO) = \frac{0.0350\ \text{mol}\times8.314\times10^3\ \text{Pa}\cdot\text{dm}^3\cdot\text{mol}^{-1}\cdot\text{K}^{-1}\times373\ \text{K}}{1.00\ \text{dm}^3} = 1.09\times10^5\ \text{Pa}$$

$$p(Cl_2) = \frac{0.0270\ \text{mol}\times8.314\times10^3\ \text{Pa}\cdot\text{dm}^3\cdot\text{mol}^{-1}\cdot\text{K}^{-1}\times373\ \text{K}}{1.00\ \text{dm}^3} = 8.37\times10^4\ \text{Pa}$$

$$p(COCl_2) = \frac{0.0100\ \text{mol}\times8.314\times10^3\ \text{Pa}\cdot\text{dm}^3\cdot\text{mol}^{-1}\cdot\text{K}^{-1}\times373\ \text{K}}{1.00\ \text{dm}^3} = 3.10\times10^4\ \text{Pa}$$

则此时的反应商为

$$Q^\ominus = \frac{p(COCl_2)/p^\ominus}{[p(CO)/p^\ominus][p(Cl_2)/p^\ominus]} = \frac{0.310}{1.09\times0.837} = 0.340 < K^\ominus$$

所以反应将向正反应方向进行。

由于此反应的平衡常数很大，故可近似认为反应物中量少的物质完全转化为产物，设平衡时 $Cl_2(g)$的分压为 x kPa，则

	$CO(g)$	+ $Cl_2(g)$ $\rightleftharpoons$	$COCl_2(g)$
起始分压/kPa	1.09×10^2	83.7	31.0
$Cl_2(g)$完全转化后的分压/kPa	25.3	0	114.7
平衡分压/kPa	$25.3+x$	x	$114.7-x$

代入平衡常数表达式：

$$K^\ominus = \frac{(114.7-x)/100}{[(25.3+x)/100](x/100)} = 1.50\times10^8$$

因为 x 很小，所以 $25.3+x\approx25.3$，$114.7-x\approx114.7$，则

$$x=p(Cl_2)=3.02\times10^{-6}\ \text{kPa},\quad p(CO)=25.3\ \text{kPa},\quad p(COCl_2)=114.7\ \text{kPa}$$

4.38 勒夏特列原理的表述是，如果对平衡体系施加外部影响，平衡将向着减小该影响的方向移动，就是说原理适用的是平衡体系（至少是接近平衡的体系）。

在 KOH 饱和溶液中加入少许固体 KOH，加热时这些 KOH 溶解，说明溶解度随温度的升高而增大。由此可以判断 KOH 溶解是吸热反应。

KOH溶解度很大,将几粒固体KOH放入100 g水中,这个溶解过程远远偏离平衡状态,可以放热,但不说明在接近平衡状态时整个溶解过程是放热的。

第5章

一、选择题

5.1 B　5.2 C　5.3 C　5.4 C　5.5 D　5.6 C　5.7 C　5.8 D　5.9 D　5.10 B
5.11 D　5.12 A　5.13 C　5.14 C　5.15 D　5.16 B　5.17 C　5.18 D　5.19 B　5.20 C

二、填空题

5.21　4,1,3,6。

5.22　As,Cr和Mn,K、Cr和Cu,Ti。

5.23　Fr,F,五,Tc。

5.24　$5d^46s^2$,$4d^45s^1$,$4d^75s^1$,$4d^85s^1$,$4d^{10}5s^0$,$5d^96s^1$。

5.25　$E=-13.6\dfrac{1}{n^2}$ eV;4∶1,11804。

5.26　55,71,15,钆,8;9,镧系收缩,使第二过渡系列和第三过渡系列同族元素的原子半径相近。

5.27　Cu,$[Ar]3d^{10}4s^1$,ds,ⅠB。

5.28　Fe,Br,$FeBr_2$和$FeBr_3$。

5.29　ns^1,$(n-1)d^{10}ns^1$,高,小,弱。

5.30　④,⑤,②。

三、简答题和计算题

5.31　先将13.6 eV转换成以J为单位的能量值:

$$E=13.6\ \text{eV}\times1.602\times10^{-19}\ \text{J·eV}^{-1}$$

$$1\ \text{J}=1\ \text{kg·m}^2\text{·s}^{-2}$$

由 $E=\dfrac{1}{2}mv^2$ 得　$v=\sqrt{\dfrac{2E}{m}}$

将电子质量 $m=9.11\times10^{-31}$ kg 和 E 值代入其中,得

$$v=\sqrt{\frac{2\times13.6\times1.602\times10^{-19}\ \text{J}}{9.11\times10^{-31}\ \text{kg}}}=2.19\times10^6\ \text{m·s}^{-1}$$

$$\text{动量 } p=mv=9.11\times10^{-31}\ \text{kg}\times2.19\times10^6\ \text{m·s}^{-1}=2.00\times10^{-24}\ \text{kg·m·s}^{-1}$$

$$\lambda=\frac{h}{p}=\frac{6.626\times10^{-34}\ \text{J·s}}{2.00\times10^{-24}\ \text{kg·m·s}^{-1}}=3.31\times10^{-10}\ \text{m}=331\ \text{pm}$$

5.32　24号　铬　Cr　$[Ar]3d^54s^1$

价层电子	n	l	m	m_s
$3d^5$	3	2	+2	$+\frac{1}{2}$
	3	2	+1	$+\frac{1}{2}$

续表

价层电子	n	l	m	m_s
$3d^5$	3	2	0	$+\frac{1}{2}$
	3	2	−1	$+\frac{1}{2}$
	3	2	−2	$+\frac{1}{2}$
$4s^1$	4	0	0	$+\frac{1}{2}$

41 号　铌　Nb　[Kr]$4d^4 5s^1$

价层电子	n	l	m	m_s
$4d^4$	4	2	+2	$+\frac{1}{2}$
	4	2	+1	$+\frac{1}{2}$
	4	2	0	$+\frac{1}{2}$
	4	2	−1	$+\frac{1}{2}$
$5s^1$	5	0	0	$+\frac{1}{2}$

5.33　25 号元素的基态原子电子排布式为 $1s^2 2s^2 2p^6 3s^2 3p^6 3d^5 4s^2$。

$$\sigma_{4s} = 1 \times 0.35 + 13 \times 0.85 + 10 \times 1.0 = 21.4$$

$$E_{4s} = -13.6 \times \frac{(25-21.4)^2}{4^2}\ \text{eV} = -11.0\ \text{eV}$$

$$\sigma_{3d} = 4 \times 0.35 + 18 \times 1.0 = 19.4$$

$$E_{3d} = -13.6 \times \frac{(25-19.4)^2}{3^2}\ \text{eV} = -47.4\ \text{eV}$$

可见对于 25 号元素，$E_{4s} > E_{3d}$。

5.34　(1) 铬　Cr　$3d^5 4s^1$；(2) 银　Ag $4d^{10} 5s^1$；(3) 锡　Sn　$5s^2 5p^2$；
(4) 钡　Ba　$6s^2$；　(5) 溴　Br　$4s^2 4p^5$。

5.35　(1) $1s^2 2s^2 2p^6 3s^2 3p^6$　　Ca^{2+}
(2) $1s^2 2s^2 2p^6$　　Al^{3+}
(3) [Ar]$3d^{10}$　　Cu^+
(4) [Ar]$3d^{10} 4s^2 4p^6$　　Br^-

5.36　见下表：

	周期	族	元素符号	价层电子排布式
A	三	ⅠA	Na	$3s^1$
B	三	ⅡA	Mg	$3s^2$
C	三	ⅢA	Al	$3s^23p^1$
D	四	ⅦA	Br	$4s^24p^5$
E	五	ⅦA	I	$5s^25p^5$
F	四	ⅥB	Cr	$3d^54s^1$

5.37 A：K，B：Ni，C：Br，KBr，$NiBr_2$。

5.38 A为钒(V) $1s^22s^22p^63s^23p^63d^34s^2$

B为硒(Se) $1s^22s^22p^63s^23p^63d^{10}4s^24p^4$

推理过程：

(1) 元素B的N层比A的N层多4个电子，这4个电子一定要填入4p轨道，于是3d轨道必定全充满(即$3d^{10}$)。由此可知，B的K，L，M层均充满电子。

(2) A原子的M层比B原子的M层少7个电子，所以A的M层电子排布为$3s^23p^63d^3$，这样A的K，L层全充满电子，4s轨道也充满电子($E_{4s}<E_{3d}$)。于是A原子的电子排布式为$1s^22s^22p^63s^23p^63d^34s^2$。

(3) 元素B的N层比元素A的N层多4个电子，A的N层已有$4s^2$，所以元素B的N层必为$4s^24p^4$，即B原子的电子排布式为$1s^22s^22p^63s^23p^63d^{10}4s^24p^4$。

5.39 若以A代表116号元素，则有

(1) Na盐的化学式Na_2A；　(2) 氢化物H_2A；

(3) 最高价态氧化物AO_3；　(4) 该元素为金属。

5.40 第八周期，ⅥA族；假如元素符号为A，其氢化物的化学式为H_2A；最高氧化态的氧化物的化学式AO_3。

5.41 题中各对元素均为同周期元素。一般来说，在同一周期中，从左至右随有效核电荷数的增加，半径减小，第一电离能总的趋势是增大。但电子构型对电离能影响较大，可能会造成某些反常现象。

(1) P＞S　因P的价层电子排布为$3s^23p^3$，3p轨道半充满；而S的价层电子排布为$3s^23p^4$，失去一个电子后3p轨道半充满。

(2) Mg＞Al　Mg失去的是3s电子，而Al失去的是3p电子；$E_{3s}<E_{3p}$，3p电子能量高而更易失去。同时，Mg的价层电子排布为$3s^2$，3s轨道全充满；Al的价层电子排布为$3s^23p^1$，失去一个电子后变为$3s^23p^0$稳定结构。

(3) Sr＞Rb　Sr的核电荷比Rb的多，半径也比Rb的小。其次Sr的$5s^2$较稳定。

(4) Zn＞Cu　Zn的核电荷比Cu的多，同时Zn的3d轨道全充满，4s轨道也全充满；Cu的4s轨道半充满，失去一个电子后变为$3d^{10}4s^0$稳定结构。

(5) Au＞Cs　Au为ⅠB族元素，价层电子排布为$5d^{10}6s^1$，由于5d电子对6s电子的屏蔽作用较小，有效核电荷数大，半径小；Cs为ⅠA族元素，价层电子排布为$5s^25p^66s^1$，失去一个电子后变为$5s^25p^6$稳定结构。

5.42 (1) Ba＞Sr 同族元素，Ba比Sr多一电子层；
(2) Ca＞Sc 同周期元素，Sc核电荷多；
(3) Cu＞Ni 同周期元素，Cu次外层为18电子，屏蔽作用大，有效核电荷数小，外层电子受引力小；
(4) Zr≈Hf 镧系收缩的结果；
(5) S^{2-}＞S 同一元素，电子数越多，半径越大；
(6) Na^+＞Al^{3+} 同一周期元素，Al^{3+}正电荷高；
(7) Pb^{2+}＞Sn^{2+} 同一族元素的离子，正电荷数相同，但Pb^{2+}比Sn^{2+}多一电子层；
(8) Fe^{2+}＞Fe^{3+} 同一元素离子，电子越少，正电荷越高则半径越小。

5.43 (1) 第八周期包括第八能级组，最多可容纳50个电子($8s^2 5g^{18} 6f^{14} 7d^{10} 8p^6$)，即共有50种元素。
(2) 该元素原子价层电子排布为$8s^2 5g^1$。该元素原子序数为121。
(3) 第114号元素原子电子排布为[Rn]$5f^{14} 6d^{10} 7s^2 7p^2$。该元素属于第七周期，ⅣA族。

5.44 (1) 第一电离能
N＞O，N的电子排布为$1s^2 2s^2 2p^3$，其2p轨道为半充满，比较稳定；而O的电子排布为$1s^2 2s^2 2p^4$，其2p轨道失去一个电子后为半充满。
Cd＞In，Cd的价层电子排布为$4d^{10} 5s^2$，4d和5s轨道全充满，较稳定；而In的价层电子排布为$5s^2 5p^1$，5p轨道电子易失去，失去5p电子后为稳定结构。
W＞Cr，Cr与W同族，W比Cr的核电荷数增加很多，但W半径比Cr增大不多，核对外层引力W＞Cr。
(2) 第一电子亲和能
C＞N，因为N的2p轨道半充满，为较稳定状态，若再结合一个电子，要克服较大的成对能，体系能量升高，第一电子亲和能较小；而C的2p轨道未达半充满，再结合一个电子才达到半充满稳定结构，因而第一电子亲和能较大。
S＞P，P与N同族，3p轨道已达半充满，再结合电子时要克服较大的电子成对能；而S原子3p轨道有4个电子，超过半充满，此外，S的有效核电荷数比P的大，S的半径比P的小，因而S容易得电子，其电子亲和能比P的大。

第6章

一、选择题

6.1 B 6.2 D 6.3 A 6.4 C 6.5 A 6.6 D 6.7 A 6.8 C 6.9 D
6.10 B 6.11 B 6.12 C

二、填空题

6.13 N_2，CN^-。
6.14 ⑤①④②③。
6.15 ICl_2^- 直线形，sp^3d； BrF_3 T形，sp^3d；
ICl_4^- 正方形，sp^3d^2； NO_2^+ 直线形，sp。

6.16 sp^3，sp^3d，sp^3，sp^3，sp^3d^2，sp^3d。

6.17 H_2S H—$\overset{\cdot\cdot}{\underset{\cdot\cdot}{S}}$—H

         HClO   H—$\overset{\cdot\cdot}{\underset{\cdot\cdot}{O}}$—$\overset{\cdot\cdot}{\underset{\cdot\cdot}{Cl}}$:

         HCN   H—C≡N:

         H_2O_2 H—$\overset{\cdot\cdot}{\underset{\cdot\cdot}{O}}$—$\overset{\cdot\cdot}{\underset{\cdot\cdot}{O}}$—H

         NO^+ [:N≡O:]$^+$

                                        H
                                       |
         HCHO   H—C$=\overset{\cdot\cdot}{O}$:

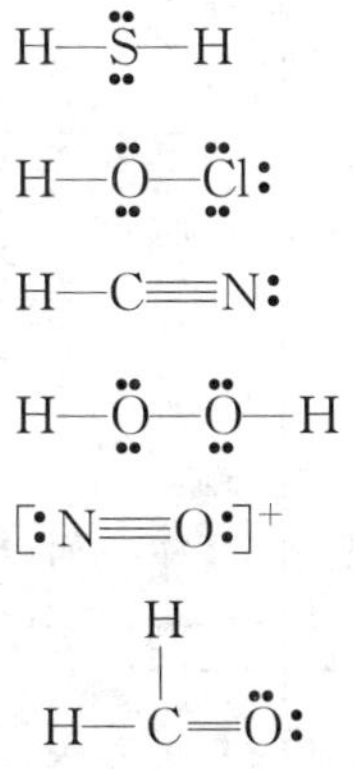

6.18 CCl_4，B_2O_3，CuI，HI。

6.19 $KK(\sigma_{2s})^2(\sigma_{2s}^*)^2(\pi_{2p_y})^2(\pi_{2p_z})^2(\sigma_{2p_x})^1$；1，2.5，2.5，3，2.5；$N_2^+$，$N_2^-$，$CO^+$。

6.20   1206，691.2，37.6。

三、简答题和计算题

6.21   根据题中给出的热力学数据，设计热力学循环：

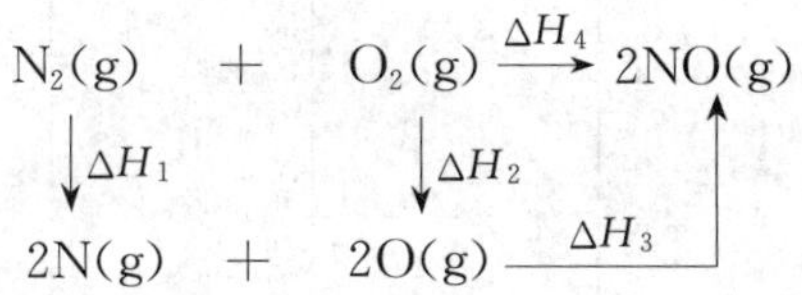

$$N_2(g) + O_2(g) \xrightarrow{\Delta H_4} 2NO(g)$$

$$\downarrow \Delta H_1 \qquad\qquad \downarrow \Delta H_2$$

$$2N(g) + 2O(g) \xrightarrow{\Delta H_3}$$

    $\Delta H_1 = D(N≡N) = 941.69 \text{ kJ·mol}^{-1}$

    $\Delta H_2 = D(O=O) = 493.59 \text{ kJ·mol}^{-1}$

    $\Delta H_4 = 2\Delta_f H_m^\ominus(NO, g) = 2 \times 90.25 \text{ kJ·mol}^{-1} = 180.50 \text{ kJ·mol}^{-1}$

    $\Delta H_3 = -2E(N-O)$

由赫斯定律：

$$\Delta H_4 = \Delta H_1 + \Delta H_2 + \Delta H_3$$

则 $\Delta H_3 = \Delta H_4 - \Delta H_1 - \Delta H_2$

               $= 180.50 \text{ kJ·mol}^{-1} - 941.69 \text{ kJ·mol}^{-1} - 493.59 \text{ kJ·mol}^{-1}$

               $= -1254.78 \text{ kJ·mol}^{-1}$

$$E(N-O) = -\frac{1}{2}\Delta H_3 = -\frac{1}{2} \times (-1254.78 \text{ kJ·mol}^{-1}) = 627.39 \text{ kJ·mol}^{-1}$$

6.22   根据等电子原理，原子数相同的分子或离子中，若价层电子数也相同，则这些分子或离子
      具有相似的电子结构和相似的空间构型。将各分子或离子的价层电子总数算出来，分别
      与 CO_2，NO_2^-，BF_3 对照，即可得出其电子结构和空间构型：

价层电子总数	分子或离子	σ键类型	π键类型	电子结构	空间构型
	CO_2	sp—p	2 个 Π_3^4	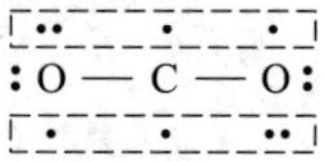	直线形
16	NO_2^+	sp—p	2 个 Π_3^4	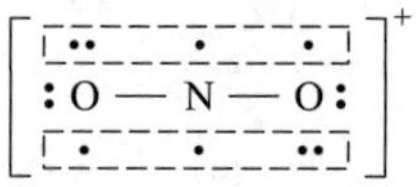	直线形
	N_3^-	sp—p	2 个 Π_3^4	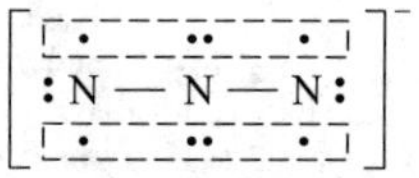	直线形
18	NO_2^-	sp^2—p	Π_3^4	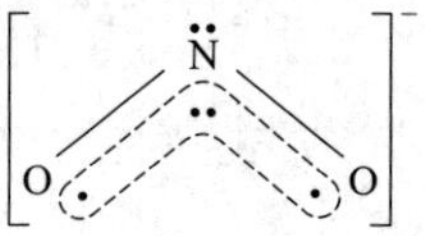	V 形
	O_3	sp^2—p	Π_3^4	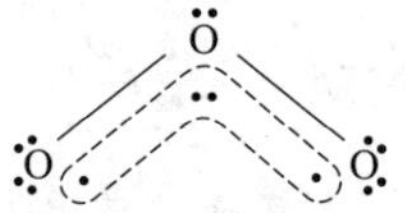	V 形
	BF_3	sp^2—p	Π_4^6	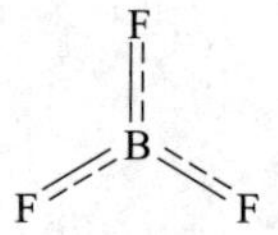	平面三角形
24	NO_3^-	sp^2—p	Π_4^6	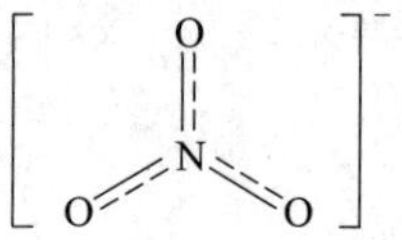	平面三角形
	CO_3^{2-}	sp^2—p	Π_4^6	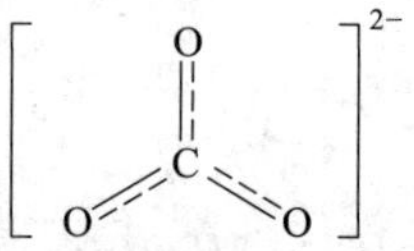	平面三角形

6.23 SNF_3　中心原子为 S,N 作配体(不能形成 3 个以上共价键,不能作中心)提供电子数为 3。S 价层电子对数为$\frac{6+3+3}{2}=6$,S 与 N 间有三键,电子对数减 2,故 S 价层电子对数为 4,电子对空间构型为四面体形,S 采取 sp^3 杂化,SNF_3 分子为四面体结构。

CH_2SF_4　中心原子为 S,5 个配体。配体 CH_2 与 S 间有双键。S 价层电子对数为$\frac{6+4+2}{2}=6$,双键减掉 1 电子对,故 S 价层电子对数为 5,电子对空间构型为三角双锥形,S 采取 sp^3d 杂化,CH_2SF_4 分子构型为三角双锥形。

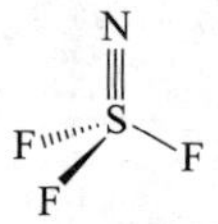

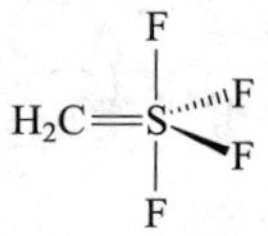

6.24 单体 $BeCl_2$ 价层电子对数为 2，Be 采取 sp 杂化，分子为直线形。

二聚 $BeCl_2$ 2 个 Be 之间共用 2 个 Cl(桥连)，Be 采取 sp^2 杂化，二聚分子为平面结构。

多聚 $BeCl_2$ 可以写成$\left[BeCl_2\right]_n$的形式，Be 采取 sp^3 杂化，多聚分子为长链结构。

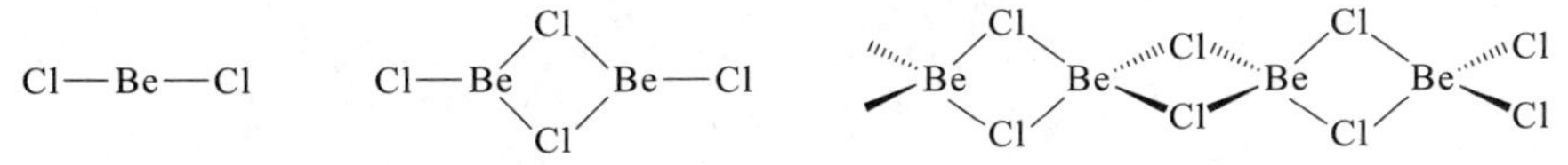

单体　　　二聚　　　多聚

6.25 中心原子的杂化类型、分子的空间构型是由分子中的中心原子价层电子数、价层轨道数和配位数共同决定的。仅有中心原子的氧化数和配位数不能决定中心原子采取的杂化类型和分子的空间构型。

在 NCl_3 分子中，N 原子的价层电子排布为 $2s^22p^3$，4 个轨道中有 5 个电子，因孤电子对占有杂化轨道，每个 N—Cl 键占一个杂化轨道，N 只能采取 sp^3 杂化。因为有一孤电子对，分子构型为三角锥形。

在 BCl_3 分子中，B 原子的价层电子排布为 $2s^22p^1$，3 个价电子占 4 个价轨道中的两个。因为配位数为 3，应形成 3 个 σ 键，用去 3 个杂化轨道。为保证 3 个杂化轨道中都有一个可供配对的电子，先激发 2s 轨道 2 个电子中的 1 个到 p 轨道中。价电子数和配位数(成键轨道数)决定了 B 原子只能采取 sp^2 杂化。

6.26 AB_3 型分子共有三种空间构型，有关结果见下表：

空间构型	实例	A 的杂化方式	价层孤电子对数目	是否有极性
平面三角形	BCl_3	sp^2	0	无极性
三角锥形	NH_3	sp^3	1	有极性
T 形	BrF_3	sp^3d	2	有极性

6.27 结果如下表：

化合物分子式	价层电子对数	配体数目	电子对空间构型	分子空间构型	杂化方式	成键轨道	化学键类型
XeF_2	5	2	三角双锥形	直线形	sp^3d 不等性杂化	sp^3d—2p	σ 键
XeF_4	6	4	正八面体形	正方形	sp^3d^2 不等性杂化	sp^3d^2—2p	σ 键
XeO_3	4	3	正四面体形	三角锥形	sp^3 不等性杂化	sp^3—2p	σ 键
XeO_4	4	4	正四面体形	正四面体形	sp^3 等性杂化	sp^3—2p	σ 键

6.28 B 的价层电子排布为 $2s^22p^1$，在 BF_3 分子中，B 的原子轨道为 sp^2 杂化，中心原子 B 与 3 个 F 结合形成等同的 3 个 σ 键，故 BF_3 分子呈正三角形。此外，B 还有一个空的未参与杂化的 p_z 轨道，3 个 F 各有 1 个有对电子的 p_z 轨道，这 4 个垂直于分子平面的 p_z 轨道形成离

域大 π 键,即 Π_4^6 键。这个离域大 π 键使 B 与 F 的结合力增大,键能增强,因此其键长比理论单键键长短。

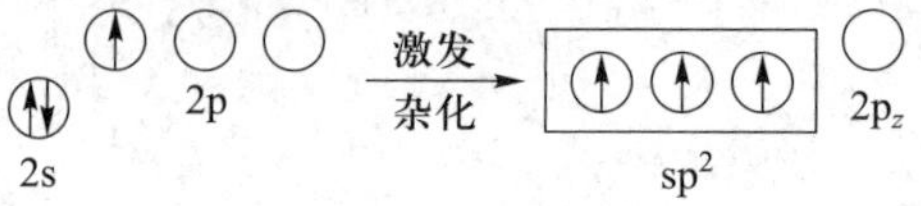

B 原子的 sp^2 杂化

6.29 NO_2 中心原子 N 的价层电子排布为 $2s^2 2p^3$,与 O 成键时,N 采取 sp^2 杂化,孤电子对不占有杂化轨道,而是激发后留下一对电子占有 p 轨道,不参与杂化而形成离域 π 键:

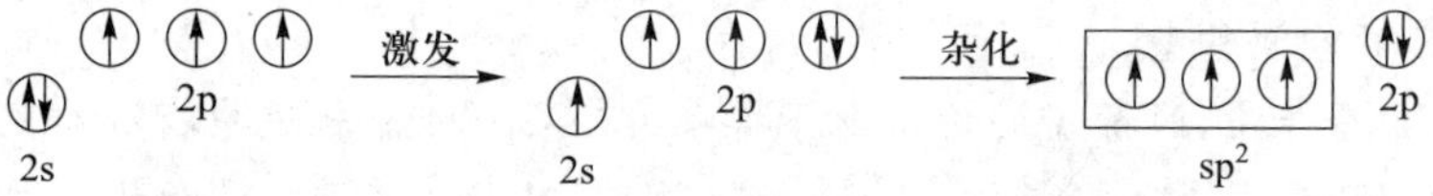

杂化后的三个单电子有两个与 O 成两个 σ 键,另一个为不成键的单电子。

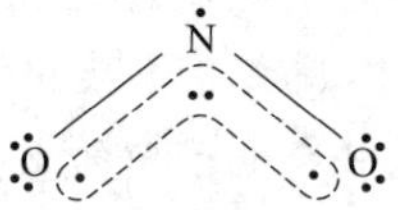

不成键的单电子与成键电子间的斥力较小,因而键角远大于 $120°$(即 $134°$)。另外,分子中还有一个 Π_3^4 键。但也有不同的观点,认为分子中有单电子是不稳定的,NO_2 分子中 N 上不成键的应是孤电子对,除 N 与 O 间的两个 σ 键外,分子中还有一个离域的 Π_3^3 键。在解释键角大于 $120°$ 时,可以从另一个角度来解释:由于氮和氧的电负性较大且半径较小,N—O 间距离较小,因而两个氧原子间有较大斥力(氧上还有两个孤电子对),因此造成键角远大于 $120°$。但这不是 N 上的不成键电子决定的。

NO_2 分子中究竟含有 Π_3^3 键还是 Π_3^4 键,还有待进一步研究。

CO_2 中心原子 C 的价层电子排布为 $2s^2 2p^2$,在与 O 成键时,C 原子两个 $2s$ 电子激发后,采取 sp 杂化。两个 sp 杂化轨道上的单电子与两个 O 原子形成两个 σ 键。按价键理论,C 原子上两个未参与杂化的 $2p$ 电子,与两个氧原子形成两个 π 键。而按分子轨道理论,C 上的两个未杂化的 $2p$ 单电子与两个 O 原子形成两个 Π_3^4 键:

$$O \overset{\pi}{\underset{\sigma}{=\!=\!=}} C \overset{\pi}{\underset{\sigma}{=\!=\!=}} O \qquad\qquad [\,:\ddot{O} - C - \ddot{O}:\,]$$

价键理论结果   分子轨道理论结果

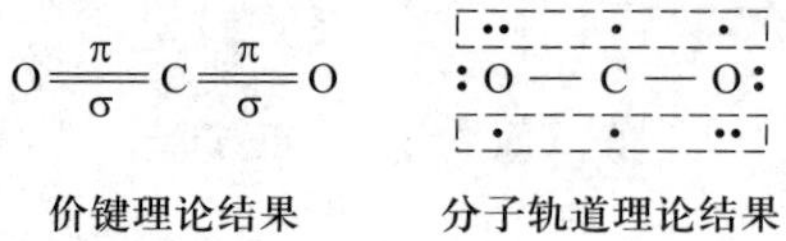

由于 C 采取 sp 杂化,因此,CO_2 分子为直线形。

SO_2 中心原子 S 的价层电子排布为 $3s^2 3p^4$,与 O 成键时 S 采取 sp^2 杂化,余下的一对 $3p$ 电子与两个 O 原子形成 Π_3^4 键:

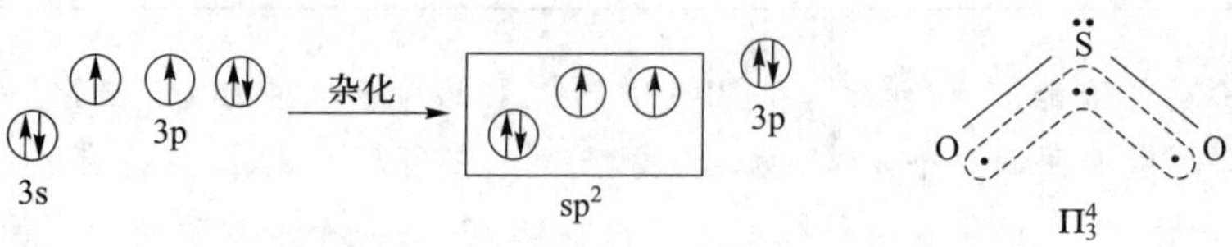

由于S上的孤电子对中有一对占有杂化轨道，因而SO_2分子呈V形。由于S原子半径较大，两个氧原子间斥力不大，两个氧原子间的斥力与S上的孤电子对对成键电子的斥力相当，因而SO_2分子中键角恰好为120°。

6.30 (1) CO，N_2和CN^-为等电子体，分子结构相似，其电子排布式为

$$[KK(\sigma_{2s})^2(\sigma_{2s}^*)^2(\pi_{2p_y})^2(\pi_{2p_z})^2(\sigma_{2p_x})^2]$$

键级均为3，所以键能都很大。

(2) CO分子由两种元素的原子形成，两个原子周围的电子密度不同，对称性低；同时，由于有O向C的配键，C周围的电子密度增大，这个电负性小而电子密度大的C易失去电子而被氧化。N_2键能虽然比CO的小，但分子的对称性高，且N的电负性大使其束缚电子能力强，不易失去电子。

6.31 (1) 键角 $CH_4 > NH_3$

CH_4分子的中心原子采取sp^3等性杂化，键角为109°28′，而NH_3分子的中心原子采取sp^3不等性杂化，有一孤电子对，孤电子对的能量较低，距原子核较近，因而孤电子对对成键电子的斥力较大，使NH_3分子的键角变小，为106°42′。

(2) 键角 $Cl_2O > OF_2$

OF_2和Cl_2O分子的中心原子氧均采取sp^3不等性杂化，有两个孤电子对，分子构型为V形。但配位原子F的电负性远大于Cl的电负性，OF_2分子中成键电子对偏向配位原子F，Cl_2O分子中成键电子对偏向中心原子O，在OF_2分子中两成键电子对间的斥力小，而Cl_2O分子中两成键电子对的斥力大，因而Cl_2O分子的键角大于OF_2分子的键角。一般都用配位原子与中心原子电负性来解释键角大小。

仅从成键电子对间的斥力来解释分子键角的大小不尽合理。在分子中，孤电子对的能量要比成键电子对能量低，孤电子对距中心原子的核更近，因而孤电子对与成键电子对间的斥力要大于成键电子对与成键电子对间的斥力。显然这与OF_2分子的键角小于Cl_2O分子的键角相矛盾。实际上，Cl_2O分子的键角为111°，比sp^3等性杂化轨道间的键角还要大。那么，怎样解释OF_2分子的键角小于Cl_2O分子的键角更合理呢？

在OF_2和Cl_2O分子中，中心原子O的半径较小且电负性较大。在OF_2分子中，成键电子对偏向F原子，结果使O原子上的孤电子对更靠近O原子，孤电子对的能量进一步降低，则使O的孤电子对对成键电子对的斥力增大。同时，O上孤电子对的能量降低，则孤电子对在不等性的sp^3杂化轨道中占有更多的s轨道成分，而成键电子中有较多的p轨道成分，使成键电子对间夹角变小。另外，OF_2分子中两个F原子半径较小，两个F原子间的斥力可忽略；但在Cl_2O分子中，两个Cl原子间的斥力则较大，因Cl原子的半径远大于F原子的半径。

(3) 键角 $NH_3 > NF_3$

NH_3和NF_3分子中，H和F的半径都较小，分子中H与H及F与F间的斥力可忽略。决定键角大小的主要因素是孤电子对对成键电子对的斥力大小。

NF_3分子中成键电子对偏向F原子，则N上的孤电子对更靠近原子核，能量更低，因此孤电子对对成键电子对的斥力更大。在NH_3分子中，成键电子对偏向N原子，成键电子对间的斥力增大，同时N上的孤电子对受核的引力不如NF_3分子中的大。孤电子对的能量与成键电子对能量相差不大。造成孤电子对与成键电子对的压力与成键电子对和成键电子对的斥力相差不大。所以，NH_3分子的键角与109°28′相差不大(106°42′)。

(4) 键角 $NH_3 > PH_3$

NH_3分子和PH_3分子的空间构型均为三角锥形。配体相同，但中心原子不同。N的电负性大而半径小，P的电负性小而半径大。半径小而电负性大的N原子周围的孤电子对和成键电子对间尽量保持最大角度才能保持斥力均衡，因而NH_3分子的键角接近109°28′。此外，PH_3分子的键角接近90°（实际为93°18′）也可能与P有与sp^3轨道能量相近的3d轨道有关，如AsH_3，PH_3，PF_3及H_2S等分子的键角都接近90°。

6.32 见下表：

分子或离子	价层电子对数	电子对空间构型	孤电子对数目	配体数目	分子或离子的空间构型
$BeCl_2$	2	直线形	0	2	直线形
BCl_3	3	正三角形	0	3	正三角形
NH_4^+	4	正四面体形	0	4	正四面体形
H_2O	4	正四面体形	2	2	V形
ClF_3	5	三角双锥形	2	3	T形
PCl_5	5	三角双锥形	0	5	三角双锥形
I_3^-	5	三角双锥形	3	2	直线形
ICl_4^-	6	正八面体形	2	4	正方形
ClO_2^-	4	正四面体形	2	2	V形
PO_4^{3-}	4	正四面体形	0	4	正四面体形
CO_2	2	直线形	0	2	直线形
SO_2	3	正三角形	1	2	V形
NOCl	3	正三角形	1	2	V形
$POCl_3$	4	正四面体形	0	4	四面体形

6.33 (1) $N(CH_3)_3$ 分子的空间构型为三角锥形，N采取sp^3杂化。

(2) $F_3B—N(CH_3)_3$ 分子中有N向B的配位键，N和B均采取sp^3杂化。

(3) $F_4Si—N(CH_3)_3$ 分子中有N向Si的配位键，N采取sp^3杂化，Si采取sp^3d杂化。

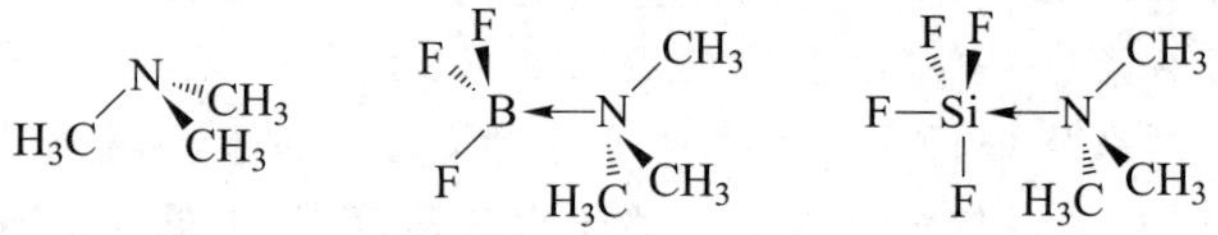

6.34 NO的分子轨道能级图为

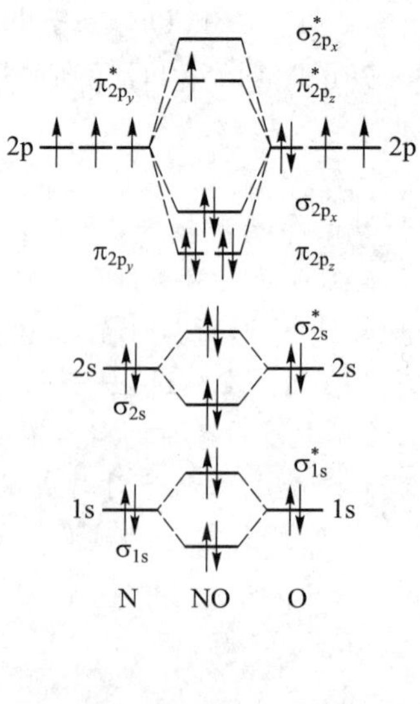

NO分子的电子排布式为

$$KK(\sigma_{2s})^2(\sigma_{2s}^*)^2(\pi_{2p_y})^2(\pi_{2p_z})^2(\sigma_{2p_x})^2(\pi_{2p_y}^*)^1$$

NO^+键级为3,具有逆磁性;NO键级为2.5,具有顺磁性;NO^-键级为2,具有顺磁性。

稳定性顺序为 $NO^+ > NO > NO^-$。

第7章

一、选择题

7.1 A 7.2 D 7.3 C 7.4 B 7.5 C 7.6 C 7.7 C 7.8 B 7.9 C
7.10 D 7.11 B 7.12 A

二、填空题

7.13 (1) >,>; (2) <,<。

7.14 NaCl,6∶6,4∶4,正、负离子之间的相互极化作用。

7.15 $NaCl < MgCl_2$ $MgCl_2$的离子键强于NaCl的。

$AgCl < KCl$ Ag^+极化能力强,使AgCl离子键百分数降低。

$NH_3 > PH_3$ NH_3分子间形成氢键。

$CO_2 < SO_2$ CO_2为非极性分子,SO_2为极性分子;半径$CO_2 < SO_2$,色散力$CO_2 < SO_2$。

$O_3 < SO_2$ O_3分子极性小于SO_2;色散力$O_3 < SO_2$。

$O_3 > O_2$ O_3为极性分子而O_2为非极性分子;半径$O_3 > O_2$,色散力$O_3 > O_2$。

$Ne < Ar$ 半径$Ar > Ne$,色散力$Ne < Ar$。

$HF < H_2O$ H_2O分子间形成的氢键多;HF汽化时只断开部分氢键。

$HF > NH_3$ HF分子间氢键比NH_3分子间氢键强。

$H_2S > HCl$ 半径$H_2S > HCl$,色散力$H_2S > HCl$。

HF>HI HF分子间氢键很强,HI分子间不能形成氢键。

7.16 PbO>PbS,$FeCl_3 < FeCl_2$,$SnS > SnS_2$,
$AsH_3 < SeH_2$,$PH_3 < H_2S$,$HF > H_2O$。

7.17 ③④⑥,④⑤。

HF_2^- 结构为F—H┄F,没有可形成分子间氢键的H原子。

NH_4^+:N上无孤电子对,不能形成分子间氢键。

7.18 K_2CO_3,Na_2CO_3,$MgCO_3$,$MnCO_3$,$PbCO_3$。

7.19 S^{2-},O^{2-},F^-,Na^+,H^+。

7.20 <,=,<,<,>,>。

7.21 12, 4, 127.8, 8.94, 74.05%。

7.22 2, 230。

说明:由密度$\rho=\dfrac{m}{V}$得晶胞体积为

$$V=\frac{m}{\rho}=\frac{2\times 39.10\ \mathrm{g\cdot mol^{-1}}}{0.862\ \mathrm{g\cdot cm^{-3}}\times 6.023\times 10^{23}\ \mathrm{mol^{-1}}}=1.506\times 10^{-22}\ \mathrm{cm^3}$$

晶胞边长 $$a=\sqrt[3]{V}=5.32\times 10^{-8}\ \mathrm{cm}$$

立方体对角线长为$\sqrt{3}a$，则 K 原子半径为

$$r=\frac{\sqrt{3}a}{4}=\frac{\sqrt{3}\times 5.32\times 10^{-8}\,\text{cm}}{4}=2.30\times 10^{-8}\,\text{cm}=230\ \text{pm}$$

三、简答题和计算题

7.23 玻恩-哈伯循环设计如下：

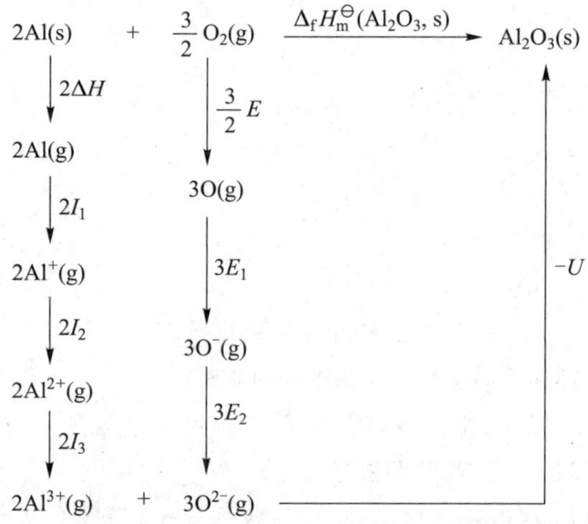

根据赫斯定律：

$$\Delta_f H_m^{\ominus}(Al_2O_3,s)=2\Delta H+2I_1+2I_2+2I_3+\frac{3}{2}E-3E_1-3E_2-U$$

所以 $U=2\Delta H+2(I_1+I_2+I_3)+\frac{3}{2}E-3(E_1+E_2)-\Delta_f H_m^{\ominus}(Al_2O_3,s)$

$$=326.4\ \text{kJ}\cdot\text{mol}^{-1}\times 2+(578\ \text{kJ}\cdot\text{mol}^{-1}+1817\ \text{kJ}\cdot\text{mol}^{-1}+2745\ \text{kJ}\cdot\text{mol}^{-1})\times 2+498\ \text{kJ}\cdot\text{mol}^{-1}\times\frac{3}{2}-(141\ \text{kJ}\cdot\text{mol}^{-1}-780\ \text{kJ}\cdot\text{mol}^{-1})\times 3+1676\ \text{kJ}\cdot\text{mol}^{-1}$$

$$=1.53\times 10^{4}\ \text{kJ}\cdot\text{mol}^{-1}$$

7.24 Na 与 F 的电负性差为 3.05，Cs 与 F 的电负性差为 3.19，可见 NaF 中键的极性比 CsF 中键的极性小。晶格能体现的是正、负离子间的引力大小，这种静电引力不仅和离子键的极性大小有关，还与正、负离子的半径有关，半径越小，正、负离子间的引力越大，晶格能越大。由于 Cs^+ 的半径(169 pm)比 Na^+ 的半径(95 pm)大得多，因而 Cs^+ 与 F^- 间的静电引力比 Na^+ 与 F^- 的小，使 CsF 的晶格能比 NaF 的小。

7.25 见下表：

物质	晶体中质点间的作用力	晶体类型	熔点
KCl	离子键	离子晶体	较高
SiC	共价键	原子晶体	很高
CH_3Cl	分子间力	分子晶体	较低
NH_3	氢键，分子间力	分子晶体	较低
Cu	金属键	金属晶体	较高
Xe	分子间力	分子晶体	很低

7.26 在面心立方晶胞的正六面体中，设边长为 a，金属原子的半径为 r，立方体六个面中每一面金属原子的分布如图(a)所示。

由图(a)的直角三角形△ABC 知，$(AC)^2+(BC)^2=(AB)^2$。

因为 $AC=BC=a$，$AB=4r$，所以 $2a^2=(4r)^2$，故 $a=2\sqrt{2}r$。

晶胞体积为

$$V=a^3=(2\sqrt{2}r)^3=16\sqrt{2}r^3$$

根据金属原子在晶胞中的不同位置，晶胞中金属原子的数目 N 为

$$N=8\times\frac{1}{8}+6\times\frac{1}{2}=4$$

每个晶胞中含有 4 个金属原子，故金属的总体积为

$$V_{金属}=4\times\frac{4}{3}\pi r^3=\frac{16}{3}\pi r^3$$

所以，金属面心立方最紧密堆积的空间利用率为

$$\frac{V_{金属}}{V}\times 100\%=\frac{\frac{16}{3}\pi r^3}{16\sqrt{2}r^3}\times 100\%=\frac{\pi}{3\sqrt{2}}\times 100\%=74.05\%$$

在体心立方晶胞的正六面体中，设边长为 a，金属原子的半径为 r，如图(b)所示。正六面体中有直角三角形△ABC，如图(c)所示。

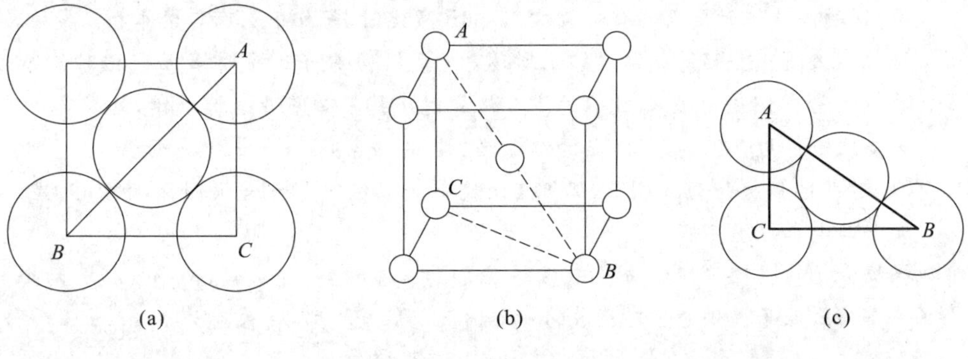

因为 $AB=\sqrt{3}AC$，且 $AB=4r$，$AC=a$，所以有 $4r=\sqrt{3}a$，即 $a=\frac{4\sqrt{3}}{3}r$。

晶胞体积为

$$V=a^3=\left(\frac{4\sqrt{3}}{3}r\right)^3=\frac{64\sqrt{3}}{9}r^3$$

晶胞中金属原子的数目 N 为

$$N=8\times\frac{1}{8}+1=2$$

每个晶胞中含有 2 个金属原子，故金属的总体积为

$$V_{金属}=2\times\frac{4}{3}\pi r^3=\frac{8}{3}\pi r^3$$

所以，金属体心立方紧密堆积的空间利用率为

$$\frac{V_{金属}}{V}\times 100\%=\frac{\frac{8}{3}\pi r^3}{\frac{64\sqrt{3}}{9}r^3}\times 100\%=\frac{\sqrt{3}}{8}\pi\times 100\%=68.02\%$$

7.27 KF 晶体具有 NaCl 型结构，即 KF 晶体为立方面心晶格。一个 KF 晶胞中含有 4 个 K^+ 和 4 个 F^-。

KF 的晶胞体积为

$$V=\frac{4\times(39.10+19.00)\ \mathrm{g\cdot mol^{-1}}}{2.481\ \mathrm{g\cdot cm^{-3}}\times 6.023\times 10^{23}\ \mathrm{mol^{-1}}}=1.555\times 10^{-22}\ \mathrm{cm^3}$$

KF 的晶胞边长为

$$a=\sqrt[3]{V}=\sqrt[3]{1.555\times 10^{-22}\ \mathrm{cm^3}}=5.38\times 10^{-8}\ \mathrm{cm}=538\ \mathrm{pm}$$

K^+ 和 F^- 间距离为

$$d=\frac{1}{2}a=269\ \mathrm{pm}$$

7.28 F—H┈F 氢键的键能为 28.0 $\mathrm{kJ\cdot mol^{-1}}$，而 O—H┈O 氢键的键能为 18.8 $\mathrm{kJ\cdot mol^{-1}}$。可见 HF 分子间氢键比 H_2O 分子间氢键强。

H_2O 分子有两个孤电子对，两个 H 原子，因此，水分子最多可与周围分子形成 4 个氢键；而 HF 分子只有一个 H 原子，最多可与周围 HF 分子形成两个氢键，即 H_2O 分子间氢键比 HF 分子间氢键多。另外，H_2O 汽化时，气态的 H_2O 均为单分子而没有二聚、三聚分子，说明水汽化时要断开全部氢键；而 HF 汽化时，气相中仍有二聚体和三聚体，即 HF 汽化时不必断开全部的氢键。综上所述，由于 H_2O 分子间氢键多而汽化时需断开全部氢键，HF 分子间氢键数较 H_2O 的少且汽化时 HF 不必断开全部氢键，结果是 H_2O 的汽化热要比 HF 的汽化热大，H_2O 的沸点比 HF 的沸点高。

7.29 CO 分子的偶极矩为 0.12 D，偶极矩比较小。而 C 与 O 的电负性差为 0.89，显然，偶极矩大小与电负性差不符。

根据分子轨道理论，CO 分子中 C 与 O 间为三重键：一个 σ 键，两个 π 键。两个 π 键中有一个为氧原子提供电子对形成的 π 配键。CO 分子结构可表示为

$$:\mathrm{C}\overset{\leftarrow}{=}\mathrm{O}:$$

CO 分子的三重键中，两个共价键的电子对偏向 O 原子，产生的偶极方向指向 O 原子；另一个由 O 原子提供电子对的配键产生的偶极方向指向 C 原子。由于共价键产生的偶极方向与配键产生的偶极方向相反，大部分互相抵消，因而 CO 分子的偶极矩很小。

7.30 在 PCl_5 分子中，虽然 P—Cl 为极性键，但由于 PCl_5 分子为三角双锥空间构型，键的偶极矩互相抵消，使分子的正电荷重心和负电荷重心重合，分子的偶极矩为零。因此，PCl_5 为非极性分子。在 O_3 分子中，虽然分子中的原子为同种元素原子，由于 O_3 分子为 V 形空间构型，分子中有 Π_3^4 离域键，使中心氧原子与端氧原子的孤电子对数不同、电子密度不同，使 O—O 键有极性，从而 O_3 分子的偶极矩不为零，分子有微弱的极性。

7.31 极性分子有 NO_2，$CHCl_3$，NCl_3，SCl_2，$COCl_2$。

非极性分子有 SO_3，BCl_3。

7.32 (1) 金属铜原子间的作用力为金属键，在晶体受外力发生形变时，具有紧密堆积结构的金

属原子层滑动，而金属键不被破坏，故金属具有很好的延展性。大理石是离子晶体，当受到外力发生形变时，层间离子位置错动，造成同号电荷离子相接触，彼此排斥，离子键失去作用而使晶体破碎。

(2) 由于 Ag^+ 具有 18 电子构型，极化能力强；而 I^- 的半径大，有较大的变形性。所以 AgI 晶体中正、负离子间有较强的相互极化作用，化学键的共价性增强，相邻离子间的距离变小，配位数随之变小。

(3) ⅠA 族单质为金属，同族元素的金属键随原子半径增大而减弱，所以从上至下熔点逐渐降低。ⅦA 族元素单质为非金属，都形成双原子分子，分子间只有色散力，色散力随分子体积的增大而增大，故从上至下熔点逐渐升高。

7.33 (1) CS_2 与 CCl_4　色散力。

(2) H_2O 与 H_2　诱导力，色散力。

(3) CH_3Cl　取向力，诱导力，色散力。

(4) H_2O 与 NH_3　取向力，诱导力，色散力，氢键。

7.34 (1) 分子半径 HI＞HCl＞HF，色散力 HI＞HCl＞HF，但 HF 分子间形成最强的氢键，结果使 HF 的沸点高于 HI 的沸点。

但在氮族元素的氢化物中，NH_3 分子间氢键较弱，但 BiH_3 分子间色散力较大，沸点顺序不是 NH_3＞BiH_3＞PH_3，而是 BiH_3＞NH_3＞PH_3。

(2) BeO 和 LiF 都是离子晶体，Be^{2+} 电荷数比 Li^+ 多但半径却较小，＋2 价的 Be^{2+} 与 －2 价的 O^{2-} 之间的静电引力要比 ＋1 价的 Li^+ 与 －1 价的 F^- 的静电引力大得多，BeO 的晶格能比 LiF 的晶格能大，所以 BeO 的熔点比 LiF 的高。

(3) 在 $SiCl_4$ 分子中，中心原子 Si 有与 3s，3p 轨道能量相近的 3d 空轨道，该 3d 空轨道可接受水分子中 O 所提供的电子对，因而 $SiCl_4$ 易水解。在 CCl_4 分子中，中心原子 C 的价层无空轨道，2s 和 2p 轨道都已用来成键，不能接受水分子中 O 所提供的电子对，因此，CCl_4 不易水解。

(4) 金刚石是典型的原子晶体，每个碳原子都以 sp^3 杂化轨道与四个碳原子形成共价单键，四面体分布的碳原子的杂化轨道通过共顶点连接方式形成三维空间骨架，因此，金刚石硬度大。石墨属层状结构的晶体，晶体中的碳原子以 sp^2 杂化轨道与相邻的三个碳原子形成共价单键，每个碳原子还有一个与 sp^2 杂化轨道平面相垂直的 2p 轨道，形成离域大 π 键。因此，石墨中的碳原子按层状排列，层与层之间以分子间力相结合，距离较大，所以层与层之间容易发生滑动，造成石墨晶体较软。

7.35 CO_2 为分子晶体而 SiO_2 为原子晶体，无论从宏观上还是从微观上讨论，结果都是一样的。从宏观上看，C 与 O 形成双键的键能（$798.9\ kJ\cdot mol^{-1}$）比形成单键的键能（$357.7\ kJ\cdot mol^{-1}$）的两倍要大，因而 C 与 O 形成双键时，以 CO_2 形式存在更稳定；而 Si 与 O 形成双键的键能要比形成单键的键能的两倍要小，因而 Si 与 O 以单键相结合形成巨型的原子晶体而不是 O═Si═O 分子晶体。从微观角度看，C 的半径小，C 与 O 的 p 轨道以肩并肩形式重叠能形成较强的 π 键，因而 CO_2 分子中 C 与 O 之间以双键相结合，CO_2 为分子晶体；而 Si 的半径较大，Si 与 O 的 p 轨道以肩并肩形式重叠较少而不能形成稳定的 π 键，Si 与 O 之间只能形成稳定的 σ 单键，每个 Si 采取 sp^3 杂化并与 4 个 O 形成 SiO_4 四面体，SiO_4 四面

体共顶点氧形成骨架结构，$-\overset{|}{\underset{|}{Si}}-O-\overset{|}{\underset{|}{Si}}-O$ 无限连接而构成原子晶体。

7.36 Si 的电负性为 1.90，Sn 的电负性为 1.96，二者的电负性相差很小，但 SiF_4 为气态，SnF_4 为固态。其主要原因是 Si^{4+} 的半径（41 pm）比 Sn^{4+} 的半径（71 pm）小得多，Si^{4+} 有强的极化能力，SiF_4 为共价化合物而 SnF_4 为离子化合物。所以 SiF_4 的熔点、沸点很低，常温时为气态，而 SnF_4 熔点、沸点较高，常温下为固态。

7.37 (1) 极化能力 $Zn^{2+} > Fe^{2+} > Ca^{2+} > K^+$

K，Ca，Fe，Zn 四个元素在同一周期，K^+ 只有一个正电荷，极化能力最弱。Ca^{2+}，Fe^{2+}，Zn^{2+} 带相同正电荷，离子半径 $Ca^{2+} > Fe^{2+} \approx Zn^{2+}$；$Ca^{2+}$ 具有 8 电子构型，Fe^{2+} 为 9~17 电子构型，Zn^{2+} 具有 18 电子构型，阳离子的有效核电荷数 $Zn^{2+} > Fe^{2+} > Ca^{2+}$。所以极化能力 $Zn^{2+} > Fe^{2+} > Ca^{2+}$。

(2) 极化能力 $P^{5+} > Si^{4+} > Al^{3+} > Mg^{2+} > Na^+$

离子半径 $P^{5+} < Si^{4+} < Al^{3+} < Mg^{2+} < Na^+$

离子电荷 $P^{5+} > Si^{4+} > Al^{3+} > Mg^{2+} > Na^+$

电荷数越高，半径越小，离子的极化能力越强。实际上由于高电荷数的强极化能力及其元素的电负性较大，PCl_5 和 $SiCl_4$ 为共价化合物，$AlCl_3$ 常温下为离子化合物，熔点温度时转化为共价化合物，只有 $MgCl_2$ 和 NaCl 为典型的离子化合物。

7.38 化合物的熔点高低与溶解度大小顺序基本是一致的。

(1) $CaCl_2 > BeCl_2 > HgCl_2$

离子总的极化能力 $Ca^{2+} < Be^{2+} < Hg^{2+}$

化合物的共价性 $CaCl_2 < BeCl_2 < HgCl_2$

(2) CaS > FeS > HgS

原因同(1)。

(3) KCl > LiCl > CuCl

阳离子半径	K^+	Li^+	Cu^+
	133 pm	70 pm	96 pm

因 Cu^+ 为 d^{10} 结构，有效核电荷数大且有一定的变形性，因而总的极化能力按 $K^+ < Li^+ < Cu^+$ 顺序变化，化合物的离子性按 KCl > LiCl > CuCl 顺序变化。

7.39 PF_5 和 N_2O_4 为气态，PCl_5，PBr_5 和 N_2O_5 为固态，说明晶体类型不同。PF_5 和 N_2O_4 为共价化合物，形成分子晶体；PCl_5，PBr_5 和 N_2O_5 为离子化合物，形成离子晶体。

PCl_5，PBr_5 和 N_2O_5 的熔体均能导电，进一步说明它们都是离子晶体。

PCl_5 晶体中有两种 P—Cl 键长，含有正、负两种离子，故其组成可以写成 $[PCl_4]^+[PCl_6]^-$；

PBr_5 晶体中只有一种 P—Br 键长，含有正、负两种离子，故其组成可以写成 $[PBr_4]^+Br^-$；

N_2O_5 晶体中有两种 N—O 键长，含有正、负两种离子，故其组成可以写成 $[NO_2]^+[NO_3]^-$。

7.40 在 AgX 分子中，由于 F 的半径特别小，变形性小，基本不发生离子极化，使 AgF 分子中仍然以离子键为主，因此 AgF 易溶于水。

而随着 Cl，Br，I 半径增大，其变形性增大，使 AgCl，AgBr，AgI 分子中，离子的相互极化能力依次增强，极化程度依次增大，共价成分依次增强，溶解度依次减小。

7.41 (1) M 的晶胞体积 $V = a^3 = (361.4 \times 10^{-10}\ \text{cm})^3 = 4.72 \times 10^{-23}\ \text{cm}^3$

摩尔晶胞质量　$m = d \cdot V \cdot N_A$

$= 8.95\ g \cdot cm^{-3} \times 4.72 \times 10^{-23}\ cm^3 \times 6.02 \times 10^{23}\ mol^{-1}$

$= 254.3\ g \cdot mol^{-1}$

M 的相对原子质量　$254.3\ g \cdot mol^{-1}/4 = 63.6\ g \cdot mol^{-1}$

所以,M 为 Cu。

(2) CuCl 晶体结构为闪锌矿(立方 ZnS)型,如下图所示:

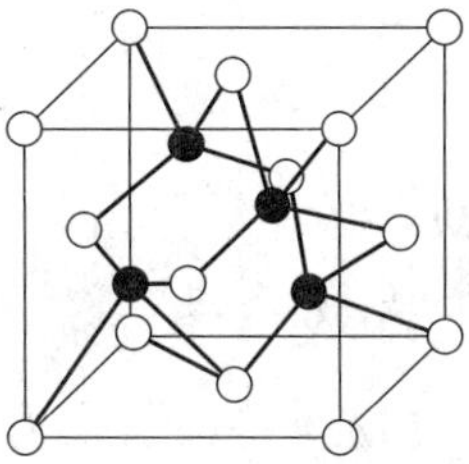

(3) Cu^{2+} 极化能力强,I^- 变形性大,Cu^{2+} 能够将氧化 I^-,所以 CuI_2 不存。

$$2Cu^{2+} + 4I^- = 2CuI + I_2$$

CuF_2 晶格能大,为难溶盐,稳定。Cu^+ 不能氧化 I^-,CuI 为难溶盐,稳定。

CuF 极易歧化为晶格能大的 CuF_2,故 CuF 极不稳定。

$$2CuF = CuF_2 + Cu$$

7.42　(1) 面心立方最密堆积如下图(a),期中八面体空隙共 4 个:体心位置 1 个,棱心位置 3 个($12 \times 1/4$)。依题意,由 Ni 原子构成的八面体空隙为体心位置,由 Ni 和 Mg 构成的八面体空隙为棱心位置,二者比例为 1∶3;C 原子填充在镍原子构成的八面体空隙中,占据体心位置。晶体的晶胞如下图(b)所示。

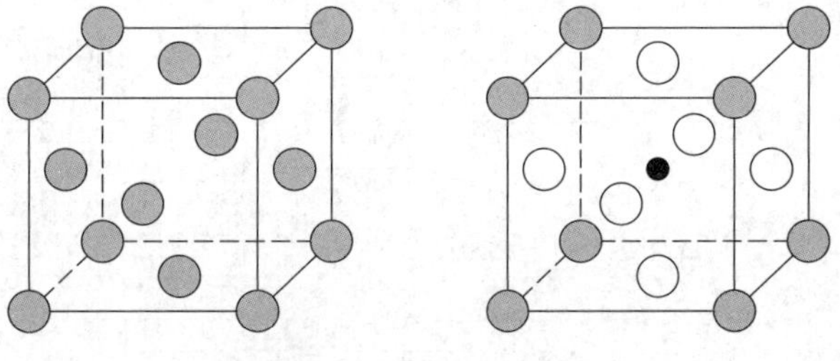

(2) 按照晶胞原子计算规则:顶点原子贡献为 1/8,棱上原子贡献为 1/4,面上原子贡献为 1/2,内部原子贡献为 1,则该晶体材料的化学式为 $MgCNi_3$。

7.43　(1) 配位数为 4 的 ZnS 型晶体。

在立方晶系 AB 型离子晶体配位数为 4 的立方 ZnS 型晶体结构如下图(a)所示。它的晶胞是正六面体,属于面心立方晶格,质点的分布较为复杂。取由 $ABCD$ 四个硫原子组成的正四面体进行研究,锌原子在正四面体的中心 O 处,见下图(b)。

设正四面体的边长 AB 为 $2a$,M 是 CD 的中点,故 $DM = CM = a$。

从直角三角形$\triangle AMC$ 可得

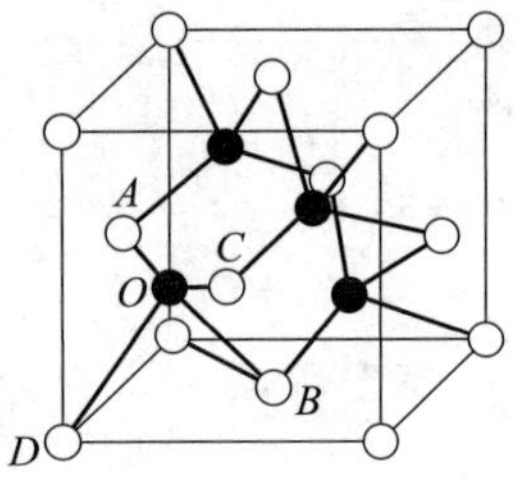

(a)

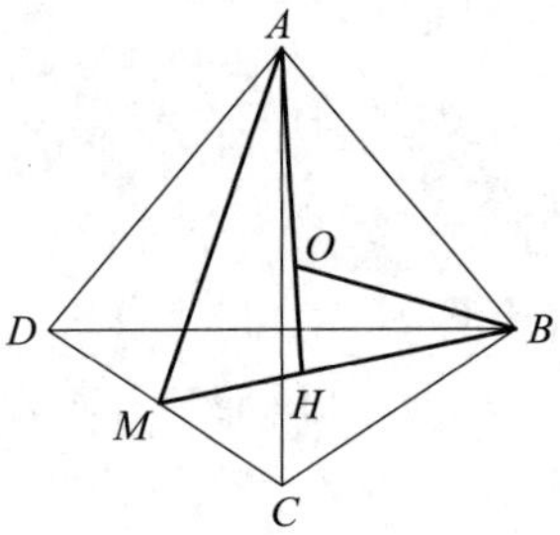

(b)

$$AM = BM = \sqrt{AC^2 - MC^2} = \sqrt{(2a)^2 - a^2} = \sqrt{3}\,a$$

H 是等边三角形$\triangle BCD$的重心，故

$$HM = \frac{1}{3}BM = \frac{1}{3}\sqrt{3}\,a,\quad BH = \frac{2}{3}BM = \frac{2}{3}\sqrt{3}\,a$$

从直角三角形$\triangle AHM$可得

$$AH = \sqrt{AM^2 - HM^2} = \sqrt{(\sqrt{3}\,a)^2 - \left(\frac{1}{3}\sqrt{3}\,a\right)^2} = \sqrt{3a^2 - \frac{1}{3}a^2} = \sqrt{\frac{8}{3}}\,a$$

又从直角三角形$\triangle BHO$得

$$BO^2 = BH^2 + HO^2$$

因为$BO = AO$，且$HO = AH - AO = AH - BO$，故有

$$BO^2 = BH^2 + (AH - BO)^2$$

解得 $$BO = \frac{BH^2 + AH^2}{2AH} = \frac{\left(\frac{2}{3}\sqrt{3}\,a\right)^2 + \left(\sqrt{\frac{8}{3}}\,a\right)^2}{2\sqrt{\frac{8}{3}}\,a} = \sqrt{\frac{3}{2}}\,a$$

故 $$\frac{BO}{AB} = \frac{\sqrt{\frac{3}{2}}\,a}{2a} = \frac{1}{2}\sqrt{\frac{3}{2}}$$

因为$BO = r_+ + r_-$，$AB = 2r_-$，所以

$$\frac{r_+ + r_-}{2r_-} = \frac{1}{2}\sqrt{\frac{3}{2}}$$

$$r_+ + r_- = 1.225r_-$$

$$\frac{r_+}{r_-} = 0.225$$

另一种处理方法：见上图(b)。

在等腰三角形$\triangle AOB$中，$\angle AOB = 109°28'$，设$AO = BO = x$，根据余弦定理，有

$$AB^2 = AO^2 + BO^2 - 2AO\cdot BO\cdot \cos\angle AOB$$

即 $$(2a)^2 = x^2 + x^2 - 2x\cdot x\cdot \cos 109°28'$$

$$x^2 = \frac{2}{1 - \cos 109°28'}a^2$$

$$x = 1.225a \tag{1}$$

$BO=x=r_++r_-$，$AB=2a=2r_-$，所以 $r_-=a$，代入式(1)，得

$$r_++r_-=1.225\times r_-$$

$$\frac{r_+}{r_-}=0.225$$

(2) 配位数为 8 的 CsCl 型晶体。

如下图(c)所示，该类型晶体的平行六面体晶胞是正六面体，属于简单立方晶格。晶胞中只含有一个正离子和一个负离子。每个离子都被 8 个带相反电荷的离子所包围，所以该类型晶体中的离子配位数为 8。

在配位数为 8 的介稳状态图形中，有△ABC，见下图(d)，其中

$$AB=2(r_++r_-),AC=2r_-$$

因为
$$AB=\sqrt{3}AC$$

所以
$$2(r_++r_-)=\sqrt{3}(2r_-)$$

$$r_+=(\sqrt{3}-1)r_-$$

$$\frac{r_+}{r_-}=0.732$$

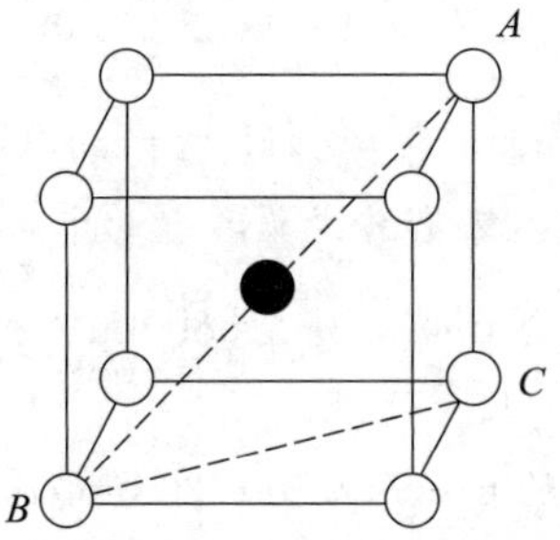

(c)

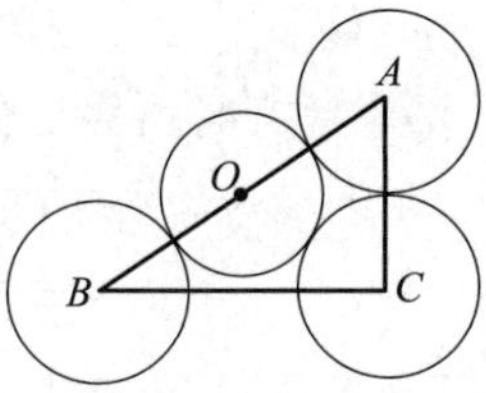

(d)

第 8 章

一、选择题

8.1 B　8.2 A　8.3 D　8.4 D　8.5 B　8.6 D　8.7 C　8.8 B　8.9 A

8.10 D　8.11 B　8.12 A

二、填空题

8.13　0.014，1.85。

8.14　8.1，$(1.26\times10^{-3})\%$。

8.15　8.8 $mol\cdot dm^{-3}$。

8.16　1×10^{-14}，1×10^{-20}。

8.17　(6)(4)(1)(2)(3)(5)。

8.18　减小，增大。

8.19　HAc－NaAc，2∶1；HCl－NaAc，2∶3；HAc－NaOH，3∶1。

8.20 增大，变小，变小，不变。

8.21 11.78，4.63，0.00。

8.22 $H_2PO_4^-$，1.4×10^{-12}。

8.23 强，示差；相近，拉平。

8.24 NaCN，NaAc，NaF；$OH^- > CN^- > Ac^- > F^-$。

8.25 $[Fe(H_2O)_6]^{3+}$，$[Fe(H_2O)_4(OH)_2]^+$；$H_2NO_3^+$；NH^{2-}。

三、简答题和计算题

8.26 (1) $c_0/K_a^\ominus=0.01/6.2\times10^{-10}=1.6\times10^7\gg400$，可用最简式进行计算。

$$c(H^+)=\sqrt{K_a^\ominus c_0}=\sqrt{6.2\times10^{-10}\times0.01}\ mol\cdot dm^{-3}=2.49\times10^{-6}mol\cdot dm^{-3}$$

$$pH=-\lg c(H^+)=-\lg(2.49\times10^{-6})=5.60$$

(2) $c_0/K_a^\ominus=0.01/(5.1\times10^{-4})=19.61<400$，不能用最简式进行计算。

$$HNO_2 \rightleftharpoons H^+ + NO_2^-$$

平衡浓度/($mol\cdot dm^{-3}$)　　$0.01-x$　　x　　x

由 $K_a^\ominus=\dfrac{c(H^+)c(NO_2^-)}{c(HNO_2)}$ 得 $\dfrac{x^2}{0.01-x}=5.1\times10^{-4}$　$x=2.0\times10^{-3}$

$$c(H^+)=2.0\times10^{-3}\ mol\cdot dm^{-3}\qquad pH=-\lg c(H^+)=2.70$$

(3) KHC_2O_4 溶液既有酸式草酸盐的解离又有酸式草酸盐的水解，故

$$c(H^+)=\sqrt{K_{a1}^\ominus K_{a2}^\ominus}=\sqrt{5.4\times10^{-2}\times5.4\times10^{-5}}\ mol\cdot dm^{-3}=1.71\times10^{-3}\ mol\cdot dm^{-3}$$

$$pH=2.77$$

(4) Na_2CO_3 完全解离，故溶液中 CO_3^{2-} 的起始浓度为 $0.20\ mol\cdot dm^{-3}$，CO_3^{2-} 的两步水解常数为

$$K_{h1}^\ominus=\frac{K_w^\ominus}{K_{a2}^\ominus}=\frac{1.0\times10^{-14}}{4.7\times10^{-11}}=2.1\times10^{-4}$$

$$K_{h2}^\ominus=\frac{K_w^\ominus}{K_{a1}^\ominus}=\frac{1.0\times10^{-14}}{4.5\times10^{-7}}=2.2\times10^{-8}$$

由于 $K_{h1}^\ominus\gg K_{h2}^\ominus$，故水解产生的 $c(OH^-)$ 由第一步水解决定。

$$CO_3^{2-}+H_2O \rightleftharpoons HCO_3^-+OH^-$$

$c_平$/($mol\cdot dm^{-3}$)　　$0.10-x$　　x　　x

$$K_{h1}^\ominus=\frac{c(HCO_3^-)c(OH^-)}{c(CO_3^{2-})}=\frac{x^2}{0.10-x}=2.1\times10^{-4}$$

$$x=4.6\times10^{-3}$$

即　$c(OH^-)=4.6\times10^{-3}\ mol\cdot dm^{-3}$

所以　$pOH=2.34$，　$pH=11.66$

(5) S^{2-} 在水溶液中分两步水解，但 $K_{h1}^\ominus\gg K_{h2}^\ominus$，计算时只需考虑第一步水解。

$$S^{2-}+H_2O \rightleftharpoons HS^-+OH^-$$

$c_平$/($mol\cdot dm^{-3}$)　　$0.1-x$　　x　　x

$$\frac{x^2}{0.1-x}=K^{\ominus}_{h1} \qquad K^{\ominus}_{h1}=\frac{K^{\ominus}_{w}}{K^{\ominus}_{a2}}=\frac{1.0\times10^{-14}}{1.3\times10^{-13}}=7.7\times10^{-2}$$

$$x=0.057 \quad c(OH^-)=0.057\ mol\cdot dm^{-3} \quad pOH=1.24 \qquad pH=12.76$$

(6) $NH_4^+ + H_2O \rightleftharpoons NH_3\cdot H_2O + H^+$

$$K^{\ominus}_{h}=\frac{K^{\ominus}_{w}}{K^{\ominus}_{b}}=\frac{1.0\times10^{-14}}{1.8\times10^{-5}}=5.56\times10^{-10}$$

$c_0/K^{\ominus}_{h}=0.10/5.6\times10^{-10}>400$，可用最简式计算。

$$c(H^+)=\sqrt{K^{\ominus}_{h}c_0}=\sqrt{5.56\times10^{-10}\times0.10}\ mol\cdot dm^{-3}=7.46\times10^{-6}\ mol\cdot dm^{-3}$$

$$pH=5.13$$

8.27 盐酸为强酸，在水中全部解离：

$$c(H^+)=c(HCl)=10^{-3.8}\ mol\cdot dm^{-3}=1.6\times10^{-4}\ mol\cdot dm^{-3}$$

中和 50 cm^3 盐酸需 NaOH 的物质的量为

$$50\times10^{-3}\ dm^3\times1.6\times10^{-4}\ mol\cdot dm^{-3}=8.0\times10^{-6}\ mol$$

醋酸为弱酸，在水中部分解离，则 pH = 3.80 的醋酸的浓度为

$$c(HAc)=\frac{[c(H^+)]^2}{K^{\ominus}_{a}}=\frac{(1.6\times10^{-4})^2}{1.8\times10^{-5}}\ mol\cdot dm^{-3}=1.4\times10^{-3}\ mol\cdot dm^{-3}$$

中和 50 cm^3 醋酸需 NaOH 的物质的量为

$$50\times10^{-3}\ dm^3\times1.4\times10^{-3}\ mol\cdot dm^{-3}=7.0\times10^{-5}\ mol$$

计算结果表明，中和体积相同，pH 相同的盐酸和醋酸时，由于 $c(HAc)>c(HCl)$，所需 NaOH 的物质的量不同，中和弱酸所需 NaOH 的物质的量要大于中和强酸所需 NaOH 的物质的量。

8.28 第一步解离 $$H_2C_2O_4 \rightleftharpoons HC_2O_4^- + H^+$$

$$K^{\ominus}_{a1}=\frac{c(HC_2O_4^-)c(H^+)}{c(H_2C_2O_4)}$$

得 $$\frac{c(HC_2O_4^-)}{c(H_2C_2O_4)}=\frac{K^{\ominus}_{a1}}{c(H^+)}=\frac{5.4\times10^{-2}}{1.0\times10^{-6}}=5.4\times10^{4}$$

第二步解离 $$HC_2O_4^- \rightleftharpoons H^+ + C_2O_4^{2-}$$

$$K^{\ominus}_{a2}=\frac{c(C_2O_4^{2-})c(H^+)}{c(HC_2O_4^-)}$$

得 $$\frac{c(C_2O_4^{2-})}{c(HC_2O_4^-)}=\frac{K^{\ominus}_{a2}}{c(H^+)}=\frac{5.4\times10^{-5}}{1.0\times10^{-6}}=54$$

所以 $$c(C_2O_4^{2-})=54c(HC_2O_4^-)$$

$$c(HC_2O_4^-)=5.4\times10^{4}c(H_2C_2O_4)$$

由以上二式得 $$c(C_2O_4^{2-})=2.9\times10^{6}c(H_2C_2O_4)$$

体系中草酸的起始总浓度为 0.10 $mol\cdot dm^{-3}$，以三种形式分配在平衡体系中，故

$$c(H_2C_2O_4)+c(HC_2O_4^-)+c(C_2O_4^{2-})=0.10\ mol\cdot dm^{-3}$$

即 $$c(H_2C_2O_4)+5.4\times10^{4}c(H_2C_2O_4)+2.9\times10^{6}c(H_2C_2O_4)=0.10\ mol\cdot dm^{-3}$$

解得 $$c(H_2C_2O_4)=3.4\times10^{-8}\ mol\cdot dm^{-3}$$

$$c(HC_2O_4^-)=3.4\times10^{-8}\ mol\cdot dm^{-3}\times5.4\times10^4=1.8\times10^{-3}\ mol\cdot dm^{-3}$$

$$c(C_2O_4^{2-})=3.4\times10^{-8}\ mol\cdot dm^{-3}\times2.9\times10^6=0.099\ mol\cdot dm^{-3}$$

8.29 由题意可知，HCl 溶液稀释后的浓度为

$$\frac{2\ cm^3\times0.1\ mol\cdot dm^{-3}}{2\ cm^3+48\ cm^3}=4\times10^{-3}\ mol\cdot dm^{-3}$$

则 $$c(H^+)=4\times10^{-3}\ mol\cdot dm^{-3}$$

HA 溶液的 pH 与 HCl 溶液的相同，则 $c(H^+)=4\times10^{-3}\ mol\cdot dm^{-3}$。

$$\begin{array}{lccccc} & HA & \rightleftharpoons & H^+ & + & A^- \\ c_平/(mol\cdot dm^{-3}) & c_0-4\times10^{-3} & & 4\times10^{-3} & & 4\times10^{-3}\end{array}$$

代入有 $$K_a^\ominus(HA)=\frac{(4\times10^{-3})^2}{c_0-4\times10^{-3}}=4.0\times10^{-5}$$

解得 $$c_0=0.40\ mol\cdot dm^{-3}$$

弱酸盐 NaA 发生水解反应： $A^-+H_2O \rightleftharpoons HA+OH^-$

溶液中 $c(OH^-)=1.0\times10^{-5}\ mol\cdot dm^{-3}$，代入平衡常数表达式中，有

$$K_h^\ominus(NaA)=\frac{K_w^\ominus}{K_a^\ominus}=\frac{c(HA)c(OH^-)}{c_0}=\frac{(1.0\times10^{-5})^2}{c_0}=2.5\times10^{-10}$$

故 $$c_0=0.40\ mol\cdot dm^{-3}$$

8.30 由于 $K_{a2}^\ominus(H_2C_2O_4)$ 较小，加之 HCl 中 H^+ 的同离子效应，在求溶液中 $HC_2O_4^-$ 浓度时，只考虑第一步解离即可：

$$\begin{array}{lccccc} & H_2C_2O_4 & \rightleftharpoons & H^+ & + & HC_2O_4^- \\ c_平/(mol\cdot dm^{-3}) & 0.1-x & & 0.1+x & & x\end{array}$$

$$\frac{(0.1+x)x}{0.1-x}=K_{a1}^\ominus=5.4\times10^{-2}$$

$$x=2.9\times10^{-2}$$

$C_2O_4^{2-}$ 由 $H_2C_2O_4$ 的第二步解离求得：

$$\begin{array}{lccccc} & HC_2O_4^- & \rightleftharpoons & H^+ & + & C_2O_4^{2-} \\ c_平/(mol\cdot dm^{-3}) & 0.029-y & & 0.129+y & & y\end{array}$$

$$\frac{(0.129+y)y}{0.029-y}=K_{a2}^\ominus=5.4\times10^{-5}$$

$$y=1.2\times10^{-5}$$

则混合溶液中 $$c(C_2O_4^{2-})=1.2\times10^{-5}\ mol\cdot dm^{-3}$$

$$c(HC_2O_4^-)=2.9\times10^{-2}\ mol\cdot dm^{-3}$$

8.31 $K_b^\ominus(NH_3\cdot H_2O)=1.8\times10^{-5}$

$$pH=14-pK_b^\ominus+\lg\frac{c(NH_3)}{c(NH_4^+)}$$

$$\lg\frac{c(NH_3)}{c(NH_4^+)}=pH+pK_b^\ominus-14=9+4.74-14=-0.26$$

$$\frac{c(NH_3)}{c(NH_4^+)}=0.55$$

$c(NH_3)=0.55\times c(NH_4^+)=0.55\ mol\cdot dm^{-3}$

浓氨水的浓度为 $\dfrac{0.904\times 10^3\ g\cdot dm^{-3}\times 26.0\%}{17\ g\cdot mol^{-1}}=13.83\ mol\cdot dm^{-3}$

需浓氨水的体积为 $\dfrac{0.50\ dm^3\times 0.55\ mol\cdot dm^{-3}}{13.83\ mol\cdot dm^{-3}}=1.99\times 10^{-2}\ dm^3$

需 NH_4Cl 的质量为 $1.0\ mol\cdot dm^{-3}\times 0.50\ dm^3\times 53.5\ g\cdot mol^{-1}=26.8\ g$

8.32 (1) $HL+HCO_3^- \rightleftharpoons H_2CO_3+L^-$

$$K^\ominus=\frac{c(H_2CO_3)c(L^-)}{c(HL)c(HCO_3^-)}\cdot\frac{c(H^+)}{c(H^+)}=\frac{K_a^\ominus(HL)}{K_{a1}^\ominus(H_2CO_3)}=\frac{1.4\times 10^{-4}}{4.5\times 10^{-7}}=3.1\times 10^2$$

(2) $pH=pK_{a1}^\ominus-\lg\dfrac{c(H_2CO_3)}{c(HCO_3^-)}=6.35-\lg\dfrac{1.4\times 10^{-3}}{2.7\times 10^{-2}}=7.64$

(3) 由于 HL 酸性比 H_2CO_3 强得多,可近似处理成 HL 与 HCO_3^- 全部反应生成 H_2CO_3,则

$c(H_2CO_3)=1.4\times 10^{-3}\ mol\cdot dm^{-3}+5.0\times 10^{-3}\ mol\cdot dm^{-3}=6.4\times 10^{-3}\ mol\cdot dm^{-3}$

$c(HCO_3^-)=2.7\times 10^{-2}\ mol\cdot dm^{-3}-5.0\times 10^{-3}\ mol\cdot dm^{-3}=2.2\times 10^{-2}\ mol\cdot dm^{-3}$

$$pH=pK_{a1}^\ominus-\lg\frac{c(H_2CO_3)}{c(HCO_3^-)}=6.35-\lg\frac{6.4\times 10^{-3}}{2.2\times 10^{-2}}=6.89$$

8.33 $HAc \rightleftharpoons H^++Ac^-$

$HF \rightleftharpoons H^++F^-$

两种酸溶液等体积混合后,HAc 和 HF 的起始浓度均为 $0.50\ mol\cdot dm^{-3}$。

	HAc +	HF ⇌	$2H^+$ +	Ac^- +	F^-
$c_0/(mol\cdot dm^{-3})$	0.50	0.50	0	0	0
$c_平/(mol\cdot dm^{-3})$	$0.50-x$	$0.50-y$	$x+y$	x	y

$x\ mol\cdot dm^{-3}$ 为已解离的 HAc 的浓度,$y\ mol\cdot dm^{-3}$ 为已解离的 HF 的浓度,$(x+y)mol\cdot dm^{-3}$ 为体系中 H^+ 的浓度。采用近似计算,$0.50-x\approx 0.50-y\approx 0.50$。

$$K_a^\ominus(HAc)=\frac{c(H^+)c(Ac^-)}{c(HAc)}=\frac{(x+y)x}{0.50}=1.8\times 10^{-5} \qquad (1)$$

$$K_a^\ominus(HF)=\frac{c(H^+)c(F^-)}{c(HF)}=\frac{(x+y)y}{0.50}=6.3\times 10^{-4} \qquad (2)$$

式(1)/式(2)得 $\dfrac{x}{y}=\dfrac{1.8\times 10^{-5}}{6.3\times 10^{-4}}=0.0286$

即 $x=0.0286y$

将其代入式(2)中,则 $\dfrac{(0.0286y+y)y}{0.50}=6.3\times 10^{-4}$

$$y=1.75\times 10^{-2}$$

故 $x=0.0286y=0.0286\times 1.75\times 10^{-2}=5.00\times 10^{-4}$

$x+y=5.00\times 10^{-4}+1.75\times 10^{-2}=1.80\times 10^{-2}$

所以溶液中 $c(H^+)=1.80\times 10^{-2}\ mol\cdot dm^{-3}$,$c(Ac^-)=5.00\times 10^{-4}\ mol\cdot dm^{-3}$,$c(F^-)=1.75\times 10^{-2}\ mol\cdot dm^{-3}$。

8.34 根据酸碱质子理论: $H_2PO_4^- \rightleftharpoons H^++HPO_4^{2-}$

$H_2PO_4^-$ 与 HPO_4^{2-} 是共轭酸碱对。

$$HPO_4^{2-} + H_2O \rightleftharpoons H_2PO_4^- + OH^-$$

$$K_b^\ominus(HPO_4^{2-}) = \frac{c(H_2PO_4^-)c(OH^-)}{c(HPO_4^{2-})} = \frac{c(H_2PO_4^-)c(OH^-)c(H^+)}{c(HPO_4^{2-})c(H^+)} = \frac{K_w^\ominus}{K_{a2}^\ominus}$$

$$= \frac{1.0 \times 10^{-14}}{6.1 \times 10^{-8}} = 1.6 \times 10^{-7}$$

$K_b^\ominus(HPO_4^{2-}) < K_b^\ominus(NH_3 \cdot H_2O)$，所以 NH_3 的碱性比 HPO_4^{2-} 的碱性强。

8.35 依题意设条件，$V_{酸} = 0.080\ dm^3$，$V_{碱} = 0.050\ dm^3$。

$$n_{酸} = c_{酸}V_{酸} = 1.0\ mol \cdot dm^{-3} \times 0.080\ dm^3 = 0.080\ mol$$

$$n_{碱} = c_{碱}V_{碱} = 0.40\ mol \cdot dm^{-3} \times 0.050\ dm^3 = 0.020\ mol$$

根据反应式 $HA + NaOH \rightleftharpoons NaA + H_2O$

中和反应后体系中有 $n_{酸} = 0.060\ mol$

$$n_{盐} = 0.020\ mol$$

稀释至 250 cm^3 即 0.250 dm^3 后，体系中

$$c_{酸} = \frac{n_{酸}}{V} = \frac{0.060\ mol}{0.250\ dm^3} = 0.240\ mol \cdot dm^{-3}$$

$$c_{盐} = \frac{n_{盐}}{V} = \frac{0.020\ mol}{0.250\ dm^3} = 0.080\ mol \cdot dm^{-3}$$

由弱酸和弱酸盐组成的缓冲体系的 pH 公式得

$$pH = pK_a^\ominus - \lg\frac{c_{酸}}{c_{盐}}$$

所以

$$pK_a^\ominus = pH + \lg\frac{c_{酸}}{c_{盐}} = 2.72 + \lg\frac{0.240}{0.080} = 3.20$$

故 $K_a^\ominus = 6.3 \times 10^{-4}$。

8.36 甲溶液中 $HA \rightleftharpoons H^+ + A^-$

解离度很小时，近似有 $c(HA) = c_0(HA)$，所以

$$c(H^+) = \sqrt{K_a^\ominus c_0} = \sqrt{K_a^\ominus c(HA)} = a$$

整理得

$$c(HA) = \frac{a^2}{K_a^\ominus} \tag{1}$$

乙溶液中 $A^- + H_2O \rightleftharpoons HA + OH^-$

水解度很小时，近似有 $c(A^-) = c_0(A^-)$，所以

$$c(OH^-) = \sqrt{\frac{K_w^\ominus}{K_a^\ominus}c_0} = \sqrt{\frac{K_w^\ominus}{K_a^\ominus}c(A^-)}$$

$$c(H^+) = \frac{K_w^\ominus}{c(OH^-)} = \frac{K_w^\ominus}{\sqrt{\frac{K_w^\ominus}{K_a^\ominus}c(A^-)}} = b$$

整理得 $$c(A^-)=\frac{K_a^\ominus K_w^\ominus}{b^2} \tag{2}$$

甲溶液和乙溶液等体积混合后，形成弱酸—弱酸盐(HA—A^-)缓冲体系，近似有 $c(HA)_{混}=\frac{1}{2}c(HA)$ 和 $c(A^-)_{混}=\frac{1}{2}c(A^-)$，即

$$K_a^\ominus=\frac{c(H^+)c(A^-)_{混}}{c(HA)_{混}}=\frac{c\times\frac{1}{2}c(A^-)}{\frac{1}{2}c(HA)}$$

将式(1)和式(2)代入其中，得 $$K_a^\ominus=\frac{c\times\frac{K_a^\ominus K_w^\ominus}{b^2}}{\frac{a^2}{K_a^\ominus}}$$

整理得 $$K_a^\ominus=\frac{a^2b^2}{cK_w^\ominus}$$

8.37 酸：H_2S，HAc；

碱：CO_3^{2-}，NO_2^-；

既是酸又是碱：HS^-，$H_2PO_4^-$，H_2O，OH^-，NH_3。

8.38 (1) SO_4^{2-} 的共轭酸为 HSO_4^-；

(2) H_2SO_4 的共轭碱为 HSO_4^-；

(3) HSO_4^- 的共轭酸为 H_2SO_4，共轭碱为 SO_4^{2-}；

(4) S^{2-} 的共轭酸为 HS^-；

(5) NH_3 的共轭酸为 NH_4^+，共轭碱为 NH_2^-；

(6) H_2S 的共轭碱为 HS^-；

(7) $H_2PO_4^-$ 的共轭酸为 H_3PO_4，共轭碱为 HPO_4^{2-}。

第9章

一、选择题

9.1 A　9.2 C　9.3 B　9.4 C　9.5 C　9.6 B　9.7 D　9.8 C　9.9 B
9.10 C

二、填空题

9.11 $K_{sp}^\ominus(MgNH_4PO_4)=c(Mg^{2+})c(NH_4^+)c(PO_4^{3-})$，

$K_{sp}^\ominus[TiO(OH)_2]=c(TiO^{2+})[c(OH^-)]^2$。

9.12 4.0×10^{-3}，2.0×10^{-3}。

9.13 Cd^{2+}，Fe^{2+}。

9.14 $s_1>s_3>s_2>s_4$。

9.15 3.6×10^{-5}，2.8。

9.16 Ag_2CrO_4 的溶解度比 Ag_2S 的大。

9.17 2.8～6.3。

9.18 (1)小；(2)不变；(3)小，增大。

9.19 55.7。

9.20 2.63×10^{-5} mol·dm^{-3}，1.1×10^{-10}。

三、简答题和计算题

9.21 (1) $FeC_2O_4\cdot2H_2O$ 在水中的溶解度为

$$\frac{0.10\ \text{g}}{180\ \text{g}\cdot\text{mol}^{-1}\times1\ \text{dm}^3}=5.6\times10^{-4}\ \text{mol}\cdot\text{dm}^{-3}$$

$$FeC_2O_4 \rightleftharpoons Fe^{2+}+C_2O_4^{2-}$$

$$K_{sp}^{\ominus}=c(Fe^{2+})c(C_2O_4^{2-})=(5.6\times10^{-4})^2=3.1\times10^{-7}$$

(2) pH = 9　$c(OH^-)=1.0\times10^{-5}$ mol·dm^{-3}

$$Ni(OH)_2 \rightleftharpoons Ni^{2+} \quad + \quad 2OH^-$$

$$s \qquad 1.0\times10^{-5}+2s$$

$$s=1.6\times10^{-6}\ \text{mol}\cdot\text{dm}^{-3}$$

$$K_{sp}^{\ominus}=s(1.0\times10^{-5}+2s)^2=1.6\times10^{-6}\times(1.0\times10^{-5}+2\times1.6\times10^{-6})^2$$
$$=2.8\times10^{-16}$$

9.22 (1) 设 Ag_2CO_3 在水中的溶解度为 s：

$$Ag_2CO_3 \rightleftharpoons 2Ag^+ + CO_3^{2-}$$

平衡时相对浓度　　$2s$　　s

$$K_{sp}^{\ominus}=[c(Ag^+)]^2c(CO_3^{2-})=(2s)^2s=4s^3$$

所以　$s=\sqrt[3]{\frac{K_{sp}^{\ominus}}{4}}=\sqrt[3]{\frac{8.46\times10^{-12}}{4}}\ \text{mol}\cdot\text{dm}^{-3}=1.28\times10^{-4}\ \text{mol}\cdot\text{dm}^{-3}$

$$c(Ag^+)=2s=2.56\times10^{-4}\ \text{mol}\cdot\text{dm}^{-3}$$

$$c(CO_3^{2-})=s=1.28\times10^{-4}\ \text{mol}\cdot\text{dm}^{-3}$$

(2) 设 Ag_2CO_3 在 0.01 mol·dm^{-3} Na_2CO_3 溶液中的溶解度为 s：

$$c(CO_3^{2-})\approx0.01\ \text{mol}\cdot\text{dm}^{-3}$$

$$Ag_2CO_3 \rightleftharpoons 2Ag^+ \quad + \quad CO_3^{2-}$$

平衡时相对浓度　　$2s$　　$0.01+s\approx0.01$

$$K_{sp}^{\ominus}=[c(Ag^+)]^2c(CO_3^{2-})=(2s)^2\times0.01=0.04s^2$$

所以　$s=\sqrt{\frac{K_{sp}^{\ominus}}{0.04}}=\sqrt{\frac{8.46\times10^{-12}}{0.04}}\ \text{mol}\cdot\text{dm}^{-3}=1.45\times10^{-5}\ \text{mol}\cdot\text{dm}^{-3}$

(3) 设 Ag_2CO_3 在 0.01 mol·dm^{-3} $AgNO_3$ 溶液中的溶解度为 s：

$$c(Ag^+)=0.01\ \text{mol}\cdot\text{dm}^{-3}$$

$$Ag_2CO_3 \rightleftharpoons 2Ag^+ \quad + \quad CO_3^{2-}$$

平衡时相对浓度　　$0.01+2s\approx0.01$　　s

$$K_{sp}^{\ominus}=[c(Ag^+)]^2c(CO_3^{2-})=0.01^2\times s$$

所以　$s=\frac{K_{sp}^{\ominus}}{0.01^2}=\frac{8.46\times10^{-12}}{0.01^2}\ \text{mol}\cdot\text{dm}^{-3}=8.46\times10^{-8}\ \text{mol}\cdot\text{dm}^{-3}$

9.23 1 g FeS 为 0.0114 mol，若溶于 100 cm^3 1 $mol\cdot dm^{-3}$ 盐酸，则

$$\begin{array}{lccccc} & FeS & + & 2H^+ & \rightleftharpoons Fe^{2+} & + & H_2S \\ c_{平}/(mol\cdot dm^{-3}) & & & 1-2\times0.114 & 0.114 & & 0.114 \end{array}$$

但 H_2S 饱和浓度为 0.1 $mol\cdot dm^{-3}$，即 $c(H_2S)=0.1\ mol\cdot dm^{-3}$，过多的 H_2S 以气体形式释放出来。

由 $K_{sp}^{\ominus}=c(Fe^{2+})c(S^{2-})$，FeS 全溶解时 S^{2-} 浓度为

$$c(S^{2-})\leqslant\frac{K_{sp}^{\ominus}}{c(Fe^{2+})}=\frac{6.3\times10^{-18}}{0.114}\ mol\cdot dm^{-3}=5.5\times10^{-17}\ mol\cdot dm^{-3}$$

由 $K_a^{\ominus}(H_2S)=\frac{[c(H^+)]^2c(S^{2-})}{c(H_2S)}$，FeS 全溶解时 H^+ 浓度应满足：

$$c(H^+)\geqslant\sqrt{\frac{K_a^{\ominus}(H_2S)\cdot c(H_2S)}{c(S^{2-})}}$$

$$=\sqrt{\frac{1.4\times10^{-20}\times0.10}{5.5\times10^{-17}}}\ mol\cdot dm^{-3}=5.0\times10^{-3}\ mol\cdot dm^{-3}$$

而 FeS 全溶解时溶液中实际 $c(H^+)$ 为

$$c(H^+)=(1-2\times0.114)\ mol\cdot dm^{-3}=0.772\ mol\cdot dm^{-3}$$

故 FeS 能完全溶解。

9.24 Zn^{2+} 沉淀完全是指溶液中 $c(Zn^{2+})<1.0\times10^{-5}\ mol\cdot dm^{-3}$。

$$ZnS \rightleftharpoons Zn^{2+}+S^{2-}$$

$$K_{sp}^{\ominus}(ZnS)=c(Zn^{2+})c(S^{2-})$$

$$c(S^{2-})=\frac{K_{sp}^{\ominus}(ZnS)}{c(Zn^{2+})}=\frac{2.5\times10^{-22}}{1.0\times10^{-5}}\ mol\cdot dm^{-3}=2.5\times10^{-17}\ mol\cdot dm^{-3}$$

$$H_2S \rightleftharpoons 2H^++S^{2-}$$

$$K_a^{\ominus}=\frac{[c(H^+)]^2c(S^{2-})}{c(H_2S)}$$

故 $c(H^+)=\sqrt{\frac{K_a^{\ominus}c(H_2S)}{c(S^{2-})}}=\sqrt{\frac{1.4\times10^{-20}\times0.1}{2.5\times10^{-17}}}\ mol\cdot dm^{-3}=7.5\times10^{-3}\ mol\cdot dm^{-3}$

即 $$pH=2.1$$

不生成 MnS 沉淀，则 $c(Mn^{2+})=0.010\ mol\cdot dm^{-3}$。

$$MnS \rightleftharpoons Mn^{2+}+S^{2-}$$

$$K_{sp}^{\ominus}(MnS)=c(Mn^{2+})c(S^{2-})$$

$$c(S^{2-})=\frac{K_{sp}^{\ominus}(MnS)}{c(Mn^{2+})}=\frac{2.5\times10^{-13}}{0.010}\ mol\cdot dm^{-3}=2.5\times10^{-11}\ mol\cdot dm^{-3}$$

由 H_2S 的解离平衡

$$H_2S \rightleftharpoons 2H^++S^{2-}$$

得 $c(H^+)=\sqrt{\frac{K_a^{\ominus}c(H_2S)}{c(S^{2-})}}=\sqrt{\frac{1.4\times10^{-20}\times0.1}{2.5\times10^{-11}}}\ mol\cdot dm^{-3}=7.5\times10^{-6}\ mol\cdot dm^{-3}$

即 $$pH=5.1$$

所以溶液的 pH 应控制在 2.1～5.1。

9.25 (1) CuS 的 $K_{sp}^{\ominus}=6.3\times10^{-36}$，可见 0.10 $mol\cdot dm^{-3}$ Cu^{2+} 完全沉淀，生成 CuS 并产生 H^+，使

$c(H^+) = 0.20\ mol\cdot dm^{-3}$：

$$Cu^{2+} + H_2S = CuS + 2H^+$$

同时，溶液中存在平衡

$$\begin{array}{ccccc} H^+ & + & SO_4^{2-} & = & HSO_4^- \\ 0.20-x & & 0.10-x & & x \end{array}$$

$$\frac{x}{(0.20-x)(0.10-x)} = \frac{1}{K^{\ominus}_{a2}} = \frac{1}{1.0\times10^{-2}}$$

$$x = 0.09$$

$$c(H^+) = 0.20\ mol\cdot dm^{-3} - 0.09\ mol\cdot dm^{-3} = 0.11\ mol\cdot dm^{-3}$$

已知 H_2S：$K^{\ominus}_a = 1.4\times10^{-20}$，由

$$H_2S \rightleftharpoons 2H^+ + S^{2-}$$

$K^{\ominus}_a = \dfrac{[c(H^+)]^2c(S^{2-})}{c(H_2S)}$，$H_2S$ 饱和浓度为 $0.10\ mol\cdot dm^{-3}$，得

$$c(S^{2-}) = \frac{K^{\ominus}_a c(H_2S)}{[c(H^+)]^2} = \frac{1.4\times10^{-20}\times0.10}{(0.11)^2}\ mol\cdot dm^{-3} = 1.2\times10^{-19}\ mol\cdot dm^{-3}$$

溶液中残留的 Cu^{2+} 浓度为

$$c(Cu^{2+}) = \frac{K^{\ominus}_{sp}}{c(S^{2-})} = \frac{6.3\times10^{-36}}{1.2\times10^{-19}}\ mol\cdot dm^{-3} = 5.3\times10^{-17}\ mol\cdot dm^{-3}$$

(2) Cu^{2+} 完全沉淀产生 $0.20\ mol\cdot dm^{-3}\ H^+$，则混合溶液中

$$c(H^+) = (1.0+0.20)\ mol\cdot dm^{-3} = 1.20\ mol\cdot dm^{-3}$$

$$\begin{array}{ccccc} H^+ & + & SO_4^{2-} & \rightleftharpoons & HSO_4^- \\ 1.20-x & & 0.10-x & & x \end{array}$$

$$\frac{x}{(1.20-x)(0.10-x)} = \frac{1}{1.0\times10^{-2}}$$

$$x = 0.10$$

$$c(H^+) = (1.20-0.10)\ mol\cdot dm^{-3} = 1.10\ mol\cdot dm^{-3}$$

$$c(S^{2-}) = \frac{K^{\ominus}_a c(H_2S)}{[c(H^+)]^2} = \frac{1.4\times10^{-20}\times0.10}{(1.10)^2}\ mol\cdot dm^{-3} = 1.2\times10^{-21}\ mol\cdot dm^{-3}$$

溶液中残留 Cu^{2+} 的浓度为

$$c(Cu^{2+}) = \frac{K^{\ominus}_{sp}}{c(S^{2-})} = \frac{6.3\times10^{-36}}{1.2\times10^{-21}}\ mol\cdot dm^{-3} = 5.3\times10^{-15}\ mol\cdot dm^{-3}$$

9.26 $Mg(OH)_2 \rightleftharpoons Mg^{2+} + 2OH^-$

$$K^{\ominus}_{sp} = c(Mg^{2+})[c(OH^-)]^2 \qquad (1)$$

其中 $c(Mg^{2+})$ 与溶解度 s 相等，而 $c(OH^-) = 2s$，故有

$$K^{\ominus}_{sp} = s\times(2s)^2 = 4s^3$$

将题设条件代入其中，得

$$K^{\ominus}_{sp} = 4\times(1.12\times10^{-4})^3 = 5.62\times10^{-12}$$

依题意 $0.10\ mol\cdot dm^{-3}\ MgCl_2$ 溶液和 $0.10\ mol\cdot dm^{-3}\ NH_3\cdot H_2O$ 等体积混合后，有

$$c(Mg^{2+}) = c(NH_3\cdot H_2O) = 0.050\ mol\cdot dm^{-3}$$

由式(1)得，使 $0.050\ mol\cdot dm^{-3}\ Mg^{2+}$ 开始沉淀，需要的 OH^- 浓度为

$$c(OH^-)=\sqrt{\frac{K_{sp}^{\ominus}}{c(Mg^{2+})}}$$

将求得的 $K_{sp}^{\ominus}$ 代入其中，得

$$c(OH^-)=\sqrt{\frac{5.62\times10^{-12}}{0.050}}\ mol\cdot dm^{-3}=1.06\times10^{-5}\ mol\cdot dm^{-3}$$

这个 $c(OH^-)$ 由 $NH_3\cdot H_2O$ 和加入的 $c(NH_4^+)$ 共同维持，由缓冲体系的公式

$$pOH=pK_b^{\ominus}-\lg\frac{c_{碱}}{c_{盐}}$$

得
$$c_{盐}=\frac{K_b^{\ominus}c_{碱}}{c(OH^-)}$$

式中
$$c_{碱}=c(NH_3\cdot H_2O)=0.050\ mol\cdot dm^{-3}$$
$$c_{盐}=c(NH_4^+)$$

故
$$c(NH_4^+)=\frac{1.8\times10^{-5}\times0.050}{1.06\times10^{-5}}\ mol\cdot dm^{-3}=8.49\times10^{-2}\ mol\cdot dm^{-3}$$

不考虑加入 NH_4Cl 后体积的变化，则溶液的体积为

$$V=0.10\ dm^3+0.10\ dm^3=0.20\ dm^3$$

加入的 NH_4Cl 的物质的量为

$$n=cV=8.49\times10^{-2}\ mol\cdot dm^{-3}\times0.20\ dm^3=0.0170\ mol$$

NH_4Cl 的质量为

$$m=nM=0.0170\ mol\times53.5\ g\cdot mol^{-1}=0.910\ g$$

即加入 0.910 g 以上 NH_4Cl 可以抑制 $Mg(OH)_2$ 的生成。

9.27 该溶解过程用化学反应方程式表示为

$$CaCO_3+H_2CO_3 \longrightarrow Ca^{2+}+2HCO_3^-$$

其平衡常数
$$K^{\ominus}=\frac{c(Ca^{2+})[c(HCO_3^-)]^2}{c(H_2CO_3)}$$

在平衡常数表示式的分子和分母中同时乘以 $c(CO_3^{2-})c(H^+)$，得

$$K^{\ominus}=\frac{c(Ca^{2+})c(CO_3^{2-})\cdot\dfrac{c(H^+)c(HCO_3^-)}{c(H_2CO_3)}}{\dfrac{c(H^+)c(CO_3^{2-})}{c(HCO_3^-)}}=\frac{K_{sp}^{\ominus}\cdot K_{a1}^{\ominus}}{K_{a2}^{\ominus}}$$

所以
$$K^{\ominus}=\frac{2.8\times10^{-9}\times4.5\times10^{-7}}{4.7\times10^{-11}}=2.7\times10^{-5}$$

反应过程中 1 mol $CaCO_3$ 溶解，则得到 1 mol Ca^{2+} 和 2 mol HCO_3^-，故平衡时 $c(Ca^{2+})$ 等于 $CaCO_3$ 的溶解度 s，$c(HCO_3^-)=2s$。所以上式可以表示为

$$K^{\ominus}=\frac{s\times(2s)^2}{0.033}=2.7\times10^{-5}$$
$$s=6.0\times10^{-3}\ mol\cdot dm^{-3}$$

9.28 $ZnS+2H^+ \rightleftharpoons Zn^{2+}+H_2S$

依题设收集到 0.10 mol H_2S 气体，这说明 4 个问题：

① 溶液已饱和，其中 $c(H_2S)=0.10\ mol\cdot dm^{-3}$；

② 逸出的和存在于饱和溶液中的 H_2S 共 0.20 mol；

③ 生成 0.20 mol H_2S，同时有 0.20 mol Zn^{2+} 存在于溶液中；

④ 生成 0.20 mol H_2S，同时有 0.40 $mol\cdot dm^{-3}$ Cl^- 存在于溶液中。

$$K^\ominus=\frac{c(Zn^{2+})c(H_2S)}{[c(H^+)]^2}=\frac{c(Zn^{2+})c(H_2S)}{[c(H^+)]^2}\cdot\frac{c(S^{2-})}{c(S^{2-})}$$

$$=\frac{c(Zn^{2+})c(S^{2-})}{\dfrac{[c(H^+)]^2c(S^{2-})}{c(H_2S)}}=\frac{K_{sp}^\ominus(ZnS)}{K_a^\ominus}$$

$$=\frac{2.5\times10^{-22}}{1.4\times10^{-20}}=1.79\times10^{-2}$$

故 $$c(H^+)=\sqrt{\frac{c(Zn^{2+})c(H_2S)}{K_a^\ominus}}=\sqrt{\frac{0.20\times0.10}{1.79\times10^{-2}}}\ mol\cdot dm^{-3}=1.06\ mol\cdot dm^{-3}$$

这些 H^+ 存在于溶液中，同时也将因此有 1.06 mol Cl^- 进入溶液中，故

$$c(Cl^-)=1.06\ mol\cdot dm^{-3}+0.40\ mol\cdot dm^{-3}=1.46\ mol\cdot dm^{-3}$$

9.29 溶液中 Fe^{3+} 浓度为

$$c(Fe^{3+})=\frac{0.056}{56}\ mol\cdot dm^{-3}=1.0\times10^{-3}\ mol\cdot dm^{-3}$$

欲使 Fe^{3+} 沉淀完全（浓度低于 $1.0\times10^{-5}\ mol\cdot dm^{-3}$），溶液中 OH^- 浓度至少为

$$c(OH^-)=\sqrt[3]{\frac{2.8\times10^{-39}}{1.0\times10^{-5}}}\ mol\cdot dm^{-3}=6.5\times10^{-12}\ mol\cdot dm^{-3}$$

$$pH=14-pOH=2.8$$

欲使 Zn^{2+} 不沉淀，OH^- 浓度应低于

$$c(OH^-)=\sqrt{\frac{3.0\times10^{-17}}{0.20}}\ mol\cdot dm^{-3}=1.2\times10^{-8}\ mol\cdot dm^{-3}$$

$$pH=14-pOH=6.1$$

故应控制溶液 pH 在 2.8～6.1。

9.30 $$BaSO_4+CO_3^{2-}=\!=\!=BaCO_3+SO_4^{2-}$$

$c_平/(mol\cdot dm^{-3})$ $\qquad x-0.010 \qquad 0.010$

$$K^\ominus=\frac{c(SO_4^{2-})}{c(CO_3^{2-})}=\frac{c(SO_4^{2-})}{c(CO_3^{2-})}\cdot\frac{c(Ba^{2+})}{c(Ba^{2+})}=\frac{K_{sp}^\ominus(BaSO_4)}{K_{sp}^\ominus(BaCO_3)}=\frac{1.1\times10^{-10}}{2.6\times10^{-9}}=4.2\times10^{-2}$$

$$\frac{0.010}{x-0.010}=4.2\times10^{-2}$$

$$x=0.25$$

所以，加入 0.25 mol Na_2CO_3 于 1.0 dm^3 饱和溶液中便能实现沉淀的转化。

9.31 (1) 浓度为 0.10 $mol\cdot dm^{-3}$ 的 Ba^{2+}，已沉淀 99%，这时体系中

$$c(Ba^{2+}) = 0.10\ mol\cdot dm^{-3} \times (1-99\%) = 1.0\times10^{-3}\ mol\cdot dm^{-3}$$

$$BaSO_4 \rightleftharpoons Ba^{2+} + SO_4^{2-}$$

$$K_{sp}^{\ominus}(BaSO_4) = c(Ba^{2+})c(SO_4^{2-})$$

$$c(SO_4^{2-}) = \frac{K_{sp}^{\ominus}(BaSO_4)}{c(Ba^{2+})} = \frac{1.1\times10^{-10}}{1.0\times10^{-3}}\ mol\cdot dm^{-3} = 1.1\times10^{-7}\ mol\cdot dm^{-3}$$

$$Q^{\ominus}(SrSO_4) = c(Sr^{2+})c(SO_4^{2-}) = 0.10\times1.1\times10^{-7} = 1.1\times10^{-8}$$

由于 $Q^{\ominus}(SrSO_4) < K_{sp}^{\ominus}(SrSO_4)$，故这时尚未生成 $SrSO_4$ 沉淀，因而 Sr^{2+} 的浓度仍为起始浓度 0.10 $mol\cdot dm^{-3}$。

(2) 浓度为 0.10 $mol\cdot dm^{-3}$ 的 Ba^{2+}，已沉淀 99.99%，这时体系中

$$c(Ba^{2+}) = 0.10\ mol\cdot dm^{-3} \times (1-99.99\%) = 1.0\times10^{-5}\ mol\cdot dm^{-3}$$

$$BaSO_4 \rightleftharpoons Ba^{2+} + SO_4^{2-}$$

$$K_{sp}^{\ominus}(BaSO_4) = c(Ba^{2+})c(SO_4^{2-})$$

$$c(SO_4^{2-}) = \frac{K_{sp}^{\ominus}(BaSO_4)}{c(Ba^{2+})} = \frac{1.1\times10^{-10}}{1.0\times10^{-5}}\ mol\cdot dm^{-3} = 1.1\times10^{-5}\ mol\cdot dm^{-3}$$

$$K_{sp}^{\ominus}(SrSO_4) = c(Sr^{2+})c(SO_4^{2-})$$

$$c(Sr^{2+}) = \frac{K_{sp}^{\ominus}(SrSO_4)}{c(SO_4^{2-})} = \frac{3.4\times10^{-7}}{1.1\times10^{-5}}\ mol\cdot dm^{-3} = 0.031\ mol\cdot dm^{-3}$$

则

$$\frac{0.10-0.031}{0.10}\times100\% = 69\%$$

即 Sr^{2+} 已经转化为 $SrSO_4$ 的百分数为 69%。

第 10 章

一、选择题

10.1 C　10.2 B　10.3 C　10.4 D　10.5 C　10.6 A　10.7 A　10.8 D　10.9 B
10.10 C　10.11 B　10.12 B

二、填空题

10.13　浓差；0.177；$H^+(1\ mol\cdot dm^{-3}) \longrightarrow H^+(1\times10^{-3} mol\cdot dm^{-3})$。

10.14　$S_2O_3^{2-}$；MnO_4^-。

10.15　相同；不同；相同。

10.16　−0.24 V。

10.17　减小，增大。

10.18　变大；不变。

10.19　1.51 − 0.094 pH。

10.20　(−) Pt | $Fe^{2+}(c^{\ominus})$, $Fe^{3+}(c^{\ominus})$ ‖ $Br^-(c^{\ominus})$ | Br_2(l) | Pt(+)，0.29 V，55.97，1.55×10^{-10}。

10.21　6.18 $mol\cdot dm^{-3}$

10.22　1.7×10^{13}。

三、简答题和计算题

10.23　(1) $2MnO_4^- + 10Cl^- + 16H^+ = 2Mn^{2+} + 5Cl_2 + 8H_2O$

(2) $2Mn^{2+} + 5NaBiO_3 + 14H^+ = 2MnO_4^- + 5Bi^{3+} + 5Na^+ + 7H_2O$

(3) $2Cr^{3+} + 3PbO_2 + H_2O = Cr_2O_7^{2-} + 3Pb^{2+} + 2H^+$

(4) $5C_3H_8O + 4MnO_4^- + 12H^+ = 5C_3H_6O_2 + 4Mn^{2+} + 11H_2O$

(5) $10HClO_3 + 3P_4 + 18H_2O = 10Cl^- + 12H_3PO_4 + 10H^+$

10.24　(1) $2CrO_4^{2-} + 3HSnO_2^- + H_2O = 2CrO_2^- + 3HSnO_3^- + 2OH^-$

(2) $3H_2O_2 + 2CrO_2^- + 2OH^- = 2CrO_4^{2-} + 4H_2O$

(3) $2CuS + 9CN^- + 2OH^- = 2[Cu(CN)_4]^{3-} + 2S^{2-} + NCO^- + H_2O$

(4) $2CN^- + O_2 + 2OH^- + 2H_2O = 2CO_3^{2-} + 2NH_3$

(5) $2Al + NO_2^- + OH^- + 5H_2O = 2[Al(OH)_4]^- + NH_3$

10.25　将电极反应 $\qquad Co(OH)_3 + e^- = Co(OH)_2 + OH^-$

的 $E^\ominus$ 看成电极反应 $\qquad Co^{3+} + e^- = Co^{2+}$

的非标准电极电势 E。这个非标准状态是由 $c(Co^{3+})$ 和 $c(Co^{2+})$ 决定的,而这两个浓度是由 $c(OH^-) = 1\ mol \cdot dm^{-3}$ 决定的。

由 $Co(OH)_3 = Co^{3+} + 3OH^-$ $\quad K_{sp}^\ominus(1) = c(Co^{3+})[c(OH^-)]^3$,得

$$c(Co^{3+}) = \frac{K_{sp}^\ominus(1)}{[c(OH^-)]^3} = K_{sp}^\ominus(1)$$

由 $Co(OH)_2 = Co^{2+} + 2OH^-$ $\quad K_{sp}^\ominus(2) = c(Co^{2+})[c(OH^-)]^2$,得

$$c(Co^{2+}) = \frac{K_{sp}^\ominus(2)}{[c(OH^-)]^2} = K_{sp}^\ominus(2)$$

电极反应 $Co^{3+} + e^- = Co^{2+}$ 的能斯特方程为

$$E = E^\ominus + 0.059\ V\ \lg \frac{c(Co^{3+})}{c(Co^{2+})}$$

将上面求得的 $c(Co^{3+})$ 和 $c(Co^{2+})$ 的表达式代入其中,得

$$E = E^\ominus + 0.059\ V\ \lg \frac{K_{sp}^\ominus(1)}{K_{sp}^\ominus(2)}$$

故 $\qquad \lg \frac{K_{sp}^\ominus(1)}{K_{sp}^\ominus(2)} = \frac{E - E^\ominus}{0.059\ V}$

将题设数据代入其中,得

$$\lg \frac{K_{sp}^\ominus(1)}{K_{sp}^\ominus(2)} = \frac{0.17\ V - 1.92\ V}{0.059\ V} = -29.66$$

$$\frac{K_{sp}^\ominus(1)}{K_{sp}^\ominus(2)} = 2.2 \times 10^{-30}$$

10.26　设生成 CuS 沉淀后,正极溶液中 Cu^{2+} 的浓度为 $x\ mol \cdot dm^{-3}$。

所组成电池为

$$(-)Zn|Zn^{2+}(1\ mol \cdot dm^{-3}) \parallel Cu^{2+}(x\ mol \cdot dm^{-3})|Cu(+)$$

电池反应为

$$Cu^{2+} + Zn \xlongequal{} Cu + Zn^{2+}$$

由 $$E = E^{\ominus} - \frac{0.059\ \mathrm{V}}{2}\lg\frac{c(Zn^{2+})}{c(Cu^{2+})}$$

$$0.67\ \mathrm{V} = [0.34\ \mathrm{V} - (-0.76\ \mathrm{V})] - \frac{0.059\ \mathrm{V}}{2}\lg\frac{1}{x}$$

得 $x = 2.7\times10^{-15}$，$c(Cu^{2+}) = 2.7\times10^{-15}\ \mathrm{mol\cdot dm^{-3}}$。

平衡时，Cu^{2+}的浓度很小，0.1 $\mathrm{mol\cdot dm^{-3}}$ Cu^{2+}几乎全部转化为CuS：

$$Cu^{2+} + H_2S \xlongequal{} CuS\downarrow + 2H^+$$

则溶液中 $c(H^+) = 2\times0.1\ \mathrm{mol\cdot dm^{-3}} = 0.2\ \mathrm{mol\cdot dm^{-3}}$。

由 $H_2S \xlongequal{} 2H^+ + S^{2-}$　$K^{\ominus}_{a1}\cdot K^{\ominus}_{a2} = \dfrac{[c(H^+)]^2 c(S^{2-})}{c(H_2S)}$，得

$$c(S^{2-}) = \frac{K^{\ominus}_{a1}\cdot K^{\ominus}_{a2}\cdot c(H_2S)}{[c(H^+)]^2}$$

饱和溶液时 $$c(H_2S) = 0.1\ \mathrm{mol\cdot dm^{-3}}$$

$$c(S^{2-}) = \frac{1.1\times10^{-7}\times1.3\times10^{-13}\times0.1\ \mathrm{mol\cdot dm^{-3}}}{(0.2\ \mathrm{mol\cdot dm^{-3}})^2} = 3.6\times10^{-20}\ \mathrm{mol\cdot dm^{-3}}$$

$$K^{\ominus}_{sp}(CuS) = c(Cu^{2+})c(S^{2-}) = 2.7\times10^{-15}\times3.6\times10^{-20} = 9.7\times10^{-35}$$

10.27 $H_3AsO_3 + I_3^- + H_2O \rightleftharpoons H_3AsO_4 + 3I^- + 2H^+$

(1) pH = 7 时，$c(H^+) = 1\times10^{-7}\ \mathrm{mol\cdot dm^{-3}}$

$$E(H_3AsO_4/H_3AsO_3) = E^{\ominus} + \frac{0.059\ \mathrm{V}}{2}\lg\frac{c(H_3AsO_4)[c(H^+)]^2}{c(H_3AsO_3)}$$

$$= 0.559\ \mathrm{V} + \frac{0.059\ \mathrm{V}}{2}\lg(1\times10^{-7})^2$$

$$= 0.146\ \mathrm{V}$$

由于 $E^{\ominus}(I_2/I^-)$不随 $c(H^+)$变化而改变，即 $E^{\ominus}(I_2/I^-) > E(H_3AsO_4/H_3AsO_3)$，反应朝正反应方向进行。

(2) 当 $c(H^+) = 6\ \mathrm{mol\cdot dm^{-3}}$时

$$E(H_3AsO_4/H_3AsO_3) = E^{\ominus} + \frac{0.059\ \mathrm{V}}{2}\lg\frac{c(H_3AsO_4)[c(H^+)]^2}{c(H_3AsO_3)}$$

$$= 0.559\ \mathrm{V} + \frac{0.059\ \mathrm{V}}{2}\lg6^2 = 0.605\ \mathrm{V}$$

由于 $E^{\ominus}(I_2/I^-) < E(H_3AsO_4/H_3AsO_3)$，所以反应逆向自发进行。

10.28 $E_+ = E^{\ominus} + 0.059\ \mathrm{V}\lg c(Ag^+) = 0.80\ \mathrm{V} + 0.059\ \mathrm{V}\lg0.010 = 0.68\ \mathrm{V}$

由 $$K^{\ominus}_{稳} = \frac{c[Cu(NH_3)_4^{2+}]}{c(Cu^{2+})[c(NH_3)]^4}$$

$$c(Cu^{2+}) = \frac{c[Cu(NH_3)_4^{2+}]}{K^{\ominus}_{稳}[c(NH_3)]^4} = \frac{0.10}{2.1\times10^{13}\times1.0^4}\ \mathrm{mol\cdot dm^{-3}}$$

$$= 4.8\times10^{-15}\ \mathrm{mol\cdot dm^{-3}}$$

$$E_- = 0.34\ \mathrm{V} + \frac{0.059\ \mathrm{V}}{2}\lg(4.8\times10^{-15}) = -0.082\ \mathrm{V}$$

电池电动势 $$E = 0.68\ \mathrm{V} - (-0.082\ \mathrm{V}) = 0.76\ \mathrm{V}$$

标准电极电势为

$$E_{+}^{\ominus}=E^{\ominus}(Ag^{+}/Ag)=0.80\ V$$

$$E_{-}^{\ominus}=E^{\ominus}[Cu(NH_3)_4^{2+}/Cu]=0.34\ V+\frac{0.059\ V}{2}\lg\frac{1}{2.1\times10^{13}}=-0.053\ V$$

电池标准电动势　$E^{\ominus}=E_{+}^{\ominus}-E_{-}^{\ominus}=0.80\ V-(-0.053\ V)=0.85\ V$

$$\lg K^{\ominus}=\frac{zE^{\ominus}}{0.059\ V}=\frac{2\times0.85\ V}{0.059\ V}=28.81$$

$$K^{\ominus}=6.5\times10^{28}$$

10.29 (1) 将氧化还原反应　$Cu^{2+}+2I^{-}=\!=\!=CuI+\frac{1}{2}I_2$

看成原电池反应，其负极为

$$\frac{1}{2}I_2+e^{-}=\!=\!=I^{-}\qquad E_{-}^{\ominus}=0.54\ V$$

其正极为

$$Cu^{2+}+I^{-}+e^{-}=\!=\!=CuI\qquad E_{+}^{\ominus}$$

将 $E_{+}^{\ominus}$ 看成　$Cu^{2+}+e^{-}=\!=\!=Cu^{+}$

的非标准电极电势 E，这个非标准状态是由 $c(I^{-})=1.0\ mol\cdot dm^{-3}$ 时的 $c(Cu^{+})$ 决定的。

$$CuI=\!=\!=Cu^{+}+I^{-}\qquad K_{sp}^{\ominus}=1.3\times10^{-12}$$

$$c(Cu^{+})=\frac{K_{sp}^{\ominus}}{c(I^{-})}=\frac{1.3\times10^{-12}}{1.0}=1.3\times10^{-12}$$

将其代入能斯特方程，得

$$E=E^{\ominus}+0.059\ V\ \lg\frac{1}{c(Cu^{+})}=0.15\ V+0.059\ V\ \lg\frac{1}{1.3\times10^{-12}}=0.85\ V$$

氧化还原反应　$E^{\ominus}=E_{+}^{\ominus}-E_{-}^{\ominus}=0.85\ V-0.54\ V=0.31\ V$

由

$$E^{\ominus}=\frac{0.059\ V}{z}\lg K^{\ominus}$$

得

$$\lg K^{\ominus}=\frac{zE^{\ominus}}{0.059\ V}=\frac{0.31\ V}{0.059\ V}=5.25$$

所以

$$K^{\ominus}=1.8\times10^{5}$$

(2)

$$Cu^{2+}+2I^{-}=\!=\!=CuI+\frac{1}{2}I_2$$

	Cu^{2+}	I^{-}
$c_0/(mol\cdot dm^{-3})$	0.10	1.0
$c_{平}/(mol\cdot dm^{-3})$	x	$1.0-0.10\times2$

x 为平衡时溶液中的 Cu^{2+} 的相对浓度，由于 $K^{\ominus}$ 值大，反应彻底，可以认为 $0.10\ mol\cdot dm^{-3}$ 的 Cu^{2+} 几乎反应完全，故 $c_{平}(I^{-})$ 为 $(1.0-0.10\times2)\ mol\cdot dm^{-3}$。

$$K^{\ominus}=\frac{1}{c(Cu^{2+})[c(I^{-})]^2}=\frac{1}{x(1.0-0.10\times2)^2}=1.8\times10^{5}$$

$$x=8.7\times10^{-6}$$

即溶液中 Cu^{2+} 的浓度为 $8.7\times10^{-6}\ mol\cdot dm^{-3}$。

10.30 由元素电势图

$$E^{\ominus}/\mathrm{V} \qquad Cu^{2+} \xrightarrow{0.15} Cu^{+} \text{———} Cu$$

$$\underbrace{\qquad\qquad\qquad\qquad}_{0.34}$$

得 $$E^{\ominus}(Cu^{+}/Cu) = 2 \times 0.34\ \mathrm{V} - 0.15\ \mathrm{V} = 0.53\ \mathrm{V}$$

解法一：对于反应 $Cu^{2+} + Cu + 2Cl^{-} =\!=\!= 2CuCl$

正极 $Cu^{2+} + Cl^{-} + e^{-} =\!=\!= CuCl$

负极 $Cu + Cl^{-} =\!=\!= CuCl + e^{-}$

$$\begin{aligned} E^{\ominus}(Cu^{2+}/CuCl) &= E^{\ominus}(Cu^{2+}/Cu^{+}) + 0.059\ \mathrm{V}\ \lg\frac{c(Cu^{2+})}{c(Cu^{+})} \\ &= E^{\ominus}(Cu^{2+}/Cu^{+}) + 0.059\ \mathrm{V}\ \lg\frac{1}{K_{sp}^{\ominus}(CuCl)} \\ &= 0.15\ \mathrm{V} + 0.059\ \mathrm{V}\ \lg\frac{1}{1.72 \times 10^{-7}} = 0.55\ \mathrm{V} \end{aligned}$$

$$\begin{aligned} E^{\ominus}(CuCl/Cu) &= E^{\ominus}(Cu^{+}/Cu) + 0.059\ \mathrm{V}\ \lg c(Cu^{+}) \\ &= E^{\ominus}(Cu^{+}/Cu) + 0.059\ \mathrm{V}\ \lg K_{sp}^{\ominus}(CuCl) \\ &= 0.53\ \mathrm{V} + 0.059\ \mathrm{V}\ \lg(1.72 \times 10^{-7}) = 0.13\ \mathrm{V} \end{aligned}$$

$$\begin{aligned} E^{\ominus} = E_{+}^{\ominus} - E_{-}^{\ominus} &= E^{\ominus}(Cu^{2+}/CuCl) - E^{\ominus}(CuCl/Cu) \\ &= 0.55\ \mathrm{V} - 0.13\ \mathrm{V} = 0.42\ \mathrm{V} \end{aligned}$$

$E^{\ominus} > 0$，反应向正反应方向进行。

由 $$\lg K^{\ominus} = \frac{zE^{\ominus}}{0.059\ \mathrm{V}} = \frac{1 \times 0.42\ \mathrm{V}}{0.059\ \mathrm{V}} = 7.12$$

$$K^{\ominus} = 1.3 \times 10^{7}$$

解法二：
$$Cu^{2+} + Cu =\!=\!= 2Cu^{+} \qquad (1)$$

$$\begin{aligned} \lg K_{1}^{\ominus} &= \frac{1 \times [E^{\ominus}(Cu^{2+}/Cu^{+}) - E^{\ominus}(Cu^{+}/Cu)]}{0.059\ \mathrm{V}} \\ &= \frac{1 \times (0.15\ \mathrm{V} - 0.53\ \mathrm{V})}{0.059\ \mathrm{V}} = -6.44 \end{aligned}$$

$$K_{1}^{\ominus} = 3.63 \times 10^{-7}$$

$$2Cu^{+} + 2Cl^{-} =\!=\!= 2CuCl \qquad (2)$$

$$K_{2}^{\ominus} = \frac{1}{[K_{sp}^{\ominus}(CuCl)]^{2}} = \frac{1}{(1.72 \times 10^{-7})^{2}} = 3.38 \times 10^{13}$$

上两式(1)＋(2)得 $Cu^{2+} + Cu + 2Cl^{-} =\!=\!= 2CuCl$

即 $$K^{\ominus} = K_{1}^{\ominus} \cdot K_{2}^{\ominus} = 3.63 \times 10^{-7} \times 3.38 \times 10^{13} = 1.2 \times 10^{7}$$

由于 $K^{\ominus} > 1$，故反应正向进行。

10.31 (1) 正极 $\frac{1}{4}O_2 + \frac{1}{2}H_2O + e^{-} \rightleftharpoons OH^{-}$ $\qquad E_{+}^{\ominus} = 0.401\ \mathrm{V}$

负极 $\frac{1}{4}O_2 + H^{+} + e^{-} \rightleftharpoons \frac{1}{2}H_2O$ $\qquad E_{-}^{\ominus} = 1.229\ \mathrm{V}$

$$E^{\ominus} = E_{+}^{\ominus} - E_{-}^{\ominus} = 0.401\ \mathrm{V} - 1.229\ \mathrm{V} = -0.828\ \mathrm{V}$$

$$\lg K^{\ominus} = \frac{zE^{\ominus}}{0.059\ \mathrm{V}} = \frac{1 \times (-0.828\ \mathrm{V})}{0.059\ \mathrm{V}} = -14.0$$

故反应 $H_2O \xlongequal{} H^+ + OH^-$ 的 $K^\ominus = 1.0\times10^{-14}$。

(2) 正极 $Pt^{2+} + 2e^- \rightleftharpoons Pt$ $E_+^\ominus = 1.18\ V$

负极 $[PtCl_4]^{2-} + 2e^- \rightleftharpoons Pt + 4Cl^-$ $E_-^\ominus = 0.755\ V$

$$E^\ominus = E_+^\ominus - E_-^\ominus = 1.18\ V - 0.755\ V = 0.425\ V$$

$$\lg K^\ominus = \frac{zE^\ominus}{0.059\ V} = \frac{2\times0.425\ V}{0.059\ V} = 14.41$$

故反应 $Pt^{2+} + 4Cl^- \xlongequal{} [PtCl_4]^{2-}$ 的 $K^\ominus = 2.57\times10^{14}$。

10.32 (1) 三个电池的电池反应式完全相同：

$$Tl^{3+} + 2Tl \xlongequal{} 3Tl^+$$

(2) 三个电池的电极反应式不同，则电池的电动势 $E^\ominus$ 不同。

$$E^\ominus(Tl^+/Tl) = 3\times E^\ominus(Tl^{3+}/Tl) - 2\times E^\ominus(Tl^{3+}/Tl^+)$$
$$= 3\times0.74\ V - 2\times1.25\ V = -0.28\ V$$

(a) 电子转移数为 3

正极 $Tl^{3+} + 3e^- \xlongequal{} Tl$

负极 $Tl \xlongequal{} Tl^+ + e^-$

$$E^\ominus(a) = E^\ominus(Tl^{3+}/Tl) - E^\ominus(Tl^+/Tl) = 0.74\ V - (-0.28\ V) = 1.02\ V$$

$$\Delta_r G_m^\ominus = -zE^\ominus F = (-3\times1.02\times96.5)\ kJ\cdot mol^{-1} = -295.3\ kJ\cdot mol^{-1}$$

(b) 电子转移数为 2

正极 $Tl^{3+} + 2e^- \xlongequal{} Tl^+$

负极 $Tl \xlongequal{} Tl^+ + e^-$

$$E^\ominus(b) = E^\ominus(Tl^{3+}/Tl^+) - E^\ominus(Tl^+/Tl) = 1.25\ V - (-0.28\ V) = 1.53\ V$$

$$\Delta_r G_m^\ominus = -zE^\ominus F = (-2\times1.53\times96.5)\ kJ\cdot mol^{-1} = -295.3\ kJ\cdot mol^{-1}$$

(c) 电子转移数为 6

正极 $Tl^{3+} + 2e^- \xlongequal{} Tl^+$

负极 $Tl \xlongequal{} Tl^{3+} + 3e^-$

$$E^\ominus(c) = E^\ominus(Tl^{3+}/Tl^+) - E^\ominus(Tl^{3+}/Tl) = 1.25V - 0.74V = 0.51V$$

$$\Delta_r G_m^\ominus = -zE^\ominus F = (-6\times0.51\times96.5)\ kJ\cdot mol^{-1} = -295.3\ kJ\cdot mol^{-1}$$

计算结果表明，三个电池反应的 $\Delta_r G_m^\ominus$ 相同。这是因为三个电池的反应式完全相同，G 是状态函数，所以 $\Delta_r G_m^\ominus$ 相同。

10.33 从元素电势图可知，HIO，MnO_4^{2-}，Mn^{3+} 能发生歧化反应，在酸性介质中不能稳定存在，这些物质不可能是反应产物。

在酸性介质中，单质 Mn 能与 H^+ 反应，因而 Mn 不是反应产物。

题中给出的 KI 溶液过量，因此，凡能与 I^- 发生反应的物质也不能是反应产物，应予以排除，则反应产物不能是 IO_3^-，H_5IO_6 和 MnO_2：

$$3H_5IO_6 + I^- \xlongequal{} 4IO_3^- + 3H^+ + 6H_2O$$

$$3MnO_2 + I^- + 6H^+ \xlongequal{} IO_3^- + 3Mn^{2+} + 3H_2O$$

$$IO_3^- + 5I^- + 6H^+ \xlongequal{} 3I_2 + 3H_2O$$

从以上分析结果看，反应产物只能是 I_3^- 和 Mn^{2+}：

$$2MnO_4^- + 15I^- + 16H^+ \xlongequal{} 5I_3^- + 2Mn^{2+} + 8H_2O$$

第 11 章

一、选择题

11.1 B　11.2 C　11.3 D　11.4 C　11.5 C　11.6 A　11.7 C　11.8 C　11.9 A
11.10 B　11.11 D　11.12 B　11.13 A　11.14 D　11.15 C

二、填空题

11.16 (1) 六硝基合钴(Ⅲ)酸钾；
(2) 二氯·二羟·二氨合铂(Ⅳ)；
(3) 一水合二氯化氯·五水合铬(Ⅲ)；
(4) 二氯化三(乙二胺)合镍(Ⅱ)；
(5) 四氯合铂(Ⅱ)酸四氨合铜(Ⅱ)；
(6) 三水合三草酸根合铁(Ⅲ)酸钾；
(7) 二草酸根合铜(Ⅱ)酸钾；
(8) 四氯合铂(Ⅱ)酸四吡啶合铂(Ⅱ)；
(9) 二(μ-羰基)·二(三羰基合钴)。

11.17 (1) $[Fe(CN)_5CO]^{3-}$；　(2) $[PtCl_2(OH)_2(NH_3)_2]$；
(3) $NH_4[Cr(SCN)_4(NH_3)_2]$；　(4) $[Cr(H_2O)_4Br_2]Br\cdot 2H_2O$；
(5) $[Cr(NH_3)_6][Co(CN)_6]$。

11.18 −3，八面体，C(或碳)，6，$t_{2g}^6e_g^0$，d^2sp^3，逆。

11.19 Ni，sp^3，dsp^2，正四面体，正方形，$2.83\mu_B$，$0\mu_B$。

11.20 (1) 3；(2) 5；(3) 4；(4) 2；(5) 1；(6) 0。

11.21 <，中心离子电荷高，引力大，与配体的相互作用大，分裂能大；
>，前者为正方形场，后者为正四面体场，平面正方形场的分裂能大；
<，中心相同，配体对分裂能的影响 CN^- 的大于 NH_3；
<，配体相同，中心所在的周期数大，d 轨道较伸展，与配体作用大，分裂能大。

11.22 3，4，10。

11.23 (1) 3；
(2) d^2sp^3，sp^3d^2；内轨，外轨；
(3) $d_\varepsilon^6d_\gamma^0$(或 $t_{2g}^6e_g^0$)，$d_\varepsilon^5d_\gamma^2$(或 $t_{2g}^5e_g^2$)；$24\ Dq-2P$，$8\ Dq$；
(4) $[Co(NH_3)_6]^{3+}$。

11.24 (1) <；(2) >；(3) >；(4) <。

三、简答题和计算题

11.25 (1) $[Pt(NH_3)_2(NO_2)Cl]$，平面四边形，2 种几何异构体。

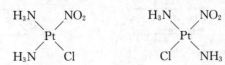

(2) $[Pt(Py)(NH_3)ClBr]$，平面四边形，3 种几何异构体。

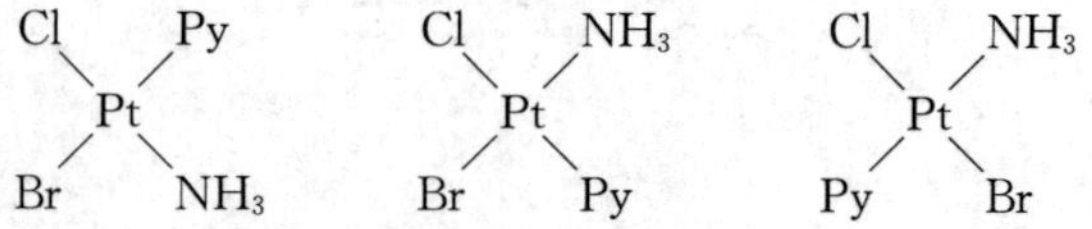

(3) $[Pt(NH_3)_2(OH)_2Cl_2]$，八面体，5 种几何异构体（中心原子未画出）。

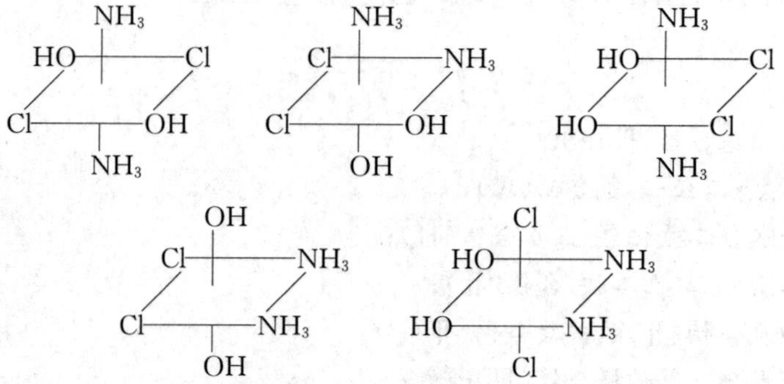

(4) $[Co(NH_3)_2(NO_2)_4]^-$，八面体，2 种几何异构体。

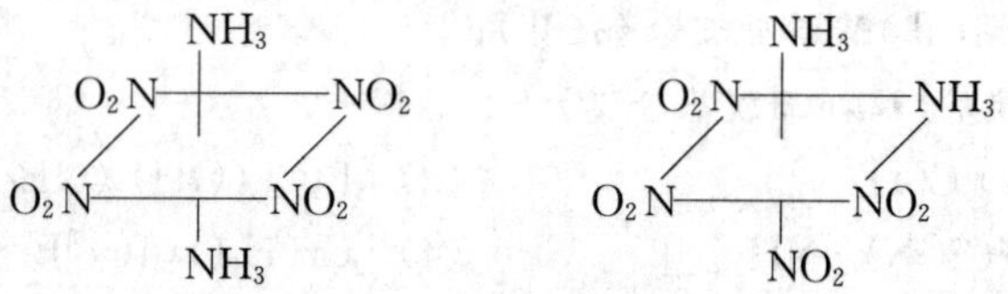

(5) $[Co(NH_3)_3(OH)_3]$，八面体，2 种几何异构体。

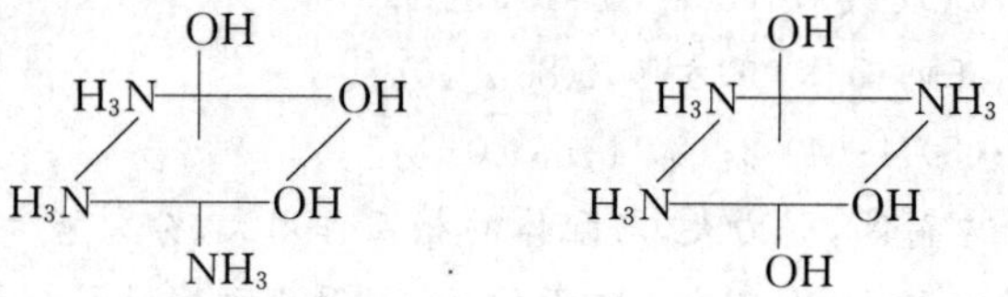

(6) $[Cr(SCN)_2(en)_2]^+$，八面体，2 种几何异构体。

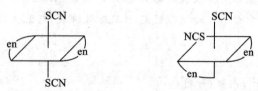

(7) $[Co(en)_3]^{3+}$，八面体，1 种几何异构体。

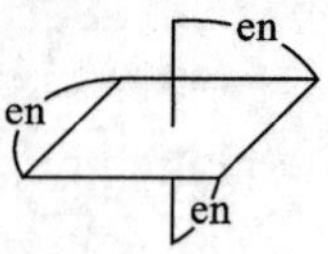

(8) $[Co(NH_3)(en)Cl_3]$，八面体，2 种几何异构体。

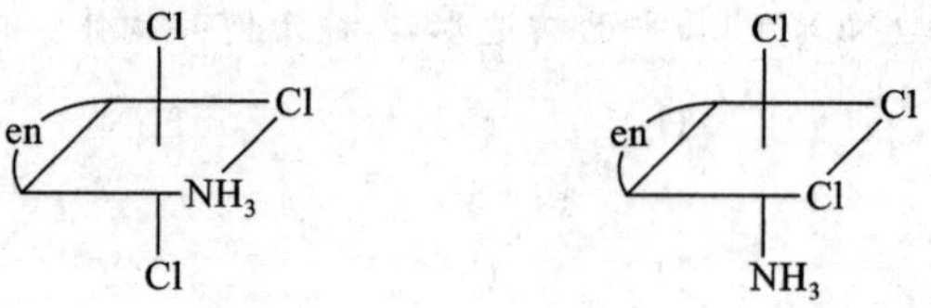

11.26 反位效应顺序：$NH_3 < Cl^-$，反式$[Pt(NH_3)_2Cl_2]$可由$[Pt(NH_3)_4]^{2+}$制备，制备路线如下：

$$Pt \longrightarrow H_2[PtCl_6] \longrightarrow K_2[PtCl_4] \longrightarrow [Pt(NH_3)_4]^{2+} \longrightarrow \text{反式}[Pt(NH_3)_2Cl_2]$$

Pt 溶于王水生成 $H_2[PtCl_6]$：

$$3Pt + 4HNO_3 + 18HCl = 3H_2[PtCl_6] + 4NO\uparrow + 8H_2O$$

将 $H_2[PtCl_6]$与 KCl 作用生成溶解度较小的 $K_2[PtCl_6]$，加入还原剂得到$K_2[PtCl_4]$：

$$K_2[PtCl_6] + K_2C_2O_4 = K_2[PtCl_4] + 2KCl + 2CO_2\uparrow$$

将 $K_2[PtCl_4]$与浓氨水作用，得到$[Pt(NH_3)_4]^{2+}$后，利用 Cl^- 比 NH_3 反位效应强的因素，将$[Pt(NH_3)_4]^{2+}$转化为反式$[Pt(NH_3)_2Cl_2]$。

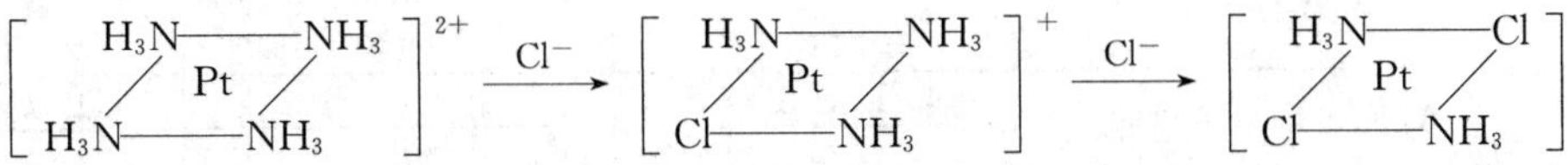

11.27 判断配位化合物是内轨型还是外轨型，实质是看中心内层 d 轨道是否与配体成键，即中心采取$(n-1)d\,ns\,np$ 杂化还是 $ns\,np\,nd$ 杂化。中心轨道杂化类型与中心价层电子构型及配体强弱有关。各题判断结果见下表。

题号	配位化合物	中心价层电子构型	配体类型	中心 d 电子的排布	中心轨道杂化类型	配位化合物类型
(1)	$[Cr(H_2O)_6]Cl_3$	$3d^3$	弱配体	↑ ↑ ↑ ○ ○	d^2sp^3	内轨型
(2)	$K_3[Cr(CN)_6]$	$3d^3$	强配体	↑ ↑ ↑ ○ ○	d^2sp^3	内轨型
(3)	$K_2[PtCl_4]$	$5d^8$	弱配体	⇅ ⇅ ⇅ ⇅ ○	dsp^2	内轨型
(4)	$K_2[Ni(CN)_4]$	$3d^8$	强配体	⇅ ⇅ ⇅ ⇅ ○	dsp^2	内轨型
(5)	$K_4[Mn(CN)_6]$	$3d^5$	强配体	⇅ ⇅ ↑ ○ ○	d^2sp^3	内轨型
(6)	$K_3[Fe(C_2O_4)_3]$	$3d^5$	弱配体	↑ ↑ ↑ ↑ ↑	sp^3d^2	外轨型
(7)	$[Fe(CO)_5]$	$3d^6 4s^2$	强配体	⇅ ⇅ ⇅ ⇅ ○	dsp^3	内轨型
(8)	$K_3[Fe(CN)_6]$	$3d^5$	强配体	⇅ ⇅ ↑ ○ ○	d^2sp^3	内轨型

11.28 结果见下表。

	$[CoF_6]^{3-}$	$[Fe(H_2O)_6]^{2+}$	$[Co(en)_3]^{2+}$
中心价层电子构型	$3d^6$	$3d^6$	$3d^7$
晶体场类型	八面体 弱场	八面体 弱场	八面体 弱场
球形场中电子排布	⇅ ↑ ↑ ↑ ↑	⇅ ↑ ↑ ↑ ↑	⇅ ⇅ ↑ ↑ ↑
晶体场中电子排布	↑ ↑ d_γ ⇅ ↑ ↑ d_ε	↑ ↑ d_γ ⇅ ↑ ↑ d_ε	↑ ↑ d_γ ⇅ ⇅ ↑ d_ε

续表

	$[CoF_6]^{3-}$	$[Fe(H_2O)_6]^{2+}$	$[Co(en)_3]^{2+}$
单电子数	4	4	3
磁矩/μ_B	4.90	4.90	3.87
CFSE	$4Dq$	$4Dq$	$8Dq$
	$[Fe(SCN)_6]^{3-}$	$[Ni(CO)_4]$	$[Mn(CN)_6]^{4-}$
中心价层电子构型	$3d^5$	$3d^8 4s^2$	$3d^5$
晶体场类型	八面体 弱场	四面体 强场	八面体 强场
球形场中电子排布	↑ ↑ ↑ ↑ ↑	↑↓ ↑↓ ↑↓ ↑↓ ↑↓	↑ ↑ ↑ ↑ ↑
晶体场中电子排布	↑ ↑ d_γ ↑ ↑ ↑ d_ε	↑↓ ↑↓ d_γ ↑↓ ↑↓ ↑↓ d_ε	— — d_γ ↑↓ ↑↓ ↑ d_ε
单电子数	5	0	1
磁矩/μ_B	5.92	0	1.73
CFSE	$0Dq$	$0Dq$	$20Dq-2P$

11.29 能与 $AgNO_3$ 反应生成 AgCl 沉淀者，外界为 Cl^-，化学结构式为$[CoSO_4(NH_3)_5]Cl$。能与 $BaCl_2$ 反应生成 $BaSO_4$ 沉淀者，外界为 SO_4^{2-}，化学结构式为$[CoCl(NH_3)_5]SO_4$。两种配合物之间属解离异构关系。

11.30 (1) 磁矩 μ 和中心单电子数 n 的关系式为

$$\mu=\sqrt{n(n+2)}\,\mu_B$$

将 $\mu=3.8\ \mu_B$ 代入上式，得$[Fe(NO)(H_2O)_5]SO_4$ 中心单电子数 $n=3$。

中心有 3 个单电子，可见不是 Fe^{2+}，而是氧化 NO 过程中得到 1 个电子生成的 Fe^+：

$$Fe^{2+}+NO = Fe^{+}+NO^{+}$$

该过程的电子排布变化如下所示：

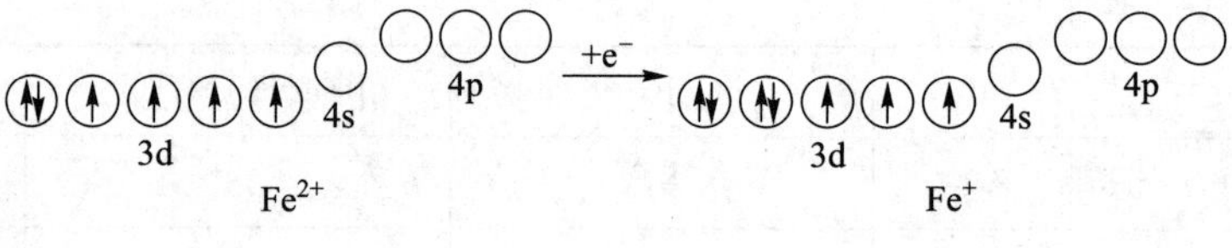

进一步形成配位化合物的反应为

$$Fe^{+}+NO^{+}+5H_2O+SO_4^{2-} = [Fe(NO)(H_2O)_5]SO_4$$

Fe^+ 没有空的内层 d 轨道，故在 6 配位的情况下为外轨型 sp^3d^2 杂化。

(2) $[Fe(NO)(H_2O)_5]SO_4$ 中 N—O 键的键长比自由 NO 分子中的键长短。

自由 NO 分子中 N—O 键的键级为 2.5，而$[Fe(NO)(H_2O)_5]SO_4$ 中 N—O 键的键级为 3。键级增大使键长变短。

11.31 配离子$[Fe(CN)_6]^{3-}$和$[Fe(CN)_6]^{4-}$中心分别为 Fe^{3+} 和 Fe^{2+}，中心与配体 CN^- 间既有配

体电子对向中心空的杂化轨道配位形成的 σ 配键，又有中心 d 电子向配体 CN^- 的空 π^* 轨道配位形成 d－p π 配键。带有正电荷的中心与带有负电荷的配体成键时以静电引力为主，d－p π配键对配离子稳定性影响较小。Fe^{3+} 与 CN^- 引力大于 Fe^{2+} 与 CN^- 引力，所以$[Fe(CN)_6]^{3-}$ 比$[Fe(CN)_6]^{4-}$ 稳定。

邻二氮菲的结构为

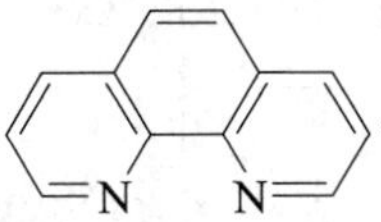

，分子中有离域大 π 键。

中性分子邻二氮菲与中心成键时，d－pπ 配键对配离子稳定性影响较大，中心与中性分子配体间静电引力对配离子稳定性影响较小。Fe^{2+} 的 d 电子比 Fe^{3+} 的多，向邻二氮菲的空 π^* 轨道反馈电子能力强，所以$[Fe(phen)_3]^{2+}$ 比$[Fe(phen)_3]^{3+}$ 稳定。

11.32 $CuSO_4$：SO_4^{2-} 晶体场很弱，分裂能 Δ 很小，d 电子在 d－d 跃迁时不吸收可见光而吸收红外光。因吸收的光不在可见光范围内，因而 $CuSO_4$ 显白色。

$CuCl_2$：Cl^- 晶体场使分裂能 Δ 大小恰好在可见光能量范围内，d－d 跃迁时电子吸收可见光，因而 $CuCl_2$ 显色。

$CuSO_4 \cdot 5H_2O$：配合物应写成$[Cu(H_2O)_4]SO_4 \cdot H_2O$，晶体场为 H_2O 而不是 SO_4^{2-}。Cu^{2+} 在 H_2O 晶体场中分裂能 Δ 大小也恰好在可见光能量范围内，发生 d－d 电子跃迁而使 $CuSO_4 \cdot 5H_2O$显色。

11.33 Hg^{2+} 价层电子构型为 $5d^{10}$，$[HgI_4]^{2-}$ 中电子没有 d－d 跃迁。由于 Hg^{2+} 与 I^- 靠配位键结合，键较弱，电荷跃迁较难，因而$[HgI_4]^{2-}$ 显无色。

HgI_2 中，Hg 与 I 靠共价键结合，Hg^{2+} 强的极化能力和 I^- 较大的变形性使电荷跃迁很容易进行，因而 HgI_2 有较深的颜色。

11.34 (1) 稳定性$[Co(NH_3)_6]^{3+} > [Co(NH_3)_6]^{2+}$　因前者中心的正电荷数高、离子半径小，对配体的引力大；

(2) 稳定性$[Zn(EDTA)]^{2-} > [Ca(EDTA)]^{2-}$　因 Zn^{2+} 的极化能力和变形性都比 Ca^{2+} 大；

(3) 稳定性$[Cu(CN)_4]^{3-} > [Zn(CN)_4]^{2-}$　Cu^+ 是软酸，Zn^{2+} 为交界酸，Cu^+ 与软碱 CN^- 结合更稳定；

(4) 稳定性$[AlF_6]^{3-} > [AlCl_6]^{3-}$　Al^{3+} 为硬酸，而碱的硬度为 $F^- > Cl^-$，因而 Al^{3+} 与 F^- 结合更稳定；

(5) 稳定性$[Cu(NH_2CH_2CH_2NH_2)_2]^{2+} > [Cu(NH_2CH_2COO)_2]$　前者配体中配位原子都是 N，后者配体中配位原子为 N 和 O，N 的配位能力比 O 强。

11.35 配离子构型畸变是指在八面体场中中心的两个 d_γ 轨道填充的电子数不同，引起八面体的变形，即姜-泰勒效应。讨论结果见下表。

配离子	中心电子组态	晶体场类型	中心 d 电子的排布	d_γ轨道电子数	两个 d_γ轨道电子数是否相同	畸变情况
$[Cr(H_2O)_6]^{3+}$	$3d^3$	八面体弱场	— — d_γ ↑ ↑ ↑ d_ε	0	相同	不畸变

续表

配离子	中心电子组态	晶体场类型	中心 d 电子的排布	d_γ 轨道电子数	两个 d_γ 轨道电子数是否相同	畸变情况
$[Fe(CN)_6]^{3-}$	$3d^5$	八面体强场	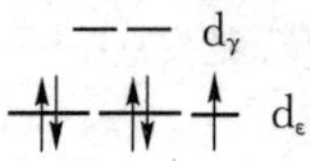	0	相同	不畸变
$[Cu(en)_3]^{2+}$	$3d^9$	八面体弱场	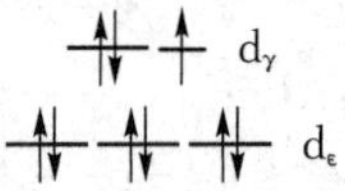	3	不相同	畸变
$[Mn(H_2O)_6]^{2+}$	$3d^5$	八面体弱场	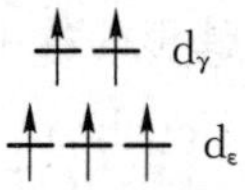	2	相同	不畸变
$[Co(CN)_6]^{4-}$	$3d^7$	八面体强场	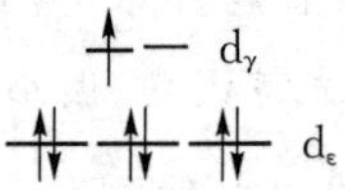	1	不相同	畸变
$[Cr(H_2O)_6]^{2+}$	$3d^4$	八面体弱场	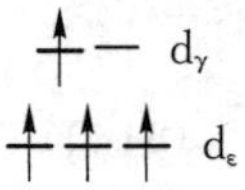	1	不相同	畸变

11.36 电荷数相同的同一周期过渡金属离子，随着金属元素原子序数的增大，核电荷数增加，有效核电荷数依次增加，金属离子与配体间的引力增大，配位化合物的稳定性趋于增大。

在八面体弱场中，Zn^{2+} 配位化合物的稳定性比 Cu^{2+} 配位化合物差，因为 Zn^{2+} 配位化合物的晶体场稳定化能小，其 CFSE＝0 Dq。

相关过渡元素 M^{2+} 在弱场中生成八面体配位化合物的 CFSE 见下表：

离子	Mn^{2+}	Fe^{2+}	Co^{2+}	Ni^{2+}	Cu^{2+}	Zn^{2+}
d 电子数	5	6	7	8	9	10
CFSE/Dq	0	4	8	12	6	0

晶体场稳定化能在数值上远远小于配位键的键能，但在配位键的键能相近时，晶体场稳定化能的修正作用显示出来。

11.37 混合溶液的体积为 1.0 dm^3。

反应前混合溶液中 $c(Ag^+)=0.10\ mol\cdot dm^{-3}$，$c(NH_3)=3.0\ mol\cdot dm^{-3}$。

由于 $[Ag(NH_3)_2]^+$ 的 $K^{\ominus}_{稳}$ 较大且 NH_3 过量，则溶液中 Ag^+ 与 NH_3 充分反应后几乎全部转化为 $[Ag(NH_3)_2]^+$，同时消耗掉 $c(NH_3)=0.20\ mol\cdot dm^{-3}$，所以反应后溶液中

$$c([Ag(NH_3)_2]^+)=0.10\ mol\cdot dm^{-3},\quad c(NH_3)=2.8\ mol\cdot dm^{-3}$$

由反应

$$Ag^+ + 2NH_3 \rightleftharpoons [Ag(NH_3)_2]^+$$

$$K^{\ominus}_{稳}=\frac{c\{[Ag(NH_3)_2]^+\}}{c(Ag^+)[c(NH_3)]^2}$$

即

$$1.1\times10^7=\frac{0.10}{c(Ag^+)\times2.8^2}$$

所以 $c(Ag^+)=1.2\times10^{-9}\ mol\cdot dm^{-3}$

若 1.19 g KBr 全部溶于溶液中，则 $c(Br^-)=0.010\ mol\cdot dm^{-3}$。

$$Q^\ominus=c(Ag^+)c(Br^-)=1.2\times10^{-9}\times0.010=1.2\times10^{-11}$$

因为 $Q^\ominus>K_{sp}^\ominus$，故有 AgBr 沉淀生成。

11.38 将电极反应 $[Fe(CN)_6]^{3-}+e^-=\!=\!=[Fe(CN)_6]^{4-}$

的 $E^\ominus$ 值看成电对 Fe^{3+}/Fe^{2+} 的 E 值，即

$$c[Fe(CN)_6^{3-}]=c[Fe(CN)_6^{4-}]=c(CN^-)=1\ mol\cdot dm^{-3}$$

时的 E 值。

由反应式 $Fe^{3+}+6CN^-=\!=\!=[Fe(CN)_6]^{3-}$

得其平衡常数表达式为 $K_{稳}^\ominus(1)=\dfrac{c[Fe(CN)_6^{3-}]}{c(Fe^{3+})[c(CN^-)]^6}$

所以有 $c(Fe^{3+})=\dfrac{c[Fe(CN)_6^{3-}]}{K_{稳}^\ominus(1)[c(CN^-)]^6}=\dfrac{1}{K_{稳}^\ominus(1)}$

同理有 $c(Fe^{2+})=\dfrac{1}{K_{稳}^\ominus(2)}$

根据 $Fe^{3+}+e^-=\!=\!=Fe^{2+}$ 的能斯特方程：

$$E=E^\ominus(Fe^{3+}/Fe^{2+})+0.059\ V\lg\frac{c(Fe^{3+})}{c(Fe^{2+})}$$

$$=E^\ominus(Fe^{3+}/Fe^{2+})+0.059\ V\lg\frac{\dfrac{1}{K_{稳}^\ominus(1)}}{\dfrac{1}{K_{稳}^\ominus(2)}}$$

将数值代入上式，得

$$0.358\ V=0.771\ V+0.059\ V\lg\frac{K_{稳}^\ominus(2)}{1.00\times10^{42}}$$

$$K_{稳}^\ominus(2)=1.00\times10^{35}$$

即反应 $Fe^{2+}+6CN^-\rightleftharpoons[Fe(CN)_6]^{4-}$ 的 $K_{稳}^\ominus=1.00\times10^{35}$。

11.39 $pH=1.0, c(H^+)=0.10\ mol\cdot dm^{-3}$

$c(Zn^{2+})=0.010\ mol\cdot dm^{-3}$

$K_{sp}^\ominus(ZnS)=c(Zn^{2+})c(S^{2-})$

$=0.01\times\dfrac{K_a^\ominus c(H_2S)}{[c(H^+)]^2}$ （$K_a^\ominus$ 为 H_2S 的解离平衡常数）

$=K_a^\ominus c(H_2S)$

加入 KCN 后，设 $c(Zn^{2+})=x\ mol\cdot dm^{-3}$，则

	Zn^{2+}	+	$4CN^-$	$=\!=\!=$	$[Zn(CN)_4]^{2-}$
$c_{平}/(mol\cdot dm^{-3})$	x		$1.0-4(0.01-x)$		$0.01-x$

$$K_{稳}^\ominus=\frac{0.01-x}{x[1.0-4(0.01-x)]^4}=5.0\times10^{16}$$

解得 $x=2.35\times10^{-19}$，即 $c(Zn^{2+})=2.35\times10^{-19}\ mol\cdot dm^{-3}$

$K^{\ominus}_{sp}(ZnS) = c(Zn^{2+})c(S^{2-}) = 2.35 \times 10^{-19} \times \dfrac{K^{\ominus}_{a}c(H_2S)}{[c(H^{+})]^2}$

$K^{\ominus}_{a}c(H_2S) = 2.35 \times 10^{-19} \times \dfrac{K^{\ominus}_{a}c(H_2S)}{[c(H^{+})]^2}$

得 $c(H^+) = 4.85 \times 10^{-10}\ mol \cdot dm^{-3}$，即 pH＝9.31。

11.40 $Au(CN)_2^- + e^- \rightleftharpoons Au + 2CN^-$，标准状态时：

$$c[Au(CN)_2^-] = c(CN^-) = 1.0\ mol \cdot dm^{-3}$$

则有 $$K^{\ominus}_{稳}[Au(CN)_2^-] = \frac{c[Au(CN)_2^-]}{c(Au^+)[c(CN^-)]^2} = \frac{1}{c(Au^+)}$$

$$E^{\ominus}[Au(CN)_2^-/Au] = E^{\ominus}(Au^+/Au) + 0.059\ V\ \lg c(Au^+)$$
$$= 1.69\ V + 0.059\ V\ \lg \frac{1}{K^{\ominus}_{稳}} = -0.57\ V$$

11.41 (1) $E^{\ominus}(FeF_6^{3-}/Fe^{2+}) = E^{\ominus}(Fe^{3+}/Fe^{2+}) + 0.059\ V\ \lg[c(Fe^{3+})/c(Fe^{2+})]$
$$= 0.771\ V + 0.059\ V\ \lg[1/K^{\ominus}_{稳}(FeF_6^{3-})]$$
$$= 0.771\ V + 0.059\ V\ \lg \frac{1}{1.1 \times 10^{12}} = 0.06\ V$$

$E^{\ominus}(FeF_6^{3-}/Fe^{2+}) < E^{\ominus}(Sn^{4+}/Sn^{2+})$，无氧化还原反应发生。

(2) $E^{\ominus}[Fe(SCN)_5^{2-}/Fe^{2+}] = E^{\ominus}(Fe^{3+}/Fe^{2+}) + 0.059\ V\ \lg \dfrac{1}{K^{\ominus}_{稳}}$
$$= 0.771\ V + 0.059\ V\ \lg \frac{1}{2.5 \times 10^{6}} = 0.39\ V$$

$E^{\ominus}[Fe(SCN)_5^{2-}/Fe^{2+}] > E^{\ominus}(Sn^{4+}/Sn^{2+})$，能发生氧化还原反应：

$$2[Fe(SCN)_5]^{2-} + Sn^{2+} \rightleftharpoons 2Fe^{2+} + 10SCN^- + Sn^{4+}$$

(3) $E^{\ominus}[Fe(SCN)_5^{2-}/Fe^{2+}] < E^{\ominus}(I_2/I^-)$，不发生氧化还原反应。

11.42 设 AgBr 在 $Na_2S_2O_3$ 溶液中的溶解度为 $x\ mol \cdot dm^{-3}$。

$$AgBr + 2S_2O_3^{2-} \rightleftharpoons [Ag(S_2O_3)_2]^{3-} + Br^-$$
$$1-2x \qquad\qquad x \qquad\qquad x$$

$$K^{\ominus} = \frac{c[Ag(S_2O_3)_2^{3-}]c(Br^-)}{[c(S_2O_3^{2-})]^2} = \frac{c[Ag(S_2O_3)_2^{3-}]c(Br^-)c(Ag^+)}{[c(S_2O_3^{2-})]^2 c(Ag^+)} = K^{\ominus}_{sp}(AgBr)K^{\ominus}_{稳} = 15$$

$$\frac{x^2}{(1-2x)^2} = 15$$

$$x = 0.44$$

溶解 AgBr 的质量为 $0.44\ mol \cdot dm^{-3} \times 188\ g \cdot mol^{-1} \times 1.5\ dm^3 = 124\ g$

11.43 在水溶液中，$E^{\ominus}(Co^{3+}/Co^{2+}) > E^{\ominus}(O_2/H_2O)$，因此 Co^{3+} 能氧化水：

$$4Co^{3+} + 2H_2O \rightleftharpoons 4Co^{2+} + O_2\uparrow + 4H^+$$

当 Co^{3+} 生成 $[Co(NH_3)_6]^{3+}$ 后：

$$E^{\ominus}[Co(NH_3)_6^{3+}/Co(NH_3)_6^{2+}] = E^{\ominus}(Co^{3+}/Co^{2+}) + 0.059\ V\ \lg \frac{c(Co^{3+})}{c(Co^{2+})}$$
$$= E^{\ominus}(Co^{3+}/Co^{2+}) + 0.059\ V\ \lg \frac{K^{\ominus}_{稳}[Co(NH_3)_6^{2+}]}{K^{\ominus}_{稳}[Co(NH_3)_6^{3+}]}$$
$$= 1.92\ V + 0.059\ V\ \lg \frac{1.38 \times 10^{5}}{1.58 \times 10^{35}} = 0.15\ V$$

在氨溶液中，设 $c(NH_3)=1.0\ mol\cdot dm^{-3}$，则

$$c(OH^-)=\sqrt{1.0\times1.8\times10^{-5}}\ mol\cdot dm^{-3}=4.24\times10^{-3}\ mol\cdot dm^{-3}$$

$$O_2+4H_2O+4e^- \longrightarrow 4OH^-$$

$$E(O_2/OH^-)=E^\ominus(O_2/OH^-)+\frac{0.059\ V}{4}\lg\frac{p(O_2)/p^\ominus}{[c(OH^-)]^4}$$

$$=0.401\ V+\frac{0.059\ V}{4}\lg\frac{1}{(4.24\times10^{-3})^4}=0.54\ V$$

$E^\ominus[Co(NH_3)_6^{3+}/Co(NH_3)_6^{2+}]<E(O_2/OH^-)$，故$[Co(NH_3)_6]^{3+}$不能氧化水。

11.44 电池的电动势

$$E^\ominus=E^\ominus[Cu(NH_3)_4^{2+}/Cu]-E^\ominus(Zn^{2+}/Zn)=0.71\ V$$

即 $$E^\ominus[Cu(NH_3)_4^{2+}/Cu]=E^\ominus+E^\ominus(Zn^{2+}/Zn)$$

$$=0.71\ V+(-0.76\ V)=-0.05\ V$$

能斯特方程 $$E^\ominus[Cu(NH_3)_4^{2+}/Cu]=E^\ominus(Cu^{2+}/Cu)+\frac{0.059\ V}{2}\lg c(Cu^{2+}) \quad (1)$$

其中 $$Cu^{2+}+4\ NH_3 \longrightarrow [Cu(NH_3)_4]^{2+}$$

$$K^\ominus_{稳}=\frac{c[Cu(NH_3)_4^{2+}]}{c(Cu^{2+})[c(NH_3)]^4}=\frac{1}{c(Cu^{2+})}$$

即 $$c(Cu^{2+})=\frac{1}{K^\ominus_{稳}}$$

代入式(1)得 $$-0.05\ V=0.34\ V+\frac{0.059\ V}{2}\lg\frac{1}{K^\ominus_{稳}}$$

$$K^\ominus_{稳}=1.7\times10^{13}$$

11.45 (1) 由配体(NO_2)的氮氧键不等长，说明(NO_2)不用N原子配位，两个O原子中只有1个配位，故(NO_2)为氧配位的单基配体亚硝酸根NO_2^-。

由$[MA_2(NO_2)_2]$为六配位单核配位化合物，则配体A为双基配体。

由配体A不含氧，且$[MA_2(NO_2)_2]$的组成分析结果中N含量较高，则A为含有2个N的双基配体，最有可能的是乙二胺$NH_2CH_2CH_2NH_2$。

设M的相对原子质量为A_r，则有

$$21.68\%=A_r/(A_r+60\times2+46\times2)$$

得 $$A_r=58.7$$

则M为Ni。

在配位化合物中Ni以+2价存在，所以题设配位化合物的化学式为$[Ni(en)_2(NO_2)_2]$。

(2) $[Ni(en)_2(NO_2)_2]$为八面体结构，有两种几何异构体，如下图所示。

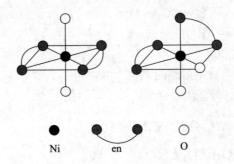

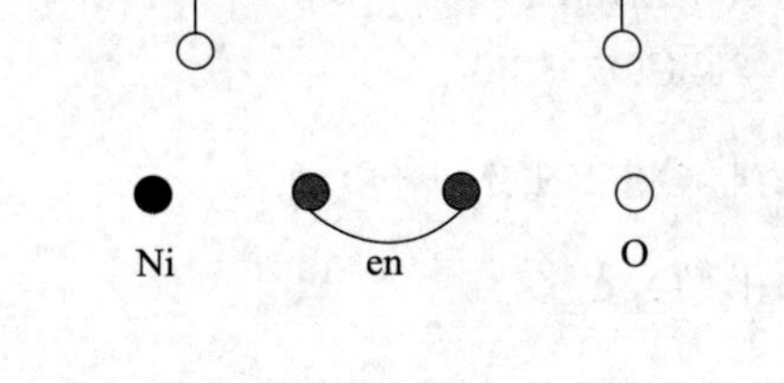

11.46 (A) $[Co(NH_3)_6]Cl_3$;(B) $[Co(NH_3)_5H_2O]Cl_3$;(C) $[Co(NH_3)_5Cl]Cl_2$。

(A) 中只有一种配体,NH_3 的配位能力比 Cl^- 和 H_2O 强,所以(A)为$[Co(NH_3)_6]Cl_3$。由于(B)中配体氨的个数比(A)中减少了六分之一,即(B)中有 5 个配体氨;(B)与(A)的外界完全等同,说明(B)的外界有 3 个 Cl^-;考虑到电荷平衡,(B)中有一个配体为中性分子 H_2O;综上分析(B)为$[Co(NH_3)_5H_2O]Cl_3$。

$[Co(NH_3)_5H_2O]Cl_3$ 受热会有易挥发性分子失去,NH_3,H_2O,HCl 哪个会失去?考虑到电荷平衡,不能失去 HCl;根据(B)和(C)溶液与 $AgNO_3$ 溶液生成沉淀的量推断,(C)的外界有 2 个 Cl^-,另一个 Cl^- 进入内界,所以(C)为$[Co(NH_3)_5Cl]Cl_2$。

第 12 章

一、选择题

12.1 B　12.2 A　12.3 D　12.4 B　12.5 C　12.6 B　12.7 B　12.8 C

二、填空题

12.9 (1) CaF_2;(2) NaCl;(3) $CaSO_4 \cdot 2H_2O$;(4) $MgSO_4 \cdot 7H_2O$;(5) $Na_2SO_4 \cdot 10H_2O$;(6) $K_2SO_4 \cdot Al_2(SO_4)_3 \cdot 24H_2O$;(7) $KCl \cdot MgCl_2 \cdot 6H_2O$;(8) $BaSO_4$;(9) $SrSO_4$;(10) $CaCO_3$;(11) $NaAlSi_3O_8$;(12) $BaCO_3$。

12.10 液态石蜡,煤油。

12.11 Be,Cs,Li,Cs。

12.12 Be 与 Al,Li 与 Mg。

12.13 $Be(OH)_2$ 具有两性,既溶于酸又溶于强碱;$Mg(OH)_2$ 为碱性,只溶于酸。

12.14 金属钙,电解时加入 $CaCl_2$ 助熔剂而有少量的钙电解时析出。

12.15 降低盐的熔点,增加熔盐的导电性。

12.16 $BaCO_3$。

12.17 (1) <;(2) >;(3) <;(4) >;(5) >;(6) <。

12.18 减小,减小,降低。

三、完成并配平化学反应方程式

12.19 $Na_2O_2 + 2H_2O = 2NaOH + H_2O_2$

12.20 $Cr_2O_3 + 3Na_2O_2 \xlongequal{熔融} 2Na_2CrO_4 + Na_2O$

12.21 $2Na_2O_2 + 2CO_2 = 2Na_2CO_3 + O_2$

12.22 $4KO_3 + 2H_2O = 4KOH + 5O_2\uparrow$

12.23 $4Li + O_2 = 2Li_2O$

12.24 $TiCl_4 + 2Mg = Ti + 2MgCl_2$

12.25 $4KO_2 + 2CO_2 = 2K_2CO_3 + 3O_2$

12.26 $4NaNO_3 \xlongequal{800\ ℃} 2Na_2O + 2N_2\uparrow + 5O_2\uparrow$

12.27 $MgCO_3 \xlongequal{\triangle} MgO + CO_2\uparrow$

12.28 $MgCl_2 \cdot 6H_2O \xlongequal{\triangle} Mg(OH)Cl + 5H_2O + HCl\uparrow$

$Mg(OH)Cl \xlongequal{\triangle} MgO + HCl\uparrow$

12.29 $6KOH + 4O_3 \xlongequal{} 4KO_3 + 2KOH \cdot H_2O + O_2$

四、分离、鉴别与制备

12.30 可先配制饱和的 $NaOH$ 溶液，Na_2CO_3 在饱和的 $NaOH$ 溶液中溶解度极小而析出沉淀。取上层清液，用煮沸除去 CO_2 后冷却的水稀释即可。

12.31 除锂外，其他碱金属在空气中燃烧的主要产物都不是普通氧化物。锂以外的碱金属的普通氧化物可以用碱金属单质或叠氮化物在真空中还原其过氧化物、硝酸盐或亚硝酸盐制备，例如：

$$2Na + Na_2O_2 \xlongequal{真空} 2Na_2O$$

$$10K + 2KNO_3 \xlongequal{真空} 6K_2O + N_2\uparrow$$

$$3NaN_3 + NaNO_2 \xlongequal{真空} 2Na_2O + 5N_2\uparrow$$

12.32 取该样品少量溶于水，然后分成三份置于试管中备用。

第一份滴加 $BaCl_2$ 溶液，若有白色沉淀生成则可能是 Na_2CO_3 或 Na_2SO_4：

$$Ba^{2+} + CO_3^{2-} \xlongequal{} BaCO_3\downarrow（白色）$$

$$Ba^{2+} + SO_4^{2-} \xlongequal{} BaSO_4\downarrow（白色）$$

离心分离，在沉淀中加入稀硝酸，沉淀溶解并放出气体则原样品是 Na_2CO_3，若沉淀不溶解，则原样品是 Na_2SO_4：

$$BaCO_3 + 2HNO_3 \xlongequal{} Ba(NO_3)_2 + H_2O + CO_2\uparrow$$

第二份先以硝酸酸化，然后滴加 $AgNO_3$ 溶液，有沉淀生成则可能是 $NaCl$ 或 $NaBr$ 中的一种（虽然 $AgCl$ 沉淀呈白色，$AgBr$ 沉淀呈淡黄色，但当 $AgBr$ 沉淀颗粒很细小时也显示白色则难以区分）：

$$Ag^+ + Cl^- \xlongequal{} AgCl\downarrow$$

$$Ag^+ + Br^- \xlongequal{} AgBr\downarrow$$

离心分离，在沉淀中加入氨水，沉淀溶解则原样品是 $NaCl$，沉淀基本不溶则原样品是 $NaBr$：

$$AgCl + 2NH_3 \xlongequal{} [Ag(NH_3)_2]^+ + Cl^-$$

第三份先加入少许 $FeSO_4$ 晶体，然后沿试管壁缓慢加入浓硫酸，在硫酸（下层）和溶液（上层）之间出现棕色环则原样品是 $NaNO_3$：

$$3Fe^{2+} + NO_3^- + 2H_2SO_4 \xlongequal{} 3Fe^{3+} + NO\uparrow + 2SO_4^{2-} + 2H_2O$$

$$Fe^{2+} + NO \xlongequal{} [Fe(NO)]^{2+}（棕色）$$

12.33 加入 $Ba(OH)_2$ 更好。

$BaCO_3$ 和 $Ba(OH)_2$ 与 $FeCl_3$ 发生的反应为

$$2FeCl_3 + 3BaCO_3 + 3H_2O \xlongequal{} 2Fe(OH)_3\downarrow + 3BaCl_2 + 3CO_2\uparrow$$

$$2FeCl_3 + 3Ba(OH)_2 \xlongequal{} 2Fe(OH)_3\downarrow + 3BaCl_2$$

由反应方程式可知，$BaCO_3$ 与 $FeCl_3$ 反应产物中有 CO_2，CO_2 不能完全脱离体系，有杂质存在。而 $Ba(OH)_2$ 与 $FeCl_3$ 反应没有杂质生成，若 $Ba(OH)_2$ 过量可以定量加入盐酸转化为 $BaCl_2$。

12.34 将粗盐溶于水，加 NaOH 溶液到不再生成 $Mg(OH)_2$ 沉淀为止；加 $BaCl_2$ 溶液到不再生成 $BaSO_4$ 沉淀为止；加 Na_2CO_3 溶液到不再生成 $BaCO_3$ 和 $CaCO_3$ 沉淀为止。然后过滤除去沉淀，即可除去粗盐溶液中的 Mg^{2+}，Ca^{2+} 和 SO_4^{2-}，最后用盐酸调节滤液的 pH 达到 3，即可除去过量的 Na_2CO_3，再用 NaOH 调至中性即可。

五、简答题

12.35 熔融的 $BeCl_2$ 液体中 $BeCl_2$ 以链式结构存在，由于其为共价化合物，该液体内没有发生解离现象，故而不能导电。由于 $BeCl_2$ 是路易斯酸，在加入 NaCl 后，会与路易斯碱 Cl^- 结合生成配离子：

$$BeCl_2 + Cl^- = [BeCl_3]^-$$

$$[BeCl_3]^- + Cl^- = [BeCl_4]^{2-}$$

即形成了离子液体，故而导电。

12.36 钾的沸点为 774 ℃，钠的沸点为 883 ℃，钾的沸点比钠的低 109 ℃。控制温度在钠和钾沸点之间，则生成的钾从反应体系中挥发出来，有利于平衡向生成钾的方向移动。

由于反应是一个平衡过程，反应不够彻底，产物中含有杂质钠。工业上采取减压蒸馏的方法提纯得到高纯度的钾，故此方法可行。

12.37 由于 Be^{2+} 的离子势 $\phi(\phi=z/r)$ 高，Be^{2+} 是比该族其他元素离子强得多的路易斯酸，能够更强地吸引来自配体的孤电子对。

12.38 (1) 在空气中燃烧均生成正常的氧化物：

$$4Li + O_2 = 2Li_2O \qquad 2Mg + O_2 = 2MgO$$

(2) 与 N_2 化合能力较强，易生成 Li_3N 和 Mg_3N_2。

(3) 难溶盐：LiF 与 MgF_2，Li_2CO_3 与 $MgCO_3$，Li_3PO_4 与 $Mg_3(PO_4)_2$ 等均为难溶盐。

(4) 氢氧化物溶解度较小，受热易脱水生成氧化物：

$$2LiOH \xlongequal{\triangle} Li_2O + H_2O$$

$$Mg(OH)_2 \xlongequal{\triangle} MgO + H_2O$$

(5) 硝酸盐热分解产物相似：

$$4LiNO_3 \xlongequal{\triangle} 2Li_2O + 4NO_2\uparrow + O_2\uparrow$$

$$2Mg(NO_3)_2 \xlongequal{\triangle} 2MgO + 4NO_2\uparrow + O_2\uparrow$$

(6) 水合氯化物受热易水解：

$$MgCl_2\cdot 6H_2O \xlongequal{\triangle} Mg(OH)Cl + 5H_2O + HCl\uparrow$$

12.39 Be 和 Al 单质及化合物性质有许多相似之处，可从以下几个方面来理解。

(1) Be 和 Al 都是两性金属，不仅能溶于酸，也都能溶于强碱放出氢气：

$$Be + 2NaOH + 2H_2O = Na_2[Be(OH)_4] + H_2\uparrow$$

$$2Al + 2NaOH + 6H_2O = 2Na[Al(OH)_4] + 3H_2\uparrow$$

(2) 铍和铝的氢氧化物都是两性化合物，易溶于强碱：

$$Be(OH)_2 + 2NaOH \xlongequal{\quad} Na_2[Be(OH)_4]$$
$$Al(OH)_3 + NaOH \xlongequal{\quad} Na[Al(OH)_4]$$

(3) $BeCl_2$ 和 $AlCl_3$ 的共价性明显，易升华、聚合，易溶于有机溶剂。

(4) Be，Al 常温下不与水作用，与冷的浓硝酸接触时都发生钝化现象。

(5) 铍和铝的盐都易水解。

12.40 Na^+ 半径比 K^+ 半径小，Na^+ 极化能力强，水合热大，因而 $NaNO_3$ 易吸水潮解，配制的黑火药不易长期保存，容易失效；而 KNO_3 不易潮解，配制的黑火药可长期保存，不容易失效。

12.41 从表中可以看出同一碱金属元素，其卤化物的标准摩尔生成热的绝对值随着 X^- 半径的增大而减小。其原因主要是随着 X^- 半径的增大，X^- 与碱金属形成晶体的晶格能逐渐变小，因此生成时释放的热量逐渐减少。

从 LiF 到 RbF，标准摩尔生成热的绝对值减小，其原因是阴、阳离子半径之间越来越不匹配，导致晶格能降低，故而生成时释放的热量减少。而从 LiI 到 RbI，阴、阳离子半径之间则越来越匹配，故而晶格能升高，释放的热量增多，标准摩尔生成热的绝对值增大。

将 LiI 与 CsF 混合研磨后，将生成 CsI 和 LiF，因为这样会使阴、阳离子半径之间更匹配，晶格能更大，即生成比反应物更稳定的物质。

12.42 活泼的金属镁与水反应生成的产物 $Mg(OH)_2$（$K_{sp}^{\ominus} = 5.6 \times 10^{-12}$）不溶于水，覆盖在金属表面使反应不能继续进行下去。NH_4Cl 溶液为弱酸性，能够溶解溶解度不是很小的 $Mg(OH)_2$，故金属镁溶于氯化铵溶液。

$$Mg + 2H_2O \xlongequal{\quad} Mg(OH)_2 + H_2\uparrow$$
$$Mg(OH)_2 + 2NH_4Cl \xlongequal{\quad} MgCl_2 + 2NH_3 \cdot H_2O$$

12.43 单分子中 Be 原子以 sp 方式杂化，形成两个有单电子的杂化轨道，在空间呈直线形分布。每个含有单电子的 sp 杂化轨道与 Cl 原子的单电子轨道重叠形成 σ 键，故 $BeCl_2$ 单分子呈直线形。

二聚体中，Be 原子以 sp^2 方式杂化，形成两个有单电子的杂化轨道和一个空的杂化轨道，杂化轨道为平面三角形。两个含有单电子的杂化轨道分别与两个 Cl 原子的单电子轨道形成 σ 键；其中一个 Cl 原子为端基 Cl，而另一个 Cl 原子除了以 σ 方式与 Be 原子生成共价键外，还提供孤电子对与另一个 Be 原子中的空 sp^2 杂化轨道形成配位键，因此分子中每个 Be 原子外均为平面三角形构型，如下图(a)所示。

对于链状结构的 $BeCl_2$，Be 原子以 sp^3 方式杂化，形成两个有单电子的杂化轨道和两个空的杂化轨道，杂化轨道呈正四面体分布。每个 Cl 原子除了以 σ 方式与 Be 原子生成共价键外，还提供孤电子对与 Be 原子的空 sp^3 杂化轨道形成配位键，分子中每个 Be 原子均与 4 个 Cl 原子成键，且处于 4 个 Cl 原子构成的正四面体的中心，如下图(b)所示。

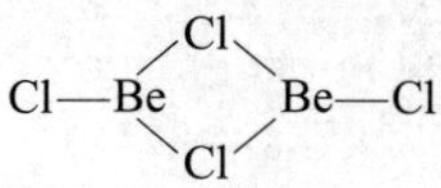

(a)

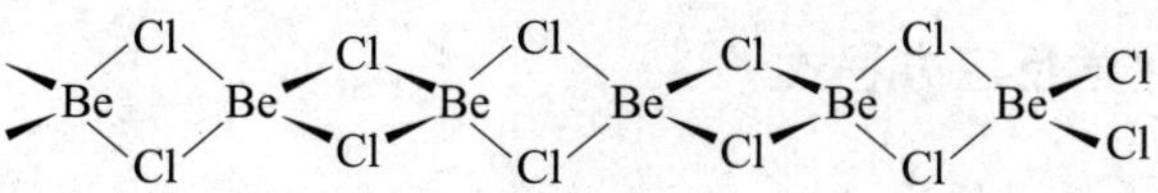

(b)

12.44 不能用空气、氮气、二氧化碳代替氢气作冷却剂，因为电炉法炼镁时炉口馏出的镁蒸气温度很高，能和空气、氮气、二氧化碳发生反应：

$$2Mg + O_2 = 2MgO$$

$$3Mg + N_2 = Mg_3N_2$$

$$2Mg + CO_2 = 2MgO + C$$

12.45 肯定存在：$MgCO_3$，Na_2SO_4。

肯定不存在：$Ba(NO_3)_2$，$AgNO_3$，$CuSO_4$。

混合物投入水中，得无色溶液和白色沉淀，则肯定不存在 $CuSO_4$。

溶液在焰色试验时，火焰呈黄色，则 Na_2SO_4 肯定存在，而 $Ba(NO_3)_2$ 则肯定不存在，因为 Ba^{2+} 与 Na_2SO_4 生成 $BaSO_4$ 白色沉淀且不溶于盐酸。$AgNO_3$ 也肯定不存在，因为 $AgNO_3$ 遇 Na_2SO_4 将有 Ag_2SO_4 白色沉淀生成，Ag_2SO_4 在稀盐酸中不溶。

沉淀可溶于稀盐酸并放出气体，则肯定存在 $MgCO_3$。

12.46 (A)—Ca； (B)—CaO； (C)—Ca_3N_2； (D)—$Ca(OH)_2$；
(E)—NH_3； (F)—$CaCO_3$。

第 13 章

一、选择题

13.1 C 13.2 D 13.3 A 13.4 A 13.5 B 13.6 C 13.7 B 13.8 C
13.9 B 13.10 B

二、填空题

13.11 $MgB_4O_5 \cdot H_2O$，$Al_2O_3 \cdot nH_2O$，$\alpha-Al_2O_3$，$Na_3[AlF_6]$，$Na_2B_4O_5(OH)_4 \cdot 8H_2O$。

13.12 $B_3N_3H_6$， 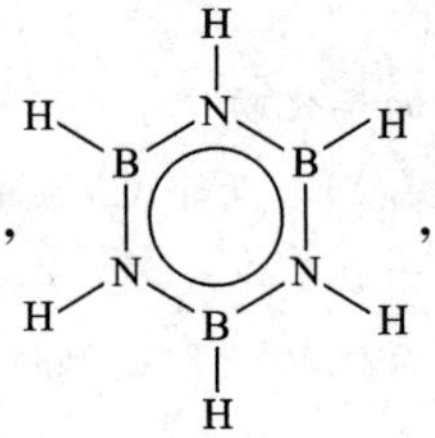 ，苯。

13.13 片，氢，分子间力，解理，润滑。

13.14 逆，$Ga[GaCl_4]$。

13.15 氯桥键；H_3BO_3 和$[B(OH)_4]^-$。

13.16 (1)＞，(2)＜，(3)＜。

13.17 小，AgCl，大，K(或 Rb)。

13.18 Cs 和 Ga，Ga。

13.19 $B(OC_2H_5)_3$，绿。

13.20 蓝，紫，绿，绿，黄。

三、完成并配平化学反应方程式

13.21 $2B + N_2 \xlongequal{高温} 2BN$

13.22 $2B+3H_2SO_4(浓) \xlongequal{\triangle} 2B(OH)_3+3SO_2\uparrow$

13.23 $2BI_3 \xlongequal[Ta]{1000\ K} 2B+3I_2$

13.24 $B_2H_6+3O_2 \xlongequal{自燃} B_2O_3+3H_2O$

13.25 $LiBH_4+2H_2O \xlongequal{} LiBO_2+4H_2\uparrow$

13.26 $3B_2O_3+3H_2O(g) \xlongequal{} 2B_3O_3(OH)_3(g)$

13.27 $BF_3+3H_2O \xlongequal{} B(OH)_3+3HF$

$BF_3+HF \xlongequal{} H[BF_4]$

13.28 $2B+6H_2O(g) \xlongequal{} 2B(OH)_3+3H_2(g)$

13.29 $B_2S_3+6H_2O \xlongequal{} 2B(OH)_3+3H_2S$

13.30 $Na_2B_4O_7+H_2SO_4+5H_2O \xlongequal{} 4B(OH)_3+Na_2SO_4$

13.31 $Na_2CO_3+Al_2O_3 \xlongequal{\triangle} 2NaAlO_2+CO_2\uparrow$

$NaAlO_2+2H_2O \xlongequal{} Al(OH)_3\downarrow+NaOH$

13.32 $2Al+2NaOH+2H_2O \xlongequal{\triangle} 2NaAlO_2+3H_2\uparrow$

13.33 $NaAlO_2+NH_4Cl+2H_2O \xlongequal{} Al(OH)_3\downarrow+NH_3\cdot H_2O+NaCl$

13.34 $2Ga+3H_2SO_4(稀) \xlongequal{} Ga_2(SO_4)_3+3H_2\uparrow$

13.35 $Ga+6HNO_3(浓) \xlongequal{} Ga(NO_3)_3+3NO_2\uparrow+3H_2O$

13.36 $TlOH+NaCl \xlongequal{} TlCl+NaOH$

13.37 $TlCl_3+3KI \xlongequal{} TlI+I_2+3KCl$

四、分离、鉴别与制备

13.38 将硼砂溶于水，用 H_2SO_4 调节酸度，析出硼酸晶体：

$$Na_2B_4O_7+H_2SO_4+5H_2O \xlongequal{} 4B(OH)_3+Na_2SO_4$$

加热使硼酸脱水，得到 B_2O_3：

$$2B(OH)_3 \xlongequal{\triangle} B_2O_3+3H_2O$$

再用活泼金属 Mg 在高温下还原 B_2O_3，得到纯度 95%～98% 的粗硼：

$$B_2O_3+3Mg \xlongequal{高温} 2B+3MgO$$

13.39 将粉碎后的铝土矿用碱浸取，加压煮沸，使之转变成可溶性的铝酸钠：

$$Al_2O_3+2NaOH \xlongequal[煮沸]{加压} 2NaAlO_2+H_2O$$

过滤将铝酸钠溶液与不溶的杂质分开。之后通入 CO_2 调节溶液 pH，使 $Al(OH)_3$ 沉淀、析出：

$$2NaAlO_2+CO_2+3H_2O \xlongequal{} 2Al(OH)_3\downarrow+Na_2CO_3$$

经分离、焙烧得到符合电解需要的较纯净的 Al_2O_3：

$$2Al(OH)_3 \xlongequal{\triangle} Al_2O_3+3H_2O\uparrow$$

将 Al_2O_3 溶解在熔融的冰晶石（$Na_3[AlF_6]$）中，在 1223 K 下进行电解，在阴极上得到金

属铝。电解反应可以表示为

$$2Al_2O_3 \xlongequal{\text{通电}} 4Al + 3O_2\uparrow$$

13.40 无水氯化铝可用干燥的氯气在高温下与金属 Al 反应制备。反应方程式为

$$2Al + 3Cl_2(g) \xlongequal{\triangle} 2AlCl_3$$

$AlCl_3$ 遇水剧烈水解，因此直接加热使 $AlCl_3 \cdot 6H_2O$ 脱水制备无水 $AlCl_3$ 是不可能的。$AlCl_3 \cdot 6H_2O$ 受热脱水时，发生的反应为

$$AlCl_3 \cdot 6H_2O \xlongequal{\triangle} Al(OH)_2Cl + 4H_2O + 2HCl\uparrow$$

最终产物是 Al_2O_3。

13.41 将明矾 $K_2SO_4 \cdot Al_2(SO_4)_3 \cdot 24H_2O$ 溶于水，制成溶液。向其中加入$NH_3 \cdot H_2O$，生成的沉淀经过滤、洗涤得氢氧化铝 $Al(OH)_3$。反应方程式为

$$Al^{3+} + 3NH_3 \cdot H_2O \xlongequal{} Al(OH)_3\downarrow + 3NH_4^+$$

13.42 硼酸与乙醇在浓硫酸的催化下发生酯化反应：

$$3C_2H_5OH + B(OH)_3 \xlongequal{\text{浓硫酸}} B(OC_2H_5)_3 + 3H_2O$$

点燃产物硼酸三乙酯，燃烧时产生绿色火焰。以此可以鉴定硼酸。

13.43 在熔融条件下，B_2O_3 与金属氧化物生成有特征颜色的偏硼酸盐熔珠，称为硼珠试验，该试验可用于鉴定金属氧化物。用处理好的镍铬丝蘸取少量 B_2O_3，微热，再蘸取绿色的固体在氧化焰上烧成熔珠，通过熔珠的颜色可鉴别两种物质。MnO 和 NiO 的熔珠分别呈紫色和绿色：

$$MnO + B_2O_3 \xlongequal{\text{熔融}} Mn(BO_2)_2\text{（紫色）}$$

$$NiO + B_2O_3 \xlongequal{\text{熔融}} Ni(BO_2)_2\text{（绿色）}$$

五、简答题和计算题

13.44 (1) 该反应不能实现。三氯化铊氧化性很强，硫化钠还原性很强，两者将发生氧化还原反应：

$$2TlCl_3 + 3Na_2S \xlongequal{} Tl_2S\downarrow + 2S\downarrow + 6NaCl$$

(2) 该反应不能实现。$Al(OH)_3$ 的溶度积常数极小，因此 Al^{3+} 会与 Na_2CO_3 水解得到的 OH^- 反应，生成 $Al(OH)_3$：

$$2Al(NO_3)_3 + 3Na_2CO_3 + 3H_2O \xlongequal{} 2Al(OH)_3\downarrow + 6NaNO_3 + 3CO_2\uparrow$$

(3) 该反应不能实现。铝酸钠是 Al(Ⅲ)在强碱性条件下的存在形式。在铝酸钠溶液中加入酸性的 NH_4Cl 时，体系失去强碱性，Al(Ⅲ)将以 $Al(OH)_3$ 形式存在。实际将发生的过程是

$$NaAlO_2 + NH_4Cl + 2H_2O \xlongequal{} Al(OH)_3\downarrow + NaCl + NH_3 \cdot H_2O$$

13.45 (1) Fe 在空气中被氧化，产物是一种疏松的含水氧化物。它与 Fe 的表面结合不紧密，甚至于不断剥落，导致金属主体与空气接触进一步被氧化。Al 虽然比 Fe 活泼，但其在空气中被氧化的产物是一种致密的氧化物薄膜。它紧密地覆盖在 Al 的表面，使金属主体与空气隔绝，氧化反应不能继续进行。所以铝的抗腐蚀性能比铁强得多。

(2) Al 虽然比 Cu 活泼，但其与冷的浓 HNO_3 反应在 Al 的表面生成一种致密氧化物薄膜，发生钝化现象，而 Cu 与冷的浓 HNO_3 反应没有钝化现象发生，所以 Cu 溶解于硝酸中。

13.46 $Al^{3+} + 3e^- = Al$　　$E^\ominus = -1.662\ V$

$Al(OH)_3 + 3e^- = Al + 3OH^-$　　$E^\ominus = -2.31\ V$

(1) 从铝在酸性介质和碱性介质中的标准电极电势看，铝在酸、碱、水中都是可溶的，而且在空气中可以被氧化成 Al_2O_3。正是由于 Al_2O_3 的生成，在金属铝表面形成致密的氧化物薄膜，既阻碍了金属主体进一步被空气氧化，也隔绝了水与金属主体的接触，致使金属铝在水中不能真正溶解。

(2) 尽管金属铝在水中不能溶解，但 Na_2CO_3 溶液中水解生成的 OH^- 却可将两性的 Al_2O_3 膜溶解掉，从而导致铝溶于 Na_2CO_3 溶液。

13.47 不能。BCl_3 会与水发生如下反应：

$$BCl_3 + 3H_2O = B(OH)_3 + 3HCl$$

将溶液蒸干得到固体 $B(OH)_3$。进一步加热 $B(OH)_3$ 会分解。

13.48 $B_2H_2(CH_3)_4$ 的结构如下图所示：

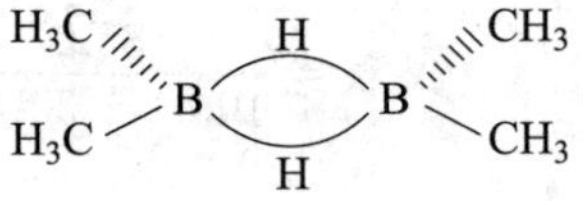

可以将 $B_2H_2(CH_3)_4$ 看成 4 个—CH_3 基团对乙硼烷 B_2H_6 的 4 个端基 H 的取代。

13.49 化合物 B_3F_5 的结构式如下图所示：

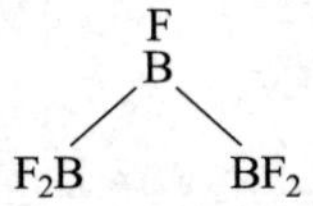

13.50 该产物的分子式为 $Cl_3Al[O(C_2H_5)_2]$，其中乙醚中氧原子的孤电子对与 $AlCl_3$ 上的铝离子空轨道配位，形成如下的四面体结构：

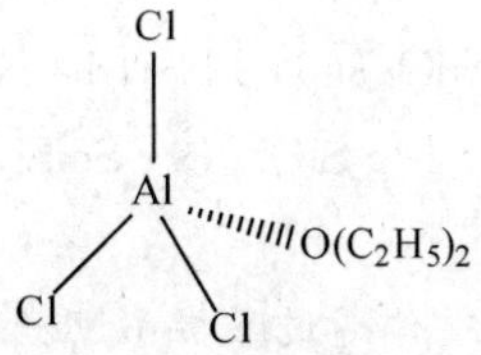

13.51 Ga 的电子构型为 $[Ar]3d^{10}4s^24p^1$，显然形成 Ga(Ⅰ)和 Ga(Ⅲ)是容易的。若 $GaCl_2$ 中均为二价镓，则其应为顺磁性物质。既然在溶液中解离出简单阳离子和四氯阴离子，就可以推知简单阳离子 Ga 为 +1 价，而配阴离子中的 Ga 为 +3 价。即化合物的可能结构为 $Ga[GaCl_4]$。这种推断完全符合逆磁性的实验事实。

13.52 AlF_3 的溶解是由于生成配离子$[AlF_6]^{3-}$，但 HF 是共价化合物且存在很强的氢键，故液态 HF 中 F^- 很少，不足以溶解 AlF_3。在加入 NaF 后，F^- 浓度增大，足以形成$[AlF_6]^{3-}$，所以 AlF_3 可溶。当在此溶液中通入 BF_3 时，由于$[BF_4]^-$ 比$[AlF_6]^{3-}$ 更稳定，BF_3 将夺取$[AlF_6]^{3-}$ 的 F^- 而导致 AlF_3 又沉淀出来。反应方程式如下：

$$AlF_3 + 3F^- = [AlF_6]^{3-}$$

$$3BF_3 + [AlF_6]^{3-} = 3[BF_4]^- + AlF_3$$

13.53 (A)—B; (B)—B_2O_3; (C)—$B(OH)_3$; (D)—$Na_2B_4O_7 \cdot 10H_2O$;

(E)—BCl_3; (F)—HCl; (G)—$Na_2B_4O_7$。

13.54 (A)—Al; (B)—$AlCl_3$; (C)—$Na[Al(OH)_4]$; (D)—H_2;

(E)—$Al(OH)_3$; (F)—γ-Al_2O_3; (G)—α-Al_2O_3。

13.55 由理想气体状态方程得(A)的相对分子质量为

$$\begin{aligned} M &= \frac{RTm}{pV} \\ &= \frac{8.314 \times 10^3\ \text{Pa} \cdot \text{dm}^3 \cdot \text{mol}^{-1} \cdot \text{K}^{-1} \times (69 + 273)\ \text{K} \times 0.0516\ \text{g}}{2.96 \times 10^3\ \text{Pa} \times 0.268\ \text{dm}^3} \\ &= 185.0\ \text{g} \cdot \text{mol}^{-1} \end{aligned}$$

(A)中 B 与 Cl 原子数之比为

$$M = \frac{23.4/10.81}{76.6/35.45} = 1$$

设(A)的化学式为$(BCl)_a$,则 a 的值为

$$a = \frac{185.0}{10.81 + 35.45} = 4$$

所以(A)的化学式为 B_4Cl_4。

第 14 章

一、选择题

14.1 C 14.2 D 14.3 B 14.4 C 14.5 D 14.6 D 14.7 B 14.8 B

14.9 D 14.10 C

二、填空题

14.11 (1) $Cu_2S \cdot FeS \cdot GeS_2$;(2) SnO_2;(3) PbS;(4) Na_2CO_3;(5) $NaHCO_3$;

(6) SiO_2;(7) Na_2SiO_3;(8) Mg_2SiO_4;(9) $Sc_2Si_2O_7$;(10) PbO;(11) PbO;(12) Pb_3O_4。

14.12 1∶4,1∶3,2∶5,1∶2。

14.13 气体通过 $Ca(OH)_2$ 溶液,气体通过酸性 $KMnO_4$ 溶液。

14.14 (X)Na_2CO_3,(Y)$NaHCO_3$;(Z)NH_4HCO_3;>,>;>,$NaHCO_3$ 的阴离子通过氢键形成二聚体 $[(HCO_3)_2]^{2-}$。

14.15 $Pb(PbO_3)$,$Pb_2(PbO_4)$,$Fe(FeO_2)_2$。

14.16 红,铅丹,1/3,PbO_2,2/3,$Pb(NO_3)_2$。

14.17 $HClO_4 > H_2SO_3 > H_3PO_4 > H_2SiO_3$。

14.18 $PbCl_2$ 白;PbI_2 黄;SnS 棕;SnS_2 黄;PbS 黑;$PbSO_4$ 白;PbO 黄;Pb_2O_3 橙黄。

三、完成并配平化学反应方程式

14.19 $HCOOH \xrightarrow{\text{浓}H_2SO_4} CO\uparrow + H_2O$

14.20 $2Fe^{3+} + 3CO_3^{2-} + 3H_2O \longrightarrow 2Fe(OH)_3 \downarrow + 3CO_2 \uparrow$

14.21 $NH_3 \cdot H_2O + CO_2 \longrightarrow NH_4HCO_3$

14.22 $SiO_3^{2-} + 2NH_4^+ \longrightarrow H_2SiO_3 \downarrow + 2NH_3$

14.23 $SiO_2 + Na_2CO_3 \xlongequal{\text{共熔}} Na_2SiO_3 + CO_2 \uparrow$

14.24 $SiO_2 + 6HF \longrightarrow H_2[SiF_6] + 2H_2O$

14.25 $SiH_4 \xlongequal{500\ ℃} Si + 2H_2$

14.26 $SiS + 2O_2 \xlongequal{\text{燃烧}} SiO_2 + SO_2$

14.27 $SiF_4 + 4H_2O \longrightarrow H_4SiO_4 \downarrow + 4HF$

$SiF_4 + 2HF \longrightarrow H_2[SiF_6]$

14.28 $SiH_4 + 2O_2 \xlongequal{\text{自燃}} SiO_2 + 2H_2O$

14.29 $SiCl_4 + 2Zn \longrightarrow Si + 2ZnCl_2$

14.30 $Ge + 4HNO_3(\text{浓}) \longrightarrow GeO_2 \cdot H_2O + 4NO_2 \uparrow + H_2O$

14.31 $Sn + 4HNO_3(\text{浓}) \longrightarrow H_2SnO_3(\beta) + 4NO_2 \uparrow + H_2O$

14.32 $Sn + 2HCl(\text{浓}) \xlongequal{\triangle} SnCl_2 + H_2 \uparrow$

14.33 $3SnS_2 + 6NaOH(aq) \longrightarrow Na_2SnO_3 + 2Na_2SnS_3 + 3H_2O$

14.34 $3[Sn(OH)_3]^- + 2Bi^{3+} + 9OH^- \longrightarrow 3[Sn(OH)_6]^{2-} + 2Bi \downarrow$

14.35 $Sn + 2OH^- + 4H_2O \longrightarrow [Sn(OH)_6]^{2-} + 2H_2 \uparrow$

14.36 $3Si + 4HNO_3 + 18HF(aq) \longrightarrow 3H_2[SiF_6] + 4NO \uparrow + 8H_2O$

14.37 $[Sn(OH)_6]^{2-} + 2CO_2 \longrightarrow Sn(OH)_4 \downarrow + 2HCO_3^-$

14.38 $PbCrO_4 + 3NaOH(aq) \longrightarrow Na[Pb(OH)_3] + Na_2CrO_4$

14.39 $Pb + 4HNO_3(\text{浓}) \longrightarrow Pb(NO_3)_2 + 2NO_2 \uparrow + 2H_2O$

14.40 $PbO_2 + 4HCl \longrightarrow PbCl_2 + Cl_2 \uparrow + 2H_2O$

14.41 $5PbO_2 + 2Mn^{2+} + 4H^+ \xlongequal{\text{微热}} 5Pb^{2+} + 2MnO_4^- + 2H_2O$

四、分离、鉴别与制备

14.42 先在空气中灼烧方铅矿粉：

$$2PbS + 3O_2 \longrightarrow 2PbO + 2SO_2$$

用过量的 NaOH 处理 PbO，则

$$PbO + NaOH + H_2O \longrightarrow Na[Pb(OH)_3]$$

用 NaClO 氧化 Na_2PbO_2 得到 PbO_2：

$$Na[Pb(OH)_3] + NaClO \longrightarrow PbO_2 \downarrow + NaCl + NaOH + H_2O$$

高温下用碳还原 PbO，可得金属铅：

$$PbO + C \longrightarrow Pb + CO \uparrow$$

$$CO + PbO \longrightarrow Pb + CO_2 \uparrow$$

14.43 如下图所示的装置，可以用于锡直接氯化法制取 $SnCl_4$：

$$Sn + 2Cl_2(g) \longrightarrow SnCl_4(l)$$

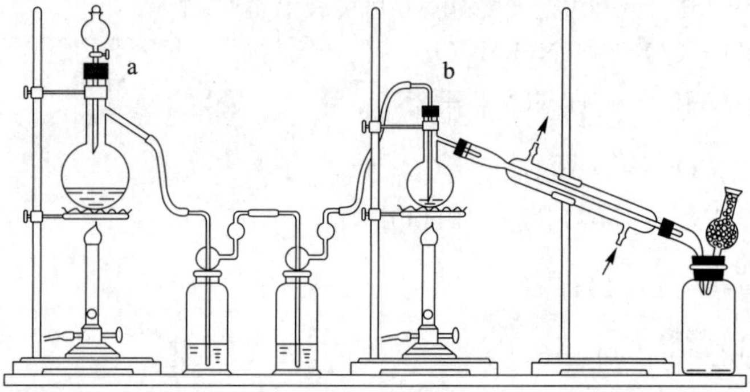

反应之前，可以将干燥的 CO_2 气体通过反应的气路，以赶尽反应装置中的潮湿空气；从烧瓶 a 出来的 Cl_2 要经过盛有浓硫酸的洗气瓶严格除水；反应在烧瓶 b 中进行，生成的气态 $SnCl_4$ 经冷凝后收集在插有干燥管的广口瓶 c 中，以防止外界的水汽与产物作用。

14.44 CCl_4 可以由 CS_2 与 Cl_2 在催化剂的作用下制得：

$$CS_2 + 3Cl_2 \xlongequal{\text{催化剂}} CCl_4 + S_2Cl_2$$

CO_2 和少量的水汽得到纯净的 CO：

$$H_2C_2O_4 \xlongequal{} CO_2\uparrow + CO\uparrow + H_2O$$

实验室中用碳酸盐如 $CaCO_3$，和盐酸作用来制备 CO_2：

$$CaCO_3 + 2HCl \xlongequal{} CaCl_2 + CO_2\uparrow + H_2O$$

经常使用一种称为启普发生器的装置来完成上述反应。

14.45 (1) 酸性条件下分别加入少量 $FeCl_3$ 溶液，充分反应后加入 KSCN 溶液，变红的未知液为 $SnCl_4$，另一种为 $SnCl_2$：

$$2Fe^{3+} + Sn^{2+} \xlongequal{} 2Fe^{2+} + Sn^{4+}$$

(2) 将少量溶液加入 $HgCl_2$ 溶液中，产生白色沉淀的未知液为 $SnCl_2$，不产生沉淀的未知液为 $SnCl_4$：

$$2HgCl_2 + SnCl_2 \xlongequal{} Hg_2Cl_2\downarrow + SnCl_4$$

(3) 将未知液分别与 Na_2S 溶液作用，产生黄色沉淀的为 $SnCl_4$，产生灰色沉淀的为 $SnCl_2$：

$$SnCl_4 + 2Na_2S \xlongequal{} SnS_2\downarrow + 4NaCl$$
$$SnCl_2 + Na_2S \xlongequal{} SnS\downarrow + 2NaCl$$

(4) 向未知液中加入过量 NaOH 溶液至生成的白色沉淀全部溶解，再加入 $BiCl_3$ 溶液，有黑色沉淀生成的为 $SnCl_2$，另一种为 $SnCl_4$：

$$SnCl_2 + 3NaOH \xlongequal{} Na[Sn(OH)_3] + 2NaCl$$
$$3Na[Sn(OH)_3] + 2Bi^{3+} + 9OH^- \xlongequal{} 2Bi\downarrow + 3[Sn(OH)_6]^{2-}$$

14.46 (1) 将 Sb_2O_5 和 SnO 分别溶于盐酸，滴加淀粉-碘化钾试液，有 I_2 生成使体系变蓝的是 Sb_2O_5。

(2) 将等质量的 As_2S_3 和 SnS_2 分别置于 6 $mol\cdot dm^{-3}$ 盐酸中，溶解的是 SnS_2，基本不溶解的是 As_2S_3。

(3) 溶于过量 NaOH 溶液的是 $Pb(NO_3)_2$，不溶于过量 NaOH 溶液的是 $Bi(NO_3)_3$。

(4) 分别向其溶液中通入 H_2S 气体，生成灰色沉淀的是 $SnCl_2$；生成黑色沉淀的是 $PbCl_2$，且 SnS 可以被 Na_2S_2 氧化为 SnS_2，因此溶于硫化钠溶液：

$$SnS + Na_2S_2 = SnS_2 + Na_2S$$

$$SnS_2 + Na_2S = Na_2S_nS_3$$

而 PbS 不能溶于硫化钠溶液，亦可用 $HgCl_2$ 进行鉴定。

14.47 (1) 将含有少量一氧化碳的氢气，通入 CuCl 的盐酸溶液。少量 CO 将被定量吸收：

$$CO + CuCl + 2H_2O = Cu(CO)Cl \cdot 2H_2O$$

则氢气被提纯。

(2) 将气体通过冷的浓碳酸钾溶液吸收 CO_2，CO、O_2、N_2 不被吸收而分离；然后加热放出 CO_2 干燥后即可应用。微量的 H_2S，SO_2 被吸收后再加热并不逸出。有关反应方程式如下：

$$CO_2 + K_2CO_3 + H_2O = 2KHCO_3$$

$$2KHCO_3 \xlongequal{\triangle} K_2CO_3 + H_2O + CO_2\uparrow$$

$$SO_2 + K_2CO_3 = K_2SO_3 + CO_2$$

$$H_2S + K_2CO_3 = K_2S + H_2O + CO_2$$

14.48

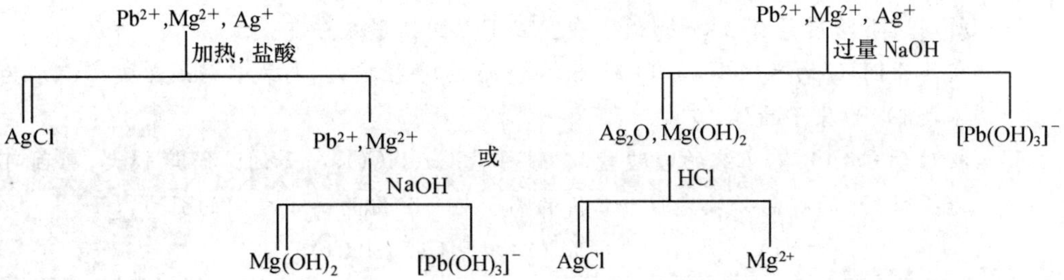

14.49 向白色粉末中加入稀盐酸，有刺激性气体生成，且气体使品红溶液褪色的为 Na_2SO_3：

$$Na_2SO_3 + 2HCl = 2NaCl + SO_2\uparrow + H_2O$$

加入稀盐酸，有气体生成，且气体使澄清石灰水出现浑浊，但不能使品红溶液褪色的为 Na_2CO_3：

$$Na_2CO_3 + 2HCl = 2NaCl + CO_2\uparrow + H_2O$$

$$Ca(OH)_2 + CO_2 = CaCO_3\downarrow + H_2O$$

加入稀盐酸，无明显变化的为 $NaClO_3$ 和 Na_2SO_4。向此白色粉末中加入浓盐酸，溶液变黄的为 $NaClO_3$，无现象的为 Na_2SO_4：

$$2NaClO_3 + 4HCl(浓) = Cl_2\uparrow + 2NaCl + 2ClO_2\uparrow + 2H_2O$$

14.50 将 $SnCl_2$ 加入一定量水中充分搅拌后，再边搅拌边滴加稀盐酸至沉淀消失后并稍过量。再加少许锡粒。

加入过量的盐酸是为抑制 $SnCl_2$ 的水解：

$$Sn(OH)Cl + HCl \rightleftharpoons SnCl_2 + H_2O$$

向配好的溶液中加少量 Sn 粒，以防止 $SnCl_2$ 被氧化：

$$2Sn^{2+} + O_2 + 4H^+ = 2Sn^{4+} + 2H_2O$$

$$Sn^{4+} + Sn = 2Sn^{2+}$$

五、简答题

14.51 N_2 与 CO 有相同的分子轨道式，原子间都为三重键，互为等电子体。但两者成键情况不完全相同。N_2 分子结构为 :N≡N:，CO 分子结构为 :C⥢O:，由于 CO 分子中 O 向 C 有 π 配键，使 C 原子周围电子密度增大，另外，C 的电负性比 N 的小得多，束缚电子能力弱，给电子对能力强，因此，CO 配位能力强。

14.52 Si 和 C 单质都可采取 sp^3 杂化形成金刚石型结构，但 Si 的半径比 C 的半径大得多，因此 Si—Si 键较弱，键能低，使单质硅的熔点、硬度均比金刚石的低得多。

14.53 硅与氟和氯形成的化合物 SiF_4，$SiCl_4$ 都是共价化合物，分子半径 $SiF_4 < SiCl_4$，色散力 $SiF_4 < SiCl_4$，因此熔点 $SiF_4 < SiCl_4$，常温下 SiF_4 为气态，$SiCl_4$ 为液态。

在锡的四卤化物中，氟的电负性较大，只有 SnF_4 为离子化合物（电负性差大）。而氯的电负性较小，与锡形成的 $SnCl_4$ 为共价化合物（电负性差 $\Delta\chi < 1.7$）。因而 SnF_4 熔点比 $SnCl_4$ 熔点高，常温下 SnF_4 为固态，$SnCl_4$ 为液态。

14.54 CO_2 属于分子晶体，晶体中质点之间的结合力属于分子间力。这种力远小于离子键和共价键的结合作用，所以分子晶体一般来说熔点低，在室温下多以气体形式存在。

SiO_2 属于原子晶体，原子晶体中原子间都是以共价键相互联结的。由于共价键十分强，所以这类物质具有很高的熔点，在室温下以固体形式存在。

究其原因，C 的半径小，与 O 形成双键；而 Si 半径较大，与氧只形成单键。CO_2 为分子晶体，SiO_2 为原子晶体。

14.55 相对于 $CaCO_3$ 等难溶的碳酸盐，碳酸氢盐 $Ca(HCO_3)_2$ 等的溶解度较大，原因可以归结为：$CaCO_3$ 的解离必须克服 +2 价的离子与 −2 价的离子之间的引力：

$$CaCO_3 = Ca^{2+} + CO_3^{2-}$$

而 $Ca(HCO_3)_2$ 的解离只需克服 +2 价的离子与 −1 价的离子之间的引力：

$$Ca(HCO_3)_2 = Ca^{2+} + 2HCO_3^-$$

所以通入 CO_2，可以将 $CaCO_3$ 转化成 $Ca(HCO_3)_2$ 而发生溶解：

$$CaCO_3 + CO_2 + H_2O = Ca(HCO_3)_2$$

相对于易溶的 Na_2CO_3 和 K_2CO_3 等，其碳酸氢盐 $NaHCO_3$ 和 $KHCO_3$ 的溶解度却相对较小，其原因可以解释为碳酸氢根之间由于存在氢键而缔合成相对分子质量较大的酸根造成的。

14.56 碳属于第二周期元素，原子半径很小，所以碳碳之间的 σ 键，其原子轨道的“头碰头”重叠程度很大，键很强，而且 π 键的轨道“肩并肩”重叠程度也很大。所以碳碳之间可以形成形形色色的链，以构成上千万种的有机化合物。

硅属于第三周期元素，原子半径比碳大，所以硅硅之间的 σ 键，其原子轨道的“头碰头”重叠程度远小于碳碳之间的 σ 键，键很弱。其 π 轨道“肩并肩”重叠的可能性十分小，以至于不能形成硅硅双键和三键。故硅链构成的化合物仅有数种。

14.57 因为 Pb 与稀硫酸和稀盐酸反应的产物 $PbSO_4$ 和 $PbCl_2$ 是难溶或微溶化合物，阻止了反应的进行。在热浓硫酸、浓盐酸及稀硝酸中，由于能生成可溶性的 $Pb(HSO_4)_2$，$H[PbCl_3]$和 $Pb(NO_3)_2$，故反应可以进行：

$$Pb + 3H_2SO_4(浓) = Pb(HSO_4)_2 + SO_2\uparrow + 2H_2O$$

$$Pb + 3HCl(浓) = H[PbCl_3] + H_2\uparrow$$
$$3Pb + 8HNO_3 = 3Pb(NO_3)_2 + 2NO\uparrow + 4H_2O$$

14.58 (1) $SnCl_4$ 与 Na_2S 反应生成难溶的 SnS_2 沉淀：

$$SnCl_4 + 2Na_2S = SnS_2\downarrow + 4NaCl$$

酸性硫化物 SnS_2 可溶于碱性硫化物 Na_2S 中，故沉淀又溶解：

$$SnS_2 + Na_2S = Na_2SnS_3$$

硫代酸盐不稳定，遇到酸发生分解，重新生成硫化物沉淀：

$$Na_2SnS_3 + 2HCl = SnS_2\downarrow + H_2S\uparrow + 2NaCl$$

(2) $Pb(NO_3)_2$溶液与 KI 溶液反应，生成黄色沉淀 PbI_2：

$$Pb(NO_3)_2 + 2KI = PbI_2\downarrow + 2KNO_3$$

PbI_2 溶于热水则沉淀消失，同时在过量 KI 溶液中有配离子生成：

$$PbI_2 + I^- = [PbI_3]^-$$

缓慢冷却至室温，析出金黄色晶体 PbI_2。

14.59 (1) (A)Si，(B) Cl_2，(C) $SiCl_4$，(D) H_4SiO_4，(E) SiO_2

(2) SiO_2 的晶胞图为

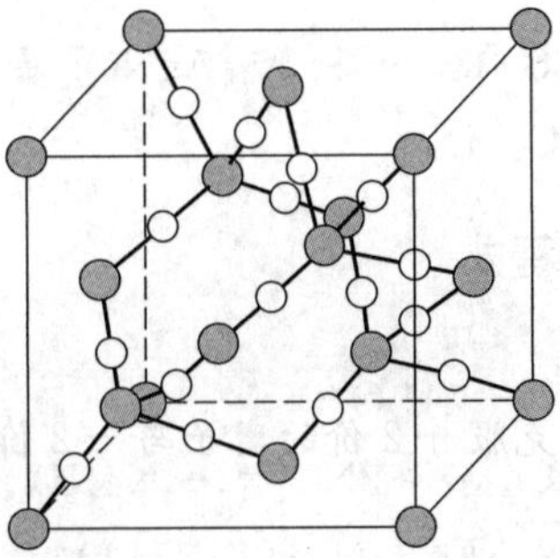

14.60 (A)—Si； (B)—Na_2SiO_3； (C)—H_2； (D)—Cu； (E)—SiO_2； (F)—SiF_4； (G)—H_4SiO_4； (H)—HF + H_2SiF_6。

14.61 (M)—Sn； (A)—$SnCl_4$； (B)—$SnCl_2$； (C)—SnS_2； (D)—Na_2SnS_3； (E)—Hg_2Cl_2； (F)—$Sn(OH)_2$； (G)—$Na[Sn(OH)_3]$； (H)—Bi。

14.62 (A)—$SnCl_2$； (B)—Sn(OH)Cl； (C)—Sn^{2+}、Cl^-； (D)—AgCl； (E)—$[Ag(NH_3)_2]^+$、Cl^-； (F)—AgI； (G)—SnS； (H)—SnS_2； (I)—Hg_2Cl_2； (J)—Hg。

14.63 (A)—Pb； (B)—$Pb(NO_3)_2$； (C)—NO； (D)—NO_2； (E)—$PbCl_2$； (F)—PbS； (G)—S； (H)—$Pb(OH)_2$； (I)—$Na[Pb(OH)_3]$； (J)—PbO_2。

14.64 (A)—$Pb(NO_3)_2$； (B)—NO_2； (C)—$PbCl_2$； (D)—$[PbCl_4]^{2-}$； (E)—PbI_2； (F)—$Pb(OH)_2$； (G)—HNO_3； (H)—NO。

14.65 (A)—$PbCO_3$； (B)—PbO； (C)—CO_2； (D)—$Pb(NO_3)_2$； (E)—$PbCrO_4$； (F)—$Pb(OH)_2$； (G)—$CaCO_3$。

第 15 章

一、选择题

15.1 D　15.2 A　15.3 B　15.4 B　15.5 A　15.6 B　15.7 B　15.8 B

15.9 A　15.10 C　15.11 A　15.12 B　15.13 A　15.14 D　15.15 D　15.16 B

二、填空题

15.17 (1) As_4S_4;(2) As_2S_3;(3) Sb_2S_3;(4) NiSbS;(5) Bi_2S_3;(6) As_2O_3;(7) Sb_2O_3;(8) Bi_2O_3。

15.18 取代,加合(配位),氧化。

15.19 NH_3,HN_3,NH_3,HN_3,NH_3,NH_2OH。

15.20 H_3AsO_4;$Bi(OH)_3$;$NaBiO_3$;Na_3AsO_3;+3。

15.21 <,>,<。

15.22 H_3PO_2,H_3PO_3,H_3PO_4,HPO_3,$H_4P_2O_7$。

15.23 黄,P_4S_{10},P_4S_6。

15.24 $Ca(H_2PO_4)_2 > CaHPO_4 > Ca_3(PO_4)_2$。

15.25 SbOCl,$Cu(OH)NO_3 + HNO_3 + H_2O$,$CuO + HNO_3 + NO_2 + O_2 + H_2O$,$MnO_2 + NO_2$。

15.26 Ag_3PO_4,黄。

15.27 AsH_3,亮黑色的砷镜。

15.28 Na_3AsO_3,Na_3AsO_4,NaI。

15.29 As_2S_3 黄;As_2S_5 黄;Sb_2S_3 橙;Sb_2S_5 橙;$AgNO_2$ 黄;$K_3[Co(NO_2)_6]$黄;$[Fe(NO)]^{2+}$ 棕;NO_2 棕;N_2O_3 淡蓝;N_2O_4 无。

三、完成并配平化学反应方程式

15.30 $NH_4^+ + NO_2^- \xlongequal{\triangle} N_2\uparrow + 2H_2O$

15.31 $NaNO_2(s) + 2HNO_3$(浓) $\xlongequal{} 2NO_2\uparrow + NaNO_3 + H_2O$

15.32 $2NO_2 + 2NaOH \xlongequal{} NaNO_2 + NaNO_3 + H_2O$

15.33 $2NaNO_2 \xlongequal{\triangle} Na_2O + NO_2\uparrow + NO\uparrow$

15.34 $2NH_3 + 3CuO \xlongequal{\triangle} N_2 + 3Cu + 3H_2O$

15.35 $2NH_2OH + 2AgBr \xlongequal{} N_2\uparrow + 2Ag + 2HBr + 2H_2O$

15.36 $Pb(N_3)_2 \xlongequal{\triangle} Pb + 3N_2\uparrow$

15.37 $Au + HNO_3 + 4HCl \xlongequal{} H[AuCl_4] + NO\uparrow + 2H_2O$

15.38 $3Pt + 4HNO_3 + 18HCl \xlongequal{} 3H_2[PtCl_6] + 4NO\uparrow + 8H_2O$

15.39 $3Br_2 + 2P + 6H_2O \xlongequal{} 6HBr + 2H_3PO_3$

15.40 $3P_4 + 20HNO_3 + 8H_2O \xlongequal{} 12H_3PO_4 + 20NO\uparrow$

15.41 $H_3PO_2 + 4AgNO_3 + 2H_2O \xlongequal{} 4Ag\downarrow + H_3PO_4 + 4HNO_3$

15.42 $6SCl_2 + 16NH_3 \xlongequal{} S_4N_4 + 2S + 12NH_4Cl$

15.43 $H_3PO_2 + NaOH \xlongequal{} NaH_2PO_2 + H_2O$

15.44 $H_3PO_3 + 2NaOH \xlongequal{} Na_2HPO_3 + 2H_2O$

15.45 $5NaClO + 2As + 3H_2O \xlongequal{} 2H_3AsO_4 + 5NaCl$

15.46 $2AsH_3 + 12AgNO_3 + 3H_2O \xlongequal{} As_2O_3 + 12Ag\downarrow + 12HNO_3$

15.47 $As_2S_3 + 6NaOH \xlongequal{} Na_3AsO_3 + Na_3AsS_3 + 3H_2O$

15.48 $As_2S_3 + 3Na_2S \longrightarrow 2Na_3AsS_3$

15.49 $2Na_3AsS_4 + 6HCl \longrightarrow As_2S_5\downarrow + 3H_2S\uparrow + 6NaCl$

15.50 $4Sb_2S_5 + 24NaOH \longrightarrow 3Na_3SbO_4 + 5Na_3SbS_4 + 12H_2O$

15.51 $Sb_2O_3 + 4HNO_3$(浓)$ + H_2O \longrightarrow 2H_3SbO_4 + 4NO_2\uparrow$

15.52 $Bi + 6HNO_3 \longrightarrow Bi(NO_3)_3 + 3NO_2\uparrow + 3H_2O$

15.53 $Bi(OH)_3 + Cl_2 + 3NaOH(aq) \longrightarrow NaBiO_3 + 2NaCl + 3H_2O$

15.54 $5NaBiO_3 + 2Mn^{2+} + 14H^+ \longrightarrow 5Bi^{3+} + 2MnO_4^- + 5Na^+ + 7H_2O$

四、分离、鉴别与制备

15.55 高温下焙烧 Sb_2S_3 生成 Sb_2O_3：

$$2Sb_2S_3 + 9O_2 \xlongequal{\triangle} 2Sb_2O_3 + 6SO_2$$

高温下用 C 还原 Sb_2O_3，即得金属锑单质：

$$Sb_2O_3 + 3C \xlongequal{\triangle} 2Sb(g) + 3CO(g)$$

15.56 高温下焙烧 Bi_2S_3 生成 Bi_2O_3：

$$2Bi_2S_3 + 9O_2 \xlongequal{\triangle} 2Bi_2O_3 + 6SO_2$$

盐酸与 Bi_2O_3 反应得 $BiCl_3$：

$$Bi_2O_3 + 6HCl \longrightarrow 2BiCl_3 + 3H_2O$$

在碱性介质中，强氧化剂 Cl_2 可氧化 Bi(Ⅲ)到 Bi(Ⅴ)：

$$BiCl_3 + Cl_2 + 6NaOH(aq) \longrightarrow NaBiO_3\downarrow + 5NaCl + 3H_2O$$

15.57 白磷在不足量的空气中燃烧，生成 P_4O_6：

$$P_4 + 3O_2 \longrightarrow P_4O_6$$

白磷在有 HI 时，与水反应生成 H_3PO_3 和 PH_3：

$$P_4 + 6H_2O \xlongequal{HI} 2H_3PO_3 + 2PH_3\uparrow$$

白磷与不足量的干燥氯气反应，生成 PCl_3：

$$P_4 + 6Cl_2 \longrightarrow 4PCl_3$$

白磷在碱中歧化，生成 PH_3：

$$P_4 + 3NaOH + 3H_2O \longrightarrow PH_3\uparrow + 3NaH_2PO_2$$

加热有利于歧化反应进行，但 NaH_2PO_2 进一步歧化为 Na_3PO_4。

PH_3 与不足量的干燥氯气反应，生成 PCl_3：

$$PH_3 + 3Cl_2 \longrightarrow PCl_3 + 3HCl$$

P_4O_6 与过量氧作用，生成 P_4O_{10}：

$$P_4O_6 + 2O_2 \longrightarrow P_4O_{10}$$

P_4O_6 缓慢溶于冷水，生成 H_3PO_3：

$$P_4O_6 + 6H_2O(冷) \longrightarrow 4H_3PO_3$$

PCl_3 水解，生成 H_3PO_3：

$$PCl_3 + 3H_2O \longrightarrow H_3PO_3 + 3HCl$$

PCl_3 与过量干燥 Cl_2 作用，生成 PCl_5：

$$PCl_3 + Cl_2 \longequal PCl_5$$

将 H_3PO_3 氧化，生成 H_3PO_4：

$$H_3PO_3 + H_2O_2 \longequal H_3PO_4 + H_2O$$

P_4O_{10} 与过量水作用，最终生成 H_3PO_4：

$$P_4O_{10} + 6H_2O \longequal 4H_3PO_4$$

PCl_5 彻底水解，生成 H_3PO_4：

$$PCl_5 + 4H_2O \longequal H_3PO_4 + 5HCl$$

15.58 (1) 向溶液中加入过量 NaOH 溶液，Sb^{3+} 生成可溶性的 SbO_3^{3-}，而 Bi^{3+} 生成 $Bi(OH)_3$ 沉淀：

$$Sb^{3+} + 6OH^- \longequal SbO_3^{3-} + 3H_2O$$

$$Bi^{3+} + 3OH^- \longequal Bi(OH)_3 \downarrow$$

(2) 向溶液中加入 $AgNO_3$ 溶液，PO_4^{3-} 与 Ag^+ 生成 Ag_3PO_4 沉淀，而 NO_3^- 留在溶液中。

(3) 将溶液用硝酸酸化后加入 $BaCl_2$ 溶液，SO_4^{2-} 转化为 $BaSO_4$ 沉淀，而 PO_4^{3-} 转化为 $H_2PO_4^-$ 留在溶液中。

(4) 将溶液用硝酸酸化后加入 $AgNO_3$ 溶液，Cl^- 转化为 AgCl 沉淀，而 PO_4^{3-} 转化为 $H_2PO_4^-$ 留在溶液中：

15.59 (1) 将 N_2 气通过赤热的铜粉，除去 O_2：

$$O_2 + 2Cu \longequal 2CuO$$

再用 P_2O_5 干燥 N_2，除去 H_2O。

(2) 将气体通过水或 NaOH 溶液除去 NO_2，再用 P_2O_5 干燥：

$$3NO_2 + H_2O \longequal 2HNO_3 + NO$$

$$2NO_2 + 2NaOH \longequal NaNO_3 + NaNO_2 + H_2O$$

(3) 向溶液中加入少量 HNO_3 溶液后加热，可除去溶液中的 NO_2^-：

$$2NO_2^- + 2H^+ \longequal NO_2 \uparrow + NO \uparrow + H_2O$$

或向溶液中加入少量 NH_4NO_3 溶液后加热，可除去溶液中的 NO_2^-：

$$NH_4^+ + NO_2^- \longequal N_2 \uparrow + 2H_2O$$

15.60 (1) 向两种盐的溶液中加入 $AgNO_3$ 溶液，有黄色沉淀生成的是 Na_3PO_4，有白色沉淀生成的是 Na_2SO_4：

$$3Ag^+ + PO_4^{3-} \longequal Ag_3PO_4 \downarrow (\text{黄色})$$

$$2Ag^+ + SO_4^{2-} \longequal Ag_2SO_4 \downarrow (\text{白色})$$

向两种盐的溶液中加入 $BaCl_2$ 溶液，生成的白色沉淀不溶于硝酸的是 Na_2SO_4，生成的白色沉淀溶于硝酸的是 Na_3PO_4：

$$Ba^{2+} + SO_4^{2-} \longequal BaSO_4 \downarrow$$

$$3Ba^{2+} + 2PO_4^{3-} \longequal Ba_3(PO_4)_2 \downarrow$$

$$Ba_3(PO_4)_2 + 4H^+ \longequal 3Ba^{2+} + 2H_2PO_4^-$$

向两种盐的溶液中加入碘水，能使碘水褪色的是 Na_3PO_4，不能使碘水褪色的是 Na_2SO_4。因为 Na_3PO_4 溶液碱性较强，碘水发生歧化反应：

$$3I_2 + 6PO_4^{3-} + 3H_2O \longequal 5I^- + IO_3^- + 6HPO_4^{2-}$$

(2) 将两种盐的溶液酸化后滴加 Na_2SO_3 溶液，颜色变黄、有 I_2 生成的是 KIO_3，另一种盐是 KNO_3：

$$2IO_3^- + 5SO_3^{2-} + 2H^+ = I_2 + 5SO_4^{2-} + H_2O$$

将两种盐分别与 $NaNO_2$ 晶体混合后滴加浓硫酸，有 NO_2 气体放出的是 KNO_3，另一种盐是 KIO_3：

$$NO_3^- + NO_2^- + 2H^+ = 2NO_2\uparrow + H_2O$$

$$2IO_3^- + 5NO_2^- + 2H^+ = I_2 + 5NO_3^- + H_2O$$

向两种盐的溶液中分别加入 $BaCl_2$ 溶液，生成白色沉淀的为 KIO_3，另一种盐为 KNO_3：

$$2KIO_3 + BaCl_2 = Ba(IO_3)_2\downarrow + 2KCl$$

15.61 (1) 向两种盐的溶液中分别加入酸性 $KMnO_4$ 溶液，使 $KMnO_4$ 溶液褪色的是 KNO_2，另一种盐是 KNO_3：

$$2MnO_4^- + 5NO_2^- + 6H^+ = 2Mn^{2+} + 5NO_3^- + 3H_2O$$

(2) 将两种盐的溶液分别用 HAc 酸化，再加入 KI 溶液，颜色变黄（有 I_2 生成）的是 KNO_2，另一种盐是 KNO_3：

$$2NO_2^- + 2I^- + 4H^+ = 2NO\uparrow + I_2 + 2H_2O$$

(3) 向两种盐的溶液中分别加入 $AgNO_3$ 溶液，有黄色沉淀生成的是 KNO_2，另一种盐是 KNO_3：

$$AgNO_3 + KNO_2 = AgNO_2\downarrow + KNO_3$$

(4) 向盛有两种盐的溶液的大试管中分别加入 $FeSO_4$ 溶液，斜持试管并沿试管壁缓慢倒入浓硫酸，在硫酸与溶液的界面生成棕色环的是 KNO_3，生成棕色溶液的是 KNO_2：

$$Fe^{2+} + NO_2^- + 2H^+ = Fe^{3+} + NO\uparrow + H_2O$$

$$Fe^{2+} + NO = [Fe(NO)]^{2+}\text{（棕色）}$$

(5) 向两种盐的溶液中加入 HAc 和 $CoCl_2$ 溶液，水浴加热后冷却，有黄色沉淀析出的是 KNO_2，另一种盐是 KNO_3：

$$Co^{2+} + 7NO_2^- + 2H^+ + 3K^+ = K_3[Co(NO_2)_6]\downarrow + NO\uparrow + H_2O$$

(6) 向盛有两种盐晶体的试管中分别加入浓硝酸，有棕色气体生成的是 KNO_2，另一种盐是 KNO_3。

$$HNO_2 + HNO_3 = 2NO_2\uparrow + H_2O$$

五、简答题

15.62 (1) 晶体在煤气灯上加热，KNO_3 转化为 KNO_2：

$$2KNO_3 \xlongequal{\triangle} 2KNO_2 + O_2\uparrow$$

(2) 使气体通过 $FeSO_4$ 溶液除去 NO：

$$NO + FeSO_4 = [Fe(NO)]SO_4$$

(3) 向溶液中加少量 $NaNO_2$ 后加热可除去 NH_4^+：

$$NH_4^+ + NO_2^- \xlongequal{\triangle} N_2\uparrow + 2H_2O$$

15.63 $H_4P_2O_7$ 的结构式为

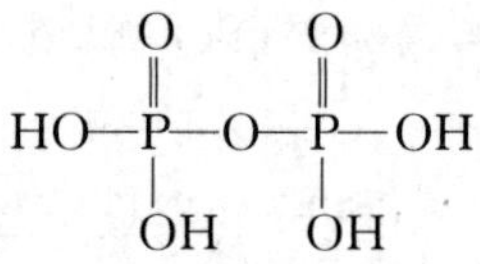

解离出第一个 H^+ 和第二个 H^+ 是从两个不同的磷氧四面体失去 H^+，二者解离时相互影响不大，因此，$K_{a1}^\ominus$ 与 $K_{a2}^\ominus$ 相差不大。但解离出第三个 H^+ 时，是从失去一个 H^+ 并带负电荷的四面体上再解离出第二个 H^+，显然困难得多，因而 $K_{a2}^\ominus$ 与 $K_{a3}^\ominus$ 相差较大。同理，$K_{a3}^\ominus$ 与 $K_{a4}^\ominus$ 相近。

15.64 (1) (A)为 NF_3。合成(A)反应方程式为

$$4NH_3 + 3F_2 \longrightarrow NF_3 + 3NH_4F$$

(2) N—F 键的偶极方向与氮原子孤电子对的偶极方向相反，导致分子偶极矩很小，因此 NF_3 的质子化能力远比氨的质子化能力小，故 NF_3 质子化时放出的热量明显少。

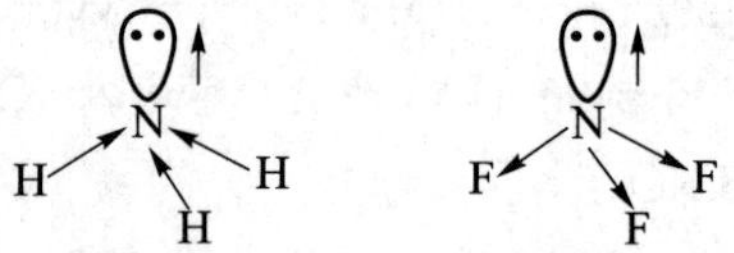

NH_3分子　　NF_3分子

(3) (B)和(C)为 N 和 F 形成的化合物，相对分子质量为 66，设分子式为 N_xF_y

$$14x + 19y = 66$$

合理的解为

$$x = y = 2$$

(B)和(C)的分子式为 N_2F_2。二者互为异构体，只能是顺反异构(有 N═N 双键)：

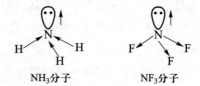

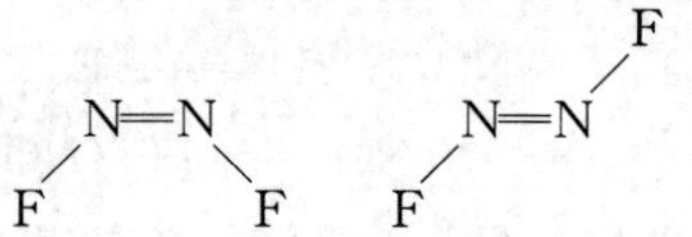

15.65 (1) 在碱性条件下 Sn^{2+} 将 Bi^{3+} 还原为单质 Bi，生成的粉末产物为黑色：

$$3Sn^{2+} + 2Bi^{3+} + 18OH^- \longrightarrow 2Bi\downarrow + 3[Sn(OH)_6]^{2-}$$

(2) 黄色沉淀为 $FePO_4$。因磷酸具有配位性，当磷酸过量时，生成可溶性配位化合物 $[Fe(PO_4)_2]^{3-}$：

$$Fe^{3+} + PO_4^{3-} \longrightarrow FePO_4\downarrow$$

$$FePO_4 + PO_4^{3-} \longrightarrow [Fe(PO_4)_2]^{3-}$$

(3) AsH_3 受热分解，在玻璃管壁生成了黑亮的单质 As：

$$2AsH_3 \xlongequal{\triangle} 2As + 3H_2$$

(4) $AgNO_2$ 为微溶盐：

$$Ag^+ + NO_2^- \longrightarrow AgNO_2\downarrow$$

(5) 白色沉淀为 $Bi(OH)_3$，呈碱性，不溶于过量的 NaOH：

$$Bi^{3+} + 3OH^- \longrightarrow Bi(OH)_3\downarrow$$

在碱性介质中，强氧化剂 Cl_2 可氧化 $Bi(OH)_3$ 得到棕黄色沉淀物 $NaBiO_3$：

$$BiCl_3 + Cl_2 + 6NaOH(aq) \longrightarrow NaBiO_3\downarrow + 5NaCl + 3H_2O$$

15.66 $2KNO_3 \xlongequal{\triangle} 2KNO_2 + O_2\uparrow$

$$4LiNO_3 \xlongequal{\triangle} 2Li_2O + 4NO_2\uparrow + O_2\uparrow$$

$$2Pb(NO_3)_2 \xlongequal{\triangle} 2PbO + 4NO_2\uparrow + O_2\uparrow$$

$$4Bi(NO_3)_3 \xlongequal{\triangle} 2Bi_2O_3 + 12NO_2\uparrow + 3O_2\uparrow$$

$$2AgNO_3 \xlongequal{\triangle} 2Ag + 2NO_2\uparrow + O_2\uparrow$$

$$4Fe(NO_3)_2 \xlongequal{\triangle} 2Fe_2O_3 + 8NO_2\uparrow + O_2\uparrow$$

硝酸盐受热分解的产物与阳离子的极化能力有关，按照阳离子的极化能力由弱至强，分别生成亚硝酸盐和氧气，金属氧化物、二氧化氮和氧气，金属单质、二氧化氮和氧气；若阳离子有还原性，则阳离子可被生成的氧气所氧化。

15.67 化合物在水溶液中的酸碱性，一般由其在水中的解离情况决定。

NH_3 是一种稳定的分子，在水中解离出 H^+ 的能力很弱。而 NH_3 中 N 的孤电子对有较强的配位能力，可以与 H_2O 解离出的 H^+ 结合，使溶液中的 OH^- 过剩，故 NH_3 溶液显碱性：

$$NH_3 + H_2O \rightleftharpoons NH_4^+ + OH^- \qquad K_b^\ominus = 1.8\times10^{-5}$$

HN_3 分子解离出 H^+ 后生成的 N_3^- 由于离域 π 键存在使其较稳定，同时 HN_3 端原子 N 的电子对配位能力极弱。所以，HN_3 给出质子能力远比配位能力强而显酸性：

$$HN_3 \rightleftharpoons N_3^- + H^+ \qquad K_a^\ominus = 2.5\times10^{-5}$$

15.68 $SbCl_3$ 和 $Bi(NO_3)_3$ 都易水解生成沉淀：

$$SbCl_3 + H_2O \rightleftharpoons SbOCl\downarrow + 2HCl$$

$$Bi(NO_3)_3 + H_2O \rightleftharpoons BiONO_3\downarrow + 2HNO_3$$

加酸可抑制盐的水解。为避免水解，在配制溶液时先将一定量的盐溶于相应的酸中，再稀释到所需体积即可。配制 $SbCl_3$ 溶液时，先将 $SbCl_3$ 溶于 1∶1 盐酸中；配制$Bi(NO_3)_3$ 溶液时，先将 $Bi(NO_3)_3$ 溶于 1∶1 硝酸中。

15.69 这种方法是不可行的。

测定 NO_2 的磁性应是 NO_2 处在液态或固态下，而随着温度的降低，NO_2 发生聚合反应：

$$2NO_2 \rightleftharpoons N_2O_4$$

实验结果表明，在 N_2O_4 沸点时，液体中含有 1% 的 NO_2，气体中含有 15.9%的 NO_2；在 N_2O_4 熔点温度的液体中只含有 0.01%的 NO_2，在低于 N_2O_4 的熔点时，固体中全部是 N_2O_4。

可见，液态或固态时 NO_2 几乎全部转化为 N_2O_4，无法测定液态或固态时 NO_2 的磁性。

15.70 由酸的解离平衡常数判断，酸性 $H_4P_2O_7 > H_3PO_2 > H_3PO_3 > H_3PO_4$。

$$H_3PO_2 \quad K_a^\ominus = 5.9\times10^{-2}$$

$$H_3PO_3 \quad K_{a1}^\ominus = 3.7\times10^{-2}$$

$$H_3PO_4 \quad K_{a1}^\ominus = 7.1\times10^{-3}$$

$$H_4P_2O_7 \quad K_{a1}^\ominus = 1.2\times10^{-1}$$

15.71 NH_3 和 NF_3 利用 N 的孤电子对向过渡金属配位形成配位键；而 PH_3 和 PF_3 的中心原子 P 除利用 P 的孤电子对向过渡金属配位形成配位键外，P 原子空的 d 轨道接受过渡金属 d 轨道电子的配位，形成 d-d π 配键，使 PH_3 和 PF_3 与过渡金属生成的配位化合物更稳定,即与过渡金属的配位能力 $NH_3 < PH_3$,$NF_3 < PF_3$。

由于 H 不存在价层 d 轨道,在与 H^+ 配位时,NH_3 和 PH_3 只能以孤电子对向 H^+ 的 1s 空轨道配位。H^+ 的半径很小,与半径小的 N 形成的配位键较强,而与半径较大的 P 形成的配位键较弱。因此,与 H^+ 的配位能力 $NH_3 > PH_3$。

15.72　(A)—NH_4NO_3；　(B)—N_2O；　(C)—NH_3；　(D)—$NaNO_3$；　(E)—Ag_2O。

15.73　(A)—Mg_3N_2；　(B)—$Mg(OH)_2$；　(C)—NH_3；　(D)—$Mg(NO_3)_2$；　(E)—MgO；
(F)—$NO_2 + O_2$；　(G)—$[Cu(NH_3)_4]SO_4$。

15.74　(A)—KH_2PO_4；　(B)—Ag_3PO_4；　(C)—$AgNO_3 + H_3PO_4$；　(D)—$CaHPO_4$。

15.75　(A)—As_2O_3；　(B)—$AsCl_3$；　(C)—As_2S_3；　(D)—Na_3AsS_3；　(E)—Na_3AsS_4；
(F)—AsO_4^{3-}。

15.76　(A)—AgN_3；　(B)—Ag；　(C)—N_2；　(D)—$AgNO_3$；　(E)—NO；　(F)—$AgCl$；
(G)—Mg_3N_2；　(H)—$Mg(OH)_2$；　(I)—NH_3；　(J)—$MgSO_4$；　(K)—Ag_2S；
(L)—NH_4HS；　(M)—S。

15.77　(A)—$BiCl_3$；　(B)—$BiOCl$；　(C)—$BiCl_3$；　(D)—Bi_2S_3；　(E)—$Bi(OH)_3$；　(F)—Bi；
(G)—$AgCl$。

第 16 章

一、选择题

16.1 D　　16.2 D　　16.3 C　　16.4 B　　16.5 A　　16.6 B　　16.7 B　　16.8 B
16.9 B　　16.10 D　　16.11 B　　16.12 D　　16.13 C　　16.14 C　　16.15 D　　16.16 C

二、填空题

16.17　(1) PbS；(2) HgS；(3) ZnS；(4) $CuFeS_2$；(5) FeS_2；(6) $Na_2SO_4 \cdot 10H_2O$；
(7) $Na_2S_2O_3 \cdot 5H_2O$；(8) $Na_2S_2O_4 \cdot 2H_2O$；(9) $CaSO_4 \cdot 2H_2O$；(10) $MgSO_4 \cdot 7H_2O$；
(11) Na_2SO_4。

16.18　(1) $>$,$>$,$>$。
(2) $<$,$>$,$<$。

16.19　K_2O_2,KO_3,KO_2,$O_2^+[PtF_6]^-$。

16.20
$$\left[O-\overset{\overset{O}{|}}{\underset{\underset{O}{|}}{S}}=S \right]^{2-} ; \quad \left[O-\overset{\overset{O}{|}}{\underset{\underset{O}{|}}{S}}-O-O-\overset{\overset{O}{|}}{\underset{\underset{O}{|}}{S}}-O \right]^{2-} ;$$

$$\left[O-\overset{\overset{O}{|}}{S}-\overset{\overset{O}{|}}{S}-O \right]^{2-} ; \quad \left[O-\overset{\overset{O}{|}}{\underset{\underset{O}{|}}{S}}-S-S-\overset{\overset{O}{|}}{\underset{\underset{O}{|}}{S}}-O \right]^{2-} 。$$

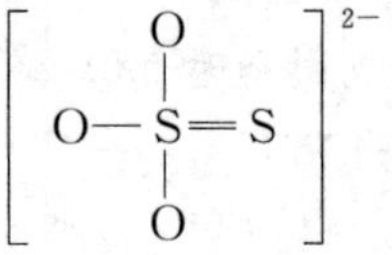

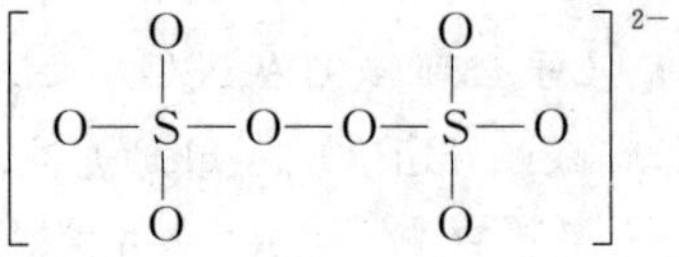

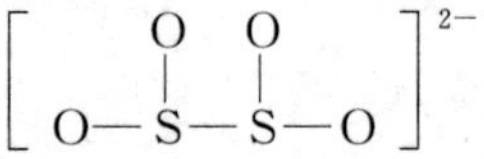

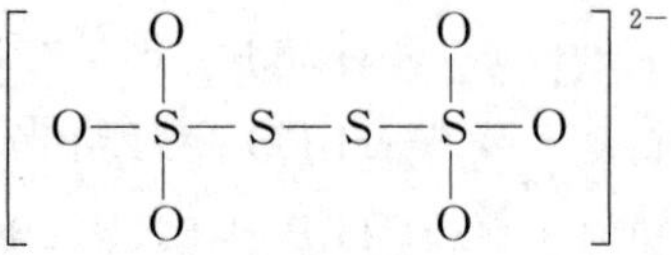

16.21　Cu^{2+},Ag^+,Hg^{2+},Pb^{2+}。

16.22　$NaOH$,浓硫酸；$NaHCO_3$,$KMnO_4$(或 $K_2Cr_2O_7$ 等氧化剂)。

16.23　ZnS 和 MnS；SnS；CuS；HgS。

16.24 (1) $CuSO_4 \cdot 5H_2O$；(2) $ZnSO_4 \cdot 7H_2O$；(3) $FeSO_4 \cdot 7H_2O$；
(4) $KAl(SO_4)_2 \cdot 12H_2O$ 或 $K_2SO_4 \cdot Al_2(SO_4)_3 \cdot 24H_2O$；
(5) $KCr(SO_4)_2 \cdot 12H_2O$ 或 $K_2SO_4 \cdot Cr_2(SO_4)_3 \cdot 24H_2O$；
(6) $(NH_4)_2SO_4 \cdot Fe_2(SO_4)_3 \cdot 24H_2O$ 或 $(NH_4)Fe(SO_4)_2 \cdot 12H_2O$。

16.25 $Na_2S_2O_5 + H_2O$，$Na_2SO_4 + SO_3 + O_2$；$Na_2SO_4 + Na_2S$。

16.26 H_2S 被空气中的氧氧化后有 S 生成。

16.27 $S_2O_3^{2-}$，$S^{2-} + SO_3^{2-}$，$S_2O_3^{2-} + S^{2-}$，$S_2O_3^{2-} + SO_3^{2-}$。

16.28

$M_2S_2O_{(8)}$	(1)	(5)	(9)
$M_2S_2O_{(3)}$	(2)	(6)	(7)
$M_2S_2O_{(7)}$	(3)	(4)	(8)

16.29 ZnS 白；MnS 粉红（或绿）；CdS 黄；SnS 灰；As_2S_3 黄；As_2S_5 黄；Sb_2S_3 橙；Sb_2S_5 橙；$Ag_2S_2O_3$ 白；PbS_2O_3 白。

三、完成并配平化学反应方程式

16.30 $Na_2O_2 + H_2SO_4 \xlongequal{} Na_2SO_4 + H_2O_2$

16.31 $H_2O_2 + 2HI \xlongequal{} I_2 + 2H_2O$

16.32 $2NH_4HSO_4 \xlongequal{电解} (NH_4)_2S_2O_8 + H_2\uparrow$

16.33 $SO_3 + 2KI \xlongequal{高温} K_2SO_3 + I_2$

16.34 $H_2SO_3 + 2H_2S \xlongequal{} 3S\downarrow + 3H_2O$

16.35 $Al_2O_3 + 3K_2S_2O_7 \xlongequal{共熔} Al_2(SO_4)_3 + 3K_2SO_4$

16.36 $2NaHSO_3 + H_2SO_3 + Zn \xlongequal{} Na_2S_2O_4 + ZnSO_3 + 2H_2O$

16.37 $HgS + Na_2S \xlongequal{} Na_2[HgS_2]$

16.38 $2FeSO_4 \xlongequal{\triangle} Fe_2O_3 + SO_3\uparrow + SO_2\uparrow$

16.39 $Fe_2O_3 + 3K_2S_2O_7 \xlongequal{共熔} Fe_2(SO_4)_3 + 3K_2SO_4$

16.40 $CuCl + 2Na_2S_2O_3 \xlongequal{} Na_3[Cu(S_2O_3)_2] + NaCl$

16.41 $2K_2S_2O_8 \xlongequal{\triangle} 2K_2SO_4 + 2SO_3\uparrow + O_2\uparrow$

16.42 $SOCl_2 + H_2O \xlongequal{} 2HCl + SO_2\uparrow$

16.43 $SO_3 + HCl \xlongequal{} HSO_3Cl$

16.44 $SeO_2 + H_2O \xlongequal{} H_2SeO_3$
$H_2SeO_3 + 2SO_2 + H_2O \xlongequal{} Se\downarrow + 2H_2SO_4$

16.45 $H_2SeO_4 + 2HCl \xlongequal{} H_2SeO_3 + Cl_2\uparrow + H_2O$

16.46 $2S^{2-} + SO_3^{2-} + 6H^+ \xlongequal{} 3S\downarrow + 3H_2O$

16.47 $2Na_2S_2O_3 + I_2 \xlongequal{} Na_2S_4O_6 + 2NaI$

16.48 $S_2O_3^{2-} + 4Cl_2 + 5H_2O \xlongequal{} 2SO_4^{2-} + 8Cl^- + 10H^+$

16.49 $Na_2S_2 + 2HCl = 2NaCl + S\downarrow + H_2S\uparrow$

16.50 $2[Ag(S_2O_3)_2]^{3-} + H_2S + 6H^+ = Ag_2S\downarrow + 4S\downarrow + 4SO_2 + 4H_2O$

四、分离、鉴别与制备

16.51 (1) S氧化数不变的反应

H_2S 用金属硫化物与非氧化性的稀酸反应，例如：

$$FeS + 2HCl(稀) = FeCl_2 + H_2S\uparrow$$

SO_2 用 Na_2SO_3 与稀盐酸反应：

$$Na_2SO_3 + 2HCl = 2NaCl + SO_2\uparrow + H_2O$$

SO_3 用加热分解硫酸盐的方法：

$$CaSO_4 \xlongequal{\triangle} CaO + SO_3\uparrow$$

(2) S氧化数变化的反应

H_2S 用 NaI 与浓硫酸反应：

$$8NaI + 9H_2SO_4(浓) = 4I_2 + 8NaHSO_4 + H_2S\uparrow + 4H_2O$$

SO_2 ① 金属单质与浓硫酸反应：

$$Zn + 2H_2SO_4(浓) = ZnSO_4 + SO_2\uparrow + 2H_2O$$

② 单质S或硫化物矿在空气中燃烧：

$$S + O_2 \xlongequal{燃烧} SO_2$$

$$4FeS_2 + 11O_2 \xlongequal{燃烧} 2Fe_2O_3 + 8SO_2$$

SO_3 以 V_2O_5 为催化剂，用 SO_2 与 O_2 反应：

$$2SO_2 + O_2 \xlongequal[\triangle]{V_2O_5} 2SO_3$$

16.52 将 Na_2S 和 Na_2CO_3 以 2∶1 的物质的量之比配成溶液，然后通入 SO_2 气体，反应过程如下：

$$2Na_2S + Na_2CO_3 + 4SO_2 = 3Na_2S_2O_3 + CO_2$$

16.53 将硫黄粉、石灰及水混合，煮沸制石硫合剂过程中发生如下反应：

$$CaO + H_2O = Ca(OH)_2$$

$$3S + 3Ca(OH)_2 = 2CaS + CaSO_3 + 3H_2O$$

过量的S与CaS进一步反应，生成多硫化物：

$$(x-1)S + CaS = CaS_x(橙色)$$

CaS_x 为橙色，并随 x 值升高显樱桃红色。

此外，过程中还发生以下反应：

$$S + CaSO_3 = CaS_2O_3$$

16.54 燃烧反应为

$$CS_2 + 3O_2 \xlongequal{煅烧} CO_2 + 2SO_2$$

因为 O_2 过量，故得到的混合气体为 SO_2，CO_2 和 O_2。将混合气体用液氨冷却，SO_2 的沸点较高，先液化为液态，故可与 CO_2 和 O_2 分离。

或将反应后的混合气体通过 $NaHCO_3$ 溶液，由于 SO_2 酸性比 CO_2 强，SO_2 可与 $NaHCO_3$ 作用而除去：

$$2NaHCO_3 + SO_2 \xlongequal{} Na_2SO_3 + 2CO_2 + H_2O$$

16.55 $4FeS_2 + 11O_2 \xlongequal{燃烧} 2Fe_2O_3 + 8SO_2$

$2SO_2 + O_2 \xlongequal[\triangle]{V_2O_5} 2SO_3$

$SO_3 + 2KOH \xlongequal{} K_2SO_4 + H_2O$

$K_2SO_4 + H_2SO_4 \xlongequal{} 2KHSO_4$

$2KHSO_4 \xlongequal{电解} K_2S_2O_8 + H_2\uparrow$

$K_2S_2O_8 + 2H_2O \xlongequal{H_2SO_4} 2KHSO_4 + H_2O_2$

$2SO_2(过量) + Na_2CO_3 + H_2O \xlongequal{} 2NaHSO_3 + CO_2$

$2NaHSO_3 + Zn + H_2SO_3 \xlongequal{} Na_2S_2O_4 + ZnSO_3 + 2H_2O$

$NaHSO_3 + NaOH \xlongequal{} Na_2SO_3 + H_2O$

$Na_2SO_3 + S \xlongequal{} Na_2S_2O_3$

16.56 由实验(1)可知：溶液中不含 S^{2-}，$S_2O_3^{2-}$，因为 Ag_2S 为黑色沉淀，$Ag_2S_2O_3$ 虽为白色沉淀，但其不稳定会分解，由白色转变为黑色的 Ag_2S。

由实验(2)可知：溶液中应含有 SO_4^{2-}。

由实验(3)酸化的溴水不褪色，说明溶液中不含 S^{2-}，$S_2O_3^{2-}$ 及 SO_3^{2-} 具有还原性的离子。

由此可得出结论：SO_4^{2-} 肯定存在，S^{2-}，$S_2O_3^{2-}$，SO_3^{2-} 肯定不存在，Cl^- 可能存在。

16.57 (1)

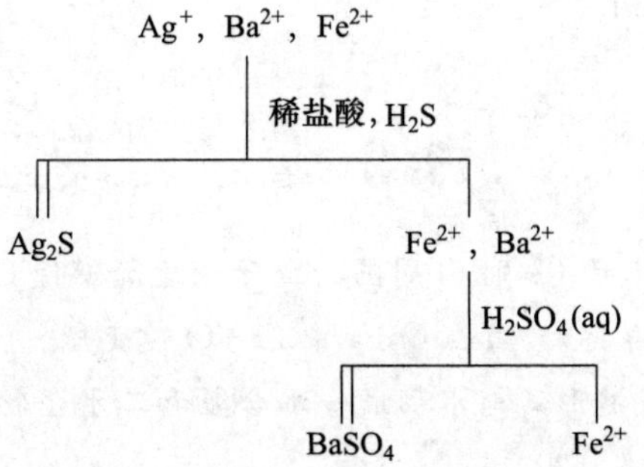

(2)

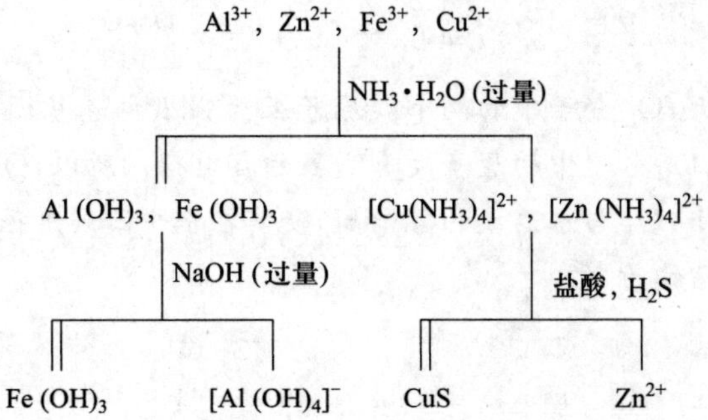

五、简答题

16.58 (1) 少量 $Na_2S_2O_3$ 溶液和 $AgNO_3$ 溶液反应生成白色的难溶盐 $Ag_2S_2O_3$：

$$2Ag^+ + S_2O_3^{2-} = Ag_2S_2O_3\downarrow$$

$Ag_2S_2O_3$ 不稳定，逐渐分解，转化为黑色的 Ag_2S 沉淀：

$$Ag_2S_2O_3 + H_2O = Ag_2S + H_2SO_4$$

$Ag_2S_2O_3$ 溶于过量 $Na_2S_2O_3$ 溶液生成无色的配位化合物，但 Ag_2S 溶度积常数很小，不溶于过量 $Na_2S_2O_3$ 溶液：

$$Ag_2S_2O_3 + 3S_2O_3^{2-} = 2[Ag(S_2O_3)_2]^{3-}$$

(2) 由于 MnS 的溶度积常数较大，H_2S 是很弱的二元酸，在水中解离出的 S^{2-} 浓度很小；同时沉淀过程有 H^+ 生成，H^+ 的存在更降低了 H_2S 的解离度，使得溶液中 $c(Mn^{2+})c(S^{2-}) < K_{sp}^{\ominus}(MnS)$，所以不会析出 MnS 沉淀。当溶液中含有一定量的氨水时，NH_3 与 H^+ 结合，$c(H^+)$ 减小，H_2S 的解离度增大，使 $c(Mn^{2+})c(S^{2-}) > K_{sp}^{\ominus}(MnS)$，故会有 MnS 沉淀析出。

(3) 稀盐酸和 Na_2SO_3 混合溶液相当于 H_2SO_3 稀溶液。H_2SO_3 有一定的氧化性，通入 H_2S 气体时发生氧化还原反应生成单质 S 沉淀，故溶液变浑浊：

$$H_2SO_3 + 2H_2S = 3S\downarrow + 3H_2O$$

稀盐酸和 Na_2SO_4 混合溶液相当于 H_2SO_4 稀溶液。H_2SO_4 稀溶液氧化性不如 H_2SO_3，不能将 H_2S 氧化，因此通入 H_2S 气体溶液无变化。

(4) $MnSO_4$ 与 $(NH_4)_2S_2O_8$ 反应生成难溶的 MnO_2，由 MnO_2 生成 MnO_4^- 的速率较慢，因而只看到 MnO_2 生成。向反应体系中加入几滴 $AgNO_3$ 溶液，由于 Ag^+ 对 $MnSO_4$ 与 $(NH_4)_2S_2O_8$ 反应生成 MnO_4^- 有催化作用，则很快有 MnO_4^- 生成，溶液变红。

16.59 O_2F_2 分子结构为

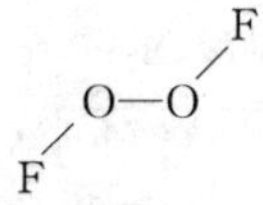

两个 O 为 sp^3 杂化

两个 O 与两个 F 不在同一平面

由于 F 的电负性大于 O，则 O 周围的电子密度降低使 O 有一定的正电性，两个 O 原子对共用电子对的引力变大，因而 O_2F_2 中 O—O 键变短。

16.60 溶于水的 O_2 以氢键形式与水形成一水合物和二水合物：

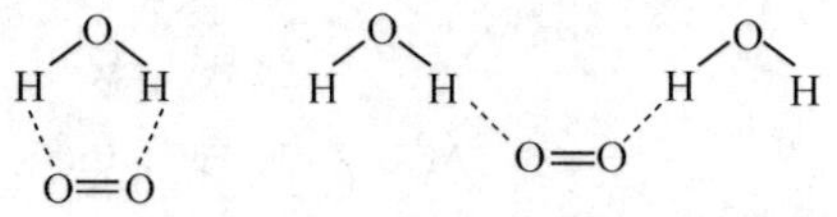

氧的电负性大，O_2 分子中的两个氧原子互为强吸电子基团，因此氧的孤电子对给出电子能力很差，O_2 分子中的原子没有明显的负电荷。所以，O_2 分子的原子与水分子的氢静电引力很小，O_2 与水形成的氢键弱，使其在水中溶解度很小。

16.61 $SOCl_2$ 分子结构为

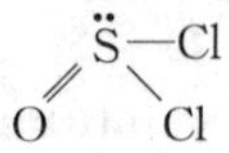

分子中的中心原子 S 有孤电子对，能给出电子，故可作路易斯碱。

分子的中心原子 S 有空的价层 d 轨道，又可以接受电子对，因此 $SOCl_2$ 又可作电子接受体，为路易斯酸。

16.62 分子中 S—O 键强度：$SOF_2 > SOCl_2 > SOBr_2$。

三个化合物的结构均为三角锥形，S 为中心原子，中心原子上有一孤电子对。

分子的空间构型为

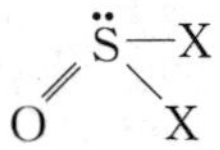

① X 电负性越大，吸引电子能力越强，则 S 原子周围的电子密度越低，硫的正电性越高，S 对 O 的极化作用越强，S—O 键共价成分越大，键越短，故 S—O 键越强。

② S—O 间存在 d-p 反馈 π 键，S 周围电子密度小，吸引氧的反馈电子能力越强，S—O 键越强。

元素电负性	$F > Cl > Br$
分子中 S 周围电子密度	$SOF_2 < SOCl_2 < SOBr_2$

16.63 SF_6 分子为正八面体结构，中心原子电子对全部用于成键，不易受到水分子的进攻。故对称性高、无孤电子对的 SF_6 分子非常稳定，也难以水解。

SF_4 分子为变形四面体结构，中心原子有一孤电子对，易与水分子作用而水解；同时，对称性低的 SF_4 分子稳定性差，易分解。SF_4 歧化为 SF_6 和 S 是自发进行的(放热反应)。

16.64 S_2X_2 是共价化合物，随着卤素原子半径的增大，S—X 键键长依次增大，键能减小，因此稳定性降低。但其分子间作用力却随着卤素原子半径的增大而增大，因而熔沸点逐渐升高，存在状态呈现从气体到液体再到固体的变化规律。

16.65 $NaHSO_3$ 受热易缩水，不宜采用高温浓缩的办法制备 $NaHSO_3$：

$$2NaHSO_3 \xlongequal{\quad} Na_2S_2O_5 + H_2O$$

16.66 可能是 Na_2S 溶液暴露在空气中时间过长，被氧化而有过硫化钠生成，过硫化钠能够将 SnS 氧化而溶解：

$$2Na_2S + O_2 + 2H_2O \xlongequal{\quad} 2S\downarrow + 4NaOH$$

$$Na_2S + S \xlongequal{\quad} Na_2S_2$$

$$SnS + Na_2S_2 \xlongequal{\quad} Na_2SnS_3$$

将溶解 SnS 的溶液进行酸化，若溶液变浑浊且放出臭鸡蛋气味的 H_2S 气体，则说明判断是正确的：

$$Na_2SnS_3 + 2HCl \xlongequal{\quad} SnS_2\downarrow + H_2S\uparrow + 2NaCl$$

16.67 (A)—$Na_2S_2O_3$； (B)—SO_2； (C)—S； (D)—Na_2SO_3； (E)—CO_2； (F)—$Na_2S_4O_6$； (G)—$Na_2SO_4 + H_2SO_4$； (H)—$BaSO_4$。

16.68 (A)—$CaO_2 \cdot 2H_2O$； (B)—CaO_2； (C)—CaO； (D)—KI_3 或 I_2； (E)—$I^- + IO_3^-$； (F)—$Ca(IO_3)_2$。

16.69 (A)—$NaHSO_3$； (B)—SO_4^{2-}； (C)—$BaSO_4$； (D)—SO_2； (E)—I_2。

16.70 (A)—$[Ag(S_2O_3)_2]^{3-}$； (B)—SO_2； (C)—$Ag_2S + S$； (D)—$[Ag(CN)_2]^-$； (E)—Ag_2S； (F)—AgI。

16.71 (A)—Na_2SO_3； (B)—SO_2； (C)—SO_4^{2-}； (D)—$Na_2SO_4 + Na_2S$； (E)—CuS；

(F)—$BaSO_4$。

第 17 章

一、选择题

17.1 C　17.2 D　17.3 A　17.4 B　17.5 B　17.6 A　17.7 B　17.8 C
17.9 B　17.10 B

二、填空题

17.11 (1) CaF_2；(2) Na_3AlF_6；(3) $Ca_5F(PO_4)_3$；(4) $KCl\cdot MgCl_2\cdot 6H_2O$；(5) $COCl_2$。

17.12 紫黑，紫，红棕，黄。

17.13 $Ca(ClO_3)_2 + CaCl_2$，$NaBr + NaBrO_3 + CO_2$，$NaIO_3 + NaI$。

17.14 Cl，F_2。

17.15 KCl，KF。

17.16 F 原子半径，H—F 键的解离能。

17.17 (1) ＜；(2) ＜；(3) ＞；(4) ＜。

17.18 HI；HF 和 HI；HF。

17.19 ＜，＞。

17.20 五，中强，八面体，sp^3d^2，氧化。

17.21 V 形，短，ClO_2 分子中的 Cl—O 键键级大于 1，Cl_2O 分子中 Cl—O 键键级等于 1。

三、完成并配平化学反应方程式

17.22 $ClO^- + Mn^{2+} + 2OH^- = MnO_2\downarrow + Cl^- + H_2O$

17.23 $MnO_2 + 2SCN^- + 4H^+ = Mn^{2+} + (SCN)_2 + 2H_2O$

17.24 $I_2O_5 + 10I^- + 10H^+ = 6I_2 + 5H_2O$

17.25 $2FeI_2 + 3Cl_2 = 2FeCl_3 + 2I_2$

$I_2 + 5Cl_2 + 6H_2O = 2HIO_3 + 10HCl$

17.26 $2CrI_3 + 6ClO^- + 4OH^- = 2CrO_4^{2-} + 3I_2 + 6Cl^- + 2H_2O$

17.27 $2CuO + 4HI = 2CuI + I_2 + 2H_2O$

17.28 $Cl_2 + KIO_3 + 2KOH = KIO_4 + 2KCl + H_2O$

17.29 KI 过量：$2I^- + ClO^- + H_2O = I_2 + Cl^- + 2OH^-$

KClO 过量：$I_2 + 5ClO^- + 2OH^- = 2IO_3^- + 5Cl^- + H_2O$

$I_2 + 10ClO^- + 4H_2O = 2IO_3^- + 5Cl_2\uparrow + 8OH^-$

17.30 $ClO^- + Cl^- + 2H^+ = Cl_2\uparrow + H_2O$

17.31 $ClO^- + Pb^{2+} + 2OH^- = Cl^- + PbO_2\downarrow + H_2O$

17.32 $3Cl_2 + 8NH_3 = 6NH_4Cl + N_2$

17.33 $Cl_2 + 2NaOH(aq) = NaCl + NaClO + H_2O$

17.34 $3HClO \xlongequal{\triangle} 2HCl\uparrow + HClO_3$

17.35 $2ClO_2 + 2OH^- \xlongequal{} ClO_2^- + ClO_3^- + H_2O$

17.36 $I_2O_5 + 5CO \xlongequal{\triangle} I_2 + 5CO_2$

17.37 $3HClO + S + H_2O \xlongequal{} H_2SO_4 + 3HCl$

17.38 $3Cl_2 + Br^- + 6OH^- \xlongequal{} 6Cl^- + BrO_3^- + 3H_2O$

四、分离、鉴别与制备

17.39 (1) 可将含有 ICl 或 IBr 的 I_2 与 KI 共热，发生如下反应：

$$ICl + KI \xlongequal{\triangle} KCl + I_2$$

$$IBr + KI \xlongequal{\triangle} KBr + I_2$$

这种反应进行的方向是生成晶格能大的物质，由于 KCl 和 KBr 的晶格能大于 KI 的晶格能，所以可以将 ICl 和 IBr 中的 I 元素游离出来。在加热的过程中 I_2 升华，与 KCl,KBr 分离得以纯化。

(2) 将样品溶于水，通少许氯气，NaBr 将被 Cl_2 氧化：

$$2NaBr + Cl_2 \xlongequal{} 2NaCl + Br_2$$

向溶液中加些许 CCl_4，振荡，过量的 Cl_2 和生成的 Br_2 溶解在 CCl_4 层。用分液漏斗进行分离。浓缩水相，结晶得纯净的 NaCl。

(3) 取三种粉末分别置于试管中，用 H_2O 溶解后滴加 $AgNO_3$ 溶液。根据生成的卤化银的颜色和溶解性可区别三种样品：

生成白色沉淀，且沉淀可溶于稀氨水，则样品为 NaCl。

生成浅黄色沉淀，且沉淀可溶于 $Na_2S_2O_3$ 溶液，则样品为 NaBr。

生成黄色沉淀，且沉淀不溶于 $Na_2S_2O_3$ 溶液，则样品为 NaI。

(4) 将固体样品溶于 H_2SO_4 溶液，并加入少许 $MnSO_4$ 稀溶液，微热，溶液显紫色的是 K_5IO_6，剩下的是 $KClO_4$。K_5IO_6 氧化 Mn^{2+} 的化学反应方程式为

$$2Mn^{2+} + 5H_5IO_6 \xlongequal{\triangle} 2MnO_4^- + 5IO_3^- + 11H^+ + 7H_2O$$

(5) 将固体样品溶于 H_2SO_4 溶液，并加入少许 $MnSO_4$ 稀溶液，微热，溶液显紫色的是 K_5IO_6：

$$2Mn^{2+} + 5H_5IO_6 \xlongequal{\triangle} 2MnO_4^- + 5IO_3^- + 11H^+ + 7H_2O$$

将另外两种固体样品溶于 H_2SO_4 溶液，加少许淀粉溶液，并逐渐滴加 Na_2SO_3 溶液，溶液颜色变为蓝色后又消失，说明此样品为 KIO_3：

$$2IO_3^- + 5SO_3^{2-} + 2H^+ \xlongequal{} I_2 + 5SO_4^{2-} + H_2O$$

$$I_2 + SO_3^{2-} + H_2O \xlongequal{} 2I^- + SO_4^{2-} + 2H^+$$

剩下的是 KI。K_5IO_6 和 KIO_3 均具有氧化性，而 KI 具有还原性。

(6) 分别取少量固体加水溶解。其中，不溶解的是 $KClO_4$，因 $KClO_4$ 的溶解度小。

试验其他几种溶液的 pH，溶液呈碱性的是 KClO。因次氯酸为弱酸，KClO 溶液水解显碱性，而其他几种盐均是强酸盐，水溶液无明显的碱性。

进一步确认，向显碱性的溶液中滴入 $MnSO_4$ 溶液，能产生棕黑色沉淀则肯定为 KClO：

$$Mn^{2+} + ClO^- + 2OH^- \xlongequal{} MnO_2\downarrow + Cl^- + H_2O$$

剩下的两个样品分别加入浓盐酸，溶液颜色为黄色的是 $KClO_3$：

$$2KClO_3 + 4HCl(浓) = Cl_2\uparrow + 2KCl + 2ClO_2\uparrow + 2H_2O$$

溶液不变色的是 KCl。

17.40 (1) $CaF_2 + H_2SO_4(浓) \xlongequal{\triangle} CaSO_4 + 2HF\uparrow$

向液态 HF 中加入强电解质 KF，形成导电性强且熔点较低的混合物。

电解 KHF_2 制取单质 F_2。阳极反应为

$$2F^- = F_2 + 2e^-$$

得到的 F_2 压入镍制的特种钢瓶内储存。

(2) $4KClO_3 \xlongequal{\triangle} 3KClO_4 + KCl$

$KClO_4$ 溶解度比 KCl 小，可分离。

$$KClO_4 + H_2SO_4 = KHSO_4 + HClO_4$$

减压蒸馏出 $HClO_4$。

(3) 先将海水日照浓缩，调成酸性，通入 Cl_2 将 Br^- 氧化成 Br_2：

$$2Br^- + Cl_2 = 2Cl^- + Br_2$$

然后鼓入空气将 Br_2 吹出，用 Na_2CO_3 溶液吸收：

$$3Br_2 + 3Na_2CO_3 = 5NaBr + NaBrO_3 + 3CO_2\uparrow$$

最后加酸制得 Br_2：

$$5HBr + HBrO_3 = 3Br_2 + 3H_2O$$

(4) $I_2 + 7Cl_2 + 18NaOH = 2Na_2H_3IO_6 + 14NaCl + 6H_2O$

$2Na_2H_3IO_6 + 5Ba(NO_3)_2 = Ba_5(IO_6)_2\downarrow + 4NaNO_3 + 6HNO_3$

$Ba_5(IO_6)_2 + 5H_2SO_4 = 2H_5IO_6 + 5BaSO_4$

17.41 (1) 加热浓盐酸和 MnO_2 的混合物制备 Cl_2：

$$MnO_2 + 4\ HCl(浓) \xlongequal{\triangle} MnCl_2 + Cl_2\uparrow + 2H_2O$$

(2) Cl_2 歧化生成 HClO 和 HCl。向体系中加入 HgO 或 Ag_2O 以除去 H^+，使歧化反应能够进行：

$$2HgO + 2Cl_2 + H_2O = HgO\cdot HgCl_2 + 2HClO$$

$$Ag_2O + 2Cl_2 + H_2O = 2AgCl + 2HClO$$

也可在 $CaCO_3$ 悬浮液中通入 Cl_2，利用 CO_3^{2-} 与形成的 H^+ 结合成 CO_2 使歧化反应能够进行，形成较高浓度的 HClO：

$$CaCO_3 + 2Cl_2 + H_2O = CaCl_2 + CO_2 + 2HClO$$

(3) Cl_2 通入热的 KOH 溶液则歧化为 $KClO_3$：

$$3Cl_2 + 6KOH \xlongequal{\triangle} KClO_3 + 5KCl + 3H_2O$$

(4) $KClO_3$ 被草酸($H_2C_2O_4$)或 SO_2 还原得到二氧化氯：

$$2KClO_3 + 3H_2C_2O_4 = 2ClO_2\uparrow + 2CO_2\uparrow + 2KHC_2O_4 + 2H_2O$$

$$2KClO_3 + SO_2 = 2ClO_2 + K_2SO_4$$

17.42 室温下浓盐酸与 MnO_2 反应速率慢，制备 Cl_2 时需要加热，停止加热则反应速率很快降下来，因此该法的优点是便于随制随停；另外，MnO_2 价格比 $KMnO_4$ 便宜，制备成本低。

用浓盐酸与 $KMnO_4$ 反应制备 Cl_2 的优点是不需要加热,但反应速率不易控制,不能随制随停;另外,$KMnO_4$ 价格比 MnO_2 贵,制备成本高。

17.43 如果将红磷与 Br_2 混合,立即有易挥发的 PBr_3 生成,且反应放热而难以控制反应速率,不利于制备 HBr 气体。将红磷与 H_2O 混合后滴加 Br_2,可以通过滴加 Br_2 的速度控制反应;同时,生成的 PBr_3 立即水解生成 HBr,有利于制备 HBr。

17.44 向四支试管中分别加入少许 CCl_4 和 $KMnO_4$,CCl_4 层变黄或橙色的是 HBr,CCl_4 层变紫的是 HI,CCl_4 层不变色、但 $KMnO_4$ 褪色或颜色变浅的是 HCl,无明显变化的是 H_2SO_4。本题也可由生成沉淀的实验加以鉴别。

17.45 方法一　将两种盐的溶液酸化后滴加 Na_2SO_3 溶液,有 I_2 生成的是 KIO_3,另一种盐是 KNO_3:

$$2IO_3^- + 5SO_3^{2-} + 2H^+ = I_2 + 5SO_4^{2-} + H_2O$$

方法二　向两种盐的溶液中加入 $BaCl_2$ 溶液,微热,有沉淀生成的是 KIO_3,另一种盐是 KNO_3:

$$2IO_3^- + Ba^{2+} = Ba(IO_3)_2 \downarrow$$

方法三　取少量两种盐固体配成溶液分别装入两支试管中,加入少量 $FeSO_4$ 溶液,然后沿着试管壁加浓硫酸,在浓硫酸与上层溶液的界面处有棕色环生成的是 KNO_3,另一种盐是 KIO_3:

$$NO_3^- + 3Fe^{2+} + 4H^+ = NO + 3Fe^{3+} + 2H_2O$$

$$NO + Fe^{2+} + 5H_2O = [Fe(NO)(H_2O)_5]^{2+}(\text{棕色})$$

17.46 查电极电势表得 $E^\ominus(S_4O_6^{2-}/S_2O_3^{2-}) = 0.08\ V$,$E^\ominus(S/H_2S) = 0.142\ V$,$E^\ominus(Br_2/Br^-) = 1.07\ V$,$E^\ominus(NO_3^-/HNO_2) = 0.934\ V$,$E^\ominus(SO_4^{2-}/H_2SO_3) = 0.172\ V$。

因为 $E^\ominus(MnO_4^-/Mn^{2+})$ 大于 $E^\ominus(S_4O_6^{2-}/S_2O_3^{2-})$,$E^\ominus(S/H_2S)$,$E^\ominus(Br_2/Br^-)$,$E^\ominus(I_2/I^-)$,$E^\ominus(NO_3^-/HNO_2)$ 和 $E^\ominus(SO_4^{2-}/H_2SO_3)$,所以,在酸性溶液中 $S_2O_3^{2-}$,S^{2-},Br^-,I^-,NO_2^-,SO_3^{2-} 均能使 $KMnO_4$ 褪色。而 $E^\ominus(I_2/I^-)$ 只比 $E^\ominus(S_4O_6^{2-}/S_2O_3^{2-})$,$E^\ominus(S/H_2S)$ 和 $E^\ominus(SO_4^{2-}/H_2SO_3)$ 大,故 $S_2O_3^{2-}$,S^{2-},SO_3^{2-} 能使碘-淀粉溶液褪色,而 Br^-,I^-,NO_2^- 则不能。

因此,Br^-,I^-,NO_2^- 可能存在。

五、简答题

17.47 (1) $2HClO_3 + I_2 = 2HIO_3 + Cl_2 \uparrow$

紫黑色的碘消失,并有气体放出。

(2) $Cl_2 + 3I^- = I_3^- + 2Cl^-$

溶液先变成黄色或橙色。

$$5Cl_2 + I_2 + 6H_2O = 10Cl^- + 2IO_3^- + 12H^+$$

然后变成无色。

$$Cl_2 + 2Br^- = 2Cl^- + Br_2$$

最后溶液又变成黄色或橙色。

(3) $IO_3^- + 3SO_3^{2-} = I^- + 3SO_4^{2-}$

$$2IO_3^- + 5SO_3^{2-} + I^- + 2H^+ \longrightarrow I_3^- + 5SO_4^{2-} + H_2O$$

开始时 SO_3^{2-} 过量，生成 I^-，溶液无色；SO_3^{2-} 耗尽后生成 I_3^-，溶液变黄。

$$IO_3^- + 5I_3^- + 6H^+ \longrightarrow 8I_2 \downarrow + 3H_2O$$

I^- 耗尽后，析出灰黑色 I_2 沉淀。

(4) $2IO_3^- + 5SO_3^{2-} + 2H^+ \longrightarrow I_2 + 5SO_4^{2-} + H_2O$

溶液变蓝。

(5) $Pb^{2+} + ClO^- + 2OH^- \longrightarrow PbO_2 \downarrow + Cl^- + H_2O$

有黑色沉淀析出。

17.48 (1) 前者 KI 过量，生成的 I_3^- 不再反应，溶液显黄色；后者 KClO 过量，生成的 I_2 进一步被氧化为 IO_3^-，溶液为无色。

(2) 前者 H^+ 浓度低，$KClO_3$ 与 HCl 不反应；后者 H^+ 浓度高，$KClO_3$ 与 HCl 反应生成 ClO_2（黄绿色，部分溶于水后溶液呈黄色）：

$$2KClO_3 + 4HCl \longrightarrow Cl_2 \uparrow + 2KCl + 2ClO_2 \uparrow + 2H_2O$$

(3) $E^\ominus(Fe^{3+}/Fe^{2+}) = 0.771\ V$，$E^\ominus(I_2/I^-) = 0.535\ V$。由于 $E^\ominus(I_2/I^-) < E^\ominus(Fe^{3+}/Fe^{2+})$，碘水不能氧化 Fe^{2+}。因而向 $FeSO_4$ 溶液中加入碘水时，碘水不褪色。加入 NH_4F 溶液后，F^- 与 Fe^{3+} 生成稳定的配位化合物使 Fe^{2+} 的还原性增强，碘水褪色：

$$I_2 + 2Fe^{2+} + 12F^- \longrightarrow 2I^- + 2[FeF_6]^{3-}$$

(4) NaClO 的氧化性强于 $NaClO_3$。$NaClO_3$ 的氧化性依赖于介质，有酸存在时，$NaClO_3$ 才具有氧化性。没有 H^+，ClO_3^- 不能氧化 I^-。ClO^- 氧化 I^- 的反应为

$$ClO^- + 2I^- + H_2O \longrightarrow Cl^- + I_2 + 2OH^-$$

(5) 在浓溶液中，$HClO_4$ 以分子形式存在，只有一个氧原子与质子结合，形成对称性较低的分子，同时 H^+ 的反极化作用使高氯酸分子不稳定。所以浓 $HClO_4$ 溶液有较强的氧化性，能够氧化 I_2：

$$2HClO_4(浓) + I_2 + 4H_2O \longrightarrow 2H_5IO_6 + Cl_2 \uparrow$$

稀溶液中，$HClO_4$ 完全解离，ClO_4^- 为正四面体结构，对称性高，且不受 H^+ 的反极化作用的影响，比较稳定，所以氧化能力弱。稀 $HClO_4$ 溶液中的 Cl(Ⅶ)甚至不能被活泼金属 Zn 还原，只能置换出 H_2：

$$Zn + 2HClO_4(稀) \longrightarrow Zn(ClO_4)_2 + H_2 \uparrow$$

(6) 没有催化剂，$KClO_3$ 歧化分解生成两种固体产物，而有 MnO_2 时，产生 O_2：

$$4KClO_3 \xlongequal{\triangle} 3KClO_4 + KCl$$

$$2KClO_3 \xlongequal[\triangle]{MnO_2} 2KCl + 3O_2 \uparrow$$

(7) 由于 I_2 在 KI 溶液中的浓度不同，溶液的颜色不同。按照浓度由低到高，溶液可以显黄色、橙色、红色、棕色。

17.49 稳定性 $KI_3 > KIBr_2 > KI_2Br$。阳离子相同，多卤阴离子的对称性越高，中心原子越大，则多卤阴离子越稳定。I_3^-，IBr_2^- 和 I_2Br^- 都是直线形结构，显然$[I—I—Br]^-$对称性最低，稳定性最差；而$[I—I—I]^-$对称性比$[Br—I—Br]^-$对称性高，因此 I_3^- 最稳定。

17.50 (1) 氢卤酸的酸性由强到弱顺序为 HI，HBr，HCl，HF。除 HF 是弱酸外，其余均为强酸。

X^- 对 H^+ 的吸引力弱，则解离度大，溶液的酸性强；反之，X^- 对 H^+ 的吸引力强，则解离度小，溶液的酸性弱。这种吸引力取决于 X^- 本身所带电荷数和离子半径，即 X^- 本身的电子密度。按 I^-，Br^-，Cl^-，F^- 顺序，尽管离子所带电荷数相同，而离子的半径逐渐减小，则电荷密度逐渐升高，于是 X^- 对 H^+ 的吸引力逐渐增大。结果导致 HI，HBr，HCl，HF 在水溶液中的解离度依次减小，酸性逐渐减弱。

(2) 酸性依顺序 HClO，$HClO_2$，$HClO_3$ 逐渐增强。随着中心原子 Cl 的氧化数的增大，抵抗 H^+ 的反极化作用的能力变大，H—O—X 中的 HO—X 键逐渐增强，H—O 键逐渐减弱，H^+ 更易解离出，故酸性增强。

(3) 从 Cl 到 I，随原子序数的增加，半径增大，电负性减小，拉动 O 原子电子云能力变小，H—O—X 中的 HO—X 键逐渐减弱，H—O 键逐渐增强，不易解离出 H^+，所以 $HClO_3$，$HBrO_3$，HIO_3 酸性依次减弱。

(4) Cl(Ⅶ)对氧原子的吸引力大于氢与氧的结合力，且 Cl(Ⅶ)抵抗 H^+ 的反极化作用的能力强，保持 Cl—OH 之间的强结合力，从而使 O—H 键的结合力被削弱，另外 ClO_4^- 的对称性高，稳定性好，所以高氯酸在水溶液中几乎完全解离，形成 H^+ 和 ClO_4^-。高氯酸是无机酸中酸性最强的酸。

H_3PO_4 分子内中心原子 P(Ⅴ)的吸电子能力弱于 Cl(Ⅶ)，O—H 键的结合力较强，不易解离出 H^+，故酸性弱于 $HClO_4$，为中强酸。

17.51 (1) 从 Cl_2 到 Br_2 到 I_2 键的解离能逐渐下降。这与卤素原子半径大小密切相关。从 Cl_2 到 Br_2 到 I_2，因为原子半径增大，在卤素双原子分子中，核对成键电子对的引力随原子半径增大而减小，所以导致解离能呈现逐渐下降的趋势。

(2) Hg^{2+} 的卤化物的溶解度逐渐降低。由于 F^- 的半径小，变形性小，所以 HgF_2 为离子化合物，溶解度最大。由于离子的极化，HgX_2($X=Cl^-$，Br^-，I^-)中明显有共价成分。从 Cl^- 到 Br^- 到 I^- 的半径逐渐增大，X^- 的变形性逐渐变大，HgX_2 中键的共价成分越来越多，并且 Hg^{2+} 也有很好的变形性，所以 $HgCl_2$，$HgBr_2$，HgI_2 的溶解度依次降低，HgI_2 难溶。

(3) 氯的含氧酸氧化性由大到小排序为 HClO，$HClO_3$，$HClO_4$。因为高价态含氧酸的中心原子抵抗 H^+ 极化作用的能力较强，而且酸根的对称性高，稳定性好，所以酸中的氧不易与中心脱离，酸不易被还原。

(4) I_2O_5 的稳定性远大于 ClO_2 的稳定性。I_2O_5 是碘酸的酸酐，I(Ⅴ)是常见的稳定价态，而 ClO_2 分子中 Cl(Ⅳ)是不稳定价态。因此常温常压下 I_2O_5 是较稳定的固体，ClO_2 是不稳定的气体。

17.52 (1) 漂白粉的有效成分是 $Ca(ClO)_2$，在空气中吸收 CO_2 生成 HClO：

$$Ca(ClO)_2 + CO_2 + H_2O \xlongequal{} CaCO_3 + 2HClO$$

HClO 不稳定，易分解而失效：

$$2HClO \xlongequal{} 2HCl + O_2\uparrow$$

HClO 氧化性强，与 HCl 或漂白粉中的杂质 $CaCl_2$ 反应也会损失有效成分：

$$HCl + HClO \xlongequal{} Cl_2\uparrow + H_2O$$

$$2HClO + Cl^- \xlongequal{} Cl_2\uparrow + ClO^- + H_2O$$

(2) 一般认为，两元素的电负性差大于 1.7 生成离子化合物，小于 1.7 则生成共价化合物。

Al与F的电负性差为2.37，AlF_3为典型的离子化合物；Al与Cl的电负性差为1.55，$AlCl_3$应为共价化合物(事实上，$AlCl_3$常温下为离子化合物，升高温度到熔点后转化为共价化合物)。所以，AlF_3的熔点比$AlCl_3$的高得多。

(3) 氟为第二周期元素，半径特别小，富电子的F电子密度较大，生成F^-时放出的能量较少，因此氟的电子亲和能比氯小。

F_2比Cl_2活泼，原因是F的半径小，F_2中孤电子对之间的斥力较大，使F_2的解离能远小于Cl_2的解离能；同时，氟化物的晶格能比氯化物的大，氟化物的能量更低；此外，F^-水合时放出的热量远多于Cl^-。

17.53 (1) 向KI溶液中滴加H_2O_2溶液，溶液颜色由无色变黄色：

$$H_2O_2 + 3I^- + 2H^+ \longrightarrow I_3^- + 2H_2O$$

随着H_2O_2的加入，溶液颜色加深。

当H_2O_2过量时，有灰黑色沉淀生成，溶液颜色变成近无色：

$$H_2O_2 + 2I_3^- + 2H^+ \longrightarrow 3I_2\downarrow + 2H_2O$$

因I^-全部被H_2O_2氧化，I_2在水中溶解度很小，生成I_2沉淀。

(2) 开始时HIO_3过量，生成的I_2不再反应，I_2与淀粉作用显蓝色：

$$2IO_3^- + 5SO_3^{2-} + 2H^+ \longrightarrow I_2 + 5SO_4^{2-} + H_2O \quad \text{蓝色溶液}$$

直至加入Na_2SO_3溶液过量时，溶液蓝色消失，变无色：

$$I_2 + SO_3^{2-} + H_2O \longrightarrow 2I^- + SO_4^{2-} + 2H^+ \quad \text{无色溶液}$$

(3) 开始时Na_2SO_3过量，HIO_3还原产物为I^-，溶液为无色的：

$$IO_3^- + 3SO_3^{2-} \longrightarrow I^- + 3SO_4^{2-} \quad \text{无色溶液}$$

直至加入HIO_3溶液过量时，溶液颜色变蓝色：

$$IO_3^- + 5I^- + 6H^+ \longrightarrow 3I_2 + 3H_2O \quad \text{蓝色溶液}$$

17.54 (1) (A)的结构简式： $[NF_4]^+[BF_4]^-$

反应式： $NF_3 + F_2 + BF_3 \longrightarrow [NF_4]^+[BF_4]^-$

(2) NF_4^+水解反应：$2[NF_4]^+ + 2H_2O \longrightarrow 2NF_3 + 2HF + O_2 + 2H^+$

$$[NF_4]^+ + 2H_2O \longrightarrow NF_3 + HF + H_2O_2 + H^+$$

$[NF_4]^+$有两种水解反应，但水解反应都能定量地生成NF_3和HF。两个水解反应组合，反应条件不同而使两个水解反应比例不同，故同时得到的O_2和H_2O_2的量会不同。

17.55 (A)—KI； (B)—H_2SO_4(浓)； (C)—I_2； (D)—$KI_3 + I_2$； (E)—$Na_2S_2O_3$； (F)—Cl_2； (G)—S； (H)—SO_2； (I)—$BaSO_4$。

17.56 (A)—NaI； (B)—NaClO。

17.57 (A)—HIO_3，(B)—I_2O_5。

17.58 KBr。

第18章

一、选择题

18.1 A　18.2 C　18.3 C　18.4 B　18.5 D　18.6 B　18.7 C　18.8 C　18.9 B

二、填空题

18.10 H_3O^+。

18.11 氕,氘,氚, H,D,T。

18.12 水蒸气,炭层,水煤气,水蒸气,氧化铁,水,CO_2。

18.13 He,Xe,Ar。

18.14 $O_3 + XeO_3 + 4NaOH + 6H_2O = Na_4XeO_6 \cdot 8H_2O + O_2$。

三、完成并配平化学反应方程式

18.15 $WO_3 + 3H_2 \xlongequal{\triangle} W + 3H_2O$

18.16 $2LiH + B_2H_6 = 2LiBH_4$

18.17 $2CO_2 + BaH_2 \xlongequal{高温} 2CO + Ba(OH)_2$

18.18 $2XeF_2 + 2H_2O = 2Xe\uparrow + O_2\uparrow + 4HF$

18.19 $CO(g) + 2H_2(g) \xlongequal{ZnO-Cr_2O_3} CH_3OH(g)$

18.20 $2XeF_6 + SiO_2 = 2XeOF_4 + SiF_4\uparrow$

18.21 $CaH_2 + UO_2 \xlongequal{\triangle} U + Ca(OH)_2$

18.22 $XeF_6 + 3H_2O \xlongequal{完全水解} 6HF + XeO_3$

18.23 $XeF_6 + H_2O \xlongequal{不完全水解} 2HF + XeOF_4$

18.24 $Na_4XeO_6 + 2H_2SO_4$(浓) $= XeO_4 + 2Na_2SO_4 + 2H_2O$

四、分离、鉴别与制备

18.25 实验室里,常利用稀盐酸或稀硫酸与锌等活泼金属作用制取氢气。因为金属锌中常含有Zn_3P_2,Zn_3As_2,ZnS等杂质,它们与酸反应生成PH_3,AsH_3,H_2S等气体混杂在氢气中,需要经过纯化后才能得到纯净的氢气。

而用电解水的方法制备氢气,所得的氢气纯度高。常采用质量分数为25%的NaOH溶液或KOH溶液为电解液。电极反应如下:

阴极　$2H_2O + 2e^- = H_2\uparrow + 2OH^-$

阳极　$4OH^- = O_2\uparrow + 2H_2O + 4e^-$

18.26 氢气是氯碱工业中的副产物。电解食盐水的过程中,在阳极上生成Cl_2,电解池中得到NaOH的同时,阴极上放出H_2。

工业生产上需要的大量氢气是靠催化裂解天然气得到的:

$$CH_4 + H_2O \xlongequal{} CO + 3H_2$$
$$C_3H_8 + 3H_2O \xlongequal{} 3CO + 7H_2$$

工业生产上也利用水蒸气通过红热的炭层来获得氢气，反应如下：

$$C + H_2O \xlongequal{1273\ K} CO + H_2$$

为了制备氢气，则必须分离出 CO。具体方法是将水煤气连同水蒸气一起通过红热的氧化铁，CO 转变成 CO_2：

$$CO + H_2O \xlongequal[Fe_2O_3]{723\ K} CO_2 + H_2$$

然后将高压下的 CO_2 和 H_2 的混合气体用水洗涤，吸收掉 CO_2 而分离出 H_2。

18.27 氙的氟化物可以由两种单质直接化合生成。

(1) 合成 XeF_2 的反应为

$$Xe + F_2 \xlongequal{} XeF_2$$

要保证 Xe 大过量，避免 XeF_4 的生成，以确保 XeF_2 占主要地位。

(2) 合成 XeF_4 的反应为

$$Xe + 2F_2 \xlongequal{} XeF_4$$

要保证 F_2 过量，注意反应时间不要太长，避免 XeF_6 的生成，以确保 XeF_4 占主要地位。

(3) 合成 XeF_6 的反应为

$$Xe + 3F_2 \xlongequal{} XeF_6$$

要保证 F_2 大过量，且要保证反应时间足够长，这样可以保证 XeF_6 的大量生成。

18.28 在 573 K 和 6.18×10^6 Pa 条件下，使 Xe 与大过量的 F_2 于镍制容器中进行反应制得 XeF_6：

$$Xe + 3F_2 \xlongequal{} XeF_6$$

XeF_6 完全水解产生 XeO_3：

$$XeF_6 + 3H_2O \xlongequal{} XeO_3 + 6HF$$

向 XeO_3 的碱性溶液中通入 O_3，即可得到相应的高氙酸盐的结晶水合物盐：

$$XeO_3 + 4NaOH + O_3 + 6H_2O \xlongequal{} Na_4XeO_6 \cdot 8H_2O + O_2$$

18.29 将气体通过灼热的氧化铜层，若使黑色氧化铜变红且尾气能使澄清的石灰水变浑浊，则气体为 CO；若仅使黑色氧化铜变红，则为 H_2。若无明显变化，则气体为 He 或 CH_4；将此气体通过细玻璃管口在空气中点燃，若能够燃烧则为 CH_4；不能发生燃烧反应的为 He。

五、简答题

18.30 稀有气体的第一电离能[I_1/(kJ·mol^{-1})]分别为：He 2372.3，Ne 2080.7，Ar 1520.6，Kr 1350.7，Xe 1170.3，Rn 1037.1。由于 He，Ne，Ar 的电离能大，其化合物极难制得；而且所得化合物稳定性差，必须在低温下保存。Rn 放射性强，半衰期很短。所以，对 Xe 以外的化合物研究得较少。

18.31 (1) XeF_2　XeF_2 分子中共 5 对电子，Xe 采取 sp^3d 杂化，电子对构型为三角双锥形。三个孤电子对占据在两个三角锥共同的底面三角形的三个顶角上，XeF_2 分子构型为直线形。

(2) XeF_4　XeF_4 分子中有 6 对电子，Xe 采取 sp^3d^2 杂化，电子对构型为正八面体形。两个孤电子对占据两个相对的顶点，XeF_4 分子构型为正方形。

(3) XeF_6　XeF_6 的结构很难用价层电子对互斥理论预测。XeF_6 中 Xe 采取 sp^3d^3 杂化，6 个 F 原子位于八面体的 6 个顶点，而一个孤电子对伸向一个棱的中点。如下图所示。

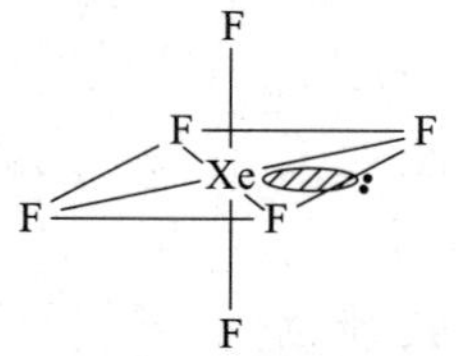

XeF_6 分子的空间构型

(4) XeO_3　XeO_3 分子中有 4 对电子，Xe 采取 sp^3 杂化，电子对构型为正四面体形。一个孤电子对占据一个四面体的顶点，XeO_3 分子构型为三角锥形。

(5) XeO_4　XeO_4 分子中有 4 对电子，Xe 采取 sp^3 杂化，电子对构型为正四面体形。4 个电子对，4 个配体，XeO_4 分子构型为正四面体形。

(6) $XeOF_4$　$XeOF_4$ 分子中有 6 对电子，Xe 采取 sp^3d^2 杂化，电子对构型为正八面体形。一个孤电子对占据一个八面体的顶点，$XeOF_4$ 分子构型为四角锥形。

(7) $XeOF_2$　$XeOF_2$ 分子中有 5 对电子，Xe 采取 sp^3d 杂化，电子对构型为三角双锥形。两个孤电子对占据三角双锥形的底面，$XeOF_2$ 分子构型为 T 形。

(8) XeO_3F_2　XeO_3F_2 分子中有 5 对电子，Xe 采取 sp^3d 杂化，电子对构型为三角双锥形。5 个电子对，5 个配体，XeO_3F_2 分子构型为三角双锥形。

18.32　按照鲍林规则，通式为 H_yRO_m 的含氧酸，$K_{a1}^{\ominus}=10^{5(m-y)-7}$。

H_4XeO_6 的 $K_{a1}^{\ominus}=10^{5(6-4)-7}=10^3$，应为强酸。

18.33　氢化物可以分成离子型氢化物、分子型氢化物、金属型氢化物三大类。根据各类氢化物的特点可完成下表：

物质	BaH_2	SiH_4	NH_3	AsH_3	$PdH_{0.9}$	HI
名称	氢化钡	甲硅烷	氨	砷化氢	氢化钯	碘化氢
氢化物类型	离子型	分子型	分子型	分子型	金属型	分子型
常温常压下状态	白色固体	无色气体	无色气体	无色气体	银白色固体	无色气体

第 19 章

一、选择题

19.1 C　19.2 C　19.3 B　19.4 D　19.5 A　19.6 C　19.7 C　19.8 B
19.9 B　19.10 A　19.11 C　19.12 B

二、填空题

19.13 (1) $CuFeS_2$; (2) Cu_2S; (3) Cu_2O; (4) CuO;
(5) $CuCO_3 \cdot Cu(OH)_2$; (6) $CuSO_4 \cdot 5H_2O$; (7) ZnS; (8) $ZnCO_3$;
(9) HgS; (10) ZnO; (11) $ZnS \cdot BaSO_4$; (12) CdS;
(13) Hg_2Cl_2; (14) $HgCl_2$。

19.14 Cu－Zn－Sn,Cu－Ni,Cu－Zn,Cu－Ni。

19.15 直线形,sp;$Hg(NH_2)Cl + Hg$。

19.16 晶粒大小发生了变化,晶体出现了缺陷。

19.17 氨水。

19.18 歧化,$2Cu^+ \longrightarrow Cu^{2+} + Cu$,沉淀,配位化合物,CuI、$Cu_2O$、$[Cu(CN)_2]^-$、$[CuCl_2]^-$。

19.19 Hg_2Cl_2 光照分解为有毒的 $HgCl_2$ 和 Hg。

19.20

	NaCl	Na_2S	$K_2Cr_2O_7$	$Na_2S_2O_3$	K_2HPO_4
$AgNO_3$	$AgCl\downarrow$ 白色	$Ag_2S\downarrow$ 黑色	$Ag_2CrO_4\downarrow$ 棕红色	$Ag_2S_2O_3\downarrow \longrightarrow Ag_2S$ 白色→黑色	$Ag_3PO_4\downarrow$ 黄色

19.21 $[Cu(H_2O)_4]^{2+}$ 蓝;$[CuCl_4]^{2-}$ 黄;$[Cu(CN)_4]^{3-}$ 无;$[CuCl_2]^-$ 无;$[Cu(NH_3)_4]^{2+}$ 深蓝;$[Cu(OH)_4]^{2-}$ 蓝;$[Cu(NH_3)_2]^+$ 无;$[Cu(CN)_4]^{2-}$ 黄,$[HgI_4]^{2-}$ 无,$[Hg(SCN)_4]^{2-}$ 无。

19.22 $CuSO_4$ 白;$CuCl_2$ 棕黄;$CuCl_2 \cdot 2H_2O$ 绿;$K_2[Cu(C_2O_4)] \cdot 2H_2O$ 蓝;$Cu(OH)_2$ 淡蓝;$Cu(OH)_2 \cdot CuCO_3$ 绿;CuBr 白;CuI 白;CuCN 白;CuO 黑;Cu_2O 红;Ag_2O 棕黑;$AgPO_3$ 白;Ag_3PO_4 黄;$Ag_4P_2O_7$ 白;AgCl 白;AgBr 浅黄;AgI 黄;$Ag_2S_2O_3$ 白;$Zn[Hg(SCN)_4]$白;ZnO 白;ZnS 白;CdO 暗棕;HgO 黄(或红);Hg_2Cl_2 白;Hg_2I_2 黄;HgI_2 红。

19.23 (1) $>$,$>$; (2) $<$,$>$; (3) $>$,$>$;(4) $>$,$>$。

三、完成并配平化学反应方程式

19.24 $ZnCl_2 + 2NaOH = Zn(OH)_2\downarrow + 2NaCl$
$Zn(OH)_2 + 2NaOH = Na_2[Zn(OH)_4]$

19.25 $CdCl_2 + 2NaOH = Cd(OH)_2\downarrow + 2NaCl$

19.26 $ZnCl_2 + 2NH_3 \cdot H_2O = Zn(OH)_2\downarrow + 2NH_4Cl$
$Zn(OH)_2 + 4NH_3 \cdot H_2O = [Zn(NH_3)_4]^{2+} + 2OH^- + 4H_2O$

19.27 $Hg(NO_3)_2 + 2NaOH = HgO\downarrow + 2NaNO_3 + H_2O$

19.28 $HgCl_2 + 2NH_3 \cdot H_2O = Hg(NH_2)Cl\downarrow + NH_4Cl + 2H_2O$

19.29 $Hg^{2+} + 2I^- = HgI_2\downarrow$
$HgI_2 + 2I^- = [HgI_4]^{2-}$

19.30 $2[HgI_4]^{2-} + NH_4^+ + 4OH^- =$ 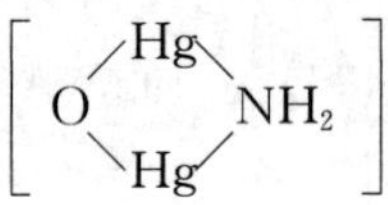 $I\downarrow + 7I^- + 3H_2O$

19.31 $2HgCl_2 + Sn^{2+} \longrightarrow Hg_2Cl_2\downarrow + Sn^{4+} + 2Cl^-$

$Hg_2Cl_2 + Sn^{2+} \longrightarrow 2Hg + Sn^{4+} + 2Cl^-$

19.32 $2CuCl_2 + NaHSO_3 + H_2O \xlongequal{\triangle} 2CuCl\downarrow + NaHSO_4 + 2HCl$

19.33 $2Cu^{2+} + 4CN^- \longrightarrow 2CuCN\downarrow + (CN)_2\uparrow$

$CuCN + CN^- \longrightarrow [Cu(CN)_2]^-$

19.34 $4CuCl + O_2 \longrightarrow 2CuCl_2\cdot CuO$

19.35 $Hg(NO_3)_2 + Hg \longrightarrow Hg_2(NO_3)_2$

$Hg_2(NO_3)_2 + 2HCl \longrightarrow Hg_2Cl_2\downarrow + 2HNO_3$

19.36 $Hg_2Cl_2 + 2NH_3\cdot H_2O \longrightarrow Hg(NH_2)Cl + Hg + NH_4Cl + 2H_2O$

19.37 $HgO + 2HI \longrightarrow HgI_2\downarrow + H_2O$

$HgI_2 + 2HI \longrightarrow H_2[HgI_4]$

19.38 $Hg_2^{2+} + 2OH^- \longrightarrow HgO\downarrow + Hg\downarrow + H_2O$

19.39 $4Cu^{2+} + N_2H_4 + 8OH^- \longrightarrow 2Cu_2O\downarrow + N_2\uparrow + 6H_2O$

19.40 $Cu_2S + 4CN^- \longrightarrow 2[Cu(CN)_2]^- + S^{2-}$

19.41 $3Hg + 8HNO_3$(稀,过量) $\longrightarrow 3Hg(NO_3)_2 + 2NO\uparrow + 4H_2O$

19.42 $HgS + Na_2S$(浓) $\longrightarrow Na_2[HgS_2]$

19.43 $ZnCl_2\cdot H_2O \xlongequal{\triangle} Zn(OH)Cl + HCl\uparrow$

19.44 $Hg_2Cl_2 \xlongequal{h\nu} HgCl_2 + Hg$

19.45 $2Cu + O_2 + H_2O + CO_2 \longrightarrow Cu(OH)_2\cdot CuCO_3$

19.46 $4Ag + 8CN^- + 2H_2O + O_2 \longrightarrow 4[Ag(CN)_2]^- + 4OH^-$

19.47 $2Cu + O_2 + 2H_2SO_4$(稀) $\longrightarrow 2CuSO_4 + 2H_2O$

19.48 $2[Cu(OH)_4]^{2-} + CH_2OH(CHOH)_4CHO \longrightarrow$

$Cu_2O\downarrow + 4OH^- + CH_2OH(CHOH)_4COOH + 2H_2O$

19.49 $Cu_2O + 4NH_3\cdot H_2O \longrightarrow 2[Cu(NH_3)_2]^+ + 2OH^- + 3H_2O$

19.50 $2AgBr \xlongequal{h\nu} 2Ag + Br_2$

19.51 $6Hg + 8HNO_3$(稀) $\longrightarrow 3Hg_2(NO_3)_2 + 2NO\uparrow + 4H_2O$

19.52 $Zn + 4NH_3\cdot H_2O \longrightarrow [Zn(NH_3)_4]^{2+} + H_2\uparrow + 2OH^- + 2H_2O$

19.53 $HgS + 2H^+ + 4I^- \longrightarrow [HgI_4]^{2-} + H_2S\uparrow$

19.54 $HgCl_2 + Hg \longrightarrow Hg_2Cl_2$

19.55 $3HgS + 8H^+ + 2NO_3^- + 12Cl^- \longrightarrow 3[HgCl_4]^{2-} + 3S\downarrow + 2NO\uparrow + 4H_2O$

19.56 $2[Ag(S_2O_3)_2]^{3-} + H_2S + 6H^+ \longrightarrow Ag_2S\downarrow + 4S\downarrow + 4SO_2 + 4H_2O$

四、分离、鉴别与制备

19.57 (1) 将 $CuFeS_2$ 进行焙烧:

$$2CuFeS_2 + O_2 \xlongequal{焙烧} Cu_2S + 2FeS + SO_2$$

$$2FeS + 3O_2 \xlongequal{焙烧} 2FeO + 2SO_2$$

将焙烧过的矿石与沙子(SiO_2)混合，在反射炉中加热，使 FeO 与 SiO_2 反应形成 $FeSiO_3$ 熔渣：

$$FeO + SiO_2 \xlongequal{高温} FeSiO_3$$

$FeSiO_3$ 密度小浮在上层，Cu_2S 和剩余的 FeS 熔融在一起形成较重的“冰铜”，沉于下层。将冰铜放入转炉熔炼，鼓入大量的空气，得到粗铜：

$$2Cu_2S + 3O_2 \xlongequal{高温} 2Cu_2O + 2SO_2$$

$$2Cu_2O + Cu_2S \xlongequal{高温} 6Cu + SO_2\uparrow$$

(2) 首先用氰化钠溶液浸取矿粉，将金溶出：

$$4Au + 8NaCN + 2H_2O + O_2 = 4Na[Au(CN)_2] + 4NaOH$$

再用金属锌还原$[Au(CN)_2]^-$得到单质金：

$$2[Au(CN)_2]^- + Zn = [Zn(CN)_4]^{2-} + 2Au$$

或者电解 $Na[Au(CN)_2]$ 溶液，在阴极上得到金：

阴极主要反应 $[Au(CN)_2]^- + e^- = Au + 2CN^-$

阳极主要反应 $CN^- + 2OH^- - 2e^- = CNO^- + H_2O$

$$2CNO^- + 4OH^- - 6e^- = 2CO_2 + N_2 + 2H_2O$$

(3) 焙烧经浮选的闪锌矿(含 CdS)，使它转化为氧化锌(含 CdO)：

$$2ZnS + 3O_2 \xlongequal{焙烧} 2ZnO + 2SO_2$$

再把氧化锌和焦炭混合，在鼓风炉中加热：

$$2C + O_2 \xlongequal{高温} 2CO$$

$$ZnO + CO \xlongequal{高温} Zn + CO_2$$

将生成的锌(含 Cd)蒸馏出来，得到粗锌。通过精馏除掉 Cd，得到高纯度的锌。

(4) 方法一 将 HgS 在空气中灼烧可得单质 Hg：

$$HgS + O_2 \xlongequal{灼烧} Hg + SO_2$$

方法二 将 HgS 溶于碱性硫化物 Na_2S 中得 $Na_2[HgS_2]$，经电解得到金属汞。

19.58 (1) $CuSO_4 + Cu + 2KBr \xlongequal{\triangle} 2CuBr + K_2SO_4$

(2) $ZnS + 2HCl + nH_2O = ZnCl_2 \cdot nH_2O + H_2S\uparrow$

$ZnCl_2 \cdot nH_2O \xlongequal[\triangle]{HCl(g)} ZnCl_2 + nH_2O$

(3) $3Hg + 8HNO_3 = 3Hg(NO_3)_2 + 2NO\uparrow + 4H_2O$

$Hg(NO_3)_2 + 4KI = K_2[HgI_4] + 2KNO_3$

(4) $ZnCO_3 + H_2SO_4 = ZnSO_4 + CO_2\uparrow + H_2O$

$2ZnSO_4 + 2H_2O \xlongequal{电解} 2Zn + O_2\uparrow + 2H_2SO_4$

(5) $3Ag + 4HNO_3 = 3AgNO_3 + NO\uparrow + 2H_2O$

$Ag^+ + Cl^- = AgCl\downarrow$

$Ag^+ + I^- = AgI\downarrow$

$2Ag^+ + S^{2-} = Ag_2S\downarrow$

(6) $Zn + 2NaOH + 2H_2O = Na_2[Zn(OH)_4] + H_2\uparrow$

$Na_2[Zn(OH)_4] + 2CO_2 = Na_2CO_3 + ZnCO_3\downarrow + 2H_2O$

$ZnCO_3 + 2HNO_3 = Zn(NO_3)_2 + CO_2\uparrow + H_2O$

$ZnCO_3 + 2HCl = ZnCl_2 + CO_2\uparrow + H_2O$

$Zn^{2+} + S^{2-} = ZnS\downarrow$

(7) $3Hg + 8HNO_3 = 3Hg(NO_3)_2 + 2NO\uparrow + 4H_2O$

$6Hg + 8HNO_3 = 3Hg_2(NO_3)_2 + 2NO\uparrow + 4H_2O$

$Hg^{2+} + 2I^- = HgI_2\downarrow$

$Hg_2^{2+} + 2I^- = Hg_2I_2\downarrow$

$Hg^{2+} + S^{2-} = HgS\downarrow$

(8) 将氯化铜和金属钾混合物与单质氟共热可得 $K_3[CuF_6]$：

$$5K + CuCl_2 + 3F_2 = K_3[CuF_6] + 2KCl$$

氧化铜与超氧化钾反应可以得到 $KCuO_2$：

$$2CuO + 2KO_2 = 2KCuO_2 + O_2\uparrow$$

19.59 (1) 加入稀盐酸将 ZnS 溶解，过滤。将不溶于稀盐酸的 CdS 和 HgS 混合物用浓盐酸处理，CdS 溶解而 HgS 不溶，过滤将两者分离开。

(2) 加入过量的水将 $HgCl_2$ 溶解，过滤。将不溶于水的 AgCl 和 Hg_2Cl_2 混合物用氨水处理，AgCl 溶解：

$$AgCl + 2NH_3\cdot H_2O = [Ag(NH_3)_2]^+ + Cl^- + 2H_2O$$

而 Hg_2Cl_2 仍转化为不溶物：

$$Hg_2Cl_2 + 2NH_3\cdot H_2O = Hg(NH_2)Cl + Hg + NH_4Cl + 2H_2O$$

过滤将两者分离开。

19.60

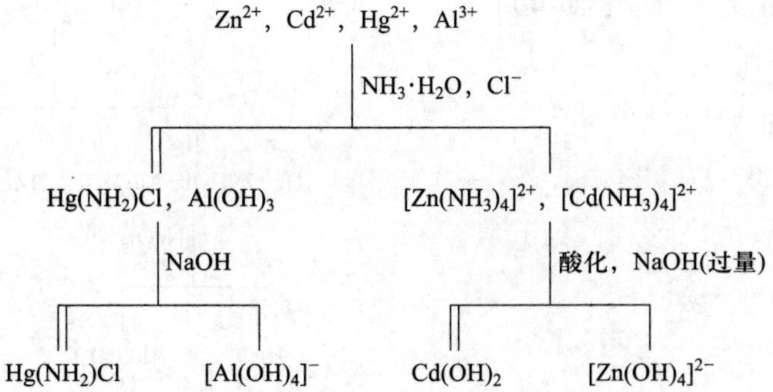

19.61

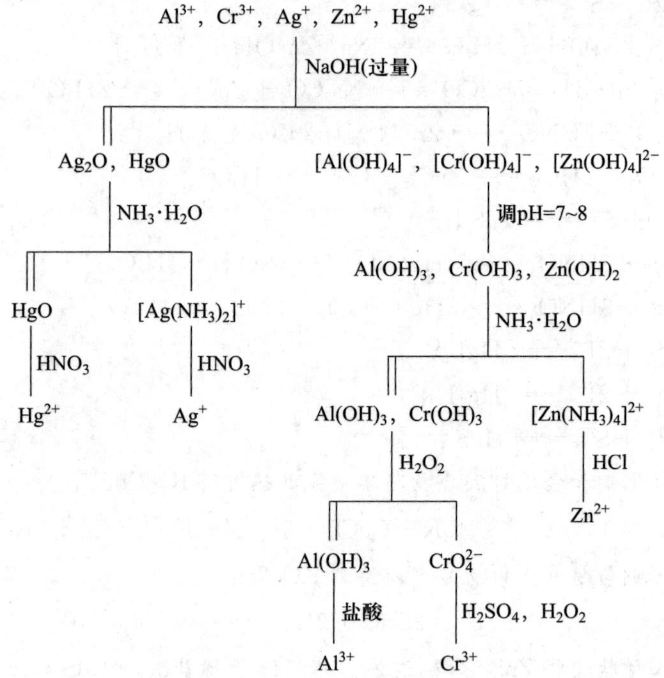

19.62

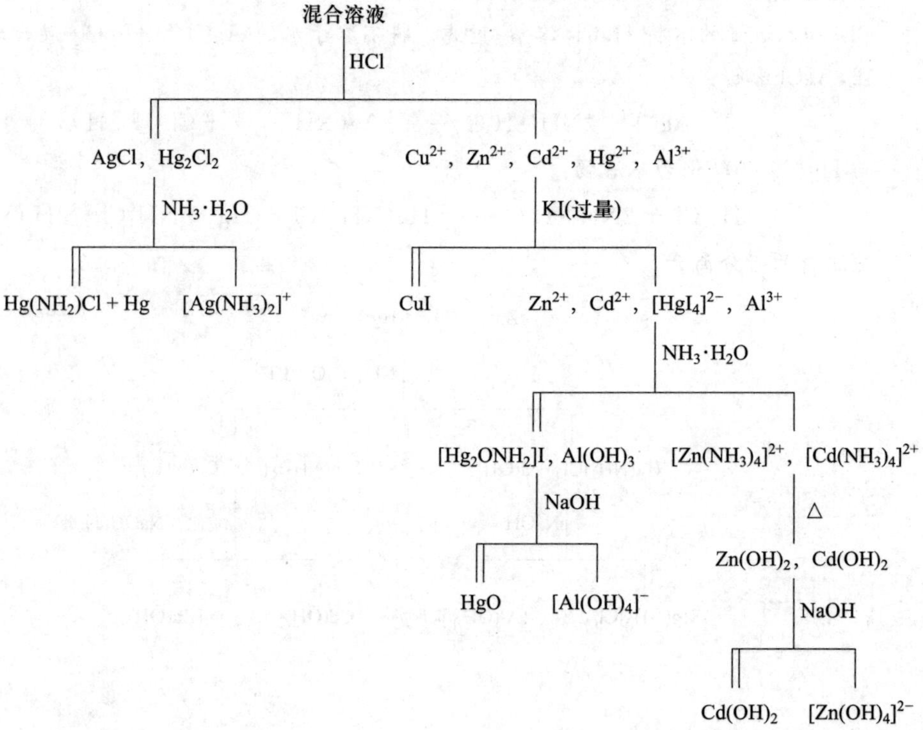

注意，在分离过程中不能用 $NaOH$ 溶液分离 Zn^{2+} 和 Cu^{2+}，因 $Cu(OH)_2$ 会有部分生成 $[Cu(OH)_4]^{2-}$ 而使分离不完全。

19.63 将不溶于水的 $CuCl$，$AgCl$ 和 Hg_2Cl_2 分别用氨水处理。

有灰黑色沉淀生成的是 Hg_2Cl_2：

$$Hg_2Cl_2 + 2NH_3\cdot H_2O \longrightarrow Hg(NH_2)Cl(\text{白色}) + Hg(\text{黑色}) + NH_4Cl + 2H_2O$$

先变成无色溶液，后又变成蓝色的是 CuCl：

$$CuCl + 2NH_3\cdot H_2O \longrightarrow [Cu(NH_3)_2]^+ + Cl^- + 2H_2O$$

无色的 $[Cu(NH_3)_2]^+$ 不稳定，遇到空气则变成深蓝色的 $[Cu(NH_3)_4]^{2+}$：

$$4[Cu(NH_3)_2]^+ + O_2 + 8NH_3\cdot H_2O \longrightarrow 4[Cu(NH_3)_4]^{2+} + 4OH^- + 6H_2O$$

溶解得到无色溶液的是 AgCl：

$$AgCl + 2NH_3\cdot H_2O \longrightarrow [Ag(NH_3)_2]^+ + Cl^- + 2H_2O$$

五、简答题

19.64 (1) 生成的浅蓝色沉淀为 $Cu(OH)_2$：

$$CuSO_4 + 2NaOH \longrightarrow Cu(OH)_2\downarrow + Na_2SO_4$$

微热下 $Cu(OH)_2$ 则转化为黑色的 CuO：

$$Cu(OH)_2 \xlongequal{\triangle} CuO + H_2O$$

(2) Hg^{2+} 遇 NaOH 溶液生成黄色 HgO 沉淀：

$$Hg^{2+} + 2OH^- \longrightarrow HgO\downarrow + H_2O$$

$HgCl_2$ 与氨水反应生成白色 $Hg(NH_2)Cl$ 沉淀：

$$HgCl_2 + 2NH_3\cdot H_2O \longrightarrow Hg(NH_2)Cl\downarrow + NH_4Cl + 2H_2O$$

(3) $Hg(NO_3)_2$ 为离子化合物，$Hg(NO_3)_2$ 在水中水解析出黄色 $HgO\cdot Hg(NO_3)_2$ 沉淀：

$$2Hg(NO_3)_2 + H_2O \longrightarrow HgO\cdot Hg(NO_3)_2\downarrow + 2HNO_3$$

而 $HgCl_2$ 为共价化合物，在水中主要以分子形式存在，虽有部分水解，但没有明显的沉淀析出。

(4) 温度的改变对于极化和电荷迁移有影响，所以影响到物质的颜色变化。

AgI 中 Ag^+ 与 I^- 之间有强的相互极化作用，电子吸收蓝色光即可发生跃迁，因而 AgI 常温下显黄色。高温下极化作用更强，电荷迁移更容易，吸收比蓝色光能量更低的蓝绿色光即可，故高温时 AgI 显红色。低温时电荷迁移困难，需吸收紫外光，因而 AgI 显白色。同理 AgCl 因 Cl^- 的变形性小，不易给出电子，电荷跃迁所吸收的能量不在可见光区，因而 AgCl 显白色。

(5) 与配位化合物的稳定性有关。$K^\ominus_{\text{稳}}([Cu(CN)_4]^{3-})$ 的大小决定了 $E^\ominus([Cu(CN)_4]^{3-}/Cu) < E^\ominus(H_2O/H_2)$，所以铜与 CN^- 作用放出 H_2：

$$2Cu + 8CN^- + 2H_2O \longrightarrow 2[Cu(CN)_4]^{3-} + 2OH^- + H_2\uparrow$$

$K^\ominus_{\text{稳}}([Cu(NH_3)_4]^{2+})$ 的大小决定了 $E^\ominus([Cu(NH_3)_4]^{2+}/Cu) < E^\ominus(O_2/OH^-)$，导致在有氧气存在的条件下铜能溶于氨水：

$$2Cu + 8NH_3\cdot H_2O + O_2 \longrightarrow 2[Cu(NH_3)_4]^{2+} + 4OH^- + 6H_2O$$

(6) 与金属的活泼性有关。铜不能与稀盐酸或稀硫酸作用而放出 H_2，但可溶于硝酸。金的金属活性最差，只能溶于王水：

$$Cu + 4HNO_3(\text{浓}) \longrightarrow Cu(NO_3)_2 + 2NO_2\uparrow + 2H_2O$$

$$Au + HNO_3 + 4HCl \longrightarrow H[AuCl_4] + NO\uparrow + 2H_2O$$

(7) $Zn(OH)_2$ 具有两性，$[Zn(OH)_4]^{2-}$ 遇酸后先生成 $Zn(OH)_2$ 白色沉淀。继续加入酸，$Zn(OH)_2$ 显碱性，与酸成盐而溶解：

$$[Zn(OH)_4]^{2-} + 2H^+ \xlongequal{\quad} Zn(OH)_2\downarrow(\text{白色}) + 2H_2O$$

$$Zn(OH)_2 + 2H^+ \xlongequal{\quad} Zn^{2+} + 2H_2O$$

(8) $Hg_2(NO_3)_2$ 与 I^- 先生成亚汞盐的沉淀，Hg_2I_2 不稳定，歧化分解生成黑色的金属汞和红色 HgI_2：

$$Hg_2^{2+} + 2I^- \xlongequal{\quad} Hg_2I_2\downarrow(\text{黄色})$$

$$Hg_2I_2 \xlongequal{\quad} Hg(\text{黑色}) + HgI_2(\text{红色})$$

继续滴加 KI 溶液，HgI_2 溶于过量的 KI 溶液中，形成无色的$[HgI_4]^{2-}$配离子：

$$HgI_2 + 2I^- \xlongequal{\quad} [HgI_4]^{2-}$$

(9) 向 Hg^{2+} 中滴加 KI 溶液，首先生成红色的碘化汞沉淀：

$$Hg^{2+} + 2I^- \xlongequal{\quad} HgI_2\downarrow(\text{红色})$$

继续滴加 KI，沉淀溶于过量的 KI 溶液中，形成无色的$[HgI_4]^{2-}$配离子。

$$HgI_2 + 2I^- \xlongequal{\quad} [HgI_4]^{2-}(\text{无色})$$

19.65 $Cu + 4HNO_3(\text{浓}) \xlongequal{\quad} Cu(NO_3)_2 + 2NO_2\uparrow + 2H_2O$

$Cu(NO_3)_2 + Na_2S \xlongequal{\quad} CuS\downarrow + 2NaNO_3$

$Cu + Cl_2 \xlongequal{\quad} CuCl_2$

$2CuCl_2 + 4KI \xlongequal{\quad} 2CuI\downarrow + I_2 + 4KCl$

$CuCl_2 + 5K + 3F_2 \xlongequal{\triangle} K_3[CuF_6] + 2KCl$

$CuCl_2 + Na_2S \xlongequal{\quad} CuS\downarrow + 2NaCl$

$2Cu(\text{过量}) + S \xlongequal{\triangle} Cu_2S$

$2Cu + O_2 \xlongequal{\triangle} 2CuO$

$4CuO \xlongequal{\triangle} 2Cu_2O + O_2\uparrow$

$Cu_2O + 2HNO_3 \xlongequal{\quad} Cu(NO_3)_2 + Cu + H_2O$

$CuO + H_2SO_4 + 4H_2O \xlongequal{\quad} CuSO_4\cdot 5H_2O$

$CuSO_4\cdot 5H_2O + 4NH_3\cdot H_2O \xlongequal{\quad} [Cu(NH_3)_4]^{2+} + SO_4^{2-} + 9H_2O$

19.66 $2Zn + O_2 \xlongequal{\triangle} 2ZnO$

$ZnO + H_2SO_4 \xlongequal{\quad} ZnSO_4 + H_2O$

$ZnSO_4 + Na_2S \xlongequal{\quad} ZnS\downarrow + Na_2SO_4$

$ZnS + 2HCl \xlongequal{\quad} ZnCl_2 + H_2S\uparrow$

$Zn + 2HCl \xlongequal{\quad} ZnCl_2 + H_2\uparrow$

$ZnCl_2 + 2NaOH \xlongequal{\quad} Zn(OH)_2\downarrow + 2NaCl$

$Zn(OH)_2 + 2NaOH \xlongequal{\quad} Na_2[Zn(OH)_4]$

$Zn(OH)_2 + 4NH_3 \xlongequal{\quad} [Zn(NH_3)_4](OH)_2$

19.67

	$Hg_2(NO_3)_2$	$Hg(NO_3)_2$
KOH	$HgO\downarrow$(黄色)$+Hg\downarrow$(黑色)	$HgO\downarrow$(黄色)
$NH_3\cdot H_2O$	$Hg(NH_2)NO_3\downarrow$(白色)$+Hg\downarrow$(黑色)	$Hg(NH_2)NO_3\downarrow$(白色)
H_2S	$HgS\downarrow$(黑色)$+Hg\downarrow$(黑色)	$HgS\downarrow$(黑色)
$SnCl_2$	$Hg\downarrow$(黑色)	$Hg_2Cl_2\downarrow$(白色) $SnCl_2$ 过量时,$Hg\downarrow$(黑色)
KI	开始,$Hg_2I_2\downarrow$(黄色) 随后,$HgI_2\downarrow$(红色)$+Hg\downarrow$(黑色) KI 过量,$[HgI_4]^{2-}$(无色)$+Hg\downarrow$(黑色)	$HgI_2\downarrow$(红色) KI 过量,$[HgI_4]^{2-}$(无色)

19.68 (1) Cu^{2+} 极化能力较强,而 HCl 为挥发性酸,$CuCl_2\cdot 2H_2O$ 受热时发生水解,因而得不到无水 $CuCl_2$:

$$CuCl_2\cdot 2H_2O \xlongequal{\triangle} Cu(OH)Cl + H_2O\uparrow + HCl\uparrow$$

$$Cu(OH)Cl \xlongequal{\triangle} CuO + HCl\uparrow$$

(2) 因 $H_2C_2O_4$ 的酸性比 HCl 的酸性弱得多,而 Cl^- 与 Hg^{2+} 生成的配位化合物较稳定,因而 HgC_2O_4 溶于盐酸:

$$HgC_2O_4 + 4HCl = H_2[HgCl_4] + H_2C_2O_4$$

(3) NH_4NO_3 存在时,抑制了 NH_2^- 的生成,同时,$Hg(NH_2)NO_3$ 溶解度较大,因而不能生成 $Hg(NH_2)NO_3$ 沉淀,而生成稳定的配位化合物$[Hg(NH_3)_4]^{2+}$:

$$Hg(NO_3)_2 + 4NH_3\cdot H_2O \xlongequal{NH_4NO_3} [Hg(NH_3)_4]^{2+} + 2NO_3^- + 4H_2O$$

另外,向 $Hg(NO_3)_2$ 溶液中加入 NH_4Cl-NH_3 混合溶液时,仍能生成 $Hg(NH_2)Cl$ 沉淀,这可能是因为 $Hg(NH_2)Cl$ 溶解度小。

19.69 金属的活泼性,尤其是电极电势 $E^\ominus$ 的数值,不仅与电离能有关,还与金属的原子化热、气态金属离子的水合热有关,见下图。

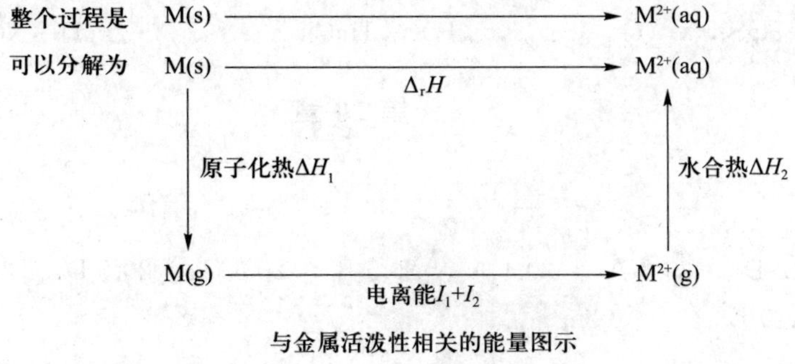

与金属活泼性相关的能量图示

锌和铜的第一电离能 I_1 与第二电离能 I_2 之和相差不大,气态的 Zn^{2+} 和 Cu^{2+} 的水合热 ΔH_2 相差不大。但原子化热 ΔH_1,锌的为 131 $kJ\cdot mol^{-1}$,比铜的 338 $kJ\cdot mol^{-1}$ 小得多。

原子化热的差别造成过程 $M(s) \longrightarrow M^{2+}(aq)$ 的总的热效应是锌比铜有利，故锌远比铜活泼。

必须注意的是，铜和锌的上述过程类型相同，熵变相近，故焓变将对吉布斯自由能的改变量起决定性作用。因此，通过焓变的对比讨论问题是有意义的。

19.70 (1) (A)—$Cu(NO_3)_2$； (B)—CuO； (C)—$CuCl_2 \cdot 2H_2O$； (E)—$CuSO_4$。

(2) $Cu(NO_3)_2$ 为离子晶体，但受热转化为如下图所示的单聚体，即分子晶体。故其熔点较低、真空时易升华。

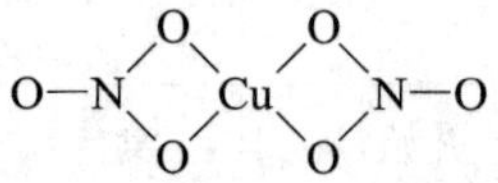

(3) $Cu(CH_3COO)_2 \cdot H_2O$ 为二聚体结构（见下图），Cu—Cu 间部分形成金属键，使化合物磁性明显减小。

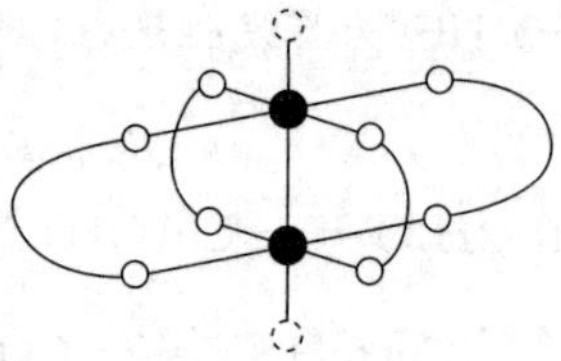

19.71 三种硝酸盐为 $AgNO_3$，$Pb(NO_3)_2$，$Hg_2(NO_3)_2$。

19.72 (A)—$[Ag(S_2O_3)_2]^{3-}$； (B)—SO_2； (C)—Ag_2S；
(D)—S； (E)—AgCl； (F)—Na_2SO_4；
(G)—$BaSO_4$； (H)—AgI； (I)—$Na[Ag(CN)_2]$。

19.73 (A)—Cu_2O； (B)—$CuAc_2$； (C)—Cu； (D)—$[Cu(NH_3)_4]Ac_2$；
(E)—$[Cu(CN)_x]^{1-x}$ $(x=2\sim4)$； (F)—SO_2。

19.74 (A)—ZnS； (B)—$ZnCl_2$； (C)—H_2S；
(D)—$Zn(OH)_2$； (E)—$[Zn(NH_3)_4]^{2+}$。

19.75 (A)—$AgNO_3$； (B)—AgCl； (C)—$[Ag(S_2O_3)_2]^{3-}$； (D)—Ag_2S+S；
(E)—SO_2； (F)—H_2SO_4； (G)—$Ag_2S_2O_3$； (H)—Ag_2S。

19.76 (A)—$HgCl_2$； (B)—HgO； (C)—Hg_2Cl_2； (D)—Hg； (E)—$[HgI_4]^{2-}$；
(F)—HgS； (G)—S； (H)—$[HgCl_4]^{2-}$； (I)—NO。

第 20 章

一、选择题

20.1 C 20.2 D 20.3 A 20.4 A 20.5 B 20.6 C 20.7 D 20.8 C
20.9 D 20.10 B

二、填空题

20.11 (1) TiO_2； (2) $FeTiO_3$； (3) $CaTiO_3$； (4) $CaTiSiO_5$；

(5) $ZrSiO_4$； (6) ZrO_2； (7) VS_4； (8) $Pb_5(VO_4)_3Cl$。

20.12 $TiCl_3$，$TiCl_4$，$VO(NO_3)_2$。

20.13 TiO^{2+}，VO^{2+}。

20.14 $Ti(OH)_4$，$Ti(CO_3)_4$。

20.15 V^{2+}，VO^{2+}。

20.16 过氧链转移，$[V(O_2)]^{3+}$，$[VO_2(O_2)_2]^{3-}$。

20.17 Ti^{3+} 紫红；V^{2+} 紫；V^{3+} 绿；VO^{2+} 蓝；VO_2^+ 黄；VO_4^{3-} 无；$V_{10}O_{28}^{6-}$ 橙红；$[Ti(O_2)]^{2+}$ 橘黄；$[V(O_2)]^{3+}$ 红棕；$[VO_2(O_2)_2]^{3-}$ 黄。

三、完成并配平化学反应方程式

20.18 $3Ti^{3+} + NO_3^- + H_2O = 3TiO^{2+} + NO\uparrow + 2H^+$ 或

$3TiCl_3 + HNO_3 + H_2O = 3TiOCl_2 + NO\uparrow + 3HCl$

20.19 $V + 8HNO_3 = V(NO_3)_4 + 4NO_2\uparrow + 4H_2O$

20.20 $TiO^{2+} + H_2O_2 = [Ti(O_2)]^{2+} + H_2O$

20.21 $TiCl_4 + 2NaH = Ti + 2NaCl + 2HCl$

20.22 $V_2O_5 + H_2SO_4 = (VO_2)_2SO_4 + H_2O$

20.23 $VO_2^+ + Fe^{2+} + 2H^+ = VO^{2+} + Fe^{3+} + H_2O$

20.24 $5VO^{2+} + MnO_4^- + H_2O = 5VO_2^+ + Mn^{2+} + 2H^+$

20.25 $Ti + 6HF(aq) \xlongequal{\triangle} H_2[TiF_6] + 2H_2\uparrow$

20.26 $3Ti + 2N_2 \xlongequal{高温} Ti_3N_4$

20.27 $TiO_2 + BaCO_3 \xlongequal{熔融} BaTiO_3 + CO_2\uparrow$

20.28 $TiCl_4 + 4NaOH(aq) = Ti(OH)_4\downarrow + 4NaCl$

20.29 $2TiCl_4 + Zn \xlongequal{HCl(aq)} 2TiCl_3 + ZnCl_2$

20.30 $2V + 12HF(aq) = 2H_3[VF_6] + 3H_2\uparrow$

20.31 $2VOCl_3 + 3H_2O = V_2O_5\downarrow + 6HCl$

20.32 $V_2O_5 + 6HCl(浓) = 2VOCl_2 + Cl_2\uparrow + 3H_2O$

20.33 $2H_3VO_4 + H_2S + 4H^+ = 2VO^{2+} + 6H_2O + S\downarrow$

20.34 $4Nb + 5O_2 \xlongequal{高温} 2Nb_2O_5$

四、分离、鉴别与制备

20.35 先用浓硫酸处理钛铁矿粉：

$$FeTiO_3 + 3H_2SO_4 \xlongequal{\triangle} Ti(SO_4)_2 + FeSO_4 + 3H_2O$$

加入铁粉防止 Fe^{2+} 被氧化。低温下结晶析出 $FeSO_4 \cdot 7H_2O$，过滤后稀释、加热使 $Ti(SO_4)_2$ 水解转化为 $TiOSO_4$，进一步沉淀出偏钛酸 H_2TiO_3，然后煅烧 H_2TiO_3，脱水得 TiO_2：

$$H_2TiO_3 \xlongequal{煅烧} TiO_2 + H_2O$$

20.36 高温下 TiO_2 和炭粉的混合物与 Cl_2 反应得到 $TiCl_4$：

$$TiO_2 + 2C + 2Cl_2 \xlongequal{\triangle} TiCl_4 + 2CO$$

TiO_2 和 CCl_4 共热也能生成 $TiCl_4$：

$$TiO_2 + CCl_4 \xlongequal{\triangle} TiCl_4 + CO_2\uparrow$$

20.37 三氯化钛一般由金属钛在高温下还原四氯化钛制得：

$$Ti + 2Cl_2 \xlongequal{高温} TiCl_4$$

$$3TiCl_4 + Ti \xlongequal{600\ ℃} 4TiCl_3$$

金属钛在加热条件下与盐酸反应也可制得紫色的 $TiCl_3$ 溶液。

钛酸钡可通过以下反应制备：

$$Ti + O_2 \xlongequal{高温} TiO_2$$

$$TiO_2 + BaCO_3 \xlongequal{熔融} BaTiO_3 + CO_2\uparrow$$

20.38 金属钒与氧气在 660 ℃下共热可得到五氧化二钒：

$$4V + 5O_2 \xlongequal{660\ ℃} 2V_2O_5$$

V_2O_5 在热的 NaOH 溶液中生成浅黄色的偏钒酸根 VO_3^-：

$$V_2O_5 + 2OH^- \xlongequal{\triangle} 2VO_3^- + H_2O$$

用盐酸中和至 pH＝7.5～8，过滤，滤液加热到 70～80 ℃，搅拌下加入氯化铵溶液，析出偏钒酸铵：

$$VO_3^- + NH_4^+ \xlongequal{} NH_4VO_3$$

20.39 向紫色溶液中滴加 $FeCl_3$ 溶液，若紫色褪去，则原溶液为 $TiCl_3$ 溶液，发生的反应为

$$Ti^{3+} + Fe^{3+} + H_2O \xlongequal{} TiO^{2+} + Fe^{2+} + 2H^+$$

五、简答题和计算题

20.40 (1) $TiCl_3 \cdot 6H_2O$ 有三种异构体：

$[Ti(H_2O)_6]Cl_3$ 紫色　　$[Ti(H_2O)_5Cl]Cl_2 \cdot H_2O$ 和 $[Ti(H_2O)_4Cl_2]Cl \cdot 2H_2O$ 绿色

(2) Ti^{3+} 还原能力比 Sn^{2+} 强，可以将 Cu^{2+} 还原为 Cu^+ 而生成白色 CuCl 沉淀：

$$Ti^{3+} + Cu^{2+} + Cl^- + H_2O \xlongequal{} TiO^{2+} + CuCl\downarrow + 2H^+$$

(3) $MnO_4^- + 5VO^{2+} + H_2O \xlongequal{} Mn^{2+} + 5VO_2^+ + 2H^+$

(4) 用 $KMnO_4$ 溶液滴定 V^{2+}，体系由 V^{2+} 的紫色，到 V^{3+} 的绿色，到 VO^{2+} 的蓝色，最后到 VO_2^+ 的黄色。各步的反应为

$$5V^{2+} + MnO_4^- + 8H^+ \xlongequal{} 5V^{3+} + Mn^{2+} + 4H_2O$$

$$5V^{3+} + MnO_4^- + H_2O \xlongequal{} 5VO^{2+} + Mn^{2+} + 2H^+$$

$$5VO^{2+} + MnO_4^- + H_2O \xlongequal{} 5VO_2^+ + Mn^{2+} + 2H^+$$

(5) 首先是黄棕色的 V_2O_5 溶解于盐酸，生成黄色的 $VOCl_3$ 溶液：

$$V_2O_5 + 6HCl \xlongequal{} 2VOCl_3 + 3H_2O$$

之后 $VOCl_3$ 分解，放出 Cl_2，得到蓝色的 $VOCl_2$ 溶液：

$$2VOCl_3 = 2VOCl_2 + Cl_2\uparrow$$

总的化学反应方程式可以写成：

$$V_2O_5 + 6HCl = 2VOCl_2 + Cl_2\uparrow + 3H_2O$$

20.41 (1) 溶液变为紫色，有 $TiCl_3$ 生成：

$$2TiCl_4 + Zn = 2TiCl_3 + ZnCl_2$$

(2) 有紫色沉淀生成：

$$TiCl_3 + 3NaOH = Ti(OH)_3\downarrow + 3NaCl$$

(3) 沉淀被 HNO_3 氧化后得到无色溶液：

$$3Ti(OH)_3 + 7HNO_3 = 3TiO(NO_3)_2 + NO\uparrow + 8H_2O$$

再加 NaOH 溶液后得白色沉淀：

$$TiO^{2+} + 2OH^- + H_2O = Ti(OH)_4\downarrow$$

20.42 (1) TiO_2 溶于热的硫酸，生成 $TiOSO_4$：

$$TiO_2 + H_2SO_4 = TiOSO_4 + H_2O$$

(2) 在隔绝空气的条件下，金属铝将 TiO^{2+} 还原为 Ti^{3+}：

$$3TiO^{2+} + Al + 6H^+ = 3Ti^{3+} + Al^{3+} + 3H_2O$$

因为 $E^\ominus(TiO^{2+}/Ti^{3+}) > E^\ominus(Al^{3+}/Al)$。

(3) Fe^{3+} 可以将溶液中的 Ti^{3+} 氧化，自身还原为 Fe^{2+}：

$$Ti^{3+} + Fe^{3+} + H_2O = TiO^{2+} + Fe^{2+} + 2H^+$$

因为 $E^\ominus(Fe^{3+}/Fe^{2+}) > E^\ominus(TiO^{2+}/Ti^{3+})$。

当 Ti^{3+} 反应完全后，过量的 Fe^{3+} 会与 SCN^- 生成红色的配位化合物：

$$Fe^{3+} + 6SCN^- = [Fe(SCN)_6]^{3-}$$

溶液由无色变为红色即为终点。

20.43 钛白(惰性颜料)TiO_2；锌白(锌氧粉)ZnO；锌钡白 $ZnS\cdot BaSO_4$。

钛白作为染料有如下优点：

(1) 折射率高，着色能力强，遮盖能力强。

(2) 化学性能稳定且无毒。

20.44 V 常见氧化态有 V(Ⅱ)，V(Ⅲ)，V(Ⅳ)，V(Ⅴ)。

酸性钒酸盐中 V(Ⅴ)以 VO_2^+ 形式存在，V(Ⅳ)以 VO^{2+} 存在。

因为 $E^\ominus(VO_2^+/VO^{2+}) > E^\ominus(SO_4^{2-}/SO_2)$，所以

$$2VO_2^+(\text{黄色}) + SO_2 = 2VO^{2+}(\text{蓝色}) + SO_4^{2-}$$

因为 $E^\ominus(VO_2^+/V^{2+}) > E^\ominus(Zn^{2+}/Zn)$，所以

$$2VO_2^+ + 3Zn(Hg) + 8H^+ = 2V^{2+}(\text{紫色}) + 3Zn^{2+} + 4H_2O$$

因为 $E^\ominus(VO^{2+}/V^{3+}) > E^\ominus(V^{3+}/V^{2+})$，所以

$$VO^{2+}(\text{蓝色}) + V^{2+}(\text{紫色}) + 2H^+ = 2V^{3+}(\text{绿色}) + H_2O$$

20.45 Ti(Ⅳ)的极化能力很强，但 F^- 变形性很小，TiF_4 为离子化合物，熔点高。而其他几种卤化物均为共价化合物，熔点低于 TiF_4。按 Cl^-，Br^-，I^- 的顺序，半径依次增大，即按 $TiCl_4$，$TiBr_4$，TiI_4 的顺序，分子半径依次增大，分子间范德华力增大，熔点依次升高。

20.46 (1) $2V + 6H^+ = 2V^{3+} + 3H_2\uparrow$

(2) $E^{\ominus}(V^{3+}/V)=[(-0.26)\times1+(-1.175)\times2]\ V/(1+2)=-0.87\ V$。

(3) 都不能发生歧化反应。

(4) $V+2V^{3+}=\!=\!=3V^{2+}$。

20.47 (1) Ti^{4+} 极化能力强，在溶液中不存在 Ti^{4+}，而是以 TiO^{2+} 形式存在。故在水溶液中不能制备 $Ti(NO_3)_4$。

(2) NO_3^- 也可作为双基配体，在 $Ti(NO_3)_4$ 中，NO_3^- 用两个 O 向同一个 Ti^{4+} 配位，即 Ti^{4+} 周围有 8 个 O 配位形成近球状的分子。$Ti(NO_3)_4$ 虽然是离子化合物，但 $Ti(NO_3)_4$ 间靠范德华力结合，为分子晶体，因而熔点低。

20.48 (A)—$TiCl_4$； (B)—AgCl； (C)— $TiCl_3$； (D)—$Ti(OH)_3$； (E)—$TiO(NO_3)_2$；(F)—TiO_2 或 H_2TiO_3。

20.49 (A)—$TiCl_4$； (B)—TiO_2； (C)—$TiCl_3$； (D)—CuCl； (E)—$TiO(NO_3)_2$。

20.50 吡啶-2-甲酸根($C_6NO_2H_4^-$)的相对分子质量为 $M_r=122$。

设配位化合物中配体数为 n，则有

$$4.5\%=\frac{14n}{50.9+122n} \tag{1}$$

解得 $n=0.27$，不合题意。

欲使 n 值增大，需增大式(1)分母的值。

事实上，四价钒和五价钒在酸性介质的存在形式是钒氧阳离子 VO^{2+}，VO_2^+。

设配位化合物中非配体的氧个数为 m，则

$$4.5\%=\frac{14n}{50.9+16m+122n}$$

当 $m=1$ 时，$n=2$，所以配位化合物的组成为

$$VO(C_6NO_2H_4)_2$$

钒的氧化数为 +4。

第 21 章

一、选择题

21.1 A 21.2 C 21.3 B 21.4 D 21.5 A 21.6 C 21.7 B 21.8 B
21.9 C 21.10 D 21.11 C 21.12 B

二、填空题

21.13 (1) $FeCr_2O_4$； (2) $PbCrO_4$； (3) Cr_2O_3； (4) MoS_2；
(5) $PbMoO_4$； (6) $CaWO_4$； (7) MnO_2； (8) Mn_3O_4；
(9) MnO； (10) $MnCO_3$。

21.14 $CrCl_2$，$CrCl_3$。

21.15 Mn^{2+}，MnO_4^{2-}，MnO_2。

21.16 $[Cr(H_2O)_6]^{3+}$ 紫；$[Cr(H_2O)_5Cl]^{2+}$ 浅绿；$[Cr(NH_3)_6]^{3+}$ 黄；$[Cr(OH)_4]^-$ 绿；$[Cr(NH_3)_3(H_2O)_3]^{3+}$ 红；CrO_4^{2-} 黄；$Cr_2O_7^{2-}$ 橙；$[Mn(H_2O)_6]^{2+}$ 浅红；MnO_4^{2-} 绿；

MnO_4^- 紫。

21.17 $Cr_2(SO_4)_3 \cdot 18H_2O$ 紫；$Cr_2(SO_4)_3 \cdot 6H_2O$ 绿；$Cr_2(SO_4)_3$ 红；$CrCl_3 \cdot 6H_2O$ 绿；Cr_2O_3 暗绿；CrO_3 暗红；CrO_5 蓝；$Cr(OH)_3$ 灰蓝；CrO_2Cl_2 深红；$BaCrO_4$ 黄；$PbCrO_4$ 黄；Ag_2CrO_4 棕红；$MnSO_4 \cdot 7H_2O$ 浅红；K_2MnO_4 绿；$KMnO_4$ 紫黑；$Mn(OH)_2$ 白；MnO_2 棕黑。

21.18 PbO_2，$(NH_4)_2S_2O_8$，$NaBiO_3$，$(NH_4)_2S_2O_8$，$AgNO_3$(或 Ag^+)。

21.19 $Cr(OH)_3$，灰蓝。

21.20 H_2O_2，乙醚(或戊醇)，蓝，CrO_5，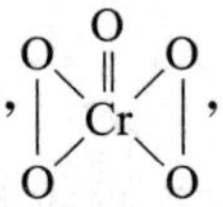，+6。

21.21 歧化，$KMnO_4$ 和 MnO_2；氧化，$KMnO_4$。

21.22 $H_3[PW_{12}O_{40}]$。

三、完成并配平化学反应方程式

21.23 $Cr + 2HCl \xlongequal{} CrCl_2 + H_2\uparrow$

21.24 $4Cr_2O_3 + 16KClO_3 \xlongequal{熔融} 8K_2CrO_4 + 14ClO_2\uparrow + Cl_2\uparrow$

21.25 $Cr_2O_3 + 6KHSO_4 \xlongequal{熔融} Cr_2(SO_4)_3 + 3K_2SO_4 + 3H_2O$

21.26 $4CrO_3 \xlongequal{\triangle} 2Cr_2O_3 + 3O_2\uparrow$

21.27 $2Cr^{3+} + 3S^{2-} + 6H_2O \xlongequal{} 2Cr(OH)_3\downarrow + 3H_2S\uparrow$

21.28 $K_2Cr_2O_7 + 14HBr(aq) \xlongequal{} 2CrBr_3 + 2KBr + 3Br_2 + 7H_2O$

21.29 $K_2Cr_2O_7 + 4KCl + 3H_2SO_4(浓) \xlongequal{\triangle} 2CrO_2Cl_2 + 3K_2SO_4 + 3H_2O$

21.30 $Mn + 2H_2O(热) \xlongequal{} Mn(OH)_2 + H_2\uparrow$

21.31 $MnS + O_2 + H_2O \xlongequal{} MnO(OH)_2 + S$

21.32 $MnSO_4 \xlongequal{\triangle} MnO_2 + SO_2\uparrow$

21.33 $2KMnO_4 + 3MnSO_4 + 2H_2O \xlongequal{} 5MnO_2\downarrow + K_2SO_4 + 2H_2SO_4$

21.34 $3MnO_2 + 6KOH + KClO_3 \xlongequal{熔融} 3K_2MnO_4 + KCl + 3H_2O$

21.35 $3K_2MnO_4 + 4H^+ \xlongequal{} 2KMnO_4 + MnO_2\downarrow + 4K^+ + 2H_2O$

21.36 $2KMnO_4 \xlongequal{200\ ℃} K_2MnO_4 + MnO_2 + O_2\uparrow$

21.37 $2MnO_4^- + SO_3^{2-} + 2OH^- \xlongequal{} 2MnO_4^{2-} + SO_4^{2-} + H_2O$

21.38 $2MnO_4^- + 6H^+ + 5H_2C_2O_4 \xlongequal{} 2Mn^{2+} + 10CO_2\uparrow + 8H_2O$

21.39 $10Cr^{3+} + 6MnO_4^- + 11H_2O \xlongequal{} 5Cr_2O_7^{2-} + 6Mn^{2+} + 22H^+$

21.40 $Cr_2O_3 + 2Al \xlongequal{\triangle} 2Cr + Al_2O_3$

21.41 $MnCO_3 \xlongequal{\triangle} MnO + CO_2\uparrow$

21.42 $4MnO_2 + 6H_2SO_4 \xlongequal{} 2Mn_2(SO_4)_3 + O_2\uparrow + 6H_2O$

$2Mn_2(SO_4)_3 + 2H_2O \xlongequal{} 4MnSO_4 + O_2\uparrow + 2H_2SO_4$

21.43 $2Mn^{2+} + 5NaBiO_3 + 14H^+ \xlongequal{} 2MnO_4^- + 5Bi^{3+} + 5Na^+ + 7H_2O$

21.44 $Cr_2O_7^{2-} + 3H_2O_2 + 8H^+ = 2Cr^{3+} + 3O_2\uparrow + 7H_2O$

21.45 $2KMnO_4 + 2H_2SO_4$(浓) $= Mn_2O_7 + 2KHSO_4 + H_2O$

21.46 $MnO_2 + 4HCl = MnCl_4 + 2H_2O$

21.47 $MnO_2 + H_2O_2 + H_2SO_4 = MnSO_4 + 2H_2O + O_2\uparrow$

21.48 $(NH_4)_2Cr_2O_7 \overset{\triangle}{=} Cr_2O_3 + N_2\uparrow + 4H_2O$

21.49 $MoO_3 + 2NH_3\cdot H_2O = (NH_4)_2MoO_4 + H_2O$

四、分离、鉴别与制备

21.50 (1) 铬酸钠的生成　将铬铁矿和纯碱置于铁坩埚中，在空气中加热，发生如下反应：

$$4Fe(CrO_2)_2 + 8Na_2CO_3 + 7O_2 \overset{\triangle}{=} 8Na_2CrO_4 + 2Fe_2O_3 + 8CO_2$$

产物中的 Na_2CrO_4 和 Fe_2O_3 结成块状物，可以将结块置于水中煮沸，浸取，滤掉 Fe_2O_3，得 Na_2CrO_4 溶液。

(2) 重铬酸钠的生成　向 Na_2CrO_4 溶液中加酸，发生如下反应：

$$2Na_2CrO_4 + 2H^+ = Na_2Cr_2O_7 + H_2O + 2Na^+$$

(3) 重铬酸钾的生成　向 $Na_2Cr_2O_7$ 溶液中加入 KCl：

$$Na_2Cr_2O_7 + 2KCl = K_2Cr_2O_7 + 2NaCl$$

$K_2Cr_2O_7$ 溶解度随温度变化较大，溶液蒸发浓缩后趁热过滤除去 NaCl 等，将滤液冷却后析出 $K_2Cr_2O_7$ 晶体。

21.51 Cr^{3+} 与 $Cr(OH)_3$ 之间的转化：

$$Cr^{3+} + 3OH^- = Cr(OH)_3\downarrow$$

$$Cr(OH)_3 + 3H^+ = Cr^{3+} + 3H_2O$$

$Cr(OH)_3$ 与 CrO_2^- 之间的转化：

$$Cr(OH)_3 + OH^- = CrO_2^- + 2H_2O$$

$$CrO_2^- + H^+(\text{适量}) + H_2O = Cr(OH)_3\downarrow$$

CrO_2^- 与 CrO_4^{2-} 之间的转化：

$$2CrO_2^- + 3H_2O_2 + 2OH^- = 2CrO_4^{2-} + 4H_2O$$

$$2CrO_4^{2-} + 3Zn + 4OH^- = 2CrO_2^- + 3ZnO_2^{2-} + 2H_2O$$

CrO_4^{2-} 与 $Cr_2O_7^{2-}$ 之间的转化：

$$2CrO_4^{2-} + 2H^+ = Cr_2O_7^{2-} + H_2O$$

$$Cr_2O_7^{2-} + 2OH^- = 2CrO_4^{2-} + H_2O$$

Cr^{3+} 与 $Cr_2O_7^{2-}$ 之间的转化：

$$Cr_2O_7^{2-} + 3SO_3^{2-} + 8H^+ = 2Cr^{3+} + 3SO_4^{2-} + 4H_2O$$

$$10Cr^{3+} + 6MnO_4^- + 11H_2O = 6Mn^{2+} + 5Cr_2O_7^{2-} + 22H^+$$

21.52 MnO_4^- 与 Mn^{2+} 之间的转化：

$$2MnO_4^- + 5SO_3^{2-} + 6H^+ = 2Mn^{2+} + 5SO_4^{2-} + 3H_2O$$

$$2Mn^{2+} + 5NaBiO_3 + 14H^+ = 2MnO_4^- + 5Bi^{3+} + 5Na^+ + 7H_2O$$

MnO_4^- 与 MnO_4^{2-} 之间的转化：

$$2MnO_4^- + SO_3^{2-} + 2OH^- = 2MnO_4^{2-} + SO_4^{2-} + H_2O$$

$$2MnO_4^{2-} + Cl_2 = 2MnO_4^- + 2Cl^-$$

MnO_4^- 与 MnO_2 之间的转化：

$$2MnO_4^- + 3SO_3^{2-} + H_2O = 2MnO_2\downarrow + 3SO_4^{2-} + 2OH^-$$

$$3MnO_2 + 6KOH + KClO_3 \xlongequal{\text{熔融}} 3K_2MnO_4 + KCl + 3H_2O$$

$$2MnO_4^{2-} + Cl_2 = 2MnO_4^- + 2Cl^-$$

MnO_4^{2-} 与 MnO_2 之间的转化：

$$MnO_4^{2-} + SO_3^{2-} + H_2O = MnO_2\downarrow + SO_4^{2-} + 2OH^-$$

$$2MnO_2 + 4KOH + O_2 \xlongequal{\text{熔融}} 2K_2MnO_4 + 2H_2O$$

MnO_2与 Mn^{2+}之间的转化：

$$MnO_2 + H_2O_2 + 2H^+ = Mn^{2+} + 2H_2O + O_2\uparrow$$

$$Mn^{2+} + 2OH^- + H_2O_2 = MnO_2\downarrow + 2H_2O$$

21.53 (1) 向含有 Cr^{3+} 和 Al^{3+} 的溶液中加入过量的 NaOH 和 H_2O_2 溶液，Cr^{3+} 被氧化为 CrO_4^{2-}，Al^{3+} 被转化为 AlO_2^-。加热分解掉过量的 H_2O_2 后再将溶液调至弱酸性，加入 $BaCl_2$溶液则 CrO_4^{2-} 转化为 $BaCrO_4$ 沉淀，Al^{3+} 留在溶液中：

$$2CrO_2^- + 3H_2O_2 + 2OH^- = 2CrO_4^{2-} + 4H_2O$$

$$CrO_4^{2-} + Ba^{2+} = BaCrO_4\downarrow$$

$$Al^{3+} + 4OH^- = AlO_2^- + 2H_2O$$

(2) 向含有 Cr^{3+} 和 Mn^{2+} 的溶液中加入过量的 NaOH 溶液，Mn^{2+} 生成沉淀而 Cr^{3+} 生成可溶性的物质留在溶液中：

$$Mn^{2+} + 2OH^- = Mn(OH)_2\downarrow$$

$$Cr^{3+} + 4OH^- = [Cr(OH)_4]^-$$

(3) 向含有 Mn^{2+} 和 Cu^{2+} 的溶液中加入一定量 1 mol·dm^{-3} 的盐酸，并通入 H_2S 气体，Cu^{2+} 生成沉淀 CuS，而 Mn^{2+} 在酸性条件下不生成 MnS 沉淀而留在溶液中：

$$Cu^{2+} + H_2S = CuS\downarrow + 2H^+$$

21.54 (1)

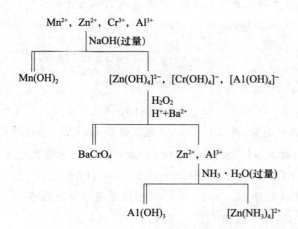

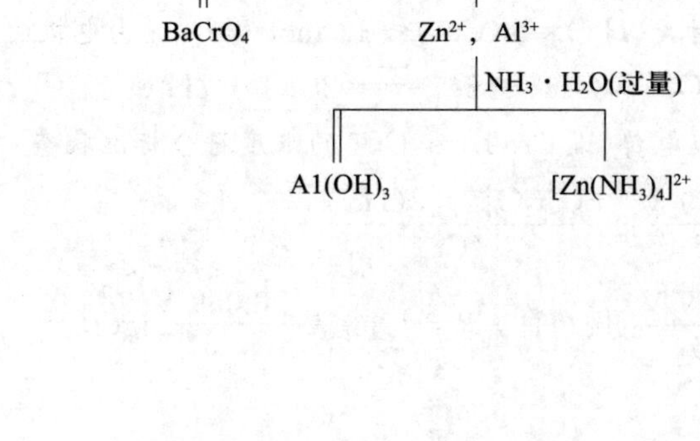

(2)

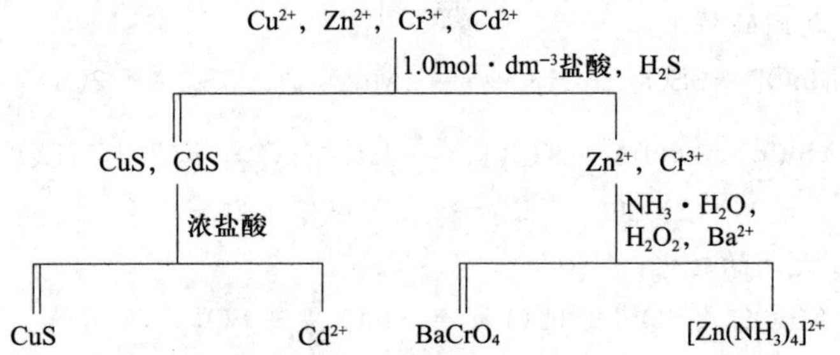

21.55 反应须在酸性条件下进行，但酸化时不能用还原性酸，如盐酸等。

$(NH_4)_2S_2O_8$氧化能力虽强，但与 Mn^{2+} 反应速率慢，需要加入 Ag^+ 催化并在加热条件下反应：

$$2Mn^{2+} + 5S_2O_8^{2-} + 8H_2O \xrightarrow[\triangle]{Ag^+} 2MnO_4^- + 10SO_4^{2-} + 16H^+$$

由标准电极电势 $E^\ominus(PbO_2/Pb^{2+}) = 1.46\ V$ 可知，在标准状态下 PbO_2 氧化能力不如 MnO_4^-。为提高氧化能力，在 PbO_2 与 Mn^{2+} 反应时使用硫酸酸化，Pb^{2+} 生成溶解度小的 $PbSO_4$ 而使 $E(PbO_2/Pb^{2+})$ 增大；为加快反应需要加热：

$$2Mn^{2+} + 5PbO_2 + 4H^+ + 5SO_4^{2-} \xlongequal{\triangle} 2MnO_4^- + 5PbSO_4 + 2H_2O$$

$NaBiO_3$氧化能力强，与 Mn^{2+} 反应速率较快，反应时用硫酸和硝酸酸化均可，也无须加热：

$$2Mn^{2+} + 5NaBiO_3 + 14H^+ = 2MnO_4^- + 5Bi^{3+} + 5Na^+ + 7H_2O$$

21.56 若固体溶于 HAc，则黄色固体为 $SrCrO_4$：

$$2SrCrO_4 + 2H^+ = 2Sr^{2+} + Cr_2O_7^{2-} + H_2O$$

若分别加入 HNO_3 和 NaOH 溶液，固体均溶解，说明黄色固体为 $PbCrO_4$：

$$2PbCrO_4 + 2H^+ = 2Pb^{2+} + Cr_2O_7^{2-} + H_2O$$

$$PbCrO_4 + 3OH^- = [Pb(OH)_3]^- + CrO_4^{2-}$$

若固体溶于硝酸，但在硫酸中转化为白色沉淀，说明黄色固体为 $BaCrO_4$：

$$2BaCrO_4 + 2H_2SO_4 = 2BaSO_4 + H_2Cr_2O_7 + H_2O$$

五、简答题和计算题

21.57 盐酸浓度为 1 mol·dm⁻³ 时（标准状态下）：

$$E^\ominus(Cr_2O_7^{2-}/Cr^{3+}) = E^\ominus(Cl_2/Cl^-)$$

考虑由 Cl^- 生成 Cl_2 时存在超电势，所以 $K_2Cr_2O_7$ 不能氧化 1 mol·dm⁻³ 盐酸中的 Cl^-。

盐酸浓度为 12 mol·dm⁻³ 时，$c(H^+) = c(Cl^-) \approx 12\ mol \cdot dm^{-3}$。由电极反应

$$Cr_2O_7^{2-} + 14H^+ + 6e^- = 2Cr^{3+} + 7H_2O$$

则 $Cr_2O_7^{2-}/Cr^{3+}$ 电对的电极电势（设 $Cr_2O_7^{2-}$ 和 Cr^{3+} 的浓度符合标准状态）：

$$E = E^\ominus + \frac{0.059\ V}{6}\lg\frac{c(Cr_2O_7^{2-})[c(H^+)]^{14}}{c(Cr^{3+})}$$

$$= E^\ominus + \frac{0.059\ V}{6}\lg[c(H^+)]^{14} = 1.36\ V + \frac{0.059\ V}{6}\lg(12)^{14}$$

$= 1.51\ \text{V}$

由电极反应　　　　　　　$Cl_2 + 2e^- \xlongequal{\quad} 2Cl^-$

则 Cl_2/Cl^- 电对的电极电势(设 Cl_2 的分压符合标准状态)：

$$E = E^\ominus + \frac{0.059\ \text{V}}{2}\lg\frac{p(Cl_2)/p^\ominus}{[c(Cl^-)/c^\ominus]^2}$$

$$= E^\ominus + \frac{0.059\ \text{V}}{2}\lg\frac{1}{[c(Cl^-)]^2} = 1.36\ \text{V} + \frac{0.059\ \text{V}}{2}\lg\frac{1}{12^2}$$

$$= 1.30\ \text{V}$$

计算结果表明，$K_2Cr_2O_7$ 能氧化浓盐酸中的 Cl^-：

$$K_2Cr_2O_7 + 14HCl(浓) \xlongequal{\quad} 2CrCl_3 + 3Cl_2\uparrow + 2KCl + 7H_2O$$

21.58 Cr(Ⅱ)具有强还原性，据此可以用来从氮气中除去痕量的氧：

$$4Cr^{2+} + O_2 + 4H^+ \xlongequal{\quad} 4Cr^{3+} + 2H_2O$$

将气体通过 Cr(Ⅱ)溶液，Cr(Ⅱ)迅速被氮气中痕量的氧气所氧化，杂质氧气因而被除去。

一般来说，凡是有强还原性且与 O_2 反应较快的还原剂都可用来除去氮气中痕量的氧气，如保险粉 $Na_2S_2O_4$ 等。

21.59 Cr^{3+} 正电荷数高，半径也比较小，极化能力强，在 Na_2S，Na_2CO_3 和 $NH_3\cdot H_2O$ 溶液中均生成氢氧化物沉淀。

(1) $Cr^{3+} + 3S^{2-} + 3H_2O \xlongequal{\quad} Cr(OH)_3\downarrow + 3HS^-$

$2Cr^{3+} + 3S^{2-} + 6H_2O \xlongequal{\quad} 2Cr(OH)_3\downarrow + 3H_2S\uparrow$

Na_2S 溶液过量时生成 HS^-，$Cr_2(SO_4)_3$ 溶液过量时生成 H_2S。H_2S 溶解度为 $0.1\ \text{mol}\cdot\text{dm}^{-3}$，浓度较低时不能从溶液中逸出。

(2) $Cr^{3+} + 3CO_3^{2-} + 3H_2O \xlongequal{\quad} Cr(OH)_3\downarrow + 3HCO_3^-$

$2Cr^{3+} + 3CO_3^{2-} + 3H_2O \xlongequal{\quad} 2Cr(OH)_3\downarrow + 3CO_2\uparrow$

Na_2CO_3 溶液过量时生成 HCO_3^-，$Cr_2(SO_4)_3$ 溶液过量时生成 CO_2。CO_2 溶解度为 $0.04\ \text{mol}\cdot\text{dm}^{-3}$，浓度较高时从溶液中逸出。

(3) $Cr^{3+} + 3NH_3\cdot H_2O \xlongequal{\quad} Cr(OH)_3\downarrow + 3NH_4^+$

由于 $Cr(OH)_3$ 的溶度积常数很小而 $[Cr(NH_3)_6]^{3+}$ 的稳定常数不是很大，在过量 $NH_3\cdot H_2O$ 中 $Cr(OH)_3$ 的溶解度不大。

21.60 在碱性溶液中，水中溶解的氧气能将 Mn^{2+} 氧化成 $MnO(OH)_2$ 或 MnO_2：

$$Mn^{2+} + 2OH^- \xlongequal{\quad} Mn(OH)_2\downarrow$$

$$2Mn(OH)_2 + O_2 \xlongequal{\quad} 2MnO(OH)_2$$

在酸性溶液中，$MnO(OH)_2$ 能将 I^- 氧化成 I_2：

$$MnO(OH)_2 + 2I^- + 4H^+ \xlongequal{\quad} Mn^{2+} + I_2 + 3H_2O$$

通过消耗 $S_2O_3^{2-}$ 的量可间接地测定水中溶氧量：

$$I_2 + 2S_2O_3^{2-} \xlongequal{\quad} S_4O_6^{2-} + 2I^-$$

根据上述反应式得各物质的计量关系：

$$O_2 \sim 2MnO(OH)_2 \sim 2I_2 \sim 4S_2O_3^{2-}$$

从而有 O_2 和 $Na_2S_2O_3$ 的定量关系为 $O_2 : S_2O_3^{2-} = 1:4$。

21.61 (1) $Cr_2O_7^{2-} + 3Zn + 14H^+ \longrightarrow 2Cr^{3+} + 3Zn^{2+} + 7H_2O$

$2Cr^{3+} + Zn \longrightarrow 2Cr^{2+} + Zn^{2+}$

$4Cr^{2+} + O_2 + 4H^+ \longrightarrow 4Cr^{3+} + 2H_2O$

(2) $Cr_2O_7^{2-} + 3SO_2 + 2H^+ \longrightarrow 2Cr^{3+} + 3SO_4^{2-} + H_2O$

(3) $Mn^{2+} + 2OH^- \longrightarrow Mn(OH)_2\downarrow$

$2Mn(OH)_2 + O_2 \longrightarrow 2MnO(OH)_2$

(4) $2MnO_4^- + 5H_2S + 6H^+ \longrightarrow 2Mn^{2+} + 5S\downarrow + 8H_2O$

21.62 (1) $BaCrO_4$ 与浓盐酸反应较慢;加热时反应速率较快,同时 Cr(Ⅵ)氧化能力增强。反应产物 $CrCl_3$ 显绿色:

$$2BaCrO_4 + 2H^+ \longrightarrow Cr_2O_7^{2-} + 2Ba^{2+} + H_2O$$

$$Cr_2O_7^{2-} + 6Cl^- + 14H^+ \longrightarrow 2Cr^{3+} + 3Cl_2\uparrow + 7H_2O$$

(2) $K_2Cr_2O_7$ 与 $AgNO_3$ 生成溶解度较小的 Ag_2CrO_4(棕红色),加入 NaCl 后沉淀转化为溶解度更小的 AgCl:

$$Cr_2O_7^{2-} + 4Ag^+ + H_2O \longrightarrow 2Ag_2CrO_4\downarrow + 2H^+$$

$$Ag_2CrO_4 + 2Cl^- \longrightarrow 2AgCl + CrO_4^{2-}$$

(3) 铬可以缓慢溶于盐酸先生成蓝色的 $CrCl_2$:

$$Cr + 2HCl \longrightarrow CrCl_2 + H_2\uparrow$$

Cr(Ⅱ)还原性很强,在空气中被氧化成绿色的 Cr(Ⅲ):

$$4CrCl_2 + O_2 + 4HCl \longrightarrow 4CrCl_3 + 2H_2O$$

21.63 (1) 向 $CrCl_3$ 溶液中缓慢滴加 NaOH 溶液,先有灰蓝色沉淀生成:

$$Cr^{3+} + 3OH^- \longrightarrow Cr(OH)_3\downarrow$$

NaOH 溶液过量则沉淀逐渐溶解,最后得到绿色溶液:

$$Cr(OH)_3 + OH^- \longrightarrow [Cr(OH)_4]^-$$

(2) 溶液颜色先变为蓝色,因生成了 CrO_5:

$$K_2CrO_4 + 2H_2O_2 + H_2SO_4 \longrightarrow CrO_5 + 3H_2O + K_2SO_4$$

CrO_5 在酸性溶液中不稳定而分解放出 O_2,最后得到绿色溶液:

$$4CrO_5 + 12H^+ \longrightarrow 4Cr^{3+} + 7O_2\uparrow + 6H_2O$$

(3) 水较少时 K_2MnO_4 固体溶解,溶液呈绿色。水较多时,K_2MnO_4 发生歧化反应,溶液颜色变为紫红色并有棕褐色沉淀生成:

$$3MnO_4^{2-} + 2H_2O \longrightarrow 2MnO_4^- + MnO_2\downarrow + 4OH^-$$

21.64 (A)—$Cr(NO_3)_3$; (B)—$Cr(OH)_3$; (C)—$[Cr(OH)_4]^-$ 或 CrO_2^-; (D)—CrO_4^{2-};
(E)—$BaCrO_4$; (F)—$Cr_2(SO_4)_3$; (G)—NO。

21.65 (A)—K_2CrO_4; (B)—$Cr_2(SO_4)_3$; (C)—$[Cr(OH)_4]^-$ 或 CrO_2^-; (D)—CrO_4^{2-};
(E)—$PbCrO_4$; (F)—$Cr(OH)_3$。

21.66 (A)— CrO_3; (B)— Cl_2; (C)—$CrCl_3\cdot 6H_2O$;
(D)— $Cr(OH)_3$; (E)—K_2CrO_4; (F)—$K_2Cr_2O_7$。

21.67 (A)—$MnSO_4$; (B)—$Mn(OH)_2$; (C)—MnO_2;
(D)—K_2MnO_4; (E)—$KMnO_4$; (F)—$MnSO_4\cdot 7H_2O$。

21.68 (A)—K_2MnO_4; (B)—MnO_2; (C)—$KMnO_4$ 或 MnO_4^-;

(D)—Cl_2；　　(E)—$MnCl_2$或 Mn^{2+}。

21.69 (A)—MnO_2； (B)—$MnSO_4$； (C)—$NaMnO_4$； (D)—Na_2MnO_4；
(E)—$MnCl_4$； (F)—Cl_2； (G)—$MnCl_2$； (H)—$Mn(OH)_2$。

21.70 肯定存在的有 $AgNO_3$，$ZnCl_2$；肯定不存在的有 CuS，$AlCl_3$，$KMnO_4$；可能存在的有 K_2SO_4。
混合物加水、酸化、过滤后得到白色沉淀和无色溶液，证明混合物中没有 CuS 和 $KMnO_4$。
白色沉淀(A)溶于氨水，为 AgCl，混合物中肯定有 $AgNO_3$ 存在。
滤液(B)加 NaOH 溶液生成白色沉淀，加过量 NaOH 溶液沉淀又溶解，说明溶液中有两性离子(Zn^{2+}，Al^{3+})。滤液(B)加氨水生成白色沉淀，加过量氨水沉淀消失，证明有 $ZnCl_2$，没有 $AlCl_3$。
无法确证 K_2SO_4 存在与否，只能说可能存在。
相关化学反应方程式如下：

$$Ag^+ + Cl^- = AgCl\downarrow$$
$$AgCl + 2NH_3\cdot H_2O = [Ag(NH_3)_2]Cl + 2H_2O$$
$$ZnCl_2 + 2NH_3\cdot H_2O = Zn(OH)_2\downarrow + 2NH_4Cl$$
$$Zn(OH)_2 + 4NH_3\cdot H_2O = [Zn(NH_3)_4](OH)_2 + 4H_2O$$
$$Zn^{2+} + 2OH^- = Zn(OH)_2\downarrow$$
$$Zn(OH)_2 + 2OH^- = [Zn(OH)_4]^{2-}$$

第 22 章

一、选择题

22.1 B　22.2 A　22.3 B　22.4 C　22.5 B　22.6 C　22.7 D　22.8 A
22.9 B　22.10 C　22.11 B　22.12 C

二、填空题

22.13 (1) Fe_2O_3； (2) Fe_3O_4； (3) $2Fe_2O_3\cdot 3H_2O$；
(4) $FeCO_3$； (5) $CoAs_2$ (6) CoAsS
(7) Co_2S_4； (8) $K_3[Fe(CN)_6]$； (9) $K_4[Fe(CN)_6]\cdot 3H_2O$；
(10) $FeSO_4\cdot 7H_2O$； (11) $(NH_4)_2SO_4\cdot FeSO_4\cdot 6H_2O$；
(12) $NH_4Fe(SO_4)_2\cdot 12H_2O$； (13) $Fe(C_5H_5)_2$；
(14) $K[Pt(C_2H_4)Cl_3]$； (15) *cis*-$[Pt(NH_3)_2Cl_2]$。

22.14 铁粉，硫酸；无，棕红，$Fe(OH)_3$。

22.15 (1)<；(2)>；(3)>；(4)<。

22.16 紫红，红棕，$BaFeO_4$。

22.17 $[Rh(PPh_3)_3Cl]$，平面四边形。

22.18 $K[Pt(C_2H_4)Cl_3]$，平面四边形，$[PtCl_2(NH_3)_2]$，平面四边形。

22.19 (1) $Cu(\mathrm{II})$；(2) MnO_4^{2-}；(3) $Cr(\mathrm{III})$；(4) $Ni(\mathrm{II})$。

22.20 Co^{2+}，Ni^{2+}。

22.21 $[Co(CN)_6]^{4-}$，$[Co(CN)_6]^{3-}$。

22.22 $[Fe(H_2O)_6]^{2+}$绿；$[Co(H_2O)_6]^{2+}$粉红；$[Ni(H_2O)_6]^{2+}$绿；$[Fe(H_2O)_6]^{3+}$淡紫；$[FeCl_4]^-$黄；$[Fe(SCN)_6]^{3-}$红；$[FeF_5]^{2-}$无；$[Fe(C_2O_4)_3]^{3-}$黄绿；$[Fe(H_2O)_5OH]^{2+}$黄；$[Co(NH_3)_6]^{2+}$棕黄；$[CoCl_4]^{2-}$蓝；$[Co(SCN)_4]^{2-}$蓝；$[Ni(NH_3)_6]^{3+}$蓝；$[Ni(CN)_4]^{2-}$黄；$[PtCl_4]^{2-}$红。

22.23 $FeSO_4 \cdot 7H_2O$绿；$FeSO_4$白；$FeSO_4 \cdot (NH_4)_2SO_4 \cdot 6H_2O$浅蓝绿；$Fe(OH)_2$白；$K_4[Fe(CN)_6] \cdot 3H_2O$黄；$Fe(C_5H_5)_2$橙黄；$FeCl_3$棕黑；$FeCl_3 \cdot 6H_2O$黄；$K_3[Fe(CN)_6]$红；$K_3[Fe(C_2O_4)_3] \cdot 3H_2O$绿；$Fe_2O_3$红；$Fe(OH)_3$棕；$CoSO_4 \cdot 7H_2O$粉红；$CoCl_2 \cdot 6H_2O$粉红；$CoCl_2$蓝；$Co(OH)_2$粉红；$K_3[Co(NO_2)_6]$黄；$Co[Hg(SCN)_4]$蓝；$NiSO_4 \cdot 7H_2O$绿；$NiCl_2 \cdot 6H_2O$绿；$Ni(OH)_2$浅绿；$[Pt(NH_3)_2Cl_2]$黄；$K[Pt(C_2H_4)Cl_3]$黄。

三、完成并配平化学反应方程式

22.24 $Fe_3O_4 + 8HI = 3FeI_2 + I_2 + 4H_2O$

22.25 $2FeSO_4 \xlongequal{\triangle} Fe_2O_3 + SO_2\uparrow + SO_3\uparrow$

22.26 $FeCl_2 + 2C_5H_5Na = (C_5H_5)_2Fe + 2NaCl$

22.27 $2Fe + 3H_2O \xlongequal{\text{赤热}} Fe_2O_3 + 3H_2\uparrow$

22.28 $FeCl_3 + 3Na_2CO_3 + 3H_2O = Fe(OH)_3\downarrow + 3NaHCO_3 + 3NaCl$

22.29 $FeC_2O_4 \xlongequal{\triangle} FeO + CO\uparrow + CO_2\uparrow$

22.30 $2FeCl_3 + 2KI = 2FeCl_2 + I_2 + 2KCl$

22.31 $2Fe(OH)_3 + 3Cl_2 + 10KOH = 2K_2FeO_4 + 6KCl + 8H_2O$

22.32 $2K_4[Fe(CN)_6] + Cl_2 = 2K_3[Fe(CN)_6] + 2KCl$

22.33 $2K_3[Fe(C_2O_4)_3] \xlongequal{h\nu} 2FeC_2O_4 + 2CO_2\uparrow + 3K_2C_2O_4$

22.34 $Co_3O_4 + 8HCl = 3CoCl_2 + Cl_2\uparrow + 4H_2O$

22.35 $NiS + 5CO + 4OH^- = [Ni(CO)_4] + S^{2-} + CO_3^{2-} + 2H_2O$

22.36 $2CoCl_2 + Br_2 + 6NaOH = 2Co(OH)_3\downarrow + 4NaCl + 2NaBr$

22.37 $Co^{2+} + 7NO_2^- + 3K^+ + 2H^+ = K_3[Co(NO_2)_6]\downarrow + NO\uparrow + H_2O$

22.38 $2NiO_2 + 2H_2SO_4 = 2NiSO_4 + O_2\uparrow + 2H_2O$

22.39 $2Ni^{2+} + Br_2 + 6OH^- = 2NiO(OH)\downarrow + 2Br^- + 2H_2O$

22.40 $PdCl_2 + CO + H_2O = Pd\downarrow + CO_2 + 2HCl$

四、分离、鉴别与制备

22.41 在 50～100 ℃条件下，使粗 Ni 粉末与 CO 反应生成液态的$[Ni(CO)_4]$，分离后将$[Ni(CO)_4]$

在 200 ℃ 加热分解，即得到高纯 Ni：

$$Ni(s)+4CO(g) \xlongequal{50\sim100\ ℃} [Ni(CO)_4](l)$$

$$[Ni(CO)_4](l) \xlongequal{200\ ℃} Ni(s)+4CO(g)$$

22.42 Fe^{3+} 的鉴别：

(1) 与 KSCN 作用产生血红色：

$$Fe^{3+}+nSCN^- \xlongequal{} [Fe(SCN)_n]^{3-n}(\text{血红色})$$

(2) 与黄血盐 $K_4[Fe(CN)_6]$ 作用产生蓝色沉淀：

$$4Fe^{3+}+3[Fe(CN)_6]^{4-} \xlongequal{} Fe_4[Fe(CN)_6]_3\downarrow(\text{蓝色})$$

Co^{2+} 的鉴别：

加入饱和 KSCN 溶液及丙酮(或乙醚)，在丙酮(或乙醚)层中产生蓝色：

$$Co^{2+}+4SCN^- \xlongequal{} [Co(SCN)_4]^{2-}(\text{在丙酮或乙醚中形成稳定的蓝色})$$

若防止 Fe^{3+} 干扰 Co^{2+} 的鉴别，可加入 NaF 或 NH_4F 掩蔽 Fe^{3+}。

Ni^{2+} 的鉴别：

向溶液中滴加丁二酮肟，生成鲜红色沉淀，表示有 Ni^{2+} 存在。

若溶液中含有 Fe^{3+} 及 Co^{2+}，则可用氨水调至碱性，有 $Fe(OH)_3$ 析出，Co^{2+} 和 Ni^{2+} 在氨水过量时生成 $[Co(NH_3)_6]^{2+}$ 和 $[Ni(NH_3)_6]^{2+}$，离心分离除去沉淀；Co^{2+} 不与丁二酮肟反应，对实验无影响。

22.43 (1) 将样品溶于水，向两种溶液中滴加 NaOH 溶液，生成灰绿色沉淀并逐渐变成红棕色的是 $FeSO_4$：

$$Fe^{2+}+2OH^- \xlongequal{} Fe(OH)_2\downarrow$$

$$4Fe(OH)_2+O_2+2H_2O \xlongequal{} 4Fe(OH)_3$$

生成绿色沉淀，且不变色的为 $NiSO_4$，进一步确认可加入氨水，该沉淀溶于氨水：

$$Ni^{2+}+2OH^- \xlongequal{} Ni(OH)_2\downarrow$$

$$Ni(OH)_2+6NH_3\cdot H_2O \xlongequal{} [Ni(NH_3)_6]^{2+}+2OH^-+6H_2O$$

(2) 样品溶于稀盐酸，然后向其中加入氨水，先生成浅蓝色沉淀，后沉淀溶解生成蓝色溶液的是 CuO：

$$CuO+2HCl \xlongequal{} CuCl_2+H_2O$$

$$CuCl_2+2NH_3\cdot H_2O \xlongequal{} Cu(OH)_2\downarrow+2NH_4Cl$$

$$Cu(OH)_2+4NH_3\cdot H_2O \xlongequal{} [Cu(NH_3)_4]^{2+}+2OH^-+4H_2O$$

加入氨水，不溶于过量氨水的是 Fe_3O_4。

22.44 (1)

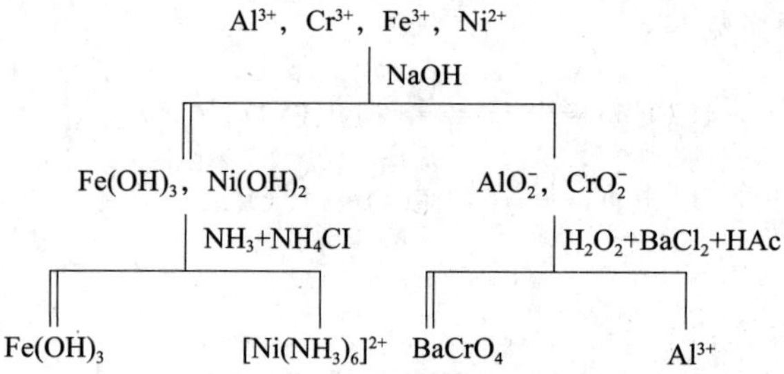

(2)

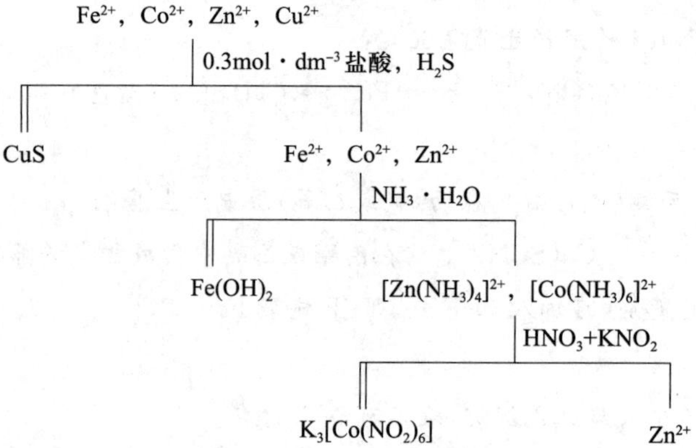

22.45 首先，向溶液中加入 Zn 粉，将 Cu^{2+} 还原为 Cu 过滤除去：

$$Zn + Cu^{2+} = Zn^{2+} + Cu$$

然后，向滤液中加入 H_2O_2，将溶液中的 Fe^{2+} 氧化为 Fe^{3+}。

$$2Fe^{2+} + H_2O_2 + 2H^+ = 2Fe^{3+} + 2H_2O$$

加入 ZnO 调节溶液的 pH＝4～5，使 $Fe(OH)_3$ 沉淀完全，过滤除去。

最后，将滤液加热，将多余的 H_2O_2 分解除去。

22.46 ① 将单质 Pt 溶于王水中，滤液经蒸发、浓缩后，冷却得到橙色的 $H_2[PtCl_6]$ 晶体：

$$3Pt + 4HNO_3 + 18HCl = 3H_2[PtCl_6] + 4NO\uparrow + 8H_2O$$

② 将 $H_2[PtCl_6]$ 晶体在 300 ℃下加热分解，得到 $PtCl_4$：

$$H_2[PtCl_6] \xlongequal{\triangle} PtCl_4 + 2HCl\uparrow$$

③ 继续升高加热温度至 528 ℃，$PtCl_4$ 分解得到绿色的 $PtCl_2$：

$$PtCl_4 = PtCl_2 + Cl_2\uparrow$$

④ 单质 Pt 加热至 250 ℃与 Cl_2 作用，可以得到绿色的 $PtCl_2$：

$$Pt + Cl_2 \xlongequal{\triangle} PtCl_2$$

⑤ 向 $H_2[PtCl_6]$ 溶液中加入 KCl 固体，析出难溶的黄色 $K_2[PtCl_6]$ 晶体：

$$H_2[PtCl_6] + 2KCl = K_2[PtCl_6]\downarrow + 2HCl$$

⑥ 使用 SO_2 还原 $K_2[PtCl_6]$的水溶液，可以得到暗红色的 $K_2[PtCl_4]$溶液：

$$K_2[PtCl_6] + SO_2 + 2H_2O = K_2[PtCl_4] + H_2SO_4 + 2HCl$$

⑦ 使 $PtCl_4$ 在碱性条件下水解，得到红棕色的 $PtO_2 \cdot xH_2O$：

$$PtCl_4 + (x+2)\ H_2O = PtO_2 \cdot xH_2O + 4HCl$$

⑧ 向 $PtCl_2$ 中加入过量盐酸，得到深红色的 $H_2[PtCl_4]$ 溶液：

$$PtCl_2 + 2HCl = H_2[PtCl_4]$$

⑨ 向 $H_2[PtCl_4]$ 溶液中加入 KCl，析出难溶的 $K_2[PtCl_4]$：

$$H_2[PtCl_4] + 2KCl = K_2[PtCl_4]\downarrow + 2HCl$$

⑩ 使 $K_2[PtCl_4]$ 在碱性条件下水解，析出难溶的黑色 $Pt(OH)_2$：

$$K_2[PtCl_4] + 2OH^- = Pt(OH)_2 + 2K^+ + 4Cl^-$$

五、简答题和计算题

22.47 向 $FeSO_4$ 溶液中缓慢滴加氨水，先有白色沉淀生成，后迅速变成灰绿色，最终变成红棕色的沉淀：

$$Fe^{2+} + 2NH_3 \cdot H_2O = Fe(OH)_2\downarrow(\text{白色}) + 2NH_4^+$$

$$4Fe(OH)_2 + O_2 + 2H_2O = 4Fe(OH)_3(\text{红棕色})$$

在 $CoSO_4$ 溶液中滴加氨水，先析出蓝绿色沉淀，氨水过量时沉淀溶解，生成棕黄色溶液，在空气中放置，溶液颜色逐渐变成棕褐色：

$$2CoSO_4 + 2NH_3 \cdot H_2O = Co(OH)_2 \cdot CoSO_4\downarrow + (NH_4)_2SO_4$$

$$Co(OH)_2 \cdot CoSO_4 + 12NH_3 \cdot H_2O = 2[Co(NH_3)_6]^{2+} + 2OH^- + SO_4^{2-} + 12H_2O$$

$$4[Co(NH_3)_6]^{2+} + O_2 + 2H_2O = 4[Co(NH_3)_6]^{3+} + 4OH^-$$

向 $NiSO_4$ 溶液中缓慢滴加氨水，先有绿色沉淀生成：

$$Ni^{2+} + 2NH_3 \cdot H_2O = Ni(OH)_2\downarrow + 2NH_4^+$$

氨水过量则绿色沉淀溶解，生成蓝色 $[Ni(NH_3)_6]^{2+}$ 溶液：

$$Ni(OH)_2 + 6NH_3 \cdot H_2O = [Ni(NH_3)_6]^{2+} + 2OH^- + 6H_2O$$

22.48 铝板氧化层用极稀的 $Co(NO_3)_2$ 溶液处理后灼烧，加热条件下 $Co(NO_3)_2$ 分解生成 CoO：

$$2Co(NO_3)_2 \xlongequal{\triangle} 2CoO + 4NO_2\uparrow + O_2\uparrow$$

CoO 与铝板氧化层的 Al_2O_3 作用生成蓝色的偏铝酸钴：

$$CoO + Al_2O_3 = Co(AlO_2)_2$$

因而显蓝色。

22.49 Co^{2+} 与 SCN^- 结合形成蓝色的 $[Co(SCN)_4]^{2-}$，常用于 Co^{2+} 的鉴定。但该配离子稳定常数较小，在水溶液中有时不易观察到蓝色。用水稀释时也易变成粉红色的 $[Co(H_2O)_6]^{2+}$。所以在实际操作时，使用浓的 NH_4SCN 溶液，并加入丙酮（或戊醇）进行萃取，以抑制 $[Co(SCN)_4]^{2-}$ 的解离，确保观察到该离子显示的蓝色。

溶液中若有 Fe^{3+} 存在，它将与 SCN^- 结合形成血红色配离子，干扰 Co^{2+} 的鉴定。通常加入 F^- 与 Fe^{3+} 形成更稳定的 $[FeF_6]^{3-}$ 无色配离子以消除干扰。

22.50 由于 $Co(OH)_3$ 和 $MnO(OH)_2$ 都是难溶物，它们附着在被污染的玻璃器皿壁上难以完全去除，在酸性条件下，加入一些过氧化氢溶液作为还原剂，把Co(Ⅲ)和Mn(Ⅳ)还原为易溶物而除去：

$$2Co(OH)_3 + H_2O_2 + 4H^+ \longrightarrow 2Co^{2+} + O_2\uparrow + 6H_2O$$

$$MnO(OH)_2 + H_2O_2 + 2H^+ \longrightarrow Mn^{2+} + O_2\uparrow + 3H_2O$$

22.51 $[Ni(CO)_4]$中Ni的电子构型为$3d^{10}$，Ni采取sp^3杂化，$[Ni(CO)_4]$的空间构型为四面体形，Ni原子中无成单电子，所以配位化合物为逆磁性的。

$[Ni(CN)_4]^{2-}$中Ni^{2+}的电子构型为$3d^8$，Ni^{2+}采取dsp^2杂化，$[Ni(CN)_4]^{2-}$的空间构型为平面四边形，Ni^{2+}中也无成单电子，所以配位化合物也为逆磁性的。

22.52 $Fe^{2+} + 2OH^- \longrightarrow Fe(OH)_2\downarrow$　白色，遇O_2迅速变灰绿色

$4Fe(OH)_2 + O_2 + 2H_2O \longrightarrow 4Fe(OH)_3$　红棕色

$Fe(OH)_3 + 3HCl \longrightarrow FeCl_3 + 3H_2O$　黄色

$FeCl_3 + SCN^- \longrightarrow [Fe(SCN)]^{2+} + 3Cl^-$　血红色

$2[Fe(SCN)]^{2+} + SO_2 + 2H_2O \longrightarrow 2Fe^{2+} + SO_4^{2-} + 4H^+ + 2SCN^-$

$MnO_4^- + 5Fe^{2+} + 8H^+ \longrightarrow Mn^{2+} + 5Fe^{3+} + 4H_2O$

$4Fe^{3+} + 3[Fe(CN)_6]^{4-} \longrightarrow Fe_4[Fe(CN)_6]_3\downarrow$　蓝色

22.53 (1) 向含有CCl_4的黄血盐溶液中滴加碘水，I_2的颜色消失：

$$2[Fe(CN)_6]^{4-} + I_2 \longrightarrow 2[Fe(CN)_6]^{3-} + 2I^-$$

(2) 将3 mol·dm^{-3} $CoCl_2$溶液加热，溶液颜色由粉红色变蓝色：

$$[Co(H_2O)_6]^{2+} + 4Cl^- \longrightarrow [CoCl_4]^{2-} + 6H_2O$$

再加入$AgNO_3$溶液，溶液颜色由蓝色变粉红色，并有白色沉淀生成：

$$[CoCl_4]^{2-} + 4Ag^+ + 6H_2O \longrightarrow [Co(H_2O)_6]^{2+} + 4AgCl\downarrow$$

(3) 水浴加热一段时间后，有绿色沉淀生成：

$$[Ni(NH_3)_6]^{2+} + 2H_2O \xlongequal{\triangle} Ni(OH)_2\downarrow + 2NH_4^+ + 4NH_3\uparrow$$

再加入氨水，沉淀又溶解，得蓝色溶液：

$$Ni(OH)_2 + 6NH_3\cdot H_2O \longrightarrow [Ni(NH_3)_6]^{2+} + 2OH^- + 6H_2O$$

(4) 用浓盐酸处理$Fe(OH)_3$时，红棕色$Fe(OH)_3$溶解，得黄色溶液：

$$Fe(OH)_3 + 3HCl \longrightarrow FeCl_3 + 3H_2O$$

用浓盐酸处理$Co(OH)_3$时，棕黑色$Co(OH)_3$溶解，得粉红色溶液，并有氯气放出：

$$2Co(OH)_3 + 2Cl^- + 6H^+ + 6H_2O \longrightarrow 2[Co(H_2O)_6]^{2+} + Cl_2\uparrow$$

浓盐酸过量时，溶液变蓝：

$$[Co(H_2O)_6]^{2+} + 4Cl^- \longrightarrow [CoCl_4]^{2-} + 6H_2O$$

用浓盐酸处理$Ni(OH)_3$时，黑色$Ni(OH)_3$溶解，得绿色溶液并有氯气放出：

$$2Ni(OH)_3 + 2Cl^- + 6H^+ + 6H_2O \longrightarrow 2[Ni(H_2O)_6]^{2+} + Cl_2\uparrow$$

22.54 (1) $Fe^{3+} + nSCN^- \longrightarrow [Fe(SCN)_n]^{3-n}$　$n=1\sim6$　血红色。

加入铁粉后，铁粉将$[Fe(SCN)_n]^{3-n}$还原，生成的Fe^{2+}不与SCN^-生成有色配位化合物，

因而血红色消失：

$$2[Fe(SCN)_n]^{3-n} + Fe = 3Fe^{2+} + nSCN^-$$

(2) $FeCl_3$ 遇$(NH_4)_2C_2O_4$ 生成稳定的$[Fe(C_2O_4)_3]^{3-}$，其稳定性比$[Fe(SCN)]^{2+}$高，因而加入少量 KSCN 溶液时不变红：

$$Fe^{3+} + 3C_2O_4^{2-} = [Fe(C_2O_4)_3]^{3-}$$

$$[Fe(C_2O_4)_3]^{3-} + SCN^- \quad \text{不反应}$$

再加入盐酸时，$C_2O_4^{2-}$ 转化为 $HC_2O_4^-$ 弱酸或 $H_2C_2O_4$ 中强酸，而使$[Fe(C_2O_4)_3]^{3-}$破坏，再由 Fe^{3+} 与 SCN^- 结合使溶液变红：

$$[Fe(C_2O_4)_3]^{3-} + 3H^+ = Fe^{3+} + 3HC_2O_4^-$$

$$Fe^{3+} + SCN^- = [Fe(SCN)]^{2+}$$

(3) 变色硅胶中含有 $CoCl_2$，无水盐为蓝色，吸水达饱和时 $CoCl_2 \cdot 6H_2O$ 为粉红色。$CoCl_2$ 溶液中滴加 NaOH 生成 $Co(OH)_2$ 沉淀，沉淀久置后会被空气中的氧氧化生成 $Co(OH)_3$；酸性条件下 $Co(OH)_3$ 氧化性强，能够氧化 Cl^- 产生 Cl_2：

$$4Co(OH)_2 + O_2 + 2H_2O = 4Co(OH)_3$$

$$2Co(OH)_3 + 2Cl^- + 6H^+ = 2Co^{2+} + Cl_2\uparrow + 6H_2O$$

(4) 向 $[Co(NH_3)_6]^{2+}$ 溶液中缓慢滴加稀盐酸，先有蓝绿色沉淀生成：

$$[Co(NH_3)_6]^{2+} + HCl + H_2O = Co(OH)Cl\downarrow + 4NH_3 + 2NH_4^+$$

盐酸过量则蓝绿色沉淀溶解，生成粉红色$[Co(H_2O)_6]^{2+}$溶液：

$$Co(OH)Cl + HCl + 5H_2O = [Co(H_2O)_6]^{2+} + 2Cl^-$$

(5) $NiSO_4$ 在碱中生成绿色的 $Ni(OH)_2$ 沉淀。由于 $Ni(OH)_2$ 还原性弱，不能被 H_2O_2 氧化，但可被氧化能力较强的氯水或溴水等氧化，生成棕黑色 $Ni(OH)_3$(水合 Ni_2O_3)。

$$2Ni(OH)_2 + Cl_2 + 2NaOH = 2NiO(OH) + 2NaCl + 2H_2O$$

22.55 (A)—$MnO_4^- + Co^{2+}$； (B)—$[CoCl_4]^{2-} + Mn^{2+}$； (C)—Cl_2； (D)—$Co(OH)_3$；
(E)—MnO_4^{2-}； (F)—$Mn^{2+} + Co^{2+}$； (G)—$Mn(OH)_2$； (H)—$[Co(NH_3)_6]^{2+}$。

22.56 由(1)可知，$CuSO_4$ 和 KI 不可能同时存在。

由(2)可知，存在 $FeCl_3$，$SnCl_2$ 可能存在。蓝色溶液可能是$[Cu(NH_3)_4]^{2+}$，$[Ni(NH_3)_6]^{2+}$，即$CuSO_4$和 $NiSO_4$ 存在一种或两种。

由(3)可知，加 KSCN 无颜色变化，说明 $FeCl_3$ 与 $SnCl_2$ 共存。加入戊醇也无颜色变化，说明 $CoCl_2$ 肯定不存在。

由(4)可知，加入过量 NaOH 时溶液几乎无色，则肯定不存在 $CuSO_4$($Cu^{2+} + 4OH^- = [Cu(OH)_4]^{2-}$ 蓝色)。考虑到(2)的结果，$NiSO_4$ 肯定存在。加盐酸酸化时，有白色沉淀生成，说明存在 $ZnSO_4$，$SnCl_2$ 中的一种或两种[$Fe(OH)_3$ 已滤出]：

$$[Zn(OH)_4]^{2-} + 2H^+ = Zn(OH)_2\downarrow + 2H_2O$$

$$[Sn(OH)_4]^{2-} + 2H^+ = Sn(OH)_2\downarrow + 2H_2O$$

由(5)可知，混合物中肯定不存在 KI，因 AgI 为黄色沉淀。沉淀溶于氨水，说明沉淀为

$AgCl$或 Ag_2SO_4。

综合以上分析结果，混合物中肯定存在 $FeCl_3$，$SnCl_2$ 和 $NiSO_4$；肯定不存在 $CuSO_4$，$CoCl_2$ 和 KI；而 $ZnSO_4$ 是否存在还需经进一步实验才能肯定。

22.57 (1) $2MnO_4^- + 5C_2O_4^{2-} + 16H^+ \longequal 2Mn^{2+} + 10CO_2\uparrow + 8H_2O$

$MnO_4^- + 5Fe^{2+} + 8H^+ \longequal Mn^{2+} + 5Fe^{3+} + 4H_2O$

(2) 设混合物中有 x mol $K_3[Fe(C_2O_4)_3]\cdot 3H_2O$，$y$ mol FeC_2O_4，则有

$$(3x+y)\times 2/5 + y\times 1/5 = 0.05\times 108/1000$$

$$(x+y)\times 1/5 = 0.05\times 20/1000$$

解得 $x=0.004$，$y=0.001$。

产物组成为 $4K_3[Fe(C_2O_4)_3]\cdot FeC_2O_4$。

22.58 由题中给出的实验现象可作出如下判断。

肯定存在的是 $NaNO_2$，$AgNO_3$，NH_4Cl。

肯定不存在的是 $CuCl_2$，$Ca(OH)_2$。

可能存在的是 NaF，$FeCl_3$。

理由如下：

(1) 混合物加水后，可得白色沉淀和无色溶液，说明混合物中不含带颜色的离子 Cu^{2+}，即不存在 $CuCl_2$。

(2) 无色溶液可使 MnO_4^- 褪色，说明混合物中有还原剂存在，即 $NaNO_2$ 存在：

$$5NO_2^- + 2MnO_4^- + 6H^+ \longequal 2Mn^{2+} + 5NO_3^- + 3H_2O$$

(3) 加热溶液有气体放出，则混合物中存在 NH_4Cl，$NaNO_2$ 与 NH_4Cl 在一起加热有 N_2 生成：

$$NH_4Cl + NaNO_2 \longequal NaCl + 2H_2O + N_2\uparrow$$

(4) 加水后有白色沉淀，它又溶于 $NH_3\cdot H_2O$，说明混合物中有 $AgNO_3$，与体系中的 NH_4Cl 作用生成 AgCl 沉淀，后溶于 $NH_3\cdot H_2O$：

$$Ag^+ + Cl^- \longequal AgCl\downarrow$$

$$AgCl + 2NH_3\cdot H_2O \longequal [Ag(NH_3)_2]^+ + Cl^- + 2H_2O$$

(5) 从以上反应中可以看出，溶液中不存在 $Ca(OH)_2$。因为溶液中含有 NH_4^+。若 $Ca(OH)_2$存在，则应有 NH_3 生成，实验中无 NH_3 气体生成。

(6) 混合物中可能含有 $FeCl_3$，NaF，但二者必须同时存在。因为若无 NaF 存在，则 $FeCl_3$ 会显颜色，并与 KSCN 作用生成血红色物质。但有 NaF 时 $FeCl_3$ 可能同时存在，它可形成$[FeF_6]^{3-}$，无色且不易与 SCN^- 作用。

22.59 (A)—Fe； (B)—$FeCl_2$； (C)—$Fe(OH)_2$；

(D)—$Fe(OH)_3$； (E)—Fe_2O_3 (F)—Fe_3O_4；

(G)—$FeCl_3(aq)$； (H)—FeO_4^{2-}； (I)—$BaFeO_4$。

22.60 (A)—$FeSO_4\cdot 7H_2O$； (B)—$FeSO_4$； (C)—$Fe(OH)_3$；

(D)—$Fe_2(SO_4)_3 \cdot 9H_2O$；　(E)—$K_3[Fe(C_2O_4)_3] \cdot 3H_2O$；

(F)—$[Fe(SCN)]^{2+}$。

22.61 (A)—$CoCl_2$；　(B)—$[Co(H_2O)_6]^{2+}$；　(C)—$Co(OH)_2$；

(D)—$Co(OH)_3$；　(E)—$[CoCl_4]^{2-}$。

22.62 (A)—$Co(OH)_3$；　(B)—$CoCl_2$；　(C)—Cl_2；

(D)—$KCl + KClO_3$；　(E)—$AgCl$；　(F)—$Co(OH)_2$；

(G)—$K_3[Co(NO_2)_6]$；　(H)—NO。

主要参考书目

读者意见反馈

为收集对教材的意见建议，进一步完善教材编写并做好服务工作，读者可将对本教材的意见建议通过如下渠道反馈至我社。

咨询电话 400-810-0598

反馈邮箱 hepsci@pub.hep.cn

通信地址 北京市朝阳区惠新东街4号富盛大厦1座

高等教育出版社理科事业部

邮政编码 100029